U0296722

"十三五"国家重点出版物
出版规划项目

国家出版基金项目
NATIONAL PUBLICATION FOUNDATION

现 代 生 物 质 能 高 效 利 用 技 术 丛 书

广州市科学技术协会
广州市南山自然科学学术交流基金会
广州市合力科普基金会

资助
出版

纤维素酶工程

许敬亮 等编著

CELLULASE
ENGINEERING

化学工业出版社

·北京·

Efficient Utilization Technology of Modern Biomass Energy

《纤维素酶工程》为"现代生物质能高效利用技术丛书"中的一个分册，全书在概述纤维素的结构与功能、纤维资源状况及其在资源转化利用中的作用的基础上，主要介绍了产纤维素酶微生物及纤维素酶类、纤维素酶降解机理、高效纤维素酶产酶菌株的选育、纤维素酶水解利用技术、纤维素酶水解动力学及反应器、纤维素酶固定化技术、纤维素酶在重点行业中的应用、国内外纤维素酶生产概况。

本书具有系统性、针对性和技术应用性，可供纤维素产业科研技术人员参考，也可供高等学校生物科学与工程、生物化工、酶工程、环境工程和资源循环利用及相关专业师生参阅。

图书在版编目（CIP）数据

纤维素酶工程/许敬亮等编著. —北京：化学工业出版社，2020.4
（现代生物质能高效利用技术丛书）
ISBN 978-7-122-37135-5

Ⅰ.①纤… Ⅱ.①许… Ⅲ.①纤维素酶-酶工程-研究
Ⅳ.①Q556②Q814

中国版本图书馆 CIP 数据核字（2020）第 091604 号

责任编辑：刘兴春　刘　婧
责任校对：王　静
文字编辑：焦欣渝
装帧设计：尹琳琳

出版发行：化学工业出版社
　　　　　（北京市东城区青年湖南街 13 号　邮政编码 100011）
印　　装：北京新华印刷有限公司
787mm×1092mm　1/16　印张 23¾　彩插 5　字数 540 千字
2020 年 7 月北京第 1 版第 1 次印刷

购书咨询：010-64518888
售后服务：010-64518899
网　　址：http://www.cip.com.cn
凡购买本书，如有缺损质量问题，本社销售中心负责调换。

定　　价：138.00 元
版权所有　违者必究

"现代生物质能高效利用技术丛书"

编 委 会

主　任：谭天伟

副主任：蒋剑春　袁振宏

秘书长：雷廷宙

编委会成员：

马隆龙　曲音波　朱锡锋　刘荣厚　刘晓风　刘德华
许　敏　孙　立　李昌珠　肖　睿　吴创之　张大雷
张全国　陈汉平　陈　放　陈洪章　陈冠益　武书彬
林　鹿　易维明　赵立欣　赵　海　骆仲泱

《纤维素酶工程》

编著人员名单

陈小燕　郭　颖　梁翠谊　刘云云　吕永坤　熊文龙
徐惠娟　许敬亮　袁振宏　张蓓笑　张　俊　张　宇

从世界能源、资源和环境问题的发展趋势和未来可行解决办法方面来看，利用纤维素原料炼制能源产品和化学品已成为未来发展能源替代，实现经济、社会可持续发展的必然选择。纤维素酶在纤维素原料生物炼制中起着关键性的作用。当前，纤维素原料生化炼制能化产品的经济性还无法与石化产品相比，其中一个重要因素就是纤维素酶的使用成本过高。

实际上，纤维素酶在许多行业具有非常重要的用途，特别是在食品、饲料和纺织行业需求量巨大。近年，随纤维素酶在生物精炼、纸浆造纸、工业发酵和洗涤剂等行业应用领域的拓展，我国纤维素酶年产量已严重供不应求，国家每年需要花费大量的外汇进口纤维素酶。因此，系统梳理我国纤维素酶工程领域在基础研究和应用实践中存在的问题和发展趋势，对于指导相关行业应用领域健康发展至关重要。

为总结和梳理我国纤维素酶工程领域的现状和存在的问题，特组织国内一线研发人员编著了《纤维素酶工程》一书。本书共分9章，主要介绍了纤维素及纤维素酶工程概况、产纤维素酶微生物及纤维素酶类、纤维素酶降解机理、高效纤维素酶产酶菌株的选育、纤维素酶水解利用技术、纤维素酶水解动力学及反应器、纤维素酶固定化技术、纤维素酶在重点行业中的应用，以及国内外纤维素酶生产概况等内容，具有较强的系统性、针对性和应用性，可供从事纤维素产业的科研人员和工程技术人员参考，也可供高等学校生物科学与工程、资源循环科学与工程、环境工程、生物化工及相关专业师生参阅。

本书由许敬亮等编著，具体分工如下：第1章由许敬亮编著；第2章由梁翠谊和张蓓笑编著；第3章由张俊、吕永坤和张蓓笑编著；第4章由陈小燕编著；第5章由刘云云编著；第6章由张宇编著；第7章由张宇和袁振宏编著；第8章由郭颖和熊文龙编著；第9章由徐惠娟编著。全书最后由许敬亮统稿并定稿。

　　本书结合国内外纤维素酶工程领域的研发现状，以及笔者多年在纤维素酶工程领域的从业经历和工程技术经验，分析介绍了纤维素酶工程应用领域的最新理论、工艺、方法和进展等。笔者努力使本书能为从事和关心纤维素酶研发的人们（包括从事科学研究、技术研发和企业界的人士等）提供一些有益的帮助，甚至希望本领域高等学校教师和学生也能够从中受益。但是，本领域科技发展日新月异，对最新科技进展的介绍，难免有疏漏和不当之处；同时，由于笔者的时间和水平有限，对原理和工艺技术的阐述未能达到透彻和全面，敬请同行专家和广大读者批评指正，不胜感激！

编著者
2019 年 12 月

第1章 ————————————————001
概述

1.1 纤维素的结构与功能 002
1.1.1 纤维素的化学结构 002
1.1.2 纤维素的物理结构 004
1.1.3 纤维素光谱结构 007
1.1.4 纤维素的物理化学性质 008
1.1.5 纤维素的分类 012
1.1.6 纤维素类生物质组成 013
1.1.7 纤维素资源量估算方法 014
1.2 我国纤维素资源分类及资源量 016
1.2.1 农业剩余物 016
1.2.2 林业剩余物 017
1.2.3 二次纤维原料 018
1.3 纤维素酶在纤维素资源转化、利用中的作用 018
1.3.1 纤维素降解酶系种类 018
1.3.2 纤维素降解过程机制 020
1.3.3 纤维素酶应用 022
参考文献 022

第2章 ————————————————025
产纤维素酶微生物及纤维素酶类

2.1 产纤维素酶微生物分类 026
2.1.1 产纤维素酶原核微生物 026
2.1.2 产纤维素酶真核微生物 028
2.1.3 产纤维素酶的其他生物类群 034
2.2 纤维素降解酶系分类 038
2.2.1 纤维素酶 038
2.2.2 半纤维素酶 040
2.2.3 纤维素氧化酶 040
2.3 纤维素酶 041
2.3.1 外切纤维素酶 041

2.3.2　内切纤维素酶　044
2.3.3　β-葡萄糖苷酶　050
2.4　半纤维素酶　056
2.4.1　半纤维素酶的分类　057
2.4.2　半纤维素酶的来源　059
2.4.3　木聚糖酶的理化性质　059
2.4.4　木聚糖酶的基因分类　060
2.4.5　木聚糖降解酶的家族分类　060
2.5　纤维素氧化酶　062
2.5.1　LPMO 的研究历史　063
2.5.2　LPMO 的来源与归类　064
2.5.3　LPMO 的性质　065
2.5.4　LPMO 的基因分类　068
2.5.5　LPMO 的家族分类　070
2.6　纤维小体　071
2.6.1　产纤维小体微生物　074
2.6.2　纤维小体的理化特性　074
2.6.3　纤维小体的酶系组分　075
2.6.4　纤维小体的基因分类　077
参考文献　078

第 3 章————————081

纤维素酶降解机理

3.1　纤维素酶的结构与功能　082
3.1.1　纤维素酶结构组成　082
3.1.2　催化结构域与功能　084
3.1.3　结合结构域与功能　086
3.1.4　连接肽与功能　091
3.1.5　纤维素酶的分子折叠　093
3.1.6　纤维素酶分子的蛋白质工程　093
3.2　纤维素酶体系协同降解机制　095
3.2.1　纤维素酶体系协同降解理论及假说　096
3.2.2　纤维素酶协同催化水解机制　099
3.3　纤维二糖脱氢酶（CDH）协同降解机制　105
3.3.1　CDH 的发现过程　105
3.3.2　CDH 的结构　106
3.3.3　CDH 的催化机理　106
3.3.4　CDH 与纤维素的相互作用　108
3.3.5　CDH 的生物功能　109
3.4　纤维小体降解纤维素机理　112

3. 4. 1 纤维小体的研究进展 114
3. 4. 2 纤维小体的生物功能 115
3. 4. 3 纤维小体的组成结构及功能 115
3. 4. 4 纤维小体与细胞壁的相互作用 119
3. 4. 5 产纤维小体微生物及其多样性 121
3. 4. 6 纤维小体的应用 123
参考文献 123

第 4 章
高效纤维素酶产酶菌株的选育

131

4. 1 纤维素酶产生菌常规筛选方法 132
4. 1. 1 自然筛选 132
4. 1. 2 筛选来源 133
4. 1. 3 筛选方法 140
4. 2 高产纤维素酶生产菌株的选育 141
4. 2. 1 理化诱变育种 141
4. 2. 2 原生质体融合育种 143
4. 2. 3 基因工程菌构建 147
4. 3 高效纤维素酶系筛选的新策略和新方法 167
4. 3. 1 宏基因组学和生物信息学发掘新的纤维素酶基因 167
4. 3. 2 比较基因组学预测纤维素酶基因 172
4. 3. 3 纤维素酶合成调控机制的转录组学研究 172
4. 3. 4 化学互补高通量筛选 173
4. 4 纤维素酶活力的测定方法 174
4. 4. 1 酶活力测定方法 174
4. 4. 2 纤维素酶活力分类测定 174
参考文献 176

第 5 章
纤维素酶水解利用技术

183

5. 1 纤维素酶水解工艺 184
5. 1. 1 纤维素酶水解过程 185
5. 1. 2 纤维素酶水解工艺分类 187
5. 1. 3 纤维乙醇酶解-发酵工艺 188
5. 2 影响纤维素酶高效酶解的因素 192
5. 2. 1 与底物相关的因素 193
5. 2. 2 与纤维素酶相关的因素 197
5. 2. 3 其他因素 199
5. 3 提高纤维素酶酶解效率的方法 200

5.3.1　预处理　200

5.3.2　改变纤维素酶的反应条件　206

5.3.3　复合酶的作用　206

5.3.4　产物耦合分离　209

5.3.5　反应助剂辅助酶解技术　214

5.3.6　改变木质素在底物中的存在方式　217

5.4　高浓度底物纤维素酶水解技术　218

5.4.1　分批补料酶水解技术　219

5.4.2　高浓度底物酶水解过程搅拌和传质限制　220

5.4.3　高浓度底物酶水解过程抑制因素　221

5.4.4　水解酶类对高浓度体系的影响　223

5.4.5　固体效应分析　224

5.5　纤维素酶实时水解检测技术　226

5.5.1　QCM-D 在酶水解过程的应用　226

5.5.2　纤维素酶在木质素膜上吸附行为　227

5.5.3　纤维素酶在纤维素膜上吸附酶解行为　228

参考文献　229

第6章
纤维素酶水解动力学及反应器
235

6.1　纤维素酶水解动力学　236

6.1.1　经验模型　237

6.1.2　米氏模型　238

6.1.3　类分形动力学模型　238

6.1.4　基于酶失活的模型　240

6.1.5　基于酶吸附的模型　245

6.1.6　可溶性底物的水解模型　246

6.1.7　两相底物模型　247

6.1.8　纤维素酶组分协同模型　248

6.1.9　固定化纤维素反应动力学　249

6.2　纤维素酶水解反应器　252

6.2.1　反应器设计的理论基础　252

6.2.2　反应器开发的技术基础　253

6.2.3　反应器分类　254

参考文献　260

第7章
纤维素酶固定化技术
265

7.1　纤维素酶固定化概述　266

7.1.1　纤维素酶固定化原因　266

7.1.2　固定化酶定义与特点　266

7.1.3　酶固定化原则　267

7.2　纤维素酶固定化方法　267

7.2.1　物理结合　268

7.2.2　包埋　268

7.2.3　共价结合　270

7.2.4　交联　274

7.3　可溶性载体固定化酶技术　276

7.4　不溶性载体固定化酶技术　276

7.4.1　常规不溶性载体固定化纤维素酶　276

7.4.2　膜载体固定化纤维素酶　277

7.4.3　磁性纳米材料固定化纤维素酶　278

7.5　可溶-不可溶性载体固定化纤维素酶　282

7.5.1　温度响应可回用两水相体系　283

7.5.2　pH 响应可回用两水相体系　284

7.5.3　光响应可回用两水相体系　286

7.5.4　S-IS 固定化纤维素酶应用　287

7.6　纤维素酶无载体固定化　287

7.6.1　无载体固定化酶分类　288

7.6.2　纤维素酶的无载体固定化实例　290

参考文献　292

第 8 章

纤维素酶在重点行业中的应用

8.1　纤维素酶在重点行业中的应用概述　298

8.2　纤维素酶在造纸造浆工业中的应用　299

8.2.1　纤维素酶在打浆中的应用　300

8.2.2　提高纤维性能　302

8.2.3　提高纤维和纸张的柔软性　302

8.2.4　提高溶解浆的反应性能　304

8.2.5　脱墨与废纸漂白　305

8.3　纤维素酶在纺织工业中的应用　307

8.3.1　纤维素酶在棉织物精炼加工中的应用　307

8.3.2　纤维素酶在纤维素纤维织物柔软整理中的应用　308

8.3.3　纤维素酶在纤维素纤维织物抛光整理中的应用　308

8.3.4　纤维素酶在牛仔织物返旧整理中的应用　309

8.3.5　纤维素酶在 Lyocell 纤维去原纤化处理中的应用　310

8.3.6　纤维素酶在纺织加工应用中存在的问题　310

8.4　纤维素酶在生物炼制中的应用　311

8.4.1　燃料乙醇　311

8.4.2　生物基化学品　313

8.4.3　纤维素酶在生物炼制中存在的问题和解决方案　314

8.5 纤维素酶在食品加工业中的应用 315

8.5.1 水果与蔬菜加工 316

8.5.2 油料作物加工 316

8.5.3 茶叶加工 316

8.5.4 橄榄油提取 317

8.5.5 类胡萝卜素提取 317

8.5.6 饮料行业 317

8.5.7 酿造工业 318

8.5.8 其他应用 318

8.6 纤维素酶在农业中的应用 319

8.6.1 纤维素酶在农业生产中的应用 319

8.6.2 纤维素酶在动物饲料中的应用 320

8.7 纤维素酶在其他行业中的应用 322

8.7.1 洗涤剂 322

8.7.2 去除细菌生物膜 322

8.8 纤维素酶主要组分的功能和应用 323

8.8.1 裂解性多糖单加氧酶的功能和应用 323

8.8.2 纤维二糖脱氢酶的功能和应用 324

8.8.3 碳水化合物结合模块的功能和应用 324

参考文献 326

第9章

国内外纤维素酶生产概况

9.1 纤维素酶生产工艺 332

9.1.1 生产菌株 332

9.1.2 生产原料和培养基 333

9.1.3 纤维素酶发酵工艺 336

9.1.4 纤维素酶生产调控 345

9.1.5 纤维素酶的提纯 350

9.2 国外纤维素酶主要生产企业 351

9.3 国内纤维素酶主要生产企业 353

9.4 中国纤维素酶产业现存问题及未来发展趋势 355

9.4.1 纤维素酶产业发展中存在的问题 356

9.4.2 纤维素酶产业未来发展趋势和建议 356

参考文献 357

索引 362

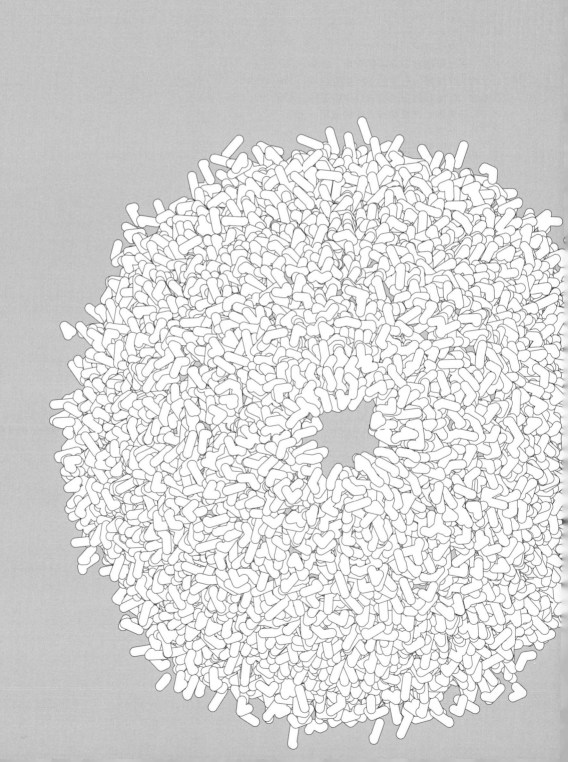

第
1
章

概述

1.1　纤维素的结构与功能

1.2　我国纤维素资源分类及资源量

1.3　纤维素酶在纤维素资源转化、利用中的作用

参考文献

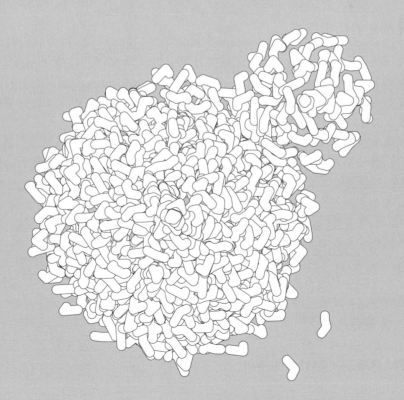

纤维素是地球上分布最广、蕴藏量最丰富的生物质，也是最廉价的可再生资源。纤维素酶是一类能够将纤维素降解为葡萄糖的多组分酶系的总称，它们协同作用可将纤维素分解，产生低聚寡糖和纤维二糖，并最终水解为葡萄糖。自 1906 年，Seilliere 在蜗牛消化液中发现纤维素酶以来，近年来研究人员在纤维素酶的氨基酸序列分析、基因克隆与表达、蛋白空间结构与功能以及基因表达调控等方面取得了积极进展，纤维素酶在食品、能源、纺织、洗涤和造纸等工业领域得到了广泛应用。纤维素酶已成为近十几年来酶工程领域研究的热点[1,2]。

1.1　纤维素的结构与功能

从古至今人们就懂得使用棉花织布及用木材造纸，但是直到 1838 年，人们通过对大量植物组织细胞进行相关的预处理及提取，详细分析后才发现了其中的不溶性物质，通过使用元素分析确定了该物质的化学分子式为 $(C_6H_{10}O_5)_n$，并发现其与淀粉互为同分异构体，并将之命名为纤维素（cellulose），此后国际上采用这一命名并沿用至今。

1.1.1　纤维素的化学结构

法国的 Anselme Payen 是最早研究纤维素的科学家之一，他在 1837～1842 年发现纤维素是一种由葡萄糖组成的物质。1932 年，H. Staudinger 提出高分子化合物概念之后，在测定纤维素铜氨溶液黏度的基础上，首次确定了纤维素属于高分子化合物，并测出纤维素是由 D-吡喃型葡萄糖以 β-1,4-糖苷键连接而成的[3]。

纤维素分子中的每个葡萄糖基环上均有 3 个羟基，分别位于第 2、第 3、第 6 位碳原子上，其中第 6 位上的羟基为伯醇羟基，而第 2 位和第 3 位上的羟基是仲醇羟基。这 3 个羟基在多相化学反应中有着不同的特性，可以发生氧化、酯化、醚化和接枝共聚等反应。这 3 个羟基可以全部参加反应，也可以只是其中的某一个参加反应；并且在这 3 个羟基上可以分别控制化学官能基团的取代度和取代度的分布，从而在葡萄糖基环单元上可以从化学结构上设计纤维素的化学结构，制备出多种具特殊功能的精细化工产品。

纤维素的分子式可简单表示为 $(C_6H_{10}O_5)_n$，它的化学结构式有霍沃思式和椅式两种，如图 1-1 所示。

1）霍沃思式

纤维素由 D-葡萄糖基（1-5 结环），经由 β-1,4-糖苷键连接起来，而且连接在环上的碳原子两端 OH 和 H 位置不相同。

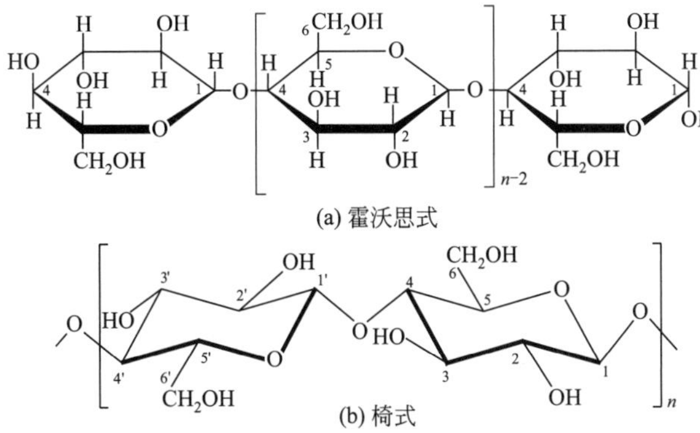

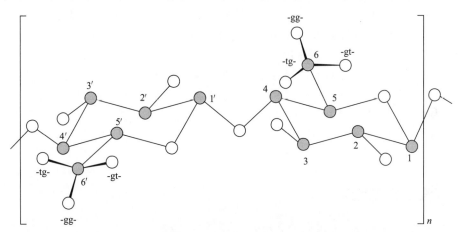

图 1-1　纤维素的两种化学结构式 [4]

2）椅式

由于内旋作用，分子中原子的几何排列不断发生变化，产生了各种内旋异构体。纤维素高分子中，6 位上的 C—O 键绕 5 位和 6 位之间的 C—C 键旋转时，相对于 5 位上的 C—O 键和 5 位与 4 位之间的 C—C 键可以有三种不同的构象（图 1-2）。

图 1-2　C-6 位上的 OH 基团构象（g 表示旁式，t 表示反式）

实心圆圈代表元素碳，空心圆圈代表元素氧

在纤维素分子链中，也同时存在着氢键（图 1-3）。这种氢键把链中的 O-6 与 O-2′以及 O-3 与 O-5′连接起来使整个高分子链成为带状，从而使它具有较高的刚性。在砌入晶格以后，一个高分子链的 O-6 与相邻高分子链的 O-3 之间也能生成链间氢键。由于纤维素是线型长链分子，具有为数众多的羟基，在一定条件下在分子内和分子间均可形成大量氢键，这些氢键对纤维素的物理和化学性质具有重大的影响。分子内氢键赋予了分子链刚性，而在一定空间范围内，当分子间氢键多到引起分子的有序排列时，就形成纤维素的结晶区，否则为非晶区。

纤维素大分子之间、纤维素和水分子之间或者纤维素大分子内部都可以形成氢键，这是由于纤维素的葡萄糖基环上极性很强的—OH 中的氢原子与另一键上电负性很强的

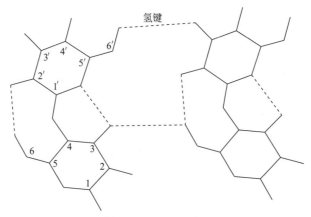

图 1-3 纤维素高分子的链中和链间氢键

氧原子上的孤对电子相互吸引而形成的氢键（—OH---O）。氢键作用远远强于范德华力，与 C—O—C 键的主价键的能量相比则又小得多。纤维素的聚合度非常大，如果所含的羟基均被包含于氢键之中，则分子间的氢键能量将非常巨大。所以，氢键决定了纤维素的多种特性，如自组装性、结晶性、形成原纤的多相结构、吸水性、可及性和化学活性等各种特殊性能。

天然的纤维素由排列整齐而规则的结晶区和相对不规则、松散的无定形区组成。纤维素链之间存在着氢键，通过氢键的缔合作用，形成纤维束；分子密度大的区域，成平行排列，形成结晶区；分子密度小的区域，分子间隙小，定向差，形成无定形区。在自然界，纤维素分子一般均包埋或嵌合在半纤维素和木质素中，三者以复合体形式存在，并且木质素包围着纤维素，和半纤维素有着共价连接，共同形成致密复杂的网状结构。

1.1.2 纤维素的物理结构

纤维素在结构层次上可以分 3 层：

① 单分子层，纤维素单分子即葡萄糖的高分子化合物；

② 超分子层，自组装的结晶纤维素晶体；

③ 原纤结构层，纤维素晶体和无定形纤维素分子组成的基元原纤等进一步自组装成的各种更大的纤维结构以及在其中的各种孔径的微孔等。

植物细胞微原纤和基元原纤组成示意于图 1-4。

纤维素的特点是易于结晶和形成原纤结构。纤维素原纤（fibril）是一种细小、伸展的单元，这种单元构成纤维素的主体结构，并使长的分子链在某一方向上聚集成束。由于原纤聚集的大小不同，可以细分为基元原纤（elementary fibril）、微原纤（microfibril）和大原纤（macrofibril）。微原纤由基元原纤构成，尺寸比较固定。大原纤由多个微原纤构成，其大小随原料来源不同而异。通常，纤维素是不纯的多相固体，常常伴生着木质素（lignin）、半纤维素（hemicellulose）和其他有机、无机的小分子物质[3]。

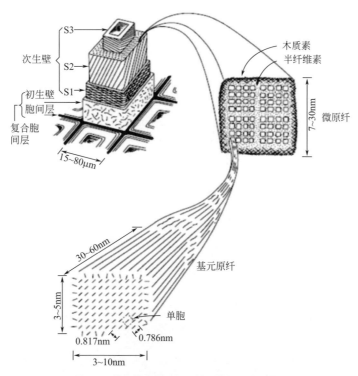

图 1-4　植物细胞微原纤和基元原纤组成示意图

1.1.2.1　纤维素的微细结构

用电子显微镜研究纤维素的微细结构，光学显微镜只能看到不同直径（3000～5000Å，1Å＝10^{-10} m，下同）的细小纤维，电子显微镜可以看到细胞壁脱木质素后直径约为 250Å 的微原纤，也能看到微原纤在受到碱处理后分裂的直径约为 120Å 的次微原纤，以及次微原纤在受到进一步的部分酸水解后再分裂的直径约为 30Å 的基元原纤。

微原纤结构模型如图 1-5 所示。

1.1.2.2　纤维素的晶体结构

对天然纤维素超分子结构的研究表明，纤维素是由结晶相和非结晶相交错形成的（见图 1-6）。其中非结晶相在用 X 射线衍射技术测试时呈现无定形状态，因为其大部分葡萄糖环上的羟基基团处于游离状态；而结晶相纤维素中大量的羟基基团形成了数目庞大的氢键，这些氢键构成巨大的氢键网格，直接导致了致密的晶体结构的形成。结晶区与无定形区之间无严格的界面，是逐渐过渡的，在无定形区不显示 X 射线衍射图。由于纤维素分子链很长，一个分子链可连续穿过几个结晶区和无定形区。纤维素的结晶区与无定形区外包含许多孔隙，孔隙的直径一般为 1～10nm。

在纤维素中存在着化学组成相同而单元晶胞不同的同质多晶体（结晶变体）。常见的结晶变体有 4 种，即纤维素Ⅰ、Ⅱ、Ⅲ、Ⅳ。美国布莱克韦尔等用 X 射线衍射法研究得出：天然纤维素为Ⅰ型，可看成伸直链聚合物单晶；再生纤维素为Ⅱ型，可能为规

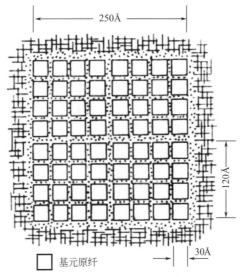

图 1-5　微原纤结构模型

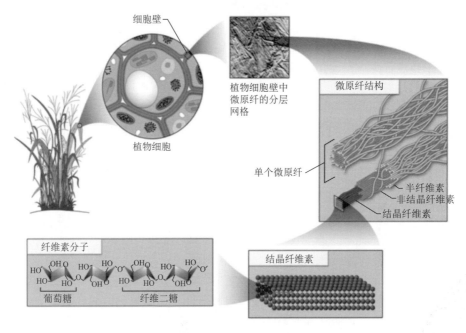

图 1-6　纤维素及其结构单元

则折叠链结构；纤维素Ⅰ、Ⅱ用液氨处理可得纤维素Ⅲ；纤维素Ⅲ在 250℃甘油中加热可得纤维素Ⅳ。

　　结晶相天然纤维素中存在两种晶体结构，即Ⅰα和Ⅰβ，二者经常与非结晶相纤维素共存于细胞壁结构中。自然界中，细菌和海藻的纤维素中Ⅰα类型占优势，而高等植物及动物被膜纤维素中以Ⅰβ类型为主。纤维素是由无数微晶体与非晶区交织在一起形成的多晶体，其结晶程度视纤维品种不同而异。天然纤维素如苎麻的结晶度略高于70％，而再生纤维素如黏胶纤维的结晶度在45％左右。纤维素纤维在形成时对由于受外力牵伸或分子间力的作用，迫使高分子轴与纤维轴或多或少维持一定的平行程度，即发生取向，取向使纤维素纤维的力学性能、光学性能、溶胀性能等都具有各向异性。

1.1.3 纤维素光谱结构

目前，测定纤维素结晶度的方法有很多种，如红外光谱法、X射线衍射法、反相色谱法、密度法、核磁共振法和差热分析法等。同一种聚合物的结晶度因测定方法不同而差异很大。因此，通常所说的结晶度是指用某种方法的测定值。

1.1.3.1 X射线衍射法

X射线衍射法是研究物质晶体结构的重要方法，它能够穿透纤维素而几乎不产生折射，进而产生衍射干涉图像，从而可以确定物质内原子群的排列或结晶粒子的排列。X射线衍射法被广泛用于分析研究纤维素超微结构、纤维结晶度、细胞壁微纤丝角等，可以根据X射线衍射图计算出纤维素的晶胞参数、结晶区大小、结晶度和取向因子等。

大量X射线衍射分析表明，纤维素是由结晶区和无定形区连接而成的两相体系。在结晶区内，纤维素分子的排列具有一定的规则，呈现清晰的X射线衍射图，其结晶结构属于单斜晶系，结晶区之间为无定形区，但结晶区和无定形区之间无明显的界限，彼此之间的过渡是渐变的。

1.1.3.2 X射线光电子能谱技术

X射线光电子能谱技术（X-ray photoelectron spectroscopy，XPS）能够准确地测量原子的内层电子束缚能及其化学位移，可提供分子结构和原子价态方面的信息，还可提供各种化合物的元素组成和含量、化学状态、分子结构、化学键方面的信息。由于入射到样品表面的X射线束是一种光子束，对样品的破坏性非常小，对分析有机材料和高分子材料非常有利，已经成为木材、电子材料等表面研究的主要手段之一。

纤维素的元素组成主要为C、H和O，除H元素外，C和O均可用XPS分析。

依据C原子与其他原子和原子团结合状态的不同可分为C1～C4四类。

① C1：仅与其他饱和C原子或H原子连接的C原子，其电子结合能较低，约为285eV。

② C2：仅与一个非羰基O原子连接的C原子，在纤维素分子中存在大量的C原子与羟基（—OH）相连。C2的电子结合能约为286.5eV。

③ C3：与一个羰基类O原子或两个非羰基类O原子连接的C原子。纤维素分子中的缩醛结构具有C3结构特征，其电子结合能约为288.5eV。

④ C4：与一个羰基类O原子及一个非羰基类O原子连接的C原子，是半纤维素分子中的乙酰基、葡萄糖醛酸基等的结构特征，其电子结合能约为289eV。

总之，与C原子连接的O原子越多，其电子结合能越高，化学位移越大。可以通过宽扫描谱图对木材中的元素进行定性分析，如木材中含量最多的C和O原子在

$285 \sim 290eV$ 和 $535eV$ 有谱峰。可以根据扫描图中各个峰的信号强度以及元素的相对灵敏度因子求得元素的相对原子浓度,从而进行元素的定量分析。

1.1.3.3 红外光谱法

在有机物分子中,组成化学键或官能团的原子处于不断振动的状态,其振动频率与红外光的振动频率相当。所以,用红外光照射有机物分子时,分子中的化学键或官能团可发生振动吸收,不同的化学键或官能团吸收频率不同,在红外光谱上将处于不同位置,从而可获得分子中含有何种化学键或官能团的信息。

在纤维素的红外光谱分子中,主要表征纤维素的原子团包括 CH_2、CH、C—O—C、OH 和 C—O—H 等。由于组成分子的原子较多,通常把波数为 $2900cm^{-1}$、$1425cm^{-1}$、$1370cm^{-1}$ 和 $895cm^{-1}$ 的吸收峰作为 β-D-葡萄糖基的特征吸收峰,上述特征峰也可以用于测定纤维素的结晶度。

1.1.4 纤维素的物理化学性质

1.1.4.1 纤维素的吸湿性

纤维素的游离羟基对可及的极性溶剂和溶液具有很强的亲和力。绝干的纤维素置于大气中,很容易吸收水分,回潮率达 8%。在纤维素的无定形区,链状分子中的羟基只是部分形成氢键,还有部分仍是游离羟基。由于羟基是极性基团,易于吸附极性的水分子,并与吸附的水分子结合形成氢键,这就是纤维素吸附水的内在原因。纤维素所吸附的水可分为结合水和游离水。结合水的水分子受到纤维素羟基的吸引,排列有一定的方向,密度较高,能降低电解质的溶解能力,使冰点下降,并使纤维素发生溶胀(润胀)。纤维素吸附结合水是放热反应,故有热效应产生,而吸附游离水时无热效应,亦不能使纤维素发生溶胀。除了引起纤维溶胀或收缩外,纤维素纤维吸湿后会引起许多重要性质的变化。如棉纤维湿态强度高于干态强度,而黏胶纤维则相反。纤维素物质在绝对干燥时是良好的绝缘体,吸湿后则电阻迅速下降。

1.1.4.2 纤维素纤维的溶胀与溶解

常温下,纤维素既不溶于水,又不溶于一般的有机溶剂(如乙醇、乙醚、丙酮、苯等),也不溶于稀碱溶液。由于纤维素分子之间氢键的存在,在常温下纤维素比较稳定。纤维素虽然不溶于水和乙醇、乙醚等有机溶剂,但能溶于铜氨 $Cu(NH_3)_4(OH)_2$ 溶液和铜乙二胺 $[NH_2CH_2CH_2NH_2]Cu(OH)_2$ 溶液等。

(1)溶胀

固体吸收溶胀剂后,其体积变大但不失其表观均匀性,分子间的内聚力减少,固体变软,此现象称为溶胀(润胀)。纤维素纤维的溶胀可分为有限溶胀和无限溶胀。

1)有限溶胀

纤维素吸收溶胀剂的量有一定限度,其溶胀的程度亦有限度。有限溶胀又分为结晶区间的溶胀和结晶区内的溶胀。结晶区间的溶胀是指溶胀剂只到达无定形区和结晶区的表面,纤维素的 X 射线衍射图不发生变化。结晶区内的溶胀则是溶胀剂占领了整个无定形区和结晶区，形成溶胀化合物，产生新的结晶格子，此时纤维素原来的 X 射线衍射图消失，出现新的 X 射线衍射图。多余的溶胀剂不能进入新的结晶格子中，只能发生有限溶胀。

2）无限溶胀

溶胀剂可以进入纤维素的无定形区和结晶区发生溶胀，但并不形成新的溶胀化合物。因此，对于进入无定形区和结晶区的溶胀剂量并无限制。在溶胀过程中，纤维素原来的 X 射线衍射图逐渐消失，但并不出现新的 X 射线衍射图。溶胀剂无限进入的结果，必然导致纤维素溶解。所以，无限溶胀就是溶解，最后必然形成溶液。

纤维素的溶胀剂大多是有极性的，因为纤维素上的羟基本身是有极性的。通常，水可以作为纤维素的溶胀剂，LiOH、NaOH、KOH、RbOH、CsOH 和磷酸也可以导致纤维素溶胀。在显微镜下观察纤维的外观结构和反应性能，常滴入磷酸使纤维溶胀后进行观察比较。其他的极性液体（如甲醇、乙醇、苯胺和苯甲醛等）也有类似的现象出现。一般来说，液体的极性越强，溶胀的程度越大，但上述几种液体引起的溶胀都比水小。

纤维素纤维溶胀时直径增大的比例（%）称为溶胀度（swelling degree）。影响溶胀度的因素很多，主要有溶胀剂种类、浓度、温度和纤维素的种类等。

（2）溶解

纤维素属于高分子化合物，其特点是分子量大，具有分散性，在溶解扩散时，既要移动大分子链的重心，又要克服大分子链之间的相互作用，扩散速度慢，不能及时在溶剂中分散。溶剂分子小，扩散速度快。所以溶解分两步进行：首先是溶胀阶段，快速运动的溶剂分子扩散进入溶质中，在纤维素无限溶胀时即出现溶解，此时原来纤维素的 X 射线衍射图消失，不再出现新的 X 射线衍射图。

纤维素溶液是大分子分散的真溶液，而不是胶体溶液，它和小分子溶液一样，也是热力学稳定体系。但是，纤维素的分子量很大，分子链又有一定的柔顺性，这些分子结构上的特点使溶液性质又有一些特殊性，如溶解过程缓慢，溶液性质随浓度不同有很大变化，热力学性质和理想溶液有很大偏差，光学性质等与小分子溶液有很大的不同。

纤维素溶剂可分为含水溶剂和非水溶剂两大类。

1）含水溶剂

纤维素可以溶解于某些无机的酸、碱和盐中。例如，它可以用 72% 的 H_2SO_4、40%～42% 的 HCl 和 77%～83% 的 H_3PO_4 来溶解，这些酸可以导致纤维素的均相水解。浓 HNO_3（66%）不能溶解纤维素，但能像在 NaOH 中那样形成一种加成化合物，作为纤维素硝化的一个中间体。纤维素也能溶解在某些盐中，如 $ZnCl_2$ 等能溶解纤维素，但一般需要较高的浓度和温度。

通常情况，纤维素的溶解多使用氢氧化铜与氨或胺的配位化合物，如铜氨溶液或铜乙二胺溶液。纤维素在铜氨溶液和铜乙二胺溶液中，分别形成纤维素的铜氨配位离子和铜乙二胺配位离子。

2）非水溶剂

以有机溶剂为基础的不含水的溶剂称为非水溶剂（non-aqueous solvent）。非水溶剂共分三个体系，其中一元体系含单一的组分，二元体系和三元体系的溶剂均由活性剂

(active agent) 与有机液组成。在二元体系和三元体系中，按三个类型形成三个系列：第一类是属于亚硝酰基（nitrocylic，NO）化合物（如 N_2O_4、$NOCl$、$NOHSO_4$ 等）与极性有机液组成的溶剂；第二类是由硫的氯氧化物与胺和极性有机液组成的溶剂；第三类是无酸酐或氧化物的含氨或氯的体系 ［如 NH_3-NH_4SCN、NH_3-$NaSCN$、$LiCl$-$DMAc$（二甲基乙酰胺）等］。

① 一元体系　三氟乙酸（CF_3COOH）和氯化乙基吡啶（$C_2H_5C_5H_5NCl$）。

② 二元体系　N_2O_4-极性有机液、SO-胺、CH_3NH_2-$DMSO$（二甲基亚砜）、$NOCl$-极性有机液、SO_3-DMF 或 SO_3-$DMSO$、三氯乙醛-极性有机液、$NOHSO_4$-极性有机液、多聚甲醛-$DMSO$ 和 NH_3-$NaSCN$ 等。

③ 三元体系　SO_2-胺-极性有机液、NH_3-钠盐-极性有机液（如 $DMSO$ 和乙醇胺）、$SOCl_2$-胺-极性有机液和 SO_2Cl_2-胺-极性有机液。

关于非水溶剂体系溶解纤维素的机理，有人提出是在溶剂体系中形成了电子给予体-接受体（electron donor-acceptor，EDA）配位化合物，认为纤维素和溶剂之间相互作用的模式为：a. 在 EDA 相互作用中，纤维素—OH 的氧原子和氢原子参与了作用，氧原子作为一种 π-电子对给予体，氢原子作为一种 δ-电子对接受体；b. 在溶剂体系的活性剂中存在给予体和接受体中心，两个中心均在适于与—OH 的氧原子和氢原子相互作用的空间位置上；c. 在一定最优距离范围内存在着 EDA 相互作用力，该作用力与电子给予体和接受体中心的空间位置和极性有机液的作用有关，它引起—OH 电荷分离达到最佳量，从而使纤维素链复合体溶解。

1.1.4.3　纤维素的酸水解

酸水解通常分为超低浓度酸（酸浓度<0.1%）、稀酸（0.3%～1.2%）和浓酸水解三种方法。稀酸在纤维素生物质预处理中应用非常广泛，它对多种木质纤维素类生物质中的半纤维素脱除效果最为明显。稀酸预处理通常采用硫酸，在 110～220℃ 下处理一定时间。稀酸水解通常在高温高压下进行，反应时间几秒钟或者几分钟。稀酸水解的温度较高，反应条件较强烈，水解过程中得到的单糖会进一步降解生成对发酵有害的糠醛类副产品。

浓酸水解反应温度相对温和，压力较低，水解糖收率也可达 90% 以上，但浓酸具有毒性和腐蚀性，操作起来较慢，且需要酸回收系统。近年来，超低浓度酸（<0.1%）水解纤维素，糖得率可超过 90%，且对设备腐蚀小和水解效果好，因而成为研究焦点。

以某些无机盐（如 $ZnCl_2$ 和 $FeCl_3$ 等）为助催化剂可以进一步促进酸的催化作用。如加电解液 $NaCl$ 溶液可观察到非均相稀酸水解速率的提高，酸解速率与添加的电解液的浓度成线性关系。还有人尝试在渗滤反应器酸解过程中添加非水溶剂。如在稀硫酸中使用丙酮，葡萄糖产率可达 83.4%；而不采用丙酮，产率仅为 65%。亦有科研人员进行有机酸的水解实验，在相同的实验条件下，马来酸水解纤维素的葡萄糖产率高于硫酸水解，实验数据还表明在马来酸水解纤维素过程中只有极少量的葡萄糖发生降解。

1.1.4.4　纤维素的碱水解

碱水解对分子间交联木聚糖和其他组分的酯键有皂化作用。随着酯键的减少，纤维素原料的孔隙率将增加。$NaOH$ 可以起到脱木素、溶胀纤维素的作用。如采用 0.5%～

2.0%的 NaOH 溶液，固液比为 1∶10，室温处理一段时间，可达到最大的酶解率，但 NaOH 的耗量大，在碱处理过程中还有部分半纤维素损失，所以不太适用于大规模生产。近来人们较重视用 NH_3 溶液处理的方法，通过加热可容易地回收 NH_3，重复使用。国外一些科研人员发现除碱和液氨外，用其他化学试剂进行处理也可脱木素或者脱纤维素、溶胀纤维素从而提高纤维素的可及性，例如用氯化锌和丙酮。

碱能改变纤维素的结晶度，在反应过程中，纤维素发生不同程度上的溶胀现象，主要取决于预处理的条件如反应温度、碱浓度和预处理保留时间等（图1-7）。在碱液中钠离子存在的条件下，纤维素会溶胀到 300%，并以 $(C_6H_{10}O_5)_6(NaOH)(H_2O)_3$ 碱纤维素复合物的形式存在。钠离子能够进入纤维素微孔结构中并在分子内部移动。对于结晶度高的纤维素，可在钠离子的作用下完全脱结晶。同时，纤维素在碱作用下发生完全转型，从纤维素Ⅰ转变为纤维素Ⅱ（图1-8）。

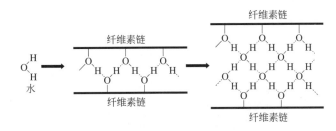

图 1-7   纤维素的溶胀

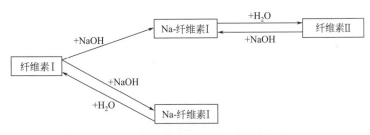

图 1-8   NaOH 预处理过程中纤维素的转型

已证实强碱能彻底使天然纤维素（纤维素Ⅰ）转化为再生纤维素（纤维素Ⅱ）。预处理过程中纤维素类型的转变已在很多预处理方法中被发现。一些研究报道了在碱法、蒸汽和亚氯酸盐预处理过程中纤维素原料结晶度的升高，在超临界水反应过程中也发现原料残渣中的纤维素Ⅰ转化成了纤维素Ⅱ。虽然纤维素Ⅱ也是纤维素的结晶形式，但是其比纤维素Ⅰ更容易水解（图1-8）。

1.1.4.5   纤维素的热降解

纤维素会在单纯热的作用下发生降解反应，引起游离水和结合水的去除，使分子内和分子间氢键受到破坏，葡萄糖单元间的连接发生断裂释放出低分子化合物，造成葡萄糖单元羟基的氧化。

纤维素热降解分为两类，即低温条件下的热降解和高温条件下的热降解。

对于纤维素低温条件下的热降解，首先物理吸附水解（25～150℃），然后葡萄糖基脱水（150～240℃）。纤维素低温热降解会导致纤维强度的下降，会蒸发出 H_2O、CO

和 CO_2，形成羰基和羧基，低温热降解伴随有重量损失、水解作用和氧化作用。

高温条件下的热降解，会形成糖苷键的断裂（240～400℃）和芳环化，甚至形成石墨结构（400℃以上）。高温热降解会分解出 CH_4、CO、CO_2、焦油和大量挥发性产物，造成纤维物料重量损失、结晶区破坏和聚合度下降。

1.1.4.6 纤维素的光降解

（1）直接光降解

纤维素受光的辐射，吸收光能后化学键断裂，称为直接光降解。氧气的存在能加速光降解速度，水蒸气能抑制纤维素的光降解。

纤维素的直接光降解必须具备两个条件：

① 纤维素受光辐射并吸收光能；

② 所吸收光子的能量足以引起 C—C 键和 C—O 键的断裂。

直接光降解会造成纤维素强度下降、溶解度和还原能力增加、聚合度下降并形成羰基。

（2）光敏降解

当纤维素中存在某些染料或化合物时，能吸收近紫外或可见光，利用所吸收的能量引发纤维素的降解。

1.1.5 纤维素的分类

1.1.5.1 按照聚合度划分

按照聚合度不同将纤维素划分为 α-纤维素（α-cellulose）、β-纤维素（β-cellulose）和 γ-纤维素（γ-cellulose）。α-纤维素的聚合度大于 200，β-纤维素的聚合度为 10～100，γ-纤维素的聚合度<10。工业上常用 α-纤维素含量表示纤维素的纯度。综纤维素是指天然纤维素原料中的全部碳水化合物，即纤维素和半纤维素的总和。

所谓 α-纤维素系指从原来细胞壁的完全纤维素标准样品用 17.5% 的 NaOH 溶液不能提取的部分。β-纤维素、γ-纤维素是区别于半纤维素的纤维素。α-纤维素通常大部分是结晶性纤维素，β-纤维素和 γ-纤维素在化学成分上除含有纤维素以外还含有各种多糖类。细胞壁的纤维素形成微原纤。宽度为 7～30nm，长度有的达数微米。应用 X 射线衍射法和负染色法（Negative 染色法），根据电子显微镜观察，链状分子平行排列的结晶性部分组成宽为 3～5nm 的基元原纤。推测这些基元原纤集合起来就构成了微原纤。

1.1.5.2 按晶型结构划分

按照晶型结构不同，纤维素分为五类，即Ⅰ～Ⅴ型。迄今为止，已发现固态纤维素存在着五种结晶变体，即天然存在的纤维素Ⅰ，人造的纤维素Ⅱ、纤维素Ⅲ、纤维素Ⅳ和纤维素Ⅴ。这五种结晶变体各有不同的晶胞结构。纤维素晶体在一定条件下可以转变成各种结晶变体。

（1）纤维素Ⅰ

纤维素Ⅰ是纤维素天然存在形式，又叫原生纤维素，包括细菌纤维素、海藻和高等植物（如棉花、麻、木材等）细胞中存在的纤维素。其中Ⅰ型是天然纤维素的晶型，

Ⅰα是三斜晶胞模型、Ⅰβ是单斜晶胞模型。Ⅰα是一种亚稳态结构，它能转变成稳定结构Ⅰβ构型。

纤维素Ⅱ～Ⅴ型均为人造纤维的模型。

（2）纤维素Ⅱ

纤维素Ⅱ是原生纤维素经由溶液中再生或丝光化得到的结晶变体，是工业上使用最多的纤维素形式。

除了在海藻中天然存在外，纤维素Ⅱ可以用以下 4 种方法制得：

① 以浓碱液（较合适的浓度是 11%～15%）作用于纤维素而生成碱纤维素，再用水将其分解为纤维素；

② 将纤维素溶解后再从溶液中沉淀出来；

③ 将纤维素酯化后，再皂化成纤维素；

④ 将纤维素磨碎后，用热水处理。

（3）纤维素Ⅲ

纤维素Ⅲ是用液态氨溶胀纤维素所生成的氨纤维素分解后形成的一种变体，是纤维素的第三种结晶变体，也称氨纤维素。也可将原生纤维素或纤维素Ⅱ用液氨或胺类处理，再将其蒸发得到，是纤维素的一种低温变体。从纤维素Ⅱ中得到的纤维素Ⅲ与从原生纤维素得到的纤维素Ⅲ不同，分别称为纤维素Ⅲ2 和纤维素Ⅲ1。纤维素Ⅲ的出现有一定的消晶作用，当氨或胺除去后，结晶度和分子排列的有序度都明显下降，可及度增加。

（4）纤维素Ⅳ

纤维素Ⅳ是由纤维素Ⅱ或纤维素Ⅲ在极性液体中以高温处理而生成的，故有高温纤维素之称，是纤维素的第四种结晶变体。它可通过将纤维素Ⅰ、纤维素Ⅱ、纤维素Ⅲ高温处理而得到。纤维素Ⅳ也分为纤维素Ⅳ1 和纤维素Ⅳ2，纤维素Ⅳ1 的红外光谱与纤维素Ⅰ相似，纤维素Ⅳ2 的红外光谱与纤维素Ⅱ相似。

（5）纤维素Ⅴ

纤维素Ⅴ是纤维素经过浓盐酸（38%～40.3%）处理而得到的纤维素结晶变体。其 X 射线图类似纤维素Ⅱ，而晶胞大小又与纤维素Ⅳ相近，实用性不大，研究报道也较少。

将纤维素分为五类，是理想的五种形式，其实由于处理方法和技术差异，不同的纤维素晶型会存在于同一纤维素样品中。纤维素的聚集态结构研究是指纤维素分子间的相互排列情况（晶区和非晶区、晶胞大小及形式、分子链在晶胞内的堆砌形式、微晶的大小）、取向结构（分子链和微晶的取向）等。天然纤维素和再生纤维素纤维都存在结晶的原纤结构，由原纤结构及其特性可部分地推知纤维素的性质，所以了解以纤维素为基质的材料的结构与性能关系，是寻找制备纤维素衍生物的基础。

1.1.6　纤维素类生物质组成

木质纤维素类生物质的组成，在很大程度上取决于原料的来源。硬木、软木、草类生物的木质素和（半）纤维素含量就有很大区别。纤维素几乎存在于所有的植物中。常见的生物质原料中纤维素、半纤维素和木质素含量如表 1-1 所列。

表 1-1　常见木质纤维素类生物质的主要化学组成

原料	碳水化合物组成(干物质)/%			参考文献
	纤维素	半纤维素	木质素	
棉花	85～95	5～15	0	[5]
竹子	49～50	18～20	23	[6]
大麦秆	36～43	24～33	6.3～9.8	[7]
玉米芯	32.3～45.6	39.8	6.7～13.9	[8]
玉米秸秆	35.1～39.5	20.7～24.6	11.0～19.1	[9]
棉秆	31	11	30	[10]
桉木	45～51	11～18	29	[11]
稻草秆	29.2～34.7	23～25.9	17～19	[12]
小麦秆	35～39	22～30	12～16	[13]
麦麸	10.5～14.8	35.5～39.2	8.3～12.5	[14]
柳枝稷	35～40	25～30	15～20	[15]
杨木	45～51	25～28	10～21	[11]
坚果壳	25～30	22～28	30～40	[16]
松木	42～49	13～25	23～29	[11]
硬木树干	40～55	24～40	18～25	[15]
报纸	44～55	24～39	18～30	[15]
软木树干	45～50	24～40	18～25	[15]
甘蔗渣	25～45	28～32	15～25	[6]

1.1.7　纤维素资源量估算方法

纤维素类生物质的资源通常比较分散，随自然条件、生产情况等变化，其秸秆等干物质量会存在较大的差异。目前，通常根据生物质的草谷比和农作物经济产量粗略地估算相应的生物量。

草谷比（S_G）是指农作物地上茎秆产量与经济产量之比，它是评价农作物产出效率的重要指标，又称为农作物副产品与主产品之比。农作物经济产量是指人们需要的有经济价值的农作物主要产品的产量，又称其为农作物主产品产量。对于粮食、油料等农作物，籽实产量即为经济产量。

农作物地上茎秆产量即一般意义上的农作物秸秆产量，又称为农作物副产品产量。对于以籽实、瓜果、叶荚等为收获对象的农作物，地上茎秆产量等于其地表生物量减去其经济产量。对于马铃薯、甘薯、甜菜、萝卜、花生等以地下块根、块茎、荚果为收获对象的农作物，地上部分可全部视为秸秆。在草谷比和农作物经济产量已知的条件下，可用下述公式计算农作物秸秆产量：

$$W_s = W_p S_G$$

式中　W_s——农作物秸秆产量，t；

　　　W_p——农作物经济产量，t；

　　　S_G——草谷比，即农作物秸秆产量与农作物经济产量之比值。

对于部分农作物副产品，如稻壳、花生壳等的产量也可根据其占农作物经济产量的比例来计算。例如在水稻生产中，稻谷是其经济产品，稻谷的平均出米率为 73％，稻壳占稻谷的比例为 27％。若稻谷的产量为 10 万吨，则稻壳的产量为 10 万吨×0.27＝2.7 万吨。用公式表达为：

$$W_s' = W_p R_{s/p}$$

式中　W_s'——农作物副产品产量，t；

　　　$R_{s/p}$——农作物副产品产量占其经济产量的比例。

草谷比的确定是秸秆产量估算准确与否的关键，采用不同的文献来源草谷比所计算出的农作物资源量自然就会存在较大的差异[4]。

中国主要农作物的草谷比如表 1-2 所列。

表 1-2　中国主要农作物副产品与主产品比例（草谷比）

农作物类别及其副、主产品之比	数值	农作物类别及其副、主产品之比	数值
稻草产量与稻谷产量之比	0.9	芝麻秸秆产量与芝麻产量之比	2.2
稻壳质量占稻谷质量的平均比例/％	27.0	向日葵秆（包括向日葵盘）产量与向日葵籽（包括仁和壳）产量之比	3.0
麦秸产量与小麦产量之比	1.1	油菜秆产量与油菜籽产量之比	1.5
玉米秸秆产量与玉米产量之比	1.2	棉秆产量与籽棉产量之比	3.4
玉米芯产量与玉米产量之比	0.25	籽棉产量与皮棉产量之比	2.7
谷子、高粱等杂粮秸秆产量与其籽实产量之比	1.6	棉秆产量与皮棉产量之比	9.2
大豆秸秆产量与大豆产量之比	1.6	蔗渣产量与蔗糖产量之比	2.0
绿豆、蚕豆、豌豆等杂豆秸秆产量与其籽实产量之比	2.0	蔗渣产量（干质量）与甘蔗产量（鲜质量）之比	0.24
薯类藤蔓与薯类产量之比	0.5	甘蔗叶梢产量（干质量）与甘蔗产量（鲜质量）之比	0.06
花生秧产量与花生果（包括花生仁和花生壳）产量之比	0.8	蔬菜藤蔓及残余物（干质量）与蔬菜产量（鲜质量）之比	0.1
花生壳质量占花生果质量的平均比例/％	31.3	烤烟副产品产量与主产品产量之比	1.6
油菜秆产量与油菜籽产量之比	1.5	甜菜茎叶（干质量）与甜菜产量（鲜质量）之比	0.10

1.2 我国纤维素资源分类及资源量

纤维素是地球上最为丰富的可再生资源，占地球生物总量的 40%。棉花中纤维素含量接近 100%，为天然的最纯的纤维素来源，木本植物茎干中纤维素占 40%～55%，叶子中纤维素占 15%～20%，农作物秸秆等草本植物中纤维素含量为 25%～40%。每年全球纤维素产量高达 2000 亿吨。我国植物纤维素资源也非常丰富，根据全国秸秆资源调查结果，目前我国农作物秸秆理论资源量为 8.2 亿吨，秸秆可收集资源量为 6.87 亿吨。如何有效地转化和利用这一丰富资源，已经成为世界上许多国家十分关注的重要领域。

按原料来源分，纤维素资源主要包括以下几类：农业剩余物，如农作物秸秆、谷壳等；林业剩余物，如采伐剩余物、造材剩余物和加工剩余物等；二次纤维原料和草类等。

1.2.1 农业剩余物

农业剩余物主要包括农作物秸秆与农产品加工剩余物。根据 2009 年全国农作物秸秆资源调查与评价报告显示，2009 年全国农作物秸秆理论资源量约为 8.2 亿吨（风干，含水量为 15%）。从品种上看，稻草约为 2.05 亿吨，占理论资源量的 25%；麦秸为 1.5 亿吨，占 18.3%；玉米秸秆为 2.7 亿吨，占 32.3%；棉秆为 2584 万吨，占 3.2%；油料作物秸秆（主要为油菜和花生）为 3737 万吨，占 4.6%；豆类秸秆为 2726 万吨，占 3.3%；薯类秸秆为 2243 万吨，占 2.7%[17]。

各种农作物秸秆占总资源比例见图 1-9。

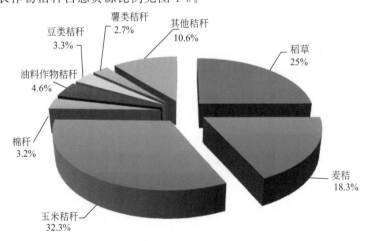

图 1-9　各种农作物秸秆占总资源量比例

农作物秸秆的去向主要有还田、饲料、工业原料、薪柴和露地焚烧等。据统计，秸秆作为肥料使用量约 1.02 亿吨（不含根茬还田，根茬还田量约 1.33 亿吨），占可收集资源量的 14.8%；作为饲料使用量约 2.11 亿吨，占 30.7%；作为燃料使用量约 1.3 亿吨，占 18.7%；作为种植食用菌基料量约 1500 万吨，占 2.1%；作为造纸等工业原料量约 1600 万吨，占 2.4%；废弃及焚烧约 2.2 亿吨，占 31.3%。具体见图 1-10。

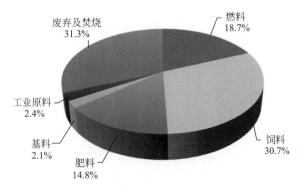

图 1-10　各种用途占可收集资源量的比例

由于我国的耕地保护制度和相关政策，现有粮食种植面积基本能保持稳定，全国秸秆可收集资源量也能维持在一个相对恒定的水平，据估算约为 6.92 亿吨。

1.2.2　林业剩余物

林业剩余物主要指采伐剩余物（指枝丫、树梢、树皮、树叶、树根及藤条、灌木等）、造材剩余物（指造材截头）和加工剩余物（指板皮、板材、木竹截头、锯末、碎单板、木芯、刨花、木块和边角余料）。采伐剩余物和造材剩余物约占林木采伐量的 40%。根据国务院批准的"十二五"期间森林采伐限额（每年 2.71 亿立方米，不包括毛竹采伐限额）计算，全国每年可产生 1.08 亿立方米的采伐剩余物和造材剩余物。另外，随着我国木材加工产业技术含量的提高，加工剩余物约为原木的 10%。因此，我国每年产生约 0.15 亿立方米的加工剩余物。

我国森林区主要由东北林区、西南喜马拉雅林区、西北林区和南方坡地林区四大林区组成，占全国森林总面积 158.5 万平方千米的 54.5%。上述地区也是采伐剩余物和造材剩余物的主要产区。林木末端加工产业是加工剩余物的主要来源，造成加工剩余物来源分散和单位产量不高。

与森林抚育间伐的对象不同，人类进行采伐、造材的对象为达到采伐标准的用材成熟林和过熟林。在林木采伐、造材过程中会产生大量的剩余物，这些剩余物主要包括主伐、地产林改造、山场造材等作业过程中产生的不属于森林采伐产品和未被利用的树梢、树皮、枝丫、板皮、造材截头、损伤材等。在进行森林采伐、造材等经营活动时，原木仅占森林总量的 30% 左右，另有多达 70% 的采伐剩余物被留在林地中。

1.2.3　二次纤维原料

二次纤维原料一般指旧报纸、旧书本、旧瓦楞纸等回收的纤维原料。我国自 2009 年始，纸产量第一次超过美国，成为全球最大的纸产品生产国家，2010 年我国纸及纸板消费量为 9173 万吨；2000～2010 年，我国纸产量年均增长 11.76％，纸消费量年均增长 9.88％。目前，我国纸产品生产和消费依然处于高位，由此也产生了大量废纸。虽然我国已初步建立起完善的废纸回收利用体系，但回收率仅为 43.87％，仍未能保证废旧物资的有效回收利用。这些废旧二次纤维原料，若得不到很好的回收利用，不仅会造成资源的严重浪费，还会造成环境的污染。

与其他纤维原料相比，二次纤维原料在纸浆造纸过程中都经过了物理、化学或物化相结合的处理过程，二次纤维原料比相应的天然纤维原料更有利于纤维素酶的酶解和转化。但由于抄纸过程中会添加一些化学药剂，或进行处理，以赋予纸张一些特殊的性能，如防水、防油等，因此，二次纤维原料在实际酶解、转化利用中通常都需要进行相应的处理，以消除化学药剂等对纤维素酶和发酵菌株的抑制作用。

1.3　纤维素酶在纤维素资源转化、利用中的作用

纤维素是木质纤维素类生物质的主要成分，是由葡萄糖分子通过 β-1,4-糖苷键连接而成的链状高分子聚合物，天然的纤维素由排列整齐而规则的结晶区和相对不规则、松散的无定形区构成，其结晶度一般在 30％～80％之间。在植物细胞壁中，纤维素分子聚集成纤维丝，包理在半纤维素和木质素里，形成致密的网状结构。天然纤维素由于其结构和组成的复杂性，任何单一的酶都难以将其高效地水解利用，通常需要经过预处理，并在纤维素酶系的协同作用下才能有效降解。

1.3.1　纤维素降解酶系种类

自 1906 年 Sellieres 在蜗牛消化液中发现纤维素酶以来，纤维素酶的研究和应用受到了国内外学者的极大关注，研究发现能产生纤维素酶类的微生物分布非常广泛，包括真菌、细菌、放线菌等，有几十个属和数百个种。纤维素酶通常是由内切纤维素酶、外切纤维素酶和 β-葡萄糖苷酶 3 种组分组成的混合酶，纤维素在内切纤维素酶和外切纤维素酶的作用下水解形成纤维二糖和水溶性的纤维寡糖，纤维二糖和纤维寡糖被 β-葡萄糖苷酶进一步水解形成葡萄糖，纤维素的有效分解依赖于 3 种酶的协同作用。

不同来源的产酶微生物会产生各具特色的纤维素降解酶系。不同酶系中，其内切纤

维素酶、外切纤维素酶和 β-葡萄糖苷酶含量、种类比例和活力大小都会存在很大的差别。能够降解无定形纤维素和结晶纤维素的纤维素酶系被称为完全纤维素酶系（complete cellulase system）或全值纤维素酶系（full value cellulase system）。一般来说，该酶系往往包含上述三类酶的组分。仅能水解无定形纤维素的纤维素酶系被称为不完全酶系（uncomplete cellulase system）或低值酶系（low value cellulase system）。有些微生物，如里氏木霉（*Trichoderma reesei*）能够产生完整的纤维素酶系，但不同微生物所产的各种酶组分含量会存在很大的差异。有的微生物所产的纤维素酶是不完整的，如褐腐真菌往往只产生内切纤维素酶[18]。

1.3.1.1　"非复合体"纤维素酶系统

所谓"非复合体"纤维素酶系统（noncomplexed cellulase system），也称为游离纤维素酶系（free cellulase system），是指可分泌到胞外的纤维素降解酶系，各种酶的组分是游离的，如常见的木霉和青霉等的纤维素酶系。在这种纤维素酶系中，各酶组分彼此间相互独立，没有结构上的联系。

好氧的纤维素降解菌，包括细菌和真菌所产生的纤维素酶系，大都属于这个类型，它们通过产生大量的胞外纤维素酶来降解利用纤维素。好氧丝状真菌如里氏木霉（*Trichoderma reesei*）、曲霉（*Aspergillus*）、青霉（*Penicillium*）以及白腐菌中的某些种都产生这类酶系。曲霉的纤维素酶系具有较高的 β-葡萄糖苷酶活力和较低的外切纤维素酶活力，对天然纤维素的降解能力有限；而木霉则具有较高的外切纤维素酶活力和较低的 β-葡萄糖苷酶活力。在实际工业产酶和应用中，通常会将来自这两种菌的纤维素酶进行混合，以促进纤维素酶组分的协调。

这类酶系中研究最多，也是目前研究最为详细的产纤维素酶模式微生物是里氏木霉。已报道该菌可产生多达 10 种以上的纤维素酶和多种半纤维素酶。其中已经被分离并获得深入研究的纤维素酶系至少包括 2 种外切-β-1,4-葡聚糖酶（CBH I 和 CBH II，分别作用于纤维素链的还原端和非还原端）、5 种内切-β-1,4-葡聚糖酶（EG I、EG II、EG III、EG IV 和 EG V）和 2 种 β-葡萄糖苷酶（BG I 和 BG II）。里氏木霉分泌到胞外的纤维素酶系中，CBH I 和 CBH II 是纤维素酶的主要成分，大约占纤维素酶组成的 60% 和 20%，其外切纤维素酶活力对于结晶纤维素的降解至关重要。经过近几十年的研究和改进，里氏木霉的产酶量已可达 0.33g/g（蛋白质/可利用的碳源）。通过该菌的全基因组序列分析，还发现 10 个编码新酶的基因参与到纤维素的降解中，这些蛋白质包括 3 种内切纤维素酶（CEL5B、CEL74A 和 CEL61B）、5 种 β-葡萄糖苷酶（CEL1B、CEL3B、CEL3C、CEL3D 和 CEL3E）和 2 种只含碳水化合物结合模块的分泌蛋白（CIP1 和 CIP2）。这些蛋白质的结构和功能还有待进一步深入研究。

1.3.1.2　复合体型纤维素酶系统

微生物产生的纤维素酶系基本无单一纤维素酶组分分泌到胞外，所产生的纤维素降解酶系各组分聚集在一起，形成一个复杂的复合体，这就是所谓的"复合体型"纤维素酶系统（complexed cellulase system）。产生复合体型的纤维素酶系统是厌氧微生物所特有的，如梭菌属（*Clostridium*）的纤维素酶系。

研究表明，厌氧细菌和好氧细菌在纤维素的降解机制上存在着明显不同。除个别菌外，大多数的厌氧菌对纤维素的降解基本上是通过一个复合体型的纤维素酶系统进行的。1983 年，Lamed 等在可降解纤维素的厌氧细菌热纤梭菌（*Clostridium thermocellum*）培养物中分离纯化到一种与纤维素降解有关的酶蛋白复合体，即纤维小体（cellulosome）。之后，陆续有人在梭菌属其他厌氧微生物，如 *C.papyrosolvens* C7、噬纤维梭菌（*C.cellulovorans*）和 *Piromyces* 中发现了纤维小体结构。在电子显微镜下可看到厌氧细菌细胞壁上有突起物，这些突起物即为稳定的多酶复合体。它们连接在细胞壁上，相当柔韧和灵活。大多数的厌氧纤维素降解菌能够生长在纤维素底物上，与纤维素密切接触，或黏附在纤维素上。纤维小体可同时实现吸附纤维素底物和降解纤维素两种功能。

纤维小体是厌氧生物存在的一种纤维素酶系，是多种纤维素酶、半纤维素酶依靠锚定-黏附机制形成的一种多酶复合体结构，通过细胞粘连模块附着在细菌细胞壁上，能高效彻底地降解天然纤维素材料。这类酶系研究得较多和较为清楚的是热纤梭菌（*Clostridium thermocellum*）的复合酶系。该菌纤维小体由 30 余个蛋白质组成，其复合酶系有紧密的指状结构，包括 1 个大的非催化骨架蛋白（CipA，分子量为 197000）、4 个亲水性的组件和 9 个粘连模块以及家族Ⅲ的 CBM。骨架蛋白通过类型Ⅱ的黏结区域被锚定在细胞壁上。它具有 22 个催化组件：至少 9 个表现内切纤维素酶活力组分（CelA、CelB、CelD、CelE、CelF、CelG、CelH、CelN 和 CelP）、4 个表现外切纤维素酶活力组分（CbhA、CbhK、CbhO 和 CbhS）、5 个半纤维素酶活力组分（XynA、XynB、XynV、XynY 和 XynZ）、1 个壳多糖酶活力组分（ManA）和 1 个有地衣多糖酶活力的组分（LicB）。这么多组分如何连接到骨架上，以及各组分之间的协同作用机制，目前还不清楚。许多研究结果表明，纤维小体中的纤维素酶组分可能会受到培养基中碳源的影响，纤维小体的组分与生长底物间有密切的关系。

1.3.1.3 非复合体细胞结合型纤维素降解酶系

微生物对天然纤维素降解能力强，但分泌到胞外的纤维素酶系活力非常低，各纤维素酶组分既不聚集形成复合体，也不分泌到胞外，主要分布在细胞外膜或胞壁上，这类酶系被称为"非复合体细胞结合型"纤维素酶系。这是滑行细菌如哈氏噬纤维菌等纤维素酶系所特有的。

哈氏噬纤维菌（*Cytophaga hutchinsonii*）和产琥珀酸丝状杆菌（*Bacteroides succinogenes*）等细菌对纤维素的降解采用这种模式。这两株菌的全基因组测序已于 2005 年完成，基因组大小约为 4Mb。哈氏噬纤维菌对结晶纤维素的降解需要底物与菌体紧密接触，在降解纤维素过程中也不在胞外积累还原糖。其与纤维降解有关的酶基因中缺少外切纤维素酶和纤维素结合模块（CBM）。但这类细菌具有高效的纤维素降解能力，能够快速彻底地降解滤纸。这类菌的主要纤维素降解酶活力与细胞相关联，既不分泌游离的纤维素酶系，又不形成明显的纤维小体结构。其独特、高效的纤维素降解机制还有待进一步发掘。

1.3.2 纤维素降解过程机制

植物细胞壁是纤维素、半纤维素及木质素相互缠绕形成的致密结构。纤维素是由

D-葡萄糖通过 β-1,4-糖苷键连接形成的高分子聚合物。纤维素分子内与分子间均会形成氢键，同时纤维素链也会聚集成束，进而形成超分子聚合物。因而，天然纤维素分子非常坚固，需要通过纤维素酶的协同作用将之降解为可利用的糖类。有关纤维素降解机理的研究有很多，但纤维素酶将天然纤维素转化成葡萄糖过程中的细节至今仍不清楚。目前，关于纤维素的降解机理主要有以下几种[2,19]。

1.3.2.1　C_1-C_x 假说

1950 年 Reese 等就对纤维素酶的作用方式提出了一个著名的 C_1-C_x 假说，其基本模式可以表述为：

$$结晶纤维素 \xrightarrow{C_1} 无定形纤维素 \xrightarrow{C_x} 可溶性产物 \xrightarrow{\beta\text{-葡萄糖苷酶}} 可溶性产物$$

该学说认为，C_1 酶首先作用于结晶纤维素，使形成结晶结构的纤维素链开裂，长链分子的末端部分离，使其转化为非结晶形式，从而使纤维素链易于水解；C_x 酶随机水解非结晶纤维素、可溶性纤维素衍生物和葡萄糖的 β-1,4-寡聚物；β-葡萄糖苷酶将纤维二糖和纤维三糖水解成葡萄糖。

1.3.2.2　协同理论

协同理论是目前被大多数学者所普遍接受的理论。该理论认为：纤维素降解是由内切纤维素酶、外切纤维素酶和 β-葡萄糖苷酶共同作用的结果。其酶反应的顺序机理：内切纤维素酶首先进攻纤维素的非晶区，形成外切纤维素酶需要的新的游离末端，然后外切纤维素酶从多糖链的非还原端切下纤维二糖单位，β-葡萄糖苷酶再水解纤维二糖形成葡萄糖。

1.3.2.3　原初反应假说

在对褐腐菌降解纤维素的研究过程中发现，褐腐菌降解结晶纤维素的早期阶段纤维素的机械强度大幅度降低，但只有极微量的重量损失和很少的还原糖生成。这与纤维素酶解时的聚合度降低而还原糖增加现象明显不同。因此，Coughlan 提出了结晶纤维素降解的多步骤学说，该学说认为原初反应即无序化反应使纤维素的结晶状态发生改变，便于随后的纤维素水解。

1.3.2.4　短纤维形成理论

该理论认为天然纤维素首先在一种非水解性质的解链因子或解氢键酶作用下，纤维素链内或链间的氢键打开，从而形成短纤维，然后再在其他纤维素酶的作用下进行水解。

总的来说，以上机理虽然在某些方面能很好地解释微生物对纤维素的降解过程，但也存在一些缺陷。C_1-C_x 假说对 C_1 酶的作用机制并不清楚；而协同理论始终没有说明协同作用的起始反应是如何进行的，特别是对结晶区的降解机制没有很好的解释；短纤维形成现象早在 20 世纪 60 年代就已被发现，但其是否是纤维素降解中第一步所必需的则一直处于争论中。因此，对于纤维素酶降解纤维素的机理研究仍然是当前和今后一段时间的热点。

1.3.3 纤维素酶应用

目前，纤维素酶已经广泛应用于食品、发酵、制浆造纸、饲料、洗涤、医药、环境保护和化工等众多领域，不仅解决了纤维素的再利用问题，还产生了可观的经济效益。

1.3.3.1 食品工业

蔬菜、水果加工中，利用纤维素酶，使植物细胞壁中的纤维素发生水解反应，形成葡萄糖等水解产物。同时，也会使植物细胞壁发生不同程度的软化、膨胀、崩溃等变化，有助于改善果蔬的口感，使之更易于被人体消化。工业生产上，利用纤维素酶降解果蔬汁中的纤维素类物质，既可以增加其细胞壁的通透性从而利于澄清，又能够提高内容物的提取率，达到节约时间、简化加工工艺的目的。例如豆腐渣经过纤维素酶处理后进行乳酸菌发酵，能够生产营养价值高、口感好的发酵饮品。酒精发酵工业上，可通过添加纤维素酶分解并破坏细胞壁，从而释放出细胞内淀粉，大大提高原料的利用率和酒精产量。纤维素酶在不影响加工品质的情况下，可使清香型白酒出酒率提高13%。

1.3.3.2 纺织业

最近几十年来，纺织业利用纤维素酶生物整理技术对天然丝织物进行处理，不仅改善了天然丝织物的抗皱性和稳定性，也大大提高了织物柔软的手感、光洁的外观等品质。碱性纤维素酶由于能够改善洗涤效果，利于胶状污垢的脱落，因而被广泛应用于家庭洗涤剂；酸性纤维素酶能够在不对织物造成机械伤害的情况下短时抛光和返旧。

1.3.3.3 造纸业

纤维素酶能改善废纸的脱墨效果，有研究者利用内切纤维素酶对混合办公废纸进行酶法脱墨研究，发现内切纤维素酶在脱墨过程中发挥着重要作用，能够明显提高油墨脱出率。纤维素酶用于打浆前预处理，可以降低打浆能耗，用于废纸浆处理可以提高其滤水性能，提高成纸的强度。在打浆后进行酶处理，可以减少细小纤维含量，提高浆料的滤水性能，进而提高车速和产量。

1.3.3.4 活性物质提取

纤维素酶法提取大豆多糖与热水浸提方法相比，大豆多糖提取率有了较大的提高。有研究通过单因素及正交试验，在不同条件下，对纤维素酶解法提取山楂果中黄酮进行了研究，结果表明此法能较好地保留提取物的活性。纤维素酶不仅在多糖、黄酮等活性物质提取中起着重要作用，对精油、皂苷等物质的提取也表现出了良好的效果。

参考文献

［1］ 文少白，李勤奋，侯宪文，等.微生物降解纤维素的研究概况［J］.中国农学通报，2010，26（1）：231-236.

［2］ 曲音波，等.木质纤维素降解酶与生物炼制［M］.北京：化学工业出版社，2011.

［3］　李忠正. 植物纤维资源化学［M］. 北京：中国轻工业出版社，2012.

［4］　李海滨，袁振宏，马晓茜，等. 现代生物质能利用技术［M］. 北京：化学工业出版社，2012.

［5］　Sun Y, Lu L, Pang C S, et al. Hydrolysis of cotton fiber cellulose in formic acid［J］.Energy Fuels, 2007, 21（4）: 2386-2389.

［6］　Alves E F, Bose S K, Francis R C, et al. Carbohydrate composition of eucalyptus, bagasse and bamboo by a combination of methods［J］. Carbohydrate Polymers, 2010, 82 （4）: 1097-1101.

［7］　Schneider L, Dong Y, Haverineu J, et al. Efficiency of acetic acid and formic acid as a catalyst in catalytical and mechanocatalytical pretreatment of barley straw［J］. Biomass and Bioenergy, 2016, 91: 134-142.

［8］　Cai D, Dong Z S, Wang Y, et al. Biorefinery of corn cob for microbial lipid and bio-ethanol production: An environmental friendly process［J］. Bioresource Technology, 2016, 211: 677-684.

［9］　Mosier N, Wyman C, Dale B, et al. Features of promising technologies for pretreatment of lignocellulosic biomass［J］. Bioresource Technology, 2005, 96（6）: 673-686.

［10］　Chen M D, Kang X Y, Wumaier T D, et al. Preparation of activated carbon from cotton stalk and its application in supercapacitor［J］. Journal of Solid State Electrochemistry, 2013, 17（4）: 1005-1012.

［11］　McIntosh S, Zhang Z Y, Palmer J, et al. Pilot-scale cellulosic ethanol production using eucalyptus biomass pre-treated by dilute acid and steam explosion［J］. Biofuels, Bioproducts and Biorefining, 2016, 10（4）: 346-358.

［12］　Sandeep S, Kumar R, Gaur R, et al. Pilot scale study on steam explosion and mass balance for higher sugar recovery from rice straw［J］. Bioresource Technology, 2015, 175: 350-357.

［13］　Alvira P, Negro M J, Ballesteros I, et al. Steam explosion for wheat straw pretreatment for sugars production［J］. Bioethanol, 2016, 2（1）: 66-75.

［14］　Jacobs P J, Hemdane S, Dornez E, et al. Study of hydration properties of wheat bran as a function of particle size［J］. Food Chemistry, 2015, 179: 296-304.

［15］　Howard R L, Abotsi E, Jansen van Rensburg E L, et al. Lignocellulose biotechnology: issues of bioconversion and enzyme production［J］. African Journal of Biotechnology, 2003, 2（2）: 602-619.

［16］　Chiou B S, Valenzuela-Medina D, Bilbao-Sainz C, et al. Torrefaction of pomaces and nut shells［J］. Bioresource Technology, 2015, 177: 58-65.

［17］　许洁. 生物质能源市场行为与激励政策研究［D］. 北京：中国科学院大学，2016.

［18］　曲音波，等. 非粮生物质炼制技术——木质纤维素生物降解机理及其酶系合成调控［M］. 北京：化学工业出版社，2017.

［19］　陈洪章. 纤维素生物技术［M］. 2版. 北京：化学工业出版社，2011.

第 2 章

产纤维素酶微生物及纤维素酶类

2.1 产纤维素酶微生物分类

2.2 纤维素降解酶系分类

2.3 纤维素酶

2.4 半纤维素酶

2.5 纤维素氧化酶

2.6 纤维小体

参考文献

早在1950年，人们已确定木霉属菌株能产生高活力的纤维素酶，且所产生的纤维素酶系复合物较为完整，酶活力较为均衡。后来，许多有纤维素降解活力的菌株被陆续发现和报道。目前已发现的纤维素酶大多数来自细菌和真菌（包括好氧菌和厌氧菌）等微生物，其他产纤维素酶的生物类群也有报道，如古生菌、植物和食草动物等。此外，还有少数学者对产纤维素酶的海洋微生物进行了研究。

2.1 产纤维素酶微生物分类

由于木质纤维素在自然界中广泛存在，可降解纤维素的微生物分布也非常广泛。在植物有机腐殖质和土壤中发现具有纤维素降解能力的微生物多分布在原核生物域以及真核生物域中，近期报道显示在古生菌域中也有发现纤维素降解微生物。不同微生物合成的纤维素酶在组成上有显著的差异，对纤维素的酶解能力有很大不同。目前细菌和真菌的纤维素酶复合体是研究的热点。对比研究显示，细菌纤维素酶的组成和真菌纤维素酶明显不同。虽然部分细菌可以分泌较高量的酶，但由于生长条件要求苛刻，需在厌氧条件下生长，且增殖缓慢，所以大量的研究主要集中在真菌上。此外，放线菌的纤维素酶产量极低，研究相对较少。

最初人们认为绝大多数能够产生纤维素酶的微生物只存在于普通生态环境的真菌和细菌中，然而现有许多研究表明，在条件苛刻的高盐浓度、低温、高温等生态环境（如海洋、沼泽、极地、温泉和火山口等）下同样存在纤维素酶产生菌。此外，其他种类的生物也能够降解纤维素，包括一些动物，如反刍动物、昆虫（白蚁）、软体动物（蓝贝）、龙虾、线虫和原生动物，以及植物界中的一些物种，如拟南芥（*Arabidopsis*）等，这些物种均能产生纤维素酶。然而这些动植物其实是以纤维素作为能量来源，通过其体内的微生物降解纤维素。

2.1.1 产纤维素酶原核微生物

2.1.1.1 细菌

产纤维素酶的细菌一般是单细胞，大小为$0.5\sim3.0\mu m$，由于体积小，具有较大的比表面积。细菌产纤维素酶主要是中性酶和碱性酶。在降解纤维素时，细菌通常黏附在纤维上，从纤维表面向内生长，在接触点处的纤维素首先被降解，使纤维表面呈锯齿蚀痕。细菌对纤维素的降解能力较弱，产生的纤维素酶主要是内切纤维素酶，而外切纤维素酶活力较低。因此，无论在种类上还是数量上，细菌作用于纤维素往往比真菌多得多。根据纤维素降解细菌对氧气的需求，可以将其大致分为好氧细菌和厌氧细菌两大类；根据纤维素降解细菌的其他微生物学特征，亦可以将纤维素降解细菌分为几种不同的生理类群。

（1）好氧细菌

可降解纤维素的好氧细菌通常存在于中性、微碱性土壤表层的腐殖土、河流、湖泊和海洋等环境中，以及植物纤维材料上，一般属于中温好氧菌，这些细菌作用于纤维素时能够迅速发生降解。通常，需氧细菌在天然降解系统中占主导地位，降解纤维素的 90%～95%，剩余的 10% 或更少的纤维素在厌氧条件下被多种细菌降解。大多数好氧细菌所产的纤维素酶为不完全纤维素酶系，因而其降解纤维素的能力受到限制。

这类好氧细菌既有革兰氏阳性细菌，也有革兰氏阴性细菌。

在自然界中分布的可降解纤维素的革兰氏阳性细菌主要包括芽孢杆菌属（*Bacillus* sp.）、热酸菌属（*Acidothermus* sp.）、热杆菌属（*Caldibacillus* sp.）、热双歧菌属（*Thermobifida* sp.）和纤维单胞菌属（*Cellulomonas* sp.）、纤维弧菌属（*Cellvibrio* sp.）和链霉菌属（*Streptomyces* sp.）等，其中芽孢杆菌属的研究较多，如巨大芽孢杆菌（*Bacillus megaterium*）和短小芽孢杆菌（*Bacillus pumilus*）；纤维单胞菌属的丝状葡萄球菌（*C. fimi*）、黄单胞菌（*C. flavigena*）、伊朗葡萄球菌（*C. iranensis*）、纤维单胞葡萄球菌（*C. persica*）、纤维弧菌属的细胞弧菌（*C. gilvus*）和混合纤维弧菌（*C. mixtus*）；链霉菌属的抗生素链霉菌（*S. antibioticus*）、纤维链霉菌（*S. cellulolyticus*）、变色链霉菌（*S. lividans*）和网链霉菌（*S. reticuli*）等。

可降解纤维素的革兰氏阴性细菌主要来自假单胞菌属（*Pseudomonas* sp.）其中代表性菌株有假单胞菌属的荧光假单胞菌（*P. fluorescens*）。这些细菌多数是具有活跃运动性能的中温好氧菌，然而它们对天然纤维素的分解能力较弱。

此外，降解纤维素的好氧细菌还包括好氧滑行细菌，滑行细菌分解纤维素能力比较强，其细胞形态特殊，可在纤维固体表面滑动。包括噬纤维菌属（*Cytophaga*）的红噬纤维菌（*C. rubra*）、约氏噬纤维菌（*C. johnsonii*）、流散噬纤维菌（*C. diffiuens*）、溶解噬纤维菌（*C. lytica*）、发酵噬纤维菌（*C. fermentas*）、鲑色噬纤维菌（*C. salmonicolor*）以及生孢噬纤维菌属（*Sporocytophaga*）和多囊菌属（*Ployangium*）等。

（2）厌氧细菌

厌氧细菌主要存在于深层土壤、腐烂植物、污水污泥、木屑堆、堆肥堆、造纸厂、木材加工厂，以及反刍动物的瘤胃和白蚁肠胃等厌氧环境中。厌氧细菌能产生与纤维素结合紧密的纤维素酶多蛋白复合体，能够有效降解纤维素晶体。降解纤维素的厌氧细菌包括典型的革兰氏阳性细菌和少数革兰氏阴性细菌，这些细菌大多数在系统发育树上与芽孢梭菌属有较密切的亲缘关系。

革兰氏阳性厌氧细菌包括芽孢梭菌属（*Clostridium*）、厌氧纤维菌属（*Anaerocellum*）、溶纤维素拟杆菌（*Bacteroides cellulosolvens*），它们具有高活力的纤维素分解体系，芽孢梭菌属典型菌株包括丙酮丁醇梭菌（*C. acetobutylicum*）、阿氏梭状杆菌（*C. aldrichii*）、产纤维二糖梭菌（*C. cellobioparum*）、热产琥珀酸梭菌（*C. thermosuccinogenes*）、奥氏梭菌（*C. omeilianskii*）、热纤梭菌（*C. thermocellum*）和溶解梭菌（*C. dissolvens*）等，还有 *C. cellulofermentans*、*C. cellulolyticum*、*C. cellulovorans*、*C. herbivorans*、*C. hungatei*、*C. josui* 和 *C. papyrosolvens* 等菌株。其中热纤梭菌属于典型的厌氧细菌，可产生纤维小体，直接将纤维素转化为乙醇，具有重要的工

业应用潜力。在食草动物的消化道中，特别是反刍动物的瘤胃中含有大量的厌氧纤维素降解菌，它们主要是革兰氏阳性细菌，如白色瘤胃球菌（*Ruminococcus albus*）、黄色瘤胃球菌（*Ruminococcus flavefaciens*）、产琥珀酸丝状杆菌（*Bacteroides succinogenes*）和溶纤丁酸弧菌（*Butyrivibrio fibrisolvens*）等。其中前三种细菌具有很强的纤维素分解能力，是公认的瘤胃三大主要纤维素分解菌。而其他报道菌株对纤维素的降解能力较弱，通常需要在混合培养条件下才表现出分解纤维素的能力。

革兰氏阴性厌氧细菌则包括热解纤维素菌属（*Caldicellulosiruptor*）、嗜盐菌属（*Halocella*）、闪烁杆菌属（*Fervidobacterium*）、栖热袍菌属（*Thermotoga*）和丝状杆菌属（*Fibrobacter*）等。

此外，少数螺旋体（*Spirochaeta*）以及螺旋菌也有降解纤维素的能力，如嗜热螺旋体（*S. thermophila*）和产脂固氮螺菌（*Azospirillum lipoferum*）等。

好氧细菌和厌氧细菌产生的纤维素酶系统复合体，在产量和最终纤维素降解产物上存在显著差异。一般细菌对纤维素的降解能力较弱，产生的纤维素酶主要以内切纤维素酶为主，分泌的外切纤维素酶量较少，因而整体的酶活力较低。细菌纤维素酶多数结合在细胞膜上，菌体细胞需吸附在纤维素上才能起作用，酶的分离提取较为困难，实际应用很不方便。

2.1.1.2　放线菌

放线菌很少能降解纤维素，但它们能很容易地降解并利用半纤维素，且在一定程度上能改变木质素的分子结构，继而分解木质素使其降解。因此，放线菌降解纤维素的能力较弱，不如细菌和真菌。尽管由于放线菌生长繁殖缓慢且降解纤维素和木质素的能力不及真菌，但在不利的条件下放线菌能形成芽孢，与真菌相比其较能耐高温和各种酸碱度，所以在高温条件下放线菌对分解木质素和纤维素起着重要的作用。高温放线菌可以从自然生境中许多地方分离出来，如成熟高温堆肥、砂子、马粪和土壤等。在开放堆肥的生境中发现的主要菌群为放线菌门、厚壁菌门和变形菌门的诺卡氏菌属（*Nocardia*）、节杆菌属（*Arthrobucter*）、链霉菌属（*Streptomyces*）、高温放线菌属（*Thermoactinomyces*）以及小单孢菌属（*Micromonospora*）等。

2.1.2　产纤维素酶真核微生物

真菌对木质纤维素的降解起着重要作用，丝状真菌是真核微生物中降解纤维素的最具代表性的一大类群。自然界中广泛存在能够降解纤维素的真菌，早在 19 世纪 40 年代，人们已从腐烂的纤维材料上分离得到了数万种具有纤维素分解能力的丝状真菌。丝状真菌一般通过分泌糖苷水解酶（胞外酶）来降解木质纤维素，产生的纤维素酶最适 pH 呈中性偏酸或酸性。

目前纤维素酶高产菌株的大多数来源于丝状真菌，许多丝状真菌在生长过程中不能穿透纤维细胞壁进入材料内部，主要通过菌丝顶端分泌的纤维素酶对纤维细胞壁进行降解。真菌纤维素酶一般具有高效的纤维素酶分泌能力，酶被分泌到培养基中，采用过滤和离心等方法就可容易地得到无细胞的酶制剂。还有一些真菌能穿透纤维细胞壁进入材料内部进行彻底降解，这类丝状真菌产生的纤维素酶较少，不适用于工业生产，但是可应用于将纤维素原料转化为富含蛋白质的纤维素类饲料。

真菌产纤维素酶常采用固态或浸泡液态发酵方式，一般采用几种菌株复配成混合菌剂进行发酵产酶。在自然界中的真菌纤维素酶产生菌众多，报道较多的见表 2-1。

表 2-1　真菌纤维素酶产生菌[1]

属名	菌种名称
Acremonium（支顶孢属）	A. cellulolyticus（解纤维顶孢霉）
Agaricus（伞菌属）	A. arvensis（野蘑菇）
Aspergillus（曲霉属）	A. niger（黑曲霉）、A. ficum（无花果曲霉）、A. fumigatus（烟曲霉）、A. phoenicis（海枣曲霉）、A. terreus（土曲霉）、A. nidulans（构巢曲霉）和 A. oryzae（米曲霉）
Bjerkandera（烟管菌属）	B. adusta（黑管菌）
Ceriporiopsis（拟蜡菌属）	C. subvermispora（虫拟蜡菌）
Cerrena（齿毛菌属）	C. maxima（巨大齿毛菌）
Chaetomium（毛壳菌属）	C. thermocellum（嗜热毛壳菌）
Cladosporium（枝孢属）	C. jaetomium 和 C. sphaerospermum（球孢枝孢菌）
Coriolopsis（革孔菌属）	C. polyzona（多带革孔菌）
Coriolus（革盖菌属）	C. versicolor（彩绒革盖菌）
Daldinia（轮层炭菌属）	D. eschscholzii（海洋真菌-螳螂共生菌）
Fomes（层孔菌属）	F. fomentarius（木蹄层孔菌）
Fomitopsis（拟层孔菌属）	F. pinicola（红缘拟层孔菌）
Funalia（长毛孔菌属）	F. trogii（硬毛长毛孔菌）
Fusarium（镰刀菌属）	F. solani（腐皮镰刀菌）和 F. oxysporum（尖孢镰刀菌）
Geotrichun（地霉属）	G. candidum（念珠地霉菌）
Gloeophyllum（褐褶菌属）	G. trabeum（密黏褶菌）
Helotium（柔膜菌属）	H. claroflavum
Humicola（灰腐质霉属）	H. grisea（灰腐质霉）和 H. insolens（特异腐质霉）
Irpex（耙齿菌属）	I. lacteus（白囊耙齿菌）
Laetiporeus（硫黄菌属）	L. sulfurous（硫黄菌）
Lentinus（香菇属）	L. edodes（香菇）、L. tigrinus（虎皮香菇）
Melanocarpus	M. albomyces
Monascus（红曲霉属）	M. purpureus（紫红曲霉）
Mucor（毛霉属）	M. circinelloids（卷枝毛霉菌）
Myceliophthora（毁丝霉属）	M. thermophila（嗜热毁丝霉）

续表

属名	菌种名称
Myrothecium（漆斑菌属）	*M. verrucaria*（疣孢漆斑菌）
Neocallimastix（新美鞭菌属）	*Neocallimastix frontalis*
Neurospora（脉孢菌属）	*Neurospora crassa*（粗糙脉孢菌，粗糙脉孢霉）
Orpinimyces（根囊鞭菌属）	*O. bovis*
Paecilomyces（拟青霉属）	*P. fusisporus*、*P. themophila*（嗜热拟青霉）和 *P. lilacinus*（淡紫色拟青霉）
Penicillium（青霉属）	*P. brasilianum*（巴西青霉）、*P. citrinum*（橘青霉）、*P. decumbans*（斜卧青霉）、*P. echinulatum*、*P. funiculosum*（绳状青霉）、*P. janthinellum*（微紫青霉）、*P. occitanis*、*P. ostreatus*（平菇青霉）、*P. oxalicum*（草酸青霉）、*P. pinophilum*（嗜松青霉）和 *P. variabile*（变幻青霉）
Peniophora（隔孢伏革菌属）	*P. gigantean*（大隔孢伏革菌）
Phanerochaete（毛平革菌属）	*P. chrysosporium*（黄孢原毛平革菌）
Phlebia（射脉菌属）	*P. gigantea*（大射脉菌）
Piptoporus（剥管菌属）	*P. betulinus*（桦剥管菌）
Piromyces（梨囊鞭菌属）	*P. communis*
Pleurotus（侧耳属）	*P. ostreatus*（糙皮侧耳）、*P. dryinus*（栎生侧耳）、*P. tuber-regium*（菌核侧耳）、*P. sajor-caju*（漏斗状侧耳，凤尾菇）和 *P. pulmonarius*（肺形侧耳）
Pseudotremella	*P. gibbosa*
Pycnoporus（密孔菌属）	*P. coccineus*（血红孔菌）和 *P. sanguineus*（血红密孔菌）
Sclerotium（小核菌属）	*S. rolfsii*（齐整小核菌）
Scytalidium（小柱孢属）	*S. thermophilum*（嗜热色串孢）
Thermoascus（热子囊菌属）	*T. auranticus*（嗜热子囊菌）
Trametes（栓菌属）	*T. versicolor*（白腐菌，变色栓菌）、*T. trogii*（硬毛栓菌）、*T. pubescens*（绒毛栓菌）和 *T. hirsute*（毛栓菌）
Trichaptum（附毛菌属）	*T. biforme*（囊孔附毛菌）
Trichoderma（木霉属）	*T. atroviride*（深绿木霉）、*T. citrinoviride*（橘绿木霉）、*T. reesei*（里氏木霉）、*T. longibrachiatum*（长梗木霉）、*T. harzianum*（哈茨木霉）、*T. viride*（绿色木霉）和 *T. koningii*（康氏木霉）
Wolfiporia（多孔菌属）	*Wolfiporia cocos*（茯苓）

2.1.2.1 好氧真菌

（1）子囊菌纲（Ascomycetes）

子囊菌纲最重要的特征是产生子囊（ascus），内生子囊孢子（ascospore）。子囊是两性核结合的场所，结合的核经减数分裂形成子囊孢子，一般为 8 个。子实体也称子囊果，周围为菌丝交织而成的包被，即壁。子囊果内排列的子囊层称为子实层，子囊间的丝称为隔丝。常见种类有霉菌属和酵母菌属。

1）霉菌

霉菌在降解纤维素类生物质时，菌丝横穿次生细胞壁进入胞腔，并不断生长，分泌纤维素酶，由内而外降解纤维素，使纤维素结构逐步被破坏。其中酶活力较高的霉菌主要有木霉属（*Trichoderma*）、青霉属（*Penicillium*）、曲霉属（*Aspergillus*）、根霉属（*Rhizopus*）、漆斑菌属（*Myrothecium*）、毛壳菌属（*Chaetomium*）、脉孢菌属（*Neurospora*）和裂褶菌属（*Schizophyllum*）等。它们能够大量分泌纤维素酶和半纤维素酶。特别是里氏木霉，其生长的环境粗放，酶易于提取，菌株安全无毒性，遗传性状稳定，产酶能力高，纤维素酶系完全，能高效降解纤维素产生葡萄糖，被公认为最具有工业应用价值的纤维素酶产生菌。

一般来说大多数霉菌都能够产生分解纤维材料中的纤维素和半纤维素组分，然而却不能分解木质素，只有少数真菌例如软腐真菌在分解纤维素和半纤维素的同时也能够分解木质素，如丝葚霉属（*Papulospora*）、黏束孢属（*Graphium*）、梭孢壳属（*Thielavia*）、链孢霉菌、伊利亚青霉、绳状青霉和多变青霉等。

2）酵母菌

酵母菌一般是利用淀粉作为能量来源，能够水解粗纤维的极少。克鲁维假丝酵母和葡萄牙假丝酵母是现今报道仅有的两种能够参与粗纤维降解的酵母菌，克鲁维假丝酵母能够降解纤维素，葡萄牙假丝酵母则能够利用葡萄糖、纤维二糖产乙醇。当前虽然能够直接降解纤维素的酵母报道不多，但近年有大量报道以酿酒酵母、毕赤酵母为宿主菌，通过基因克隆表达外源纤维素酶、半纤维素酶基因，使得工程菌株有直接利用纤维素原料，同步糖化发酵生产乙醇的能力。

（2）担子菌纲

真菌的担子菌纲中，具有纤维素分解能力的真菌非常多，担子菌对木质纤维的生物降解起着十分重要的作用，这类真菌可以细分为白腐菌与褐腐菌两大类。它们既可分解纤维素又可分解木质素，既能降解硬木又能降解软木，甚至能降解土壤中的植物残渣。

1）白腐菌

白腐菌是一类使木材呈白色腐朽状态的真菌，能够分泌胞外氧化酶降解木质素，且降解木质素的能力比降解纤维素的能力要强，分泌的这些酶可以使木质腐烂成为浅色海绵状的团块（白腐），故称为白腐菌。大多数白腐菌能够同时降解木质素以及纤维素中的多糖，这类真菌能够产生完整的纤维素酶系，包括外切纤维素酶、内切纤维素酶和 β-葡萄糖苷酶。白腐菌是自然界中降解木质素的主要菌属。根据白腐菌降解纤维细胞壁成分次序的不同可将其分为两类：第一类，既降解木质素，同时又降解纤维素和半纤维素，代表菌株为黄孢原毛平革菌（*P. chrysosporium*）；第二类，优先降解木质素，然后降解纤维素和半纤维素，代表菌株为粗毛栓菌（*Trametes gallica*）和平菇等。

常见的白腐菌菌株见表 2-2。

表 2-2　常见的白腐菌菌株

菌种名称	菌种名称
黄孢原毛平革菌（P. chrysosporium）	血红密孔菌（P. sanguineus）
黄白卧孔菌（P. subacida）	火木层孔菌（F. igniarius）
变色多孔菌（P. versicolor）	变色栓菌（T. versicolor）
糙皮侧耳（P. ostreatus）	黑管菌（B. adusta）
彩绒革盖菌（C. versicolor）	偏肿拟栓菌（T. gibbosa）
粗毛盖菌（Funalia gallica）	凤尾菇（P. sajor-caju）
榆耳（G. incarnatum）	双孢蘑菇（Agaricus bisporus）

2）褐腐菌

褐腐菌是降解纤维木材能力极强的一类担子菌，这类菌主要分解纤维素和半纤维素，几乎对木质素不起作用，仅能去除木质素的甲氧基。它们可在木质素被少量预处理或降解的情况下彻底降解纤维素和半纤维素，造成木材原料的迅速解聚。它们破坏纤维素木材后，使其外观呈红褐色，木材质脆，易破碎成砖形或立方形的小块，这些碎块很容易进一步分解成褐色的粉末。研究发现此类菌在降解纤维素时具有许多独特的方式，是研究天然木质纤维素降解的一类重要微生物。目前，研究较多的褐腐菌有癞拟层孔菌（Fomitopsis palustris）、棉腐卧孔菌、密黏褐菌和 Coniphora puteana 等。

（3）其他

球毛壳菌（Cheatomium globosum），是自然界中分布最广泛的真菌之一；软腐菌能产生完整的纤维素水解酶系，但其降解速度非常缓慢。

2.1.2.2　厌氧真菌

降解纤维素的厌氧真菌多发现于食草动物的消化系统，它们能够产生分解纤维素的完整酶系。自 1975 年 Orpin 首次证实了在绵羊瘤胃中发现的带鞭毛游动孢子为严格厌氧的真菌后，国内外学者已相继从草食动物的胃肠消化道及其粪样和其他生境中广泛发现并分离出多种厌氧真菌。厌氧真菌产生能游动的孢子，并在营养体阶段菌体细胞壁产生壳多糖，因此厌氧真菌在超显微结构和生物化学性质上与需氧真菌有严格的区别，根据其菌根、菌体、游动孢子及其鞭毛的特点，厌氧真菌被划分为 6 个种属、共 20 多种瘤胃真菌。研究最多的 6 个种属分别为 Anaeromyces、Caecomyces、Cyllamyces、Neocallimastix、Orpinomyces 和 Piromyces。根据菌丝体形成的孢子囊个数，也可将厌氧真菌划分为单个中心和多个中心两个类型：前者包括 Caecomyces、Neocallimastix 和 Piromyces 三个种属；后者包括 Anaeromyces、Cyllamyces 和 Orpinomyces 三个种属。

主要的瘤胃厌氧真菌及其所产纤维素酶如下所述。

（1）Neocallimastix frontalis

研究发现，纤维素原料比可溶性糖更能有效诱导 Neocallimastix frontalis 纤维素酶的产生，当它在含有纤维素的培养基中生长时纤维素酶的分泌随之发生，其最适反应 pH 值为 5～7。有学者对 Neocallimastix frontalis EB188 进行分离，分别得到 7 种羧甲基纤维素酶、6 种微晶纤维素酶和 4 种 β-葡萄糖苷酶。

（2）*Neocallimastix patriciarum*

有学者对 *Neocallimastix patriciarum* 多酶复合体中的主要纤维素酶基因 *CelA*、*CelB* 和 *CelC* 进行了克隆和鉴定。结果发现 *CelA* 对无定形纤维素和微晶纤维素均有较高的活性，*CelB* 和 *CelC* 则对羧甲基纤维素有相对较高的活性，而对微晶纤维素的活性却很低。此外，*CelD* 也是 *Neocallimastix patriciarum* 多酶复合体中的主要纤维素酶基因，其编码的酶具有很强的水解活性。

（3）*Orpinomyces* PC-2

有学者报道从 *Orpinomyces* PC-2 的 cDNA 文库中先后分离出多种纤维素酶，其中有 6 种属于 GH6 家族（CelA、CelC、CelD、CelF、CelH 和 CelI），4 种属于 GH5 家族（CelB、CelE、CelG 和 CelJ），还有 1 种属于 GH1 家族的 β-葡萄糖苷酶。

（4）*Orpinomyces joyonii*

有研究报道从 1 株厌氧真菌 *Orpinomyces joyonii* SG4 中分离获得 2 个纤维素酶基因 *CelB2* 和 *CelB29*。

（5）*Piromyces rhizinflata*

在 20 世纪 90 年代初期，Breton 等从驴粪样本中首先分离得到 *Piromyces rhizinflata*。人们从 *Piromyces rhizinflata* 2301 的 cDNA 文库中克隆到 1 个羧甲基纤维素酶基因。随后，又克隆得到另外 2 个纤维素酶基因 *Cel5B* 和 *Cel6A*，*Cel5B* 属于 GH5 家族的第 4 亚家族，而 *Cel6A* 属于 GH6 家族。这两种酶对羧甲基纤维素、大麦 β-葡聚糖、地衣多糖以及燕麦木聚糖都有活性。Cel5B 还能水解对硝基苯 β-葡萄糖苷、微晶纤维素和滤纸，而 Cel6A 对它们则没有活性。

（6）*Caecomyces communis*

早在 1976 年，人们就发现了 *Caecomyces communis*，但是国内外关于 *Caecomyces communis* 纤维素酶的研究报道较少。*Caecomyces communis* JB1 是 Hodrová 等从沼鹿（*Rucervus duvauceli*）粪便样品中分离获得的。经研究发现，当以纤维素和紫花苜蓿为碳源生长时，其最主要的纤维素酶是内切纤维素酶和 β-葡萄糖苷酶，它们主要在胞外分泌的组分中发挥作用，但却没有检测到外切纤维素酶活性[2]。

反刍动物瘤胃内的厌氧真菌作为植物的主要分解者，在木质纤维素的降解中起着重要作用，因而在反刍动物饲料的植物细胞壁的降解过程中具有重要作用。真菌假根可刺穿并深入到细胞壁内部，借助水解酶特别是纤维素降解酶对植物细胞壁进行消化降解，从而达到植物细胞壁的深度降解。厌氧真菌产生的酶系中，与木质纤维素降解有关的酶包括纤维素酶和半纤维素酶，其中一些纤维素酶类和木聚糖酶被证实是纤维水解酶中活力最高的酶类。瘤胃厌氧真菌以复合纤维小体形式降解纤维素，现在已知一些厌氧真菌能产生对高度结晶的纤维素具有特异降解活性的纤维小体。

瘤胃厌氧真菌的木质纤维素降解系统依靠强大的假根系统、酶系统和其他瘤胃微生物发挥协同作用。它们的相互关系复杂，相关研究结果也不一致。厌氧真菌可在瘤胃中与产甲烷菌协同生长。有研究认为，与瘤胃真菌共生的一些产甲烷菌能够提高厌氧真菌纤维素降解活性，并促进木质纤维素降解代谢生成乙酸和甲烷[3]。

目前，鉴定厌氧真菌种主要依据游动孢子的超微结构，但由于培养基及培养条件等多方面的影响，厌氧真菌游动孢子的形态结构会在培养过程中发生显著变化。近年来，通过筛选 cDNA 文库，分别从 *Neocallimastix patriciarum*、*Neocallimastix frontalis*、*Piromyces equi* 和 *Orpinomyces joyonii* 等菌株中克隆到 30 多个厌氧真菌纤维小体复合物中的水解酶，包括外切纤维素酶、内切纤维素酶、β-葡萄糖苷酶、木聚糖酶、地衣聚糖酶、甘露聚糖酶、乙酰木聚糖酯酶和阿魏酸酯酶等[4]。

2.1.3　产纤维素酶的其他生物类群

2.1.3.1　古生菌

在早期研究中，并没有发现古生菌中存在降解纤维素的微生物，直到近年才有少量的报道证明降解纤维素古生菌的存在。1989 年，Bragger 发现古菌 *Thermofilum* 的培养液中可检测到纤维素酶和木聚糖酶活性。1993 年，Kangen 等在古菌 *Pyrococcus furiosus* 中鉴定和纯化得到了 β-葡萄糖苷酶。1999 年，Bauer 继续从该菌中分离鉴定出了一种属于糖苷水解酶第 12 家族的内切纤维素酶。2002 年，Susumu Ando 等发现极端嗜热菌（*Pyrococcus horikoshii*）的基因组中含有一个内切纤维素酶基因，将该基因异源表达并纯化得到的蛋白酶能够水解羧甲基纤维素和微晶纤维素。由于古生菌大多数存在于极端的生态环境中，从古生菌中分离和鉴定的纤维素酶往往具有极高的稳定性能，因而在工业生产过程中具有重要的应用价值。

2.1.3.2　海洋微生物

长期以来，研究者把分离纤维素降解菌的场所局限于陆地生态系统中，使得纤维素酶的来源受到了很大的局限性。海洋占地球总面积的 3/4，是一个巨大的宝贵的资源库。海洋的碳源循环是当今研究的热点。近年来，海洋的极端微生物产纤维素酶、半纤维素酶研究逐渐受到学者们的关注，中国、日本、韩国、美国和意大利等多个国家的学者相继开展了这方面的研究工作，获得不少具有极端酶特性的纤维素酶和半纤维素酶的新酶源。虽然目前仅有少数学者对产纤维素酶的海洋微生物进行研究，但在开发海洋微生物产纤维素酶方面已显示出诱人前景。

最初对海洋微生物产纤维素酶的研究报道是来自海岸湿地红树林生态环境的微生物。目前，涉及海洋生态环境的产纤维素酶微生物来源，从极地到热带海洋、从表层海水到深海的海底淤泥、从海洋动物到海洋植物等都有所报道。另外，新近研究表明海洋微生物所产纤维素酶一般在高盐条件下具有较高的活性，可以应用到工业生产中某些苛刻条件的工艺环节中；同时，海洋微生物所产的酶还具有耐高温、在室温下长时间保持高活性和耐极端 pH 值等特性。这些特性将在很大程度上解决因工业化生产中的高盐、高温、强碱或强酸等使酶失活的问题。

产纤维素酶的海洋微生物大致可分为海洋细菌和海洋真菌两大类。

（1）海洋细菌

不同海域的地理生态环境有着不同特点，高温、寒冷和高盐等环境造就了适应该区域的特殊微生物类群。从中国胶州湾海域分离得到一株高产内切纤维素酶的细菌 *Marinimi-*

crobium sp. LS-A18，其最适温度为 55℃，具有较高的热稳定性。从西太平洋深海底部污泥中分离出一株假单胞菌，它能产较高活力的内切纤维素酶，其最适温度为 40℃，适合中性偏酸环境，最适 pH 值为 6～7。从黄海海底泥样中筛选出一株嗜冷假单胞菌，它能产生酸性纤维素酶，在 10℃下仍有较高的酶活性。从冰岛海底温泉中筛选出一株海洋细菌，具有耐热、耐盐的特性，属于专性需氧型，其最适生长在中性 pH 条件下，最适温度为 65℃，随后发现其能生产多种水解酶，其中最主要的是纤维素酶和木聚糖酶。

不仅在深海环境中能筛选到各种产极端纤维素酶的海洋细菌，也有报道在近海海域中筛选到这类细菌。如从厦门浅海中分离得到能够产嗜冷内切纤维素酶的细菌 *Paenibacillus* sp. BME-14，其最适温度为 35℃，在 5℃条件下也能保持酶活力的 69%。韩国学者 Lee 等从庆尚道的近海海水中分离到一株产纤维素酶的海洋细菌 *Bacillus subtilis* subsp. A-53，该菌所产纤维素酶的最适温度为 50℃，最适 pH 值为 6.5 左右。这些最适条件与陆生微生物所生产的纤维素酶比较类似。有研究者从青岛附近海域中筛选出一种耐冷海洋菌株，最适生长温度在 30℃左右，在 4℃环境下能正常生长。该菌产生碱性纤维素酶，其最适 pH 值约为 9，它所产生的碱性纤维素酶在高盐浓度的条件下仍可保留酶活力的 70% 左右。

近年来，在附着生长于海洋植物和海洋藻类的微生物中也发现有纤维素酶的活性。如从海藻中分离出的杆菌所产生的纤维素酶，既能在碱性环境也能在高盐度环境下保持高活性。从海藻石莼中获得一株弯曲芽孢杆菌 *Bacillus flexus* NT，能够产碱性耐盐纤维素酶，所产纤维素酶的最适 pH 值为 10，在高盐溶液中尚能保持较高活性。从海藻石莼中分离得到的另一株芽孢杆菌 *Bacillus aquimaris*，其所产纤维素酶最适 pH 值为 11，最适温度为 45℃，并且该菌株对有机溶剂具有良好的耐受能力。

在海洋微生物产纤维素酶细菌的研究中，主要以耐热或嗜冷的细菌为主，如海栖热袍菌（*Thermotoga maritima*）、海洋红嗜热盐菌（*Rhodothermus marinus*）和海洋超嗜热菌（*Thermotoga neapolitana*）等菌株已得到深入研究。由于海洋微生物特殊的生活环境，其所产的纤维素酶具有某些特殊的性质。在大多数海洋细菌所产的纤维素酶中，内切纤维素酶含量较高，其他酶含量较低（表 2-3）。

表 2-3　产纤维素酶海洋细菌及其所产纤维素酶类

菌株名称	酶类
Saccharophagus degradans 2-40	纤维糊精酶、纤维二糖酶、磷酸化酶和纤维二糖磷酸化酶
Bacillus subtillis subsp. A-53	内切纤维素酶
Paenibacillus sp. BME-14	内切纤维素酶
Bacillus licheniformis AU01	内切纤维素酶
Bacillus flexus NT	内切纤维素酶
Bacillus aquimaris	内切纤维素酶
Marinmicrobium sp. LS-A18	内切纤维素酶
Bacillus sp. H1666	内切纤维素酶
Bacillus carboniphilus CAS 3	纤维素酶

其中 *Saccharophagus degradans* 2-40 是研究得最透彻的一株菌，也是公认的海洋微生物多糖降解菌群中最具代表性的一类。该菌是革兰氏阴性好氧细菌，所产纤维素酶系完整，含有两种纤维糊精酶、三种纤维二糖酶、一种纤维糊精磷酸化酶和一种纤维二糖磷酸化酶，能降解至少十种来源于海藻、植物和无脊椎动物的多糖化合物。该菌基因组中的 180 多个编码多糖酶开放阅读框已获得确认，这些基因编码的酶大多能降解植物细胞壁的木质纤维素，是纤维素酶系最完全的海洋细菌。

（2）海洋真菌

海洋微生物产纤维素酶的报道研究主要集中在细菌，而海洋真菌产纤维素酶的研究相对较少。从黄海深海海底泥样中分离到的产纤维素酶活力较高的青霉菌 *Penicillium* sp. FS010441 及其酶学性质研究发现，该菌最适生长温度为 15℃，最高生长温度为 37℃，在 4℃下仍可生长。其所产纤维素酶的最适反应 pH 值为 4.2，最适反应温度为 50℃，在 40～55℃之间有较强的酶活力。Feller 等从南极中山站和长城站附近分离到产纤维素酶的耐冷性交替单胞菌 *Alteromonas haloplanctis* A23，该菌在 0～5℃能降解纤维素，且能在低温下保持繁殖能力。

有报道从各种海洋样品中分离得到的海洋普鲁兰类酵母（*A. pullulans*），其羧甲基纤维素酶活力达 4.5U/mg，滤纸酶活力达 4.57U/mg，在 40℃、pH=5.6 时酶活力达到最高。对海洋酵母纤维素酶基因进行克隆和表达研究，发现此酶区别于很多陆地酵母所产的纤维素酶，纯化后的纤维素酶能够在短时间内分解纤维素得到极少量寡糖和大量的葡萄糖。

（3）产极端纤维素酶的海洋微生物

海洋微生物资源丰富、生境独特，能够从中获得丰富的纤维素酶种类，特别是极端酶类。对极端酶加以改造，构建高性能的工程菌株实现纤维素酶高效表达，可有效满足工农业生产的特殊条件要求。根据极端海洋微生物所产纤维素酶性质不同，下面就几种不同类型的极端海洋纤维素酶及其产生菌详加阐述。

1）低温纤维素酶产生菌

与陆生纤维素酶产生菌相比，海洋纤维素酶产生菌所产纤维素酶具有低温催化的优势，长期处于低温环境中的海洋微生物所产生的酶大多数具有低温催化和热不稳定的特性。这些海洋微生物所产的酶最适温度偏向于低温，且在低温下（0～4℃）保持高度稳定，常被称为低温酶。

深海以及海冰、冰川底泥等为嗜冷菌的收集提供了丰富的资源，从中能够筛选到有价值的低温酶产生菌。由于长期保持低温环境，深海淤泥也是一个低温微生物聚集生存地，有报道从北极冰川海面下 1500～4000m 深处的海泥样品中筛选出 8 株嗜冷细菌，其中菌株 P371 能产生纤维素酶。从黄海深海海底泥样中筛选出一株丝状真菌，最适生长温度为 15℃，在 4℃下也可以正常生长。该菌产酸性纤维素酶，最适 pH 值在 4.2 左右，最适反应温度为 50℃，±10℃范围内都有较高的酶活力。从黄海的深海海底泥样中筛选的另一株产纤维素酶的海洋细菌，研究表明该细菌的最适生长温度为 20℃，甚至在 0℃下也能生长，该菌能产生羧甲基纤维素酶，降解微晶纤维素，兼具有淀粉酶活性，最适反应温度为 35℃，在 10℃下仍有较高酶活力，最适 pH 值为 6.0。嗜冷酶在低温下的高活性可能是由于蛋白质结构的柔韧性以及酶活性中心附近的基团修饰引起的。

低温纤维素酶能在温度较低的环境条件下加快生物降解的过程，适用于环保、纺织、造纸、医药和饲料等工业以及分子生物学研究等方面，无论在应用研究还是在基础理论研究方面都具有较高的价值。

2）碱性纤维素酶产生菌

海洋的生境非常独特，其中分布着一定数量的适应低温生长的偏碱性微生物。相关研究报道一株分离自冰岛碱性海底温泉的海洋细菌 *Rhodothermus marinus*，该菌的最适生长条件为 65℃、pH＝7.0 和专性需氧。多位学者对该菌进行了产酶功能研究，发现该菌能产生纤维素酶和木聚糖酶等多种糖苷水解酶。报道筛选的一株交替假单胞菌 *Pseudoalteromonas* sp. 545 所产纤维素酶属于碱性酶。报道的另一株高产碱性纤维素酶的交替假单胞菌属 MB117，酶反应的最适 pH 值为 9.0，最适温度为 40℃。另有报道分离出来的一株交替假单胞菌属，其所产纤维素酶反应的最适 pH 值为 9.0，在 pH＝7.0～10.0 范围内均有较高酶活力。从青岛近海海域海水中分离筛选得到的一株碱性耐冷纤维素酶产生菌 *Cytophaga fucicola* QM11，该菌的最适生长温度为 27℃，生长温度范围在 4～48℃ 之间，生长 pH 值为 7.0～8.0。该菌所产纤维素酶反应的最适温度为 40℃，在 pH＝9.0 时具有最高酶活力，碱性条件下具有较高的酶活力和稳定性。

除了从深海水域或海底淤泥中分离到产极端纤维素酶的微生物外，也有不少有关利用海洋动植物体筛选产耐碱性和耐有机溶剂纤维素酶微生物的研究报道。如从腐烂的海洋植物中分离到一株产新型纤维素酶的噬纤维菌属 *Cellulophaga* sp. TX-12，酶学性质初步研究显示，该菌株在温度 25℃ 条件下产生纤维素酶，反应最适 pH 值为 8.0，最适温度为 60℃。从海藻中分离得到了一株产碱性纤维素酶的芽孢杆菌（*Bacillus flexus*），该酶的反应最适条件为 45℃、pH＝10.0，在 pH＝9.0～12.0 之间有较好稳定性。另外，有研究报道了一株分泌耐有机溶剂的碱性纤维素酶的海水芽孢杆菌（*Bacillus aquimaris*），该菌所产纤维素酶反应最适条件为 45℃ 和 pH＝11.0，在 75℃ 和 pH＝12.0 条件下仍可分别保持 95％ 和 85％ 的酶活力，在有机溶剂浓度为 20％（体积分数）时酶的稳定性最高。在以下溶剂中，其相对酶活力分别为：苯 122％，甲醇 85％，丙酮 75％，甲苯 73％。经离子液体如 1-乙基-3-甲基咪唑甲基磺酸盐和 1-乙基-3-甲基咪唑溴化物处理后，酶活力分别提高了 150％ 和 155％。

3）耐热纤维素酶产生菌

有些海洋微生物能够产生热稳定性的纤维素酶。研究者从深海热泉口筛选分离出一株栖热肠菌 *Thermosipho* sp. strain 3，该菌嗜热厌氧且能够发酵产生氢气，经 16S rDNA 分析，此菌与非洲栖热肠菌（*Thermosipho africanus*）的序列相似度高达 99.5％，可产生一种高度热稳定性的内切纤维素酶，能够水解羧甲基纤维素和 β-葡聚糖，在 pH＝5.5、80℃ 条件下的酶活力最高。国内对产嗜热纤维素酶的海洋微生物研究较少，从东海地区的温泉热源采集的样品中筛选出一株热葡糖苷酶地芽孢杆菌（*Geobacillus thermoglucosidasius*），该菌可在 60℃ 下生长，兼性好氧，所产生的耐热纤维素酶在 45～60℃ 表现较高酶活力。

4）耐盐纤维素酶产生菌

海洋真菌类群中的另一个突出酶学特性是嗜盐性，其所产的纤维素酶在高盐浓度下仍能保持稳定。如从东海海底泥中筛选得到一株产纤维素酶黑曲霉，该菌能够产生活力较高的纤维素酶，该酶的最适温度为 65℃，最适 pH 值为 4.5，具有较好的热稳定性和耐酸性。当 NaCl 浓度为 40 g/L 时具有最高酶活力，在高盐环境下的酶活力高于不含盐环境下的酶活力，是典型的耐盐酶。从海洋中筛选出的另一株海洋嗜盐黑曲霉（*Aspergillus niger*），经研究发现该菌所产的纤维素酶在 12% NaCl 溶液中酶活力最高，比无盐溶液的酶活力高 1.33 倍，是优良的耐盐纤维素酶。该菌在更高盐浓度下仍然具有产酶能力。

2.1.3.3 动物

已知来源于动物的纤维素酶属于三种糖基水解酶家族：GH5、GH9 和 GH45。迄今为止，动物内源性纤维素酶研究主要集中于节肢动物门昆虫纲的鞘翅目和鳞翅目等目的一些类群上，如桑粒肩天牛（*Apriona germari*）、光肩星天牛（*Anoplophora chinensis*）、黄粉虫（*Tenebrio molitor*）、秋黏虫（*Spodoptera frugiperda*）、北美黑条黄凤蝶（*Papilio glaucus*）、桉嗜木天牛（*Phoracantha semipunctata*）、台湾乳白蚁（*Coptotermes formosanus*）、黄胸散白蚁（*Reticulitermes flaviceps*）、北美散白蚁（*R. falvipes*）、甲壳虫（*Phaedon cochleariae*）和食木蟑螂（*Panesthia cribrata*）等。此外，在其他动物类群中也发现大量有关动物内源性纤维素酶系，如贻贝（*Mytilus edulis*）、皱纹鲍鱼（*Haliotis discus*）、福寿螺（*Ampullaria crossean*）和线虫（*Heterodera glycines*）等。

2.2 纤维素降解酶系分类

生物质木质纤维通常由纤维素、半纤维素和木质素相互交织而成，其天然结构十分复杂。目前木质纤维的降解采用物理法、化学法和生物法。在自然条件下，生物质很难被降解利用，木质纤维通过环境腐蚀、动物咀嚼等物理机械破碎过程被分解成小碎片，并在酸性/碱性条件下（如胃液等）降解为多聚体，最后由微生物产生的酶进一步降解为低聚糖。工业生产过程中，生物质木质纤维被切割、磨碎后，经强酸/强碱预处理，添加专门水解纤维素的商业酶制剂彻底降解成可发酵单糖。纤维素的完全降解需要几种酶的系统性多重水解，包括纤维素酶、半纤维素酶和纤维素氧化酶等的协同作用。

2.2.1 纤维素酶

纤维素酶作为纤维素分解酶的通用术语，是指能水解纤维素中的 β-1,4-葡萄糖苷键，使纤维素最终降解为葡萄糖的一组酶系的统称。它并不是单一组分的酶，而是起协同作用的多组分酶系的集合。通常由功能、作用位点不同，相互协同催化降解纤维素的三大类酶组成，即：

① 内切纤维素酶，来源于细菌的内切纤维素酶简称 Len，来源于真菌的纤维素酶简称 EG。内切纤维素酶能随机水解 β-1,4-糖苷键，将长链纤维素分子切短，产生大量非还原性末端的短链葡聚糖。

② 外切纤维素酶，也称纤维二糖水解酶（cellobiohydrolase），来源于细菌的简称 Cex，来源于真菌的简称 CBH。外切纤维素酶能作用在纤维素分子的非还原末端，水解 β-1,4-糖苷键，每次降解产生一个纤维二糖。

③ β-葡萄糖苷酶，简称 BG，又称纤维二糖酶，作用是最终将纤维二糖水解为单个葡萄糖分子。

纤维素酶属于糖基水解酶，根据氨基酸序列的相似性，目前碳水化合物活性酶数据库（Carbohydrate-active Enzymes Database，CAZy）将糖苷水解酶（glycosidase hydrolase，GH）划分为 135 个家族。纤维素酶按蛋白质序列和作用方式的不同分布在其中的 22 个家族中（某些酶可属于多个族）。其中，外切纤维素酶分为 5 个家族，内切纤维素酶分为 18 个家族，β-葡萄糖苷酶分为 6 个家族。外切纤维素酶属于 GH5、GH6、GH7、GH9 和 GH48 家族，内切纤维素酶分布于 GH5、GH6、GH7、GH8、GH9、GH12、GH16、GH44、GH45、GH48、GH51、GH64、GH71、GH74、GH81、GH87、GH124 和 GH128 家族，β-葡萄糖苷酶归类于 GH1、GH3、GH5、GH9、GH30 和 GH116 家族。

将纤维素酶系的 3 种酶大致划分，以典型的纤维素酶产生菌里氏木霉为例，它可产生 8 种不同的纤维素酶，分别属于 7 种不同的家族：EGⅠ（第 7 家族）、EGⅡ（第 5 家族）、EGⅢ（第 12 家族）、EGⅤ（第 45 家族）、CBHⅠ（第 7 家族）、CBHⅡ（第 6 家族）、BGⅠ（第 3 家族）和 BGⅡ（第 1 家族）。纤维素降解酶系及其家族分布见表 2-4。

表 2-4　纤维素降解酶系及其家族分布 [5]

名称	缩写	EC 分类	主要家族
内切纤维素酶（随机性）	EG	3.2.1.4	GH5、GH7、GH12、GH45、GH61
内切纤维素酶（持续性）	EG	3.2.1.—	GH48
外切纤维素酶（非还原端）	CBH	3.2.1.91	GH6
外切纤维素酶（非还原端）	CBH	3.2.1.176	GH7
外切纤维素酶（还原端）	CBH	3.2.1.16	GH7、GH48
β-1,4-葡萄糖苷酶	BG	3.2.1.21	GH1、GH3

注："—"表示未分类。

通常纤维素的完全降解需要几种酶的系统性多重水解，包括纤维素酶、半纤维素酶和各种辅助水解酶等。因此，纤维素的高效降解不仅是纤维素酶的复合作用，除了上述 3 种常见的纤维素酶，还需要半纤维素酶、纤维素氧化酶等的协同辅助作用。

2.2.2　半纤维素酶

半纤维素通常由多种单糖组成，结构高度分支化。半纤维素降解酶系从种类和数量上都要比纤维素酶系更加复杂和丰富（书后彩图 1）[6]。半纤维素酶按作用位点可以分为主链降解酶和侧链降解酶两大类。半纤维素中的木聚糖、木葡聚糖和甘露聚糖骨架的降解需要特定的水解酶。内切-β-1,4-木聚糖酶（endo-1,4-β-xylanase）和 β-木糖苷酶（β-xylosidase）能水解木聚糖主链。内切-β-1,4-甘露聚糖酶（endo-1,4-β-mannanase）和 β-甘露糖苷酶（β-mannosidase）能水解甘露聚糖。除此之外，还需要脱支酶切开侧链的基团，常见的半纤维素侧链降解酶包括 β-半乳糖苷酶（β-galactosidase）、α-L-岩藻糖苷酶（α-L-focosidase）、α-L-阿拉伯呋喃糖苷酶（α-L-arabinofuranosidase）、内切-1,5-α-阿拉伯聚糖酶（endo-1,5-α-arabinanase）、α-半乳糖苷酶（α-galactosidase）、内切-1,4-β-半乳聚糖酶（endo-1,4-β-galactanase）、α-葡萄糖醛酸酶（α-glucuronidase）、乙酰木聚糖酯酶（acetyl xylanesterase）和阿魏酸酯酶（feruloyl esterase）等。

2.2.3　纤维素氧化酶

如何有效提高纤维素的酶解效率是制约当前木质纤维生物质资源高效利用的技术难题。最近，提高纤维素酶解效率的一个重要研究进展是纤维素氧化酶的发现。纤维素氧化酶属于氧化还原酶，它催化纤维素分子糖苷键的氧化，使纤维素分子键断裂，纤维素的晶体结构破坏，使纤维素酶更容易与纤维素分子结合，能显著提高纤维素酶的酶解效率，在纤维素酶解应用中具有十分重要的作用[7]（图 2-1）。

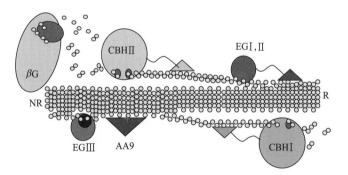

图 2-1　混合酶系协同降解纤维素[8]

βG—β-葡萄糖苷酶；　CBH—外切纤维素酶；　EG—内切纤维素酶；　AA—辅助酶

纤维素氧化酶原本属于糖苷水解酶第 61 家族的酶类，后重新分类至辅助酶 AA 家族，是具有铜依赖的多糖单加氧酶（lytic polysaccharide monooxygenases，LPMO），与纤维素酶混合使用能够增强纤维素的降解能力。LPMO 是重要的氧化酶，可以促进多糖的酶促转化。LPMO 能催化纤维素的氧化裂解，催化过程需要利用小分子量还原剂如抗坏血酸、没食子酸盐、还原型谷胱甘肽甚至木质素。与纤维二糖脱氢酶（cellobiose dehydrogenase，CDH）混合使用时，LPMO 的作用可以得到加强。不像传统的纤维素酶需要在活性中心孔道或裂隙中存在一条松散的、独立的底物链，LPMO 的强氧化机制允许在结晶纤维素微纤丝的表面进行氧化。除此之外，碳水化合物结合模块家族的 CBM33 也具有 LPMO 的活性。因此，目前的纤维素降解模式不仅包括持续与非持续的糖苷水解酶协同作用，还包括 LPMO 的氧化裂解辅助作用。

2.3　纤维素酶

纤维素酶是指能水解纤维素中的 β-1,4-葡萄糖苷键，使纤维素最终降解为葡萄糖的一组酶的统称。通常由功能、作用位点不同，但相互协同催化降解纤维素的三大类酶组成，包括：

① 外切纤维素酶，或称纤维二糖水解酶，能作用在纤维素分子的非还原末端，水解 β-1,4-糖苷键，每次降解产生一个纤维二糖；

② 内切纤维素酶，能随机水解 β-1,4-糖苷键，将长链纤维素分子切短，产生大量非还原性末端的短链葡聚糖；

③ β-葡萄糖苷酶，或称纤维二糖酶，作用是最终将纤维二糖水解为单个葡萄糖分子。本节对 3 种纤维素酶进行详细介绍。

2.3.1　外切纤维素酶

外切纤维素酶又称外切葡聚糖酶，是纤维素酶中一类能结合到纤维素结晶区域的纤维素酶类，它能使纤维素结构变得疏松而有利于其他纤维素酶类进入纤维素的内部，是纤维素降解酶系的重要组分。天然纤维素通常难以降解，必须要有多种酶的协同作用，其中外切纤维素酶必不可少，它能够从纤维素分子链的还原性和非还原性末端进行切割，释放可溶的纤维糊精和纤维二糖。它可以有效地水解高度结晶纤维素，得到产物纤维二糖，因此又称为纤维二糖水解酶（cellobiohydrolase，CBH）。当今对于纤维素酶的研究很多，但大多集中在对内切纤维素酶和 β-葡萄糖苷酶的研究上，外切纤维素酶在纤维素酶组分中分泌量大，但种类不多，研究报道较少。近年随着人们对纤维素酶研究的日益关注，有关纤维素外切纤维素酶的研究也不断增多。

2.3.1.1　外切纤维素酶来源及特性

外切纤维素酶包括两类：第一类是 β-1,4-D-葡聚糖-葡萄糖水解酶（CBHⅡ），也称为纤维素糊精酶（EC 3.2.1.74）；第二类为纤维二糖水解酶，即 β-1,4-D-葡聚糖-纤维二糖水解酶（exo-β-1,4-D-glucanases，EC 3.2.1.91），也称 C_1 酶、微晶纤维素酶、外切葡聚糖纤维二糖水解酶，简称外切酶（CBHⅠ）。对于外切纤维素酶的研究主要集中在 CBHⅠ，而关于 CBHⅡ 的研究较少。典型的外切纤维素酶的分子结构见书后彩图 2[9]。

国内对产外切纤维素酶微生物的研究主要集中于细菌、青霉和木霉等菌株，还有其他菌株如双孢菇和黄孢原毛平革菌等，外切纤维素酶的分子量为 38000～118000。以研究得最多的典型木霉和青霉的外切纤维素酶为例，外切纤维素酶（CBH）是木霉属和青霉属真菌分泌的主要纤维素酶，主要包括两种异构酶 CBHⅠ 和 CBHⅡ（见书后彩图2）。其中 CBHⅠ 由单基因编码，含量很高，约占原酶蛋白总量的 60%。CBHⅠ 酶是纤维素酶系中的重要组分，在天然结晶纤维素降解中承担了主要作用，水解微晶纤维素和棉花等结晶度高的纤维素。青霉属真菌分泌的纤维素酶主要是 CBHⅠ，它由结合结构域（binding domain，BD）和催化结构域（catalytic domain，CD）以柔性区连接构成。通常认为结合结构域与纤维表面的结合是纤维酶解的必需和限速步骤。CBHⅠ 和底物的亲和性较高，但活性较 CBHⅡ 低。CBHⅡ 的表达量低于 CBHⅠ，所占的比例少，但特异性强，活力高，它降解微晶纤维素产生还原糖的能力是 CBHⅠ 的 2 倍左右。同时，CBHⅡ 对整个纤维素酶系的表达起着重要的调控作用[10]。

2.3.1.2 外切纤维素酶基因分类

根据氨基酸序列相似性，外切纤维素酶主要属于 GH5、GH6、GH9 和 GH48 这四个家族，其部分特性如表 2-5 所列。

表 2-5　部分外切纤维素酶家族的性质[11]

项目	家族			
	GH5	GH6	GH9	GH48
水解机制	保留	反转	反转	反转
蛋白受体	Glu	Asp	Glu	Glu
催化核苷酸	Glu	Asp	Asp	未知
3D 结构	$(\beta/\alpha)_8$	无	$(\alpha/\alpha)_6$	$(\alpha/\alpha)_6$
支链	GH-A	无	从前认为是纤维素酶家族 E	GH-M

由于外切纤维素酶在纤维素酶系中表达量大，但表达种类较少，外切纤维素酶基因研究主要集中在木霉和青霉这些高产纤维素酶菌株上。王建荣等用里氏木霉基因同源性片段作探针，构建了绿色木霉基因文库，并对绿色木霉 CBHⅠ 基因和 CBHⅡ 基因进行了克隆和测序。Wey 等对康氏木霉 CBHⅠ 基因进行了克隆和序列分析，发现康氏木霉 CBHⅠ 基因和里氏木霉 CBHⅠ 基因只有 6 个碱基差异且都在非编码区。曲音波等对斜卧青霉 *Penicillium decumbens* 114-2 菌株中 EGⅠ、EGⅡ、BGⅠ、CBHⅠ 和 CBHⅡ 等基因进行克隆和表达。以草酸青霉 SJ1 菌株克隆得到外切纤维素酶 CBHⅠ 基因的序列，发现其具有 43 个磷酸化修饰位点，蛋白质三级结构以 β-折叠为主，根据蛋白质序列比对分析，推测 E236、D238 和 E241 这 3 个氨基酸为酶的活性位点。Murray 等从 *Talaromyces emersonii* 中分离出了编码外切纤维素酶基因序列。DNA 测序表明，CBHⅡ 有 1377 bp 的开放阅读框，编码一个含 459 个氨基酸的多肽，有 7 个内含子。预测该 CBHⅡ 分子量为 47000，具有模块化结构，属于糖基水解酶家族 6A。Northern blot 分

析表明 CBH Ⅱ 的表达调控发生在转录水平[10]。

一些真菌来源的外切纤维素酶 CBH 基因如表 2-6 所列。

表 2-6 真菌来源的外切纤维素酶 CBH 基因 [12]

基因家族	微生物来源	基因登录号
GH6	*Chaetomium thermophilum*	AY861347
	Fusarium oxysporum	L29377
	Hypocrea jecorina	M16190
	Lentinula edodes	AF244369
	Piromyces rhizinflatus	AF174362
	Piromyces rhizinflatus	AF035401
	Piromyces equi	AY124652
	Talaromyces emersonii	AF439936
	Trichoderma parceramosum	AY651786
	Volvariella volvacea	AF156694
GH7	*Agaricus bisporus*	Z50094
	Alternaria alternata	AF176571
	Aspergillus niger	AF156268
	Aspergillus niger	AF156269
	Emericella nidulans	AF420019
	Fusarium oxysporum	L29379
	Humicola grisea	X17258
	Humicola grisea	D63516
	Humicola grisea	U50594
	Humicola grisea var. *thermoidea*	AB003105
	Hypocrea jecorina	M15665
	Neurospora crassa	X77778
	Penicillium chrysogenum	AY790330
	Penicillium funiculosum	AJ312295
	Penicillium janthinellum	X59054
	Penicillium occitanis	AY690482
	Talaromyces emersonii	AF439935
	Thermoascus aurantiacus	AF421954
	Trichoderma viride	X53931
	Trichoderma viride	AB021656
	Volvariella volvacea	AF156693
	Chaetomium thernophilum	AY861348

从表 2-6 可知，同一菌株可产不同家族的外切纤维素酶，但所产的外切纤维素酶结构不同；甚至同一菌株在同一家族中的外切纤维素酶也有所不同，可能是存在某几个编码基因的差异。

2.3.1.3 外切纤维素酶表达研究

由于外切纤维素酶翻译后修饰的复杂性，众多外切纤维素酶基因表达研究表明，目前大部分外切纤维素酶基因的表达水平较低，外切纤维素酶基因工程的主要难题是如何实现有效表达和提高表达量[13]。因此，研究者多致力于克隆不同来源的 CBH 进行异源表达，以解析 CBH 的催化结构与高效催化机制，进行表达水平调控，以获得高产的外源 CBH 工程菌。张煌等从里氏木霉中克隆出外切纤维素酶（CBHⅡ）基因，并采用电穿孔的方法将 CBHⅡ的编码基因转化到毕赤酵母 GS115 中表达，再通过高通量筛选，获得了可高效表达 CBHⅡ的毕赤酵母工程菌株。用甲醇作为碳源进行诱导发酵，酵母发酵液中的羧甲基纤维素酶活力可高达 3.82 U/mL。对比结果也显示，CBHⅡ在毕赤酵母的表达量远远高于里氏木霉。以长梗木霉 *Trichoderma longibrachiatum* XST1 的 CBHⅡ的全长基因 *cbh2* 转入毕赤酵母 GS115，发酵上清液水解 pNPC 的酶活力为 18.1 U/mL[14]。Li 等从嗜热毛壳菌克隆出了一种新型外切纤维素酶基因（*cbh3*），并且在毕赤酵母中表达。该 CBH 含有 451 个氨基酸残基。该基因在巴氏毕赤酵母表达，表达的重组酶 CBHⅢ，纯化后得到分子量约为 48000 的糖蛋白，在 pH=5.0~6.0 的条件下表现出最佳的催化活性[14]。

2.3.2 内切纤维素酶

内切纤维素酶或内切葡聚糖酶（endoglucanases，EG），即内切-1,4-β-D-葡聚糖-4-葡聚糖水解酶（EC 3.2.1.4），简称内切酶，也称 C_x 酶、CMC 酶或 EG 酶。该酶是纤维素酶系中的主要成分，它包含多种同工酶，能水解可溶性的纤维素衍生物或者膨胀和部分降解的纤维素，以及纤维素降解中间产物纤维糊精，对纤维素的降解能力随还原末端及链长度增加而下降。内切纤维素酶可迅速降低纤维素的聚合度，但几乎不能作用于结晶纤维素。内切纤维素酶是纤维素降解过程中的一种重要水解酶，能以随机的形式在纤维素聚合物内部的非结晶区进行切割，或在羧甲基纤维素等无定形纤维素的非定形区随机切开 β-1,4-糖苷键，将长链纤维素分子截短，产生大量带非还原性末端的小分子纤维素，水解出比例不等的纤维寡糖、纤维二糖和葡萄糖，最后将可溶性纤维素水解成还原性寡糖，主要产物是纤维糊精、纤维三糖和纤维二糖等，为外切纤维素酶提供更多的可水解末端。

2.3.2.1 内切纤维素酶来源

自然界中内切纤维素酶无处不在，来源非常丰富，昆虫、软体动物、植物、原生动物、细菌、放线菌和真菌都能产生内切纤维素酶。然而内切纤维素酶多来源于微生物，各类微生物所产生的内切纤维素酶对自然界的碳循环起着十分重要的作用。这些微生物主要是好氧的丝状真菌，研究较多的有木霉属（*Trichoderma*）、曲霉属（*Aspergillus*）和青霉属（*Penicillium*）的菌株。来源于动物的内切纤维素酶则是近几年才证实并发展起来的，越来越受到人们的重视。

目前已经有很多内切纤维素酶在细菌和丝状真菌中被发现。细菌主要产中性纤维素酶和碱性纤维素酶，但产量较低，而且这些酶主要是胞内酶或是吸附于细胞壁上，很少能分泌到细胞外，分离提取困难，在工业上应用较少。目前用于生产内切纤维素酶的微生物大多属于真菌。真菌产内切纤维素酶大多分泌到胞外，而且会经过不同的糖基化或蛋白酶水解修饰。真菌主要产酸性内切纤维素酶，其外泌的内切纤维素酶具有由天冬氨酸、丝氨酸和苏氨酸连接的糖链蛋白。

2.3.2.2　内切纤维素酶特性

不同来源、不同类型的内切纤维素酶在分子量、含糖量、等电点、最适 pH 值和最适温度等方面会有所不同，有的甚至会相差很大，在纤维素酶系中这些表现最为突出。在分子量方面，内切纤维素酶分子量大小一般介于 23000～146000 之间。也有文献报道，最小的内切纤维素酶分子量为 5300。在最适 pH 值方面，大部分内切纤维素酶的最适 pH 值在 4.0～5.0 酸性范围内，但也有少数内切纤维素酶的最适 pH 值为 7.0。最适温度方面，一般为 45℃左右，但也有的在 50～70℃范围内。一般认为真菌的 EG 主要包括两种异构酶，即 EGⅠ和 EGⅡ。EGⅠ是真菌的主要内切纤维素酶，它的 pI 值约为 4.7，分子量约为 54000，N 端有一个由 22 个氨基酸残基组成的前导肽，成熟的EGⅠ由 437 个氨基酸残基构成。EGⅡ的 pI 值为 4.8～5.6（也有报道为 7.4），分子量约为 49800，N 端有一个由 21 个氨基酸残基组成的前导肽，成熟的 EGⅡ由 397 个氨基酸残基组成。在分子结构上，内切纤维素酶的活性位点相对较少，其最适温度为 50～60℃，最适 pH 值为 5～7，而且热稳定性较好[15]。在里氏木霉产生的内切纤维素酶中，以 EGⅡ的催化效率最高。成熟的 EGⅡ催化结构域位于蛋白质的 C 端，纤维素结合结构域位于 N 端，而成熟的 EGⅠ则与 EGⅡ相反，它的催化结构域位于蛋白质的 N 端，而纤维素结合结构域位于 C 端。

2.3.2.3　内切纤维素酶基因分类

内切纤维素酶在纤维素酶家族中是最多的一类酶，内切纤维素酶随机水解纤维素长链内部的 β-1,4-糖苷键，活性位点位于一个开放的疏水空腔区域。根据这个特点，内切纤维素酶分布于葡萄糖苷水解酶家族的 18 个家族（GH5、GH6、GH7、GH8、GH9、GH12、GH16、GH44、GH45、GH48、GH51、GH64、GH71、GH74、GH81、GH87、GH124 和 GH128，http://www.cazy.org/Glycoside-Hydrolases.html）中，其中大多数的内切纤维素酶分布于 GH5、GH7、GH9 和 GH12 家族[16]。

目前已经克隆并得到的内切纤维素酶基因及其分类见表 2-7。

表 2-7　真菌来源的内切纤维素酶基因 [12]

基因家族	微生物来源	基因登录号
GH5	*Aspergillus oryzae*	AB195229
	Emericella nidulans	AB009402
	Humicola grisea	D84470
	Humicola insolens	X76046
	Macrophomina phaseolina	U14948

基因家族	微生物来源	基因登录号
GH5	*Talaromyces emersonii*	AF440003
	Thermoascus aurantiacus	AY055121
GH7	*Emericella nidulans*	AF420021
	Fusarium oxysporum	L29378
	Trichoderma longibrachiatum	X60652
GH12	*Aspergillus aculeatus*	D00546
	Aspergillus kawachii	D12901
	Chaetomium brasiliense	AF434180
	Humicola grisea	AF435071
	Hypocrea koningii	AF435069
	Trichoderma viride	AF435070
GH45	*Alternaria alternata*	AF176572
	Fusarium oxysporum	L29381
	Humicola grisea var. *thermoidea*	AB003107
	Humicola insolens	A21793
	Hypocrea jecorina	Z33381
	Ustilago maydis	S81598
GH61	*Fusarium oxysporum*	L29377
	Hypocrea jecorina	Y11113
	Volvariella volvacea	AY559101

随着研究深入，发现一个菌株中含有多个内切纤维素酶基因。里氏木霉是工业用内切纤维素酶的重要生产菌，它们的基因序列和蛋白质一级结构已经获得清楚解析。在里氏木霉中分离纯化得出 6 种内切纤维素酶，在侧孢霉菌中分离纯化出了 5 种内切纤维素酶，在棘孢曲霉中分离纯化出 4 种内切纤维素酶。木霉作为内切纤维素酶的主要生产菌株，目前已经克隆并表达的木霉内切纤维素酶基因有绿色木霉的 EGⅠ、EGⅡ、EGⅢ、EGⅣ、EGⅤ和 EGⅧ，里氏木霉的 EGⅠ（Cel7B）、EGⅡ（Cel5A）、EGⅢ（Cel12A）、EGⅣ（Cel61A）、EGⅤ（Cel45A）和 EGⅥ。另外，Foreman 等在里氏木霉中还发现内切纤维素酶 Cel74A、Cel61B 和 Cel5B，拟康氏木霉的 EGⅠ，长梗木霉的 EGⅠ、EGⅢ和 EGⅣ，康氏木霉的 EGⅠ。

内切纤维素酶的编码基因大小和信号肽有无等生物信息学特征对所表达的酶学性质有一定的影响。来自不同菌株表达的 EG 性质比较接近，而来自同一菌株表达不同的 EG 性质差异反而较大，这些差别主要表现在分子量大小上，从表 2-8 中可以看出，绿色木霉 3.3711 的 EGⅤ编码基因是内切纤维素酶中最小的，序列长度为 921bp。

内切纤维素酶基因除了绿色木霉 3.2774 的 EGⅡ没有信号肽外，其余都有，说明基因所编码的内切纤维素酶是胞外酶。

表 2-8　几种真菌产的内切纤维素酶及其理化特征

菌株来源	内切纤维素酶类型	理化特征
Trichoderma konningii	EG I	分子量 4.5 万,60℃,pH=6.0
Trichoderma longibrachiatum 3.1029	EG I	50℃,pH=5.6
Trichoderma reesei	EG II	分子量 4.3 万,60℃,pH=4.5
Trichoderma reesei 3.3711	EG III	60℃,pH=5.0
Trichoderma pseudokoningii	EG I	分子量 4.6 万
	EG III	分子量 5.8 万
	EG IV	分子量 4.8 万
Trichoderma longibrachiatum SSL	EG I	分子量 4.6 万
Trichoderma viride	EG I	分子量 4.8 万~6.25 万,47~50℃,pH=5.2~7.0
	EG III	分子量 4.2 万,60℃,pH=4.0
Trichoderma viride G-1	EG II	—
Trichoderma viride WL-0422	EG II	50℃,pH=4.5
Trichoderma viride 3.3711	EG III	分子量 4.41 万~4.8 万,50~57℃,pH=4.8~6.0
	EG IV	分子量 3.55 万,55℃,pH=5.0
	EG V	分子量 2.4 万~3.6 万,50~60℃,pH=5.0~5.4
	EG VIII	分子量 4.686 万,60℃,pH=6.0

下面介绍各家族的内切纤维素酶特点及其研究进展。

（1）GH5 家族

GH5 家族的内切纤维素酶已有很多报道，如第一个内切纤维素酶在 *P. janthinellum* 中发现。2004 年，Posta 等在 *Thermobifida fusca* 中发现一种新的 GH5 家族内切纤维素酶。2009 年，Watsan 等在海洋细菌 *Saccharophagus degradans* 中发现 GH5 家族内切纤维素酶，对纤维素有较好的降解作用[17]。

GH5 家族是最大的糖苷水解酶家族，此家族的酶类主要作用于 β-连接的寡糖、聚糖和复合多糖。GH5 家族的亚家族分类为家族成员的分类提供了一个识别区域，为蛋白注释提供了一种保守性方法，该方法的严格策略可避免大规模基因组测序的错误功能预测。1990 年，GH5 家族包括 5 个亚家族，GH5 家族的序列有 21 条。20 多年后，发现的 GH5 家族的序列总数超过 3200 条。这一家族序列的丰度对于系统进化分析和功能预测既是一个巨大财富也是一个挑战。像 GH5 家族这种具有多功能酶的蛋白家族，不能开启全部基于序列的分类。因此，目前将 2300 条 GH5 家族蛋白催化结构域进一步归类到 51 个不同的亚家族，如进化树所示（图 2-2），以期获得蛋白序列和催化特异性之间的相关性。

阿拉伯数字显示的是制定的亚家族名称，反映了创造顺序（GH5-1 到 GH5-53）。这一系列数字是连续的，只有几个由于历史原因造成的例外。为了保持一致性，新形成的亚家族数字与先前的一致，如先前的 A2 被分配到 GH5-2 亚家族中。GH5-3 和 GH5-6 亚家族的缺失是由于先前描述的亚家族（A1~A10）中 A3 和 A4 被整合到 GH5-4 亚

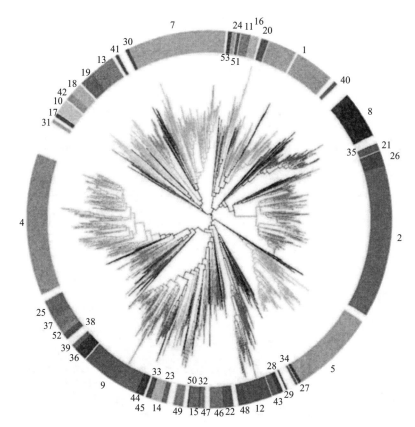

图 2-2 GH5 家族系统进化树

家族中，A5 和 A6 被统一到 GH5-5 亚家族中（图 2-2）。整个 GH5 家族中包含了 33 个蛋白结晶结构，使得每个亚家族中至少有一个晶体结构。

在经过生化表征的亚家族中，单功能酶的亚家族特征是此家族成员只有一种 EC 酶活，而多功能酶的亚家族具有至少两种酶活性质。在这些仅具有一种酶活的亚家族中，GH5-5 是最大的亚家族。此亚家族的酶是内切纤维素酶（EC 3.2.1.4），主要由细菌和真菌分泌的酶组成。GH5-5 亚家族所有研究过的酶都具有内切纤维素酶活性。

（2）GH7 家族

截至 2017 年，GH7 家族成员共有 5102 个，主要来自真菌，仅有 10 个来源于细菌，而且获得生化性质表征的成员均来自真菌。GH7 家族包括四种类型的酶：内切-β-1,4-葡聚糖酶（endo-β-1,4-glucanase，EC 3.2.1.4），作用于还原端的纤维二糖水解酶（reducing end-acting cellobiohydrolase，EC 3.2.1.176），脱乙酰壳多糖酶（chitosanase，EC 3.2.1.132），内切-β-1,3-1,4-葡聚糖酶（endo-β-1,3-1,4-glucanase，EC 3.2.1.73）。这个家族的蛋白结晶结构都是呈 β-果冻卷结构，催化机制均为保留型催化。

在真菌中，里氏木霉内切纤维素酶 EG I 占这个菌株产纤维素酶总量的 5%～10%。该酶分子量大约为 50000，等电点 pI 值是 4.5。对可溶性纤维素衍生物具有较高的水解活性，但是水解结晶纤维素却很慢。催化参数（k_{cat}，k_{cat}/K_M）的测量结果表明，里氏木霉 EGⅠ对于糖的结合有 4 个显著的亚位点，与特异腐质霉的同源蛋白相似。在里氏木霉所有的纤维素催化结构域中，只有 CBHⅠ和 EGⅠ具有显著的氨基酸同源性，大约为 45%。两种酶采用保留型反应机制裂解 β-1,4-糖苷键，产生的异头物作为反应产物，且它们对小底物显示相似的水解模式。外切纤维素酶 TrCel7A 和内切纤维素酶 TrCel7B 已经获得结晶并解析三维结构。研究表明 TrCel7A 具有更强的持续性，主要是因为它的底物结合孔道一旦结合上底物就允许底物的滞留。相反，内切纤维素酶具有更宽的裂隙，为完整纤维素链的进入和释放提供了更简单的方式。催化的谷氨酸残基位于催化位点的两侧，适合于双取代保留型反应机制。里氏木霉和特异腐质霉的酶类也可以催化糖基转移反应，与许多保留型反应机制的水解酶一致。

（3）GH（GHF）9 家族

糖苷水解酶第 9 家族的纤维素酶基因在许多原核生物和真核生物中都有发现，包括细菌、真菌、黏菌、线虫、动物和植物。在植物中，EG 被一个大的基因家族编码，属于糖苷水解酶基因家族 GH9，该家族纤维素酶的催化结构域的晶体结构显示，该催化结构域为（α/α）6-barrel 折叠型，见书后彩图 3。根据氨基酸序列结构特征，可将 GH9 基因家族分为三类：A 子类（GH9A），膜锚定 GH9；B 子类（GH9B），分泌 GH9；C 子类（GH9C），含碳水化合物结合模块的分泌蛋白 CBM49。迄今为止，所有发现的植物纤维素酶都属于第 9 家族，植物 EG 的基因家族可在亚科系统发育分析的基础上分为 α-亚科、β-亚科、γ-亚科。在拟南芥中，α-亚科主要由 GH9 蛋白的 GH9B 和 GH9C 亚纲组成。所有 γ-亚科成员均是跨膜蛋白，属于 GH9A 子类。由于缺乏实验数据和清晰的典型结构域进行预测，目前尚不清楚 β-亚科是否通过膜锚定或分泌的方式与蛋白质作用[18]。

来源于动物体内微生物的糖苷水解酶家族（glycoside hydrolase family）被习惯性地标记为 GHF。其中，内切纤维素酶家族 9 是被研究得最多的一个。在动物类群的糖苷水解酶第 9 家族研究中，Angus Davison 研究小组发现白蚁、鲍鱼和海鞘染色体中具有古老的糖苷水解酶基因家族 GH9，该基因家族中的亚群（E2）也广泛分布于后生动物中，共发现有 5 个门类 11 个纲中表达 GH9 基因家族中的纤维素酶。GH9 基因家族可能来自一古老的祖先，研究发现，GH9 基因家族中有 7 个亚群与被子植物具有同源性。目前已经报道的产动物纤维素酶的栖北散白蚁体内产 $Clostridium\ stercorarium$ 纤维素酶 CelZ，其可能催化残基是 Glu447 和 Asp84，它们位于蛋白质分子 N 末端区域。用基因定点突变技术对 CelZ 的研究发现，Glu447 和 Asp84 的任何一个氨基位点的突变使得酶水解微晶纤维素的活性完全丧失；而用羧甲基纤维素作为底物，突变酶的内切活性被保留在碱催化氨基酸 Asp84 上。这意味着羧甲基纤维素上羧基的存在可以对催化活性进行补救。相继有人用基因定点突变技术对该家族的部分其他成员进行研究并取得一定的进展。

（4）GH12 家族

GH12 家族是糖苷水解酶家族中最小的家族，所包含的酶分子量较小，主要应用于研究纤维素酶和底物之间的相互作用。目前，此家族共有 722 个成员（更新至 2017年），已经得以表征的成员有 87 个。此家族的纤维素酶具有四种活性，包括内切-β-1,4-葡聚糖酶（EC 3.2.1.4）、木葡聚糖水解酶（EC 3.2.1.151）、木葡聚糖内糖基转移酶

（EC 3.2.1.132）和内切-β-1,3-1,4-葡聚糖酶（EC 2.4.1.207）。内切纤维素酶（EGⅢ-*Tr*Cel2A）属于这一家族，是里氏木霉分泌的分子量最小的内切纤维素酶。蛋白结晶结构都是β-果冻卷结构，催化机制均采取保留型反应机制[19]。

（5）GH17 家族

糖基水解酶家族 17 是在植物和真菌的细胞壁基质中发现的，是水解 β-1,3-葡聚糖的同工酶。这些同工酶包括内切-β-1,3-葡聚糖酶（E.C.3.2.1.39，子家族 A）、内切-β-1,3-1,4-葡聚糖酶（E.C.3.2.1.73，子家族 B）和子家族 C、子家族 D，其酶学特异性尚不清楚[20]。

（6）GH（GHF）45 家族

GH45 家族的内切纤维素酶分子量比较小，易于渗透进入相互交联的纤维素，显示着进化过程中的一种优势。同时，该家族的酶有较高的脱毛活性，是最主要的纺织用纤维素酶，被广泛应用于生物抛光等。此外，该酶与其他家族酶的复配也可以较大程度上提高酶对底物的作用效果。然而到目前为止，发现的 GH45 家族酶数量及酶学性质表征远远落后于其他家族的纤维素酶，且报道的 GH45 家族的酶多数经过原菌株纯化后产量非常低。Jinichiro Koga 等在 *Humicola insolens* 中表达了 STCE1，发现其为 GH45家族中一种新酶，其表达的酶蛋白对离子活性剂耐受性强，且去纤维化活力较高。郭超等将粗糙脉孢菌来源的 GH45 家族的内切纤维素酶基因（ncGH45）克隆并表达，酶活性达到 20U/mL，rNcGH45 对多糖的水解产物主要是纤维五糖，对寡糖的最小作用底物是纤维三糖，而对纤维二糖没有作用。此外，目前已经报道的体内含有的纤维素酶属于 GH45 家族的动物有桑粒肩天牛。GH45 家族酶分子三维构象是一个 $\beta 6$ 折叠桶，该家族是通过构型的转化在异头碳原子进行催化反应。

2.3.3 β-葡萄糖苷酶

β-葡萄糖苷酶（EC 3.2.1.21），英文名称 β-glucosidase，简称 BG，属于糖苷水解酶类，也称为 β-葡萄糖苷水解酶，或称纤维二糖酶（cellobiase）、龙胆二糖酶（gentiobiase）和苦杏仁苷酶（amygdalase）。它是能催化水解芳香基或烃基与糖基原子连接的糖苷键，从而释放出葡萄糖的酶类。1837 年，Liebig 和 Wohler 首次在苦杏仁中发现 β-葡萄糖苷酶，之后陆续发现该酶广泛存在于植物、哺乳动物以及微生物中。它参与生物体的糖代谢，对维持生物体正常生理功能起着重要作用。迄今，已有诸多性能优越的 β-葡萄糖苷酶被陆续发现和应用。但总体而言，大多数酶的活性仍然比较低，容易受产物葡萄糖的抑制，对有机溶剂的耐受性差，在工业应用上局限性较大，产业化程度不高。

2.3.3.1 β-葡萄糖苷酶来源

β-葡萄糖苷酶在植物、微生物和动物中广泛分布。据不完全统计，20 世纪 60 年代以来，国内外共记录了产 β-葡萄糖苷酶的菌株大约有几千株菌，覆盖了 53 个属。目前获得β-葡萄糖苷酶的方法主要是从其他植物中提取或微生物发酵而来，杏仁是 β-葡萄糖苷酶最典型的来源。该酶在植物中表达量最高的部位是种子，此外还可以存在于发芽部位、幼嫩组织和子叶基部等，在细胞中的细胞壁、叶绿体和胞质丝中也均发现存在。但植物来源的 β-葡萄糖苷酶活力远比微生物来源的活力低。微生物来源的 β-葡萄糖苷酶报道比较多，其中丝状真菌是研究最多的类群，目前研究较多的 β-葡萄糖苷酶产生菌有酵母、木霉和曲霉等。酶的来源不同，酶的各种性质诸如分子量、最适 pH 值、最适温度和底物特异性等均表现出很大的差异。绝大部分的 β-葡萄糖苷酶都会受到产物葡萄糖的反馈抑制。

部分常见 β-葡萄糖苷酶的来源见表 2-9。

表 2-9　产 β-葡萄糖苷酶生物类型

来源	菌株名称
细菌	脑膜脓毒性黄杆菌（*Flavobacterium meningosepticum*）、约氏黄杆菌（*Flavobacterium johnsonae*）、多黏性芽孢杆菌（*Bacillus polymyxa*）、黄孢原毛平革菌（*Phanerochaete chrysosporium*）、干酪乳杆菌（*Lactobacillus casei*）、尖孢镰刀菌（*Fusarium oxysporum*）、肠膜明串珠菌（*Leuconostoc mesenteroides*）和嗜热菌（*Pyrococcus furiosus*）
真菌	假丝酵母（*Candida wickerhamii*）、酿酒酵母（*Saccharomyces cerevisiae*）、汉逊德巴利酵母（*Debaryomyces hansenii*）、清酒酵母（*Candida peltata*）、出芽短梗霉（*Aureobasidium pullulans*）、构巢曲霉（*Aspergillus nidulans*）、烟曲霉（*Aspergillus fumigatus*）、文氏曲霉（*Aspergillus wentii*）、日本曲霉（*Aspergillus japonicus*）、黑曲霉（*Aspergillus niger*）、米曲霉（*Aspergillus oryzae*）、里氏木霉（*Trichoderma reesei*）、康氏木霉（*Trichoderma koningii*）、青霉（*Penicillium aurantiogriseum*）
植物	黑樱桃、水稻、大豆、木薯、葡（籽）、玉米、苹果（核）、茶叶、人参、玉米、大麦、白菜、燕麦、草菇、长春花、番茄、葡萄、旱金莲和鼠耳芥
动物	蜜蜂、桑蚕、白蚁、猪（肝和小肠）

目前，已实现工业化的产酶菌株主要是黑曲霉（*Aspergillus niger*）和米曲霉（*Aspergillus oryzae*）。β-葡萄糖苷酶通常具有催化糖苷键水解和糖基转移的双重活性，它的催化能力不仅可以使多糖降解成寡糖，还能催化单糖、寡糖或者活化的糖基衍生物与脂肪醇或芳香醇反应合成糖苷类化合物，以及对氨基酸、多肽和抗生素等生物大分子活性物质进行糖基化修饰。在常见的产纤维素酶菌株中，β-葡萄糖苷酶在纤维素酶系中的含量少且活性低，常常成为纤维素酶解的限速步骤。因此，寻找高活力、高表达量、性能优越的 β-葡萄糖苷酶产酶菌株具有十分重要的现实意义。

2.3.3.2　β-葡萄糖苷酶的分类

按照 β-葡萄糖苷酶存在的部位来分，可以简单划分为胞内酶和胞外酶（图 2-3）。有些生物体内只含有胞内 β-葡萄糖苷酶，有些生物体内则只含胞外 β-葡萄糖苷酶，但也有一些微生物体内同时含有胞内和胞外 β-葡萄糖苷酶。Paavilainen 等从 *Bacillus alkalophilus* 中分离出胞外 β-葡萄糖苷酶，Gonzalez Candelas 等发现 *Bacillus polymyxa* 中的胞内和胞外 β-葡萄糖苷酶同时存在，胞内和胞外 β-葡萄糖苷酶的氨基酸序列有 44.7% 的同源性，但它们的生理生化特性却完全不同。对它们氨基酸序列的进一步研究发现，这种微生物的胞内酶是 β-葡萄糖苷酶 A，并与人体内的乳糖酶和根皮苷水解酶具有高度的同源性，而胞外酶则与 β-葡萄糖苷酶 B 同源[21]。

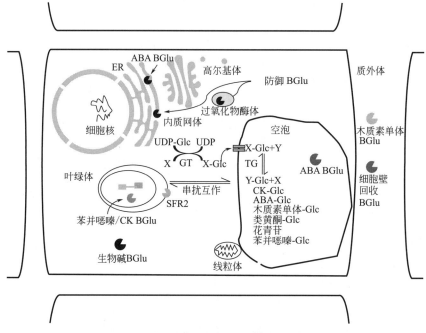

图 2-3　细胞及其基质的 β-葡萄糖苷酶定位

ABA—脱落酸；　ER—内质网；　ABA BGlu—ABA 葡萄糖苷酶；　CK-Glc—CK 葡萄糖；　UDP-Glc—UDP 葡萄糖；　Glc—葡萄糖

2.3.3.3　β-葡萄糖苷酶的理化性质

不同来源，即使是同一菌属的不同菌株或同一植物组织的 β-葡萄糖苷酶在氨基酸序列、分子量、比活力、等电点、最适反应 pH 值、pH 值稳定性范围、最适反应温度和热稳定性方面均有很大差别。同一菌株，也可能由于培养条件的不同而分泌不同类型的 β-葡萄糖苷酶。利用土曲霉，可获得三种 β-葡萄糖苷酶，它们具有不同的分子量和等电点，甚至最适 pH 值和温度也各不相同。

（1）分子量

不同 β-葡萄糖苷酶的分子量由于其结构和来源不同而存在较大差异。其分子量变化较大，从 18000 至 480000 在微生物中均有发现。分子量一般在 40000～250000 之间，其中 β-葡萄糖苷酶的胞内酶为 90000～100000，胞外酶介于 47000～76000 之间。植物中所产的 β-葡萄糖苷酶种类较少，分子量基本都在 150000 左右。有些 β-葡萄糖苷酶也具有较高分子量，例如腐皮镰孢菌的 β-葡萄糖苷酶，其分子量可高达 400000。

Kengen 等研究的古细菌 *Pyrococcus furiosus* 分泌的 β-葡萄糖苷酶是由 4 个亚基构成的四聚体，每个亚基分子量为 58000 左右，总分子量在 230000 左右。曾宇成等测到的海枣曲霉（*Aspergillus phoenicis*）β-葡萄糖苷酶由两个分子量为 100000 的亚基构成，分子量约为 200000。Day 和 Withers 等从 *Agrobacterium* 中分离出的野生型 β-葡萄糖苷酶是一种二聚体，由两个分子量为 50000 的亚基构成。有的菌株本身就含有胞内和胞外 β-葡萄糖苷酶。因此，有时来源于同一菌株的 β-葡萄糖苷酶是来源于两种不同分子量酶的混合物，有时候甚至是多种不同分子量酶的混合物。

（2）等电点（pI）和 pH 值

已报道的 β-葡萄糖苷酶的等电点（pI）大多数都在酸性范围，且变化不大，一般在 pH 值 3.5～5.5 之间。Li Yawkuen 等从 *Flavobacterium meningosepticum* 中分离出的 β-葡萄糖苷酶的等电点高达 9.0，最适 pH 值是 5.0。大量研究结果表明，β-葡萄糖苷酶是酸性蛋白，其最适 pH 值一般在 3.0～6.0 的酸性范围，其最适 pH 值大多在 4.5～5.0 之间，而大部分酵母和细菌的胞内 β-葡萄糖苷酶的最适 pH 值则接近 6.0，且耐酸性强，适宜应用于酸性介质中。但也有少数的 β-葡萄糖苷酶其 pI 在碱性范围之内，如有的 β-葡萄糖苷酶其最适 pH 值超过 7.0，且酸碱耐受性强。有些从动物肝脏中提取的 β-葡萄糖苷酶的最适 pH 值就是接近中性。来源于嗜碱芽孢杆菌（*Bacillus alkalorhilus*）中的 β-葡萄糖苷酶最适 pH 值范围可在 6～9 之间，且在 pH＝4.0～12.0 以外还具有一定的催化活性。

（3）最适温度

β-葡萄糖苷酶的最适温度在 40～110℃，来自植物的 β-葡萄糖苷酶最适温度一般在 40℃左右，而来源于真菌如黑曲霉、海枣曲霉和酵母菌的 β-葡萄糖苷酶最适温度一般在 40～70℃之间。大多数微生物来源的 β-葡萄糖苷酶的最适反应温度为 60～65℃，如反应温度高于 60℃，酶在短时间内会迅速失活；而来源于古细菌的 β-葡萄糖苷酶其热稳定性要高于普通微生物来源的 β-葡萄糖苷酶，最适温度可以高达 100℃以上。如古细菌 *Pyrococcus furious* 的 β-葡萄糖苷酶其最适反应温度在 102～105℃，酶在 100℃时的半衰期为 85h。*Bacillus alkalorhilus* 的 β-葡萄糖苷酶最适反应温度范围在 40～110℃之间，对于工业应用来说，酶的热稳定性高比较有利。近年，选育产高活力的 β-葡萄糖苷酶的耐热菌逐渐引起了人们的研究兴趣。

（4）抑制剂和激活剂

β-葡萄糖苷酶的抑制剂或激活剂会因为酶的来源不同而产生较大差异。据报道，很多研究都证明 D-葡萄糖是 β-葡萄糖苷酶的反馈抑制剂，大多数 β-葡萄糖苷酶受葡萄糖的抑制具有高度敏感性。这种抑制几乎是不可避免的，因为葡萄糖是来源于纤维二糖的主要水解产物。纤维二糖和麦芽糖也具有酶活性抑制作用。因为 β-葡萄糖苷酶的催化是可逆的，葡萄糖和纤维二糖均可作为反馈抑制剂，使酶活性受到抑制。乳糖具有微弱的酶活激活（诱导）性能，其原因可能是二糖作为葡萄糖受体进行转糖基化反应。此外，由不同 α 键或 β 键连接的木糖、果糖、半乳糖、阿拉伯糖和甘露糖等半纤维素糖类似乎对 β-葡萄糖苷酶无任何抑制作用；二糖如甘露糖和蔗糖也具有相似的性质，都对 β-葡萄糖苷酶的活性没有影响。

2.3.3.4 β-葡萄糖苷酶的家族和基因分类

β-葡萄糖苷酶的基因研究具有较长的历史，自 20 世纪 70 年代末开始就有其基因被克隆的报道。到目前为止，已有上百个微生物、植物和动物中的 β-葡萄糖苷酶基因得到克隆和测序，其中以微生物和植物为主。根据氨基酸序列和结构相似性，新的糖苷水解酶类也被陆续发现。到目前为止，有许多种不同来源的 β-葡萄糖苷酶编码基因陆续得到克隆鉴定。

Henrissat 等根据氨基酸序列和结构相似性区别，对糖苷水解酶进行了分类，这是一种遵循糖苷水解酶分类方法，也是现在被广泛接受的分类方法。基于它们的氨基酸序列和三维结构的不同，糖苷水解酶共分为 135 个家族；其中 β-葡萄糖苷酶被分为糖苷水解酶（GH）家族 GH1、GH3、GH5、GH9、GH30 和 GH116，另有部分 β-葡萄糖苷酶未获得准确分类。不同 GH 家族 β-葡萄糖苷酶结构见书后彩图 4[22]。

在已发现的 β-葡萄糖苷酶中，大多数酶属于 GH1 和 GH3 家族，糖苷水解酶第 1 家族的 β-葡萄糖苷酶所占比重最大，其次为糖苷水解酶第 3 家族。通常 GH1 的 β-葡萄糖苷酶来源有古细菌、植物和动物。该酶家族的显著特征是高度的序列同源性和广泛的底物特异性。第 1 家族的 β-葡萄糖苷酶的蛋白质结构是 8 个 β/α 的筒状结构，也称 4/7 超家族（因为催化残基和亲核基团在 4/7 的 β 片层上），其催化残基是谷氨酸。GH1 中的酶除具有 β-葡萄糖苷酶活性外，还有很强的半乳糖苷酶活性。GH3 家族中的酶来自细菌、霉菌、酵母和植物等。GH3 家族具有维持反应机制，酶的主结构域能特异作用于低聚糖。天冬氨酸参与亲和反应，但其中只有很少一部分结构被解析。

根据催化结构域和催化氨基酸的保守性，糖苷水解酶家族又被细分为若干部族（Clan），部族 A（Clan GH-A）包括了许多糖苷水解酶家族，其中 β-葡萄糖苷酶的 GH1、GH5 和 GH30 家族都属于该部族。GH9 家族 β-葡萄糖苷酶的反应只采取一步的异头物反转机制和外切纤维素酶性能，而其他家族则是双向取代、保留配置的反应机制。

迄今为止，已有很多 β-葡萄糖苷酶的基因被克隆，并被成功地在大肠杆菌或毕赤酵母中进行了异源表达，表 2-10 列出了已经报道和已经在 GenBank 注册的来源于真菌的 β-葡萄糖苷酶基因。

表 2-10　已报道的 β-葡萄糖苷酶基因 [23]

菌株来源	GH 家族	GeneBank 登录号
Aspergillus niger	3	AJ132386 EU233788 DQ655704
Aspergillus niger strain FTA008	3	FJ431207
Aspergillus aculeatus	3	D64088
Aspergillus flavus NRRL3357	3	XM_002383199 XM_002383028
Aspergillus terreus	3	GU078571，FN430671
Ajellomyces dermatitidis SLH14081	1,3	XM_002627366 XM_002621346
Coccidioides posadasii	3,5	AF022893 AY049946 AY049947 AY049944
Candida wickerhamii	1	U13672

续表

菌株来源	GH 家族	GeneBank 登录号
Debaryomyces hansenii CBs767	3	XM_457283
Humicola grisea	1	AB003110
Humicola grisea var. *thermoidea*	1	AB003109
Neosartorya fischeri NRRL 181	3	XM_001259961
Talaromyces emersonii	1，3	AF439322，AY081764
Schizosaccharomyces pombe	SUN family	NM_001023371 NM_001022365 NM_001018934
Schizosaccharomyces japonicus yFS275	SUN family	XM_002173813
Volvariella volvacea	3	AF329731
Orpinomyces sp. PC-2	1	AF016864
Paracoccidioides brasiliensis Pb01		XM_002797396 XM_002795864 XM_002793589
Phanerochaete chrysosporium	3	AB081121 DQ114397
Thermoascus aurantiacus	1，3	AB253326 DQ011524
Phanerochaete chrysosporium	1	AB253327 AB253326 AF500784
Piromyces sp. E2	1，3	AJ276438 AY127977
Phaeosphaeria avenaria	3	AJ276675，AY688365
Kluyveromyces marxianus	3	FJ811961
Pichia stipitis CBS 6054	3	XM_001383236 XM_001384615 XM_001385122 XM_001385648 XM_001387313 XM_001387609
Pichia capsulate	3	U16259
Penicillium purpurogenum KJS506	3	GQ475527
Penicillium brasilianum	3	EF527403
Penicillium decumbens	3	GU320212
Penicillium marneffei ATCC 18224	1，3	XM_002152787 XM_002147716

菌株来源	GH 家族	GeneBank 登录号
Phytophthora infestans	30	AF352032
Periconia sp. BCC 2871	3	EU304547
Candida tropicalis MYA-3404	3,5	XM_002547789 XM_002475777 XM_002475597 XM_002474673
Postia placenta Mad-698-R	1,3	XM_002473424 XM_002470145 XM_002469825
Pyrenophora tritici-repentis Pt-1C-BFP	1,3	XM_001940370 XM_001934771 XM_002384274
Rhizoctonia solani	3	DQ926702
Saccharomycopsis fibuligera	3	M22476,M22475
Emericella nidulans	3	DQ490481
Talaromyces emersonii	1	AY081764,AF439322
Talaromyces stipitatus ATCC10500	1,3	XM_002486507 XM_002481882
Thermoascus aurantiacus var. *levisporus*	3	EU269025,EU263993
Trichoderma viride	3	AY343988
Uncinocarpus reesii 1704	3	XM_002542513

2.4　半纤维素酶

　　半纤维素是自然界中第二大丰富的多聚糖，植物细胞壁分为初级细胞壁和次级细胞壁，半纤维素主要分布在次级细胞壁中，主要包含木聚糖、木葡聚糖、葡萄糖甘露聚糖、阿拉伯半乳聚糖和半乳葡萄甘露聚糖等多种组分。木聚糖在半纤维素中所占比例最高，在被子植物中占干重的 15%～30%；木聚糖在裸子植物中的含量占 7%～12%。

　　木聚糖是一种复杂的多糖聚合物，主要有 O-乙酰基、4-O-甲基-D-葡萄糖醛酸残基和 L-阿拉伯糖残基等。按照主链连接方式的不同，木聚糖可分为两类：a. β-1,4-木聚糖，所有的陆生植物及大多数海洋植物细胞壁中的木聚糖均以这种形式存在；b. β-1,3-

木聚糖，这类木聚糖只存在于某些海洋藻类细胞壁中。主链由 β-1,4-糖苷键连接 β-D-吡喃木糖而成，其侧链中的呋喃木糖常被阿拉伯呋喃糖单取代或双取代。在多聚物主链 β-D-吡喃木糖残基的 O-2 或 O-3 位置上连有 4-O-甲基-α-D-葡萄糖醛酸。除阿拉伯呋喃糖和 4-O-甲基-D-吡喃葡萄糖醛酸残基外，D-半乳糖残基、葡萄糖醛酸残基等也是常见的侧链取代基团。被子植物如硬木的木聚糖中有 $70\%\sim80\%$ 在 C-2 或 C-3 上被乙酰化，从而影响了木聚糖在水中的可溶性，也意味着自然界中有大量的木聚糖难以被分解和利用。

能将半纤维素降解的酶归类为半纤维素酶系，作为一种纤维素辅助水解酶，它可以水解包裹缠绕纤维素的非纤维素多聚糖。许多研究表明，无论木聚糖含量多少，木聚糖酶都有增强木质纤维素材料水解的效果。木聚糖酶对纤维素水解转化的作用机理目前尚未清晰，但已有研究证明纤维素酶与木聚糖酶之间具有协同促进作用。纤维素酶和木聚糖酶的复合酶解比传统的纤维素酶复合体系可水解得到多 20% 的糖。

2.4.1　半纤维素酶的分类

由于木质纤维素结构组成的复杂性，木聚糖的生物降解通常需要复杂的酶系统。广义上木聚糖酶是一种复合酶，是能够降解木聚糖的一类酶的统称。半纤维素的完全降解需要不同半纤维素酶的协同作用，木聚糖酶属于糖苷水解酶（EC 3.2.1.x），根据作用位点不同，主要包括内切-β-1,4-木聚糖酶（endo-β-1,4-xylanase，EC 3.2.1.8）、β-1,4-木糖苷酶（xylan-β-1,4-xylosidase，EC 3.2.1.37）、α-葡萄糖醛酸苷酶（α-glucuronidase，EC 3.2.1.139）、α-L-阿拉伯糖苷酶（α-L-arabinofuranosidases，EC 3.2.1.55）、α-D-葡糖苷酸酶、乙酰木聚糖酯酶（acetyl xylan esterase，EC 3.1.1.72）、阿魏酸酯酶（ferulic acid esterase，EC 3.1.1.73）和对香豆酸酯酶（p-coumaric acid esterase，EC 3.1.1.x）等。

木聚糖酶是糖苷水解酶家族中最大的一组商业用酶系，可降解自然界中大量存在的木聚糖类半纤维素。在木聚糖水解酶系中，可分为两种，其中一类是作用于木聚糖的主链骨架，主要有内切-β-1,4-木聚糖酶，该酶是最关键的水解酶，以内切方式作用于木聚糖主链内部的 β-1,4-糖苷键，将木聚糖水解为低聚寡糖和木二糖等低聚木糖以及少量的木糖和阿拉伯糖。狭义上木聚糖酶指的是内切-β-1,4-D-木聚糖酶。它具有特殊的生理保健功能，不仅可应用于食品工业，还可诱导植物抗病反应，增强植物的抗病能力。而 β-木糖苷酶则通过水解低聚木糖的末端来催化释放木糖，在这两种酶的协同作用下实现木聚糖主链的降解。第二类木聚糖水解酶是作用于支链取代基团的脱支链酶，具有彻底降解木聚糖的作用，包括 α-L-阿拉伯呋喃糖苷酶、α-葡萄糖醛酸苷酶、乙酰木聚糖酯酶以及能降解木聚糖中阿拉伯糖侧链残基与酚酸（如阿魏酸或香豆酸）形成的酯键的酚酸酯酶等侧链水解酶，它们作用于木糖与侧链取代基团之间的糖苷键，协同主链水解酶的水解，最终将木聚糖转化为单糖。

各类木聚糖酶的作用位点如图 2-4、表 2-11 所列。

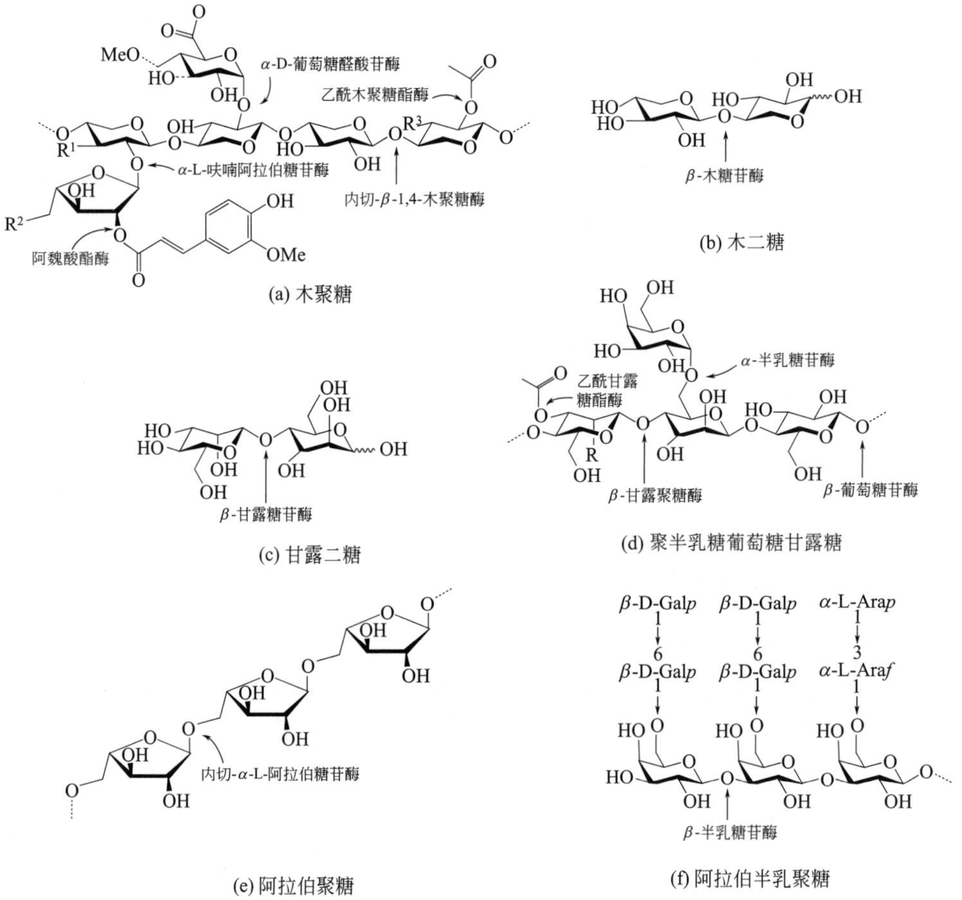

(a) 木聚糖

(b) 木二糖

(c) 甘露二糖

(d) 聚半乳糖葡萄糖甘露糖

(e) 阿拉伯聚糖

(f) 阿拉伯半乳聚糖

图 2-4　木聚糖降解酶系及其切割位点[24]

阿拉伯半乳聚糖为阿拉伯糖与半乳糖组成的中性多糖，

其中 Ara 表示阿拉伯糖，

Gal 表示半乳糖，后接的 f、p 是连接位点

表 2-11　不同木聚糖酶及其作用位点

木聚糖酶系	酶作用位点
内切-β-1,4-木聚糖酶（endo-β-1,4-xylanase，EC 3.2.1.8）	随机切割木聚糖主链骨架的 β-1,4-糖苷键，生成木糖和低聚木糖或带有侧链的寡聚木糖
β-1,4-木糖苷酶（xylan-β-1,4-xylosidase，EC 3.2.1.37）	以外切方式从非还原性末端水解木二糖和低聚糖，最后生成木糖
α-L-阿拉伯糖苷酶（α-L-arabinofuranosidases，EC 3.2.1.55）	从阿拉伯糖基木聚糖及阿拉伯半乳聚糖的非还原末端水解 α-L-阿拉伯糖苷
α-葡萄糖醛酸苷酶（α-glucuronidase，EC 3.2.1.139）	水解葡萄糖醛酸和木糖残基之间的 α-1,2-糖苷键
乙酰木聚糖酯酶（acetyl xylan esterase，EC 3.1.1.72）	水解乙酰化木聚糖残基 C-2 和 C-3 位的 O-乙酰取代基团
阿魏酸酯酶（ferulic acid esterase，EC 3.1.1.73）和对香豆酸酯酶（p-coumaric acid esterase，EC 3.1.1.x）	分别切除阿魏酸、香豆酸与阿拉伯糖残基之间的酯键

2.4.2 半纤维素酶的来源

木聚糖酶在自然界中分布广泛，主要来源于一些细菌、真菌、植物组织以及无脊椎动物等。因此，既可以通过微生物发酵也可以通过从动植物体提取获得木聚糖酶，人们研究比较多的产木聚糖酶菌株主要有霉菌、链霉菌和芽孢杆菌等。

值得注意的是，典型的纤维素酶产生菌里氏木霉同时也具有产木聚糖酶能力，其木聚糖酶系包括内切-β-1,4-木聚糖酶（xyn，EC 3.2.1.8）和 β-木糖苷酶（bxl，EC 3.2.1.37）。使用里氏木霉中提取的 xyn 补充至富含木聚糖的碱处理木质纤维素水解液中，可使纤维素转化效率明显提高。这些酶降解木聚糖，从而使纤维素裸露出来，进而使纤维素进一步被转化利用。

2.4.3 木聚糖酶的理化性质

木聚糖酶系的种类繁多并且组成各异，性质差别也很大（表 2-12）。微生物来源的木聚糖酶分子量范围大多在 8000～145000 之间，最适 pH 值基本上分布在 3.0～10.0 之间。真菌来源的木聚糖酶的最适 pH 值在 4～6 之间，细菌和放线菌来源的木聚糖酶最适 pH 值在 5～9 之间，绝大部分木聚糖酶最适温度在 40～65℃范围。通常细菌和放线菌来源的木聚糖酶最适温度在 60～65℃，仅有少数的细菌和真菌能产生耐热木聚糖酶，大多数耐热性木聚糖酶从属于 F/10 家族，因为该家族的木聚糖酶含有纤维素结合结构域（CBD），能够增强酶的稳定性。基于物理化学性质的不同，将木聚糖酶大致分成两大类，即等电点碱性、低分子量（<30000）的木聚糖酶和等电点酸性、高分子量（>30000）的木聚糖酶。但是有 30％左右已知性质的木聚糖酶，尤其是来源于真菌的木聚糖酶类，不能按照这个分类标准分类。

表 2-12   部分微生物来源的木聚糖酶及其酶学性质 [25]

菌株来源	分子量	温度/℃	pH 值	比酶活/(U/mL 或 U/mg)
Trichoderma inhamatum	Xyl Ⅰ 2.10 万 Xyl Ⅱ 1.46 万	50 50	5.0～5.5 5.5	3464.2 1216.4
Penicillium rolfsii c3-2(1)IBRL	3.5 万	50	5.0	488.17
Aspergillus oryzae HML366	Xyn H1 3.37 万 Xyn H2 3.54 万	65 —	6.0 —	476.9 —
Aspergillus terreus	Xyl T1 2.43 万 Xyl T2 2.36 万	50 45	6.0 5.0	1.578 0.594
Streptomyces althioticus LMZM	3.175 万	60	8.0	1825.85
Streptomyces sp. CS624	4.0 万	60	6.0	61415
S. thermocarboxydus subsp MW8	5.2 万	50	7.0	83.94
Clostridium beijerinckii G117	2.26 万	40～50	5.0	73.2

续表

菌株来源	分子量	温度/℃	pH 值	比酶活/(U/mL 或 U/mg)
Bacillus pumilus	5.2 万	40	—	116
Cellulosimicrobium sp. MTCC 10645	7.8 万	50	7.0	246.6
Thermobifida halotolerans YIM 90462T	2.4 万	80	6.0	173.1
Kluyvera species OM3	—	70	8.0	5.12
Cellulosimicrobium cellulans CKMX 1	2.9 万	55	8.0	36.62

2.4.4 木聚糖酶的基因分类

根据催化结构域的氨基酸序列差异，木聚糖酶活性主要分布在 GH3、GH5、GH8～GH12、GH16、GH26、GH30 和 GH43 共 11 个糖苷水解酶家族；木糖苷酶活性分布在 GH1、GH3、GH5、GH30、GH39、GH43、GH51、GH52、GH54、GH116 和 GH120 共 11 个家族；葡萄糖醛酸苷酶活性分布在 GH4 和 GH67 共 2 个家族；阿拉伯呋喃糖苷酶分布在第 GH2、GH3、GH10、GH43、GH51、GH54 和 GH62 共 7 个家族；其他不同酯酶则分布于第 GH1～GH7、GH12 和 GH15 家族。其中木聚糖酶（EC 3.2.1.8）归属于 GH5、GH7、GH8、GH9、GH10、GH11、GH12、GH16、GH26、GH30、GH43、GH44、GH51 和 GH62 家族糖苷水解酶。β-木糖苷酶（EC 3.2.1.37）主要分布在 GH3、GH39、GH43、GH52 和 GH54 家族。

大多数科学分类都是基于对催化结构域的疏水决定簇和氨基酸序列相似性分析，绝大多数木聚糖酶属于第 10 家族（F 家族）和第 11 家族（G 家族）。虽然现今这两个家族成员已经被系统研究过，但其余家族成员的催化特性（GH5、GH7、GH8 和 GH43）和最新信息仍然非常有限。然而，GH16、GH51 和 GH62 家族是双功能酶，因为它们包含两个催化结构域。人们已经发现，GH5、GH7、GH8、GH10、GH11、GH43 具有明显的催化结构域，其物理化学性质、结构、作用方式和底物特异性不同，具有内切-β-1,4-木聚糖酶活性。其余的 GH9、GH12、GH26、GH30 和 GH44 也被发现可能有残余或衍生的木聚糖酶活性。GH10 家族的显著特征是一种高分子结构，其独特结构是由纤维结合的一种结构域和催化结构域与一个连接肽组成，pI 值在 8～9.5 之间。这个家族通常有一个 8 个 TIM 的桶状结构。而 GH11 家族（或家族 G）具有低分子量和低 pI 值。

2.4.5 木聚糖降解酶的家族分类

（1）GH5 家族

虽然有关第 5 家族糖苷水解酶的信息比较有限，但是这个家族独特的内切作用模式已经被研究得非常透彻。它能在特定位点水解 β-1,4-木聚糖链，位置在 α-1,2 连接的葡萄糖醛酸键。最近研究报道,从枯草芽孢杆菌 *Bacillus subtilis* 168 的木聚糖酶 C (XynC,分子量 90860,见书后彩图 5)中得到了 GH5 家族木聚糖酶。该基因经过量表达和蛋白结晶后,从晶体学的研究中发现,这个家族拥有特异性以及生物降解葡萄糖醛酸木聚糖的作用。

(2) GH8

GH8 家族木聚糖酶也有水解 β-1,4-木聚糖链的能力。连接和绑定遵循诱导的契合机制,在催化过程中会发生一系列的构象变化。从南极细菌交替假单胞菌 *Pseudoalteromonas haloplanktis* TAH3a 获得了 pXyl(GH8 木聚糖酶,书后彩图 6)。X 射线晶体学研究其作用模式发现该酶的底物是木聚戊糖,产物为木三糖。进一步研究发现,(-3~$+3$)位点为深度不可视结构,是响应 GH8 之间结构变化的关键位点。

(3) GH10 家族

GH10 家族的木聚糖酶不仅对木聚糖有活性,且对小分子量的低聚寡糖底物也有活性,尤其是纤维寡糖和木寡聚糖。晶体结构和动力学分析表明该家族的木聚糖酶有 4~5 个底物结合位点,且大部分是水解非还原端连接木糖之间的 β-1,4-糖苷键。与 GH11 家族的木聚糖酶相比,GH10 家族的木聚糖酶分子量通常比较高,一般大于 30000,等电点 pI 低,结构复杂,含有多个结构域,结构中包含纤维素结合结构域(CBD)、催化结构域(CD)以及连接二者的富含丝氨酸和苏氨酸的连接肽。其三维结构通常由含有 8 个 α-螺旋和 8 个 β-折叠的桶状结构组成。两个催化谷氨酸残基分别位于第 4 位和第 7 位的 β-折叠片段的 C 端,它的作用方式属于酸碱催化保留机制。从蛋白质家族数据库 Pfam 收录的 GH10 家族的序列分析来看,细菌来源的序列最多,约占所有 GH10 家族序列的 60%;其次是真核生物,占 39%。真核生物来源的 GH10 家族木聚糖酶中,真菌来源的最多,占所有真核生物来源序列的 66%。目前 CAZy 数据库共收录了 2748 条 GH10 蛋白序列,其中对 342 个蛋白质进行了功能验证,对 38 个蛋白质完成了结构解析。

研究发现,从超嗜热细菌 *Thermotoga petrophila* RKU-1 克隆的 *Tp*Xyl10B(书后彩图 7),有两个子结构域负责与底物结合,*Tp*Xyl10B 由于温度的诱导使结构变化的偶合作用,显示出温度依赖性的反应模式。分子动力学模拟进一步证实了该温度依赖性的反应模式,表明催化环(Trp297-Lys326)负责对产物释放区域的有效修饰,从而推动酶在高温下对低聚木糖的高效特异性释放。

(4) GH11 家族

GH11 家族的木聚糖酶属于"真正的"木聚糖酶,因为其专一的底物特异性,只对木单糖形成的多聚木糖起作用,与底物结合的位点更多、活性更高。因为侧链取代残基或 β-1,3-连接的底物能够阻碍该家族的酶蛋白发挥作用,所以 GH11 家族的木聚糖酶会生成长链的水解产物,后者可以被 GH10 家族木聚糖酶进一步降解。GH11 家族木聚糖酶的等电点(pI)较 GH10 家族木聚糖酶高,多为单一结构域,分子量相对较小,一般小于 30000。这就有利于木聚糖酶在半纤维素网状结构中灵活穿梭,有效水解木聚糖。该家族木聚糖酶采取双交换的保留催化机制,催化残基为两个谷氨酸。结构中的 β-折叠片扭曲成两层,将催化位点包裹其中,两个或三个 β-折叠相互缠绕,形成 β-卷心,即酶蛋白的疏水核心。

报道的 GH11 家族木聚糖酶的基因序列相对较少，细菌来源的序列占 49%，真菌来源的序列占 48%。目前 CAZy 数据库收录了 1323 条蛋白序列，对其中 270 个蛋白质进行了功能验证，对 31 个蛋白质完成了结构解析。芽孢杆菌 *Bacillus circulansxy-lanase* BCX，含有一个天冬酰胺残基在 35 位点，其活力取决于 pH 值。由于亲核试剂 Glu78（pK_a=4.6）和 Glu172（pK_a=6.7）的电离作用（书后彩图8），其最佳 pH 值从 5.7 转移到 4.6。

（5）GH19 家族

人们详细研究了一种细菌木聚糖酶（xyl-orf19）的生化特性和晶体结构，该酶来源于白蚁（*Globitermes brachycerastes*）肠道中的细菌。据报道，xyl-orf19 具有两个结构域，包括一个 C 端为 GH10 家族催化结构域和一个 N 端与细菌 Ig 相似的（Big 2）非催化结构域（书后彩图9）。在大多数 GH10 家族木聚糖酶中，催化结构域除了有一个 (α/β)$_8$ 桶状结构以外，还有两个额外的 β-三明治结构。非催化结构域是一种类似于"初始化"的动物性球蛋白的结构域。该酶在没有非催化结构域的情况下表现出相当低的催化活性，这表明非催化结构域影响着酶的生理生化性质。

（6）GH30 家族

葡萄糖醛酸-木聚糖酶 Xyn30D 是一种在 GH30 家族下的模式酶，它包括一个催化结构域与 CBM35 家族的结合结构域（书后彩图10）[26]。这个家族的催化结构域可以折叠成一个 (α/β)$_8$ 桶状结构，类似于 GH10 家族的木聚糖酶与一个相关的 β-结构。CBM35 含有两个钙离子的 β-三明治。然而，这两个结构域以独立的方式进行折叠。两个结构域之间的连接区域允许适度地与催化结构域的极性面灵活反应来折叠两个结构域。

（7）GH43 家族

GH43 家族木聚糖酶包括阿拉伯呋喃糖苷酶、木糖苷酶、阿拉伯糖酶和半乳糖苷酶。根据保守序列的不同，进一步将 GH43 家族的糖苷水解酶划分为 37 个亚家族，其中具有木糖苷酶活性的多为第 43-1、43-10-12、43-14、43-16、43-22、43-27、43-29 和 43-35 亚家族。GH43 家族的木糖苷酶具有广泛的底物特异性，可降解木聚糖、木寡糖和阿拉伯木聚糖等多种底物。其三维结构包括 5 个 β-螺旋，催化位点分别是 Asp 和 Glu，采取反转催化机制。目前已知大多数序列来源为细菌，占 93%，真菌来源占仅 7%。目前 CAZy 数据库共收录了 7685 条 GH43 蛋白序列，其中 46 个 GH43 木糖苷酶已经得到了功能验证，8 个蛋白质完成了结构解析[27]。

2.5 纤维素氧化酶

在很长一段时间里，人们一直认为纤维素的完全降解由纤维素酶系和半纤维素酶系协同完成。2010 年，*Science* 报道了碳水化合物结合模块 CBM33 家族成员可通过氧化方式高效断裂多糖链的糖苷键，随后人们发现原来属于 GH61 家族的纤维素酶类其化学反应的本质其实是氧化过程，通过氧化还原反应高效断裂结晶纤维素的糖苷键。这就是另一种新发现的纤维素水解活性辅助水解酶，基于其催化反应的性质，人们将这类酶统称为裂解性多糖单加氧酶（LPMO）。这种酶类的断链机制与以往理解的纤维素酶降解机制完全不同，无需将葡聚糖链从高度结晶的微原纤中解聚便可直接为外切纤维素酶提供作用位点[28]。

近年，由于 LPMO 不断被发现和解析，其功能也逐步得到阐释，使得人们对于酶法降解结晶多糖有了新的认识。LPMO 是一类最新发现的铜离子依赖型氧化酶，常具有多种模块化组合，能够作用于结晶多糖，通过氧化使壳多糖（或纤维素）的糖苷键断裂，使多糖链上形成新的断点，通过氧化作用生成的氧化糖链末端和新的非还原糖链末端使得底物结晶结构趋于松散状态，为后面糖苷水解酶的进一步作用提供基础。在木质纤维素降解酶系中加入 LPMO，能协助纤维素酶类对底物进行高效降解，可显著提高结晶纤维素的转化效率。近年来，LPMO 之所以成为人们研究的热点，在于它们与典型纤维素酶在多糖上的协同水解作用（图 2-5）。对 LPMO 的相关作用机制研究的日益加深，预期可以拓宽人们对纤维素酶高效降解机制的认识，为高效降解酶系的复配提供理论指导。

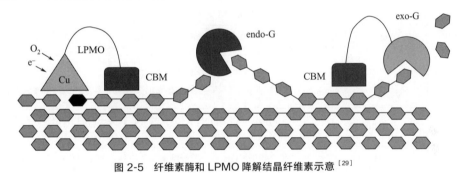

图 2-5　纤维素酶和 LPMO 降解结晶纤维素示意[29]

CBM 为碳水化合物结合模块，灰色六边形代表葡萄糖单位，黑色六边形是 C-1 或 C-4 氧化葡萄糖单位

endo-G—内切纤维素酶；　exo-G—外切纤维素酶

2.5.1　LPMO 的研究历史

早在 1950 年，Reese 认为必然会有一些未被发现的酶类对木质纤维素降解起到非常重要的作用。后来，随着 LPMO 被陆续发现，逐步改变了人们对传统酶法降解结晶多糖的理解。20 世纪 90 年代，从互补 DNA 文库中鉴别到第一批真菌来源的分泌性蛋白 LPMO 拥有参与纤维素降解功能。首次报道时，该酶被归类为水解酶，由于 LPMO 微弱的内切纤维素酶活性而在很长一段时间内被划分到糖苷水解酶 GH61 家族。

近几十年中，随着人们的研究和认识逐步加深，在 LPMO 酶基因的克隆和表达、氨基酸序列分析、蛋白质浓缩和纯化、酶的高级结构解析和功能预测、晶体三维模型和空间结构分析、活性位点及作用机理解析等方面进行了大量深入的研究，取得了一系列重要进展，表 2-13 列出了 LPMO 的研究与突破进程。

表 2-13 LPMO 研究中的发现与突破

年份	研究者	事件
1950	Reese 等	纤维素降解酶的分离纯化
1992 1994	Raguz 等 Armesilla 等	从互补 DNA 文库中鉴别到第一批真菌来源的分泌蛋白 LPMO
2001	Karlsson 等	克隆得到的 TrCel61A 检测到的活性比其他里氏木霉来源的内切纤维素活性低数百倍
2003	Hara 等	一级结构由催化结构域、碳水化合物结合模块和连接肽组成
2005	Vaaje-Kolstad 等	发现了一种非催化蛋白 CBP21
2007	Merino 等	GH61 家族的一些成员具有微弱的内切纤维素酶活性
2008	Karkehabadi 等	TrCel61B 晶体结构为 β-三明治结构，能够结合在微晶纤维素上，但不能将其水解，从而提出 LPMO 可能不属于水解酶类
2010	Harris 等	分泌的 GH61 家族胞外酶没有纤维素水解活性，但能极大地提高里氏木霉的纤维素酶活性
2010	Vaaje-Kolstad 等	证实 CBP21 在电子供体、2 价金属离子和 O_2 存在的情况下以氧化方式断裂壳多糖糖链的糖苷键
2010	Vaaje-Kolstad 等	发现氧化还原反应是酶活提高的原因
2011	Quinlan 等	证明了 GH61 家族成员为铜离子依赖性的氧化酶
2011	Gustav 等； Vaaje-Kolstad 等	发现 CBM33(AA10)蛋白能氧化裂解纤维素多糖链产生醛糖酸
2011	Phillips 等	不同的 GH61 成员其氧化物不同，表明不同的 LPMO 具有不同的底物结合位点
2011	Langston 等	研究表明 CDH 和木质纤维素类还原性小分子提供电子，可以激活 GH61
2012	Finn 等	阐明了氧化反应中 2 价金属离子的作用机理
2012	Beeson 等	证明氧化裂解断裂位置在 C-4
2012	Li 等	对 PMO2、PMO3 蛋白晶体结构解析，发现独特的活性位点
2013	Levasseur 等	正式将 GH61 家族更名为 AA9，又分别划分为副家族 AA9 和 AA10
2014	Hemsworth 等；Vu 等	将具有壳多糖酶活和淀粉酶活的真菌 LPMO 归属为 AA11 和 AA13 副家族
2016	Frandsen 等	揭示了 PMO 与糖类底物的作用机制，进一步发现了酶活性位点的电子结构特征，并揭示了氧与多糖链反应的过程机制

2.5.2　LPMO 的来源与归类

多糖单加氧酶是一种氧化水解酶，广泛分布在具有纤维素降解活性的动物、植物和微生物（包括病毒）中。其中，真菌 LPMO 主要存在于子囊菌门和担子菌门中。细菌 LPMO 主要分布在变形菌门、厚壁菌门，还有少数分布在病毒、放线菌、昆虫和古菌中（图 2-6）。

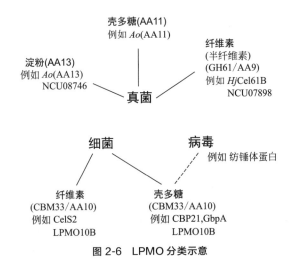

图 2-6　LPMO 分类示意

根据活性的不同，这类酶通常被命名为多糖单加氧酶（PMO）或裂解性多糖单加氧酶（LPMO），"裂解性"一词反映了这些酶的破坏性和释放多糖链的能力［与其他单糖、低糖和多糖的单加氧酶（如半乳糖氧化酶）相比，它们不会破坏碳链］。LPMO 是降解纤维素酶系中分离出来的一种特殊酶类，原本在 CAZy 数据库中 LPMO 活性最初发现并归为两个家族的酶，即由细菌分泌的 CBM33 家族的酶和原先由真菌分泌具有较弱的内切纤维素酶活性的 GH61。

随着组学数据的急剧增加，2013 年 CAZy 数据库（CAZy，http：//www.cazy.org）将 LPMO 与木质素降解酶归为同一大类，统称为"辅助活性酶类"（auxiliary activities，AA）。如今将 GH61 家族重新归为 AA9 家族，CBM33 家族重新归为 AA10 家族。随后人们发现了作用于壳多糖的真菌 AA11 家族以及作用于淀粉的 AA13 家族也是铜离子依赖性的 LPMO。最近出现了新的 LPMO 家族，这两个家族都采用一种转移的方法，这种方法在 AA11 家族中，以相关的 C 端 CBM 模块或未知结构域的序列中通过同源比对，可发现与 AA9 有着相似但有显著差异的新型结构域。AA11 和 AA13 家族 LPMO 的活性研究分别显示出作用于壳多糖和淀粉的活性，从而发现了 AA13 并进一步扩大了这些酶应用的底物范围。这 4 个家族共同组成了 LPMO。目前 CAZy 数据库中 AA 家族基因序列已多达 12000 条，LPMO 主要分布在 AA9、AA10、AA11 和 AA13 家族中。随着基因组测序技术的迅速发展，对天然环境中微生物群落组成的分析发现，堆肥中发生的主要是高温好氧的降解过程，其中主要的降解菌是子囊菌门与放线菌门的微生物。通过分析这些微生物的基因组，发现了大量编码 LPMO 的基因。

2.5.3　LPMO 的性质

LPMO 属于需要电子来源的金属酶类（铜酶），它们具有很低的序列识别性，但在铜活性的结构区域具有相同的折叠 ［书后彩图 11（a）］和结构，称为组氨酸支柱 ［书后彩图 11（b）。彩图 11（a）为细菌表面的 CBP21（橙色，PDB 代码 2BEM）和真菌的 TaGH61A（绿色，PDB 代码 3ZUD）。表面绑定的金属在结构的底部显示为一个小的灰色球体。彩图 11（b）为绒柄香菇（$Lentinus\ similes$）的 AA9A 与纤维三糖复合的活性位点。Cu(II) 离子（紫色）构象代表从 C-4 碳＋1 位点与低聚糖残基水解相关的精确位置]。铜包埋在组氨酸 N 末端的几何结构里，与第二个组氨酸残基产生协同作用。真菌的细胞溶解性 LPMO 最初在纤维素酶解糖化试验中使用预处理的木质纤维素原料作为底物，证明这些酶可以裂解作用于糖苷键，它们含有铜的辅因子，植物衍生出来的还原剂能够在纯纤维素上启动酶的活性反应。二元酚就是这种植物源还原剂的一个例子，它可以在 LPMO 和葡萄糖/甲醇/胆碱氧还原酶之间进行循环，从而为中间体不断提供能量。LPMO 的生化特性见表 2-14。

表 2-14　LPMO 的生化特性[30]

家族	菌株来源	酶的名称	作用底物	氧化位点
AA9	$Myceliophthora\ thermophila$	MYCTH_92668	纤维素	C-1
		MYCTH_112089 MYCTH112089	纤维素	N/D
		MtLPMO9A	纤维素和木聚糖	C-1 和 C-4
	$Neurospora\ crassa$	PMO-2，NcLPMO9D GH61-4，NCU01050	纤维素	C-4
		PMO-03328 NcLPMO9F，GH61-6 NCU03328	纤维素	N/D
		PMO-3，NcLPMO9M GH61-13，NcPMO-3 NCU07898	纤维素	C-1 和 C-4
		PMO-02916 NcLPMO9C，GH61-3 NCU02916	纤维素，纤维低聚糖，半纤维素(低聚木糖，葡萄糖麦芽糖，β-葡聚糖)	C-4
		GH61-2，NCU07760	纤维素	C-1 和 C-4
		GH61-1，NCU02240	纤维素	N/D
		NCU0836	纤维素	N/D
		PMO-08760 NcLPMO9E，GH61-5 NCU08760	纤维素	C-1
	$Phanerochaete\ chrysosporium$	GH61D，PcGH61D PcLPMO9D	纤维素	C-1

家族	菌株来源	酶的名称	作用底物	氧化位点
AA9	Podospora anserina	GH61A，Pa_2_6530 PaLPMO9A	纤维素	C-1 和 C-4
		GH61B，Pa_7_3160 PaLPMO9B	纤维素	C-1 和 C-4(C-1 仅使用 CDH 作为电子受体)
		Pa_4_7570 PaLPMO9D	纤维素	N/D
		Pa_1_16300 PaLPMO9E	纤维素	C-1
		Pa_6_7780 PaLPMO9F	纤维素	N/D
		Pa_2_4860 PaLPMO9G	N/D	N/D
		Pa_4_1020 PaLPMO9H	纤维素，纤维低聚糖，半纤维素(低聚木糖，葡萄糖麦芽糖，β-葡聚糖)	C-1 和 C-4
	Trichoderma reesei	Cel61A，EGIV，Egi4，EG4	纤维素	N/D
	Thermoascus aurantiacus	TaGH61，TaGH61A TaAA9	纤维素	C-1 和 C-4
AA10	Bacillus amyloliquefaciens	ChbB，BaAA10A BaCBM33 Rbam17540	N/D(壳多糖类似物)	N/D
	Bacillus licheniformis	ChbB，Cbp，BlCPB BlAA10A，BLi00521 BL00145	壳多糖	C-1
	Bacillus thuringiensis	LPMO10A BtLPMO10A	壳多糖	C-1
	Cellvibrio japonicus	CjLPMO10B CJA_3139 cbp33/10B=Lpmo10B	纤维素	C-1
	Enterococcus faecalis	EfAA10A，EF0362 EfCBM33A，EfaCBM33	壳多糖	C-1
	Hahella chejuensis	HcAA10-2 HCH_00807	纤维素	C-1

家族	菌株来源	酶的名称	作用底物	氧化位点
AA10	*Serratia marcescens*	Cpb21，*Sm*CBP21 CBP21，Cbp *Sm*AA10A	壳多糖	C-1
	Streptomyces gresius	*Sg*LPMO10F SGR_6855	壳多糖	C-1
	Streptomyces coelicolor	*Sc*LPMO10B SCO0643，SCF91.03c	纤维素	C-1 和 C-4
		CelS2，*Sc*LPMO10C *Sc*AA10C，SCO1188 SCG11A.19	纤维素	C-1
	Thermobifida fusca	Tfu_1268，E7， *Tf*LPMO10A	纤维素	C-1 或 C-4
		E8，*Tf*AA10B，Tfu_1665	纤维素	C-1
	Anomala cuprea entomopoxvirus	ACEV Fusolin，ACV034	N/D(壳多糖类似物)	N/D
	Wiseana spp. entomopoxvirus	WEV Fusolin	N/D(壳多糖类似物)	N/D
	Melolontha Melolontha entomopoxvirus	MWEV Fusolin	N/D(壳多糖类似物)	N/D
AA11	*Aspergillus oryzae*	*Ao*AA11，*Ao*LPMO11	壳多糖	C-1
AA13	*Aspergillus nidulans*	*An*AA13，AN5463.2	淀粉	C-1
	Aspergillus oryzae	*Ao*AA13 AO09071000246 AOR_1_454114	N/D	N/D
	Neurospora crassa	*Nc*AA13，NCU08746	淀粉	C-1

注：N/D 表示尚未确定具体的位点或底物。

纤维二糖脱氢酶（CDH）属于单核的双结构域酶，催化纤维二糖的双电子氧化（形成纤维二糖的水解产物），同时产生过氧化氢。CDH 最初通过间接的方式促进生物质纤维素降解。从生物学机理来看，可能是基于 CDH 作为 LPMO 的氧化还原伴侣作用。除 CDH 外，单结构域黄酮酶（如葡萄糖脱氢酶和芳基-醇醌氧化还原酶）也可以起到为 LPMO 提供电子供体的作用。

2.5.4 LPMO 的基因分类

随着新一代测序的出现，大量纤维素降解真菌的基因组、转录组及分泌组被陆续报道，GH61 蛋白家族分布的广泛性引起了研究关注。在首先发现了 GH61 蛋白可被纤维素诱导表达并分泌后，在更多的真菌微生物中均发现这一现象。如 Westereng 等从 *Phanerchaete chrysosporium* 中克隆表达的 *Pc*GH61D 以及从 *Neurospora crassa* 中克隆表达的 GH61 蛋白都是作用于纤维素的单加氧酶。更出乎预料的是，GH61 家族的 LPMO 基因编码数在一些纤维素水解真菌基因组中比纤维素酶的基因编码数要多。

　　LPMO 主要分布在真菌中，目前统计，已在 GenBank 中登记了 259 种真菌纤维素氧化酶基因（www.cazy.org/AA9_eukaryota.html）。除此之外，一些嗜热真菌的纤维素氧化酶基因也有发现（表 2-15）。

表 2-15　来源于嗜热真菌的纤维素氧化酶基因

菌株来源	GenBank 登录号
Chaetomium thermophilum	KC441879,KC441880,KC441881,KC441882
Thermoascus aurantiacus	ABW56451,CCP37673,Theau2p4_004983, Theau2p4_008913,Theau2p4_002630,KF170230
Thermomyces lanuginosus	CCP37678,Thela2p4_000810,Thela2p4_002033 Thela2p4_003424,Thela2p4_000154
Myceliophthora thermophila	AEO56016,AEO54509,AEO55082,AEO55652 AEO55776,AEO56416,AEO56542,AEO56547 AEO56642,AEO56665,AEO58412,AEO58921 AEO59482,AEO59823,AEO59836,AEO59955 AEO60271,AEO61304,AEO61305,AEO56498
Thielavia terrestris	AEO67662,AEO64605,AEO71030,AEO69044 AEO64177,AEO64593,AEO65532,AEO65580 AEO66274,AEO67396,AEO68023,AEO68157 AEO68577,AEO68763,AEO71031,AEO67395 AEO69043,ACE10231,ACE10232,ACE10233 ACE10234,ACE10235

　　通过与 GH61 家族蛋白质结构的序列比对发现，*Gt*GH61 的氨基酸序列与 6 个 AA 家族一致，这是一个已知的蛋白质结构。CAZy 数据库表明 *Gt*GH61 的序列与报道的 GH61 家族一致。关于 GH61 家族的信息，密褐褐菌 *Gloeophyllum trabeum Gt*GH61（GeneBank 提交序列号为 AEJ35168）与 MYCTH 92668 的氨基酸序列相似度为 33.1%，与 MYCTH 112089 的序列相似度为 33.2%，与来自 *Neurospora crassa* OR74A 的 LPMO9D 基因相似度为 20.7%～50%，与来自 *Phanerchaete chrysosporium* K-3 的 GH61D 序列相似度为 33.3%，与来自 *Podospora anerina* Smat＋（Podan2）的 Gh61A 序列相似度为 25.9%，与 Gh61B 序列相似性为 23.1%，与来自 *Thermoascus aurantiacus* 的 LPMO 序列相似度为 35.7%，与来自 *T.terrestris* NRRL8126 的 GH61E 序列相似度为 29.5%，与来自 *Trichoderma reesei* RUT-30 的 Cel61A 序列相似度为 25.6%，与来自 *T.reesei* QM6A 的 Cel61B 序列相似度为 34.1%。其中，获得蛋白晶体结构的酶蛋白分别是 *Neurospora crassa* OR74A 的 LPMO9D、LPMO9M，*Phanerchaete chrysosporium* K-3 的 Gh61D（*Pc*GH61D），*Thermoascus aurantiacus* 的 LPMO，*T.terrestris* NRRL 8126 的 GH61E 和 *T.reesei* QM6A 的 Cel61B（GH61B）[31]。

2.5.5 LPMO 的家族分类

根据氨基酸序列的相似性划分，LPMO 主要分布于两大家族：AA9 家族（旧称 GH61 家族）和 AA10 家族（CBM33 家族）。最先将 LPMO 分为糖苷水解酶 61 家族（GH61，family 61 glycoside hydrolase）和碳水化合物结合模块 33 家族（CBM33，family 33 carbohydrate binding module），现在重新分类为辅助活性 9 家族（AA9，auxiliary activities 9）和辅助活性 10 家族（AA10，auxiliary activities 10）。

2.5.5.1 AA9 家族与 AA10 家族

AA9 家族之前被称为 GH61 家族，属于糖苷水解酶类，这一家族的蛋白一般具有非常微弱的内切-β-1,4-葡聚糖酶活性。由于在这个家族中发现了可作用于纤维素的裂解性多糖单加氧酶，因而 CAZy 数据库将其更名为 AA9 家族，归类为裂解性多糖单加氧酶（LPMO）。在 AA9 家族中，共有 280 个成员，其 LPMO 来源于真菌，能够特异氧化解开纤维素底物。目前已经纯化得到的 AA9 晶体结构的蛋白仅为 24 个（截至 2017 年），而当中被证实是 LPMO 的仅有 7 个，且全都是以纤维素为底物。AA9 家族中的 LPMO，如来源于 *Thermoascus aurantiacus* 的 *Ta*GH61A 和来源于 *Neurospora crassa* 的 *Pc*GH61D，都对纤维素有氧化活力。粉红面包霉菌（*Neurospora crassa*）中的 14 个 LPMO 基因均属于 AA9 家族，其中 6 个属于碳水化合物结合模块 1 家族（CBM1，family 1 carbohydrate binding module），这些来自 CBM1 的 LPMO 包括 40 个氨基酸，具有显著的碳水化合物结合模块，且大都存在于真菌中。*Podospora anserina* 的基因组编码了 33 个 LPMO 基因，来自 AA9 家族，其中 *Podospora anserina* GH61A、*Podospora anserina* GH61B 属于 CBM1 家族。另外，来自 *Thermoascus aurantiacus* 的 *Ta*GH61A 也属于 AA9 家族。

AA10 家族的 LPMO 主要来源于细菌、古生菌以及真核生物，但大多数来源于细菌。AA10 家族之前被称为 CBM33 家族，即碳水化合物结合模块 33 家族。过去人们一直认为这一家族的蛋白仅仅是碳水化合物结合模块，发挥着增强水解酶与底物的可及性作用。然而，在 2010 年，Vaaje 等首次提出这一家族为裂解性多糖单加氧酶，故 CAZy 数据库将其更名为 AA10 家族，归类为 LPMO。在 AA10 家族中，共收录有 1148 名成员，大部分来源于细菌和病毒，只有少部分来源于真菌，其中 9 个 LPMO 的功能得到了验证，38 个 LPMO 的特性已经被研究，8 个 LPMO 的晶体结构已得到解析。目前已经解析晶体结构的 AA10 家族蛋白仅有 32 个（截至 2017 年），其中有 3 个被证实具有氧化活性，分别为来源于 *Serratia marcescens* 的 CPB21、来源于 *Streptomyces coelicolor* 的 CelS2 和来源于 *Enterococcus faecalis* 的 *Ef*CBM33A。值得注意的是，CBP21 和 *Ef*CBM33A 都是作用于壳多糖的单加氧酶，而 CelS2 却是作用于纤维素的单加氧酶。AA10 家族中的 LPMO 功能差异较大，其对壳多糖和纤维素都具有氧化活性。

AA10 家族又可分为壳多糖氧化酶和纤维素氧化酶两个亚类。1998 年 Kazushi Suzuki 等首次在黏质沙雷氏菌 *S.marcescens* 2170 处理壳多糖的发酵液中分离纯化得到 CBP21，发现该蛋白对 β-壳多糖和胶体壳多糖有较好的结合能力；来自天蓝色链霉菌（*Streptomyces coelicolor*）的 CelS2 属于纤维素氧化酶；来自 *B.amyloliquefaciens* 的

ChbB 则对 β-壳多糖和 α-壳多糖有较好结合效果。Felix Moser 等在 *T. fusca* 菌株中克隆表达出两个结合蛋白 E7 和 E8，E7 只有 CBM33 家族的结构域，而 E8 同时具有 CBM33、FNⅢ 和 CMB-2 三个结构域。E8 蛋白对 α-壳多糖、β-壳多糖和微晶纤维素均有较好的结合能力，E7 蛋白则对三种底物的结合能力较差。另外，AA10 家族的 LPMO 还包括来自 *S. tendae* TU901 菌株的 AFP1，来自 *P. aeruginose* 的 CbpD，来自 *Serratia proteamaculans* 的 *Sp*CBP21、*Sp*CBP28 和 *Sp*CBP50。AA9 和 AA10 家族中的 LPMO 有着非常相似的地方，它们都可以在结晶底物表面发生氧化反应，产生醛糖酸，而且在氧化过程都需要外部还原型辅因子参与电子的传递。另外，AA9 和 AA10 蛋白的结构比较相似，其金属结合位点均是由 N 端保守的 2 个组氨酸组成，而且它们都属于铜离子依赖型单加氧酶。

虽然 AA9 家族蛋白与 AA10 家族蛋白有很多相似之处，但二者还是明显存在差异的。首先是基因来源。AA9 家族的基因全都是来源于真核生物，并且几乎都是来自真菌。而 AA10 家族的基因大多数来源于细菌和病毒，几乎很少存在于真菌中。其次是作用底物不同。目前已经研究的 AA9 家族单加氧酶的作用底物全都是纤维素，而 AA10 家族的单加氧酶有些作用于纤维素，有些则是作用于壳多糖。此外，AA9 和 AA10 单加氧酶催化底物位置不同。AA9 家族中的单加氧酶，通常氧化的是糖单体上的 C-1 位置，在最新的研究中也发现有氧化位置位于 C-4 或 C-6 上。而 AA10 家族中的单加氧酶，其氧化的位置只有在糖单体的 C-1 上（见书后彩图 12）。

2.5.5.2　其他 AA 家族

截至目前，LPMO 共有 4 种不同分类，分别是 AA9、AA10、AA11 和 AA13。AA11 蛋白几乎都是来源于真菌，对纤维素、低聚糖、半纤维素、混合连接的葡聚糖、壳多糖和木聚糖均有酶活作用；AA13 家族蛋白来自真菌，作用于淀粉衍生物，它是目前已知的唯一的 α 连接多糖基质的 LPMO。

所有 LMPO 分类是基于利用大气中的氧气氧化裂解 C—H 键来糖化水解底物，并且需要依赖外源性还原剂。在大多数情况下，减少还原剂需要补充同类型小分子物质如抗坏血酸盐或半胱氨酸[29]。目前，对于 LPMO 的研究仍有诸多问题尚待解释，尤其是 AA10 家族中 LPMO 的底物选择性和功能差异性更值得深入探究。但现已报道的 AA9 和 AA10 家族 LPMO 分别仅有 24 个和 32 个，尚不能得出其功能的规律性结论。因此，发现并研究新型 LPMO 对于深入探索 LPMO 的作用机制具有深远影响。

2.6　纤维小体

纤维小体（cellulosome）最早是 1983 年由 Lamed 等首次发现和鉴定的，他们在厌氧嗜热梭菌（*Clostridium thermocellum*）的培养物中分离纯化得到了一种与纤维素降解有关的蛋白复合体，分子量为 $2.0 \times 10^6 \sim 2.5 \times 10^6$，由 $14 \sim 26$ 个组分组成，结合于细菌细胞壁上，生长后期部分脱离细胞并释放到培养液中与底物结合。1992 年，Wilson 和 Wood 采用凝胶色谱法首次从厌氧真菌 *Neocallimastix frontalis* 的培养液中分离到 $750 \sim 1000$kb 的纤维小体类似复合物，并指出纤维小体类似物含量的多少与培养基中瘤胃液的添加和碳源的浓度相关联。随后，分别在厌氧真菌 *Piromyces spiralis*、*Piromonas communis* 和 *Orpinomyces* sp. 的培养液中分离到纤维小体类似复合物。另外，*Orpinomyces* 真菌菌丝体顶端表面也发现了与纤维素结合的纤维小体类似物。最初研究认为纤维小体只是介导细菌与纤维素相连的一种特定结构，故称之为纤维素结合因子（cellulose binding factor，CBF）。后来发现其能高效降解结晶纤维素、非结晶纤维素以及木质素，以多酶复合体的形式存在，作用上类似真菌的线粒体，故命名为纤维小体（图 2-7）。

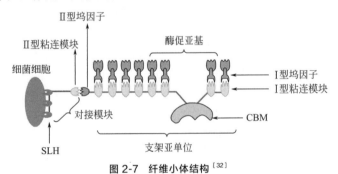

图 2-7　纤维小体结构[32]

SLH—S-层同源结构域；　CBM—纤维素结合模块

如图 2-8 所示，热纤梭菌（*Clostridium thermocellum*）的纤维小体细胞表面超微结构。应用电子显微镜可以观察到厌氧细菌细胞壁上的纤维小体突起，它们锚定在细胞壁上，在降解纤维素的过程中可以吸附和降解结晶纤维素。产纤维小体的微生物主要存在于厌氧条件中，它们所产的纤维小体可以把纤维素酶系中的各组分都拉到纤维细胞表面，并使各酶组分之间很好地发挥协同作用。纤维小体的这种紧密结构使水解产物能够扩散的范围很小，从而使宿主细胞可以高效迅速地吸收并利用降解产物。图 2-8(a) 为典型细胞与纤维素结合的示意。细胞间断地被多纤维状突起样细胞器覆盖，其中一些处于静止状态，而另一些则在与底物结合时变长；图 2-8(b) 为与纤维素接触之前处于游离状态的细胞的透射电子显微照片，用纤维素体特异性抗体对细胞染色；图 2-8(c) 为静态纤维素特异性抗体标记的多纤维素突起的高分辨率放大图；图 2-8(d) 为细胞表面示意；图 2-8(e) 为嗜热梭菌细胞膜碎片的旋转阴影透射电子显微照片；图 2-8(f) 为纤维素结合的细胞的透射电子显微照片，已用纤维素特异性抗体染色，与底物结合后，多纤维细胞器展开；图 2-8(g) 为抗体标记的长期多聚突起的高分辨率放大图，特定于纤维素的标记物主要与纤维素表面相关，并通过延伸的纤维材料连接到细胞；图 2-8(g) 中所示为与纤维素结合的细胞表面的示意；图 2-8(i) 为在没有纤维素的情况下，阴性染色的纯化纤维素的透射电子显微照片（注意纤维素体的多组分性质）；图 2-8(j) 结合到细菌微晶纤维素纤维上的纤维素体的类似显微照片。

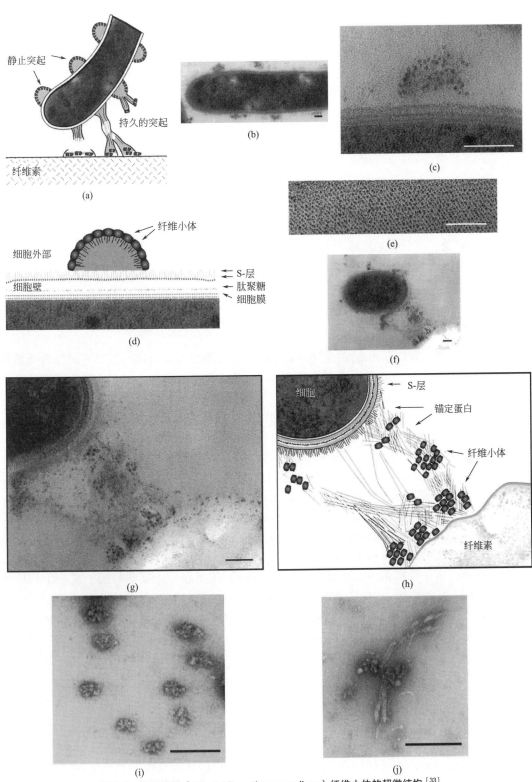

图 2-8　嗜热梭菌（*Clostridium thermocellum*）纤维小体的超微结构[33]
（b）、（c）、（e）~（g）的图例表示 100nm；（i）、（j）的图例表示 50nm

纤维小体一般在细胞表面上通过纤维素结合单位和纤维素表面充分接触而发生降解，与具有较高滤纸酶活的里氏木霉的纤维素酶系相比，纤维小体对结晶纤维素（如微晶纤维素和棉花等）具有更强的降解能力，纤维小体的比酶活大约是里氏木霉纤维素酶系的 50 倍。目前，纤维小体被认为是所有微生物纤维素酶系中最为有效的纤维素降解酶系[34]。

因此纤维小体存在如下优势：

① 能够更加直接且特异性地接触纤维素底物，从而能够有效地比其他菌类保持优势；

② 由于细胞和纤维素充分接触，从而能够及时有效地吸收用于自身生命活动的纤维素降解成分，防止产物扩散到环境中去；

③ 有利于纤维素酶系中各组分的相互协同降解；

④ 避免各组分酶之间因产物吸收的部位相同而产生竞争；

⑤ 有利于纤维素酶对纤维素晶体的持续性降解。

2.6.1 产纤维小体微生物

纤维小体（cellulosome）是研究较多的细菌纤维素酶复合体。其具有的复合纤维素酶系统是厌氧细菌的特征。然而，也有一些厌氧真菌具有纤维小体，它产生了一种叫作"纤维素酶小体"的高分子复合物。纤维素酶从细菌的细胞壁上长出，具有稳定的酶复合物，且能通过有效的结合使纤维素协同降解。因此，纤维小体主要由厌氧细菌产生。目前已经研究发现的产纤维小体的微生物如下：热纤梭菌（*Clostridium thermocellum*）、解纤维梭菌（*Clostridium cellulolyticum*）、食纤维梭菌（*Clostridium cellulovorans*）、约氏梭菌（*Clostridium josui*）、丙酮丁醇梭菌（*Clostridium acetobutylicum*）、溶纸莎草梭菌（*Clostridium papyrosolvens*）、解纤维素醋酸弧菌（*Acetovibrio cellulolyticus*）、溶纤维素拟杆菌（*Bacteroides cellulosolvens*）、白色胃球菌（*Ruminococcus albus*）、生黄瘤胃球菌（*Ruminococcus flavefaciens*）以及弧菌（*Vibrio* spp.）。

现有报道的厌氧真菌纤维小体极少，其结构与催化机理尚未完全明确。厌氧真菌中的纤维小体有一种催化的亚单位，由丰富丝氨酸/苏氨酸的连接器与两个或三个拷贝的富含 40-氨基-酸性-半胱氨酸组成，非催化作用锚定域（NCDD）是保守的。NCDD 与细菌性支架蛋白没有同源性，但相反，它的大小和多肽的数量相同。最近有报道称在厌氧胃瘤霉菌 *Neocallimastrix*、*Piromyces* 和 *Orpinomyces* 中也证实有纤维小体的存在。与真菌的纤维小体有关的酶是模块化的，其纤维小体分子排列仍然未知[35]。但从未有在好氧菌中发现纤维小体的报道。

2.6.2 纤维小体的理化特性

到目前为止，关于纤维小体的最详细的信息可以从梭状芽孢杆菌系统中得到。热纤梭菌（*Clostridium thermocellum*）是一种严格厌氧的革兰氏阳性细菌，是典型的产纤维小体微生物，纤维小体由 50 多种蛋白质组成，总分子量在 200 万～600 万之间，细胞内的纤维素酶复合体含有多达 26 个多肽，组成复合型纤维素酶系，是厌氧细菌采取的一种纤维素降解方式。除了极少数细菌之外，绝大多数的厌氧细菌都通过复合型的纤维素酶系统降解纤维素。在所有厌氧系统中，纤维小体的基本结构是守恒的；然而，在其他厌氧细菌中，各种催化结构域可能会有所变化[35]。纤维小体作为独特的纤维素酶类群，可能发挥着极其重要的作用。

2.6.3　纤维小体的酶系组分

纤维小体能将一系列不同的纤维素酶与半纤维素酶，即内切纤维素酶、外切纤维素酶和 β-葡萄糖苷酶等，以三维空间的超分子结构协调起来，各种纤维素酶或半纤维素酶在彼此协调有序的空间里高效地降解自然界中的纤维素，使得各纤维素酶与半纤维素酶的活性在纤维小体状态下比在非纤维小体的复合酶体系下获得大幅度提高，从而高效降解纤维素[36]。与真菌纤维素酶一样，纤维小体包含 3 种不同的纤维素酶，即内切纤维素酶、外切纤维素酶和 β-葡萄糖苷酶。内切纤维素酶与外切纤维素酶作用在纤维素晶体的不同部位。梭热杆菌分泌丰富的内切纤维素酶，内切纤维素酶的数量远远超过外切纤维素酶与 β-葡萄糖苷酶。纤维小体在同一时空结合了外切纤维素酶和内切纤维素酶，而这两大类纤维素酶的协同作用正是纤维小体具有高效降解纤维素底物能力的一个重要原因。纤维小体中已经发现的酶包括内切纤维素酶、外切纤维素酶、β-葡萄糖苷酶等在内的 12 种纤维素降解酶系，3 种以上的木聚糖酶系，以及 1 种地衣多糖酶等。

（1）内切纤维素酶

内切纤维素酶随机水解无定形纤维素和羧甲基纤维素等底物，产生可溶性低聚糖。纤维小体纤维素酶的合成基因至少有 31 种，当前在 UniProt 数据库中已经有 11 种热纤梭菌的内切纤维素酶基因被成功克隆（见表 2-16）。通过 SMART（Simple Modular Architecture Research Tool，http：//smart. embl-heidelberg. de/）对 UniProt 中的梭热杆菌纤维素酶功能域的划分发现，在数据库中未注释的纤维素酶按英文字母顺序排列共有 23 条蛋白质序列，95％的内切纤维素酶均结合在纤维小体的支架蛋白上。在 UniProt 的梭热杆菌蛋白质序列表中，几乎包含了所有 Dockerin Ⅰ元件的催化单元[37]。

表 2-16　热纤梭菌纤维小体的内切纤维素酶类

内切纤维素酶名称	氨基酸数	分子量
CelA	477	52694
CelB	563	63929
CelD	649	72334
CelE	857	93800
CelF	739	82088

内切纤维素酶名称	氨基酸数	分子量
CelG	566	63128
CelH	900	102301
CelI	880	98531
CelJ	1601	178055
CelK	895	97572
CelS	741	80670

其中，CelD 是典型的内切纤维素酶，是纤维小体中活性最高的内切纤维素酶，对 CelD 酶晶体的 X 射线衍射分析显示含 1 个 Zn^{2+} 结合位点和 3 个 Ca^{2+} 结合位点，Ca^{2+} 的存在能够降低对羧甲基纤维素的 K_d 值并提高酶的耐热性。大部分结合在支架蛋白的催化单元都具有与 Ca^{2+} 结合的位点。CelD 的底物结合位点是在一种管状结构上，管状结构是由 CelD 的 136～574 位氨基酸残基形成的 6 个内螺旋和 6 个反向的外螺旋通过环相连而成，环在管状结构的一侧形成 His516 和 Glu555 的活性位点，此外 Asp198 和 Asp201 残基也出现在活性中心附近。结合在支架蛋白后使 CelD 降解微晶纤维素的活力提高了近 10 倍，但是缺少锚定元件的 CelD 却没有降解能力。CelE 含有 3 个结构域，依次是第 4 家族的纤维素结合结构域（CBD）、Ig-like 结构域、GH5 糖苷水解结构域以及 34 个氨基酸残基的信号肽序列。CelI 具有内切纤维素酶活力和地衣多糖酶活力，N 末端含有一个与 E2 亚家族内切纤维素酶一致的信号肽，C 末端与不含有催化结构域的纤维小体亚基 S1 的 CBD 相同。CelJ 是纤维小体中最大的蛋白亚基，含有 6 个结构域，依次是 S-层同源结构域（S-layer homology，SLH）、功能尚不明确的结构域 UD-1、E1 亚家族内切纤维素酶催化结构域、J 家族内切纤维素酶催化结构域、一个锚定域和另一个不确定功能的结构域 UD-2。UD-2 与 UD-1 没有相似性。CelK 的基因序列及功能与 cbhA（cellubiohydrolase A）具有 90% 的相似性，CBD 含有 3 个巯基，具有 5 个芳香族氨基酸 Trp56、Trp94、Tyr111、Tyr136 和 Asp192，其中 Asp192 是 Ca^{2+} 的结合位点，但是 Ca^{2+} 的结合不会影响 CBD 与底物的结合。CelK 被认为是纤维小体的关键酶之一。CelS 包括第 48 家族结构域，是纤维小体主要的酶之一，并且同时具有纤维二糖水解酶活力。

（2）外切纤维素酶

梭热杆菌等细菌降解自然界中的纤维素主要产物是纤维二糖，外切纤维素酶（又称纤维二糖水解酶，CBH）作用在纤维素的非结晶区及结晶区产生纤维二糖。可是只有内切纤维素酶不可能达到这样的效果。梭热杆菌中已经发现了 3 种外切水解酶：CelS（A3DET8）、Cel9K（A3DCH1）和 Cel48Y（A3DBI3）。此外，Cel48S（A3DH67）也具有外切纤维素的功能。迄今为止，尚未从别的厌氧细菌中发现 CBH。梭热杆菌是唯一一个表达两种糖苷水解酶蛋白 GH48 的细菌。外切纤维素酶的数量虽少，但在降解结晶纤维素的过程中发挥着极其重要的作用。Cel48Y 作为无锚定元件的游离态纤维素酶，因其与 Cel9I 协同作用高效降解结晶纤维素而被广泛研究。Olson 等研究突变了一株无 GH48 家族的梭热杆菌，通过对底物的降解结果可以看到 GH48 家族的两个成员 Cel48S 与 Cel48Y 的存在影响着底物降解的转化率和速率[37]。

（3）纤维二糖降解酶

一般情况下，纤维二糖的进一步降解在真菌中是通过 β-葡萄糖苷酶完成的，β-葡萄糖苷酶类可将纤维二糖降解成葡萄糖。但在细菌的纤维小体和发酵上清液均未能发现该酶的活性，可能是由于梭热杆菌的纤维二糖酶无信号肽，不能分泌到细胞外。推测认为，在梭热杆菌中纤维二糖的降解是由胞内纤维二糖磷酸化酶及胞外寡糖磷酸化酶协同完成的。纤维二糖通过梭热杆菌的细胞壁进入胞内完成由二糖转化成单糖的步骤，梭热杆菌共有两个 β-葡萄糖苷酶 BglA 与 BglB，其中 BglB 是热稳定性酶，体现了梭热杆菌的耐高温特性。BglA 和 BglB 与 Cel48Y、Cel9C 和 Cel9I 等同属于无纤维小体的纤维素酶。

（4）木聚糖酶类

对梭热杆菌纤维小体电泳的原位活性染色发现，有 13 条带具有木聚糖酶（Xyn）活力。其中 8 个条带同时也具有内切纤维素酶活。XynA 分子量 75000，其末端有信号肽，属于 GH2 家族的木聚糖催化结构域，含有 GH6 家族的 CBD、一个锚定域、一个 NodB 结构域。XyzA 与 XyzB 有一定的相似性，表明它们可能是来源于共同的祖先。XynZ 分子可能含有一个拥有 28 个氨基酸残基的信号肽。同源比对分析表明，梭热杆菌的木聚糖酶组分均含有一个高度保守的 24 个氨基酸（429～488 残基之间）的重复序列，定点突变表明这可能是木聚糖酶的活性位点。另外，Morag 等用蛋白酶水解纯化的纤维小体的产物中得到的一个分子量 68000 的多肽（纤维小体 S8 亚基的一部分，其活性部位被称为 S8-tr），表现出对非结晶纤维素、木聚糖的高活性。

（5）其他酶类

梭热杆菌纤维小体的很多酶亚基不止含有一个催化结构域，如木聚糖酶 XynB 在 N 末端的木聚糖酶催化结构域旁有乙酰酯酶催化结构域，而在 GH11 家族木聚糖酶 XynE 的 C 末端有酯酶活性，engY 下游则编码果胶质水解酶（PelA）；对于梭热杆菌的纤维小体来说，几个功能结构域分布在同一条肽链上是很常见的现象。

2.6.4 纤维小体的基因分类

纤维小体中纤维素酶类主要来源于 GH5、GH9 及 GH48 家族，内切纤维素酶 CelA 属于 GH8，未发现存在 GH6 和 GH7 的纤维素酶，而木聚糖酶主要由 GH10 和 GH11 家族组成，其酶单元的基因分散在基因组染色体上。两种典型的纤维梭菌所产的纤维素酶类均包含有 GH5、GH9 和 GH48 家族，而食纤维梭菌（*C. cellulovorans*）和解纤维梭菌（*C. cellulolyticum*）的纤维小体则不含木聚糖酶（见书后彩图 13）[38]。

尽管它们的纤维小体可以与木聚糖酶发挥协同作用，同时食纤维梭菌、解纤维梭菌、约氏梭菌和丙酮丁醇梭菌（*C. acetobutylicum*）的纤维小体的主要成分均是成簇存在于基因组上。基因簇基本以支架蛋白为首基因，紧跟着 GH48 家族的纤维素酶，除约氏梭菌外，其他的纤维小体基因簇当中都含有 GH5 家族的甘露聚糖酶（见图 2-9）。

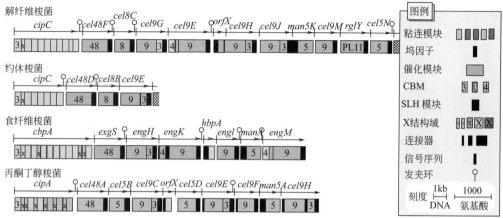

图 2-9　与纤维小体相关的基因簇图谱[39]

参考文献

［1］ Ray R C, Behera S S. Biotechnology of Microbial Enzymes: Production, Biocatalysis and Industrial Applications [M]. Salt Lake City: Academic Press, 2017.

［2］ 周烈, 周燕, 安培培, 等. 瘤胃厌氧真菌纤维素酶的研究与开发进展 [J]. 动物营养学报, 2010, 22 (3): 536-543.

［3］ 成艳芬, 毛胜勇, 朱伟云. 厌氧真菌生态作用及其分子生物学研究进展 [J]. 生物技术通报, 2007 (1): 70-73.

［4］ 丁立孝, 张青, 孙琴, 等. 瘤胃厌氧真菌对木质纤维素降解的研究进展 [J]. 畜牧与饲料科学, 2010, 31 (1): 16-18.

［5］ 李国利. Aspergillus niger ATCC1015 胞外糖苷水解酶的动态酶谱及特定酶功能分析 [D]. 济南: 山东大学, 2015.

［6］ 朱宁. 木质纤维素降解酶系在草本类生物质上的协作机制 [D]. 北京: 中国农业大学, 2016.

［7］ 耿志刚. 疏绵状嗜热丝孢菌热稳定多糖单加氧酶的克隆、表达和功能研究 [D]. 泰安: 山东农业大学, 2016.

［8］ Johansen K S. Lytic polysaccharide monooxygenases: The microbial power tool for lignocellulose degradation [J]. Trends in Plant Science, 2016, 21 (11): 926-936.

［9］ 赵新宇. 嗜热内切纤维素酶及相关纤维素结合结构域的功能研究 [D]. 长春: 吉林大学, 2012.

［10］ 黄鹭强, 白洋, 原雪, 等. 草酸青霉外切葡聚糖酶 CBH I 基因的克隆 [J]. 福建师范大学学报 (自然科学版), 2016, 32 (3): 91-97.

［11］ 刘建明. 细菌纤维素外切酶基因的筛选及耐热纤维素酶基因在枯草杆菌系统里的表达 [D]. 上海: 华东理工大学, 2011.

［12］ 李亚玲. 嗜热真菌热稳定纤维素酶的分离纯化及基因的克隆与表达 [D]. 泰安: 山东农业大学, 2007.

［13］ 李娟. 烟曲霉 Z5 的纤维素酶相关基因的转录分析及外切葡聚糖酶和木聚糖酶基因的异源表达 [D]. 南京: 南京农业大学, 2014.

［14］ 孔芹, 方浩, 夏黎明. 外切-β-葡聚糖酶基因重组里氏木霉的筛选及其产酶性能 [J]. 化工学报, 2014, 65 (8): 3122-3127.

［15］　张淡. 环毛蚓内切纤维素酶的分离纯化及酶学性质研究［D］. 广州：暨南大学，2006.

［16］　Katrina M R. Investigating the Effects of Water Interactions in Lignocellulosic Materials on High Solids Enzymatic Saccharification Efficiency［D］. Gainesville：University of Florida，2010.

［17］　董明杰，杨云娟，唐湘华，等. 脂环酸芽孢杆菌 D-1 的耐盐内切葡聚糖酶基因克隆、表达与酶学性质［J］. 微生物学报，2016，56（10）：1626-1637.

［18］　林元山. 康氏木霉 AS3.2774 纤维素酶系的诱导、阻遏、纯化及鉴定研究［D］. 南宁：广西大学，2010.

［19］　周娜娜. 里氏木霉内切纤维素酶活性架构及关键亚位点功能研究［D］. 济南：山东大学，2016.

［20］　Thomas B R，Romero G O，Nevins D J，et al. New perspectives on the endo-beta-glu-canases of glycosyl hydrolase Family 17［J］. International Journal of Biological Macromole-cules，2000，27：139-144.

［21］　李丽娟. β-葡萄糖苷酶基因在毕赤酵母中的诱导表达［D］. 南京：南京林业大学，2009.

［22］　James R Ketudat Cairns，Asim Esen. β-Glucosidases［J］. Cell Mol Life Sci，2010，67：3389-3405.

［23］　徐容燕. 嗜热真菌糖苷酶的基因克隆、表达与分子改造［D］. 泰安：山东农业大学，2010.

［24］　袁振宏，等. 能源微生物学［M］. 北京：化学工业出版社，2012.

［25］　陈洪洋，蔡俊，林建国，等. 木聚糖酶的研究进展［J］. 中国酿造，2016，35（11）：1-6.

［26］　Uday U S P，Choudhury P，Bandyopadhyay T K，et al. Classification，mode of action and production strategy of xylanase and its application for biofuel production from water hyacinth［J］. International Journal of Biological Macromolecules，2016，82：1041-1054.

［27］　马锐. 土壤枝孢菌的分离鉴定及极端木聚糖酶的功能验证［D］. 北京：中国农业大学，2017.

［28］　梁迪. 细菌 β-甘露糖苷酶和真菌裂解性多糖单加氧酶的克隆表达及性质研究［D］. 北京：北京林业大学，2016.

［29］　Walton P H，Davies G J. On the catalytic mechanisms of lytic polysaccharide monooxygen-ases［J］. Current Opinion in Chemical Biology，2016，31：195-207.

［30］　Hemsworth G R，Johnston E M，Davies G J，et al. lytic polysaccharide monooxygenases in biomass conversion［J］. Trends in Biotechnology，2015，33（12）：747-761.

［31］　Jung S，Song Y，Kim H M，et al. Enhanced lignocellulosic biomass hydrolysis by oxidative lytic polysaccharide monooxygenases（LPMOs）GH61 from Gloeophyllum trabeum［J］. Enzyme and Microbial Technology，2015，77：38-45.

［32］　邓涛. 内切纤维素酶在毕赤酵母中的表达及其对造纸纤维素的修饰［D］. 广州：华南理工大学，2016.

［33］　Bayer E A，Shimon L J W，Shoham Y，et al. Cellulosomes-structure and ultrastructure［J］. Journal of Structural Biology，1998，124：221-234.

［34］　汤红婷，侯进，沈煜，等. 酿酒酵母人造纤维小体的研究进展生物加工过程［J］. 生物加工过程，2014，12（1）：94-101.

［35］　Singhania R R，Adsul M，Pandey A，et al. Current Developments in Biotechnology and Bi-oengineering［M］. Amsterdam：Elsevier，2017：74-101.

［36］　区镜深. 丙酮丁醇梭菌纤维小体在毕赤酵母表面展示与组装的研究［D］. 广州：华南理工大学，2014.

［37］　李爽，吴宪明，陈红漫，等. 梭热杆菌纤维小体研究进展［J］. 生物技术通报，2011（5）：31-37.

［38］　Bayer E A，Shoham Y，Lamed R. Cellulose-Decomposing Bacteria and Their Enzyme Systems［M］. New York：Springer Publisher，2006：578-617.

［39］　Bayer E A，Belaich J P，Shoham Y，et al. The cellulosomes：Multienzyme machines for degra-dation of plant cell wall polysaccharides［J］. Annu Rev Microbiol，2004，58：521-554.

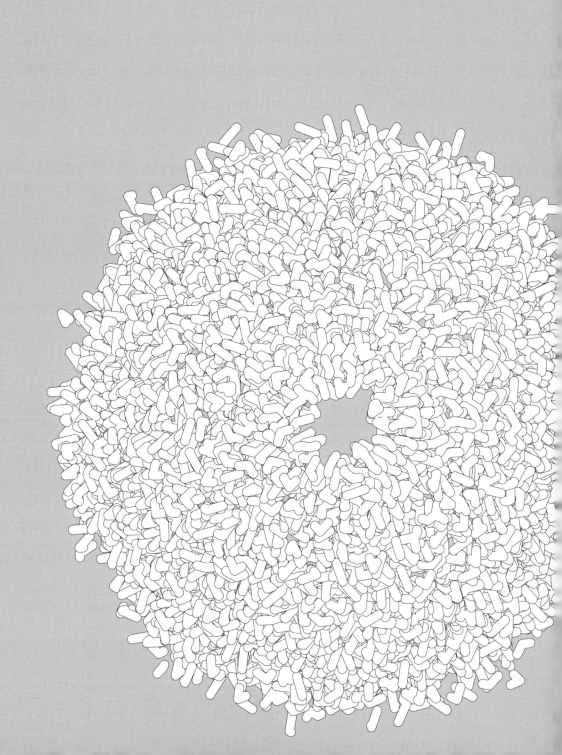

第3章

纤维素酶降解机理

3.1　纤维素酶的结构与功能

3.2　纤维素酶体系协同降解机制

3.3　纤维二糖脱氢酶（CDH）协同降解机制

3.4　纤维小体降解纤维素机理

参考文献

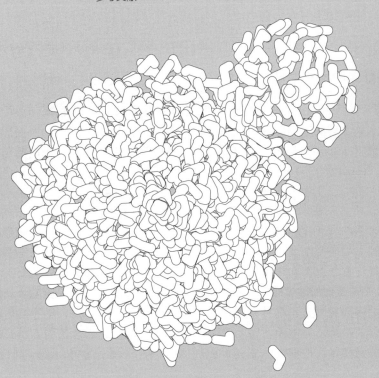

　　植物细胞壁是以纤维素、半纤维素及木质素三大组分相互缠绕形成的致密结构。纤维素是由 D-葡萄糖通过 β-1,4-糖苷键连接形成的高分子聚合物。纤维素分子内与分子间均会形成氢键，同时纤维素链也会聚集成束进而形成超分子聚合物。因而，天然纤维素分子非常坚固，需要通过纤维素酶的协同作用，将之降解为可利用的糖类。

　　自 1906 年 Seilliere 从蜗牛消化液中发现了纤维素酶，至今对纤维素酶的研究已有 100 多年的历史。迄今为止人们已发现了大量生理功能不同的各类纤维素酶，对其降解纤维素的机理也形成了很多的假说。特别是近年，利用 X 射线衍射、电镜和色谱等技术手段，人们可以更方便地了解纤维素酶分子层次的三维结构与催化机理。

3.1　纤维素酶的结构与功能

　　人们对纤维素酶分子结构和功能的研究从 20 世纪 80 年代开始，由于来源于真菌的纤维素酶大多是由糖蛋白构成，难以得到完整的纤维素酶晶体，故在很长一段时间内研究者仅可以实现对纤维素酶结构域的拆分。纤维素底物对酶解的敏感度受其结构的影响很大，包括纤维中木质素的含量、比表面积、结晶度及聚合度，这说明纤维素来源及结构复杂程度，都将影响酶解效率，因而非常有必要在解析纤维素酶结构的基础上对纤维素酶的作用机理进行深入研究。

3.1.1　纤维素酶结构组成

　　1986 年，Tilbeugh 通过使用木瓜蛋白酶有限酶切里氏木霉（*Trichoderma reesei*）的纤维二糖水解酶（CBHⅠ），得到两个具有独立活性的结构域：一个是具有催化功能的结构域（catalytic domain，CD）；另一个是具有结合纤维素功能的结构域（cellulose binding domain，CBD；或者称碳水化合物结合模块，carbohydrate binding module，CBM）。两者之间由一段高度糖基化的肽段相连，称为连接肽（linker）[1]。经研究发现，整个纤维素酶分子呈楔形，球状核区表示包含催化位点和底物结合位点的 CD 区，之后用类似的方法在多种细菌和真菌的纤维素酶中发现了类似的结构[2]。

　　后经大量研究证实，里氏木霉的外切纤维素酶 CBHⅡ、内切纤维素酶 EGⅠ 和 EGⅡ 与粪碱纤维单胞菌和热纤梭菌的多个纤维素酶分子具有类似的结构。一个催化活性的头部（CD）和楔形的尾部（CBM）形成了类似蝌蚪状的分子结构，如图 3-1 和图 3-2 所示。大多数纤维素酶都具有这样的结构，只有少数微生物和高等植物产生的纤维素酶不具有类似结构，如里氏木霉的 CBHⅠ 就没有 CBM。通常认为 CBM 对高效降解纤维素起着关键作用，但里氏木霉的 CBHⅠ 在没有 CBM 的情况下仍具有水解纤维素的活

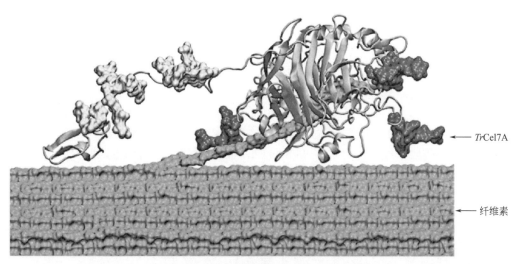

→ *Tr*Cel7A

→ 纤维素

图 3-1　*Tr*Cel7A 催化降解纤维素的分子构造[3]

CBM 为左侧的小蛋白质结构域，其中含有 2 个天然 *O*-聚糖，催化结构域是右侧的大蛋白结构域，纤维素链可穿入蛋白隧道

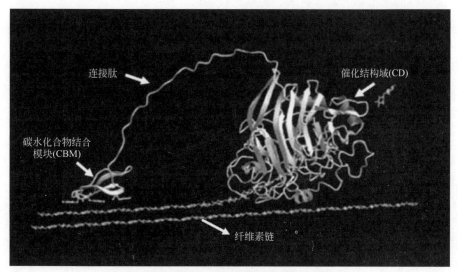

连接肽

催化结构域(CD)

碳水化合物结合
模块(CBM)

纤维素链

图 3-2　里氏木霉纤维二糖水解酶 X 射线结构模型[4]

力。在里氏木霉的 EGⅠ酶解过程中也观察到同样的现象[5]。此外，*Humicola insolens* 的 EGⅤ和 *Cellulomonas fimi* 的 CenEG 也均未发现具有 CBM 结构，但仍然具有水解酶活性。这些研究证明，在有些外切纤维素酶和内切纤维素酶中，CBM 对酶的催化活力并非是必需的[6]。

纤维素酶分子的 CBM 通过芳香族氨基酸上的芳香环和葡萄糖环的堆积力吸附到纤维素上，再由 CBM 上其余的氢键形成残基或与相邻葡萄糖链形成氢键，将单个葡萄糖链从纤维素表面疏解下来，以利于催化区的水解作用。而催化结构域中的 Glu 位于细菌及真菌的内切纤维素酶、外切纤维素酶和葡萄糖苷酶的活性位点上，在异头碳原子位通过构型的保留或转化完成催化作用，其中两个保守的羧基氨基酸分别作为质子供体或亲核试剂，通过水解双置换反应脱去葡萄糖残基。

不同来源、不同组分的纤维素酶分子量差别较大，如 *Geotrichum candidum* 产生的一种内切纤维素酶，其分子量为 13 万，而斜卧青霉 EG 的一个组分，分子量仅 2.4 万。纤维素酶分子的一级结构都具有类似的结构，即由球状的催化结构域、连接肽和纤维素结合结构域三部分组成。不同来源的酶分子又具有不同的高级结构。如 *Clostridium cellulovorans* 包括 2 个纤维小体，每个小体又都包含 9 个相同组分的亚单位，而其中一个小体的酶活性是另一个小体的 4 倍，这足以说明纤维素酶结构组成的复杂性。由于纤维素酶的各组分大多为糖蛋白，在发酵过程中加入糖基化抑制剂如衣霉素等，可以得到不同糖基化的酶，以便研究糖基化对酶功能的影响。

近年，随着各类色谱和电泳等蛋白质分离及纯化技术的发展，水解纤维素的真菌和细菌的纤维素酶类也逐渐得到了分离和纯化，并且研究者根据它们对各种具有不同物理及化学性质纤维材料的作用，开展了相应的纤维素酶降解机制研究。从化学反应过程来看，纤维素水解为葡萄糖只涉及 β-1,4-糖苷键的水解作用；但从纤维素聚合物的三维结构来看，由于纤维素分子链中结晶区的存在，对链间氢键的作用等涉及纤维素三维结构解聚的关键问题迄今为止都尚未有清楚的认识。

3.1.2 催化结构域与功能

3.1.2.1 CD 的结构与功能

纤维素酶的催化结构域，根据其氨基酸序列的相似性可分为 70 个家族，在同一个家族内具有相似的分子折叠模式和保守的活性位点，其反应机制和对底物的特异性都可能相同，这已通过比较 15 种来自 3 个家族的酶解实验得到支持。几种不同纤维素酶的催化结构域见书后彩图 14。

最先被阐明的是 *T. reesei* CBH Ⅱ 的催化结构域，它是由 α/β 组成的筒状结构，由 5 个 α 螺旋和 7 条 β 链组成，活性部位有两个延伸至表面的环（loop）以形成一个隧道状结构（tunnel），长度大约 2nm，包含 4 个结合位点，糖苷键水解发生在第 2 个和第 3 个结合位点之间；尽管 *Thermomonospora fusca* 的 EG Ⅱ 和 *T. reesei* CBH Ⅱ 属于同一家族，但在活性部位的组织结构上却存在着明显的不同，它的活性位点表面没有一个由环覆盖的结构，因此它更像是一个沟槽（groove）而不是一个"隧道"。所有属于 EG 家族的环结构都会缺失，而属于 CBH 家族的正好相反，都有一个环结构。普遍认为，正是由于 CBH 拥有这样一个环结构形成的"隧道"，确保它能连续地催化几个糖苷键的断裂。

采用 X 射线衍射的方法，1990 年 Rouvinen 等对 *T. reesei* 的 CBH Ⅱ 催化结构域[7]、1992 年 Juy 等对 *C. thermocellum* 的 CelD 催化结构域[8]、1993 年 Spezio 等对 *T. fusca* 的 E2 催化结构域[9]、1994 年 Divne 对 *T. reesei* 的 CBHⅠ催化结构域分别进行了结晶和解析[10]。三维结构研究均表明，内切纤维素酶的活性位点位于一个开放的疏水空腔（cleft）中，它可结合于纤维素链的任何部位并切断纤维素链；外切纤维素酶的活性位点位于一个长环所形成的隧道里面，它只能从纤维素链的非还原性末端切下纤维二糖。1995 年，Meinke 等利用蛋白质工程的方法将 *C. fimi* 外切纤维素酶分子的环删除，发现该酶的内切纤维素酶活性果然得到了提高，这进一步证实了上述分析[11]。

1990 年，Sinnott 和 Michael 论述了酶催化糖基转移的机制，他们认为糖苷配基的离去涉及两个氨基酸残基酸碱催化时所发生的双置换反应，这实际与溶菌酶的作用机制相似[12]。后来，采用定点突变技术和酶专一性抑制剂做了大量研究，终于证明 Glu 位于细菌和真菌的内切纤维素酶和外切纤维素酶以及葡萄糖苷酶的活性位点上，在异头碳原子位通过构型的保留或转化完成催化反应时，其中两个保守的氨基酸羧基分别作为质子供体和亲核试剂，水解双置换反应机制也因此得以证明。

尽管不同来源的纤维素酶分子量差别很大，但它们的催化结构域大小却基本一致。*T. reesei* 的 CBH I 和 CBH II 的催化结构域直径长度大约是 3 nm，连接肽大约是 9nm，分子量分别是 52000 和 47200。*T. fusca* 的 EG II 催化结构域是 5.3nm×3.8nm×3.6nm，分子量是 43000，而在微原纤中单根纤维素分子链的直径是 0.6～1nm。尽管纤维素酶催化结构域和连接肽的大小因酶的不同而不同，但是一旦纤维素酶经 CBM 结合到纤维素分子链上，它将有许多机会接触纤维素链，并能在一个限定的范围内水解许多的糖苷键。催化结构域对纤维素的水解主要发生在微原纤水平上，但纤维素酶更容易对无定形区进行攻击。

3.1.2.2　催化断键机理

纤维素酶催化断键功能虽然相似，但其所属的水解酶家族却有所不同。*T. reesei* 作为一种高效分解纤维素的真菌，能够分泌多种纤维素酶，根据氨基酸序列的相似性，其外切纤维素酶（CBH I）属于 GH7 家族[13]。CBH I 可以从纤维素链的还原端开始水解 β-1,4-糖苷键。由于该催化过程葡聚糖异头碳的构型并不发生变化，因而该催化过程也称之为保留机制。该催化过程水解纤维素所释放的主要产物是纤维二糖。通常将 CBH 催化糖苷键的水解分成两步反应，第一步反应是对异头碳 C-1 的亲核取代，第二步是糖基-酶共价中间产物的形成与水解。第一步反应中，带负电的羧基（由 Asp 或 Glu 提供）作为亲核试剂，在另一个质子化的羧基作为广义酸的协助下，取代将要离开的葡萄糖残基糖苷键 O-4 原子。该步反应导致异头碳 C-1 的构型发生变化。在接下来的第二步反应中，水分子在去质子化羧基的协助下，进攻糖基-酶中间物的异头碳，取代亲核试剂，从而使 C-1 恢复原构型。水解完成后，纤维素链将向前滑动。由于纤维素链上两个葡萄糖残基的方向差 180°，所以只有纤维素链滑动两个葡萄糖残基之后才启动下一轮水解反应过程[14]。

CBH I 的结构研究表明，它的催化结构域中纤维素结合孔道只允许一条葡萄糖链进入，可以结合 10 个葡萄糖残基。根据其与催化位点的相对位置分别定义为 -7～$+3$（纤维素链进入处为"$-$"，纤维二糖释放处为"$+$"），处于 $+4$ 位置的葡萄糖残基与酶蛋白已经基本不存在相互作用。CBH I-CD 通道的前四个结合位点（-7～-4）会维持纤维素链伸展的构象。纤维素链结合到 CBH I 上之后发生结构变化的位点是从第 -4 位开始，在 $-4/-3$ 与 $-3/-2$ 位置的纤维素链发生两次扭转，最终使纤维素链在 -2 的位置处发生倒转。而 -1 处的结合位点则是活性位点。*T. reesei* 的 CBH I 分子中

Glu212 与 Glu217 被认为是催化的亲核试剂与质子酸基团。两者大致位于 $-1/+1$ 位置之间将要断裂糖苷键的对面，两个羧基大约相距 0.6nm，符合保留机制模型，而 $+1$ 之后的结合位点主要被产物占据。CBH I-CD 中有 4 个色氨酸残基均匀地分布在通道中，这对葡萄糖链进入 CD 及其在 CD 中的持续性运动非常重要[14]。

以上针对 *T. reesei* 的 CBH I 催化结构域的功能研究均是基于结晶状态下，酶分子结合配体的复合结构解析而得出。对于这些结构的研究基本上都不是天然催化状态下进行的，而是通过对酶分子结合底物结构类似物，或者无催化活性的酶分子与底物结合。在反应不能进行的情况下将复合物结晶，使得配体分子能够保留在通道中，进而研究相应结构以便推测出纤维素酶分子催化机理。此外，由于底物与酶结合后会不断发生水解，无法得到稳定的晶体，故在对酶与底物间相互作用的研究中必须使用其他能够快速或者实时测定结构变化的分析方法，例如内源荧光、圆二色谱和氨基酸残基化学修饰等方法，这对于酶分子催化机理的研究将起到有效的辅助作用。

虽然 CBH I 催化结构域所实现的糖苷键断键机理已经阐明，但结晶纤维素催化降解过程机理仍然是个谜，例如纤维素酶是如何进行持续性运动以及氢键催化断裂的动力来源仍有待深入研究。不过近年的有关研究进展也初步表明 CD 环基序结构和组合对纤维素酶催化功能发挥十分重要。例如，糖苷水解酶 GH5 具有 $(\beta/\alpha)_8$ 桶形折叠结构，这 8 个 β/α 环绕催化口袋。这些表面环对 GH5 的催化影响主要表现在一些关键氨基酸残基与溶剂和配体分子间的相互作用。表面环的运动也有助于底物进入和产物释放，并且位于结合口袋底物入口处的环 6 和环 7 还可以促进催化位点处的质子转移反应。

3.1.3　结合结构域与功能

碳水化合物是一切生物体维持生命活动的能量来源，其中的多糖包括纤维素、半纤维素、淀粉、壳聚糖和菊粉等。这些多糖的降解也均需要相应的催化酶类。1988 年，Gilkes 等研究发现了具有结合纤维素功能的纤维素结合结构域（cellulose binding domain，CBD；或者称碳水化合物结合模块，carbohydrate binding module，CBM）[15]。自从发现以来，国外有关的研究报道便层出不穷，但国内相关的研究较少。纤维素酶分子常常包含催化结构域（CD）和 CBM，CBM 在结晶纤维素降解过程中发挥重要作用。来源不同的纤维素酶 CBM，根据其序列相似性以及 3D 结构被划分为不同的家族，称之为 CBM 家族，相关的模块家族收录在 CAZy 数据库（http：//www.cazy.org/Carbohydrate-Binding-Modules.html）。

3.1.3.1　CBM 的命名与分类

基于结构和功能的相似性，以及主要结合位点的芳香族氨基酸的结构特征等，将 CBM 分成三类，即结合表面 CBM（surface-binding CBM，类型 A）、结合聚糖链 CBM（glycan-binding CBM，类型 B）、结合小糖分子 CBM（small-sugar-binding CBM，类型 C），具体见表 3-1 和书后彩图 15、彩图 16[17]。CBM2a 衍生自纤维单胞菌木聚糖酶 Xyn10A［蛋白质数据库（PDB）1XG］，CBM15 是木聚糖酶 Xyn10C［蛋白质数据库

（PDB）1GNY］的组分，CBM9 是海栖热袍菌 GH10 木聚糖酶组分［蛋白质数据库（PDB）1I82］。蛋白质结构折叠从 N 末端到 C 末端。在 CBM2a 模块的非极性表面结合有形成配体的三个芳香族残基，并且以棒状形式显示在蛋白质的相应表面和折叠构象中。

表 3-1　CBM 的类型、折叠家族及所含 CBM 家族 [16]

类型	折叠家族	CBM 家族
A	1、3、4 和 5	1、2a、3、5 和 10
B	1	2b、4、6、15、17、20、22、27、28、29、34 和 36
C	1、2、6 和 7	9、13、14、18 和 32

3.1.3.2　CBM 的结构与功能

（1）CBM 的结构

糖苷水解酶的非催化性多糖识别模块最初定义为 CBD（纤维素结合结构域），结晶纤维素作为它们的主要配体。随后，演变为更具包容性的术语 CBM（碳水化合物结合模块），反映了这些模块的不同配体特异性。与糖苷水解酶的催化结构域类似，基于氨基酸序列相似性，可将 CBM 分成不同的家族。目前已有 39 个定义的 CBM 家族，这些 CBM 显示出不同的配体特异性。因此，存在识别结晶纤维素、非结晶纤维素、壳多糖、β-1,3-葡聚糖和 β-1,3-1,4-混合葡聚糖、木聚糖、甘露聚糖、半乳聚糖和淀粉的 CBM，而一些 CBM 会显示"凝集素"特异性并结合多种细胞表面聚糖。一般来说，CBM 被附加到降解不溶性多糖的糖苷水解酶上。尽管许多 CBM 靶向植物细胞壁的多糖组分，但是还存在几个 CBM 家族仍含有结合不溶性的存储多糖（如淀粉和糖原）的模块。因此，CBM 是用于研究蛋白质-碳水化合物识别机制的优异模型系统。

总体来说，来自 22 个不同 CBM 家族成员的三维结构现在已经明确，其中许多是在最近几年确定的（表 3-2）。利用 NMR 光谱和 CBM 的 X 射线晶体学可以有效地理解这些蛋白质的生物学功能并剖析它们结合寡糖和多糖的机制。关于 CBM13 和 CBM18 的结构，通过 X 射线晶体学研究发现其与配体络合，这些配体是植物来源的凝集素蓖麻毒素 B 链和 WGA（小麦胚芽凝集素）。此外，通过 NMR 光谱法测定出了与 β-环糊精复合的 CBM20-淀粉共结合模块结构。自从 2001 年开始，15 个来自不同家族的 CBM 结构已经确定可以与来自主要的植物细胞壁多糖，如纤维素、木聚糖、甘露聚糖、β-1,3-葡聚糖和淀粉的寡糖配体相结合。

表 3-2　CBM 家族结构及来源 [16]

家族	蛋白质（物种）	PDB 代码
CBM1	Cellulase 7A（*Trichoderma reesei*）	1CBH
CBM2	Xylanase 10A（*Cellulomonas fimi*）	1EXG
	Xylanase 11A（*Cellulomonas fimi*）	2XBD
	Xylanase 11A（*Cellulomonas fimi*）	1HEH
CBM3	Scaffoldin（*Clostridium cellulolyticum*）	1G43

续表

家族	蛋白质(物种)	PDB 代码
CBM4	Scaffoldin(*Clostridium thermocellum*)	1NBC
	Cellulase 9A(*Thermobifida fusca*)	1TF4
	Laminarinase 16A(*Thermotoga maritima*)	1GUI
CBM5	Cellulase 9B(*Cellulomonas fimi*)	1ULO、1GU3
	Cellulase 9B(*Cellulomonas fimi*)	1CX1
	Xylanase 10A(*Rhodothermus marinus*)	1K45
	Cellulase 5A(*Erwinia chrysanthemi*)	1AIW
CBM6	Chitinase B(*Serratia marcescens*)	1E15
	Xylanase 11A(*Clostridium thermocellum*)	1UXX
	Xylanase 11A(*Clostridium stercorarium*)	1NAE
	Xylanase 11A(*Clostridium stercorarium*)	1UY4
	Endoglucanase 5A(*Cellvibrio mixtus*)	1UZ0
CBM9	Xylanase 10A(*Thermotoga maritima*)	1I8A
CBM10	Xylanase 10A(*Cellvibrio japonicus*)	1QLD
CBM12	Chitinase Chi1(*Bacillus circulans*)	1ED7
CBM13	Xylanase 10A(*Streptomyces olivaceoviridis*)	1XYF
	Xylanase 10A(*Streptomyces lividans*)	1MC9
	Ricin toxin B-chain(*Ricinus communis*)	2AAI
	Abrin(*Abrus precatorius*)	1ABR
CBM14	Tachycitin(*Tachypleus tridentatus*)	1DQC
CBM15	Xylanase 10C(*Cellvibrio japonicus*)	1GNY
CBM17	Cellulase 5A(*Clostridium cellulovorans*)	1J83
CBM18	Agglutinin(*Triticum aestivum*)	1WGC
	Antimicrobial peptide(*Amaranthus caudatus*)	1MMC
	Chitinase/agglutinin(*Urtica dioica*)	1EIS
CBM20	Glucoamylase(*Aspergillus niger*)	1AC0
	β-Amylase(*Bacillus cereus*)	1CQY
CBM22	Xylanase 10B(*Clostridium thermocellum*)	1DYO
CBM27	Mannanase 5A(*Thermotoga maritima*)	1OF4
CBM28	Cellulase 5A(*Bacillus* sp. 1139)	1UWW
CBM29	Non-catalytic protein 1(*Pyromyces equi*)	1GWK
CBM32	Sialidase 33A(*Micromonospora viridifaciens*)	1EUU
	Galactose oxidase(*Cladobotryum dendroides*)	1GOF
CBM34	α-Amylase 13A(*Thermoactinomyces vulgaris*)	1UH2
	Neopullulanase(*Geobacillus stearothermophilus*)	1J0H
CBM36	Xylanase 43A(*Paenibacillus polymyxa*)	1UX7

（2）CBM 的折叠构象

基于氨基酸序列相似性，将糖苷水解酶的催化结构域分为 96 个不同的家族。依据保守的蛋白质折叠、催化机制和糖苷键切割机制又可将这些家族分为 14 个部族或"超家族"。尽管已经证明 CBM 超家族的存在，但是目前仍没有正式的 CBM 家族"超级"分组。为解决这个问题，有学者根据结构的差异性将 22 个不同的 CBM 家族分为 7 个"重复系列"（表 3-3 和书后彩图 17）[16]。

表 3-3　CBM 的折叠家族[16]

折叠家族	折叠	CBM 家族
1	β-夹层形	2、3、4、6、9、15、17、22、27、28、29、32、34 和 36
2	β-三叶形	13
3	半胱氨酸结	1
4	唯一形	5 和 12
5	OB 折叠	10
6	Hevein 折叠	18
7	唯一形；包含 Hevein 折叠	14

书后彩图 17 的虚线框围绕属于功能类型 A、B 和 C 的 CBM，具体数字的表示属于折叠家族 1～7 的 CBM。结合的氨基酸残基配体显示为棒状线条，而结合的金属离子显示为蓝色球体。彩图 17（a）来自纤维梭菌的 CBM17 与纤维四糖结合，*Cc*CBM17（PDB 编号 1J84）；彩图 17（b）来自海栖热袍菌 CBM4 与粘连蛋白结合，*Tm* CBM4-2（PDB 编号 1GUI）；彩图 17（c）来自细胞病毒的 CBM15 与木葡聚糖结合，*Cj*CBM15（PDB 编号 1GNY）；彩图 17（d）来自热纤梭菌（*Clostridium thermocellum*）的 CBM3，*Ct*CBM3（PDB 编号 1NBC）；彩图 17（e）来自 *Cellulomonas fimi* 的 CBM2，*Cf*CBM2（PDB 编号 1EXG）；彩图 17（f）来自海栖热袍菌 CBM9 与纤维二糖结合，*Tm* CBM9-2（PDB 编号 1I82）；彩图 17（g）来自小单孢菌病菌的 CBM32 与半乳糖结合，*Mv*CBM32（PDB 编号 1EUU）；彩图 17（h）来自菊欧文氏菌（*Erwinia chrysanthemi*）的 CBM5，*Ec*CBM5（PDB 编号 1AIW）；彩图 17（i）来自变铅青链霉菌的 CBM13 与木寡糖结合，*Sl*CBM13（PDB 编号 1MC9）；彩图 17（j）来自 *Trichoderma reesei* 的 CBM1，*Tr* CBM1（PDB 编号 CBHI）；彩图 17（k）来自细胞病毒的 CBM10，*Cj*CBM10（PDB 编号 1E8R）；彩图 17（l）来自 *Urtica dioca* 的 CBM18 与壳三糖结合，CBM18（PDB 编号 1EN2）；彩图 17（m）来自 *Tachypleus tridentatus* 的 CBM14，*Tt*CBM14（PDB 编号 1DQC）。

（3）CBM 结构和功能的关系

真菌 CBM 只有一种，氨基酸序列高度同源，结构也非常类似。CBM 与糖类化合物之间的结合位点普遍位于相对平坦的表面，主要是依赖于芳香族氨基酸残基如酪氨酸、色氨酸和苯丙氨酸与糖环的作用。真菌 CBM 成员中研究最为详细的是 *T. reesei* 的纤维素酶家族。Linder 等对 CBHⅠ的 CBM 结构和功能进行了研究，发现其 CBM 结构上存在着一个相对平坦的表面，平坦面上的一些芳香族氨基酸（Y5、Y31、Y32 和 Q34）不仅对空间位置的排布及特异性结合至关重要，而且不同芳香氨基酸的替换也会影响结合能力[18]。对 CBH Ⅰ 的 CBM Y5W 的定点突变证实 EG Ⅰ 对纤维素的吸附力较 CBH Ⅰ 高的主要原因在于纤维素结合位点色氨酸替代了酪氨酸的位置。除此之外，次要位置的变化也会影响 CBM 对不同大小底物的吸附能力。CBM 双点突变（S37W 和 P39W）表明，突变酶对可溶性小分子纤维糊精的活力未变，但对分子聚合度较高的磷酸膨胀纤维素（PASC）的吸附力变强，K_m 下降近 30%。另外，真菌 CBM 与纤维素的吸附作用大多是可逆吸附，可在简单条件下发生解吸。CBH Ⅰ 的 CBM 吸附能力受温度影响，温度越低，吸附作用越强。几种主要 CBM 的性质与结构见表 3-4。

表 3-4　几种主要 CBM 的性质与结构 [19]

类型	氨基酸残基数/个	性质	典型蛋白
CBM1	35~40	真菌 CBM，序列高度同源，已知可以与 6 种真菌 CD 区域结合（5/A1、5、6/B、7/C、10/F 和 45/K）	里氏木霉 CBH Ⅰ
CBM2	约 100	广泛存在于各种细菌的纤维素酶和木聚糖酶中，也有在真菌中发现的特例	粪碱纤维单胞菌 Cex
CBM3	约 150	全部分布在细菌中，大多数具有纤维素吸附功能，与 CD 区域结合（5/A1、2、4、9/E1、2、10/F、44/J 和 48/L）形成纤维素酶或者木聚糖酶，在许多非水解蛋白中也时有发现	热纤梭菌 CipA
CBM4	约 150	可以与木聚糖、β-1,3-葡聚糖、β-1,6-葡聚糖和无定形纤维素结合，该家族最显著的特征是对结晶纤维素没有结合能力	粪碱纤维单胞菌 CenC
CBM5	约 60	可以存在于壳多糖酶、纤维素酶、木聚糖酶和甘露聚糖酶等催化性能不同的细菌糖苷水解酶中	—
CBM9	—	仅在细菌木聚糖酶中发现	海栖热袍菌 Xyl10A

细菌纤维素结合结构域种类繁多，结构和功能的关系也呈现出多样化。其中研究较为详尽的是来自粪碱纤维单胞菌、荧光假单胞菌纤维亚属和热纤梭菌的 CBM。革兰氏阳性菌粪碱纤维单胞菌是目前研究最广泛的纤维素降解菌，在其发酵液中已发现至少有 7 条含 CBM 的肽链存在，其中 5 种纤维素酶 CenA、CenB、CenC、CenD 和 Cex 都具有 CBM。CenA、CenB、CenD 和 Cex 都包含有属于 CBM2 家族的 CBM，结构与真菌 CBM 类似，相对平坦表面上的 3 个高度保守色氨酸（W17、W54 和 W72）是结合必需的，可与细菌微晶纤维素（BMCC）和部分结晶的磷酸膨胀纤维素（PASC）结合。其中 Cex 的 CBM 与吸附物之间的脱水作用是结合的主要推动力，对结晶纤维素的吸附会产生大量的熵增。CenC 的 CBM 属于 CBM4 家族，结构中存在明显的结合凹槽，不能结合细菌微晶纤维素，与部分结晶磷酸膨胀纤维素的结合主要发生在无定形区。这类结合作用的主要推动力是氢键和范德华力，结合过程伴随着大量的焓增。

荧光假单胞菌的木聚糖酶 XylA 和纤维素酶 CelE 都含有属于 CBM2 家族的 CBM，它们对不溶性纤维素的吸附超过可溶性寡糖。NMR 和定点突变实验研究均证实该 CBM 表面有 3 个色氨酸（Trp13、Trp34 和 Trp38）在其表面共同形成一个芳香环区带与纤维素分子发生吸附结合。另外，木聚糖酶 XylA 中段还存在一个属于 CBM10 的 CBM，其表面存在高密度芳香氨基酸区。除此之外，热纤梭菌 CipA 的 CBM 属于

CBM3 家族，由 9 段铰链组成果冻卷样的 β-三明治结构，内含钙离子结合位点。表面有两个保守性较高的区域，其中内含保守芳香和极性氨基酸的带状区域，与纤维素结合有关。海栖热袍菌 Xyl10A 的 CBM 属于 CBM9，它对无定形和结晶纤维素、一些水溶性低聚寡糖以及单糖都有吸附作用。

3.1.3.3　CBM 的作用机制

CBM 对于纤维素原料的降解主要有 4 种功能，即：

① 邻近效应，CBM 能通过拉近酶与底物之间的距离，使之持久结合并有效增加底物表面的酶浓度，从而提高酶催化部位的催化能力；

② 叠加效应，CBM 能够以单拷贝、双拷贝甚至多拷贝的形式存在于碳水化合物活性酶中，同一种酶可以连接多种相同或不同类型的 CBM；

③ 靶向功能，CBM 可特异性识别底物，能够特异性地识别结晶、无定形、可溶及不可溶的多糖；

④ 破坏功能，某些 CBM 能够破坏结晶多糖的结构，使催化结构域更易于与底物结合，从而提高酶的催化效率，但这种破坏作用的机制至今尚不清楚。

经由靶向功能的糖结合活性，CBM 可以将酶集中在纤维素底物上，并且有学者认为将酶保持在底物附近（即增加酶在底物表面上的浓度）会导致纤维素的快速降解。大量研究表明，CBM 的删减或缺失不会影响催化结构域对可溶性寡糖的降解，但会大大降低其对不溶性底物的降解效率。例如荧光假单胞菌 CelE 缺失 CBM 后对微晶纤维素的活力会下降至原来的 1/4。而一些具有高吸附性能的 CBM 经融合表达，可以强化纤维素酶对不溶性纤维素的降解效果。

CBM 的靶向功能主要体现在一些存在于植物细胞壁水解酶如木聚糖酶和甘露聚糖酶中的 CBM。这些非纤维素酶中的 CBM 主要是通过靶向功能将这些酶锚定在超分子的固定位置上，通常不会改变对单一底物的降解，但会增强酶对复合底物的降解能力。移除荧光假单胞菌 XylA 的 CBM 不会改变酶对可溶性阿拉伯木聚糖的活力，但造成酶降解复杂底物软木纸浆的能力下降，并且木糖获得率也会明显下降。来自海栖热袍菌 Xyl10A 的 CBM 对聚糖的吸附作用仅发生在糖的还原性末端，这暗示它对植物细胞壁的破坏可能具有特殊的定位作用。

少量 CBM 独立存在时会对纤维素的超分子结构产生破坏作用。粪碱纤维单胞菌 CenA 的 CBM 独立存在时，可以破坏纤维素的纤维结构，释放出小的结晶碎片，具有疏解结晶纤维素的能力。此外，在降解体系中添加独立的 CBM 有助于天然纤维素结晶纤维素的降解。经研究发现通过添加游离的 CBM，CBH Ⅰ 水解滤纸时还原糖产量会上升 30%，降解微晶纤维素时糖得率会上升 16%。

3.1.4　连接肽与功能

多数纤维素酶都具有模块化结构，通常由柔韧性的糖基化连接肽连接在一起。当两结构域中间的连接肽变短或者完全被删除后，酶活力将会受到影响。这表明连接肽的有效长度以及柔韧性也是酶催化过程中必需的。纤维素酶连接肽的序列相当特殊，富含脯氨酸、苏氨酸和甘氨酸，并且常常会被糖基化。寡糖链基本上都连接在苏氨酸和丝氨酸上。细菌与真菌纤维素酶的连接肽有所差异，据报道细菌纤维素酶的连接肽富含 Pro 和 Thr，而真菌纤维素酶的连接肽富含 Gly、Ser 和 Thr，并且总的来说比细菌的小，大概只由 30~40 个氨基酸组成，而细菌的则约由 100 个氨基酸组成。

细菌纤维素酶的 CBM 与 CD 夹角为 135°，而真菌为 180°；细菌纤维素酶有两个酶切位点可将 CBM 与连接肽分别切去，而真菌纤维素酶一般只有一个酶切位点可将 CBM 与连接肽一同切去。由于纤维素酶分子呈蝌蚪状，其连接肽高度糖基化且具有较强柔韧性，故很难得到结晶。而结构域的拆分使呈球形催化结构域的结晶成为可能，为纤维素酶的结构和功能研究开辟了道路。

连接肽主要作用是保持 CD 和 CBM 之间的距离，也可能有助于不同酶分子间形成较为稳定的聚集体。大多数连接肽是将纤维素酶的催化区连接到 CBM 糖基化的肽链上，该连接肽富含丝氨酸或脯氨酸与苏氨酸残基联合体。研究发现 *Trichoderma reesei* 的 CBHⅠ两个区域功能的有效发挥需要二者间有足够的空间距离，这表明连接肽在某种程度上调控两结构域间的几何构象。纤维素酶催化过程中长的连接肽具有一定的柔性，能够保证 CD 和 CBM 在纤维表面的运动一致，推动酶的作用，表现出高效酶活力。Teeri 等提出的纤维素酶作用模型指出，在催化过程中两种结构域在纤维素表面只有运动步调一致，长的连接肽区域才会具有一定的柔性，从而使得酶表现出全部的水解活力[18]。而 Receveur 等利用小角衍射（SAXS）结合从头算法得出的结构证明连接肽具有一个可以伸缩的构象，并且只有一定的长度具有柔性连接肽连接的纤维素酶才能有效降解结晶纤维素[20]。

通常也认为连接肽提供了 CD 与 CBM 的空间分离，以允许 CD 和 CBM 在不溶性底物的表面上的自主功能。刚性糖基化部分负责空间分离，而柔性部分提供自主结构域功能并且起到铰链作用。连接物长度的减少对结合几乎没有影响，并且在一定限度内仅略微降低对不溶性底物的酶活性。然而，具有缺失铰链和刚性部分的真菌 CBHⅠ连接肽突变体表现出对有序纤维素的活性降低，而对不溶性底物具有几乎相同的亲和力。因此，连接肽的作用可以不受功能结构域单独空间分离的限制。相反，它们为纤维素酶结构域间的协同作用提供了空间构造支持。

此外，连接肽可能会对纤维素酶的动力学和生物活性产生较为显著的影响。有学者从基因层面研究连接肽对枯草芽孢杆菌纤维素酶 CelⅠ15 稳定性和柔韧性及活性的影响，构建了含有连接肽的 6 个突变体。具有 3 个连接肽拷贝的 CelⅠ15 突变体表现出最高活性，比野生型 CelⅠ15 高出近 20%。突变体酶的稳定性会随着连接肽拷贝数的减少而增加。但是，突变体酶的底物亲和力会随着连接肽拷贝数的增加而增加，并且具有 4 个连接肽拷贝的突变体表现出最高的底物亲和力。通过增加突变体酶连接肽拷贝数来提高酶活性，这也将是改善酶性质的潜在途径之一。

虽然纤维素酶中许多结构域的三级结构已得到解析，但是现在还没有获得一个既包含催化结构域又包含 CBM 及中间连接肽长度大于 12 个残基的完整纤维素酶三维结构。然而，有用 STM 直接观察到 *T. pseudokoningii* S-38 CBHⅠ全酶的报道，但是并未实现该酶的完全结晶。这是由于较长（CBHⅠ的连接肽有 35 个氨基酸，CBHⅡ的连接肽有 44 个氨基酸）、柔软和被糖基化的连接肽可能是蛋白质结晶的主要障碍。此外，肽链对蛋白酶也非常敏感，因为它易暴露于水相，因此为了防止被蛋白酶水解，这一段肽链常常被糖基化。

3.1.5　纤维素酶的分子折叠

糖苷酶类主要包括水解酶和转移酶，根据它们氨基酸序列的相似性，可以至少划分为 45 个家族，其中第 1、2、5、10、17、30、35、39 和 42 族中水解酶分子的催化结构域近来被认为可能来自同一祖先，这其中 150 余个酶的氨基酸序列先后得以测定，它们对 16 种不同的底物均表现出水解活力。

纤维素酶和半纤维素酶是糖苷酶类庞大家族中的主要成员，它们一般由催化结构域（CD）、碳水化合物结合模块（CBM）和一个连接二者的连接肽三部分组成。蛋白质结晶结构研究表明：同一族的酶分子遵循相同的机制，即通过一般的酸催化机制作用。与此相反，不同族的酶分子可能有不同的机制，并且可能有不同的折叠模型。在纤维素酶和半纤维素酶的研究中，人们根据同源性又可将它们分成九个族。目前，A、B、C、E 和 F 族中已有酶分子的结晶结构得到解析。

① A 族，九个族中最大的一族，其中 *Clostridium thermocellum* 的内切纤维素酶 Celc 催化结构域的结构已得到解析 [书后彩图 18（a）]。它的分子折叠成一个（α/β）$_8$ 的桶状结构，Glu2280 和 Glu2140 分别作为亲核试剂和质子供体。Arg46、Asn139、His90、His198、Tyr200 和 Trp313 参与底物的结合。

② B 族，*Trichoderma reesei* 的外切纤维素酶 Ⅱ（CBH Ⅱ）是这一族的代表，它的分子折叠成（α/β）$_7$ 折叠桶 [彩图 18（b）]。Asp175 和 Asp221 分别作为亲核试剂和质子供体，色氨酸残基参与底物的结合。

③ C 族，*Trichoderma reesei* 的外切纤维素酶 CBH Ⅰ，*Fusarium oxysporum* 的内切纤维素酶 EGI 是这个族中的代表，它们由环结构连接的 α/β 结构组成，Glu202 作为一般酸催化剂，Glu197 作为亲核试剂，Trp347 和 Trp356 参与底物结合 [彩图 18（c）]。

④ E 族，*Clostridium thermocellum* 的内切纤维素酶 CelD 属于这个族。它具有一个由 α/β 折叠成的桶状结构 [彩图 18（d）]。Glu555 和 Asp201 对其催化作用的发挥起着重要作用，Trp457 和 Trp400 参与底物结合。

⑤ F 族，*Cellomonas fimi* 中的外切纤维素酶（Cex）和 *Clostridium thermocellum* 中的木聚糖酶（XynZ）同属于这个族。XynZ 分子折叠与 Cex 相似，Glu574 和 Glu645 分别作为亲核试剂和质子供体。Trp795、Gln721、Trp600 和 His723 参与催化 [彩图 18（e）]。

3.1.6　纤维素酶分子的蛋白质工程

自 1904 年在蜗牛消化液中发现纤维素酶至今已有 110 多年。人们对纤维素酶的研究大致可分为三个阶段：第一阶段是 1980 年以前，主要工作是利用生物化学的方法对纤维素酶进行分离纯化；第二阶段是 1980～1988 年，主要工作是利用基因工程的方法对纤维素酶的基因进行克隆表达和一级结构的测定；第三阶段是

1988 年至今，主要的工作是利用蛋白质工程的方法对纤维素酶结构域进行拆分、解析、功能氨基酸的确定、水解双置换机制的确定、分子折叠和催化机制关系的探讨等。

蛋白质工程作为一种工具用来研究纤维素酶的催化机制，它主要包括对潜在活性中心氨基酸残基进行定点突变（site-directed mutagenesis）、体外分子定向进化和对定点突变酶进行动力学分析。利用基因定点突变技术对典型纤维素酶家族的序列不变残基和三维构象进行确认，并通过设计新的三维复合体来对酶进行修饰和探索。迄今为止，纤维素酶已经有 10 个家族（第 5、6、7、8、9、12、26、44、45 和 48 家族）被陆续克隆出来，其中第 5、6、7、8、9 和 45 家族已经利用蛋白质工程技术进行了研究。

3.1.6.1 催化结构域蛋白质工程

TrCel7A 催化结构域的三维结构具有一个长隧道活性部位，其中隐匿有四个色氨酸残基。对于葡萄糖基单元来说，这些色氨酸残基对于疏水堆积作用具有重要的作用，它们分别位于隧道入口（Trp40），隧道的中心位置（Trp38）以及周围的催化位点（Trp367 和 Trp376）。它们的交互作用与有效和持续的结晶纤维素水解作用相联系。Nakamura 等发现位于该隧道入口的色氨酸 Trp40 在结晶纤维素的降解中发挥重要作用[21]。他们通过使用 WT 测定酶比活力，并且通过对纤维素结晶区和非结晶区进行 Trp40 突变研究，揭示出 Trp40 可以作用于纤维素链的非还原端并且激活该隧道上的活性位点进而促进水解过程的有效进行。

Adney 等通过从敲除或者增加基因层面研究糖基化修饰对纤维素酶活性的影响[22]。通过删除位于 TrCel7A 和 *Penicillium funiculosum* Cel7A 的 N 端连接聚糖（N384A），发现能有效提高结晶纤维素水解底物的活性。相似地，在近端活性部位隧道附近处增加一个经过 N 端糖基化修饰的基团（A196S），也可以有效地增强酶降解纤维的活力。这些结果均表明糖基化作用可以有效地增强纤维素酶的活力。

3.1.6.2 CBM 蛋白质工程

CBM 不表现出水解功能，并且被大家广泛接受的是 CBM 可以吸附不溶和可溶的碳水化合物。通过添加和删除 CBM，配体的结合能力也会随之发生改变。研究表明，结合有异源 CBM 的多糖水解酶，例如纤维二糖水解酶和甘露聚糖酶，它们会表现出更强的催化活性，同时耐热性也有不同程度的增强。通过融合其他的非纤维素水解酶，CBM 可以在底物中包含有碳水化合物的位置处形成嵌合体，从而增强酶活力。Ravalason 等研究发现，通过形成一种包含有漆酶和 CBM1 的嵌合酶，可以有效地使嵌合体聚集于不溶性木质素/纤维素表面，进而浓缩纤维素晶体，从而提高降解效率，提升生物漂白的效果[23]。但是，更高的配体结合能力并不能保证提高纤维素酶的活力，同时严格结合的嵌合体对于纤维素酶的动态运动也会产生一定的限制[16]。

CBM 在酶的降解机制中所发挥的影响机制至今尚不完全清楚[24]。近年的研究成果中，CBM 的功能被认为主要是由 CD 残留的氨基酸残基所确定的。然而，在降解过程中 CBM 所发挥的作用在最近的研究报道中也仍然存在争议。与缺少 CBM 的突变体进行比较，发现第 5 家族内切纤维素酶的 CBM 在降解过程中发挥重要作用，并且仿真模拟结果也为第 1 家族的 CBM 在该降解过程中所发挥的作用提供了有力证据。蛋白质-碳水化合物的相互识别以及 CBM 的关键氨基酸残基的结合也能够为该降解过程中 CBM 的角色发挥提供更多最直接的证据。此外，CBM 新的功能也被陆续发现，例如破坏氢键和纤维素的解晶效应等。

3.1.6.3　连接肽蛋白质工程

纤维素酶的连接肽被视为可以灵活地连接糖苷水解酶和碳水化合物结合模块。但由于各种纤维素酶的连接肽在氨基酸序列及长度等方面都存在较大差异，关于它们详细的功能作用机制至今尚不清楚。Scott 等通过改变连接肽的氨基酸构建了连接肽突变体，获得了可以实现木质素降解的纤维素酶体系，从而得到具有工程化连接肽信号肽的纤维素酶，该酶在木质素存在的情况下会随着木质素结合程度的减弱表现出水解能力的增强[25]。Payne 等为 TrCel7A 和 TrCel6A 构建了两个仿真模型，表明经过 O-糖基化的连接肽可以动态以及无特异性地结合纤维素疏水性区域[26]。仿真模拟和相关的实验表明，结合有丝氨酸和苏氨酸残基的 O-糖链不仅可以延伸多肽构型，还可能直接影响纤维素与连接肽的结合，从而增强结合的亲和力。

为了进一步解析连接肽的功能，以及最大化连接肽对酶功能改善的作用，迫切需要借助蛋白质工程进行探究。蛋白质工程化改造连接肽可以考虑连接肽的长度、氨基酸组分以及糖基化修饰，因为这些因素都有助于提升连接肽的灵活性、结构功能以及与底物的相互作用。

3.2　纤维素酶体系协同降解机制

协同作用是指两种或两种以上的酶共同发挥催化作用时，其催化效率远比用这些酶单独连续作用大得多。协同作用的概念是在多年前描述 CBHⅠ和 EG 的活性时首次提出来的。由内切纤维素酶作用在纤维素链内部产生新的纤维素末端，加快由 CBH 催化的以纤维素末端为起点的酶解作用，其机制就可以解释为协同作用。

不同功能的纤维素酶各组分在纤维素降解过程中普遍存在协同作用。一般地，外切纤维素酶作用于不溶性纤维素表面，使得结晶结构的纤维素长链分子开裂，长链分子的末端部分发生游离，促使纤维素易于开链；内切纤维素酶则作用于经外切纤维素酶活化的纤维素，断裂 β-1,4-糖苷键，产生纤维二糖和三糖等短链低聚糖，β-葡萄糖苷酶再将纤维二糖和三糖等分解成葡萄糖。但值得一提的是，该协同作用的作用顺序不是绝对的，而且各组分酶的功能也不是简单和绝对固定的。研究表明，EG 和 CBH 都能引起纤维素的分散和脱纤化（沿着纤维素的经度轴方向分层，形成更薄更细的亚纤维），也会导致纤维素的结晶结构被打乱，产生变形，使得纤维素酶能深入纤维素分子界面之间，从而使纤维素孔壁、腔壁和微裂隙壁的压力增大，水分子的介入又会使纤维素分子之间的氢键被破坏，产生部分可溶性的微结晶，利于进一步被降解。有研究表明，不仅酶系中各组分存在协同作用，酶与其他物质或微生物间亦存在较强烈的协同作用。

3.2.1　纤维素酶体系协同降解理论及假说

纤维素酶的作用机制至今有很多种假说，普遍认为是 3 种组分协同作用的结果，但各组分如何作用，尤其是 C_1 酶和 C_x 酶的作用方式，许多研究者提出了不同看法。被普遍接受的天然纤维素降解理论主要有协同理论（synergism），原初反应假说（initial degrading）和碎片理论（fragmentation）三种，其中以协同理论最为广泛接受。

3.2.1.1　协同降解理论

Gow 和 Wood 在研究热纤梭菌（*Clostridium thermocellum*）和康氏木霉（*Trichoderma koningii*）的纤维素酶降解纤维素时，发现培养液中 2 种外切纤维素酶在水解微晶纤维素和棉纤维时具有协同作用[27]。Thonart 等也发现 2 种外切纤维素酶（CBHI 和 CBHII）具有协同作用[28]。Takahisa 等还发现了对可溶性纤维素进攻方式不同的 2 种内切纤维素酶在结晶纤维素的水解过程中也具有协同作用[29]。Lee 等使用来自里氏木霉的一种内切 β-葡聚糖酶（EGII）和外切 β-葡聚糖酶（CBHI）分别与棉纤维酶解作用，通过原子力显微镜观察发现，CBHI 能够明显在棉纤维长轴方向留下刻痕，而EGII 也表现出具有剥落纤维表面并使其平滑的能力，两种酶直接作用于棉纤维结晶区并表现出协同性[30]。一般来说，协同效应的强弱与酶解底物的结晶度成正比，当酶组分的混合比例与霉菌发酵液中各组分比相近时，协同效应最强，不同菌源的内切纤维素酶与外切纤维素酶之间也具有协同效应。

目前认为纤维素酶水解纤维素的协同效应为：EG（C_1）酶随机水解切断无定形区的纤维素分子链，使结晶纤维素出现更多的纤维素分子端基，为 CBH（C_x）酶水解纤维素创造条件；CBH 与 EG 再共同作用水解得到产物纤维二糖，最后由 BG 酶水解成葡萄糖。因而，纤维素酶水解结晶纤维素的过程可以简单表示为：EG→CBH→BG，如图 3-3 所示。这种协同效应顺序与传统的 C_1-C_x 假说类似，都说明了纤维素的降解是由纤维素酶的 3 种成分共同作用的结果。

对于内切纤维素酶、外切纤维素酶协同效应机制，有学者认为所谓的协同效应，其实酶的动力学参数并未发生改变，只是几个催化顺序反应的酶组分混合后，后一个酶把前一个酶的产物转化掉，并相应地去除产物抑制或空间阻碍效应，使总反应速率提高。而原子力显微镜观察结果显示，外切纤维素酶的作用使结晶纤维素的表面结构改变，这种变化使得内切纤维素酶的作用变得更加容易，由此表现出两种酶的协同作用。人们在应用各种分离和分析手段研究纤维素酶时发现，内切纤维素酶、纤维二糖水解酶和 β-葡萄糖苷酶均存在 2～4 个甚至更多个同工酶。这些酶的基因是如何实现协同表达，以及这些同工酶的具体功能，目前都还未有明确的阐述。总之，纤维素酶的协同效应比较

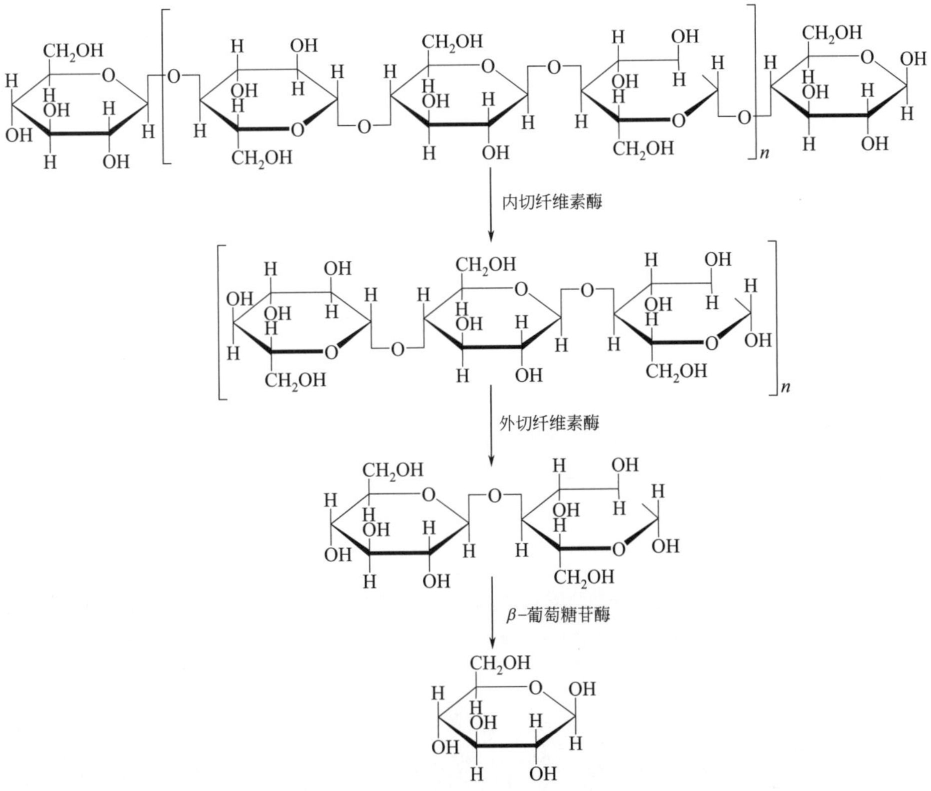

图 3-3　纤维素酶的协同降解作用[31]

复杂，其机制尚不清楚，但由于协同效应能够提高各单组分酶的水解效率，因此进一步研究阐明纤维素酶的协同效应具有重要的理论和实践价值。

3.2.1.2　C_1-C_x 假说及相关降解机制

1950 年，Reese 等阐述没有一种纤维素酶生产菌能分泌出降解棉花中天然纤维素的酶，但发现有的菌株酶能分解膨润的纤维素或纤维素诱导体等非晶体性纤维素，因而提出由于天然纤维素的特异性而必须以不同的酶协同作用才能实现分解的 C_1-C_x 假说[32]。该假说认为：当纤维素酶作用时，C_1 酶（内切纤维素酶）首先作用于纤维素结晶区，使其转变成可被 C_x 酶（外切纤维素酶）作用的非结晶形式，C_x 酶随机水解非结晶纤维素，然后 β-1,4-葡糖苷酶将纤维二糖水解成葡萄糖，如图 3-4 所示。

C_1 酶首先作用于结晶纤维素使其变成无定形纤维素，再被 C_x 酶进一步水解成可溶性产物，即 C_1 酶的作用是 C_x 酶水解的先决条件。但 C_1 酶的作用机理仍不清楚。对此研究者提出种种推测，如 C_1 可能作用于纤维素链间的氢键或者作用于纤维素中少数的 β-1,4-葡糖苷键，或者其他一些不规则的键等，可是都没有分离得到 C_1 酶，因而也不能确定 C_1 酶的作用机理。后来 Wood 等分离鉴定了 C_1 酶，改变了 C_1 酶的非水解作用的概念，认为 C_1 酶是一种水解酶，它不易作用于羧甲基纤维素，而能作用于结晶纤

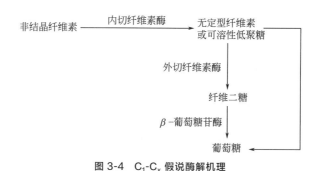

图 3-4　C_1-C_x 假说酶解机理

维素和磷酸膨胀纤维素等，主要产物是纤维二糖，证明 C_1 酶是一种 β-1,4-葡聚糖纤维二糖水解酶[33]。但陈洪章等经研究认为 C_1 是内切纤维素酶、外切纤维素酶和 β-葡萄糖苷酶的一个复合体，作用于结晶区[34]。

　　目前，纤维素酶分解纤维素的分子机制大致有 3 种假说：改进的 C_1-C_x 假说、顺序作用假说和竞争吸收模型。

　　① 改进的 C_1-C_x 假说：该假说认为首先 C_1 酶作用于纤维素酶的结晶区引起纤维素膨胀，形成变性纤维素，再由内切纤维素酶、纤维二糖水解酶和 β-葡萄糖苷酶分别作用产生寡糖、纤维二糖和葡萄糖。

　　② 顺序作用假说：首先由内切纤维素酶随机作用于纤维素的 β-葡萄糖苷键打开缺口，然后由纤维二糖水解酶在缺口处的非还原端切下一个二聚体，再由 β-葡萄糖苷酶水解纤维二糖形成葡萄糖。

　　③ 竞争吸收模型：从上述降解模型中可以看到一个现象，即不同纤维素酶组分之间存在一个协同效应问题，因而不同的酶组分比例更直接影响着酶的降解效果。

　　这些学说都认为，纤维素酶降解纤维素时，先吸附到纤维素表面，然后其中的内切纤维素酶在葡聚糖链的随机位点水解底物产生寡聚糖，外切纤维素酶从葡聚糖链的非还原端进行水解产生纤维二糖，β-葡萄糖苷酶水解纤维素二糖为葡萄糖。在整个降解过程中，这 3 类酶"协同作用"最终完成对纤维素的降解。2000 年，Heinze 等用酶法和化学法对羧甲基纤维素降解特性进行研究，发现纤维素的降解具有功能区域选择性[35]。2003 年，Mansfield 和 Meder 研究粪肥杆菌（*Cellulomonas fimi*）中纤维素酶的单一组分在纤维素降解中的作用时发现，单个纤维素酶的作用是独立的，而不同酶分子之间的作用是互补的[36]。

　　Reese 认为 C_1 的作用是破坏结晶区结构为纤维素酶其他组分结合创造条件，而后其他学者所分离得到的类似 Reese C_1 因子均被证实为 CBH。Wood 等分离鉴定了 C_1 酶，也证明 C_1 酶是一种纤维二糖水解酶[33]。天然纤维素水解成葡萄糖的过程中，必须依靠这 3 种组分的协同作用才能完成。纤维素酶体系协同作用通常由内切纤维素酶、外切纤维素酶和 β-葡萄糖苷酶之间的内部密切配合而实现，然而针对内切纤维素酶与外切纤维素酶作用次序仍存在争议。

3.2.2　纤维素酶协同催化水解机制

3.2.2.1　纤维素酶催化机制

对纤维素酶的三维结构研究证明：CBH 的活性部位由于表面环的覆盖而呈袋状结构，只允许纤维素的末端逐步进入并将其水解；而 EG 的活性部位有较大的沟，可允许整条纤维素链（1000 个基本单位以上）进入，但结晶纤维素由于氢键和疏水作用形成致密的空间结构，不能进入 EG 的活性部位，因此 EG 对结晶纤维素不起作用。通过化学修饰、定点突变、序列同源性比较和三维结构分析，结果表明纤维素酶通过两种不同的机制对纤维素进行水解（如图 3-5 所示），即保留机制（retaining mechanism，即 Retaining 机制）和反向机制（inverting mechanism，即 Inverting 机制）。Retaining 机制的酶同时具有转糖苷酶的活性，而 Inverting 机制的酶没有这种活性。这两种机制都需要酶分子上的 2 个羧基碳发挥作用。在 Inverting 机制中，一个羧基 C 质子化后作为催化酸，提供一个质子给离去基团的糖苷氧，另一个羧基 C 作为催化碱从水分子中夺取一个质子，使羟基攻击 C-1 原子而将 β 构型改变为 α 构型；在 Retaining 机制中，催化碱攻击 C-1 原子，形成一个共价中间体，并使糖苷键的构型改变为 α 构型，随后催化酸提供一个质子给离去基团的糖苷氧，第二步由水分子再次攻击 C-1 原子，使构型变为原来的 β 构型。

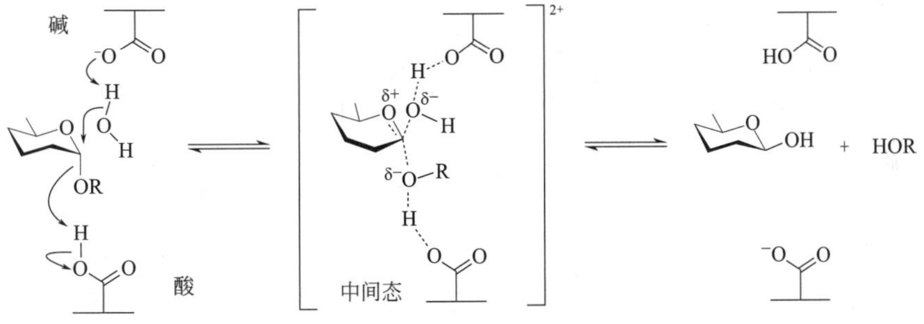

(a) α-糖苷酶反向机制

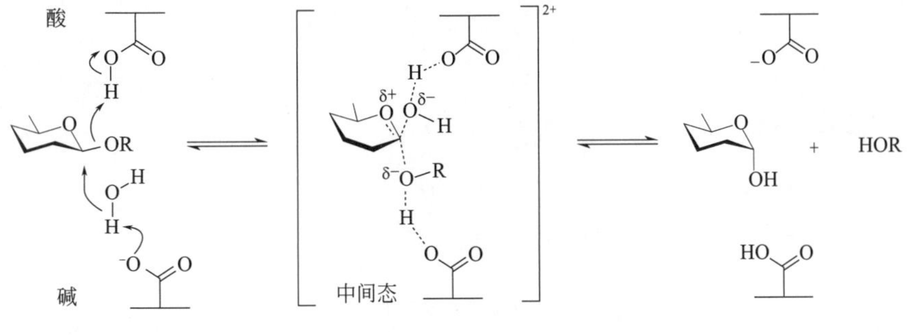

(b) β-糖苷酶反向机制

图 3-5

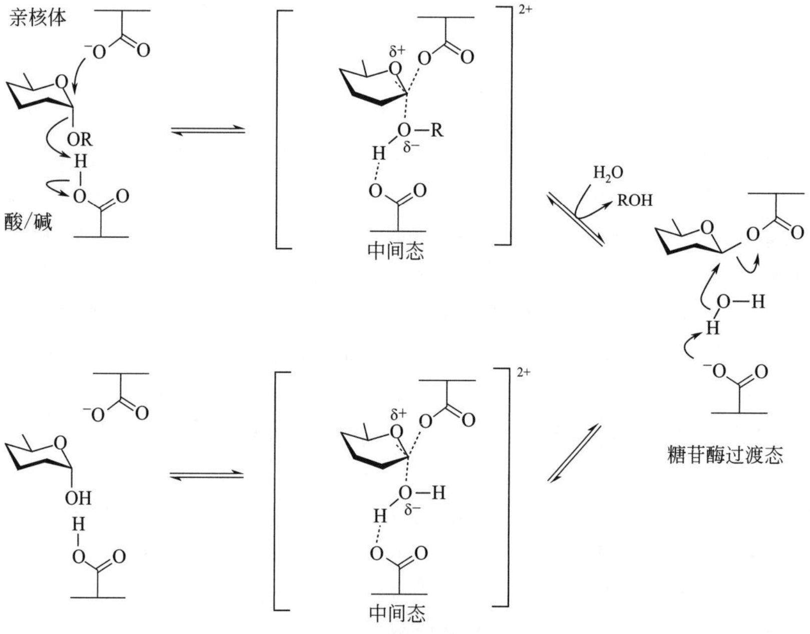

(c) α-糖苷酶保留机制

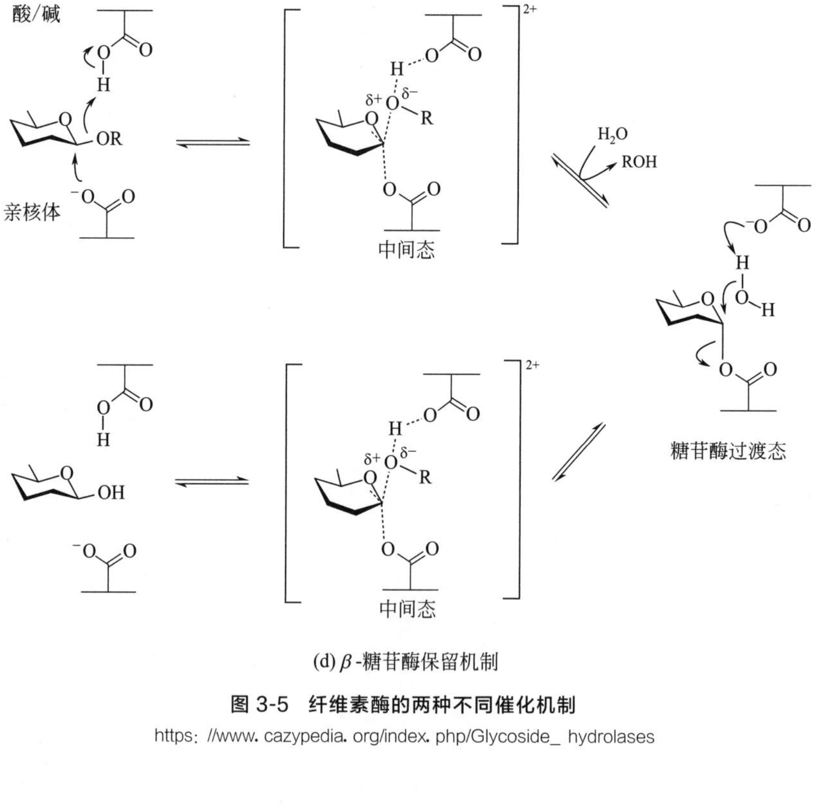

(d) β-糖苷酶保留机制

图 3-5　纤维素酶的两种不同催化机制

https：//www. cazypedia. org/index. php/Glycoside_ hydrolases

3.2.2.2　纤维素酶协同水解

纤维素酶是一种多组分的复合酶，主要有 3 种组分：a.内切纤维素酶或内切 β-1,4-D 葡聚糖水解酶（EC 3.2.1.4，来自细菌简称 Len；来自真菌简称 EG，也称 C_1 酶、CMC 酶或 EG）；b.外切纤维素酶，包括 β-1,4-D-葡聚糖酶（其中包括纤维糊精酶，EC 3.2.1.91，来自真菌简称 CBH；来自细菌简称 Cex，也称 C_1 酶、纤维二糖水解酶或 BH）和 β-1,4-D-葡聚糖纤维二糖酶（EC 3.2.1.91）；c.β-葡聚糖苷酶或 β-葡聚糖苷水解酶（EC 3.2.1.21，简称 BG）。

内切纤维素酶作用于纤维素内部的非结晶区，随机水解 β-1,4-糖苷键，将长链纤维素分子截短，产生大量带非还原性末端的小分子纤维素。内切纤维素酶分子量为 23000～146000，如真菌的同工酶 EG Ⅰ 为 54000，EGⅢ 约为 49800，而纤维黏菌 EG 的内切纤维素酶分子量只有 6300。外切纤维素酶作用于纤维素线状分子末端，水解 β-1,4-D 糖苷键，每次切下 1 个纤维二糖分子，故又称为纤维二糖水解酶（cellobiohydrolase）。外切纤维素酶的分子量为 38000～118000，如木霉的 CBH 有 2 种同工酶，CBH Ⅰ 分子量约为 66000，CBH Ⅱ 约为 53000。β-葡萄糖苷酶这类酶一般将纤维二糖水解成葡萄糖分子，分子量约为 76000。

内切纤维素酶随机切割纤维素多糖链内部的无定形区，产生不同长度的寡糖和新链的末端。外切纤维素酶作用于这些还原性和非还原性的纤维素多糖链的末端，释放葡萄糖（葡聚糖水解酶）或纤维二糖（纤维二糖水解酶）。该酶还能作用于微晶纤维素，原因可能是其能从微晶纤维素的结构中驱除纤维素链。β-葡萄糖苷酶水解可溶的纤维糊精和纤维二糖产生葡萄糖。

3.2.2.3　纤维二糖水解酶的协同作用

CBH 协同作用假说由 Wood 等提出，他们认为外切纤维素酶有 CBH Ⅰ 和 CBH Ⅱ 两种，它们具有不同的底物立体异构特异性，分别作用于两种不同的非还原性末端，其中两种不同的非还原性末端来源于不同组分 EG 的降解[33]，一种 CBH 从纤维素链的非还原性末端切去纤维二糖后，将有助于另一种 CBH 去作用另外一种立体结构的非还原性末端。但至今没有发现具有不同立体结构非还原性末端的存在。

在褐腐菌降解结晶纤维素的早期阶段，纤维素的机械强度大幅度降低，但只有几乎微量的质量损失和很少的还原糖生成，这与纤维素酶解时的聚合度降低而还原糖增加的现象明显不同。另外，在协同降解理论中，由于每种纤维素酶组分在不溶性底物水解过程中的确切作用仍不清楚，因而两种纤维素酶的类型也没有严格的区分，而且协同水解理论始终没有说明这种协同作用起始反应是如何进行的，特别是天然纤维素结晶区的降解机制至今仍不清楚。

3.2.2.4　纤维素酶体系氧化降解机制

结晶纤维素分子难以进入纤维素酶的活性位点，而酶的催化活力并非结晶纤维素酶解的限速步骤，因此在结晶纤维素被纤维素酶降解前应存在纤维素结晶状态的转变。纤维素结晶区的破坏是天然纤维素降解的关键限速步骤。由于纤维素结晶区是由微原纤束间氢键结合形成的，因此，C_1 可能是非纤维素酶断裂氢键的关键因子。研究者们对 C_1

提出了种种推测，例如 C_1 可能作用于纤维素链间的氢键，或作用于纤维素中少数的 β-1,4-葡萄糖苷键，或其他一些不规则键等。有学者认为 C_1 组分可能不是一种普遍意义的酶，是一种与纤维素形成氢键比纤维素间氢键更强的蛋白。研究者已经从里氏木霉的复合酶中分离出一种能使滤纸形成微原纤或短纤维的因子，该因子含有铁，经煮沸和冷冻干燥等处理相对稳定，并且发现在微原纤形成过程中几乎没有可溶性糖生成，因而该因子似乎不是一种酶。随着褐腐真菌与白腐真菌降解天然纤维素现象研究的不断深入，纤维素降解中确实存在结晶区转换的非水解作用因子。

（1）HO·氧化机制

羟基自由基（HO·）的氧化性降解机制是在研究木质纤维材料腐烂降解时发现的。由于木质纤维素中半纤维素、木质素与纤维素间紧紧相连，特别是木质素紧密包裹纤维素，使得纤维素酶无法与纤维素接触，导致酶水解作用不能有效进行。但褐腐菌可在木质素很少被降解的情况下彻底降解木质纤维素，从而造成纤维素和半纤维素的迅速解聚。

经研究发现，褐腐菌降解木材有许多独特的地方：首先，褐腐菌虽然能生物降解木材，但在生长前期，只会大幅度降低纤维素聚合度，却不引起失重；其次，尽管褐腐菌降解纤维素的能力极强，但它的纤维素酶体系却不完整，其不具有对结晶区水解至关重要的外切纤维素酶；再者，褐腐菌降解木材时，植物细胞壁的 S_2 层先被降解，而紧贴菌丝的 S_3 层却保持完整。木材细胞壁的微孔结构不允许纤维素酶分子透过后参加木质素降解的原初反应，据此可以推测其可能存在一种独特的、非酶的木材酶解体系，该体系中可能有一小分子物质能够进入细胞壁的 S_2 层，使纤维素解聚[37]。

（2）HO·的产生

20 世纪 60 年代研究发现，Fenton 试剂即 Fe^{2+}-H_2O_2 产生的 HO· 具有极强的纤维素降解能力：$H_2O_2 + Fe^{2+} \longrightarrow HO· + OH^- + Fe^{3+}$，其引起纤维素聚合度下降的方式与初期褐腐菌降解木材的方式是一致的；后经红外光谱和 GC-MS 分析表明，纤维素经 Fenton 试剂作用和纤维素经褐腐菌作用的产物一致；并在密黏褶菌（*Gloeophyllum trabeum*）中通过测定 2-酮-4-硫甲基丁酸（KTBA）被 HO· 氧化产生的乙烯，间接检测到了 HO· 的生成。

（3）HO·的循环

Fenton 试剂如果能在结晶纤维素降解中正常运转，必须保证 Fe^{2+}-H_2O_2 不断生成。已经研究证明纤维二糖脱氢酶催化氧气还原，使氧气发生歧化反应而产生 H_2O_2。但产生 H_2O_2 的胞外酶因为分子较大，不能进入木材细胞壁中，而 HO· 的寿命很短，氧化反应只能在相当于几个分子直径的距离内发生。从活性氧物质产生的空间位置上考虑，H_2O_2 的产生应在细胞壁内接近纤维素而酶又不能进入的地方。在学者发现密黏褶菌中分离得到的 Gtchelator（2,5-二甲氧基 1,4-苯醌）可自我氧化生成 H_2O_2，苯醌作为一种小分子物质可以进入细胞壁中去，加之它还可以作为铁离子的载体，所以 H_2O_2 来自类酚结构物质的自我氧化是可能的。另外，有研究证实分离得到的 Gtchelator 确实能够催化 $Fe^{3+} \rightarrow Fe^{2+}$ 的反应，Gtchelator 的存在极大地加快了 Fe^{2+}-H_2O_2 对纤维素的降解速度[38]。

目前，HO· 对纤维素的降解机制还不十分清楚，许多研究结论的提出是基于对一种菌的研究，是否适应于其他菌均未考证。而围绕 Fe^{2+}-H_2O_2 反应的循环却有许多说法，或许褐腐菌胞外的小分子活性物质不止一种；又或许 Fe^{2+}-H_2O_2 体系的形成也不止一种机制。

3.2.2.5   纤维素酶与裂解多糖单加氧酶（LPMO）的协同作用

（1）壳多糖的氧化裂解

早在 1950 年，Reese 及其同事认为纤维素的水解需要一种非水解成分，这种成分可能破坏底物中的聚合物堆积，从而增加其对水解酶的可及性[32]。在 2005 年，发现分解壳多糖的细菌会分泌产生蛋白质 CBP21，该蛋白质可增加底物可及性，并增强水解酶的活性。在碳水化合物活性酶数据库（CAZy）中，该蛋白质被归类为 33 族碳水化合物结合模块（CBM33）[39,40]。研究也表明来自 *Thermobifida fusca* 的 CBM33 蛋白不仅能增强壳多糖酶的水解活性，并且可能也会增强纤维素酶水解纤维素的活性[41]。

编码 CBM33 的基因在细菌和病毒中很常见，但在真核生物中比较罕见。然而，真菌可以分泌产生类似于 CBM33 的糖苷水解酶家族 61 蛋白（GH61）[42]，它们能与纤维素酶协同作用，并增强纤维素酶的水解活性[43]。GH61 结构包括 N 端氨基和两个可以结合金属离子的组氨酸保守序列等（书后彩图 19）[43]。

至今尚不清楚 CBM33 和 GH61 如何增加水解酶的底物可及性。2010 年，具有里程碑意义的研究发现：CBP21 是一种酶，以氧化方式裂解壳多糖中的糖苷键，产生正常的非还原链末端和包含称为醛糖酸的 C-1 氧化糖的链端。此外还显示通过加入电子供体如抗坏血酸可以提高 CBP21 的活性，并且酶活性取决于二价金属离子的存在，可被螯合剂如 EDTA 抑制。同位素标记证实反应涉及分子氧（见图 3-6）[43,44]。

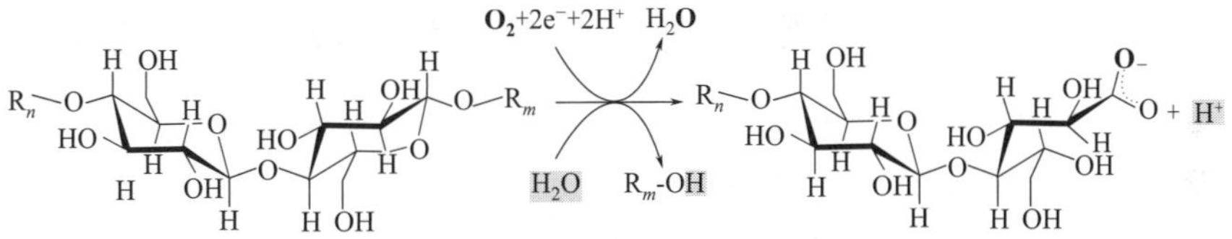

图 3-6   纤维素氧化裂解反应

（2）纤维素的氧化裂解

2011 年，有研究表明 CelS2（天蓝色链霉菌的 CBM33 蛋白）能切割纤维素，产生葡萄糖[45]（图 3-7）。像 CBP21 一样，CelS2 的活性依赖于二价金属离子的存在，EDTA 能对其产生抑制作用，可以通过加入二价金属离子恢复其活性。类似于 CBP21，纯化的 CelS2 在添加金属离子时表现出活性。关于 CBP21 的早期研究和 CelS2 的研究都发现，酶可以使用几种二价金属离子，但是最近的研究工作也清楚地表明，这些酶事实上是铜依赖性单加氧酶（图 3-7）。

同时，一系列研究表明 GH61 在功能上与 CBM33 非常相似。Quinlan 等研究来自橙黄嗜热子囊菌（*Ta*GH61A）的 GH61 晶体结构，显示该蛋白质在外部电子供体如没食子酸的存在下会催化纤维素的氧化裂解，并发现酶活性具有铜依赖性[46]。Westereng 等对 *Phanerochaete chrysosporium*（*Pc*GH61D）的 GH61 研究工作也证实 GH61 是铜依赖性裂解多糖单加氧酶，并发现了几种来自粗糙脉孢菌的 GH61 蛋白具有类似性能[44]。关于 CBM33 的大量研究也表明，CBM33 也是铜依赖性裂解多糖单加氧酶[40]。

关于 *Ta*GH61A 和粗糙脉孢菌 GH61 蛋白的研究表明，GH61 序列之间存在显著

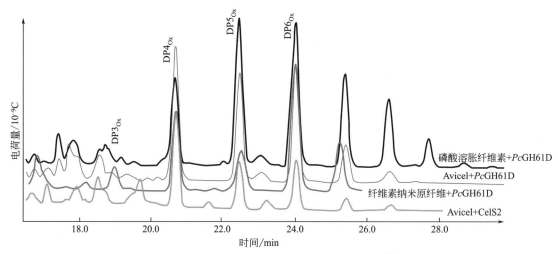

图 3-7　CelS2 和 PcGH61D 氧化产物 HPLC 分析[44]

的差异，酶特异性也存在不同，它们在多糖切割期间会氧化 C-1 或 C-4 位置，而且有可能也会氧化 C-6。William 等根据该酶作用于还原性末端或非还原性末端分为 C-1 氧化和 C-4 氧化两种，这些氧化的位置可能涉及与纤维素酶的协同作用[47]。C-1 氧化从多糖链葡萄糖单体的 C-1 位置夺取氢原子从而产生内酯型糖，接着内酯型糖被氧化转化为醛糖酸。该醛糖酸被酸化之后，可以通过磷酸戊糖途径被代谢利用。C-4 氧化从多糖链葡萄糖单体的 C-4 位夺取氢原子从而产生非还原端被氧化的酮糖（图 3-8）。

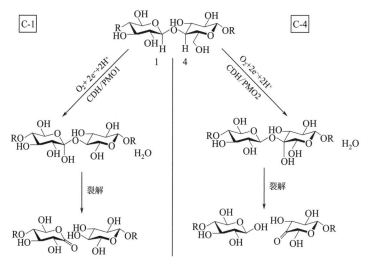

图 3-8　LPMO 催化类型

　　纤维素酶和氧化酶的共混物在纤维素的降解过程中将产生葡萄糖单体和二聚体氧化糖（在 C-1 氧化的情况下产生葡萄糖酸和纤维二糖酸），并且这可能会影响降解过程，例如产物抑制。但是有意思的是纤维二糖酸对纤维素酶的抑制作用比纤维二糖低。另外，纤维二糖酸不容易被 β-葡萄糖苷酶水解，并且所得的葡萄糖酸比葡萄糖显示出更强的产物抑制作用。此外，醛酮糖对 C-4 氧化糖的抑制作用至今仍未知。

CBM33 和 GH61 的具体催化作用机制仍不是很清楚，但是最近针对裂解多糖单加氧酶的系列研究均表明，裂解多糖单加氧酶（LPMO）可以协同促进纤维素酶的水解，如书后彩图 20 所示[43,49]［彩图 20 中 EG 为内切葡聚糖酶；CBH 为纤维二糖水解酶；CDH 为纤维二糖脱氢酶；CBM 为碳水化合物结合模块。其中 CBH 的攻击点由箭头标示。GH61 氧化 C-1/C-4，为 CBHⅡ和 CBHⅠ产生最佳的非氧化型末端（被氧化的糖用红色标注）］。C-1 和 C-4 氧化酶的组合，能够实现从纤维素链的中间位置断链降解，并产生纤维寡糖。CDH 可以为 GH61 提供电子。

LPMO 对铜、分子氧和外部电子供体具有依赖性。自然界中 GH61 可以从纤维二糖脱氢酶的作用过程中接收电子，还有一些真菌在降解纤维素时与 GH61 一起为基于"Fenton 化学"的生物质解聚提供电子[48]。在木质纤维素底物降解的情况下，由于木质素可以参与氧化还原循环，故 GH61 和 CBM33 可以从木质素降解过程中获得电子。

值得注意的是，迄今为止还没有迹象表明这些裂解多糖单加氧酶可以作用于纤维素单链。从这个层面上来说，这些新酶与传统的纤维素酶具有很大的不同，后者需要在其活性位点凹槽、裂口或通道中定位单链，并且通常对可溶性寡糖具有活性。传统的纤维素酶具有额外的 CBM，可以为结晶表面提供亲和力，相似地，CBM33 和 GH61 具有延伸的基板结合表面，然而基板表面如何延伸和排序至今还不清楚。但是可以推测，其他植物多糖以及其他更复杂的可能存在于糖蛋白中的聚糖含有足够的"表面"（即扩展超过单链）与某些 CBM33 或 GH61 具有相互作用。

3.3　纤维二糖脱氢酶（CDH）协同降解机制

3.3.1　CDH 的发现过程

1974 年，Westermark 和 Eriksson 发现有氧气存在时，白腐菌（*Phanerochaete chrysosporium*）的培养滤液中纤维素降解速度远高于无氧时，这说明有氧化酶参与了纤维素的生物降解，由此发现了一种以分子氧为电子受体且能够氧化纤维二糖或聚合度更高的纤维糊精的酶，并将其定义为纤维二糖氧化酶（CBO）[50]。纤维二糖-醌氧化分解酶（CBQ）以醌充当电子受体，也氧化纤维二糖，而且其氧化产物与 CBO 降解纤维二糖的产物一样。两者名称后均更改为纤维二糖脱氢酶（cellobiose dehydrogenase，CDH）。CDH 在白腐菌、褐腐菌和软腐菌中都有发现，CDH 能够催化纤维二糖氧化为内酯，含有黄素腺嘌呤二核苷酸（FAD）辅基和一个血红素基团。

CDH 和纤维素酶普遍存在协同作用。目前研究发现 CDH 可能不仅能氧化纤维二糖形成纤维二糖内酯，解除纤维二糖对纤维素酶的反馈抑制，还能强烈地吸附在纤维素上，且吸附的 CDH 仍可以氧化纤维二糖。这说明和其他纤维素酶一样，CDH 也具有纤维素吸附位点，且反应中心不在吸附位点内。当以铁氰化合物为电子受体时，CDH 可以直接氧化纤维素，可能会产生活性物质过氧化物离子等游离基团去破坏纤维素的结晶结构从而有利于纤维素酶的水解；纤维素氧化后引入的羧基导致纤维素链间氢键的破坏，使结晶结构无序化；另外纤维素还原末端的氧化可能防止被纤维素酶打断的糖苷键重新生成。也有研究通过将基因 *cdh* 在里氏木霉（*Trichoderma reesei*）中异源表达，在成功表达 CDH 的重组菌株中发现纤维素酶活性会增强并且纤维素酶产量也有所提高[51]。

3.3.2　CDH 的结构

已经通过小角度 X 射线散射研究得到 CDH 的形状以及血红素和 FAD 片段的形状（图 3-9）。散射实验发现 CDH 是一个雪茄形的结构，非常类似于纤维素酶的形状，与血红素和 FAD 绑定的结构域明显可辨。分离的血红素结构域已经实现了结晶，并且结构也已经得到了测定，其具有与抗体 Fab VH 结构域相似的 β-三明治折叠。"血红素-丙酸基"结构也证实 His 和 Met 可以螯合血红素铁。

黄素腺嘌呤二核苷酸　　　血红素基团

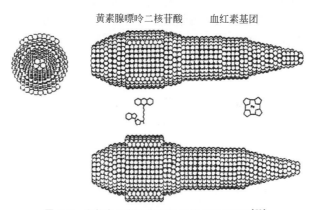

图 3-9　小角度 X 射线散射测定的 CDH 形状 [52]

3.3.3　CDH 的催化机理

自 CDH 发现以来，虽然已明确它可氧化纤维二糖，但它在纤维素降解中的确切作用机制却不是很清楚。目前已明确白腐菌 CDH 的黄色素内部电子转移动力学：纤维二糖失去两个电子被氧化，同时 CDH 的部分 FAD 被还原，铁血红素基团得到一个电子生成亚铁血红素和黄素基，葡萄糖氧化酶可以氧化生成葡萄糖，以上几种氧化过程可能共同作用调控葡萄糖及纤维素二糖的浓度，而且最终实现控制纤维素水解速度以及最终产物的代谢。

CDH 是由可以降解木质素的真菌产生的一种胞外酶。它可以通过广泛使用包括醌、酚氧化物、Fe^{3+}、Cu^{2+} 和三碘化物离子等电子受体经乒乓反应机理，有效地与其相应的内酯接触，从而氧化可溶性纤维糊精、甘露糖糊精和乳糖，其中 CDH 对单糖、麦芽糖和分子态氧等底物降解效果较差。CDH 携带有两个可以强烈并且极具特异性吸附纤维素的辅基，即分属于两个不同结构域中的 FAD 和血红素，其可以在有限的蛋白质水解后分离。含 FAD 的结构片段具有类似于纤维素酶催化和结合结构域的性质。然而，通过与完整酶相比较，单电子受体如铁氰化物、细胞色素 c 和苯氧基可以较缓慢地脱去，该现象表明血红素基团的功能是促进单电子转移。目前，已经在一些真菌的培养物滤液中发现了非血红素形式的 CDH，氨基酸序列表明：该血红素结构域与其他蛋白质没有显著的同源性。FAD 结构域序列属于 GMC 氧化还原酶家族，其中还包括黑曲霉葡萄糖氧化酶。真菌嗜热孢子菌的纤维素结合结构域可能存在于 CDH 中，经研究证明富含芳香族氨基酸残基的内部序列负责纤维素的结合。虽然 CDH 的生物学功能尚未完全解析，但最近有研究结果支持羟基自由基生成机制，这是因为自由基可以参与降解和修饰纤维素、半纤维素和木质素。

CDH 的底物特异性在 $P.chrysosporium$ 的 CDH 中研究最为详尽，它容易氧化纤维二糖和纤维糊精，以及乳糖、甘露二糖和半乳糖甘露糖。这些可氧化降解的底物都具有 β-1,4-糖苷键，并且还原末端是葡萄糖或具有甘露糖残基的二糖或寡糖。

据报道 $P.chrysosporium$ 的 CDH 氧化能力会因为加入纤维素降低，并且在纤维素存在时电子受体也会被 CDH 还原。然而，这些观察都可能是由于存在少量的纤维素酶。据报道 $T.versicolor$ 的 CDH 作用纤维素时，羧基含量会增加，这表明真正意义上发生了自由端基的氧化。然而，该过程非常缓慢，因此可能在生物学上并不显著。

有一些研究集中在两个辅基血红素和 FAD 在催化循环中的作用方面，例如停流光谱和拉曼光谱已经应用于完整酶（FAD 和血红素）FAD 结构域（缺乏血红素）的辅基研究中。在合适的情况下，用木瓜蛋白酶进行蛋白水解切割后，可以在体外进行 CDH 片段的制备。所有的研究结果均表明电子供体（纤维二糖）的氧化通过 FAD 基团进行，FAD 基团转化为 $FADH_2$。停流光谱和拉曼光谱以及简单的紫外吸收光谱研究进一步显示电子被转移到血红素。相反地，有学者认为嗜热毁丝霉（$Myceliophthora\ thermophila$）的血红素和黄素结构域都能够独立地氧化纤维二糖。然而，这并不能排除该实验中的血红素片段可能含有黄素。

关于电子转移的下一个目的地，研究中普遍存在意见分歧。基于停流光谱数据，电子从血红素转移到电子受体（如在电子链模型中，图 3-10）。这与 CDH 的 FAD 片段（缺少血红素基团）可以减少所有已知电子受体的事实相矛盾。单电子受体（铁氰化物、苯氧基自由基、特别是细胞色素 c）通常通过 FAD 片段比通过完整 CDH 更缓慢；而两个电子受体例如醌和三碘化物离子，实际上不受血红素功能损失的影响。在用 $T.versicolor$ 的 CDH 进行类似实验中，所有电子受体被还原得更慢，这可能是由于蛋白水解过程中的部分变性。这足以表明，电子到电子受体的转移也是通过 FAD 进行。如果 FADH·比单 $FADH_2$ 更缓慢地减少单电子受体，则血红素可以是电子阱，增强单电子受体 [电子阱模型，图 3-10（a）] 的反应速率。另一个模型是电子链模型 [图 3-10（b）]，其中血红素在从 $FADH_2$ 获得电子后直接还原单电子受体。对于所有的单电子受体，该模型不适用，但可能有效地减少细胞色素和电子的转移。也可以考虑两种模型不同种类的组合，两个电子受体最可能直接被 $FADH_2$ 还原而不涉及血红素。

$P.chrysosporium$ CDH 的血红素组在 pH 值高于 5.9 后会部分失活，而细胞色素 c

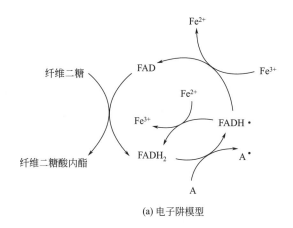

(a) 电子阱模型

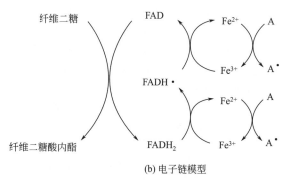

(b) 电子链模型

图 3-10　CDH 还原单电子受体机理模型[52]

"Fe"代表血红素铁

作为电子受体的 pH 值最佳曲线与使用双电子受体泛醌时观察到的曲线是不同的。还有一些早期的研究是在 pH＝6 时进行的，并且该 pH 值下的血红素是缓慢还原，表明血红素可独立于 FAD 而起作用。

血红素组可携带单个过氧化物酶或超氧化物歧化酶的推测并没有得到实验的支持，其在纤维二糖存在的情况下会减少，表明血红素在正常发挥氧化还原酶活性中起作用。CDH 的光谱不同于过氧化物酶的光谱，并且血红素铁与甲硫氨酸和组氨酸的复合在过氧化物酶中是不常见的组合。

来自 *P. chrysosporium* 和 *H. insolens* 的 CDH 部分携带 6-羟基 FAD 而不是正常黄素。含有 FAD 修饰的特异腐质霉的 CDH 具有较低的比活性，这种改性 FAD 的存在可以通过由 CDH 产生的羟基自由基的羟基化来解释。

3.3.4　CDH 与纤维素的相互作用

CDH 为一种非水解酶，但可以结合纤维素，可能会为其功能的发现提供新的重要线索。当与纤维素结合时 CDH 仍然具有活性，并且似乎不被纤维二糖置换，这表明纤维素结合位点与活性位点是分离的。纤维素结合可能具有疏水性质，其具有的解离常数（当占据纤维素上的一半结合位点时未结合的 CDH 浓度）估计在毫摩尔范围内（0.64mmol/L 的细菌纤维素以及 0.02mmol/L 的 *Valonia* 纤维素）。一些纤维素结合蛋白是非特异性的并且可以结合其他不溶性多糖，但是 CDH 属于特定的纤维素结合蛋白，即它不结合不溶性的木聚糖、甘露聚糖、淀粉或壳多糖。据报道，CDH 对无定形纤维素比对结晶纤维素可以更强地结合，由此推断该酶可优先结合无定形纤维素。然而，无定形纤维素的暴露表面明显大于相应结晶纤维素的暴露表面。相反，有报道称 CDH 优先结合结晶纤维素，但不结合酸性溶胀纤维素，这使得 CDH 的绑定首选项是一个开放性问题。然而，由于还原的纤维糊精有时会抑制纤维素的结合，故 CDH 的纤维素结合位点可以识别单个纤维素链而不是表面位点。

　　早期有人认为 CDH 在体内与真菌的细胞壁结合，并且与纤维素的结合是偶然的副作用。这显然是不可能的，因为纤维素的高结合特异性以及对固态发酵样品的显微研究都清楚地显示 CDH 结合的是纤维素而不是菌丝体。CDH 与菌丝体的结合，可以通过痕量结合到菌丝体的纤维素来解释。

　　CDH 具有结合特定 CBM 的行为作用，然而，在来自担子菌类 *P. chrysosporium* 和 *T. versicolor* 的 CDH 序列中并没有发现与任何真菌或细菌来源的 CBM 相似序列。在子囊菌 *Myceliophtore thermophila*（*Sporotrichum thermophile*）的 CDH 基因中发现了正常真菌类型的 CBM，但是来自该生物体的 CDH 与纤维素结合具有不同的方式。由 *P. chrysosporium* 的 CDH 介导的化学键断裂和纤维素结合实验均表明富含芳香族氨基酸的内部序列负责该生物体的纤维素结合，该序列在 *T. tersicolor* 中保守，但在嗜热毁丝霉中不是，并且芳香族氨基酸残基通常会与 CBM 结合。

3.3.5　CDH 的生物功能

　　P. chrysosporium 会产生相对高水平的 CDH 酶蛋白，大约分泌 0.5% 的 CDH，这表明该酶的重要性。目前，相关研究表明：CDH 会增强纤维素酶粗混合物的活性（尽管相对较弱），这也已由纯化的纤维二糖水解酶证明。此外，如果纸浆纤维用 CDH 处理，则节点（即在纤维中表示"弱点"的短段）会变得肿胀，表明受到了某种攻击。这也表明 CDH 在过氧化氢和螯合铁离子存在下会降解纤维素、木聚糖和木质素。有学者筛选得到 *Trametes versicolor* 的 CDH 缺陷突变体，该生物体保留使未漂白牛皮纸浆脱去木质素的能力，这可能意味着 CDH 不参与木质素降解或至少在木质素降解中不是至关重要的。然而，值得注意的是，牛皮纸浆不是木质纤维素材料，因为其细胞壁形态和木质素化学性质已经被改变。但是，该突变体的获得对于寻找探究酶的天然功能是非常有用的。

　　CDH 会将纤维二糖氧化成纤维二糖酸内酯以减弱纤维素酶的产物抑制作用，但是该项生物功能并没有给出血红素组 CDH 存在的合理解释。此外，纤维二糖的氧化可防止产物积累而引起抑制作用（每个纤维二糖损失约 2 个 ATP）。但目前，还不清楚细胞体内的纤维二糖浓度过高是否会使这种抑制作用显著增强。CDH 前体回缩（由糖苷键重新缩合）是由内切纤维素酶切割纤维素链，从而增强纤维素降解的效率。此外，内切纤维素酶可能不仅可以切割纤维素链，而且还能继续降解自由端。

CDH 通过减少木质素分解酶产生的芳香族自由基来支持木质素的降解。关于木质素过氧化物酶（LiP）和漆酶降解木质素的假设是：这些酶在木质素上通过将氧化还原介体（不同的芳香族化合物单体）氧化成具有反应性的自由基来降解木质素。然而，在体外由酶氧化产生的自由基有时也会聚合降解木质素。CDH 可以通过减少由 LiP/漆酶产生的自由基来抑制聚合。CDH 与纤维素的结合可能也具有这种功能，固定在纤维素区域上的 CDH 可以抑制自由基聚合，这是酶促纤维素降解的障碍。

有研究者提出相关的假说，给出了纤维素结合和血红素存在的合理解释：首先，CDH 由几种软腐真菌和霉菌产生，缺乏 LiP 和漆酶。其次，木质素可能比氧化还原介体更多，并且超氧化物阴离子［由 CDH（图 3-11 和图 3-12）或其他木质素分解酶间接产生］可能通过单电子还原失活芳香族自由基。由 CDH 支持的 Fenton 反应产生的羟基自由基，参与降解多糖的反应过程（图 3-11）。

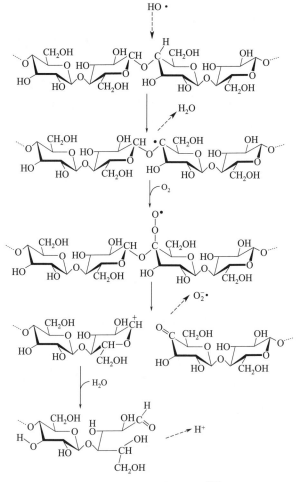

图 3-11 CDH 多糖降解机制[52]

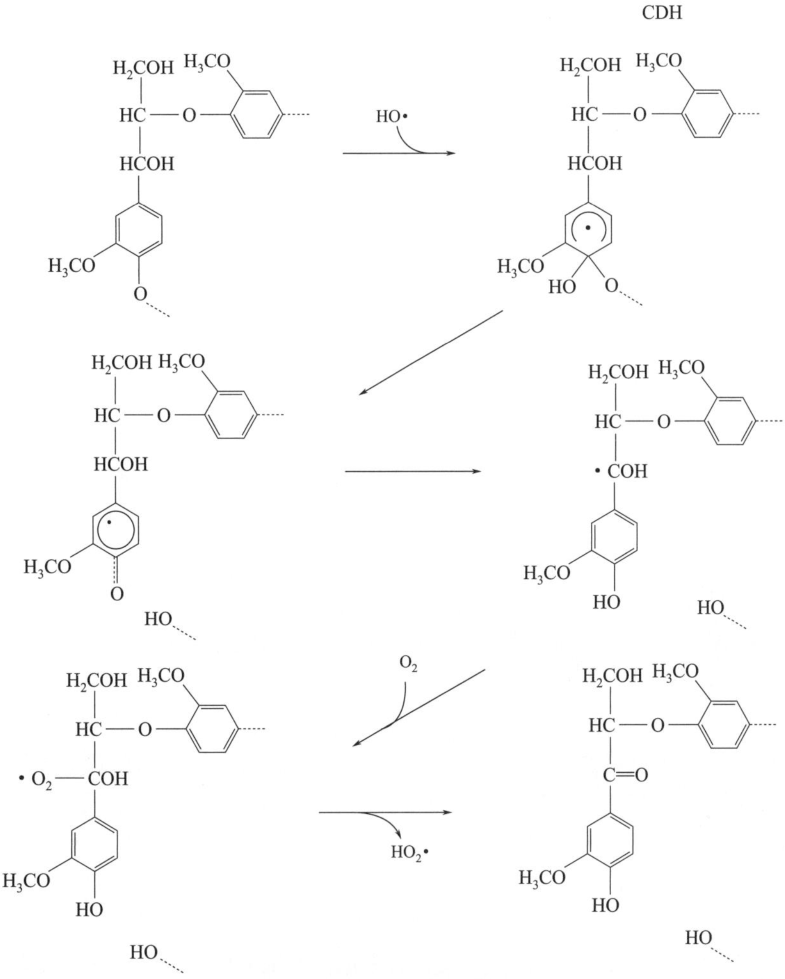

图 3-12　CDH 木质素降解机制[52]

由 CDH 支持的 Fenton 反应产生的·OH 会增强芳环自由基间的共振稳定，然后通过断裂醚键使结构重新激活

　　由于 CDH 具有强醌还原活性，可通过木质素分解酶作用氧化还原介体，将醌转变为酚类，减弱毒性。但是，还原醌是氧化还原酶非常见的性质之一。CDH 通过产生过氧化氢或超氧化物阴离子杀死竞争性微生物，产生的自由基可能会杀死其他微生物，但也会损害真菌本身。

　　CDH 支持促进锰过氧化物酶（MnP）的催化反应。MnP 是一种依赖 Mn^{2+} 含血红素的过氧化物真菌酶，通过将络合的 Mn^{2+} 氧化成木质素进行电子氧化的反应性物质 Mn^{3+} 而降解木质素。CDH 可以经由 3 种方式支持该过氧化物酶：首先，溶解沉淀的 Mn^{4+}（常见于腐木）（由 CDH 产生的纤维二糖内酯自发水解）；其次应当是反应性物质 Mn^{3+}；最后还原醌。虽然这种理论非常独特，但还没有研究显示分泌 CDH 的真菌可以产生 MnP。如果锰离子经受单电子还原，该理论可以解释血红素基团的存在原因，但是难以找到纤维素结合能力强弱的简单解释。

CDH 可以还原木质素过氧化物酶催化的反应产物，从而在没有过氧化物酶底物的情况下完成催化循环，这可以说是一种木质素降解的调节方式。该反应是单电子还原过程，因此也对血红素基团的存在作了合理的解释。但是，从另一个层面来看，结合纤维素是该功能酶的缺点而不是优点。

CDH 通过在 Fenton 型反应中产生·OH 来降解和改性纤维素、半纤维素和木质素。CDH 通过纤维二糖的氧化，将 Fe^{3+} 还原为 Fe^{2+} 或将 Cu^{2+} 还原为 Cu^+，并且还原物质与过氧化氢之间的反应会产生·OH。这些高反应性基团可以改性和解聚纤维素、半纤维素和木质素。羧甲基化纤维素、水溶性木聚糖和含有放射性标记的合成木质素的实验研究均证明，利用"CDH、纤维二糖、Fe^{3+} 和过氧化氢"催化系统可以实现木质纤维素的解聚。由于 CDH 本身会催化形成过氧化氢，所以一些解聚作用甚至不用加入过氧化氢，但是如果没有任何其他组分或者加入自由基清除剂如 DMSO，则会强烈抑制解聚效应。这也足以表明利用类似的 CDH 生物催化系统可以实现硫酸盐纸浆中不溶性纤维素的解聚。

关于·OH 产生的假设是基于 CDH 的许多特征性质的合理解释：Fe^{3+} 是单电子受体，其将解释血红素基团的存在原因；CDH 与纤维素的结合，可以将酶固定到纤维素的裸露区域，并且在靠近它们的靶向位置处产生自由基；葡萄糖的排斥效应可能保护生物体免受 CDH 影响，保持细胞内活性。这个假说可能是对 CDH 功能最有效的概括。

CDH 酶蛋白结构可能太大而不能渗透到木材细胞的致密结构中，过氧化氢和络合的 Fe^{2+} 可以穿透不可渗透的细胞壁屏障，进而引起木材结构中开孔的膨胀反应。据报道，在实际降解反应开始之前，真菌分泌的酶蛋白对木材细胞的攻击会引起肿胀，由 CDH 引起的纸浆纤维的结节肿胀也可以同样进行解释。在白腐真菌生长发酵过程中，CDH 会在生长早期产生，这也与 CDH 的生物功能相一致，可以帮助菌龄较短的菌丝侵入刚性木质结构中。·OH 确实是在白腐真菌的生长期间产生，但是也存在比 CDH 系统产生更多·OH 的可能机制。有学者提出·OH 不参与白腐真菌木质素生物降解中的任何重要反应，因为木质素模型化合物的真菌处理不能实现与人为产生·OH 处理相同的效果。然而，·OH 可能通过将非酚木质素转化为酚醛结构从而增强木质素对木质素分解酶如 MnP 的反应性。因此，在含有白腐真菌的木材中未经·OH 改性的木质素结构会积聚，故不能排除·OH 在木质素生物降解中的可能作用。

3.4 纤维小体降解纤维素机理

所有植物细胞壁降解的共同特征是它们能够广泛利用胞外酶联复合体，通过协同作用以降解存在于复合结构中顽固的无定形和结晶底物。纤维素酶和半纤维素酶是非常复杂的酶，具有复杂的分子结构，其中催化结构域结合在参与关键酶反应的蛋白质上，碳水化合物结合模块或对接模块结合到相互作用的非催化结构域。重要的是，有氧和厌氧微生物的植物细胞壁降解装置在大分子组织中具有很大不同。因此，由厌氧菌，特别是梭菌和瘤胃微生物合成的纤维素酶和半纤维素酶会经常组装成较大的多酶复合体（分子量＞3×10^{6}），即纤维小体[53]。可能的原因是：厌氧环境导致形成多纤维素酶体的选择性压力，然而，导致这些多酶复合体形成的进化驱动因子性质目前还并不清楚[54]。

纤维素的完全生物降解完全是由细菌和真菌协同完成的。真菌通过分泌到胞外的游离纤维素酶，以水解酶机制和氧化酶机制降解纤维素；而细菌则大多是以形成多酶复合体的结构而起到降解作用。细菌多酶复合体能够更加彻底有效地降解天然纤维素。纤维小体（cellulosome）是研究较多的细菌多酶复合体。目前已经在许多细菌中发现了纤维小体，如溶纤维拟杆菌（*Bacteroides cellulosolvens*）、嗜纤维梭菌（*Clostridium cellulovorans*）、热纤梭菌（*C. thermocellum*）、解纤维梭菌（*C. cellulolyticum*）、约氏梭菌（*C. josui*）、溶纸莎草梭菌（*C. papyrosolvens*）、生黄瘤胃球菌（*Ruminococcus flavefaciens*）和白色瘤胃球菌（*R. albus*）等。此外，有研究报道称在厌氧真菌 *Piromyces equi* 中也验证了纤维小体的存在，但是从未在好氧菌中有发现纤维小体的报道。

Lamed 等首次从热纤梭菌中发现纤维小体（见图 3-13），分子量 $2.0\times10^{6}\sim2.5\times10^{6}$，$14\sim26$ 个组分，结合于细菌细胞壁上，生长后期部分脱离细胞并释放到培养液中与底物结合[55]。最初认为，纤维小体只是介导细菌与纤维素相连的一种结构，故称之为纤维素结合因子（cellulose binding factors，CBF）。后来发现其能高效降解结晶纤维素、非结晶纤维素和木质素，以多酶复合体的形式存在，在功能上类似真菌线粒体，于是改称为纤维小体。

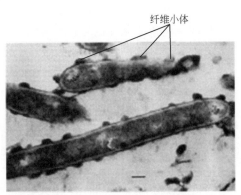

纤维小体

图 3-13　热纤梭菌表面的纤维小体 [17]

厌氧纤维素降解菌在自然界中广泛存在，主要包括厌氧真菌和厌氧细菌，仅厌氧纤维素降解细菌就多达 12 属，这些厌氧菌通过分泌纤维素酶并进一步组装成纤维小体去降解木质纤维素[53]。纤维小体是通过细胞粘连模块附着在厌氧生物表面的一种较大的和多酶系的蛋白质，能高效彻底地降解自然界中纤维素与半纤维素。经研究发现纤维小体可大幅度提高纤维素的降解率（高出单纯纤维素酶降解效率几倍），从而使得纤维素的利用率显著提高。但不同纤维素降解菌所产生的纤维小体差异较大，主要是因自身组装方式不同而导致其结构的差别[56]。纤维小体通常存在于细胞表面，利用纤维素结合单元与纤维素表面充分接触而起到降解作用，纤维小体的存在有利于纤维素酶充分发挥降解作用：

① 有利于各单位之间的协调与联合作用；

② 防止单个效率低下的酶吸附纤维素；

③ 防止不同酶间因吸收部位相同而产生的竞争；

④ 使纤维素酶对纤维素具有持续性降解作用。

3.4.1 纤维小体的研究进展

在 20 世纪 80 年代初，Bayer 和 Lamed 及其同事在对厌氧嗜热细菌 *Clostridium thermocellum* 的纤维素分解系统的研究基础上鉴定和表征了第一个纤维小体（图 3-13）。事实上，细菌的纤维小体仍然是了解多酶复合体组装和功能机制的范例。在这些实验中，研究者将纤维小体定义为"介导纤维素底物降解离散与纤维素结合的多酶复合体"，该定义指向纤维小体组分的分子排序。最初认为纤维小体专一性降解纤维素，但是很快就认识到该复合体不仅含有纤维素酶，而且含有大量的半纤维素酶甚至果胶酶，包括多糖裂解酶、糖酯酶和糖苷水解酶。在 20 世纪 80～90 年代，克隆纤维素酶基因和表征编码的蛋白质成为该领域的研究热点，这些研究迅速确定了纤维小体装配的分子机制以及多酶复合体如何在宿主细菌的表面呈递（图 3-14）。显而易见的是，纤维小体催化组分含有非催化模块，称为粘连模块（cohesin），其与作为支架蛋白的非催化蛋白凝集素模块——对接模块（dockerin）特异性结合（图 3-14）。在粘连模块和对接模块之间建立的紧密结合作用，可以通过蛋白质相互作用以允许水解酶整合到复合体中，膜相关蛋白和支架蛋白中的非典型黏附素也可以介导类似的相互作用，将纤维小体结合到细菌表面。此外，支架蛋白通常含有非催化性的 CBM，可以将整个复合物锚定在结晶纤

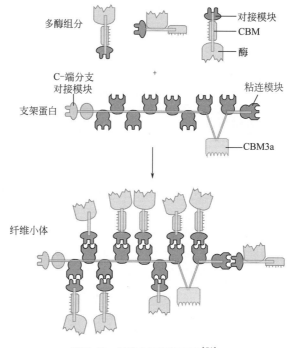

图 3-14　纤维小体组装机理 [54]

维素上。有研究发现一系列厌氧细菌和真菌可以产生类似于热纤梭菌的纤维小体，特别是细菌纤维梭菌、解纤维梭菌、丙酮丁醇梭菌、*Clostridium josui*、*Clostridium papyrosolvens*、解纤维芽孢杆菌、纤维素拟杆菌、胭脂红球菌、瘤胃球菌以及 *Neocalimastix*、*Piromyces* 和 *Orpinomyces* 属的厌氧真菌[53]。热纤梭菌、丙酮丁醇梭菌、红色纤维杆菌和解纤维梭菌等的基因组序列已经测序完成，这些序列将为每个生物体的纤维小体提供完整的分子组分视图。

3.4.2　纤维小体的生物功能

纤维小体在解构植物细胞壁多糖方面比由需氧细菌和真菌产生相应的"游离"酶系统更有效。例如，热纤梭菌表现出极高的纤维素利用率，并且据报道细菌的纤维小体对结晶纤维素显示出比相应的 *Tricoderma* 系统高 50 倍的特异性活力。事实上，已经有研究者提出将植物细胞壁降解酶连接到大分子复合物上从而使得酶空间接近，以加强纤维小体催化单元之间的协同相互作用，进一步推动酶-底物靶向穿过支架蛋白[53]。但是仍然不清楚这种假设是否确实可以成立。纤维素水解的速率取决于许多高度可变的因素，例如多糖的来源、降解过程的定量以及测定时间。因此，不同的研究实验室可能会得到不同的纤维素水解速率。此外，有研究表明嗜热厌氧细菌是一种高效的纤维素降解厌氧细菌，其合成与热纤梭菌相似的酶，其不与纤维小体发生物理结合[57,58]。显然，细菌能合成异常大量具有多个催化结构域的酶，如解糖热解纤维素菌（*Caldicellulosiruptor saccharolyticus*）[59]。因此，催化组分之间的协同相互作用是可以通过它们的物理连接增强的。Zverlov 等的研究结果表明，*CipA* 基因中转座子的插入虽然不影响细菌对可溶性 β-葡聚糖的活性，但降低了生物体水解结晶纤维素的能力[60]。纤维小体，至少在热纤梭菌中的另一种可能的功能是在细菌表面上呈递多酶系统，这可以增强宿主细菌优先利用从细胞壁释放的单糖和寡糖的能力。事实上，Lynd 等的研究表明，当纤维小体连接到热纤梭菌的外膜上时，纤维素水解的速率比将复合物释放到培养基中时提高了约 2 倍，这种速率的增加可以反映葡萄糖和纤维二糖释放的增强，并且已知其可以抑制纤维素降解的作用[61]。热纤梭菌含有几种用于植物细胞壁降解的酶（但不属于纤维小体受体）。因此，增强的纤维素水解反应可能是因为多酶复合体和细菌表面上的其他糖苷水解酶之间的相互作用[53]。还应该注意的是，热纤梭菌中的纤维小体在生长后期是从细菌中释放的，这可以反映出多酶复合体定位于降解更顽固以及稀有形式纤维素的需要。事实上，至今仍然不清楚纤维小体细胞结合的重要意义，因为在一些生物体如解纤维梭菌中，几乎没有证据表明纤维小体的膜附着作用[54]。

3.4.3　纤维小体的组成结构及功能

纤维小体可分为简单的纤维小体和高度结构化的纤维小体两大类（表 3-5）。高度结构化的纤维小体是一组多模块（multi-modules）的蛋白质，其中一部分是其构建超分子结构所必需的组分，另一部分是其含有的各种酶组分（图 3-14）。相比之下，简单的纤维小体主要基于单一的支架蛋白。纤维小体中关键的非催化亚基被称为支架蛋白（scaffoldin），其上含有多个粘连模块，这些粘连模块通过与酶蛋白上对接模块（dockerin）特异性地相互作用，将各种酶蛋白稳定在复合体的超分子结构中。此外，支架蛋白和部分酶蛋白中还含有能与纤维素特异性结合的碳水化合物结合模块（CBM），其对底物具有定向效应[62]。

3.4.3.1 支架蛋白

支架蛋白主要有初级支架蛋白、锚定蛋白（对接模块）和接头蛋白三种类型，但并不是每个物种都包含支架蛋白的所有类型。最重要的是支架蛋白 39（Scaffoldin 39），它通常是表达量最高的支架蛋白，含有许多与酶蛋白上对接模块相互作用的粘连模块。支架蛋白通常含有可以与纤维素结合的 CBM，将多酶复合体靶向其底物。但对于结构简单的纤维小体，支架蛋白与细胞表面的连接作用机制尚不清楚。对于 *C. cellulovorans* 的纤维小体已经有研究指出：酶 EngE 可引起纤维小体的细胞附着，其通过对接模块与支架蛋白的粘连模块间的相互作用以及纤维素结合蛋白 A（CbpA）而实现；此外，EngE 还含有结合肽聚糖的 S-层同源结构域（SLH），可以将支架蛋白锚定在细胞表面[63]。

高度结构化的纤维小体包含几种支架蛋白和许多酶组分。在这些纤维小体中的支架蛋白有时含有特异性的对接模块，其通过和相应的粘连模块锚定或与之相互作用介导纤维小体细胞表面附着。通过 SLH 结构域分选酶基序，锚定支架蛋白专门的锚定模块，从而与细胞表面相互作用。更为复杂的纤维小体包含衔接子支架蛋白，其连接两个支架蛋白或者支架蛋白和酶。依据底物可用性，这些支架蛋白在确定纤维小体组装和组成方面具有调节作用。单价衔接子支架蛋白（单一粘连模块）依据底物可以改变整合纤维小体中的酶组分类型，将具有不同活性的不同酶组分整合到纤维小体中，故被视为改变主要粘连模块特异性的"转换器"[64]。相比之下，多价衔接子支架蛋白（含有几个粘连蛋白）可以作为纤维小体复合物扩增和多酶组分整合的平台，从而实现有效的底物水解[65]。目前，已经在 *A. cellulolyticus* 和 *C. clariflavum* 的纤维小体中发现了多价衔接子支架蛋白[66]，而在 *R. flavefaciens* 和 *R. champanellensis* 中鉴定出了单价形式的衔接子支架蛋白[67]。

3.4.3.2 酶组分

最初发现的热纤梭菌纤维小体由于具有多酶组分且能够黏附和水解纤维素，除了纤维素酶外，随后还鉴定了能降解多糖的其他纤维小体的酶组分，尤其是木聚糖酶、果胶酶、甘露聚糖酶和木葡聚糖酶。植物细胞壁降解酶组分多样且复杂，包括糖苷水解酶、糖酯酶和多糖裂解酶。众所周知，产生纤维小体的细菌能特异性分泌产生单一的糖苷水解酶 48（GH48），这是一种外切纤维素酶，通常表达量大且有助于提高酶活力。相比之下，它们通常会广泛分泌糖苷水解酶 GH9 的酶组分。最近，有研究者对 *C. cellulolyticum* 中的 13 种 GH9 酶进行了表征[68]。这些酶表现出不同的活性，主要表现在：与纤维素底物结合的独特能力以及与主要外切纤维素酶 Cel48A 的多种协同效应。此外，还有学者检测了 *R. champanellensis* 的 GH9 酶在不同纤维素分解底物上会呈现不同活性，并观察到与外切纤维素酶 Cel48A 明显的协同作用[64]。这些报道都表明酶多样化的必要性，尤其是 GH9 酶对于纤维素有效降解的重要性。其他糖苷水解酶，例如 GH5、GH10、GH11 和 GH43，均是纤维小体多酶复合体系统的常见组分，从而为细菌增强植物壁多糖的水解提供了强大且多样化的酶装置。除含有对接模块的碳水化合物活性酶外，其他含有对接模块的蛋白酶也存在于纤维小体中，例如 Serpins（丝氨酸蛋白酶抑制剂）和 Expansin-like（纤维素膨胀因子）等[69]。这些酶蛋白具有纤维小体不常见的独特功能，并且它们的多种作用可能有助于细菌的生理生化过程，组装调节纤维小体组分间接地促进生物质的降解。

3.4.3.3　粘连模块和对接模块

粘连模块是支架蛋白的组成部分，其通过与对接模块的相互作用决定纤维小体的结构。不同厌氧微生物支架蛋白上粘连模块的数目不一，而且序列差异也很大。根据粘连模块的功能，目前已知的粘连模块至少包括 3 种类型，即 I 型、II 型和 III 型。有的微生物中只发现了一种类型的粘连模块，如嗜温梭菌（*Clostridium thermophilus*）、解纤维梭菌（*Clostridium cellulolyticum*）、嗜纤维梭菌（*Clostridium cellulovorans*）、约氏梭菌（*Clostridium josui*）和丙酮丁醇梭菌（*Clostridium acetobutylicum*）。有的微生物中含有多种类型的粘连模块，如热纤梭菌（*Clostridium thermocellum*）的初级支架蛋白的粘连模块为 I 型，而锚定蛋白的粘连模块为 II 型，黄色瘤胃球菌（*Ruminococcus flavefacien*）ScaA 和 ScaB 的粘连模块为 III 型，并且 ScaC 的粘连模块是与前 3 种粘连模块都不同的类型。某些微生物的纤维小体中 I 型粘连模块的三维结构已被揭示，例如热纤梭菌中初级支架蛋白上 II 型粘连模块的晶体结构显示其为一长圆锥形分子，该分子由 9 条 β-链和一个泛芳香族核心组成。II 型粘连模块的结构也已测定完毕，例如溶纤维素拟杆菌（*Bacteroides cellulosolvens*）ScaA 中 II 型粘连模块具有与 I 型粘连模块相似的果冻卷形拓扑结构，包括一个 α-螺旋和两个与正常 β-链结构不同的"β 瓣"（β-flaps）结构[62]。

对接模块由通过一个连接肽片段连接的两条重复序列组成，每个重复序列一般含有 22 个氨基酸残基，而连接肽片段含有的氨基酸残基数目在不同微生物的对接模块中也不同。对接模块也至少包括 3 种类型（I 型、II 型和 III 型），其在很大程度上反映与粘连模块的对应关系。纤维小体上 I 型粘连模块与发生作用的 I 型对接模块组成一组，并且与 II 型粘连模块相互作用的 II 型对接模块组相比较两者相距较远。黄色瘤胃球菌中与 III 型粘连模块相互作用的 III 型对接模块组，古生球菌（*Archaeoglobus*）中的对接模块及丙酮丁醇梭菌中的对接模块各具有独立的分支，且与其粘连模块的分支情况相对应。热纤梭菌 Cel48S 的 I 型对接模块由 70 个氨基酸残基组成，它的三维结构显示出其构象为一对钙结合的环-螺旋模体，两螺旋体相对于一个折叠的轴心伪对称分布[70]。热纤梭菌 Cel48S 中 I 型对接模块及其初级支架蛋白 CipA 中 II 型对接模块的生理和结构分析显示，钙促使对接模块折叠，并且是稳定其三级结构和粘连模块-对接模块的相互作用所必需的[71]。结合钙的 Cel48S 对接模块在溶液中会成形成单体形态，而钙存在时 CipA 对接模块则会形成同型二聚体。

粘连模块与对接模块的相互作用决定了超分子复合体纤维小体的组成与结构，并且实验研究证实将纤维小体各亚基整合为多酶复合体仅仅依赖于粘连模块与对接模块间的特定相互作用。这两种蛋白质间主要以疏水作用相联系，并辅以相对较少的分子间氢键联系。粘连模块与对接模块间的相互作用还具有钙离子依赖性。热纤梭菌中粘连模块与对接模块结合非常紧密，经测算其相互作用的解离常数为 $10^{-9} \sim 10^{-12}\,mol/L$，甚至更低。热纤梭菌中 I 型粘连模块与对接模块的相互作用是目前已知最强的蛋白质间相互作用之一。

纤维小体上粘连模块与对接模块在种内的结合是非选择性的，而在种间的相互作用却是专一性的。粘连模块-对接模块相互作用的专一性在热纤梭菌与解纤维梭菌间、热纤梭菌与约氏梭菌间均被证实。但也存在少数例外情况：热纤梭菌 Xyn11A 中的对接模块能够结合到约氏梭菌的粘连模块上[72]；Xyn11A 和 Xyn11B 中的对接模块也均被发现能够结合到热纤梭菌和解纤维梭菌的粘连模块上[73]。目前的研究结果揭示，粘连模块-对接模块相互作用的专一性可能是由粘连模块上的 3 个氨基酸残基（如热纤梭菌粘连模块上的 Ala36、Asn37 及 Glu131），与对接模块上的 4 个甚至更多氨基酸残基（如热纤梭菌 Cel48S 对接模块第一片段中第 17、18 位以及第二片段中 49、50 位的丝氨酸残基和苏氨酸残基）的相互作用决定的［书后彩图 21（a）］。

3.4.3.4 催化组分模块

纤维小体上的催化组分与游离纤维素酶系统中糖苷水解酶的催化类型相同，都含有内切葡聚糖酶和两种分别从纤维素链的还原端和非还原端水解纤维素的纤维二糖水解酶组分。纤维小体中的酶组分无论是游离态还是组装成纤维小体都具有游离酶系统那样的协同作用。在结构和机制方面，纤维小体的催化组分也与游离酶系统中发现的组分差不多，它们属于相同的糖苷水解酶家族，它们的活性和专一性由相似的结构特点调节。

以热纤梭菌为例，它既有纤维小体酶系，也有游离的非纤维小体酶。区别纤维小体酶系与游离酶的关键特征是：纤维小体酶系带有对接模块。热纤梭菌纤维小体上的酶组分还包括纤维素酶（包括内切葡聚糖酶和纤维二糖水解酶）、木聚糖酶、甘露聚糖酶、果胶酶和果胶裂解酶、糖酯酶、糖苷酶、壳多糖酶和混合连接的 β-葡聚糖酶。其中 7 个主要作用于 β-1,4-葡聚糖的组分具有不同的酶活性，Cel48S、Cel9K、Cel9R 和 Cbh9A 是持续性的降解酶类，并且 Cel9K 和 Cbh9A 的产物是纤维二糖，Cel9R 的产物是纤维四糖，Cel48S 的产物是混合的纤维糊精，Cel8A、Cel5G 和 Cel9N 是内切葡聚糖酶，其中 Cel8A 占主要地位［书后彩图 21（b）][62]。

3.4.3.5 碳水化合物结合模块

支架蛋白上往往包含一个 CBM，它负责将纤维小体锚定在相应底物上。虽然在瘤胃球菌的纤维小体中没有发现 CBM，但其选择性地结合纤维素在纤维小体降解中至关重要。CBM 不仅是支架蛋白的一部分，而且对纤维小体的功能很重要。尽管已知的支架蛋白含有仅属于两个家族的 CBM，但许多纤维小体具有来自不同家族的 CBM，其表现出不同的碳水化合物结合特异性。纤维小体的酶组分在催化过程中 CBM 可以有效定位催化结构域以实现最佳水解效果。支架蛋白上的 CBM 一般是 A 型的，几种梭菌型纤维小体的支架蛋白都包含一个 CBM3a，它位于支架蛋白的 N 端或者序列的中间[53]。热纤梭菌支架蛋白 CBM 的三维结构已经被解析，由 9 个 β-片层组成类似果冻卷的拓扑结构［书后彩图 21（c）］。同时这个结构含有一个 Ca^{2+}，其不直接参与对纤维素底物的吸附，可能具有稳定 CBM 结构的作用。解纤维梭菌支架蛋白 CBM 的三维结构也已被解析，其与热纤梭菌非常相似。支架蛋白的 CBM 对纤维小体作用于结晶纤维素表面的活性也具有重要作用。有实验数据证明，与没有 CBM 的同源结构相比，支架蛋白 CBM 的出现可促使纤维素的降解速率提高 3 倍。纤维小体上的 CBM 虽然不是保持纤维小体接近底物表面所必需的结构，但是其 CBM 具有潜在的功能，似乎是单个酶专一性结合底物所必需的，特别是其在分子水平上结合单个底物分子链（如可溶性的 β-葡聚糖或木聚糖链）[74]。

3.4.3.6　纤维小体组装调控机理

通过对生长在不同培养基上的几种细菌纤维小体的蛋白质组学研究揭示：碳源是决定纤维小体组成的重要因素，关系到其整合的酶促亚基和整体结构[75]。此外，编码对接模块的基因数量远远大于支架蛋白上粘连模块的数量，这也表明纤维小体的微控调节取决于可利用的碳源。据报道，与纤维二糖相比，细菌在纤维素底物上生长时，GH48 外切纤维素酶的表达量会增加[76,77]。其他的纤维小体多酶复合体系统也可以观察到类似的模式，而其他糖苷水解酶则显示出相反的情况。此外，与纤维素上生长的细菌相比，细菌在半纤维素底物上培养后，纤维素酶的表达水平也会发生变化。

纤维小体基因会在复杂天然聚合物存在下高水平表达而不是在简单寡糖环境，并且具备高生长速率，纤维小体基因表达也会下调，这意味着纤维小体基因表达与底物感应的机制相协调[78]。$C.\,thermocellum$ 基因表达过程中，一些纤维小体基因受控于几种反义 σ 因子和替代 σ 因子的调节[79,80]。在缺乏底物的情况下，细胞表面跨膜反义 σ 因子会附着于替代 σ 因子。每种反义 σ 因子还具有类似胞外 CBM 组分，可以与外部的多糖底物接触。该 CBM 与适当底物的结合会导致反义 σ 因子的构象变化从而释放替代 σ 因子，随后与 RNA 聚合酶相互作用启动纤维小体基因的转录。编码替代 σ 因子和反义 σ 因子的类似基因对大多存在于产生高度结构化纤维小体的相关细菌中，例如 $C.\,clariflavum$、$A.\,cellulolyticus$ 和 $B.\,cellulosolvens$。这种复杂的基因调控系统能够在底物降解过程中检测细胞外环境中多糖的存在状态，并积极调节响应裸露底物和新产生底物中间体所必需的纤维小体酶组分含量。

在解纤维梭菌中碳代谢抑制和双组分系统是调控纤维小体酶组分和辅酶分泌表达[81] 的关键。该机制类似于利用底物环境调节基因表达优化纤维小体功能的 σ 因子-反义因子机制。最近，在解纤维梭菌中报道了一种新型纤维小体转录调控机制：选择性和稳定化的 RNA 加工过程可以用于调节编码纤维小体组分——$cipcel$ 操纵子转录物的化学计量，这表明通过产生预优化的纤维小体，可以在转录水平上补充特定碳底物的相互作用，从而实现底物环境独立调控纤维小体的组装[82]。这种 RNA 水平的记忆机制对于纤维小体功能的发挥至关重要，并且也可以解释纤维素分解群落中各自的适应和竞争策略。

3.4.4　纤维小体与细胞壁的相互作用

CBM 在解构植物细胞壁的复杂不溶性复合材料中起到关键性的作用。基于序列将 CBM

分为 59 个家族[13]。生化分析和结构研究表明，这些模块显示出三种不同的特异性。因此，CBM 也被分为 3 种类型：A 型，与结晶多糖主要是纤维素相互作用；B 型，结合单糖链的内部区域；C 型，识别寡糖，或者在复杂多糖的情况下，结合这些聚合物的末端[16]。

细菌纤维小体紧密地与纤维素结合。纤维小体与植物细胞壁的连接主要由位于支架蛋白中的 CBM3 家族介导。CBM3 通常被分类为 A 型模块（除了 CBM3c，如下所述）并且紧密结合到结晶纤维素的表面。事实上，CBM3s 比其他 A 型 CBM 可以更广泛地绑定到植物细胞壁的纤维素结构上。

CBM3 的三维结构显示出有九个链的 β-夹层折叠，其中一个 β-折叠片反映结晶纤维素的平面拓扑。三个芳香族残基的侧链形成平面条带，预计其与纤维素链的葡萄糖环堆叠。此外，结合表面上的几个极性氨基酸可能与羟基以及葡萄糖残基的环内氧发生极性接触。CBM3 结合界面的拓扑排除了它们与具有更多螺旋构象的单个 β-1,4-葡聚糖链的相互作用。

植物细胞壁是包含大量相互作用多糖的高度异质性大分子。因此，在结合到结晶纤维素上时，纤维小体需要额外的超分子靶向，以便纤维小体的催化组分能够与其特异性底物接近。微调多糖识别是由位于纤维小体中的多种 B 型和 C 型 CBM 来实现的。例如，在热纤梭菌中，几种纤维小体显示含有纤维素（单链）、木葡聚糖、木聚糖和果胶特异性的 CBM，其将附加到相应的催化结构域并靶向底物。与梭菌支架蛋白相反，禾草花粉支架蛋白通常不含有 CBM，并且已经进化出不同的纤维素识别机制。CttA 蛋白质，其含有两个指定的 CBM，也具有特异性识别附着于细菌表面锚定素（与 ScaE 支架蛋白黏附素相作用）的功能（图 3-15）[83]。CBM 可以将植物细胞壁吸附结合到存在于细菌细胞膜上的纤维小体。黄杆菌的 CBM37 显示出广泛的配体特异性，且似乎能介导纤维小体与细菌表面的附着[84]。

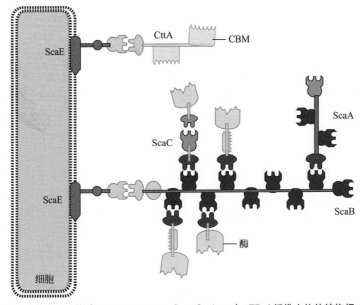

图 3-15　生黄瘤胃球菌（*Ruminococcus flavefaciens*）FD-1 纤维小体的结构组成 [54]

3.4.5　产纤维小体微生物及其多样性

具有纤维小体的细菌来自不同的厌氧环境（表 3-5），属于不同的属和种，并且可以是嗜热或嗜温的。模型纤维小体产生细菌是嗜热菌 *Clostridium thermocellum*，其是目前研究最多和表征最多的纤维小体系统。*Clostridium. thermocellum* 具有 8 个支架蛋白基因，其高度结构化的纤维小体复合物含有多达 63 种酶[85]。嗜温细菌 *Acetivibrio cellulolyticus* 含有更复杂的纤维小体系统，其具有 16 个支架蛋白[81]。从牛瘤胃中分离出的金黄色葡萄球菌产生的纤维小体包含有 222 个对接模块蛋白，分为 6 种不同的亚型[86]。最近，研究者还观察到人体肠道中的纤维素溶菌 *Ruminococcus champanellensis* 会产生结构更为精细的纤维小体系统[69]。

表 3-5　产纤维小体细菌[69]

	物种	嗜温性	来源	最大锚定蛋白	最大接头蛋白	最大初级支架蛋白	最大纤维小体复合物	数据编号
高度结构化的纤维小体	*Acetivibrio cellulolyticus*	嗜温细菌	污泥	3	4	7	96	GCA_000179595.2
	Pseudobacteroides cellulosolvens	嗜温细菌	污泥	10	—	11	110	NZ_LGTC00000000.1
	Clostridium alkalicellulosi	嗜温细菌	盐碱湖	2	4	10	40	Ga0025046
	Clostridium clariflavum	嗜热细菌	嗜热产甲烷生物反应器	4	5	8	160	NC_016627.1
	Clostridium straminisolvens	嗜热细菌	纤维素降解细菌群落	—	—	—	—	GCF_000521465.1
	Clostridium thermocellum	嗜热细菌	马粪、温泉、污水和土壤	7	—	9	63	NC_009012.1
	Ruminococcus champanellensis	嗜温细菌	人类消化道	1	2	7	11	NC_021039.1
	Ruminococcus flavefaciens	嗜温细菌	瘤胃	1	9	2	14	NZ_ACOK00000000.1
简单纤维小体	*Clostridium acetobutylicum*	嗜温细菌	土壤	—	—	5	5	CP002660
	Clostridium sp. BNL1100	嗜温细菌	玉米饲料	—	—	6	6	CP003259

	物种	嗜温性	来源	最大锚定蛋白	最大接头蛋白	最大初级支架蛋白	最大纤维小体复合物	数据编号
简单纤维小体	*Clostridium bornimense*	嗜温细菌	沼气反应器	—	—	5	5	HG917868.1, HG917869.1
	Clostridium cellobioparum	嗜温细菌	瘤胃	—	—	—	—	JHYD01000000
	Clostridium cellulolyticum	嗜温细菌	堆肥	—	—	8	8	CP001348
	Clostridium cellulovorans	嗜温细菌	木材发酵罐	—	—	9	9	CP002160
	Clostridium josui	嗜温细菌	堆肥	—	—	6	6	JAGE00000000.1
	Clostridium papyrosolvens	嗜温细菌	造纸厂	—	—	6	6	GCA_000421965.1
	Clostridium saccharoperbutylacetonicum	嗜温细菌	土壤	—	—	2	2	CP004121.1
	Clostridium termitidis	嗜温细菌	白蚁消化道	—	—	2	5	AORV00000000.1
	Ruminococcus bromii	嗜温细菌	人类消化道	2	—	1	2	FP929051.1

据报道已知产生简单纤维小体的所有细菌物种一般都是嗜温菌（表3-5），这些细菌分泌相对较小的多酶复合体，其单个支架蛋白最多包含9个酶促亚基。这些嗜温细菌包括 *Clostridium cellulolyticum*、*Clostridium josui*、*Clostridium cellulovorans*、*Ruminococcus albus* 和 *Ruminococcus bromii* 等。*Ruminococcus albus* 是从牛瘤胃中分离出来的，含有许多对接模块，但在其基因组中只发现了一个粘连模块序列。这个物种中支架蛋白的缺乏与其纤维小体组装有关，但是为什么这种细菌会产生对接模块仍然是一个谜[87]。有趣的是，从人体肠道分离出的细菌 *R. bromii* 具有降解淀粉但不降解纤维素的能力，它的一些淀粉降解酶含有对接模块，会显示出与粘连模块（经基因组确定）的相互作用[69]。

产纤维小体的厌氧真菌大部分存在于食草动物的瘤胃中，这些厌氧真菌分泌的糖苷水解酶都结合到纤维小体上，形成分子量大小约为103000、包含10～20个多肽的复合物。厌氧真菌中的纤维小体与热纤梭菌和其他厌氧细菌中的纤维小体似乎具有相似的结构[88]。因此，厌氧真菌纤维小体的酶和其他蛋白质具有类似对接模块的非催化对接结构域（NCDD），这些NCDD将它们结合到支架蛋白粘连模块上。然而，目前发现，细菌的对接模块和真菌的 NCDD 无序列同源性。这可能是由于真菌的支架蛋白和厌氧细菌的支架蛋白也不同。对于厌氧真菌的支架蛋白分离和测序的研究工作仍然有待开展。

3.4.6　纤维小体的应用

随着对纤维小体研究的不断深入，人们已经意识到纤维小体在纤维素转化中的价值。纤维小体实际上是一个微型而高效的纤维素降解机器。现在已经有学者提出了通过人工设计并通过分子基因工程手段改造天然纤维小体的新思路。已有多个实验室通过采用缩短的，含有特定专一性粘连模块的支架蛋白或含有不同粘连模块的嵌合支架蛋白以及在游离酶上添加对接模块等方法成功构建人工纤维小体。通过构建人工纤维小体，可以使特定的酶组分被结合在特定位置上。Fierobe 等发展了一系列具有双功能的嵌合纤维小体，这些嵌合纤维小体的支架蛋白包含一个 CBM，两个具不同结合专一性的粘连模块和两个可以与粘连模块互补结合的对接模块，由这些模块组装成多酶复合体[89]。Cha 等用含有 1 个、2 个或 4 个嗜纤维梭菌粘连模块的微型支架蛋白，构建了一个含有内切纤维素酶和木聚糖酶，可以降解木质纤维素的微型纤维小体，该微型纤维小体可协同作用降解不同来源的木质纤维素，其活力比游离酶提高了 11～18 倍[90]。体外设计合成纤维小体是一个非常具有发展前景的策略，可以通过人工设计灵活地组合不同的纤维素酶和其他酶组分，能促使酶水解活性成倍提高[91]。

参考文献

［1］ Wood T M. Fungal cellulases [J]. Biochemistry Society Transaction, 1992, 20: 46-53.

［2］ Tomme P, Warren R A, Gilkes N R. Cellulose hydrolysis by bacteria and fungi [J].Adv Microbial Physiol, 1995（3）: 71-81.

［3］ Taylor C B, Talib M F, Mccabe C, et al. Computational investigation of glycosylation effects on a family 1 carbohydrate-binding module [J]. Journal of Biological Chemistry, 2012, 287（5）: 3147-3155.

［4］ Haldar D, Sen D, Gayen K. A review on the production of fermentable sugars from lignocellulosic biomass through conventional and enzymatic route—A comparison [J]. International Journal of Green Energy, 2016, 13（12）: 1232-1253.

［5］ 阎伯旭, 高培基. 纤维素酶分子结构与功能研究进展 [J]. 生命科学, 1995, 7（5）: 22-25.

［6］ Malee S. Mode of action of Trichoderma reesei cellobiohydrolase Ⅰ on crystalline cellulose [J]. Enzyme and Microbial Technology, 1994（23）: 213-219.

［7］ Rouvinen J, Bergfors T, Teeri T, et al. Three-dimensional structure of cellobiohydrolase II from Trichoderma reesei [J]. Science, 1990, 249（4967）: 380-386.

［8］ Juy M, Adolfo G Amrt, Pedro M Alzari, et al. Three-dimensional structure of a thermostable bacterial cellulase [J]. Nature, 1992, 357（6373）: 89-91.

［9］　Spezio M，Willson D B，Karplus P A. Crystal structure of the catalytic domain of a thermophilic endocellulase ［J］. Biochemistry，1993，32（38）：9906-9916.

［10］　Divne C，Stahlberg J，Reinikainen T，et al. The three-dimensional crystal structure of the catalytic core of cellobiohydrolase I from *Trichoderma reesei* ［J］. Science，1994，265：22.

［11］　Meinke A，Damude H G，Tomme P，et al. Enhancement of the endo-β-1，4-glucanase activity of an exocellobiohydrolase by deletion of a surface loop ［J］. Journal of Biological Chemistry，1995，270（9）：4383-4386.

［12］　Sinnott，Michael L. Catalytic mechanism of enzymic glycosyl transfer ［J］. Chemical Reviews，1990，90（7）：1171-1202.

［13］　Cantarel B L，Coutinho P M，Rancurel C，et al. The carbohydrate-active enzymes database（CAZy）：an expert resource for glycogenomics ［J］. Nucleic Acids Research，2008，37（suppl_1）：233-238.

［14］　曲音波，陈冠军，高培基. 木质纤维素降解酶与生物炼制 ［M］. 北京：化学工业出版社，2011.

［15］　Gilkes N R，Warren R A J，Miller R C，et al. Precise excision of the cellulose binding domains from two *Cellulomonas fimi* cellulases by a homologous protease and the effect on catalysis ［J］. Journal of Biological Chemistry，1988，263（21）：10401-10407.

［16］　Boraston A B，Bolam D N，Gilbert H J，et al. Carbohydrate-binding modules：fine-tuning polysaccharide recognition ［J］. Biochemical Journal，2004，382（Pt 3）：769-781.

［17］　Gilbert H J. The biochemistry and structural biology of plant cell wall deconstruction ［J］. Plant physiology，2010，153（2）：444-455.

［18］　Teeri T T，Koivula A，Linder M，et al. *Trichoderma reesei* cellobiohydrolases：why so efficient on crystalline cellulose？ ［J］. Biochemical Society Transactions，1998，26（2）：173-178.

［19］　欧阳嘉，李鑫，王向明，等. 纤维素结合域的研究进展 ［J］. 生物加工过程，2008，6（2）：10-16.

［20］　Receveur V，Czjzek M，Schulein M，et al. Dimension，shape，and conformational flexibility of a two domain fungal cellulase in solution probed by small angle X-ray scattering ［J］. Journal of Biological Chemistry，2002，277（43）：40887-40892.

［21］　Nakamura A，Tsukada T，Auer S，et al. The tryptophan residue at the active site tunnel entrance of *Trichoderma reesei* cellobiohydrolase Cel7A is important for initiation of degradation of crystalline cellulose ［J］. Journal of Biological Chemistry，2013，288（19）：13503-13510.

［22］　Adney W S，Jeoh T，Beckham G T，et al. Probing the role of N-linked glycans in the stability and activity of fungal cellobiohydrolases by mutational analysis ［J］. Cellulose，2009，16（4）：699-709.

［23］　Ravalason H，Holy L，Gimber I，et al. Fusion of a family 1 carbohydrate binding module of *Aspergillus niger* to the *Pycnoporus cinnabarinus* laccase for efficient softwood kraft pulp biobleaching ［J］. Journal of Biotechnology，2009，142（3）：220-226.

［24］　Yongchao L，Irwin Diana C，Wilson D B. Processivity，substrate binding，and mechanism of cellulose hydrolysis by *Thermobifida fusca* Cel9A ［J］. Applied and Environmental Microbiology，2007，73（10）：3165-3172.

［25］　Scott Brian R，St-pierre Patrick Lavigne，James A Masri，et al. Novel lignin-resistant cellulase enzymes：US20100221778 AI ［P］，2012.

[26]　Payne C M, Resch M G, Chen L, et al. Glycosylated linkers in multimodular lignocellulose-degrading enzymes dynamically bind to cellulose [J] . Proceedings of the National Academy of Sciences, 2013, 110 (36): 14646-14651.

[27]　Gow L A, Wood T M. Breakdown of crystalline cellulose by synergistic action between cellulase components from *Clostridium thermocellum* and *Trichoderma koningii* [J] . Ferms Microbiology Letters, 1988, 50 (2-3): 247-252.

[28]　Thonart P, Paquot M, Mottet A. Enzyme hydrolysis of paper pulps. Influence of mechanical treatments [hard-, softwood] [J] . Holzforschung (Germany, FR), 1980, 33 (6): 1.

[29]　Takahisa K, Kazumasa W, Kazutosi N. Synergistic action of two different types of endo-cellulase components from *Irpex lacteus* (*Polyporus tulipiferae*) in the hydrolysis of some insoluble celluloses [J] . Journal of Biochemistry, 1976 (5): 5.

[30]　Lee I, Evans B R, Woodward J. The mechanism of cellulase action on cotton fibers: evidence from atomic force microscopy [J] . Ultramicroscopy, 2000, 82 (1): 213-221.

[31]　Juturu V, Wu J C. Microbial cellulases: engineering, production and applications [J] . Renewable and Sustainable Energy Reviews, 2014, 33: 188-203.

[32]　Reese E T, Siu R G H, Levinson H S. The biological degradation of soluble cellulose derivatives and its relationship to the mechanism of cellulose hydrolysis [J] . Journal of Bacteriology, 1950, 59 (4): 485.

[33]　Wood J D, Wood P M. Evidence that cellobiose: quinone oxidoreductase from *Phanerochaete chrysosporium* is a breakdown product of cellobiose oxidase [J] . Biochimica et Biophysica Acta (BBA) -Protein Structure and Molecular Enzymology, 1992, 1119 (1): 90-96.

[34]　陈洪章, 李佐虎. 影响纤维素酶解的因素和纤维素酶被吸附性能的研究 [J]. 化学反应工程与工艺, 2000, 16 (1): 30-35.

[35]　Heinze U, Schaller J, Heinze T, et al. Characterisation of regioselectively functionalized 2, 3-O-carboxymethyl cellulose by enzymatic and chemical methods [J] . Cellulose, 2000, 7 (2): 161-175.

[36]　Mansfield S D, Meder R. Cellulose hydrolysis-the role of monocomponent cellulases in crystalline cellulose degradation [J] . Cellulose, 2003, 10 (2): 159-169.

[37]　王蔚, 高培基. 褐腐真菌木质纤维素降解机制的研究进展 [J] . 微生物学通报, 2002, 29 (3): 90-93.

[38]　Xu G, Goodell B. Mechanisms of wood degradation by brown-rot fungi: chelator-mediated cellulose degradation and binding of iron by cellulose [J] . Journal of Biotechnology, 2001, 87 (1): 43-57.

[39]　Vaaje-Kolstad G, Horn S J, Van Aalten D M F, et al. The non-catalytic chitin-binding protein CBP21 from *Serratia marcescens* is essential for chitin degradation [J] . Journal of Biological Chemistry, 2005, 280 (31): 28492-28497.

[40]　Vaaje-Kolstad G, Bohle L A, Gaseidnes S, et al. Characterization of the chitinolytic machinery of *Enterococcus faecalis* V583 and high-resolution structure of its oxidative CBM33 enzyme [J] . Journal of Molecular Biology, 2012, 416 (2): 239-254.

[41]　Moser F, Irwin D, Chen S, et al. Regulation and characterization of *Thermobifida fusca* carbohydrate-binding module proteins E7 and E8 [J] . Biotechnology and Bioengineering, 2008, 100 (6): 1066-1077.

[42]　Karkehabadi S, Hansson H, Kim S, et al. The first structure of a glycoside hydrolase fami-

ly 61 member, Cel61B from *Hypocrea jecorina*, at 1. 6 Å resolution [J] . Journal of Molecular Biology, 2008, 383 (1) : 144-154.

[43]　Horn S J, Vaaje-Kolstad G, Westereng B, et al. Novel enzymes for the degradation of cellulose [J] . Biotechnology for Biofuels, 2012, 5 (1) : 45.

[44]　Westereng B, Ishida T, Vaaje-Kolstad G, et al. The putative endoglucanase PcGH61D from *Phanerochaete chrysosporium* is a metal-dependent oxidative enzyme that cleaves cellulose [J] . PloS One, 2011, 6 (11) : e27807.

[45]　Forsberg Z, Vaaje-Kolstad G, Westereng B, et al. Cleavage of cellulose by a CBM33 protein [J] . Protein Science, 2011, 20 (9) : 1479-1483.

[46]　Quinlan R J, Sweemey M D, Leggio L L, et al. Insights into the oxidative degradation of cellulose by a copper metalloenzyme that exploits biomass components [J] . Proceedings of the National Academy of Sciences, 2011, 108 (37) : 15079-15084.

[47]　William T, Beeson V V V, Elise A Span, et al. Cellulose degradation by polysaccharide monooxygenases [J] . Annual Review of Biochemistry, 2015, 84 : 923-946.

[48]　Phillips C M, Beeson W T, Cate J H, et al. Cellobiose dehydrogenase and a copper-dependent polysaccharide monooxygenase potentiate cellulose degradation by *Neurospora crassa* [J] . ACS Chemical Biology, 2011, 6 (12) : 1399-1406.

[49]　Kostylev M, Wilson D. Synergistic interactions in cellulose hydrolysis [J] . Biofuels, 2012, 3 (1) : 61-70.

[50]　Westermark U, Eriksson K E. Cellobiose: quinone oxidoreductase, a new wood-degrading enzyme from white-rot fungi [J] . Acta Chem Scand B, 1974, 28 (2) : 209-214.

[51]　Wang M, Lu X F. Exploring the synergy between cellobiose dehydrogenase from *Phanerochaete chrysosporium* and cellulase from *Trichoderma reesei* [J] . Frontiers in Microbiology, 2016, 7 : 620.

[52]　Henriksson G, Johansson G, Pettersson G. A critical review of cellobiose dehydrogenases [J] . Journal of Biotechnology, 2000, 78 (2) : 93-113.

[53]　Bayer E A, Belaich J P, Shoham Y, et al. The cellulosomes: multienzyme machines for degradation of plant cell wall polysaccharides [J] . Annual Review of Microbiology, 2004, 58 : 521-554.

[54]　Fontes C M G A, Glibert H J. Cellulosomes: highly efficient nanomachines designed to deconstruct plant cell wall complex carbohydrates [J] . Annual Review of Biochemistry, 2010, 79 : 655-681.

[55]　Lamed R, Setter E, Bayer E A. Characterization of a cellulose-binding, cellulase-containing complex in *Clostridium thermocellum* [J] . Journal of Bacteriology, 1983, 156 (2) : 828-836.

[56]　Gilbert H J. Cellulosomes: microbial nanomachines that display plasticity in quaternary structure [J] . Molecular microbiology, 2007, 63 (6) : 1568-1576.

[57]　Kataeva I A, Yang S J, Dam P, et al. Genome sequence of the anaerobic, thermophilic, and cellulolytic bacterium "*Anaerocellum thermophilum*" DSM 6725 [J] . Journal of Bacteriology, 2009, 191 (11) : 3760-3761.

[58]　Yang S J K I, Hamilton-Brehm S D, Engle N L, et al. Efficient degradation of lignocellulosic plant biomass, without pretreatment, by the thermophilic anaerobe "*Anaerocellum thermophilum*" DSM 6725 [J] . Applied and Environmental Microbiology, 2009, 75 (14) : 4762-4769.

［59］ Van de Werken H J G, Verhaart M R A, Vanfossen A L, et al. Hydrogenomics of the extremely thermophilic bacterium *Caldicellulosiruptor saccharolyticus*［J］. Applied and Environmental Microbiology, 2008, 74（21）: 6720-6729.

［60］ Zverlov V V, Klupp M, Krauss J, et al. Mutations in the scaffoldin gene, cipA, of *Clostridium thermocellum* with impaired cellulosome formation and cellulose hydrolysis: insertions of a new transposable element, IS1447, and implications for cellulase synergism on crystalline cellulose［J］. Journal of Bacteriology, 2008, 190（12）: 4321-4327.

［61］ Lynd L R, Weimer P J, van Zyl W H, et al. Microbial cellulose utilization: fundamentals and biotechnology［J］. Microbiology and Molecular Biology Reviews, 2002, 66（3）: 506-577.

［62］ 王金兰, 王禄山, 刘巍峰, 等. 降解纤维素的"超分子机器"研究进展［J］. 生物化学与生物物理进展, 2011, 38（1）: 28-35.

［63］ Kosugi A, Murashima K, Tamaru Y, et al. Cell-surface-anchoring role of N-terminal surface layer homology domains of *Clostridium cellulovorans* EngE［J］. Journal of Bacteriology, 2002, 184（4）: 884-888.

［64］ Morais S, Ben David Y, Bensoussan L, et al. Enzymatic profiling of cellulosomal enzymes from the human gut bacterium, *Ruminococcus champanellensis*, reveals a fine-tuned system for cohesin-dockerin recognition［J］. Environmental Microbiology, 2016, 18（2）: 542-556.

［65］ Hamberg Y, Ruimy-Israeli V, Dassa B, et al. Elaborate cellulosome architecture of *Acetivibrio cellulolyticus* revealed by selective screening of cohesin-dockerin interactions［J］. PeerJ, 2014, 2: e636.

［66］ Artzi L, Dassa B, Borovok I, et al. Cellulosomics of the cellulolytic thermophile *Clostridium clariflavum*［J］. Biotechnology for Biofuels, 2014, 7（1）: 100.

［67］ Ben David Y, Dassa B, Borovok I, et al. Ruminococcal cellulosome systems from rumen to human［J］. Environmental Microbiology, 2015, 17（9）: 3407-3426.

［68］ Ravachol J, Borne R, Tardif C, et al. Characterization of all family-9 glycoside hydrolases synthesized by the cellulosome-producing bacterium *Clostridium cellulolyticum*［J］. Journal of Biological Chemistry, 2014, 289（11）: 7335-7348.

［69］ Artzi L, Morag E, Shamshoum M, et al. Cellulosomal expansin: functionality and incorporation into the complex［J］. Biotechnology for Biofuels, 2016, 9（1）: 61.

［70］ Lytle B L, Volkman B F, Westler W M, et al. Solution structure of a type I dockerin domain, a novel prokaryotic, extracellular calcium-binding domain［J］. Journal of Molecular Biology, 2001, 307（3）: 745-753.

［71］ Adams J J, Webb B A, Spencer H L, et al. Structural characterization of type II dockerin module from the cellulosome of *Clostridium thermocellum*: calcium-induced effects on conformation and target recognition［J］. Biochemistry, 2005, 44（6）: 2173-2182.

［72］ Jindou S, Soda A, Karita S, et al. Cohesin-dockerin interactions within and between *Clostridium josui* and *Clostridium thermocellum* binding selectivity between cognate dockerin and cohesin domains and species specificity［J］. Journal of Biological Chemistry, 2004, 279（11）: 9867-9874.

［73］ Barak Y, Handelsman T, Nakar D, et al. Matching fusion protein systems for affinity analysis of two interacting families of proteins: the cohesin-dockerin interaction［J］. Journal of Molecular Recognition, 2005, 18（6）: 491-501.

［74］ Bras N F, Cerqueria N M F S A, Fernandes P A, et al. Carbohydrate-binding modules from family 11: Understanding the binding mode of polysaccharides［J］. International Journal of Quantum Chemistry, 2008, 108（11）: 2030-2040.

［75］ Raman B, Pan C, Hurst G B, et al. Impact of pretreated switchgrass and biomass carbohydrates on *Clostridium thermocellum* ATCC 27405 cellulosome composition: a quantitative proteomic analysis［J］. PloS One, 2009, 4（4）: e5271.

［76］ Dykstra A B, St. Brice L, Rodriguez M, et al. Development of a multipoint quantitation method to simultaneously measure enzymatic and structural components of the *Clostridium thermocellum* cellulosome protein complex［J］. Journal of Proteome Research, 2013, 13（2）: 692-701.

［77］ Artzi L, Morage E, Barak Y, et al. *Clostridium clariflavum*: key cellulosome players are revealed by proteomic analysis［J］. MBio, 2015, 6（3）: e00411-00415.

［78］ Dror T W, Morag E, Rolider A, et al. Regulation of the cellulosomal celS（cel48A）gene of *Clostridium thermocellum* is growth rate dependent［J］. Journal of Bacteriology, 2003, 185（10）: 3042-3048.

［79］ Munoz-Gutierrez I, De Ora L O, Grinberg I R, et al. Decoding biomass-sensing regulons of *Clostridium thermocellum* alternative sigma-I factors in a heterologous *Bacillus subtilis* host system［J］. PLoS One, 2016, 11（1）: e0146316.

［80］ Nataf Y, Bahari L, Kahel-Raifer H, et al. *Clostridium thermocellum* cellulosomal genes are regulated by extracytoplasmic polysaccharides via alternative sigma factors［J］.Proceedings of the National Academy of Sciences, 2010, 107（43）: 18646-18651.

［81］ Xu C, Huang R, Teng L, et al. Structure and regulation of the cellulose degradome in *Clostridium cellulolyticum*［J］. Biotechnology for Biofuels, 2013, 6（1）: 73.

［82］ Xu C, Huang R, Teng L, et al. Cellulosome stoichiometry in *Clostridium cellulolyticum* is regulated by selective RNA processing and stabilization［J］. Nature Communications, 2015, 6: 6900.

［83］ Rincon M T, Cepeljnik T, Martin J C, et al. A novel cell surface-anchored cellulose-binding protein encoded by the sca gene cluster of *Ruminococcus flavefaciens*［J］. Journal of Bacteriology, 2007, 189（13）: 4774-4783.

［84］ Ezer A, Matalon E, Jindou S, et al. Cell surface enzyme attachment is mediated by family 37 carbohydrate-binding modules, unique to *Ruminococcus albus*［J］. Journal of Bacteriology, 2008, 190（24）: 8220-8222.

［85］ Dassa B, Borovok I, Lamed R, et al. Genome-wide analysis of *Acetivibrio cellulolyticus* provides a blueprint of an elaborate cellulosome system［J］. BMC Genomics, 2012, 13（1）: 210.

［86］ Rincon M T, Bareket D, Flint H J, et al. Abundance and diversity of dockerin-containing proteins in the fiber-degrading rumen bacterium, *Ruminococcus flavefaciens* FD-1［J］. PLoS One, 2010, 5（8）: e12476.

［87］ Dassa B, Borovok I, Ruimy-Israeli V, et al. Rumen cellulosomics: divergent fiber-degrading strategies revealed by comparative genome-wide analysis of six ruminococcal strains［J］. PLoS One, 2014, 9（7）: e99221.

［88］ Ljungdahl L G. The cellulase/hemicellulase system of the anaerobic fungus orpinomyces PC-2 and aspects of its applied use［J］. Annals of the New York Academy of Sciences, 2008, 1125（1）: 308-321.

[89]　Fierobe H P, Mingardon F, Mechaly A, et al. Action of designer cellulosomes on homoge-neous versus complex substrates controlled incorporation of three distinct enzymes into a defined trifunctional scaffoldin [J] . Journal of Biological Chemistry, 2005, 280 (16): 16325-16334.

[90]　Cha J, Matsuoka S, Chan H, et al. Effect of multiple copies of cohesins on cellulase and hemicellulase activities of *Clostridium cellulovorans* mini-cellulosomes [J] . Journal of Mi-crobiology and Biotechnology, 2007, 17 (11): 1782-1788.

[91]　Nordon R E, Craig S J, Foong F C. Molecular engineering of the cellulosome complex for affinity and bioenergy applications [J] . Biotechnology Letters, 2009, 31 (4): 465-476.

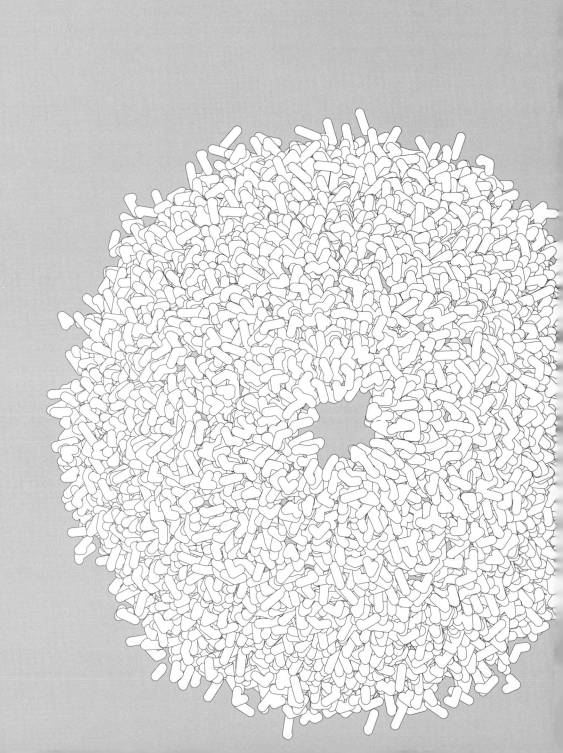

第 4 章

高效纤维素酶产酶菌株的选育

4.1 纤维素酶产生菌常规筛选方法

4.2 高产纤维素酶生产菌株的选育

4.3 高效纤维素酶系筛选的新策略和新方法

4.4 纤维素酶活力的测定方法

参考文献

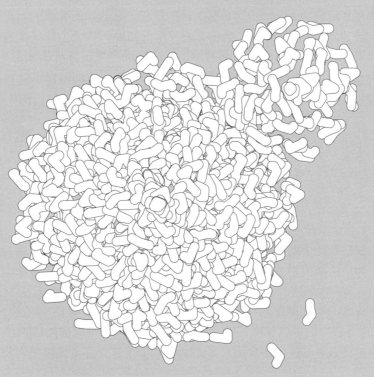

　　获得高效产纤维素酶微生物是实现纤维素酶工业化应用的重要前提和基础。多年来，研究人员不断尝试从不同环境中分离产纤维素酶微生物。在纤维素类生物质丰富的自然环境中，如腐烂的树木和农产品废弃物、森林和植被丰富的土壤环境、反刍动物的瘤胃、可消化纤维素的昆虫（如白蚁等）的肠道等环境，都分离出大量的纤维素降解微生物。同时，在一些极端环境，如地热、盐碱地和酸性废矿场等地，也分离到一些能分泌纤维素酶的微生物，这些纤维素酶具有特殊的酶学性质，适合于不同的工业应用。

　　国内外科学工作者在纤维素生产菌株选育方面做了大量的研究。虽然，目前分离得到许多具有纤维素酶活性的微生物，然而只有极少数微生物产生的纤维素酶系能完全水解纤维素，直接应用于工业化使用。多数菌株产酶制剂的比活力还比较低，生产成本过高，难以实现批量化工业生产与应用。因此，选育高产、性质优良的纤维素酶产生菌株始终是研究人员关注的热点。

4.1　纤维素酶产生菌常规筛选方法

　　1906 年，Seilliere 在蜗牛消化液中发现了纤维素酶。1912 年，Kellerma 等首次从土壤中分离出纤维素降解微生物。此后，能降解纤维素和能生产纤维素酶的各种微生物被陆续分离鉴定。20 世纪 40~50 年代，人们开始对产纤维素酶的微生物进行大量的分离筛选。20 世纪 60 年代开始，由于分离技术的发展，推动了纤维素酶的分离纯化工作的快速发展，并实现了纤维素酶制剂的工业化生产。我国纤维素酶的研究始于 20 世纪 60 年代，并选育出一批纤维素酶产酶菌株。1968 年，北京选育出首批纤维素酶产酶菌株；1970 年，中科院上海植物生理研究所利用诱变方法获得了产酶能力较高的变异株；1975 年，广东省微生物所分离得到纤维素酶产生菌长梗木霉（*Trichoderma longibrachiatum*）；到了 20 世纪 90 年代，中科院微生物所通过诱变处理，获得 1 株高产纤维素酶的康氏木霉（*T. koningii*）突变菌株 CP88329[1]。

4.1.1　自然筛选

　　产纤维素酶微生物菌株的自然筛选，其主要原则是以纤维素类物质为唯一碳源对可降解这类物质的微生物进行富集培养，使其在微生物群落中的丰度提高，再进一步进行分离。

　　富集培养，是指将环境样品中的微生物在以纤维素类物质［常用羧甲基纤维素（CMC）］作为碳源的培养基中培养，从而富集能降解纤维素类物质的微生物。随后通过稀释培养法将富集的微生物分离出来，获得单个菌株。其主要操作流程如下：

样品采取→富集培养→划线/平板稀释培养分离→CMC-刚果红平板初筛→获得初选目的菌株

　　CMC 是可溶性的纤维素衍生物，容易铺制平板，在产纤维素酶微生物筛选过程中广泛使用。CMC 被微生物分泌的纤维素酶分解后，用刚果红进行染色，刚果红与长链纤维素形成复合物，而被降解的纤维素不能与刚果红形成复合物，酒精脱色后形成的透明圈即是 CMC 被水解的部分。通过判断 CMC 水解圈的大小，从而初步鉴定微生物分泌的纤维素酶活性。这种方法简便易行，被广泛采用。然而，这种方法也有一定缺陷。首先，CMC 的结构是无定形结构，很容易被水解，微量的纤维素酶就能在 CMC 平板上形成水解圈，对纤维素降解活性难以进行定量判断。其次，选择性较差，不能够对不同类型的纤维素酶进行定性，只适合用于筛选内切纤维素酶分泌菌株。

　　为了解决平板法酶活力与水解圈大小之间对应性较差而导致的敏感度差的问题，许多研究工作者对菌株筛选方法开展了系列研究。例如，使用发色基团或荧光基团对还原端进行修饰的纤维寡糖作为底物，荧光素、试卤灵、4-甲基香豆素和 2,2′-苯并噻唑-苯基等修饰剂标记过的寡糖，对纤维素酶的筛选具有很高的灵敏度并且可以进行定量检测。当然，使用标记物的底物也有一定的缺陷，即标记的纤维寡糖化合物被水解后，产物会在平板上扩散，进而影响对结果的正确判断。利用纤维寡糖筛选纤维素酶产生菌株还存在另一个问题，即因为这些物质都是可溶性的，因此不能直接反映微生物降解天然纤维素的能力，特别是结晶纤维素[2]。

4.1.2　筛选来源

4.1.2.1　普通土壤环境

　　土壤是微生物的重要生存栖息地，它具有微生物所需的一切营养物质，同时还为微生物的生长、繁殖及生命活动提供各种合适的条件。大多数微生物不能进行光合作用，土壤中的有机物为微生物提供了良好的碳源、氮源和能量。同时，土壤中的矿物质元素的含量也很适于微生物的生长，土壤的水分可以满足微生物的生长需求，酸碱接近中性，缓冲性强，适合多数微生物生长。土壤的渗透压较低，保湿性能良好，与空气相比，昼夜温差和季节温差的变化不大。同时，在土表层几毫米深层，避免阳光的直接照射。这些都为微生物的生长繁殖提供了有利条件。因此，土壤有"微生物天然培养基"之称，这里的微生物数量最大，种类最多，是最丰富的"菌种资源库"。

　　土壤中微生物的数量与种类都很多，包括细菌、放线菌、真菌、藻类和原生动物等类群。其中细菌数量最多，占土壤微生物总量的 70%～90%；放线菌和真菌次之。土壤的营养状况、温度和 pH 值等对微生物的分布影响很大。在有机质含量丰富的黑土、草甸土、磷质石灰土和植被茂盛的暗棕壤中，微生物的数量最多；而在我国西北干旱地区的棕钙土，华中和华南地区的土壤和砖红壤，以及沿海地区的滨海盐土中，微生物的数量最少。不同来源的土壤中分布的微生物种类与数量也有很大的差异。通常情况下，含有机氮较多的中性土壤中放线菌和细菌占较大比例，而酸性土壤中则以真菌为主。

土壤环境中产纤维素酶的微生物资源亦非常丰富，目前研究人员已经从土壤环境中分离得到大量的纤维素酶菌株。如在富含腐烂秸秆的土壤中分离筛选到能降解纤维素的链霉菌属放线菌，最高酶活力可达 220.1U/mL；在自制腐烂稻草及附近土壤筛选分离到 1 株高纤维素酶活性的根霉菌（Rhizopus）；对富含枯枝败叶的土壤样品进行富集培养，筛选得到 1 株产耐高温、碱性纤维素酶的球孢枝孢菌（Cladosporium sphaerospermum）GC2-2，其滤纸酶活力优于 CMC 酶活力[3]。又如在土壤、垃圾以及腐烂的树地中选出 1 株产降解茶粕高效纤维素酶的青霉属（Penicillium）菌株，在兴隆山土样中分离得到的 4 株纤维素酶产生菌，分别为青霉、木霉、根霉和放线菌，这些菌株不仅产纤维素酶活力较高，且生长繁殖速度快。也有研究者从岳麓山森林腐烂树木、红桃土以及黄土中筛选到纤维素降解能力较强的菌株。从吉首旗帜山松树林土壤样品中分离获得的高活性纤维素降解细菌（Bacillus velezensis）JDM11，其产纤维素酶最佳培养温度 28℃、最适初始 pH 值 7.0～7.5、培养时间 32h，其滤纸酶和 CMC 酶活力分别为 260.32 U/mL 和 651.75 U/mL。从云南农田土壤材料中分离得到的高产纤维素酶的草酸青霉（Penicillium oxalicum）YN-2，其 CMC 酶活力达 61.50 U/mL，滤纸酶活力达 19.37 U/mL。东北地区自然环境中采集不同区域腐殖质样品筛选分离得到的产纤维素酶真菌为斜卧青霉（P. decumbens）C5，有较全的纤维素酶系和较高的纤维素酶活力，对秸秆纤维素具有很好的降解效果。在长期有腐烂植物的潮湿处采集 8 种样品，用 CMC 液体培养基富集培养，分离得到 34 株产纤维素酶的霉菌[4]。

4.1.2.2 高温环境

高温环境一般是指温度高于 55℃ 的环境，能在高温环境中生长繁殖的微生物，称为高温菌，又称为嗜热菌（thermophiles）。由于菌种不同，尤其是一些古细菌类，其生长于 90℃ 以上的高温环境。高温环境一般包括温泉、堆肥区、煤堆区、有机物堆、太阳辐射强烈的地面、工厂高温废水排放区、地热区土壤与陆地，以及海底火山口等。在这些高温环境中，已经分离得到多株能耐受高温环境的微生物菌株[5]。目前发现的嗜热微生物有很多，包括芽孢杆菌属（Bacillus）、梭菌属（Clostridium）、高温厌氧杆菌属（Thermoanaerobacter）、栖热菌属（Thermus）、闪烁杆菌属（Fervidobacterium）、嗜热单胞菌属（Rhodothermus）、栖热袍菌属（Thermotoga）和产液菌属（Aquifex）等，极端嗜热菌则多数为古生菌。这些微生物的发现地都是些高温区域，如在美国黄石国家公园的含硫热泉分离到 1 株嗜热兼性自养细菌——嗜热硫化叶菌（Sulfolobus acidocaldarius），该菌可在 90℃ 以上高温条件下生长。在意大利一个海底火山口附近，发现能在 110℃ 生活的古细菌，鉴定属于产甲烷嗜高热菌属（Methanopyrus），这些微生物在 98℃ 生长最好，当温度低于 84℃ 时停止生长[6]。

目前已知的高温菌中能分泌纤维素酶的菌株亦有不少，其纤维素酶活性的最适反应温度均可达到 60℃ 以上，最高的在 115℃ 也能有很好的酶催化能力（表 4-1）。如上文所述的嗜热硫化叶菌（Sulfolobus acidocaldarius）能分泌大量的 β-葡萄糖苷酶。Acharya 和 Chaudhary[12] 从印度热泉中分离得到的热纤梭菌，其分泌的纤维素酶最适反应温度为 60℃。古细菌中的火球菌属（Pyrococcus）分泌的纤维素酶能在 102～105℃ 的高温环境发挥最大的活性。海栖热袍菌（Thermotoga maritima）产生的纤维二糖酶需在 115℃条件下反应。嗜热厌氧古菌（*Anaerocellum thermophilum*）分泌的纤维素酶能在 85～95℃条件下水解微晶纤维素。

表 4-1　嗜热微生物及其分泌的纤维素酶

嗜热菌株	嗜热酶	最适温度/℃	最适 pH 值	热稳定性	参考文献
酸热脂环酸芽孢杆菌 （*Alicyclobacillus acidocaldarius*）	内切葡聚糖酶	80	4.0	80℃孵育 1 h 后， 仍保持 60%酶活性	[7]
食物芽孢杆菌 （*Bacillus cibi*）	纤维素酶	65	—		[8]
枯草芽孢杆菌 （*Bacillus subtilis*）	内切葡聚糖酶	65	6.8	40～70℃ 相对酶活性＞60%	[9]
灰腐质霉 （*Humicola grisea*）	纤维素酶	75	5.0	75℃孵育 10 min 仍保持 80%酶活性	[10]
类芽孢杆菌 （*Paenibacillus*）	纤维素酶	65	—		[8]
瓶霉属 （*Phialophora* sp. G5）	纤维素酶	60	6.0	70℃孵育 1h 可保持 85%酶活性	[9]
罗氏杆菌属 （*Rhodanobacter*）	纤维素酶	65	—		[8]
总状共头霉 （*Syncephalastrum racemosum*）	纤维素酶	70	6.0	80℃孵育 1h 可保持 50%酶活性	[9]
海栖热袍菌 （*Thermotoga maritima*）	内切葡聚糖酶	80	—	80℃孵育 18h 仍保持 100%酶活性	[11]

4.1.2.3　低温环境

海洋覆盖着地球上约 2/3 的面积，而陆地面积中 1/5 属于南北极，这些地方的平均温度都很低，如深海底层的平均温度为 2～5℃，南北极则常年被冰雪覆盖。在这些低温环境中，也存在着丰富的微生物资源。人类在很早以前就知道在低温条件下有微生物存在。然而，Schmidt-Nielson 于 1902 年才提出嗜冷微生物（psychrophile）的概念，他将能在 0℃条件下生长繁殖，最适生长温度≤15℃的微生物定义为嗜冷微生物。随后研究人员认为最适生长温度不高于 25℃，最高生长温度低于 35℃，并在 0℃能保持低速生长的微生物为耐冷微生物（psychrotolerant）[13]。嗜冷微生物的主要来源是南极地区和北极地区的土壤，还有一些分离于高山、冰川、冻土及深海底泥。目前发现的低温环境下的微生物菌株有细菌类，包括交替假单胞菌属（*Pseudoalteromonas*）、莫拉克斯氏菌属（*Moraxella*）、嗜冷杆菌属（*Psychrobacter*）、极地单胞菌属（*Polaromonas*）、嗜冷弯曲菌属（*Psychroflexus*）、极地杆菌属（*Polaribacter*）、弧菌属（*Vibrio*）、节细菌属（*Arthrobacter*）、芽孢杆菌属（*Bacillus*）和微球菌属（*Micrococcus*）；古生菌，如产甲烷菌属（*Methanogenium*）、甲烷类球菌属（*Methanococcoides*）和盐红菌属（*Halorubrum*）；酵母类，如假丝酵母属（*Candida*）和隐球酵母属（*Cryptococcus*）；霉菌类，如青霉属（*Penicillium*）和芽枝霉属（*Cladosporium*）[14]。

低温微生物的耐低温、高增长速率和高繁殖速率等特点使其产生的低温酶在低温条件下具有催化能力强、催化效率高和最适温度低等特性，低温热处理可使酶失活，并终止反应，从而节约时间和生产成本，容易管理和监控。因此，低温酶在低温环境工业和医药生产等方面有着广阔的应用前景。低温酶在低温条件下的高催化效率是由于几方面的生化特性：a. 低温酶在低温下的催化效率高，可提供给生物充分的代谢活力；b. 低温酶具有的结构特性促进了酶活性位点与底物之间结合的能力并能降低活化能；c. 低温酶柔顺且松散的结构，可使得蛋白质的柔韧性较高、热稳定性较低。

目前，能生产纤维素酶的嗜冷微生物种类比较丰富（表 4-2）。如 1996 年，Hayashi 等[15] 首次报道了低温真菌枝顶孢菌属（*Acremonium alcalophilum*）能分泌低温纤维素酶。随后，研究人员发现能产内切-β-葡聚糖酶的嗜冷酵母（*Rhodotorula glutinis*）。Ramesh 等在喜马拉雅山脉西侧分离得到的类芽孢杆菌（*Paenibacillus*）和假单胞菌（*Pseudomonas*）都能够分泌低温纤维素酶。同时，在一些常见的人类生活环境中，如沼气池中，也分离得到 1 株梭菌（*Clostridium*）能在 5℃ 条件下生长繁殖，其分泌的羧甲基纤维素酶（CMCase）在 0℃ 以下具有活性[14]。

表 4-2　嗜冷微生物及其分泌的纤维素酶 [14]

菌株	生产的酶	最适生长温度/℃	最适 pH 值
枝顶孢菌属 （*Acremonium alcalophilum*）	羧甲基纤维素酶	40	7.0
节杆菌属 （*Arthrobacter*）	β-葡萄糖苷酶	35	—
芽孢杆菌 （*Bacillus* sp. N2a BNC）	过氧化氢酶	25	6～11
梭菌属 （*Clostridium*）	内切葡聚糖酶、β-葡萄糖苷酶 和滤纸纤维素酶	20	5～6
产琥珀酸丝状杆菌 （*Bacteroides succinogenes*）	内切葡聚糖酶	25	5.5
南极红酵母 （*Glaciozyma antarctica*）	壳多糖酶	15	4
类芽孢杆菌 （*Paenibacillus* sp. C7）	β-葡萄糖苷酶	30～35	7～8
类芽孢杆菌 （*Paenibacillus* sp. BME-14）	内切葡聚糖酶	35	6.5
假单胞菌属 （*Pseudomonas* sp. MB-1）	内切葡聚糖酶	35	4.5
铜绿假单胞菌 （*Pseudomonas aeruginosa*）	脂肪酶	5	6～7
希瓦氏菌属 （*Shewanella* sp. G5）	β-葡萄糖苷酶	37	8.0

4.1.2.4　酸性环境

酸性环境一般是指含硫温泉和土壤，金属硫矿床、酸性煤矿水、滤沥和硫质裂隙域等，这些环境中的 pH 值一般为 1.0～4.0。这些环境下生存的微生物被称为嗜酸微生物（acidophiles）。多数嗜酸微生物隶属于嗜热酸古菌属（*Acidianus*）、硫化叶菌属（*Sulfolobus*）、硫黄球形菌属（*Sulphurisphaera*）、硫杆菌属（*Acidithiobacillus* spp.）、硫化杆菌属（*Sulfobacillus* spp.）、嗜酸热硫化叶菌（*Sulfolobus acidocaldarius*）和硫黄球菌属（*Sulfurococcus*）等。嗜酸菌的最适生长 pH 值为 2.0～3.0。嗜酸耐热干燥嗜酸球菌（*Picrophilus torridus*）和大岛泰郎嗜酸球菌（*Picrophilus oshimae*）的最适生长 pH 值为 0.7，是目前已报道的最适生长 pH 值最低的嗜酸菌[16]。

酸性纤维素酶可以直接从嗜酸微生物中分离获得，这些酶的最适 pH 值为 1.0～4.0，称为嗜酸酶，多数嗜酸酶来源于嗜酸菌。嗜酸酶在燃料乙醇、酿酒、食品添加剂以及果汁加工等领域具有重要的应用价值。尤其是在饲料工业中，嗜酸酶可在动物胃肠道中发挥作用，降低抑制因子，促进饲料在动物胃肠道的吸收。相对于嗜热菌和耐盐嗜碱菌等，人们对嗜酸菌的了解还十分有限。目前只对少数几种菌的生理生化和分子遗传学特征进行了研究（表 4-3）。

表 4-3　嗜酸微生物及其所产纤维素酶

嗜酸菌株	嗜酸酶	最适温度 /℃	最适 pH 值	稳定性	参考文献
烟曲霉菌 (*Aspergillus fumigatus*)	纤维素酶	65	2	ND	[17]
双孢菌属 (*Bispora* sp. MEY-1)	木聚糖酶	85	3	pH=1.5～6.0 孵育 1h 后保持 80％活性	[18]
白腐真菌 (*Irpex lacteus*)	纤维二糖水解酶	50	5.0	pH=3.0～8.0 相对酶活大于 80％	[19]
嗜热毁丝霉 (*Myceliophthora thermophila*)	内切葡聚糖酶	60	5.0	pH=4.0～7.0 相对酶活大于 80％	[20]
费希新萨托菌 (*Neosartorya fischeri*)	β-葡萄糖苷酶	80	5.0	pH=4.5～5.5 相对酶活大于 80％	[21]
绳状青霉 (*Penicillium funiculosum*)	β-葡萄糖苷酶	60	5.0	pH=1.5～7.0 孵育 1h 仍有 77％活性	[22]
里氏木霉 (*T. reesei*)	内切葡聚糖酶	55	4.5	—	[23]
热丝菌属 (*Thermofilum pendens*)	β-葡萄糖苷酶	90	3.5	—	[10]

注：ND 表示未检出。

4.1.2.5　碱性环境

能在 pH＞9.0 的环境下生长繁殖的微生物一般称为嗜碱微生物（alkaliphiles）。这些碱性环境，如碱湖及一些碱性泉、海洋和土壤中，甚至某些中性环境中，都含有嗜碱微生物。高 pH 值环境，如碱水泉中，曾分离得到一株黄杆菌（*Flavobacterium*），该菌能在 pH=11.4 的条件下良好生长。碱性的环境，如棉浆废水、碱性盐湖和盐碱土样中分离到涅斯捷连科氏菌属（*Nesterenkonia*），能在碱性环境条件下生长[5]。

碱性微生物具有独特的生理特性，能够改变周围环境的酸碱度，使之适合自身的生长繁殖。无论培养基的初始 pH 值为 6 或 11，培养数日后，都会逐渐转变成碱性微生物所需的最适 pH 值。碱性微生物生长过程中，Na^+ 对其生长发育影响比较大，培养基中加入少量的 NaCl，菌体生长速度会增加 2~3 倍。

20 世纪后期，研究人员发现了嗜碱微生物在食品、化工、造纸和环保等领域都有重要应用。目前已知的能产碱性纤维素酶的微生物有枝顶孢属（*Acremonium*）、交链孢菌属（*Alternaria*）、青霉菌属（*Penicillum*）、漆孢菌属（*Myrothecium*）、木霉属（*Trichoderma*）、芽孢杆菌属（*Bacillus*）和链霉菌属（*Streptomyces*）等（表 4-4）[5]。

表 4-4　嗜碱微生物及其所产纤维素酶[5]

嗜碱菌	嗜碱酶	最适温度/℃	最适 pH 值	酸碱稳定性
芽孢杆菌 （*Bacillus* sp. HMTS15）	甘露聚糖酶	75	10	pH=12 时仍有 25% 活性
灰腐质霉 （*Humicola grisea*）	纤维二糖水解酶	60	8.0	pH=8.0 孵育 6h 后仍有 100% 活性
暗球腔菌属 （*Phaeosphaeria*）	内切葡聚糖酶	60~65	8.0	pH=5.0~10， 相对酶活大于 75%
橘青霉 （*Penicillium citrinum*）	纤维素酶	50	8	—
微白黄链霉菌 （*Streptomyces albidoflavus*）	蛋白酶	40	9	pH=6~11 条件下稳定

日本最早开始碱性纤维素酶的应用研究，研究人员分离了多株碱性纤维素酶生产菌株，其中多数为芽孢杆菌属，如芽孢杆菌 N-1 和 N-4 菌株、KSM-522 和 KSM-635 等。其中对 KSM-635 的研究最多，菌株改造效率最高，该菌经过一系列的培养和诱变改造，纤维素酶的产量上升至每升发酵液产 20~25g 酶，成为第一个报道的工业化生产的产碱性纤维素酶的菌株[24]。

我国对产碱性纤维素酶的微生物的研究还处于初级阶段。山东大学微生物研究所从碱性土样中分离到芽孢杆菌 074，该菌在 pH=9.0 条件下能分泌高活性的纤维素酶。中国科学院微生物研究所从我国天然碱湖样品中分离筛选到嗜碱性芽孢杆菌 N6-27，该菌在 pH=9.8 条件下具有最高的产酶活性。沈阳药科大学从贵州、云南、海南和四川等地采集的碱性土壤样品中，分离筛选得到嗜碱芽孢杆菌 AH28，该菌分泌的碱性纤维素酶的最适反应 pH 值为 10.0[24]。

4.1.2.6　高盐环境

高盐环境一般指盐浓度≥0.2mol/L NaCl 的环境，如晒盐场、盐湖、腌制品以及世界上著名的死海。在这些高盐环境中生长繁殖的微生物称为嗜盐微生物（halophiles）。根据耐盐的浓度高低，又可分为轻微嗜盐菌，一般可耐受 0.2~0.85mol/L NaCl；中度嗜盐菌，可耐受 $0.85\sim3.4\text{mol/L}$ NaCl；高度嗜盐菌，可耐受 $3.4\sim5.1\text{mol/L}$ NaCl。在中低盐环境中，微生物菌群以真菌和细菌为主；而在高盐环境中，古菌占的比例较大。目前已经从不同环境中发现多种嗜盐菌，如盐杆菌（*Halobacterium*）和盐球菌属（*Halococcus*）等。细菌类包括外硫红螺菌属（*Ectothiorhodospira*）、芽孢杆菌属（*Bacillus*）、色盐杆菌属（*Chromohalobacter*）和盐单胞菌属（*Halomonas*）等；真核嗜盐微生物有杜氏藻属（*Dunaliella*）等（表 4-5）[5]。

表 4-5　嗜盐微生物及其所产酶蛋白 [5]

嗜盐菌	嗜盐酶	最适温度/℃	最适 pH 值	耐盐度
芽孢杆菌属 （*Bacillus* sp. BG-CS1）	纤维素酶	55	ND	2.5mol/L NaCl
色盐杆菌属 （*Chromohalobacter* sp. LY7-8）	脂肪酶	60	9	0～20% NaCl
涅斯捷连科氏菌属 （*Nesterenkonia*）	淀粉酶	45	7～7.5	3～4mol/L NaCl
帚霉属 （*Scopulariopsis candida*）	甘露聚糖酶	50	5	20% NaCl 孵育 2h 仍保持 70% 活性
厌氧嗜热杆菌 （*Thermoanaerobacterium saccharolyticum*）	木聚糖酶	63	6.4	12.5% NaCl 最适酶活
枝芽孢菌属 （*Virgibacillus* sp. EMB 13）	蛋白酶	50	7.5	15% NaCl

4.1.2.7　其他环境

（1）昆虫肠道

昆虫肠道中存在大量的共生微生物菌群，这些微生物含有能帮助昆虫高效降解木质纤维素的菌株。关于昆虫肠道共生微生物，国内外对白蚁肠道的微生物类群研究较多，分离得到的产纤维素酶的微生物主要有厚壁菌门（Firmicutes）、拟杆菌门（Bacteroidetes）、螺旋体门（Spirochaetes）、变形菌门（Proteobacteria）、褐腐菌（brown-rot fungi）、出芽短梗霉（*Aureobasidium pullulans*）和绿色木霉（*T. viride*）等。通过对 Genebank 数据库的基因组数据分析，白蚁肠道中克隆得到糖苷水解酶家族（glycoside hydrolase，GH）的纤维素酶基因片段，包括 GH9 内切纤维素酶（AAK12339、ACI45756、ADB12483、BAA28815、BAA31326、BAA34120 和 BAD66681）、GH5 和 GH45 内切纤维素酶基因片段（BAA98029-BAA98049、BAD90558、BAF57288-BAF57293、BAF57326-BAF57341、BAF57361-BAF5737、BAF57413-BAF57415 和 BAF57456-BAF57461）和 GH1 葡萄糖苷酶编码基因（BAB91145）。除了白蚁外，研究人员也从天牛（*Apriona germari* 和 *Psacothea hilaris*）的基因组中克隆到 GH5 和 GH45 内切纤维素酶基因（AAN78326、AAR22385、AAU44973、AAX18655 和 BAB86867）；从马铃薯瓢虫肠道中筛选得到一株酶活性相对较高的芽孢杆菌属（*Bacillus* sp.）菌株 B-12，产酶发酵液中的内切纤维素酶活力（CMCase）为 111.710 U/mL，滤纸酶活力（FPA）为 35.017U/mL，β-葡萄糖苷酶活力（BG）为 116.799 U/mL[25]。

（2）动物胃肠道

自从 1975 年 Orpin 首次证实山羊瘤胃中存在厌氧真菌后，国内外学者又从许多草食动物，如奶牛、黄牛、骆驼和牦牛等的消化道和其他环境中发现并分离出 10 多种厌氧真菌。这些厌氧真菌包括厌氧鞭菌属（*Anaeromyces*）、瘤胃真菌属（*Caecomyces*）、枝梗鞭菌属（*Cyllamyces*）、新美鞭菌属（*Neocallimastix*）、根囊鞭菌属（*Orpinomyces*）和梨囊鞭菌属（*Piromyces*）等[26]。

（3）动物粪便

研究人员从动物的粪便中也分离得到能降解纤维素的微生物，并对这些微生物产生的纤维素酶进行酶学性质分析。延安市宝塔区杨家湾牛粪堆积地和秸秆的腐殖土中初步筛选到 17 株纤维素降解菌，经培养和筛选，获得 8 株高效分解纤维素的菌株。牛羊粪堆肥中筛选出一株纤维素降解菌 *Aspergillus* sp. YN1，优化后该菌的 CMC 酶活力和滤纸酶活力分别达到 0.53U/mL 和 0.15U/mL。青藏高原采集的牦牛粪中经过 CMC 平板分离得到 1 株产低温纤维素酶能力较强的放线菌 T 链霉菌属（*Streptomyces* sp.），该菌所产生的低温 CMC 酶活力高达 145U/mL，最适产酶温度 25℃[4]。

4.1.3　筛选方法

4.1.3.1　直接分离法

将采集到的样品混合均匀，平铺于无菌纸上。采用对角线取样法，取 3～5g 土样，混匀后从中称取 0.5g 倒入装有 5mL 无菌水的长试管中。摇床振荡 30min，将菌株充分洗脱，静置 5～10min。取 1mL 试管中的水样通过梯度稀释法稀释至 10^{-1}、10^{-2}、10^{-3}、10^{-4} 和 10^{-5}，分别取 200μL 涂布于细菌分离培养基（牛肉膏、蛋白胨、琼脂培养基）、酵母菌分离培养基（葡萄糖酵母培养基）与真菌分离培养基（马铃薯、葡萄糖培养基）上。为防止细菌生长，在分离酵母菌与真菌时，在培养基中添加一定浓度的抗生素，如链霉素、β-内酰胺抗生素及氨基糖苷类抗生素等。每个样品需在同样的培养基上重复划线 5 次或以上，以确保单菌分离成功。在分离细菌时，添加一定量的抗真菌抗生素，如制霉菌素、两性霉素等，以抑制真菌生长，有利于细菌的分离。

4.1.3.2　富集分离法

将采集的样品取样，分别置于用于细菌、酵母菌和真菌培养的液体培养基中，在相应的温度下培养适当的时间，再进行划线分离。

4.1.3.3　极端微生物的分离

极端微生物是在特殊环境中形成的一类特殊微生物，在分离这类微生物时，需考虑它们生长繁殖所需的特殊条件，以设计培养条件。如分离嗜热微生物时，可将培养温度慢慢提高至适当的条件，如有些菌株的最适生长温度可高达 80℃甚至以上；而一些嗜盐微生物培养基中盐的浓度可达 0.25mol/L[5]。

4.2　高产纤维素酶生产菌株的选育

目前，制约生物质高效生物炼制的一个关键技术瓶颈是纤维素酶使用成本过高，这主要由纤维素酶转化效率不高、稳定性不强、工业生产能力不足等因素引起，造成其使用成本过高，严重影响纤维素酶在生物质转化中的应用。目前产纤维素酶的微生物菌株的筛选方法主要局限于可培养的微生物菌株。由于培养条件的限制，目前分离得到的环境微生物只占自然微生物总量的 1%，绝大多数环境微生物的分离培养难以实现。此外，筛选获得的微生物因其产量或特性都难以达到工业应用水平。因此，研究人员往往对筛选得到的纤维素酶生产菌株进行进一步的驯化选育，以提高酶的产量或改变酶的酶学性质，最终达到工业化应用的目的。目前工业上使用的纤维素酶生产菌株多数是经过这种方法获得的。

4.2.1　理化诱变育种

理化诱变育种是一种传统的菌株遗传改良的方法，该方法使用物理、化学或生物诱变剂对微生物的孢子或细胞进行处理，诱发产生遗传基因突变，通过合适的筛选方法有目的性地获得正向突变株。诱变育种有效地避免了漫长的驯化过程，大大缩短了育种时间。尽管现代分子生物学技术的发展为物种改良提供了有利的手段，但传统的理化诱变育种技术仍具有不可或缺的作用[2]。

长期的研究实验结果显示，微生物菌株经过同一诱变剂多次处理后会产生"疲劳效应"，引起菌株生长周期延长、孢子数量减少和代谢速率减慢等问题，这对发酵工艺的控制不利。研究发现，诱变剂的复合处理具有协同作用，诱变后菌株生长速率加快，产酶能力得到提高，多次传代后菌株性状仍保持稳定，比单因子诱变效果好。因此，往往采用几种诱变剂复合处理、交叉使用的方法进行菌株诱变。常用的诱变方法，根据诱变的原理可以分为物理诱变、化学诱变和生物诱变。

4.2.1.1　物理诱变

物理诱变，即采用物理诱变剂如紫外线、X 射线、α 射线、快中子、^{60}Co γ 射线和离子注入等，使菌株发生随机突变。这些诱变作用可以引起碱基转换、颠换、移码突变或缺失，即所谓的诱变。紫外线照射作用能使被照射物质的分子或原子中的内层电子能级提高，并产生多个生化反应，包括：

① DNA 链和氢键的断裂；
② DNA 分子间（内）的交联；
③ 嘧啶的水合作用；
④ 形成胸腺嘧啶二聚体；
⑤ 造成碱基对转换；

⑥ 修复后造成差错和缺失。

紫外线诱变处理常用的有效波长为 200～300nm，最适波长为 254nm，该波长下核酸具有最大吸收峰。DNA 和 RNA 的嘧啶基团吸收紫外光后，DNA 分子形成嘧啶二聚体。二聚体的出现会减弱双键间氢键的作用，引起双链结构扭曲变形，中断碱基的正常配对，从而引起碱基有益突变或致死突变。此外，嘧啶二聚体结构阻碍 DNA 双链的解旋作用，进而影响后续 DNA 复制和转录[2]。

离子束是一种新兴的物理诱变技术，是由中国科学院等离子体物理研究所于 1986 年开创的。该方法的诱变原理是微生物在核能离子注入后，产生不同程度的损伤，大到整个细胞形态和各种亚细胞结构的变化，小到组成细胞的生物大分子的变形，从而形成基因突变。离子束对生物体产生集能量沉积、动量传递、质量沉积和电荷中和与交换于一体的联合作用[27]。因此，与其他的诱变源相比，离子束诱变技术可以获得更高的突变率和更广的突变谱。通过改变能量、质量、电量和剂量，形成多种组合可能，在不同的作物及菌种的诱变育种中均可发挥相应的作用。

4.2.1.2　化学诱变

化学诱变，即应用一些能够导致突变的化学诱变剂，如烷化剂、碱基类似物、脱氨剂、亚硝基胍、亚硝酸或硫酸二乙酯等，对产酶微生物进行诱变处理。化学诱变的作用机制是诱变剂与 DNA 发生化学作用，诱变剂往往具有很强的专一性，它们只识别基因的某些特定位点，导致该位点邻近碱基发生突变，而对其他部分则没有影响。例如，用亚硝酸作为诱变剂处理微生物，可引起 DNA 中的碱基转换，原理在于亚硝酸促使碱基发生氧化脱氨作用，使腺嘌呤（A）变成次黄嘌呤（I），使胸腺嘧啶（T）变成尿嘧啶（U），从而达到基因突变的目的。亚硝酸亦可使鸟嘌呤（G）变成黄嘌呤（X），但黄嘌呤的产生不会引起基因突变[2]。

4.2.1.3　生物诱变

生物诱变指的是通过生物调控和改造技术对纤维素酶的基因序列或合成途径进行干预和改变。相对于物理诱变和化学诱变，生物诱变剂的种类较少，以噬菌体和寡核苷酸介导的诱变手段为主。

4.2.1.4　理化诱变实例

通过诱变育种改造纤维素酶生产菌株的生产性能的研究不断有新的报道。从纤维素酶研究历史来看，目前使用的许多高酶活菌株大多数都是通过诱变的方法获得的。其中最具代表性的纤维素酶生产菌株是里氏木霉（T. reesei）突变株 Rut C-30，该菌株是以 Eveleigh 等于 1979 年自所罗门群岛上分离的里氏木霉野生型菌株 T. reesei QM6a 为出发菌株，经过多种诱变技术处理而得到的，诱变方法包括紫外光照射诱变和化学诱变。研究人员首先对 QM6a 原始菌株进行紫外光照射诱变，以碳源代谢降解阻遏作为筛选指标，得到降解阻遏缺陷型突变株 M7。随后，利用化学诱变剂 N-亚硝基胍对 M7 进行二次诱变处理，分离得到突变株 NG-14，该菌株具有抗阻遏特性及较强的纤维素酶分泌能力。随后再次对 NG-14 进行紫外光照射诱变，以纤维素酶合成量与抗 2-脱氧葡萄糖为筛选指标，获得最终菌株 Rut C-

30。该突变株生产的纤维素酶分解纤维素的能力比野生型菌株更强，且纤维素酶基因的表达不受葡萄糖阻遏作用[28]。此外，通过诱变方法获得的优良菌株还有QM9414、CL847、RL-P37 和 MCG-80 等。

我国常以里氏木霉（*T. reesei*）QM9414 作为其他酶活力的出发菌株。研究人员将菌株经过 *N*-甲基-*N'*-硝基-*N*-亚硝基胍（MNNG）处理和紫外照射诱变后，在含有亚致死浓度的溴化乙锭（EtBr）和 MNNG 选择性培养基上培养，筛选获得的融合子纤维素酶产量比只经过单一诱变处理的菌株更高。针对其他丝状真菌的诱变工作也有许多，这些菌株包括青霉（*Penicillium*）、曲霉（*Aspergillus*）、腐质霉（*Humicola*）和绿色木霉（*Trichoderma viride*）等。研究人员以青霉属菌株 *Penicillium echinulatum* 为出发菌株，在氧化氢诱变剂处理后，在液体培养时添加 2-脱氧葡萄糖进行筛选，获得具有一定抗阻遏能力的纤维素酶高产突变株[29]。青霉（*Penicillium*）原始菌株 HK-003经过亚硝基胍和羟胺复合诱变，获得 1 株高产稳定的纤维素酶产酶菌株 LX-435，其产酶能力由原来的 200U/mL 提高到 415U/mL[30]。研究人员对黑曲霉（*Aspergillus niger*）菌株先后进行原生质体理化复合诱变、氮离子注入技术处理，诱变产生的突变菌株产 β-葡聚糖酶活力是亲本株的 7 倍[31]。将黑曲霉（*Aspergillus niger*）F1 先后经过紫外线、亚硝基胍和硫酸二乙酯复合诱变处理，选育出 1 株纤维素酶活性显著提高的突变株，该菌株产 CMC 酶活力为出发菌株的 1.5 倍。采用离子束注入技术结合原生质体紫外照射对特异腐质霉（*Humicola insolens*）H31-3 进行诱变，筛选后得到正突变菌株 H14-2，最终使 CMC 酶活力和滤纸酶活力较原始菌株提高了 78.57% 和 106.81%[32]。

4.2.2　原生质体融合育种

原生质体融合（protoplast fusion）技术是指用人工的方法将两个或多个异源细胞分别去除细胞壁后，生成的原生质体或原生质球进行接触并发生融合，细胞间的基因组进行交换重组，并形成一个新的杂交细胞的现象。原生质体融合技术可以在同一种内进行，也可以在不同种间或属间进行，该技术甚至可以将毫无关联的不同生物体细胞融合在一起，是细胞遗传物质改造的有力手段（图 4-1）。许多学者尝试对不同种属来源的纤维素酶系之间的亲和性和多态性进行研究，希望通过细胞融合的方法，获得能分解纤维素的稳定的杂交菌株。与其他育种技术相比，原生质体融合技术具有重组频率高、受结合型或致育型限制小、遗传物质传递完整、不需要完全了解作用机制等特点，被微生物育种学者广泛采用。

原生质体融合技术起源于 20 世纪 60 年代，Karski 研究小组发现不同类型的动物细胞在培养过程中会发生自发整合现象。同年，Okada 发现了仙台病毒诱发内艾氏腹水癌细胞的整合现象。1974 年，Ferenczy 成功将原生质体融合技术首次应用于微生物中，将两个营养缺陷型突变株 *Geotrichum* 进行融合。1979 年，Pesti 首先报道了整合技术提高青霉素产量，使该技术成为工业微生物育改良的重要手段之一[33]。近年来，原生质体融合技术得到了不断发展和完善，如灭活原生质体融合和离子束细胞融合等新技术的相继提出与应用。

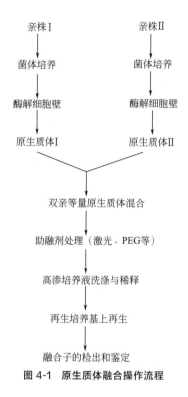

亲株Ⅰ　　　　　　　　亲株Ⅱ

菌体培养　　　　　　　菌体培养

酶解细胞壁　　　　　　酶解细胞壁

原生质体Ⅰ　　　　　　原生质体Ⅱ

双亲等量原生质体混合

助融剂处理（激光、PEG等）

高渗培养液洗涤与稀释

再生培养基上再生

融合子的检出和鉴定

图 4-1　原生质体融合操作流程

4.2.2.1　原生质的制备与再生

原生质体的融合过程可见图 4-1。微生物细胞的细胞壁被除去，变成只有细胞膜包被细胞质的状态，称为原生质体。细胞壁的去除方法主要有机械法（包括研磨和超声波等）和酶解法（利用各种酶处理溶解细胞壁）。目前酶解法被广泛采用。由于不同微生物细胞壁的组成不同，所使用的去细胞壁酶也不尽相同。一般情况下，放线菌和细菌的原生质制备，主要采用的去细胞壁酶为溶菌酶。苏云金芽孢杆菌（*Bacillus thuringiensis*）的细胞壁上含有溶菌酶、壳多糖酶与蛋白酶等的抗体，难以被上述去细胞壁酶所降解，却能被自身分泌的溶壁酶所降解。长双歧杆菌经过变溶菌素（mutanolysin）处理后，细胞壁被去除。酵母菌和丝状真菌的细胞壁结构较细菌复杂，一种酶往往不能达到去除细胞壁的目的，常使用复合酶进行处理，较为常用的去细胞壁酶有蜗牛酶、壳多糖酶、消解酶和纤维素酶等。

影响原生质体制备与再生的因素有很多，其活性及再生能力与原生质体的形成过程有着密切的联系。主要的影响因素有酶解浓度与时间、细胞的生长时间与生理状态、渗透压稳定剂。

（1）酶解浓度与时间

有研究表明，在一定范围内，酶的浓度、酶解时间与原生质体的形成率成正相关，而与再生率则成反相关，即酶浓度越高，作用时间越长，则原生质体制备率就越高，但是酶解时间过长，彻底破坏了细胞壁组织，对再生率有着不利的影响。同时，各种破壁酶对细胞也有一定的毒害作用。因此，对于不同菌株，优化其酶解浓度和时间非常必要。因此，在进行原生质体制备前，首先需要确定适合原生质体制备与再生的最佳酶浓度和酶解时间。

（2）细胞的生长时间与生理状态

一般说来，有活性、可再生的原生质体的形成与菌体的生长时期和生理状态也有很大的关系。研究显示，处于对数生长期至稳定期的细胞，生长速度快，代谢旺盛，细胞壁中的肽聚糖含量较低，对酶的降解作用最敏感。因此对微生物的去细胞壁处理往往在细胞的对数生长期进行，在该生长阶段，能得到的原生质体数量最多，再生率也较高。

（3）渗透压稳定剂

去除细胞壁后，释放的原生质体主要以球状体形式存在。此时细胞对环境中的渗透压敏感，在低渗透压条件下，细胞极其容易破裂，因此必须在高渗的环境下才能保证原生质的稳定性。原生质体渗透压稳定剂主要有糖稳定液和盐稳定液两种。

① 糖稳定液的主要成分为蔗糖、木糖、甘露醇、山梨糖和纤维二糖醇等糖类和糖醇类物质，浓度范围为 $0.3\sim1.0\text{mol/L}$。糖稳定液可使酵母菌、细菌和放线菌等菌株的原生质体稳定。

② 盐稳定液则主要包括 NaCl、$MgSO_4$ 和 KCl 等盐类物质溶液，使用浓度为 1.0mol/L 左右，多数为丝状真菌的原生质体的稳定剂。

多数研究表明，蔗糖和甘露醇作为渗透压稳定剂时，原生质体的生成率更高[34]。

除了上述因素外，细胞的预处理、培养方式及再生培养基也对菌体原生质体的制备与再生具有一定的影响。如在真菌原生质体的再生培养基中添加特定营养因子，如酵母浸膏、水解酪蛋白及琥珀酸钠等物质，可能在细胞的再生过程起到前体物质的作用，或在代谢转换过程中能促进和加速细胞壁的生成，进而提高原生质体的再生率。同时，亦有多项研究表明，稳定液中 Ca^{2+} 和 Mg^{2+} 的存在可显著提高原生质体的再生率[34]。

4.2.2.2　原生质体融合

在自然条件下，原生质自然发生融合的频率非常低，在实际育种过程中需要采用人工方法诱导细胞的融合。微生物原生质体融合方法主要有化学法和物理法。

（1）化学法

化学法一般采用聚乙二醇（PEG）结合高 Ca^{2+} 诱导。1974 年，高国楠发现 PEG 能促进植物原生质体融合，当加入一定分子量的 PEG 时，融合效率能提高 1000 倍以上。PEG 的功能主要是作助融剂，在相邻的细胞膜之间建立引桥，改变细胞的流动性，降低细胞膜表面势能，促使细胞膜镶嵌的蛋白质发生凝聚，进而暴露出可以进行融合的磷脂双分子层区域。分子量为 1000～6000 的 PEG 都是有效的助融剂，质量分数可以保持在 40％～60％左右，不同分子量的 PEG 溶液在相同质量分数时基本是等效的。PEG 的分子量与浓度越高，产生的细胞毒素和黏度也越高。一般情况下，细菌原生质体整合多用 PEG 6000，质量分数在 40％左右。链霉菌则常用 PEG 1000 作为助融剂，而真菌则使用 PEG 4000 和 PEG 6000。除了分子量与质量分数外，助融剂的诱导时间也需进行控制。加入助融剂后，融合即开始发生，融合时间一般控制在几分钟至半小时左右，时间越长对细胞毒性越大。除了 PEG 方法外，人们还发现磷酸盐、高级脂肪酸衍生物和脂质体等也能使原生质细胞凝集并融合，但是效果不如 PEG。PEG 诱导方法以其低廉的实验成本和相对较高的融合率，在许多实验中被大量使用。

（2）物理法

物理诱导融合主要采用细胞电融合法（cell electrofusion），该方法是 Zimmermann 在 1978 年发现的，他采用电脉冲方法成功诱导了细胞融合。日本科学家在 1979 年利用电场刺激实现了植物细胞的融合。随后几年里，这种新的融合手段从动植物扩展至微生物的原生质体融合研究[35]。与 PEG 化学法相比，电场诱导法也是一种非常高效的细胞融合方法，且操作简单，电参数容易精确调节控制，没有化学毒性，对细胞损伤小，可应用于许多不同种类的细胞。

另一种物理法是激光诱导法。1984 年，Schierenberg 首次报道利用微束激光进行细胞融合的实验。1987 年，德国海德堡理化研究所使用准分子激光器诱导动物细胞融合和植物原生质体融合[35]。虽然激光方法得到成功应用，然而该方法使用的设备非常昂贵，对操作技术要求很高，不常用于微生物的改造。

4.2.2.3 融合子的鉴定与筛选

原生质体融合后，得到的融合子需要与亲本细胞的菌落进行分离。为了有效地分离得到融合子，通常会对亲本菌株细胞进行遗传标记，以减少筛选的工作量。常用的融合标记方式有营养缺陷型标记筛选、灭活标记筛选、抗药物标记筛选、利用荧光染色标记筛选和利用生理特征标记筛选等，其中纤维素酶的筛选方法以营养缺陷型标记筛选为主。

（1）营养缺陷型标记筛选

营养缺陷型标记筛选，即亲本菌株丧失合成某种营养物质的能力，无法在基本培养基上生长，只有双亲原生质体发生融合后，亲本菌株的遗传物质得以互补后才可以在基本培养基上生成菌落，从而获得有效融合子。例如大肠杆菌（*E. coli*）精氨酸缺陷型菌株 W4183（Arg⁻）与亮氨酸缺陷型菌株 Fu20-1（Leu⁻）进行融合，可以在不添加精氨酸与亮氨酸的基本培养基上生长的融合子，才可能是有效的融合子[36]。同样的方法，赖氨酸缺陷型长城葡萄酒酵母（*Saccharomyces ellipsoideus*）L₁₃（Lys⁻）与肌醇缺陷型粟酒裂殖酵母（*Schizosaccharomyces pombe*）1685（Ino⁻）的融合，通过测定能够在基本培养基生长融合子的降酸能力判定有效的融合菌株[37]。

（2）灭活标记筛选

灭活标记筛选是指通过紫外照射、加热或某些化学试剂处理的方法对亲本原生质体进行灭活，使其丧失在再生培养基上再生的能力，待亲本原生质体融合后，生成的融合子损伤互补，可以在再生培养基上存活。如曾柏全等[38]将高产纤维素酶的青霉菌（*Penicillium*）Q5 与强抗逆性的枯草芽孢杆菌（*Bacillus subtilis*）K3 进行原生质体融合，利用双亲灭活原生质体筛选融合子，筛选得到 1 株 R62 菌株，保留了青霉的纤维素酶活性，同时在 pH＝8.0～10.0 条件下有较强的抗逆性。

4.2.2.4 原生质体融合技术在纤维素酶微生物育种的应用

原生质体融合技术在纤维素酶生产菌株改造方面的应用非常广泛，且成功获得性能改良的融合菌株的研究报道非常多。对两株哈茨木霉（*T. harzianum*）的同属原生质体进行融合，获得一系列的融合子，其羧甲基纤维素与 β-葡萄糖苷键的水解能力分别比亲本菌株提高了 41% 和 16%[39]。构巢曲霉（*A. nidulans*）与塔宾曲霉（*A. tubingensis*）的原生质体融合，得到的融合子的内切纤维素酶、纤维二糖水解酶、β-葡萄糖苷酶及滤纸酶活力均比亲本菌株有了显著提高。蛋白组学分析结果亦显示，该融合菌株的内切木聚糖酶、内切壳多糖酶及 β-葡萄糖苷酶的蛋白质表达水平有明显提高[40]。

里氏木霉（*T. reesei*）具有很强的外切纤维素酶和内切纤维素酶的分泌能力，然而其 β-葡萄糖苷酶的活力较低。其在水解纤维素时受到纤维二糖对纤维素酶的反馈抑制，而导致该菌纤维素水解能力的不足。黑曲霉（*Aspergillus. niger*）的特性则与里氏木霉相反，其纤维素酶的分泌能力不高，但其 β-葡萄糖苷酶的活力较强。因此，很多学者尝试将里氏木霉和黑曲霉进行原生质体融合，希望获得的融合菌株能够具有两个亲本菌株的优点，既遗传了里氏木霉大量合成外切纤维素酶和内切纤维素酶的生产能力，又获得了黑曲霉的高 β-葡萄糖苷酶活力，使两个远缘属种间的优势性能得到有效结合。尽管目前这一工作取得的进展不是很大，还没有获得遗传稳定的融合子，但是通过原生质体融合技术对亲缘关系较远的微生物菌株进行杂交仍是目前纤维素酶菌株的有效操作手段。

4.2.3　基因工程菌构建

自 1904 年发现纤维素酶以来，研究人员对纤维素酶进行了大量的研究。纤维素酶的大规模工业化应用在很大程度上受到酶活力低和制剂成本高的限制。纤维素酶基因的克隆表达为研究纤维素酶的生物合成和作用机制，了解纤维素酶系的遗传特性，构建高效纤维素酶生产菌株开辟了新的途径。

随着分子生物学技术和遗传工程的发展，通过基因工程途径对纤维素酶进行重组改造也取得一定的效果。基因工程技术是指在分子水平上对纤维素酶进行改造，快速定向地获得纤维素酶基因，构建高效纤维素酶生产菌株，并获得新的高比活力纤维素酶。改造后的纤维素酶的稳定性和催化活性都有较大提高，对提高纤维素酶的生产效率、降低工业化成本具有重要意义。目前，基因工程技术已经成为纤维素酶基因改造的有效手段，并且其在本领域获得了很大的进展。

4.2.3.1　纤维素酶基因的克隆与异源表达

纤维素酶基因克隆始于 20 世纪 70 年代末，自 1982 年 Whittle 等首次报道纤维单胞菌（*Cellulomonas fimi*）的纤维素酶基因被克隆以来，研究人员先后从细菌和真菌中发现并分离纤维素酶的基因。目前，已有数千条纤维素降解相关酶蛋白的氨基酸序列公布在 GenBank、欧洲分子生物学实验室（EMBL）核苷酸序列数据库和日本 DNA 数据库（DDBJ）等共享数据库中，研究人员将这些纤维素酶基因克隆、转化至细菌、酵母和真菌中，并获得了重组纤维素酶的高效异源表达。

（1）纤维素酶基因的克隆

目前纤维素酶的来源主要是微生物，包括细菌和真菌。这些纤维素酶随机分布在微生物的基因组染色体上，每一个基因都有调节基因表达的转录调节元件。细菌中编码纤维素酶的基因有些是单个基因随机分布，有些则形成一个基因簇连续分布在染色体基因组上。如来源于梭菌属的一些菌株（*Clostridium thermocellum*、*C.cellulovorans* 和 *C.acetobutylicum* 等）的纤维素酶编码基因簇最长可达 22kb，这些基因簇在菌株的体外形成称为纤维小体（cellulosome）的复合物，纤维小体往往含有多种木质纤维素降解酶，这些酶的共同作用可使木质纤维素水解成单糖。如热纤梭菌（*C. thermocellum*）的纤维小体中含有 9 个纤维素酶（CelA、CelB、CelD、CelE、CelF、CelG、CelH、CelN 和 CelP），这些酶同时锚定在微生物细胞表面形成突起状。除此之外，其他研究较为透彻的细菌纤维素酶基因主要来源于纤维素杆菌属（*Cellulomonas*）、高温单孢菌属（*Thermomonospora*）和梭菌属（*Clostridium*）。纤维素杆菌属至少含有 6 个内切纤维素酶和 1 个外切纤维素酶编码基因。而从高温单孢菌属中分离的纤维素酶编码基因中，含有 3 个内切纤维素酶（E1、E2 和 E5）、2 个外切纤维素酶（E3 和 E6）与 1 个同时具有内切纤维素酶与外切纤维素酶双功能酶的葡聚糖酶（E4）[41]。

细菌生产的纤维素酶主要有中性纤维素酶和碱性纤维素酶，同时还有许多嗜热菌分泌的耐高温纤维素酶（表 4-6）。这些纤维素酶在洗涤行业和造纸行业等具有广泛的应用潜力。研究人员从各种不同环境筛选获得各种各样的细菌，并从这些菌株的基因组克隆扩增纤维素酶基因，以期找到具有优良性能的纤维素酶。如从短小芽孢杆菌（*Bacillus pumilus*）H9 中克隆得到内切纤维素酶的编码基因，并对基因序列与酶的蛋白质结构进行分析预测。从地衣芽孢杆菌（*B.licheniformis*）GXN151 中克隆得到纤维素酶编码基因 *cel 12A*，该酶属于糖苷水解酶第 12 家族，与 GH12 家族中的其他内切-β-1，4-葡聚糖酶具有很高的相似性。Kim 等[42] 克隆嗜热菌（*Aquifex aeolicus*）VF5 的内切纤维素酶基因 *cel 8Y*，并在大肠杆菌中表达。从金孢菌属（*Chrysosporium lucknowense*）中也克隆获得具有强的热稳定性的外切葡聚糖酶基因 *cel 7A*。

表 4-6 细菌来源的纤维素酶成功克隆表达例子

供体菌株	基因纤维素酶	表达宿主菌株
巨大芽孢杆菌 （*Bacillus megaterium*）	内切纤维素酶	大肠杆菌 （*E.coli*）
地衣芽孢杆菌 （*B.licheniformis* GXN151）	内切纤维素酶 Cel12A	大肠杆菌 （*E.coli*）
多黏芽孢杆菌 （*B.polymyxa*）	β-葡萄糖苷酶	大肠杆菌 （*E.coli*）
短小芽孢杆菌 （*B.pumilus* H9）	内切纤维素酶	大肠杆菌 （*E.coli*）
枯草芽孢杆菌 （*B.subtilis*）	β-葡萄糖苷酶	毕赤酵母 （*P.pastoris*）
解糖热解纤维素菌 （*Caldicellulosiruptor saccharolyticus*）	内切纤维素酶	大肠杆菌 （*E.coli*）

续表

供体菌株	基因纤维素酶	表达宿主菌株
热纤梭菌 （*Clostridium thermocellum*）	内切纤维素酶	大肠杆菌 （*E. coli*）
金孢菌属 （*Chrysosporium lucknowense*）	外切纤维素酶	大肠杆菌 （*E. coli*）
交替假单胞菌 （*Pseudoalteromonas*）	内切纤维素酶	大肠杆菌 （*E. coli*）
腾冲嗜热厌氧杆菌 （*Thermoanaerobacter tengcongens*）	*β*-葡萄糖苷酶	大肠杆菌 （*E. coli*）
费氏弧菌 （*Vibrio fischeri*）	内切纤维素酶	大肠杆菌 （*E. coli*）

到目前为止，国内外用于研究生产纤维素酶的微生物多数属于真菌，因为真菌的 FPA 酶活力和 CMC 酶活力都高于细菌和放线菌。真菌中编码纤维素酶的基因位于染色体上，随机分布于各个基因组中，每个基因都有自己的转录调节单元。木霉属（*Trichoderma*）能大量分泌纤维素酶，其酶系比较齐全，对结晶纤维素有很好的酶解能力。研究得最多的当属里氏木霉（*T. reesei*），该菌株至少含有 2 个外切纤维素酶基因（*cbh1* 和 *cbh2*）、5 个内切纤维素酶基因（*eg1*、*eg2*、*eg3*、*eg4* 和 *eg5*）和 2 个 *β*-葡萄糖苷酶基因（*bgl1* 和 *bgl2*）[23]。除此之外，研究人员还尝试从其他丝状真菌克隆纤维素酶基因，包括曲霉属（*Aspergillus*）、腐质霉属（*Humicola*）、青霉属（*Penicillium*）、平革菌属（*Phanerochaete*）、双孢蘑菇（*Agaricus bisporus*）和粗糙脉孢菌（*Neurospora crass*a）等。

（2）纤维素酶表达宿主的选择

大肠杆菌（*E. coli*）是目前基因工程重组菌株中应用最广泛、研究最深入的模式菌株。为了丰富表达宿主的多样性，研究人员尝试将纤维素酶基因在其他细菌宿主进行表达，如枯草芽孢杆菌（*Bacillus subtilis*）、乳酸发酵短杆菌（*Brevibacterium lactofermentus*）和变铅青链霉菌（*Streptomyces lividans*）等。如来源于链霉菌（*Streptomyces*）的纤维素酶 Cel12A 分别在大肠杆菌与芽孢杆菌表达系统进行了表达，在前者的表达量极微，然而在后者中获得了可观的表达量。

真菌来源的纤维素酶基因在细菌表达宿主进行高效表达过程中会遇到蛋白酶水解与糖基化等问题，而导致纤维素酶无法正常折叠，引起纤维素酶活性降低甚至完全失活。因此，真核表达似乎是真菌来源纤维素酶基因表达宿主的最优选择。在工业生产中，亦趋向于选择真核细胞作为表达宿主，如毕赤酵母（*Pichia pastoris*）、酿酒酵母（*S. cerevisiae*）、米曲霉（*A. oryzae*）和黑曲霉（*A. niger*）等。其中应用最广泛的是酵母，因其产物高度糖基化，诱导表达水平高，能直接分泌到胞外，且在胞外的杂蛋白较少。因此，纤维素酶在酵母表达系统的应用研究最多（表 4-7）。

表 4-7 纤维素酶常用表达系统优缺点

纤维素酶来源		宿主菌株	表达水平	优点	缺点
同源表达系统	真菌	里氏木霉（*T. reesei*）	14000～19000mg/L 粗酶液	本体表达，分泌蛋白表达量高	不能区分外源与同本纤维素酶的作用
	细菌	枯草芽孢杆菌（*B. subtilis*）	—	可诱导表达，基因操作容易	需要营养丰富型培养基
		热纤梭菌（*C. thermocellum*）	—	可生成纤维小体，展示在细胞表面	表达水平低，其他蛋白干扰大
异源表达系统	细菌	大肠杆菌（*E. coli*）	11.2～90mg/L 纯蛋白	工业常用表达系统，遗传背景清晰，易基因操作	不能胞外分泌表达
	酵母	酿酒酵母（*S. cerevisiae*）	1000mg/L 粗蛋白	蛋白可分泌至胞外，可做表面展示，工业上常用宿主	高度糖基化

1）纤维素酶在大肠杆菌（*E. coli*）中的表达

大肠杆菌表达系统具有生长快、表达量高、生产成本低及基因操作成熟等优点，成为实验室与工业生产中最常用的表达宿主之一。纤维素酶基因的异源表达也最早开始于大肠杆菌表达系统。大肠杆菌表达外源基因产物的水平远高于其他表达系统，表达的目的蛋白量甚至能超过细菌总蛋白量的 30%。因此，它是目前应用最广泛的蛋白质表达系统。

表达系统中最重要的元件是表达载体，表达载体应当具有表达量高、稳定性好和适用范围广等优点。表达载体主要包括启动子、表达阅读框、终止子、复制起点以及抗性筛选标记等重要元件。目前已经构建了多种原核表达载体，这些原核表达载体通常都具有以下特点：

① 转录起始必需的启动子，大肠杆菌 RNA 聚合酶不能识别真核基因表达启动子，因此真核基因在原核宿主进行表达时，该基因编码序列必须插入大肠杆菌 RNA 聚合酶识别的启动子之后；

② 操纵子序列，为了控制目的基因在宿主细胞进入对数生长期之后才进行表达，大肠杆菌表达载体多数带有诱导型表达所需要操纵子序列以及相应的调控基因等；

③ 翻译起始所必需的核糖体识别序列，即结合原核生物核糖体的 SD 序列（shine-dalgarno sequence），该段序列与外源基因起始密码子之间间隔 7～13bp 时翻译起始效率最高；

④ 外源基因插入表达载体时所需的多克隆位点（multi-cloning sites，MCS）；

⑤ 基因克隆及筛选的所需序列，包括基因复制起始序列和抗性筛选标记等[43]。

启动子（promoter）是 RNA 聚合酶识别与结合的 DNA 序列。它包括两个核苷酸序列片段，即-35 区和-10 区的 4～10bp 的核苷酸片段。启动子决定转录的起始位点与转录的起始效率，是影响外源基因表达水平的关键因素。－35 区和－10 区顺序是启动子的结构要素，决定了启动子与 RNA 聚合酶的亲和能力。目前认为较强的启动子序列的－35 区和－10 区序列为 TTGACA 和 TATAAT。用于在 $E.coli$ 中表达重组蛋白的理想启动子不仅要能指导高效转录，保证目的蛋白的表达水平，而且外源基因的表达应被严格调控，以最大限度降低细菌的代谢负荷和外源蛋白的毒性作用。目前选用的启动子多为温度诱导或 IPTG 诱导表达。常用的启动子有 P_L、P_R、P_{trp}、P_{tac}、P_{lac}、T7、ara 和 $cadA$ 启动子等。这些启动子在诱导物诱导前基础表达水平很低甚至没有，当细菌生长到对数期，相应的诱导物可对基因进行诱导表达[44]。

SD 序列即核糖体结合位点。由 Shine 和 Dalgarno 最早于 1974 年发现，因此命名为 Shine-Dalgarno 序列，简称 SD 序列。通常是长度为 4～10bp 的富含嘌呤核苷酸的序列，它一般位于起始密码子上游 3～10bp 处。SD 序列与 16S rRNA 3′末端的富含嘧啶的序列互补，与核糖体结合而启动基因的翻译过程。SD 序列的结构及其与起始密码 AUG 之间的距离决定了核糖体结合位点（ribosome binding site，RBS）的结合强度，从而对氨基酸翻译效率产生显著影响。原核生物中，SD 序列的保守区域为 5′-UAAG-GAGGUGA-3′[43]。

在过去 20 年中广泛应用的大肠杆菌表达载体有 pGEX 系列、pQE 系列和 pET 系列。其中目前被应用最多的高效表达载体是 pET 系列表达载体，此系统是在大肠杆菌中表达外源蛋白最高效、产量最高、成功率最高的表达载体。pET 系统最初由 Studier 等构建，其表达原理主要是应用与启动子配套并且能高效转录特定基因的外源 RNA 聚合酶构建的 T7 RNA 聚合酶/启动子系统，使目的基因在有诱导物的存在下大量表达。然而，pET 表达系统过量表达的目的蛋白容易形成包涵体。因此，在此系统基础上又开发了 SUMO 元件来提高表达蛋白的溶解性[45]。

大肠杆菌中应用最广泛的工程菌株是 $E.coli$ BL21（DE3），其优点在于缺失 lon 和 ompT 蛋白酶。它是 λDE3 大肠杆菌溶源菌，包含受控于 lacUV5 启动子的 T7 RNA 聚合酶表达基因，在有乳糖或 IPTG 存在的情况下表达 T7 RNA 聚合酶，可以快速大量地启动 T7 启动子下游基因的表达。当 T7 RNA 聚合酶基因受控于 P_L 或 P_R 时，T7 表达系统也可采用热激的方式来诱导表达。当用原核系统表达来源于真核微生物基因的时候，真核基因中的一些密码子对于原核细胞来说可能是稀有密码子，会导致表达效率和表达水平的降低。针对这个问题，可以将一些稀有密码子对应的 tRNA 进行补足，来提高外源基因，尤其是真核基因在大肠杆菌表达系统中的表达水平。Rosetta 2 系列就是一个很好的选择，该细胞是携带 pRARE2 质粒的 BL21 衍生菌株，细胞内人工导入具有相容性氯霉素抗性质粒，该质粒补充密码子 AUA、AGG、AGA、CUA、CCC 和 GGA 的 tRNA。Rosetta 2 细胞内含有"万能"的翻译器，可以对不同密码子进行转录翻译，避免因大肠杆菌稀有密码子使用频率低导致的表达水平限制[46]。此外，为了使蛋白质形成正确的折叠，需要保证二硫键的有效形成，此时可以选择 K-12 衍生菌 Origami 2 系列。该系列菌株是硫氧还蛋白还原酶（thioredoxin reductase，trxB）和谷胱甘肽还原酶（glutathione reductase）两条主要还原途径双突变菌株，二硫键形成概率明显高于其他大肠杆菌表达菌株，蛋白可溶性及活性表达有显著改善[47]。

当前，多数已经商业化的基因工程产品基本是通过大肠杆菌表达并大量生产的。大肠杆菌生产重组蛋白一般是通过高密度发酵培养工程菌，使外源重组蛋白高效表达，然后收集菌体，用相应的缓冲液重悬细胞，然后进行细胞破碎，从细胞破碎液中分离纯化目的蛋白。大肠杆菌具有内膜和外膜结构，蛋白胞外分泌能力很弱，合成的异源蛋白质通常以不溶性的包涵体形式存在于细胞质，需要通过菌体破碎（溶解）、离心收集、清洗变性及一系列步骤才能获得活性重组蛋白，分离难度较大。将蛋白质分泌到细胞外是人们最期望的一种策略。在大肠杆菌中将蛋白质分泌到培养基中的方法大致分为两类：一类是利用已有的分泌蛋白的途径；另一类是利用信号肽序列、融合伴侣和具有穿透能力的因子等将异源蛋白转运至胞外。

为此，研究人员将来源于不同革兰氏阴性细菌的蛋白分泌机制运用于大肠杆菌中，构建蛋白分泌体系，使大肠杆菌表达的重组蛋白分泌到培养基或细胞周质中。

在国外，纤维素酶研究的快速发展始于 20 世纪 60 年代，许多酶制剂公司纷纷推出自己的产品，如丹麦的诺维信（Novozyme）和美国杰能科（Genencor）等。在我国，20 世纪 80 年代才开始重组大肠杆菌生产纤维素酶的研究。目前，国内的主要生产菌株有地衣芽孢杆菌（*Bacillus licheniformis*）、枯草芽孢杆菌（*Bacillus subtilis*）和黑曲霉（*Aspergillus niger*）等。随后，研究人员不断尝试将各种不同来源的纤维素酶转化至大肠杆菌中，并尝试进行诱导表达，生产纤维素酶重组蛋白。木霉属（*Trichoderma*）基因的研究最多，外切纤维素酶基因 *cbh1* 和 *cbh2*，内切纤维素酶基因 *eg1*、*eg2*、*eg3*、*eg4* 和 *eg6*，葡萄糖苷酶基因 *bg1* 和 *bg2* 等都已经被克隆，并且转化至大肠杆菌进行了表达。产酶溶杆菌（*Lysobacter enzymogenes*）中获得的纤维素酶基因 *gluA*、*gluB* 和 *gluC* 被分别转入大肠杆菌，成功获得 β-1,3-葡聚糖酶重组酶[48]；Qiao 等[49]将枯草芽孢杆菌（*Bacillus subtilis* MA139）β-甘露聚糖酶基因转入毕赤酵母 X-33 细胞内，β-甘露聚糖酶的产量为 2.7mg/mL，酶活性为 230U/mL。将根囊鞭菌（*Orpinomyces* sp.）GMLFl8 来源的葡聚糖基因转化至大肠杆菌细胞，并获得 β-1,3-1,4-葡聚糖酶[50]。热纤梭菌（*Clostridium thermocellum*）中的 5 种内切纤维素酶（EngA、EngB、EngC、EngD 和 EngE）和嗜热梭菌中的 11 种纤维素酶（CelA、CelB、CelD、CelE、CelF、CelG、CelH、CelI、CelJ、CelK 和 CelS）等的编码基因均在大肠杆菌中实现诱导表达[51]。粪肥纤维单胞菌（*Cellulomonas fimi*）中的内切纤维素酶 CenA、CenB、CenC 和 CenD 的基因，及具有外切葡聚糖和木聚糖酶双功能酶活性的 CenX 的基因均在大肠杆菌中实现克隆并诱导表达[52]。白蚁（*Coptotermes formosanus*）中克隆的纤维素酶基因在大肠杆菌中表达[53]。

2）纤维素酶在其他细菌中的表达

由于大肠杆菌的分泌表达水平很低，产生的纤维素酶大部分不能分泌到细胞外，提取困难。而工业化生产时，细胞破碎成本较高，无法达到纤维素酶工业化大量生产的要求。为了得到胞外分泌物，研究人员尝试将一些纤维素酶基因在枯草芽孢杆菌（*Bacillus subtilis*）、乳酸发酵短杆菌（*Brevibacterium lactofermentus*）和变铅青链霉菌（*Streptomyces lividans*）等中表达，成功获得了胞外的纤维素酶。研究人员构建了能在乳酸菌与大肠杆菌之间进行穿梭表达的原核表达重组质粒 pW425t，外切纤维素酶插入至载体生成表达质粒 pW425t2-CBH II，转化至大肠杆菌胸腺嘧啶合成酶（thy A）基因缺陷型的乳酸杆菌感受态细胞中，获得的重组乳酸杆菌能测得 CBHⅡ的酶活力达到 0.1156 U/mL[54]。李方正等[55] 克隆了 1 株枯草芽孢杆菌（*B.subtilis*）内切纤维素酶的编码基因 *EG*，构建重组乳球菌表达质粒 pMG36e-EG，电转化至乳球菌 MG1614 感受态细胞，成功构建了产内切纤维素酶的基因工程乳酸菌。

3）纤维素酶在酿酒酵母（*S.cerevisiae*）中的表达

酵母表达系统是目前工业生产中非常重要的真核表达系统，该系统表达的目的蛋白直接分泌至细胞外，蛋白质提取程序简便，为工业生产提供极大便利，在发酵生产安全性要求高的蛋白质产品方面具有不可比拟的优势。同时，酵母对表达的蛋白质进行翻译后加工和修饰，保证表达的目的蛋白具有生物活性。目前，使用较多的酵母宿主菌株有酿酒酵母（*Saccharomyces cerevisiae*）、多形汉逊酵母（*Hansenula polymorpha*）、毕赤酵母（*Pichia pastoris*）以及解脂耶罗维亚酵母（*Yarrowia lipolytica*），其中以酿酒酵母与毕赤酵母表达系统应用最为广泛。

酿酒酵母细胞内有天然 $2\mu m$ 环形质粒，因此，酿酒酵母表达载体可以有自主复制型游离质粒和随染色体同步复制的整合型两种。自主复制型质粒含有来自酵母天然质粒 $2\mu m$ 复制起点序列 ARS（autonomously replicating sequence），能够独立于酵母染色体外自主复制，拷贝数通常可达 30 以上。但在多数情况下，如果没有选择压力，它们是不稳定的，经过几次传代后，质粒丢失率可达 50%～70%，难以实现外源基因在酿酒酵母的稳定遗传表达。自主复制型质粒又可细分为 3 类：

① 酵母附加型质粒载体（YEp，10～50 个拷贝）；

② 酵母复制质粒（YRp）；

③ 酵母着丝粒质粒（YCp，1～5 个拷贝）。

酵母整合载体不含酵母自主复制序列，因而不能在酵母中独立复制，需要整合到酵母宿主菌的染色体上才能使其中包含的基因得到稳定表达，如 YIp 型载体即一种整合型载体。这类载体的优点是稳定性好；但它的缺点是拷贝数低。后来，研究人员发现染色体多拷贝整合方式既可保证外源蛋白在酵母中的表达量，又可以持续传代，是实现纤维素酶基因在酿酒酵母中高效表达的有效手段。高拷贝整合是基于酿酒酵母高频率同源重组的特点，利用染色体上 DNA 重复序列如 δ 序列作为整合位点。δ 序列是 Ty 元件的末端复序列，在酵母染色体中大约含有 425 个这样的序列，是外源基因整合到酵母染色体的合适位点。在酿酒酵母表达系统中，常用的整合表达质粒有很多。例如 pYC2 系列载体，在这一系列表达载体中，目的蛋白的表达受到半乳糖激酶启动子的控制，当有半乳糖存在时，宿主菌表达半乳糖激酶以分解半乳糖获得能量，同时启动半乳糖激酶启动子下游基因的转录，达到外源蛋白表达的目的[56]。

由于质粒构建的过程需要在大肠杆菌中进行，因此在酿酒酵母的载体上往往含有大肠杆菌转化子筛选的标记基因，通常为耐抗生素基因（如氨苄西林和硫酸卡那霉素等）。而在酿酒酵母中，营养缺陷型的选择标记基因常用于筛选含有质粒的转化子。常用的选择标记有 *LEU2*、*TRP1*、*URA3* 和 *HIS3* 等基因，分别对应亮氨酸、色氨酸、尿嘧啶和组氨酸的缺陷型突变菌株，同时采用相关营养元素缺乏型的基本培养基进行筛选。在丰富培养基中通常采用优势标记进行筛选，如耐抗生素 G418、潮霉素 B 及氯霉素等基因。

目前在酿酒酵母中表达纤维素酶基因的基因表达盒组成为启动子-信号肽-目的基因 ORF-终止子。多数的酿酒酵母基因在生理条件下均以基底水平转录，每个基因在一次细胞循环过程中平均转录 5～10 次，每个细胞核只产生 1～2 分子的 mRNA。通常情况下，由于非酵母来源的启动子往往不能在酿酒酵母中高效表达，因此，酿酒酵母中的纤维素酶基因的表达会优先选择来源于酵母细胞自身的启动子。酵母启动子非常复杂，通常包括：上游激活序列（UAS）、TATA 框和启动子元件，长度一般超过 500bp。目前，在酿酒酵母中常用的启动子和终止子多是来源于酵母自身糖酵解途径所涉及的基因的启动子：如磷酸丙糖异构酶启动子 pTPI、磷酸甘油酸激酶启动子 pPGK、乙醇脱氢酶启动子 pADH 和 3-磷酸甘油醛脱氢酶基因 GAPDH 启动子 pGAPDH 等。这些启动子均属于强启动子，由葡萄糖诱导，但诱导率较低。可诱导的启动子还包括来源于半乳糖调节基因 GAL1、GAL7 和 GAL10 等，这些启动子能被半乳糖迅速诱导，但被葡萄糖抑制，因此在诱导前，培养基不可含有葡萄糖[57]。

由于纤维素不能进入到细胞内，因此在构建表达纤维素酶的酿酒酵母工程菌时，通常将外源纤维素酶进行分泌表达，所以需要在纤维素酶基因表达的上游添加信号肽。酿酒酵母表达系统中常用的信号肽序列主要有酵母内源信号肽和外源蛋白信号肽两类。一般来说，应用酿酒酵母内源信号肽更有利于外源基因的高效表达。酿酒酵母表达系统中常用的内源信号肽主要有 α 因子信号肽（α-mating factor，MF-α）、蔗糖酶（SUC2）、酸性磷酸酯酶（PHO1）和 Killer 毒素等信号肽，其中 α 因子信号肽应用最为广泛。异源信号肽一般是指外源基因在天然菌株中自身的信号肽。目前也有许多研究中采用异源信号肽，如米根霉（Rhizopus oryzae）的糖化酶基因信号肽和里氏木霉（T. reesei）来源的木聚糖酶信号肽（xyn2）等外源纤维素酶基因利用自身的天然信号肽在酿酒酵母中进行基因表达。例如，Haan 等[58] 使用里氏木霉（T. reesei）来源的木聚糖酶信号肽（xyn2）在酿酒酵母中表达了里氏木霉的 eg1 基因和扣囊复膜酵母（Saccharomycopsis fibuligera）的 bgl1 基因。同样的分泌肽与磷酸丙糖异构酶启动子（pTPI1）以及乙醇脱氢酶终止子（tADH I）的结合使用，实现了棘孢曲霉（Aspergillus aculeatus）来源的纤维素酶基因 bgl1 和 eg1 和 T. reesei 来源的 eg2 基因在酿酒酵母中的高效表达。

酵母另一种表达方式为细胞表面展示表达，它是一种固定化表达异源蛋白的真核展示系统，即利用酿酒酵母细胞内蛋白转运至细胞膜表面的机制，通过 GPI 锚定，使靶蛋白定位于酵母细胞表面。GPI 锚定区域与细胞蛋白的 C 端共价相连，为蛋白质与细胞膜提供稳定的链接。常用的酿酒酵母细胞展示表达系统有凝集素展示表达系统和絮凝素展示表达系统。

① 凝集素展示表达系统是利用酵母细胞壁上的两种甘露糖蛋白 a 凝集素和 α 凝集素进行展示表达，这两个蛋白质在酵母的 a 交配型（MATa）和 α 交配型（MATα）单倍体细胞之间介导细胞与细胞的性黏附，使细胞整合形成双倍体。α 凝集素由 AGαl 基因编码，蛋白质加工前含有 650 个氨基酸。将外源蛋白的编码基因与 α 凝集素 C 端 320 个氨基酸残基的编码序列连接后插入载体信号肽下游进行分泌表达（图 4-2）[59]。

② 絮凝素展示表达系统是利用酿酒酵母细胞表面类似于凝集素的细胞壁蛋白絮凝

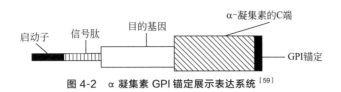

图 4-2　α 凝集素 GPI 锚定展示表达系统 [59]

素进行展示表达，FlolP 在细胞表面的絮凝反应中起主要作用。絮凝素由 N 端分泌信号肽区、絮凝功能结构域和 C 端 GPI 锚定区几个不同的结构域组成。目前存在两种絮凝素展示系统。一种是包含 8 种 FlolP 的 C 端形成的 GPI 系统，根据目的基因的特性确定FlolP 肽段的长度，促进目的蛋白与锚定序列融合［图 4-3 （a）。另一种展示系统是利用 FlolP 的絮凝结构域的黏附功能创建的展示系统，除了 FlolP 的絮凝结构域中的 FS和 FL 蛋白外，还含有分泌信号区和外源蛋白编码基因插入位点。外源蛋白的 N 端与FlolP 絮凝功能域融合［图 4-3 （b）[59]。

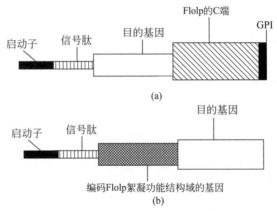

(a)

(b)

图 4-3　絮凝素表面展示系统 [59]

　　许多学者在构建具有纤维素降解能力的酿酒酵母菌株方面做了大量研究工作，越来越多的纤维素酶在酿酒酵母中成功表达。肖志壮等[60] 利用 PCR 方法从里氏木霉 cD-NA 文库中扩增出全长内切纤维素酶 EGⅢ基因并克隆到酿酒酵母自主复制型表达载体pAJ401 上，转化到酿酒酵母获得异源表达的 EGⅢ蛋白。真菌来源的内切纤维素酶 EGⅠ和 EGⅢ基因的 cDNA，被克隆到酵母载体中，成功获得了产生纤维素酶的酿酒酵母工程菌。龚映雪等[61] 从绿色木霉（T. viride）中获得纤维素酶 EGⅢ和 CBHⅡ基因，以 pScIKP 为载体，将上述两个基因共转化至酿酒酵母，获得重组酵母菌株S. cerevisiae-EC，能降解羧甲基纤维素形成水解圈。通过两种酶的协同作用，非结晶纤维素的降解效率明显提高。Cho 等[62] 通过 δ 整合的策略将环状芽孢杆菌（Bacillus circulans）BGL 和芽孢杆菌属菌株（Bacillus sp.）DO4 内切/外切纤维素酶基因整合至酿酒酵母染色体，获得能分泌纤维素酶的酵母重组菌，纤维素酶基因的整合拷贝数达到 44。Kotaka 等[63] 利用细胞表面展示技术在酿酒酵母中表达了来源于米曲霉（A. oryzae）的 3 种 β-葡萄糖苷酶基因和 2 种内切纤维素酶基因，得到的酵母工程菌株可以直接利用大麦 β-葡聚糖。研究人员将纤维素酶体系所包含的 4 个纤维素酶，即来源于内孢霉酵母（*Endomyces fibuliger*）的 β-葡萄糖苷酶基因 *BGL1*、溶纤维丁酸弧菌（*Butyrivibrio fibrisolvens*）来源的内切纤维素酶基因 *END1*、黄孢原毛平革菌（*Phanerochaete chrysosporium*）来源的纤维二糖水解酶基因 *CBH1* 和生黄瘤胃球菌（*Ruminococcus flavefaciens*）来源的外切纤维素酶基因 *CEL1*，共同在酿酒酵母中表达，获得的重组酵母菌能降解包括羧甲基纤维素在内的多种纤维素底物[64]。

当然，酿酒酵母表达系统也存在一些明显的局限性：

① 酿酒酵母是一种以发酵为主的酵母，多不适于高密度培养，而大多数外源基因表达需要的是以好氧条件下的营养生长蛋白质合成为条件，用酿酒酵母系统表达外源基因难以达到很高的表达水平；

② 酿酒酵母缺乏强有力的精密的启动子，无法严格控制外源蛋白的表达；

③ 酿酒酵母对外源基因表达产物的分泌水平不够理想；

④ 表达菌株不够稳定，表达质粒易丢失，此外在翻译后加工方面也与天然蛋白存在一定的差异。

因此，近些年又陆续开发了其他更高效的酵母表达系统。

4）纤维素酶在毕赤酵母（*P. pastoris*）中的表达

在 20 世纪 80～90 年代，研究人员开发了第二代酵母外源蛋白表达系统——毕赤酵母表达系统。毕赤酵母表达系统是一种甲醇营养型酵母，能够以甲醇为唯一碳源和能源生长繁殖。它具有 2 个乙醇氧化酶（alcohol oxidase，AOX）编码基因 *AOX1* 和 *AOX2*。二者序列高度相似，*AOX1* 基因的表达受到甲醇诱导和严格调控。当甲醇为唯一碳源时，*AOX1* 启动子可被甲醇诱导，启动乙醇氧化酶的表达，从而利用甲醇代谢。因此，研究人员选择含有 *AOX1* 启动子的质粒作为外源基因在毕赤酵母中的表达载体。*AOX1* 启动子是最早成功应用的启动子，也是目前最常用的启动子，它的甲醇诱导性很强，在它控制下外源基因得到较高表达。此外，还有一些其他基因的启动子，如 *GAP*、*FLD1*、*PEX8* 和 *YPT1* 等。*GAP* 启动子在葡萄糖存在下组成型表达水平较高，在诱导外源基因表达过程中，无需更换碳源。*FLD1* 为甲醇或甲胺诱导型启动子，表达水平与甲醇诱导下的 *AOX1* 启动子相当。*PEX8* 编码过氧化物酶体基质蛋白，在葡萄糖存在的培养基中表达水平较低，而在甲醛诱导下为中等水平表达。*YPT1* 基因编码 GTP 酶，以葡萄糖、甲醇或甘露醇为碳源时，低水平组成型表达。

由于毕赤酵母没有稳定的附加质粒，表达载体需与宿主染色体发生同源重组，将外源基因表达框整合于染色体上以实现外源基因的表达。典型的毕赤酵母表达载体含有 *AOX* 基因的调控序列，主要包括 5′*AOX1* 启动子片段、多克隆位点、转录终止子、polyA 基因序列、筛选标记和 3′*AOX1* 基因片段。同时它还是一个可用于大肠杆菌的穿梭质粒，含有部分 pBR322 质粒或 COLE1 序列，用于质粒的繁殖扩增。目前常用的毕赤酵母表达载体有 pPICZA、pPICZB、pPICZC、pPIC6A、pPIC6B、pPIC6C、pPIC9K、PAO815、pGAPZA、pGAPZB、pGAPZC 和 PFLD 等（表 4-8）。如果是分泌型表达载体，则在多克隆位点前面，外源基因的 5′端和启动子之间插入了分泌作用的信号肽序列。最常用的信号肽为由 89 个氨基酸组成的 α 因子信号肽，常在载体中加入字母 α，表示为加有信号肽的质粒[65]。

表 4-8　常用的毕赤酵母表达载体[66]

启动子	载体名称	选择标记	表达位点
AOX1	pPICZA、pPICZB、pPICZC	博来霉素	胞内
	pPICZα A、pPICZαB、pPICZαC	博来霉素	胞外
	pPIC6A、pPIC6B、pPIC6C	杀稻瘟菌素	胞内
	pPIC6αA、pPIC6αB、pPIC6αC	杀稻瘟菌素	胞外
	pPIC3.5K	组氨酸标签、硫酸卡那霉素、氨苄西林	胞内
	pPIC9K	组氨酸标签、硫酸卡那霉素、氨苄西林	胞外
	PAO815	His4 氨苄西林	胞内
GAP	pGAPZA、pGAPZB、pGAPZC	博来霉素	胞内
	pGAPZαA、pGAPZαB、pGAPZαC	博来霉素	胞外
FLD	PFLD	博来霉素、氨苄西林	胞内
	PFLDα	博来霉素、氨苄西林	胞外

外源蛋白的表达受到宿主菌遗传特性和生长特性的影响，如外源蛋白对蛋白酶敏感，可使用蛋白酶缺陷型的受体菌株。而转化子的表型对外源蛋白的表达也有影响。一般来说，蛋白质胞内表达时，优先选择用 Mut^s（甲醇利用缓慢型菌株）表型；对于分泌表达，Mut^s 与 Mut$^+$（甲醇利用正常型菌株）均可使用。在高生物量的发酵中 Mut$^+$生长更快。因此，该表型对提高外源蛋白表达量更有效。常用的毕赤酵母表达菌株有 GS115 和 KM71。KM71 为 Mut^s 表型，GS115 为 Mut$^+$ 表型。哪一种表型对外源蛋白的表达量更高，对每种蛋白来说是不确定的。因此，在 Mut$^+$ 中表达量低时可选择 Mut^s 来表达，反之亦然。

自 1987 年 Cregg 等首次使用毕赤酵母作为宿主表达外源蛋白以来，其表现出的特点令很多研究人员选择其作为外源蛋白的优选表达宿主。随后，不同来源的纤维素酶陆续在毕赤酵母中成功表达，其中内切纤维素酶的来源菌株有枯草芽孢杆菌（*B. subtilis*）、解纤维热酸菌（*Acidothermus cellulolyticus*）、脂环酸芽孢杆菌（*Alicyclobacillus* sp. A4）、产琥珀酸丝状杆菌（*Bacteroides succinogenes*）、鹅掌柄孢壳（*Podospora anserine*）、里氏木霉（*T. reesei*）、青霉菌（*Penicillium echinulatum*）、总状共头霉（*Syncephalastrum racemosum*）、埃默森篮状菌（*Talaromyces emersonii*）、瓶霉属（*Phialophora* sp. G5）、嗜热子囊菌（*Thermoascus aurantiacus*）、曲霉属（*Aspergillus*）、密黏褶菌（*Gloeophyllum trabeum*）、双孢菌（*Bispora* sp. MEY-1）、拟青霉属（*Paecilomyces thermophile*）、暗球腔菌属（*Phaeosphaeria* sp. LH21）；而外切纤维素酶的来源菌株则有灰腐质霉（*Humicola grisea* var. *thermoidea*）、构巢曲霉（*A. nidulans*）、里氏木霉（*T. reesei*）、瓶霉属（*Phialophora* sp. G5）、嗜热梭菌（*C. thermophilum*）和白腐真菌（*Irpex lacteus* MC-2）；β-葡萄糖苷酶的来源菌株主要有绳状青霉（如 *P. funiculosum*）、嗜热青霉（*P. thermophile*）、黑曲霉（如 *A. niger*）、里氏木霉（如 *T. reesei*）、拟层孔菌（如 *Fomitopsis palustris*）、黑团孢属（如 *Periconia* sp. BCC2871）和白蚁肠道菌群。

5）纤维素酶在丝状真菌中的表达

丝状真菌自身就是纤维素酶合成的重要菌株，同时也是优良的外源基因表达系统，如里氏木霉（$T.reesei$）外源基因表达系统中的 $cbh1$ 基因的强启动子，可以有效地表达外源基因。同时，许多丝状真菌能将多种酶分泌至细胞外，如黑曲霉（$A.niger$）能分泌 25～30g/L 葡萄糖淀粉酶，里氏木霉（$T.reesei$）分泌的胞外蛋白总量可达 100g/L。由于丝状真菌的这一优势，研究人员逐渐尝试在丝状真菌中表达纤维素酶。目前，已经使用的丝状真菌宿主菌包括黑曲霉（$A.niger$）、米曲霉（$A.oryzae$）、里氏木霉（$T.reesei$）、产黄青霉（$P.chrysogenum$）及米根霉（$Rhizopus\ oryzae$）。汪天虹等[67]扩增获得里氏木霉（$T.reesei$）$cbh1$ 基因启动子与终止子序列，将二者插入大肠杆菌质粒 pUC19，构建了里氏木霉强表达整合型载体 pTRIL。研究人员将强启动子 PKIα 插入至绿色木霉（$T.viride$）$cbh2$ 基因开放阅读框上游，构建了重组表达质粒 pUT-CE，并用电转化法导入原宿主菌绿色木霉（$T.viride$）。获得的重组菌株，在一定培养时间后，纤维素酶总酶活性达到 45 U/(mL·h)，外切纤维素酶活性达到 1600 U/(mL·h)，内切纤维素酶活性达到 160 U/(mL·d)，葡萄糖苷酶活性达到 15 U/(mL·h)[68]。

为了提高纤维素酶在丝状真菌的表达效率，研究人员尝试了不同的基因表达策略。主要有以下几个方面：

① 基因融合表达，即将外源基因融合至宿主菌分泌蛋白的 C 端，二者共同表达；

② 过表达分子伴侣，加强分子伴侣的表达量有助于帮助外源蛋白的正确折叠，以此提高活性蛋白的表达水平；

③ 高拷贝重组子的筛选，即筛选多个拷贝的重组子（5～6 个拷贝），以获得高表达水平；

④ 以蛋白酶缺失菌株为表达宿主，减少蛋白酶对外源纤维素酶的降解。

（3）纤维素酶同源或异源表达的影响因素

蛋白质的表达量往往与表达系统中的转录因子、启动子和密码子等具有极大的相关性，通过对这些因素的改造，有利于提高纤维素酶表达量。

启动子的本质是一段与 RNA 聚合酶结合的 DNA 序列，它能够与转录因子结合并控制基因转录的起始时间和水平。强启动子是指与 RNA 聚合酶有很高亲和力的启动子，能够指导宿主转录出丰富的 mRNA，往往用于提高目的蛋白的表达量。目前常用的强启动子包括大肠杆菌的 $lacP$、色氨酸操纵子 $trpP$、多角体蛋白基因启动子、sv40启动子和 T7 启动子等。关于利用强启动子提高纤维素酶产量的研究报道较多。如将里氏木霉的外切纤维素酶基因 $cbh1$ 的启动子插入至斜卧青霉 β-葡萄糖苷酶 I 的起始位点前端，构建表达载体转化至里氏木霉表达，获得的转录子分泌的 β-葡萄糖苷酶 I 活性比原始菌株提高了 6～8 倍。为了提高 $celY$ 基因在原核细胞的表达量，将其分别与强启动子 T7 和脂蛋白启动子连接，并转化到宿主细胞，两个启动子在不同程度上提高了 $celY$ 的表达量[45]。

转录因子是一类蛋白质分子，它能够参与调节基因的转录水平，在一定程度上影响目的蛋白的表达量。利用转录因子调节纤维素酶基因表达水平的研究也有报道。如在黑腐病菌（$Xanthomonas\ campestris$ pv.$campestris$）中发现转录调控因子 XC-2736（HpaR1）严格控制纤维素酶基因的表达，该基因的缺失会导致胞外纤维素酶的零水平表达[69]。研究人员在里氏木霉中发现调控纤维素酶表达的转录因子 TrRas2，将该转录因子的编码基因敲除后，纤维素酶表达水平明显降低；而持续激活 TrRas2 时，主要纤维素酶基因 cbh1 和 cbh2 的表达量分别提高 73％ 和 128％[70]。

纤维素酶基因在异源宿主表达过程中，尤其是来源于与受体菌株亲缘性相差较远的供体菌株，其表达量经常会受到密码子偏好性的影响。通过密码子优化的方法提高纤维素酶表达水平的研究报道也有很多。如 β-葡聚糖酶基因密码子优化后，获得的转化子最高表达水平比原始菌株提高了 4 倍多。对 β-1,3-1,4-葡聚糖酶的编码基因进行密码子优化后，其表达水平提高了 10 倍[71]。

4.2.3.2　纤维素酶的理性设计

20 世纪 80 年代，随着定点突变技术的快速发展，纤维素酶理性改造策略应运而生。其基本概念是，首先选择 1 个合适的纤维素酶分子，选定特定的氨基酸进行突变，对相关蛋白质进行性质研究。纤维素酶的理性设计（rational design）是根据蛋白质的三维结构和功能等信息，通过 X 射线晶体学数据、分子动力学分析以及计算机理性设计等方法，有效获得纤维素酶结构与功能的关系，对氨基酸序列中突变位点进行精确设计，通过取代、插入或缺失等方法改变蛋白质分子中的氨基酸，获得理想的纤维素酶，使其能够耐受工业生产中的极端条件。近几年已利用这种理性设计，结合定点突变技术对天然酶蛋白的催化活性、底物特异性、稳定性、改变抑制剂类型和辅酶特异性等方面进行了成功的改造。

为获得性能更优良、更适合于工业化应用的纤维素酶，研究人员通过理性设计做了大量的纤维素酶改造。这些工作主要从以下几个方面进行：

① 改变纤维素酶的 N 端氨基酸。研究人员通过比较嗜热纤维素酶与常温纤维素酶的 N 端氨基酸序列，发现纤维素酶的 N 端区域对纤维素酶的热稳定性至关重要，在 N 端引入适当的突变，可以提高纤维素酶的热稳定性。

② 盐桥。盐桥是在蛋白质的卷曲折叠过程中，氨基酸带正电或负电基团相互接近时通过静电吸引而形成的，它对纤维素酶的热稳定性有一定的作用。将纤维素酶引入脯氨酸（Pro）和精氨酸（Arg）后，发现纤维素酶的最适反应温度下降，热稳定性亦随之下降。根据蛋白质高级结构模拟结果分析，推测插入的氨基酸可能破坏了盐桥结构，从而改变了最适温度及热稳定性。

③ 二硫键。二硫键影响纤维素酶的稳定性。分子内及分子间的二硫键可能使蛋白质分子形成二聚体或使酶的结构紧凑，从而提高酶的热稳定性。在不同菌种来源的纤维素酶中，引入不影响酶活性的二硫键，获得的突变体的热稳定性也得到提高。

定点突变方法对阐明酶分子活性部位的关键氨基酸与催化关键机制，以及对其催化或与底物结合有关的关键位点的鉴定是非常有帮助的。定点突变的基本原理是，首先合成一段含有突变碱基的 DNA 引物序列，将这段引物序列与亲本蛋白的基因序列进行扩增，得到含有突变碱基的 DNA 双链分子，转化至宿主菌株中进行克隆扩增，然后用特定的筛选方法获得有益突变子。当定点突变靶位点上的氨基酸突变为其他 19 种氨基酸，这种方法称为定向饱和突变技术，该方法的目的是找到有益突变中最合适的氨基酸。通过定点突变技术成功分析了不同芽孢杆菌属来源的纤维素酶具有不同最适催化 pH 值的原因。如嗜热裂孢菌（*Thermobifida fusca*）的内切纤维素酶 Cel6A 活性位点及靠近活性中心的 6 个保守氨基酸残基对底物的作用特异性及配体结合的亲和性具有巨大的影响[72]。曲霉菌的 β-葡萄糖苷酶的关键位点的定点突变显示，G294 的 3 个芳香族氨基酸突变子的酶活力比野生型提高了约 1.5 倍。在以天然纤维素为底物的研究中，对嗜酸耐热解纤维菌（*Acidothermus cellulolyticus*）的内切纤维素酶 Cel5A 第 245 位氨基酸进行定点突变（Y245G），降低了末端产物的抑制作用，使其对微晶纤维素的降解活力提高了 20%。对里氏木霉（*T. reesei*）Cel7A 的凸环结构中 3 个位点（D241、Y247 和 D249）进行定点突变，通过消除酶分子与底物间的氢键及引入二硫键的方法，提高了酶分子对无定型纤维素与结晶纤维素的降解活力。对来源于嗜热裂孢菌的内切纤维素酶 Cel9A 进行了定点突变，获得的突变子降解结晶纤维素的能力提高了 150%，而对酸处理的纤维素的水解能力提高了 200%。同样来源于该菌株的外切纤维素酶 Cel6B 的双点突变子（G234S 和 G284P）对酸处理的纤维素水解能力提高了 2 倍，其滤纸酶活力甚至提高了 3 倍[71]。

蛋白质的理性设计与定点突变技术，可以快速有效地对酶的某一性质进行改变，然而这一方法应用的前提是具有比较清晰的蛋白质的三维结构与功能的背景。目前，仅有纤维素酶家族的少数成员获得了三维结构，而且对纤维素酶的结构与功能关系的理解还非常有限。即便在纤维素酶结构已知的情况下对其进行理性突变设计，仍难以保证成功。所以至今尚未找到纤维素酶分子改造的普适性方案，也不能完全解析纤维素酶持续性催化过程的分子动态行为。此外，同一家族的纤维素酶分子序列相似性仅大于 30%，说明同一基因序列在进化过程中发生了一系列位点的替换，但其功能并没有明显改变，这也从侧面说明该方法存在低效性问题。

尽管对纤维素酶的理性设计取得了一定进展，然而由于纤维素酶及其作用机理的多样性，许多一级结构和三级结构非常相似的纤维素酶具有完全不同的酶学特性，使得纤维素酶的理性设计变得非常困难。目前还没有找到普遍适用于多种纤维素酶理性设计的方案，今后仍然需要不断积累更多的纤维素酶结构与功能关系的信息。

4.2.3.3 纤维素酶的定向进化

定向进化（directed evolution）技术是 20 世纪 90 年代发展起来的非理性设计技术。1993 年，美国科学家 Arnold F. H. 首先提出酶分子的定向进化的概念，并应用于天然酶的改造。定向进化方法在对蛋白质的结构及催化机制不是很清楚的条件下，模拟自然进化过程，在体内或体外对基因进行随机突变或基因重组，并与高通量筛选策略相结合，最终获得具有某些优良特性的酶分子。该方法能在试管中以较短的时间（几个月或几周）完成自然条件下需要千百万年的进化过程。

酶的定向进化技术实用性较强，通过对编码基因进行随机突变，改变蛋白质编码氨基酸，从而改变酶蛋白的特性。酶分子的定向进化是从一个或多个已经存在的亲本蛋白出发，经过基因突变和重组，构建一个人工突变蛋白库，通过相应的筛选获得预先期望的具有特定性质的进化酶。定向进化是随机突变和筛选相结合，因此，在这一策略中最关键的两个环节是构建目的基因的突变体文库和对突变基因表达的蛋白质进行筛选。

为了加强酶蛋白的生物工业应用，近三四年来，通过特定手段有目的地提高酶蛋白某一特征性能是蛋白质工程的最重要目标。对酶蛋白的定向进化最早的例子是对蛋白酶的氧化敏感性能的改善，将饱和突变技术（saturation mutagenesis，SM）应用于该蛋白酶的某个甲硫氨酸残基，产生两个不同的突变体，其在含有 H_2O_2 的溶液中的稳定性得到大幅提高。随后，关于增强蛋白质在有机溶剂中的稳定性、热稳定性或氧化还原特性的改善出现了大量的蛋白质工程的研究报道。在 20 世纪 90 年代，易错 PCR（error-prone polymerase chain reaction，epPCR）出现，使饱和突变与 DNA 重组技术（DNA shuffling）成为蛋白质工程的主要应用手段。

易错 PCR 的主要原理是，利用 Taq DNA 聚合酶不具有 $3' \to 5'$ 端的外切酶活性的特点，在 PCR 扩增过程中产生一些碱基的错配，在进行目的基因 PCR 扩增时，通过调整 PCR 反应条件，如提高镁离子浓度、加入锰离子、改变反应体系中 dNTP 的浓度或运用低保真度 DNA 聚合酶等，改变 PCR 扩增过程的碱基突变频率，从而向目的基因中随机引入突变，以达到获得基因突变体的目的（图 4-4）。该步骤的关键在于对合适的突变频率的选择，突变频率太高会导致有害突变数过多，难以筛选到正向突变；突变频率过低，则会导致突变文库的数量不够，难以获得有益突变体。为了获得满意的结果，往往采用连续易错 PCR 策略，即将第一次获得的有益突变体作为下一次扩增的模板，连续反复进行突变反应，使每一次扩增得到的正向突变累积而产生重要的有益突变。

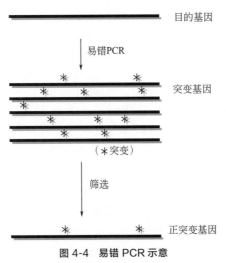

图 4-4　易错 PCR 示意

利用定向进化的方法改善纤维素酶活力有很多成功的实例。例如，山东大学利用易错 PCR 技术，对里氏木霉的内切纤维素酶Ⅲ进行定向进化，获得耐碱性纤维素酶突变体。实验结果发现突变体 N321T 的最适 pH 值比野生型提高了 0.6 个 pH 值单位。随后通过定点饱和突变技术，得到的 N321D 突变体最适 pH 值降低，而 N321H 可以在较大的 pH 值范围内具有酶活力。同时，该学校的研究人员结合 DNA 改组技术对里氏木霉内切纤维素酶Ⅱ进行定向进化，则将其最适 pH 值提高到了 6.4[73]。利用 epPCR 对里氏木霉（$T. reesei$ QM9414）的内切 β-1,4-葡聚糖酶 eglⅢ进行定向进化，期望能提高酶的稳定性和活力[74]。Arrizubieta 与 Polaina[75] 对多黏类芽孢杆菌（$Paenibacillus polymyxa$）来源的 β-葡萄糖苷酶分别进行了易错 PCR 和基因重排，筛选得到一个突变体，其热稳定性比亲本蛋白提高了 20 倍，活性提高了 8 倍。利用易错和改组技术建立来源于 *P. furiosus* 的 β-葡萄糖苷酶的随机突变库，筛选得到多个常温下催化活性提高的突变体。其中，突变体在 20℃时，对底物的水解效率为野生型的 3.6 倍，其 K_{cat}/K_m 值为野生型的 1.7 倍[71]。

在多数蛋白质进化的研究中，蛋白质性能的改善往往不可避免地伴随着酶活力的损失。因此，在实验过程中经常难以比较不同定向进化之间的优劣性。因为不仅定向进化的对象不同，定向进化的目的亦不同。例如，许多研究人员在文献报道时对酶蛋白稳定性的提高，往往使用不同的参数来衡量蛋白质的性能改善，如某些报道使用酶的溶解温度（melting temperature，T_m），即在给定的时间内能使 50％的酶活性丧失的温度，作为测定酶耐性的标准；而另一些研究则以酶在特定温度下的半衰期（即在特定温度下，酶活性丧失 50％所需的时间）作为指征。同时，不同的研究报道使用的蛋白质所处的环境不同，有些是纯化的单一蛋白质，有些是整个细胞，有些则是细胞裂解液。由于蛋白质会与所处环境中的其他蛋白质或物质进行反应而引起稳定性的变化，因此某一研究中报道的使特定蛋白质的热稳定性提高或有机溶剂耐受改善所使用的研究方法，应用在另一个研究实例中时往往不能达到预期的目标。

4.2.3.4　纤维素酶系的 DNA 重组

Stemmer[76] 于 1994 年首先提出了 DNA 重组（DNA shuffling）技术的概念，这是一种利用基因重组文库的体外定向进化技术。DNA 重组的基本原理是首先将同源基因切成随机大小的 DNA 片段，然后进行 PCR 重聚。那些带有同源性和核苷酸序列差异的随机 DNA 片段在每一轮循环中互为引物和模板，经过多次 PCR 循环后能迅速产生大量的重组 DNA，从而创造出新基因。

DNA 重组可分为同源基因重组和异源基因重组。同源重组将具有高度同源性的蛋白质基因重组，此方法不需要蛋白质的结构信息，能够促进反应活性显著提高，又称为家族重组（family shuffling）。由于同源序列是经过自然选择保留下来的相对有益或无害的片段，所以基因家族改组的突变概率和改组效率能有明显提高，体现基因的多样性。4 种头孢菌素酶基因作为亲本进行基因改组时，酶活性最高可增加 540 倍，而单基因重组的突变体酶活性只增加 8 倍[77]。

Zhao 等[78] 在此基础上发明了一种更加简化的 DNA 重组技术，即交叉延伸程序（staggered extension process，StEP）（图 4-5）。此技术是在一个 PCR 反应体系中加入 2 个或 2 个以上相关的 DNA 片段为模板进行 PCR 扩增反应。引物先在一个模板链上短暂延伸，随后进行多轮变性、短暂复性（延伸）过程。在每一轮 PCR 循环中，那些部分延伸的片段可以随机地与含不同突变的模板进行杂交，使延伸继续，并由于模板转换而实现不同模板间的重组，这样重复进行直到获得全长基因片段，重组的程度可以通过调整时间和温度来控制。此方法省去了将 DNA 片段化这一步骤，DNA 重组方法得到进一步简化。

DNA 重组的最大特点是在反复突变过程中引进了重组这一自然进化中最重要的过程，而且其对可操作的靶序列的长度没有任何要求，最长可以达到几千万碱基对。通过多轮筛选或选择，可以使有益突变迅速积累，突变效率明显提高，同时打破了传统物种

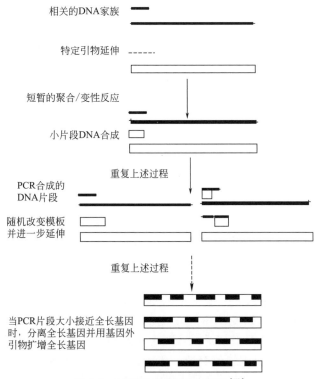

图 4-5　交叉延伸程序的基本过程[78]

之间由于生理生化特性隔离导致不能重组的界限。由于可以产生丰富的重组突变体文库，因此该技术已经在许多领域得到广泛应用。

关于 DNA 重组技术在纤维素酶改造方面的成功例子有很多报道。Murashima 等[79] 利用定向进化的方法，将嗜纤维梭菌（Clostridium cellulovorans）纤维小体的内切纤维素酶 EngB 与非纤维小体的 EngD 进行 DNA 体外重组，筛选得到的 2 个突变体 E116D 和 V192A，其热稳定性提高了 7 倍，且保持亲本蛋白的催化活性[79]。Lee 等[80] 对嗜纤维梭菌（Clostridium cellulovorans）和嗜热梭菌（C. thermocellum）的内切纤维素酶 En-gD 和 EngE 分别进行了 StEP 重排突变，得到的突变子催化活性提高了 10% 以上，热稳定性提高了 3.1 倍。Ni 等利用基因重排技术对分离于多个白蚁肠道的内切纤维素酶进行突变，并从突变文库中筛选得到突变子活性提高了 20～30 倍[81]。

基因组重组（genomic shuffling）技术是受 DNA 重组的启发而出现的全基因组改组技术，该技术将分子定向进化的对象由单个基因扩展到整个基因组，在更广泛的范围内对菌株的目的性状进行优化组合。基因组重组是通过传统诱变与原生质体融合技术相结合，通过诱变手段获得若干正性突变株，并采用细胞融合方式使之全基因组发生重组。经过递推式多次融合，使基因组在较大范围内发生交换并重组，将引起正性突变的不同基因组重组到同一细胞株中，最终获得具有多重正向进化标记的目的菌株（图 4-6）。与 DNA 重组技术相比，该法的最大特点是无需了解菌株的遗传背景，在细胞水平上即可进行定向进化。

163

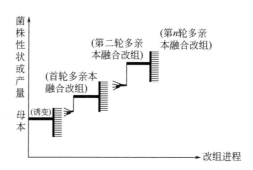

图 4-6 基因组重排技术的流程示意

除上述技术外，近年来又出现了一些新技术，例如部分基因片段改组、单链 DNA 家族改组（SSDNA）、简并引物基因改组（DOGS）、瞬时模板随机嵌合（random chimeragenesis on transient template）、单向引物的随机重组（mutagenic and unidirectional reassemble）、分区自我复制（compartmentalized self-replication）、体外随机引发重组（random-priming *in vitro* recombination，RPR）、酶法体外随机-定位诱变（random-site-directed mutagenesis）和交错延伸剪接 PCR 等。

与传统的自然筛选和诱变育种方法相比，基因重组起步较晚，但由于自身一些显著的优点，发展迅速，应用日益广泛。实践表明，基因重组技术具有以下特点：

① 比传统诱变育种更加快速有效，传统诱变育种通常是将每一轮生成的最优的一株正向突变体作为下一轮的出发菌株，而基因重组，则是将一次诱变的若干个正向突变体共同作为突变菌株，经过递推式多轮融合，实现较大范围内的基因重组，可以避免诱变育种中因多次诱变导致的"钝化"和"饱和"现象；

② 基因组重组技术源于原生质体融合技术，但其使用的多亲本融合，能产生多样的突变组合，大大提高了子代的遗传多样性，从而提高了获得优良性状菌株的概率；

③ 该技术简单实用，对设备要求不高，所需实验费用较低，同时，不需要预先掌握微生物的遗传特性，只需了解微生物的基本遗传性状即可以开展。普通的育种工作人员在一般实验条件下就可以开展相关实验。

4.2.3.5　纤维素酶结构域工程

对纤维素酶分子结构和功能的研究是从 20 世纪 80 年代开始的。由于来源于真菌的纤维素酶大多是糖蛋白，难以得到完整纤维素酶晶体，很长一段时期不能对纤维素酶的结构域进行拆分。1986 年 Tilbeurgh 等[82] 用木瓜蛋白酶酶切里氏木霉的纤维二糖水解酶，得到两个具有独立活性的结构域：一个是具有催化功能的催化结构域（catalytic domain，CD），另一个是具有结合纤维素功能的纤维素结合结构域（cellulose binding domain，CBD）。两者之间由一段高度糖基化的连接肽（linker）相连。整个分子呈楔形，球状核区表示包含催化位点和底物结合位点的 CD 区。另外，部分酶分子还含有其他结构域：构成厌氧细菌纤维小体的纤维素酶分子一般由一个对接模块通过连接肽与一个催化结构域连接，其中对接模块可与支架蛋白（scaffoldin，又称作脚手架蛋白）的粘连模块结合，而支架蛋白一般还会存在一个 CBM。

（1）催化结构域（CD）

目前已经被详细阐明的纤维素酶催化结构域是 *T. reesei* 外切纤维素酶 CBH Ⅱ 的催化结构域，它是由 5 个 α 螺旋和 7 条 β 链组成的筒状结构，活性部位由两个延伸至表面的茎环区（loop）包围起来形成一个孔隙结构（tunnel），长约 2nm，包含 4 个底物催化活性位点，糖苷键的断裂发生在第 2 和第 3 活性位点之间。内切纤维素酶 EG2 尽管和 *T. reesei* 外切纤维素酶 CBH Ⅱ 属于同一家族，但其活性位点的结构与 CBH Ⅱ 却有很大的不同。内切纤维素酶 EG2 的活性位点表面不含有茎环覆盖的结构，它更像是一个裂隙（groove）结构。所有属于 EG 家族的都缺失茎环结构，而属于 CBH 家族的正好相反，都有一个茎环结构。普遍认为，正是由于 CBH 拥有这样一个茎环形成的孔隙结构，纤维素的一条单链通过穿过该孔道而与 CD 结合，纤维素末端被水解生成纤维二糖或纤维四糖[71]。

（2）纤维素结合结构域（CBD）

纤维素结合结构域通常位于纤维素酶蛋白的 C 末端或 N 末端，其主要功能是使酶分子靠近并吸附到不可溶纤维素底物表面。真菌和细菌的 CBD 有一定区别，真菌的 CBD 由 33～36 个氨基酸残基组成，具有高度的同源性，研究人员通过核磁共振技术（NMR）测定真菌外切酶的 CBD 的结构形状，结果显示 CBD 呈现"楔形"结构，一面是亲水基团，另一面是疏水基团，亲水面上有 3 个酪氨酸（Tyr）残基，负责纤维素的吸附。细菌纤维素酶的 CBD 由 100～110 个氨基酸组成，同源性较低。细菌外切酶的 CBD 很大，包含多个芳香族氨基酸，其中色氨酸残基（Trp54 和 Trp72）暴露于蛋白质分子表面，执行吸附功能。CBD 的去除实验表明，纤维素酶去除 CBD 后对可溶性底物活力影响较小，而对结晶纤维素的吸附和水解活力则有明显降低。Lim 等发现将果胶杆菌属（*Pectobacterium chrysanthemi*）内切纤维素酶 Cel5Z 的纤维素结合结构域区域的 280～426 位氨基酸残基截除后，该酶对 CMC 底物的活性提高了 80%，而微晶纤维素的降解能力则有所降低，说明该区域参与不可溶底物的吸附作用[71]。

CBD 的功能起初被认为是增加酶在底物附近的有效浓度，然而随着 CBD 结构解析数量的增加，研究发现不同类型的 CBD 具有各自独特的功能：

① 能够定位植物细胞壁的可及性区域；

② CBD 通过其结合能力，能够将酶锚定在细菌细胞壁；

③ CBD 赋予酶分子底物特异性。

（3）连接肽

连接肽的作用主要是保持催化结构域和纤维素结合结构域之间的距离，同时帮助不同酶分子间形成较为稳定的聚集体。细菌纤维素酶的连接肽富含脯氨酸（Pro）和苏氨酸（Thr），由大约 100 个氨基酸残基组成。而真菌纤维素酶的连接肽则比细菌的短很多，只由 30～40 个氨基酸残基组成。真菌纤维素酶的连接肽富含甘氨酸（Gly）、丝氨酸（Ser）和苏氨酸（Thr）。细菌纤维素酶的 CBD 与 CD 夹角为 135°，而真菌为 180°。细菌纤维素酶有两个酶切位点可将纤维素结合结构域与连接肽分别切去，而真菌纤维素酶一般只有一个酶切位点可将纤维素结合结构域与连接肽一同切去[71]。

（4）纤维素酶的催化机制

根据蛋白质结构域中氨基酸序列的相似性，将不同物种来源的碳水化合物活性酶类

（carbohydrate-active enzyme，CAZy）分成不同的蛋白质家族（http：//www. cazy. org/）。其中糖苷水解酶现已有131个家族，纤维素酶类分布于至少17个GH家族中，是糖苷水解酶数据库中家族成员数量最多的一类水解酶。CAZy家族的分类依据是序列相似度高于30%的即被归类为同一GH家族。由于蛋白质的氨基酸序列与其折叠结构具有一定关系，故蛋白质的氨基酸序列相似，其就有可能具有相同或相似的拓扑折叠结构，尤其是其活性部位的拓扑结构。这种以序列相似性为依据的GH家族分类，为研究同一家族内某一未知蛋白的结构及催化机制提供了重要的信息。基于拓扑结构的相似性，将不同GH家族的纤维素酶蛋白归类于相同的"族系"（clan）。根据水解过程中产物糖分子异头碳羟基立体化学结构的变化，将纤维素酶的催化断键机制分为保留型或反转型两种类型。

纤维素酶所采用的催化机制，不论是反转催化机制还是保留机制，在催化过程中都需要一个提供质子的供体氨基酸残基和一个亲核碱性催化的氨基酸残基。

① 保留机制，又称双交换机制。在此催化过程中，起酸催化作用的质子供体将糖苷键的氧质子化，同时起碱催化作用的亲核残基促使糖配基断裂，去质子的酸催化残基攻击水分子夺取其H^+恢复原状，产生的OH^-则攻击异头碳C-1，结合在底物上的酶分离，同时碱催化的残基恢复到初始状态。在此过程中所生产的C-4端异头碳的构型保持不变。

② 反转机制，又称单交换机制。糖苷键的氧原子的质子化使糖配基解离，伴随着碱催化残基对水分子的攻击同时发生，亲核残基夺取H^+，恢复原状，OH^-则攻击异头碳C-1，酸催化残基一直保持离子化状态。在此过程中，亲核取代导致了C-4端异头碳C-1构型的改变（http：//www. cazy. org/）。

同一家族具有相同的催化断键机制。同一族系，甚至不同族系都可能会具有相同的断键机制。表4-9列出了部分CAZy家族中主要纤维素酶家族的催化机制及其他主要信息。

表4-9　CAZy家族中主要纤维素酶家族及其催化机制（http: //www. cazy. org/）

CAZy家族	纤维素酶活性	高级结构	催化氨基酸	催化机制
GH1	β-葡萄糖苷酶	$(\beta/\alpha)_8$-桶状结构	Glu/Glu	保留机制
GH3	β-葡萄糖苷酶	—	Asp/Glu	保留机制
GH5	β-1,4-内切葡聚糖酶	$(\beta/\alpha)_8$-桶状结构	Glu/Glu	保留机制
GH6	β-1,4-内切葡聚糖酶、纤维二糖水解酶	α/β-桶状结构	Asp/Asp	反转机制
GH7	β-1,4-内切葡聚糖酶、纤维二糖水解酶	β-果胶卷状结构	Glu/Glu	保留机制
GH8	β-1,4-内切葡聚糖酶	$(\alpha/\alpha)_6$-桶状结构	Asp/Glu	反转机制
GH9	β-1,4-内切葡聚糖酶、纤维二糖水解酶、β-葡萄糖苷酶	$(\alpha/\alpha)_6$-桶状结构	Asp/Glu	反转机制
GH12	β-1,4-内切葡聚糖酶、β-1,3-1,4-内切葡聚糖酶	β-果胶卷状结构	Glu/Glu	保留机制
GH26	β-1,3-1,4-内切葡聚糖酶	$(\beta/\alpha)_8$-桶状结构	Glu/Glu	保留机制
GH30	β-葡萄糖苷酶	$(\beta/\alpha)_8$-桶状结构	Glu/Glu	保留机制

CAZy 家族	纤维素酶活性	高级结构	催化氨基酸	催化机制
GH44	β-1,4-内切葡聚糖酶	$(\beta/\alpha)_8$-桶状结构	Glu/Glu	保留机制
GH45	β-1,4-内切葡聚糖酶	β_6-桶状结构	Asp/Asp	反转机制
GH48	β-1,4-内切葡聚糖酶、纤维二糖水解酶	$(\alpha/\alpha)_6$-桶状结构	—/Glu	反转机制
GH51	β-1,4-内切葡聚糖酶	$(\beta/\alpha)_8$-桶状结构	Glu/Glu	保留机制
GH74	β-1,4-内切葡聚糖酶、纤维二糖水解酶	β-螺旋结构	Asp/Asp	反转机制
GH124	β-1,4-内切葡聚糖酶	—	Glu/—	反转机制

随着糖苷水解酶数据库中收录的纤维素酶基因序列数量的快速增长，基于蛋白质家族或基于结构信息学的理性设计新策略形成。该技术的特点是通过计算机模拟与预测，来指导纤维素酶的改造。目前，针对蛋白质空间结构优化的理性设计算法已经相继推出，使用较为广泛，效果突出的是 SCHEMA、ProSAR 及 ROSETTA 等生物信息学软件。Heinzelman 等[83] 利用 SCHEMA 重组方法分析来源于特异腐质霉（*Humicola insolens*）、嗜热毛壳菌（*Chaetomium thermophilum*）和红褐肉座菌（*H. jecorina*）的外切纤维素酶（CBHⅡ）超二级结构，通过结构重组构建重组子文库。利用线性回归模型计算每个超二级结构单元对重组子稳定性的影响，筛选得到的 15 个突变体的热稳定性有了显著提高。

随着 CAZy 数据库中越来越多的纤维素酶氨基酸序列及结构数据的不断解析，通过对家族内序列的大规模比对及重建祖先基因（ancestral sequence reconstruction，ASR）方法，研究特定氨基酸序列组成的功能，指导纤维素酶基因序列的突变重组，提高酶蛋白的特殊性质。利用与目的蛋白氨基酸序列相似性较高的已有结构为模板，进行序列比对及同源模建，分析模型高级结构，然后引入适当的历史突变，以研究纤维素酶的进化历史和进化轨迹，从而可为纤维素酶活性架构的分析、精确反映坐标绘制及其持续性降解机制的阐释奠定一定的基础。利用 SCHEMA 等计算方法可在一定程度上模拟预测突变体蛋白的结构信息。这种以数据驱动和结构生物信息学指导的纤维素酶结构理性设计方法将会大大加速纤维素酶分子改造的速率，并将成为后基因组时代对纤维素酶或其他有应用价值的酶进行改造的新思路。

4.3　高效纤维素酶系筛选的新策略和新方法

4.3.1　宏基因组学和生物信息学发掘新的纤维素酶基因

宏基因组学（metagenomics）是于 1998 年提出的一种新技术，是指特定环境下全部全物遗传物质的总称。宏基因组技术是一种不需要通过人工富集培养，而是直接对特定环境微生物菌群的基因组进行抽提，对基因信息进行分析、比对，然后将所获得的基因在其他宿主细胞中进行功能分析及筛选，或是根据某些纤维素酶的保守 DNA 序列分析、判断可能的纤维素酶基因，从而获得该环境中特定微生物基因与蛋白质的方法。宏基因组的概念是统计学概念——荟萃分析（meta-analysis）和基因组学的结合。宏基因组技术的应用，极大地扩展了对微生物的筛选范围，增加了从自然界中 99% 未培养微生物中发掘新生物活性物质的机会，对新颖纤维素酶的开发有极大的帮助。

宏基因组技术的分析对象是某一特定环境样品中的微生物群落，目的是对这一微生物群落的基因信息进行分析，从而确定样品中的微生物基因进化与多样性。这一技术被应用于某些特殊工业领域，其中包括新型特定功能蛋白的发现。由于纤维素酶的不同工业应用，如洗涤行业、食品行业、农业、纺织业、造纸行业和医疗行业，在生产过程中所需的反应条件相差很大，因此对参与相关反应的酶性质具有较特殊的要求，如具有耐热、耐酸/碱和耐盐等特点的酶更适合应用于这些行业。基于不同应用目标，研究人员对不同环境的样品进行有针对性的宏基因组分析，迅速有效地获得具有相应特征的酶蛋白。目前已报道的环境样品包含来源于各种极端条件环境，例如土壤、北极、热泉、反刍动物瘤胃和白蚁肠道等环境中的样品。

宏基因组测序技术的主要流程包括取样策略的制订、样品收集位点的选择、宏基因组的分离提取、基因组文库的建立、功能基因的筛选、二代测序和数据分析等。针对性的样品采集可以大大缩小后期筛选工作，采样点的选择要考虑多个因素，包括环境的营养、地理环境和物理环境对微生物特性的影响等。微生物的基因遗传变异能力使之能很好地适应其生存环境。这些微生物含有的蛋白质能够在微生物生存的环境中保持很高的活性，具有与环境相似的特征。从环境中采集的样品可以直接用于 DNA 提取，也可以进行一定的处理后再进行下一步分析。前期的处理往往会对宏基因组 DNA 的提取结果有很大的影响。与传统的菌株筛选方法相似，以特定碳源进行培养提高特殊目标菌株的丰度，然而该方法亦会导致微生物多样性的降低。此方法获得纤维素酶的一个典型例子是 Graham 等[13] 所报道的，以微晶纤维素为唯一碳源对采集于地热资源的古生物菌进行富集培养。宏基因组分析发现一个新颖的内切纤维素酶，其催化结构域与已知内切纤维素酶的催化结构域的蛋白序列一致性相当低。重组表达后的重组酶在 109℃ 条件下具有相对最高活性，且该酶对变性剂、高盐和离子液体具有很好的耐受性。

4.3.1.1 宏基因组学获取纤维素酶的方法

目前，利用宏基因组学获取纤维素酶及其基因的方法有 3 种：a. 将宏基因组 DNA 构建宏基因组文库，并从中筛选得到纤维素酶基因序列；b. 同源克隆，即根据已知纤维素酶的保守氨基酸或核苷酸序列，设计纤维素酶的简并引物，克隆获得基因片段，然后通过染色体步移的方法，获得全长基因序列；c. 对基因组进行测序，对宏基因组序列进行分析，获得纤维素酶基因序列。

（1）宏基因组文库筛选法

从环境样品中直接提取微生物基因组 DNA（gDNA），纯化并用限制性内切酶将 gDNA 片段化后，连接至合适的载体，如 λ 噬菌体或细菌人工染色体等，转化到大肠杆菌等宿主菌中，最后对文库进行筛选。由于宏基因组文库容量较大，需要采取高通量及高灵敏度的方法对文库进行筛选，以便高效快捷地获得纤维素酶基因序列。常用筛选方法有活性筛选（activity screening）和序列筛选（sequence screening）。

① 活性筛选以测定纤维素酶活性为基础，将文库中的克隆涂布于能检测目的基因活性的底物筛选平板上，表达外源活性蛋白的克隆会出现明显的变化，如用刚果红染色检测透明圈，或用颜色底物判断颜色变化，或利用生物化学手段分析表达产物的物理特性［如荧光物质 4-MUC（4-methylumbelliferyl-β-D-cellobioside）］等手段检测目的克隆。外切纤维素酶可采用荧光物质进行筛选，如 Geng 等[84] 采用 4-MUC 从宏基因组文库中获得 121 个荧光活性菌株。β-葡萄糖苷酶则可与底物作用生成有颜色的产物，如以 X-gal 为底物，可从平板上获得具有蓝色水解圈的 β-葡萄糖苷酶克隆。该酶也可以对硝基苯基葡萄糖苷（pPNG）为底物，生成黄色产物。此外，常用的还有七叶苷，它会被 β-葡萄糖苷酶分解成七叶素，后者可以和柠檬酸铁铵的铁离子络合形成黑色化合物。而内切纤维素酶的活性克隆筛选则多采用 CMC-刚果红染色，脱色后会形成透明圈，另外还有用 AZCL-HE cellulose 为底物，生成蓝色水解圈。

② 序列筛选是利用已知的纤维素酶基因的保守区序列设计探针或 PCR 引物，通过杂交或 PCR 扩增的方法筛选得到阳性克隆子，或者利用二代 DNA 测序技术直接对宏基因组文库中的克隆子进行测序，获得目的基因序列，从中筛选得到纤维素酶基因。序列筛选法不需要对目的基因进行表达，操作简单，便于大量筛选工作。

研究人员利用活性筛选和序列筛选的方法从南极土壤的 BAC 文库中筛选得到 11 个纤维素酶基因；Ohtoko 等通过序列筛选-PCR 扩增的方法从白蚁肠道微生物样品中获得大量的纤维素酶基因序列。

（2）同源克隆法

同源克隆法是利用已知纤维素酶基因序列的保守序列，设计简并引物，直接从宏基因组 DNA 中获得目的基因片段，以获得的基因片段构建文库，选择具有代表性的克隆通过染色体步移方法（如 TAIL-PCR 和 RT-PCR 方法）获得全长基因序列。Xiong 等[85] 设计了 GH9 家族纤维素酶简并引物，从土壤宏基因组 DNA 中，PCR 扩增获得 127 个同源基因；采用同样的方法，也从奶牛瘤胃中获得大量 GH48 家族的纤维素酶基因。

（3）宏基因组直接测序法

宏基因组直接测序方法以 Roche 454、Solexa 和 Solid 技术为标志的新一代测序技术为基础，对环境宏基因组 DNA 进行直接测序。为了高效分析宏基因组测序产生的海量数据，生物信息学技术成为宏基因组学研究的重要分析手段，相关的信息学软件及分析系统被不断开发与改进，广泛用于环境微生物的物种分类和功能组成研究。在此基础上，近年来，大量研究文献报道利用测序技术分析动物胃肠道微生物的宏基因组 DNA 序列，如山羊、骆驼、牛、猪和驯鹿等。

4.3.1.2　宏基因组学获取纤维素酶的来源

反刍动物的瘤胃是消化植物纤维素的器官，里面含有复杂多样的微生物能分泌各种纤维素酶、半纤维素酶和果胶酶等水解酶类。国内外研究人员通过构建动物胃肠道微生物宏基因组文库筛选获得大量糖苷水解酶，大多来自于反刍动物瘤胃和植食性动物的胃肠道（表 4-10）。如 Gong 等[86] 构建了牛瘤胃微生物宏基因组文库，利用活性筛选法获得 25 个纤维素酶活性基因克隆，其中 10 个具有 β-葡萄糖苷酶活性。同样的方法从山羊瘤胃中筛选得到 10 个具有 β-葡萄糖苷酶活性的基因克隆，其中一些同时具有 β-葡萄糖苷酶和木糖苷酶活性。利用宏基因组学对不同动物瘤胃样品中的微生物群落和水解酶的分析显示，不同物种反刍动物瘤胃中的微生物组成及多糖降解酶的组成差别较大。如山羊瘤胃中细菌和真菌的数目明显高于其他反刍动物，所含葡聚糖酶、木聚糖和淀粉酶比例最高，而牦牛瘤胃肠道中存在着丰富的 GH5 和 GH9 家族的纤维素酶基因，却缺少纤维素酶系中重要的 GH48 纤维素酶基因[87]。

表 4-10　利用宏基因组从动物胃肠道中获得的纤维素酶举例[87]

样品来源	筛选基因	筛选方法	筛选底物	筛选效率
兔子盲肠	β-葡聚糖酶、内切纤维素酶	活性筛选	CMC MUC	11/32500
鲍鱼肠道	纤维素酶	活性筛选	CMC	1/90000
老鼠大肠	β-葡聚糖酶	活性筛选	地衣多糖	3/5760
云斑天牛	纤维素酶	测序筛选	TAIL-PCR	11/—
驯鹿	纤维素酶	测序筛选	454 测序	406/—
牦牛瘤胃	β-葡萄糖苷酶	活性筛选	pNPG	2/4000
奶牛瘤胃	内切纤维素酶	活性筛选	CMC	25/6000
山羊瘤胃	内切纤维素酶、β-葡萄糖苷酶	活性筛选	CMC/EH-PAC	2/5000
水牛瘤胃	内切纤维素酶、β-葡萄糖苷酶	活性筛选	CMC/EH-PAC	61/15000
牛瘤胃	纤维素酶	测序筛选	PCR	2/70000
水牛瘤胃	纤维素酶	测序筛选	PCR	2/—

宏基因组法也从非瘤胃动物胃肠道中获取了多种糖苷水解酶类。如 Feng 等[88] 首次采用未培养方法从兔子盲肠宏基因组文库中筛选得到 4 个内切纤维素酶和 7 个 β-葡萄糖苷酶基因，序列分析发现其基因编码产物与已知的纤维素酶序列一致性低于 50%。此外，斑马鱼、人类、白蚁、猪和金丝猴等的肠道微生物也是宏基因组分析的对象。在这些动物中都能获得丰富的纤维素酶基因，这些纤维素酶主要为 GH1、GH3、GH5、GH9、GH44 和 GH26 家族，其中 GH5 家族的纤维素酶居多，其他如 GH6、GH7 和 GH48 家族的外切纤维素酶的报道较少。以上这些研究证实了利用宏基因组从动物胃肠道中获取新型纤维素酶的可行性，也表明动物胃肠道内蕴藏着大量潜在的纤维素酶基因资源。

土壤微生物也是纤维素酶基因的主要来源之一，研究人员从土壤微生物宏基因组中也筛选得到大量纤维素酶基因（表 4-11）。如红树林生长在沼泽地，盐渍化程度较高，植物凋谢物造就了独具特色的微生物资源。研究人员在对红树林土壤微生物资源的研究过程中，发现了大量的糖苷水解酶基因，其中包括具有高浓度葡萄糖耐受性的新型 β-葡萄糖苷酶基因及来源于 GH44 家族的内切纤维素酶基因，其基因序列与已知的酶相似性低于 50%。除此之外，在土壤环境中还获得 2 个编码新型 β-葡萄糖苷酶基因，其与已知的基因没有任何相似性，且对葡萄糖和 NaCl 具有很高的耐受性[87]。

表 4-11　利用宏基因组技术从土壤中获得纤维素酶的例子[87]

样品来源	筛选基因	筛选方法	筛选底物	筛选效率
红树林土壤	β-葡聚糖酶	活性筛选	EH-FAC	1/—
红树林土壤	β-葡聚糖酶	活性筛选	EH-FAC	1/20000
喀斯特土壤	β-葡聚糖酶	活性筛选	EH-FAC	1/30000
草原土壤	β-1,4-内切葡聚糖酶	活性筛选	EH-FAC	1/4600
红土地	β-1,4-内切葡聚糖酶	活性筛选	CMC	1/3024
农田土壤	碱性 β-葡萄糖苷酶	活性筛选	EH-FAC	2/45000
土壤	内切纤维素酶	活性筛选	DNP-C	1/96144
土壤	纤维素酶	测序筛选	PCR	127/—

除此之外，宏基因组技术对堆肥、沉积物和水体微生物的分析，也获得相关的纤维素酶及其基因（表 4-12）。目前已报道了上千种纤维素酶新基因，且报道的多数纤维素酶活性、金属离子抗性、耐盐性和耐热性等性质，都显示出它们在工业应用中的巨大潜力。这些研究成果证实了利用宏基因组学从环境样品中发现和筛选新基因及生物活性物质的可行性。

表 4-12　利用宏基因组方法从堆肥和沉积物中筛选纤维素酶的例子[87]

样品来源	筛选基因	筛选方法	筛选底物	筛选效率
沉积物	纤维素酶	活性筛选	4-MUC	121/100000
稻秆堆肥	内切纤维素酶	活性筛选	CMC	1/12739
堆肥	β-葡萄糖苷酶	活性筛选	X-gal	1/—
蚯蚓粪	内切纤维素酶	活性筛选	CMC	18/89000
柳枝稷堆肥	β-葡萄糖苷酶	宏基因组 454 测序		1/—

然而，宏基因组学在获得纤维素酶方面还存在着许多问题有待解决：

① 目前获得的基因多数为内切纤维素酶和 β-葡萄糖苷酶，外切纤维素酶基因仍较少。其原因可能是外切纤维素酶主要存在于真菌中，而宏基因组文库是以大肠杆菌为宿主菌的，真菌的基因启动子和内含子序列不被大肠杆菌所识别，因此无法在大肠杆菌中表达，从而导致外切纤维素酶的发现较困难。

② 利用宏基因组学获得的纤维素酶基因在蛋白质编码序列上存在缺失，或者表达水平低，较难直接应用于异源过量表达，因此，需要结合体外定向进化技术对基因进行进化，以获得高性能的纤维素酶。

4.3.2　比较基因组学预测纤维素酶基因

比较基因组学（comparative genomics）是指在基因组图谱和测序的基础上，利用已知的某个基因组研究结果获得的基因信息来推测其他原核生物和真核生物类群中的基因数目、基因位置、功能、表达机制及物种进化的学科。

对野生株和高产突变株的比较基因组学分析，也是利用组学工具研究真菌木质纤维素降解酶合成调控的一个重要研究方向。对里氏木霉突变株 NG14 和 Rut-C30 的基因组测序发现，它们基因组上存在大量序列突变及总长度超过 100bp 的序列丢失。利用基于芯片的比较基因组杂交技术（aCGH）对高产突变株 QM9123、QM9414、NG14 和 Rut-C30 的分析，发现新的序列突变，其中包括染色体易位在内的一些突变[89]。受这些突变影响的基因涉及了生命活动的多个过程，成为进一步开展功能基因组学研究的重要靶点。对里氏木霉突变株 KDG-12 和 PC-3-7 的基因组重测序成功鉴定了一个对纤维素酶高产性状有贡献的 β-葡萄糖苷酶转录调控因子 BglR 编码基因的突变[90]。

4.3.3　纤维素酶合成调控机制的转录组学研究

由于真菌纤维素酶酶系组分复杂，涉及的调控层次和调控途径众多，传统的基于对单个纤维素酶基因或某个转录因子进行的单基因表达调控研究技术很难描绘出木质纤维素酶合成调控的整体网络。随着高通量技术的发展，各种数据快速积累，通过整合、分析和应用这些数据，使得完善纤维素酶的合成调控机理成为可能。转录组学可以揭示不同菌株在不同培养条件下全基因组范围的基因转录差异，从而揭示木质纤维素酶基因在不同诱导条件下的整体转录模式，并发现可能与木质纤维素酶合成调控相关的基因。目前，常用的真菌转录组分析方法有基因芯片（microarray）、数字化表达谱（DGE）和 RNA-seq 等。

2003 年，Foreman 等[91] 构建了里氏木霉 QM6a 在多种碳源及不同培养条件下的 cDNA 文库，利用基因芯片技术比较了 QM6a 及突变株 RL-P37 分别在葡萄糖、甘油、乳糖和槐糖为唯一碳源条件下的全基因组转录情况，发现了一些与木质纤维素水解酶基因共转录的基因。Schmoll 等[92] 用同样的方法以纤维素为底物诱导发现了 10 个基因，其中 ooc1 只有在纤维素黑暗诱导条件下才能检测到转录。CRE I 是里氏木霉（T. reesei）的碳源降解物阻遏转录因子，利用葡萄糖培养基对 QM9414 及其 CRE I 缺失菌株进行诱导培养，利用基因芯片技术对二者的基因转录组进行比较分析，发现了纤维素酶和半纤维素酶基因[93]。研究人员利用不同诱导物对粗糙脉孢菌（Neurospora crassa）进行产酶诱导，并利用基因芯片方法对该菌株的转录组进行分析，发现了多个木质纤维素降解酶基因，并预测了粗糙脉孢菌降解木质纤维素的模型。同时，对某些纤维素酶活性提高的突变株进行转录组学研究，发现了多个木质纤维素降解酶基因，并发现了两个转录因子（NCU06509 和 NCU06704）对纤维素酶基因表达有正调控作用，一个转录因子（NCU06650）具有负调控作用[46]。对 3 株曲霉（构巢曲霉、黑曲霉和米曲霉）进行基因表达谱构建，结果显示转录激活因子 XlnR 的结合位点（5′-GGNTA-

AA-3′）非常保守，该位点出现在多个基因启动子上。利用 RNA-seq 方法对黑曲霉的转录组进行了分析，结果显示，总 mRNA 中木质纤维素降解酶类基因的转录本占到了 20%。

4.3.4　化学互补高通量筛选

酶的定向进化技术最核心的部分在于突变体库的多样性和筛选的高效性。在一个突变体库建好之后，选择一个灵敏、高通量以及被证明能用于目标筛选的方法，快速、准确地在庞大的突变体库中寻找出所需要的克隆是决定定向进化成败的关键因素。成功的筛选方法能实现基因型和表达型的连接，以实现目标功能蛋白的获得。

4.3.4.1　基于纤维素酶活性测定的筛选方法

对于纤维素酶来说，通常有两种方式来衡量其活性。

① 测定单一特定纤维素酶的活性，包括内切纤维素酶、外切纤维素酶和 β-葡萄糖苷酶。

② 测定总酶系的活性。根据底物水溶性的不同，纤维素酶的底物可以分为可溶性底物和不可溶性底物。其中可溶性底物包括低聚合度的纤维糊精（cellodextrins）、纤维糊精衍生物（cellodextrin derivatives）、显色底物［对硝基苯基糖苷类（p-nitrophenyl glycosides）］、荧光底物［4-甲基伞形酮糖苷类（4-methylumbelliferyl-D-glycosides，MUG）]和长链的纤维素衍生物［包括羧甲基纤维素（CMC）]等。

此外，通过给 CMC 底物添加一些颜色基团修饰，如雷马素亮蓝（Remazol brilliant blue R）和钌红（Ruthenium red）等，内切纤维素酶将底物水解后，释放出不同颜色产物，通过测定相应波长下的吸光度，可以定量检测纤维素酶活性。不可溶性底物包括微晶纤维素和无定型纤维素等。同样的，这些不可溶底物也可以添加颜色基团，如汽巴蓝（Cibacron blue 3GA）、活性橙（reactive orange 14）、三硝基苯（trinitrophenyl，TNP）及荧光胺染料（Fluram）等，分别生成相应的有色底物。内切纤维素酶对 TNP-CMC 底物的敏感性远远高于传统检测方法，计算出的酶活力是 DNS 方法的 25 倍，而荧光胺-纤维素底物检测得到的酶活力则是 TNP-CMC 底物的 10 倍。

4.3.4.2　纤维素酶的高通量筛选方法

内切纤维素酶在纤维素糖苷链的内部随机切断 β-1,4-糖苷键，通常利用可溶性高聚合度的纤维素衍生物——CMC 来检测其活性。内切纤维素酶的活性还可以通过刚果红染色的羧甲基纤维素平板检测到。因为刚果红可以被长链多糖链吸附，不能被短链多糖链吸附，因此，内切纤维素酶作用后在刚果红底物会形成明显的透明圈。几乎所有的内切纤维素酶定向进化的高通量筛选过程都采用了这种方法，该方法简单易行，十分适于筛选大量的突变体库。然而刚果红平板方法不能进行定量检测，不能构建一个大的突变文库，因此该方法一般为初步筛选。这些被刚果红平板初筛获得的突变子，通常会使用更精确的检测方法获得有义突变子。

目前，存在的高通量文库筛选方法有以下几种：

① 微孔板法（MTP），该方法将突变体文库转化到感受态细胞中并涂布到平板上。突变体酶在细胞内表达，将细胞裂解，裂解后的粗酶液转到微孔板中用于酶活力分析。应用的微孔培养皿，一般为 24 孔板、96 孔板或 384 孔板。应用此方法每轮可对 $10^3 \sim 10^5$ 个突变体进行筛选，是目前普遍使用的一种方法。

② 微板数字成像技术，该方法是使用先进的微板数字成像设备来筛选突变株菌落，该设备上每平方厘米可容纳几百个单菌落，大大提高了筛选通量。

③ 微小胶珠固定化酶，将突变子固定在微小胶珠表面，与底物反应后，有色产物吸附在胶珠表面，通过观察胶珠表面颜色的深浅来判断突变体酶活力的变化。

④ 细胞表面展示，通过细胞表面展示技术将突变蛋白定位于细胞表面，经过酶促反应将生成的荧光产物在细胞表面展示。

⑤ 流式细胞仪分选，展示不同荧光信号的细胞或乳化滴可以被流式细胞仪高通量分选出来。

4.4　纤维素酶活力的测定方法

纤维素酶活力大小最初与菌种筛选联系在一起，想要获得高活力的纤维素酶菌株，要选择合适的纤维素酶活力测定方法。一般情况下，这些方法要求操作简单，不需要借助外部检测仪器，用肉眼观察便能进行。

以下介绍几种纤维素酶活力测定方法。

4.4.1　酶活力测定方法

（1）刚果红染色法

如上文所述，刚果红染色法是筛选纤维素酶的经典方法，此处不再赘述。

（2）磷酸膨胀纤维素法

以磷酸膨胀纤维素为底物制成双层平板，培养菌株，产生的纤维素酶可形成清晰的透明圈。

（3）CMC 液化活力法

CMC 在铬矾交联剂的作用下生成黏度较大的凝胶，菌株分泌的纤维素酶分解 CMC，使凝胶液化。通过分析凝胶液化的程度和快慢来判断酶活力的高低。

4.4.2　纤维素酶活力分类测定

大多数的酶活力测定方法是基于产物的累积，包括还原糖、总糖以及发色基团。纤维素酶活力的测定方法之一是测定纤维素酶复合体的总水解酶活力，即纤维素复合酶系对纤维素底物的协同降解能力；第二个方法是分别测定纤维素酶复合体中不同纤维素酶组分，即外切纤维素酶、内切纤维素酶和葡萄糖苷酶的活性。

（1）纤维素酶总酶活的测定方法

滤纸酶活（filter paper unit，FPU）是最常用的纤维素酶活力测定方法，主要测定纤维素的总体水解能力。标准的滤纸酶活测定方法是由国际理论化学与应用化学联合会（International Union of Pure and Applied Chemistry，IUPAC）于 1987 年确立并公布的。该方法以 Whatman 1 号滤纸作为底物，在一定反应条件下，对纤维素酶进行不同倍数稀释，在 1h 内降解 0.050g 滤纸并生成 2mg 的葡萄糖，此时的纤维素酶活力定义为 1FPU。

（2）纤维二糖水解酶活力的测定方法

纤维二糖水解酶的活力测定方法通常以微晶纤维素为底物。此外，还有一些其他的纤维二糖水解酶底物，包括一些孔径较大的天然纤维素底物，如磷酸微晶纤维素（phosphoric acid swollen cellulose，PASC）和无定形纤维素（regenerated amorphous cellulose，RAC）等；以及人工合成的含发色基团的纤维寡糖：对硝基苯基纤维二糖苷（p-nitrophenyl-β-D-cellobioside，pNPC）。pNPC 可被外切纤维素酶特异性地水解成纤维二糖和对硝基苯酚（p-nitrophenol，pNP）。pNP 在溶液中有明显的黄色，在 405nm 条件下具有最大的吸收峰。这些底物只适于从非还原端水解纤维素的葡聚糖纤维二糖水解酶，从还原端降解纤维素的纤维二糖水解酶不能用这些底物来测定酶活力。

（3）内切纤维素酶活力的测定方法

内切纤维素酶通常作用于可溶性纤维素晶体的无定形区域，所以一般采用不可溶性纤维素底物来测其酶活力，如高聚合度的纤维素衍生物，常使用羧甲基纤维素酶（carboxy methyl cellulase，CMCase）。可溶性底物，如可溶性纤维寡糖及其发色底物如对硝基苯基葡萄糖苷（pNPG）和 4-甲基伞形酮葡萄糖苷（MUG）等也常用于内切纤维素酶活力的测定。产物的检测方法如下：

① 3,5-二硝基水杨酸（DNS）法直接测定总还原糖的浓度；

② 测定纤维素溶液黏度，间接确定内切纤维素酶活力。

（4）纤维二糖酶（β-葡萄糖苷酶，β-glucosidase，BG）活力的测定方法

β-葡萄糖苷酶的测定通常以人工合成的糖苷化合物，如 pNPG 或水杨素等作底物，通过测定产生的对硝基酚或葡萄糖来判断 β-葡萄糖苷酶的活性。由于各种 β-葡萄糖苷酶组分对糖基和糖苷配基的底物特异性不一致，因此该方法测得的酶活力均称为 β-葡萄糖苷酶活力。根据底物的特性，β-葡萄糖苷酶活力的测定方法也不相同。

1）分光光度法

① 以水杨苷作底物，酶解生成水杨醇和 β-D-葡萄糖，产物水杨醇与 4-氨基安替比林反应进行显色。另一个方法是用熊果苷（β-D-葡萄糖苷-对苯二酚）作为底物，酶解生成的葡萄糖用碘量法进行定量。亦可以采用 DNS 法对生成葡萄糖的浓度进行显色。利用分光光度法测定显色基团在相应的吸收波长的吸光度，计算酶活力。

② 以 pNPC 为底物进行催化，酶解反应后得到的产物 pNP 可直接在 400～420nm 测定吸光度。该方法灵敏度高于水杨苷法，操作简单、快速，重现性好，是目前实验所

常用的 β-葡萄糖苷酶活力测定方法。

2）荧光法

Rbolnson 利用伞形酮（7-羟基香豆素）与 4-甲基伞形酮具强烈荧光的特点，以 4-甲基伞形酮的 β-D-葡萄糖苷为底物，经 β-葡萄糖苷酶作用，分解为 4-甲基伞形酮。产物具有强烈的荧光，根据荧光的变化来测定酶活力。荧光法灵敏度高，且快速。

3）电化学法

电化学法由 Guilbuatl 和 Kramer 设计。以扁桃苷为底物，根据酶解所产生的氢化物，利用与自发（内）电解池相联结的一对银-铂电极，通过电化学法来测定 β-葡萄糖苷酶活力。

参考文献

［1］ 崔锦绵，刘菡，韩辉. 康氏木霉 CP88329 纤维素酶产生条件的研究［J］. 微生物学通报，1995，22（2）：72-76.

［2］ 曲音波. 木质纤维素降解酶与生物炼制［M］. 北京：化学工业出版社，2011.

［3］ 甄静，王继雯，谢宝恩，等. 一株纤维素降解真菌的筛选、鉴定及酶学性质分析［J］. 微生物学通报，2011，38（5）：709-714.

［4］ 李琦，刘伍生，刘正初. 不同地点筛选纤维素酶产生菌的研究进展［J］. 中国农学通报，2012，28（33）：194-198.

［5］ Neifar M, Maktouf S, Ghorbel R E, et al. Extremophiles as source of novel bioactive compounds with industrial potential［M］//Biotechnology of Bioactive Compds, 2015: 245-267.

［6］ 彭静静. 耐热纤维素酶的研究进展［J］. 安徽农业科学，2014，42（1）：336-338.

［7］ Eckert K, Schneider E. A thermoacidophilic endoglucanase（CelB）from *Alicyclobacillus acidocaldarius* displays high sequence similarity to arabinofuranosidases belonging to family 51 of glycoside hydrolases［J］. European Journal of Biochemistry, 2003, 270（17）: 3593-3602.

［8］ Sahay H, Yadav A N, Singh A K, et al. Hot springs of Indian Himalayas: potential sources of microbial diversity and thermostable hydrolytic enzymes［J］. 3 Biotech, 2017, 7: 118.

［9］ Ergün B G, Çalık P. Lignocellulose degrading extremozymes produced by *Pichia pastoris*: current status and future prospects［J］. Bioprocess & Biosystems Engineering, 2016, 39（1）: 1-36.

［10］ Li D, Li X, Dang W, et al. Characterization and application of an acidophilic and thermostable β-glucosidase from *Thermofilum pendens*［J］. Journal of Bioscience and Bioengineering, 2013, 115（5）: 490-496.

［11］ Mahadevan S A, Wi S G, Lee D S, et al. Site-directed mutagenesis and CBM engineering of Cel5A（*Thermotoga maritima*）［J］. FEMS Microbiology Letters, 2008, 287（2）: 205-211.

［12］ Acharya S, Chaudhary A. Bioprospecting thermophiles for cellulase production: a review［J］. Brazilian Journal of Microbiology, 2012, 43: 844-856.

［13］ Graham J E, Clark M E, Nadler D C, et al. Identification and characterization of a multidomain hyperthermophilic cellulase from an archaeal enrichment［J］. Nature Communications, 2011, 2: 375.

［14］ Kasana R C, Gulati A. Cellulases from psychrophilic microorganisms: a review ［J］.Journal of Basic Microbiology, 2011, 51: 572-579.

［15］ Hayashi K, Nimura Y, Ohara N, et al. Low-temperature-active cellulase produced by Acremonium alcalophilum JCM 7366 ［J］. Seibutsu kogaku Kaishi, 1996, 74: 7-10.

［16］ Sharma A, Kawarabayasi Y, Satyanarayana T. Acidophilic bacteria and archaea: acid stable biocatalysts and their potential applications ［J］. Extremophiles, 2012, 16: 1-19.

［17］ Grigorevski-Lima A L, Da Vinha F N, Souza D T, et al. Aspergillus fumigatus thermophilic and acidophilic endoglucanases ［J］. Applied Biochemistry and Biotechnology, 2009, 155 （1-3）: 321-329.

［18］ Luo H, Li J, Yang J, et al. A thermophilic and acid stable family-10 xylanase from the acidophilic fungus Bispora sp. MEY-1 ［J］. Extremophiles, 2009, 13（5）: 849-857.

［19］ Toda H, Nagahata N, Amano Y, et al. Gene Cloning of Cellobiohydrolase II from the white rot fungus Irpex lacteus MC-2 and its expression in Pichia pastoris ［J］. Bioscience, Biotechnology, and Biochemistry, 2008, 72（12）: 3142-3147.

［20］ Karnaouri A C, Topakas E, Christakopoulos P. Cloning, expression, and characterization of a thermostable GH7 endoglucanase from Myceliophthora thermophila capable of high-consistency enzymatic liquefaction ［J］. Applied Microbiomistry and Biotechnology, 2014, 98（1）: 231-242.

［21］ Yang X, Ma R, Shi P, et al. Molecular Characterization of a highly-active thermophilic β-glucosidase from Neosartorya fischeri P1 and its application in the hydrolysis of soybean isoflavone glycosides ［J］. PLoS ONE, 2014, 9（9）: e106785.

［22］ Ramani G, Meera B, Vanitha C, et al. Production, purification, and characterization of a β-glucosidase of Penicillium funiculosum NCL1 ［J］. Appl Biochem Biotechnol, 2012, 167（5）: 959-972.

［23］ Reczeya K, Szengyela Z, Eklundb R, et al. Cellulase production by T. reesei ［J］.Bioresource Technology, 1996, 57（1）: 25-30.

［24］ 刘刚, 余少文, 孔舒, 等. 碱性纤维素酶及其应用的研究进展. 生物加工过程 ［J］. 2005, 3（2）: 9-14.

［25］ 周峻沛. 云斑天牛胃肠道内共生细菌来源的纤维素酶和半纤维素酶的初步研究 ［D］. 北京: 中国农业科学院, 2010.

［26］ 周烈, 周燕, 安培培, 等. 瘤胃厌氧真菌纤维素酶的研究与开发进展 ［J］. 动物营养学报, 2010, 22（3）: 536-543.

［27］ Yu Z L, Shao C L. Dose-effect of the tyrosine sample implanted by a low energy N⁺ ion beam ［J］. Radiation Physics and Chemistry, 1994, 3（4）: 349-351.

［28］ Ghosh A, Ghosh B K, Trimino-Vazquez H, et al. Cellulase secretion from a hyper-cellulolytic mutant of Trichoderma reesei Rut-C30 ［J］. Archives of Microbiology, 1984, 140（2-3）: 126-133.

［29］ Dillon A J, Bettio M, Pozzan F G, et al. A new Penicillium echinulatum strain with faster cellulase secretion obtained using hydrogen peroxide mutagenesis and screening with 2-deoxyglucose ［J］. Journal of Applied Microbiology, 2011; 111（1）: 48-53.

［30］ 李西波, 刘胜利, 王耀民, 等. 高产纤维素酶菌株的诱变选育和筛选 ［J］. 食品与生物技术学报. 2006, 25（6）: 107-110.

［31］ 赵彩艳, 李庚飞, 尤跃钧, 等. 氮离子注入选育 β-葡聚糖酶高产菌株的研究 ［J］. 饲料研究, 2008（3）: 44.

［32］ 芦敬华，石家骥，葛克山，等. 产中性纤维素酶特异腐质霉 H31-3 复合诱变研究［J］. 微生物学通报，2006, 33（6）：74-78.

［33］ 谭周进，杨海君，林曙，等. 利用原生质体融合技术选育微生物菌种［J］. 核农学报，2005, 19（1）：75-79.

［34］ 谭文辉，李燕萍，许杨. 微生物原生质体制备及再生的影响因素［J］. 现代食品科技. 2006, 22（3）：263-266.

［35］ 赵志强，郑小林，张思杰，等. 细胞融合技术［J］. 生物学通报，2005, 40（10）：40-41.

［36］ Dai M H, Ziesm S, Ratcliffe T, et al. Visualization of protoplast fusion and quantitation of recombination in fused protoplasts of auxotrophic strains of *Escherichia coli*［J］. Metabolic Engineering, 2005, 7（1）：45-52.

［37］ 高玉荣，李大鹏，高年发. 利用单灭活原生质体融合技术选育降酸能力强的葡萄酒酵母［J］. 中国食品学报，2006, 6（3）：106-109.

［38］ 曾柏全，李淼，冯金儒. 双亲灭活青霉菌与枯草芽孢杆菌原生质体融合［J］. 中国食品学报，2015, 6：45-50.

［39］ Hassan M M. Influence of protoplast fusion between two *Trichoderma* spp. on extracellular enzymes production and antagonistic activity［J］. Biotechnology & Biotechnological Equipment, 2014, 28（6）：1014-1023.

［40］ Kaur B, Sharma M, Soni R, et al. Proteome-based profiling of hypercellulase-producing strains developed through interspecific protoplast fusion between *Aspergillus nidulans* and *Aspergillus tubingensis*［J］. Applied Biochemistry and Biotechnology, 2013, 169（2）：393-407.

［41］ 于寒颖，刘杏忠. 纤维素酶及其基因结构特征与功能的关系［J］. 林产化学与工业，2009, 26（3）：120-126.

［42］ Kim D, Kim S N, Baik K S, et al. Screening and characterization of a cellulase gene from the gut microflora of abalone using metagenomic library［J］. The Journal of Microbiology, 2011, 49（1）：141-145.

［43］ 解庭波. 大肠杆菌表达系统的研究进展［J］. 长江大学学报（自然科学版），2008; 5（3）：77-82.

［44］ Terpe K. Overview of bacterial expression systems for heterologous protein production: from molecular and biochemical fundamentals to commercial systems［J］. Applied Microbiology and Biotechnology, 2006, 72：211-222.

［45］ 张云鹏，温彤，姜伟. 大肠杆菌和酵母表达系统的研究进展［J］. 生物技术进展，2014, 4（6）：389-393.

［46］ Sun J, Glass N L. Identification of the CRE-1 Cellulolytic Regulon in *Neurospora crassa*［J］. PLoS One, 2011, 6（9）：e25654.

［47］ 李家冬，王弘. 重组蛋白正确折叠与修饰的提高策略［J］. 生物工程学报，2017, 33（4）：591-600.

［48］ Palumbo J D, Sullivan R F, Kobayashi D Y. Molecular characterization and expression in *Escherichia coli* of three *β*-1, 3-glucanase genes from *Lysobacter enzymogenes* strain N4-7［J］. Journal of Bacteriology, 2003, 185（15）：4362-4370.

［49］ Qiao J, Rao Z, Dong B, et al. Expression of Bacillus subtilis MA139 *beta*-mannanase in *Pichia pastoris* and the enzyme characterization［J］. Applied Biochemistry and Biotechnology, 2010, 160（5）：1362-1370.

［50］ Chen H, Li X L, Ljungdahl L G. Sequencing of a 1, 3-1, 4-*beta*-D-glucanase（lichenase）from the anaerobic fungus *Orpinomyces* strain PC-2: properties of the enzyme expressed in *Escherichia coli* and evidence that the genehas a bacterial origin [J] . Journal of Bacteri-ology, 1997, 179 (19) : 6028-6034.

[51]　Hirano K, Kurosaki M, Nihei S, et al. Enzymatic diversity of the Clostridium thermocellum cellulosome is crucial for the degradation of crystalline cellulose and plant biomass [J] . Scientific Reports, 2016, 6: 35709.

[52]　Tomme P, Kwan E, Gilkes N R, et al. Characterization of CenC, an enzyme from *Cellu-lomonas fimi* with both endo-and exoglucanase activities [J] . Journal of Bacteriology, 1996, 178 (14) : 4216-4123.

[53]　Zhang D, Lax A R, Raina A K, et al. Differential cellulolytic activity of native-form and C-terminal tagged-form cellulase derived from *Coptotermes formosanus* and expressed in *E.coli* [J] . Insect Biochemistry Molecular Biology, 2009, 39 (8) : 516-522.

[54]　赵莹, 孙哲, 刘燕, 等. 酸性纤维素酶 CBHⅡ基因与非抗性穿梭表达载体的重组及在乳酸杆菌的表达及其活性检测 [J] . 畜牧兽医学报, 2009, 40 (5) : 670-675.

[55]　李方正. 纤维素降解菌的分离、鉴定及产内切纤维素酶基因工程乳酸菌的构建 [D] . 泰安: 山东农业大学, 2011.

[56]　李晨. 酵母基因编辑技术: 从单基因操作到基因组重建 [J] . 遗传, 2015, 37 (10) : 1021-1028.

[57]　杨华军, 邹少兰, 刘成, 等. 纤维素酶在酿酒酵母中的表达研究 [J] . 中国生物工程杂志, 2014, 34 (6) : 75-83.

[58]　den Haan R, Kroukamp H, Mert M, et al. Engineering *Saccharomyces cerevisiae* for next generation ethanol production [J] . Journal of chemical technology and biotechnology, 2013, 88 (6) : 983-991.

[59]　郭钦, 张伟, 阮晖, 等. 酿酒酵母表面展示表达系统及应用 [J] . 中国生物工程杂志. 2008, 28 (12) : 116-122.

[60]　肖志壮, 王婷, 汪天虹. 瑞氏木霉内切葡聚糖酶 EGⅢ基因的克隆及在酿酒酵母中的表达 [J] . 微生物学报, 2001, 41 (4) : 391-396.

[61]　龚映雪, 台艳, 肖文娟. 酵母多基因表达载体在纤维素生物转化中应用 [J] . 深圳大学学报: 理工版, 2010, 27 (1) : 82-86.

[62]　Cho K M, Yoo Y J, Kang H S. δ-Integration of endo/exo-glucanase and β-glucosidase genes into the yeast chromosomes for direct conversion of cellulose to ethanol [J] .En-zyme and Microbial Technology, 1999, 25: 23-30.

[63]　Kotaka A, Bando H, Kaya M, et al. Direct ethanol production from barley beta-glucan by sake yeast displaying *Aspergillus oryzae* beta-glucosidase and endoglucanase [J] .Jour-nal of Bioscience and Bioengineering, 2008, 105 (6) : 622-627.

[64]　Van Rensburg P, Van Zyl W H, Pretorius I S. Engineering yeast for efficient cellulose deg-radation [J] . Yeast, 1998, 14 (1) : 67-76.

[65]　Macauley-Patrick S, Fazenda M L, McNeil B, et al. Heterologous protein production using the *Pichia pastoris* expression system [J] . Yeast, 2005, 22 (4) : 249-270.

[66]　Ahmad M, Hirz M, Pichler H, et al. Protein expression in *Pichia pastoris*: recent achieve-ments and perspectives for heterologous protein production [J] . Appl Microbiology and Bi-otechnology, 2014, 98 (12) : 5301-5317.

[67]　汪天虹, 吴志红. 丝状真菌瑞氏木霉外源基因表达系统的构建 [J] . 中国生物化学与分子生物学报, 2003, 12: 736 -742.

[68]　石矛. 纤维素酶工程菌的构建及表达 [D] . 长春: 吉林农业大学, 2008.

[69]　Su H Z, Wu L, Qi Y H, et al. Characterization of the GntR family regulator HpaR1 of the

crucifer black rot pathogen *Xanthomonas campestris* pathovar campestris ［J］. Scientific Reports, 2016, 6: 19862.

[70] Zhang J, Zhang Y, Zhong Y, et al. Ras GTPases Modulate morphogenesis, sporulation and cellulase gene expression in the cellulolytic fungus *Trichoderma reesei* ［J］. PLoS One, 2012, 7（11）: e48786.

[71] 张小梅, 李单单, 王禄山, 等. 纤维素酶家族及其催化结构域分子改造的新进展［J］. 生物工程学报, 2013, 29（4）: 422-433.

[72] Zhang S, Irwin D C, Wilson D B. Site-directed mutation of noncatalytic residues of *Thermobifida fusca* exocellulase Cel6B ［J］. European Journal of Biochemistry, 2000, 267（11）: 3101-3115.

[73] Wang T, Liu X, Yu Q, et al. Directed evolution for engineering pH profile of endoglucanase Ⅲ from *Trichoderma reesei* ［J］. Biomolecular Engineering, 2005, 22（1-3）: 89-94.

[74] Nakazawa H, Okada K, Onodera T, et al. Directed evolution of endoglucanase Ⅲ（Cel12A）from *Trichoderma reesei* ［J］. Applied Microbiology and Biotechnology, 2009, 83（4）: 649-657.

[75] Arrizubieta M J, Polaina J. Increased thermal resistance and modification of the catalytic properties of a beta-glucosidase by random mutagenesis and in vitro recombination［J］. Journal of Biological Chemistry, 2000, 275（37）: 28843-28848.

[76] Stemmer W P. Rapid evolution of a protein in vitro by DNA shuffling［J］. Nature, 1994, 370: 389.

[77] Crameri A, Raillard S A, Bermudez E, et al. DNA shuffling of a family of genes from diverse species accelerates directed evolution ［J］. Nature, 1998, 391（6664）: 288-291.

[78] Zhao H, Giver L, Shao Z, et al. Molecular evolution by staggered extension process（StEP）in vitro recombination ［J］. Nat Biotechnol, 1998, 16（3）: 258-261.

[79] Murashima K, Kosugi A, Doi R H. Thermostabilization of cellulosomal endoglucanase EngB from *Clostridium cellulovorans* by in vitro DNA recombination with non-cellulosomal endoglucanase EngD ［J］. Moecular Microbiology, 2002, 45（3）: 617-626.

[80] Lee C Y, Yu K O, Kim S W, et al. Enhancement of the thermostability and activity of mesophilic Clostridium cellulovorans EngD by in vitro DNA recombination with Clostridium thermocellum CelE ［J］. Journal of Bioscience Bioengineering, 2010, 109（4）: 331-336.

[81] Ni J, Takehara M, Watanabe H. Heterologous overexpression of a mutant termite cellulose gene in Escherichia coli by DNA shuffling of four orthologous parental cDNAs ［J］. Bioscience, Biotechnology, and Biochemistry, 2005, 69（9）: 1711-1720.

[82] Tilbeurgh H, Tomme P, Claeyssens M, et al. Limited proteolysis of the cellobiohydrolase I from *T. reesei* ［J］. FEBS Letters, 1986, 4（2）: 223-227.

[83] Heinzelman P, Snow C D, Wu I, et al. A family of thermostable fungal cellulases created by structure-guided recombination ［J］. Proceedings of National Academy Science of USA, 2009, 106（14）: 5610-5615.

[84] Geng A, Zou G, Yan X, et al. Expression and characterization of a novel metagenome-derived cellulase Exo2b and its application to improve cellulase activity in *Trichoderma reesei* ［J］. Applied Microbiology and Biotechnology, 2012, 96（4）: 951-962.

[85] Xiong X, Yin X, Pei X, et al. Retrieval of glycoside hydrolase family 9 cellulase genes from environmental DNA by metagenomic gene specific multi-primer PCR ［J］. Biotechnology Letters, 2012, 34（5）: 875-882.

[86] Gong X, Gruninger R J, Qi M, et al. Cloning and identification of novel hydrolase genes

from a dairy cow rumen metagenomic library and characterization of a cellulase gene ［J］. BMC Research Notes, 2012, 5（1）: 566-576.

［87］ 戴利铭, 熊彩云, 黄遵锡, 等. 宏基因组学在纤维素酶研究中的应用进展［J］. 微生物学通报, 2015, 42（6）: 1089-1100.

［88］ Feng Y, Duan C J, Pang H, et al. Cloning and identification of novel cellulase genes from uncultured microorganisms in rabbit cecum and characterization of the expressed cellulases ［J］. Applied Microbiology and Biotechnology, 2007, 75（2）: 319-328.

［89］ Vitikainen M, Arvas M, Pakula T, et al. Array comparative genomic hybridization analysis of *Trichoderma reesei* strains with enhanced cellulase production properties ［J］. BMC Genomics, 2010, 11: 441.

［90］ Nitta M, Furukawa T, Shida Y, et al. A new Zn（Ⅱ）（2）Cys（6）-type transcription factor BgIR regulates *β*-glucosidase expression in *Trichoderma reesei* ［J］. Fungal Genetics and Biology, 2012, 49（5）: 388-397.

［91］ Foreman P K, Brown D, Dankmeyer L, et al. Transcriptional regulation of biomass-degrading enzymes in the filamentous fungus *Trichoderma reesei* ［J］. Journal of Biological Chemistry, 2003, 278（34）: 31988-31997.

［92］ Schmoll M, Kubicek C P. *ooc1*, a unique gene expressed only during growth of *Hypocrea jecorina*（anamorph: *Trichoderma reesei*）on cellulose ［J］. Current Genetics, 2005, 48（2）: 126-133.

［93］ Peterson R, Nevalainen H. *Trichoderma reesei* RUT-C30—thirty years of strain improvement ［J］. Microbiology, 2012, 158: 58-68.

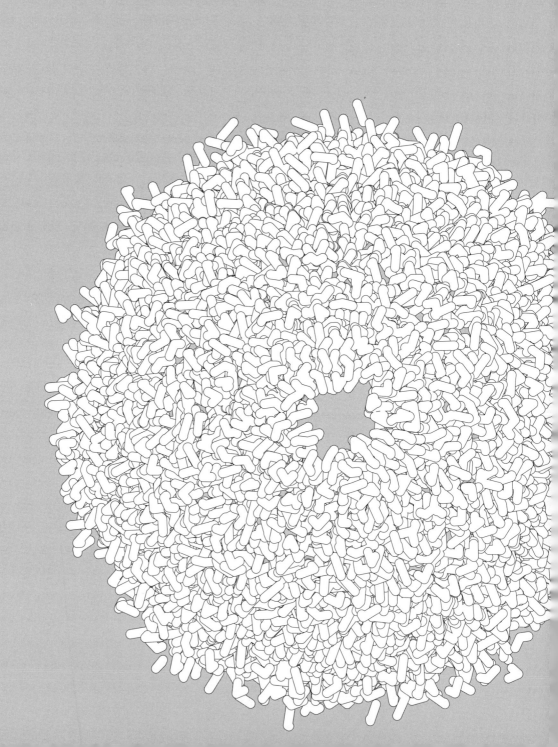

第5章

纤维素酶水解利用技术

5.1 纤维素酶水解工艺

5.2 影响纤维素酶高效酶解的因素

5.3 提高纤维素酶酶解效率的方法

5.4 高浓度底物纤维素酶水解技术

5.5 纤维素酶实时水解检测技术

参考文献

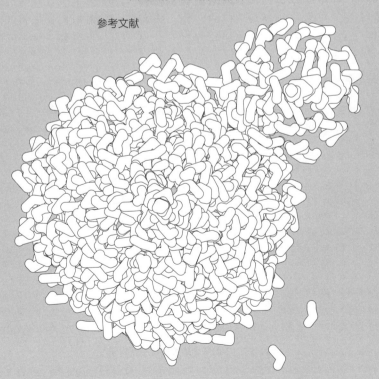

纤维素作为自然界最丰富的可再生资源，和半纤维素、木质素相互交织形成致密的细胞壁结构。天然纤维生物质结构非常复杂，导致纤维素难以直接被纤维素酶水解，因而需要经过预处理等过程，改变生物质的天然结构，将纤维素、半纤维素和木质素间的化学键打断，使得纤维素结晶度下降，结构疏松，以增加其与纤维素酶的接触面积，进而提高纤维素的酶解可及性。

纤维素类生物质中蕴含的丰富多聚糖经纤维素酶水解之后，可形成易被微生物发酵利用的单糖，为后续微生物发酵代谢过程提供丰富的碳源。因此，探讨影响纤维素酶高效水解的因素，提高纤维素酶水解的效率和水解底物中可发酵糖的浓度就显得尤为必要。

5.1 纤维素酶水解工艺

木质纤维素类生物质是地球上含量最丰富，且唯一一种可再生的碳源资源，其主要化学成分包括纤维素（占干重的30%～45%）、半纤维素（占干重的20%～40%）和木质素（占干重的15%～25%）三大组分，此外，还有部分果胶、结构蛋白、脂类和灰分等[1]。

纤维素和半纤维素可以被水解为可发酵的单糖，单糖再经过酿酒酵母发酵转化为乙醇和化学品，而木质素在纤维素周围形成保护层且不能被水解，影响纤维素底物的降解效率。在木质纤维素原料复杂结构的内部，纤维素一般聚集成管束状的微纤丝，且排列规律有序；半纤维素和木质素则相互缠绕于果胶、蛋白质等聚合物表面构成复杂的矩阵结构，使纤维素分子形成的微纤丝被深埋其中。

木质纤维素结构如图 5-1 所示。

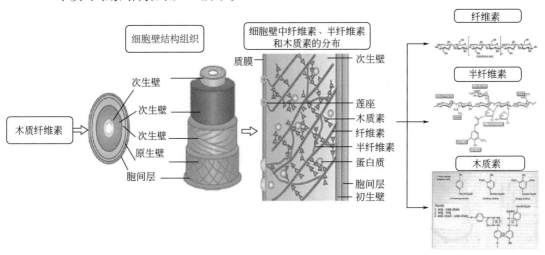

图 5-1 木质纤维素类生物质结构图[2]

纤维素是通过 β-1,4-糖苷键连接数百甚至上千个 D-葡萄糖单元而形成的高度有序的高分子聚合物，其最小重复单元是纤维二糖。纤维素大分子之间通过大量的氢键连接，形成晶体结构和无定形结构，使得纤维素的性质稳定，只有在特定催化剂作用下，其水解反应才能顺利进行。

半纤维素是由几种不同类型的单糖（主要为戊糖和己糖）构成的异质多聚体，这些单糖包括木糖、阿拉伯糖、甘露糖、半乳糖和葡萄糖等。各类单糖聚合体之间分别以氢键、酯键、共价键和醚键相连接，它们与结构蛋白、果胶和纤维素等构成具有一定硬度和弹性的植物细胞壁[3]。半纤维素木聚糖在原料木质组织中的组成含量约占 50%，它结合在纤维素微纤丝的表面，并且通过化学键与其连接。半纤维素聚合度较低，无结晶区，故较易水解。但因生物质结构中半纤维素和纤维素互相交织在一起，只有当纤维素水解时，半纤维素才能完全水解。半纤维素水解后主要产物包括木糖和阿拉伯糖等戊糖以及葡萄糖、半乳糖和甘露糖等己糖，其含量和组成因原料不同而不同，一般木糖含量可占 1/2 以上[4]。

木质素主要是由三种苯丙烷单元，包括愈创木基、紫丁香基和对羟基苯的类苯基丙烷单体（通过羟基肉桂醇单体分别形成），通过碳碳键和醚键随机聚合而成的具有三维多酚网络结构的高分子芳香类化合物。木质素存在于纤维素原料的木质结构组织中，通过形成交织网络来保护和硬化植物细胞壁。木质素主要位于纤维素纤维之间，起抗压作用，它和纤维素、半纤维素一起，形成植物细胞骨架结构的主要成分，其含量仅次于纤维素。在自然界中，由于木质纤维素三大组分（纤维素、半纤维素和木质素）相互交织连接，形成木质素-碳水化合物复合体，木质素将糖类聚合物连接在一起，增强了植物体外壁的机械强度，木质素的高度疏水性使得纤维素原料难以降解、研究分析异常复杂[5]。木质纤维素的这一结构是植物在长期进化过程中自然选择所形成的结果，因此木质纤维素原料对来自外界环境中生物的或非生物的侵蚀都具有较强的抵抗能力。在纤维素原料酶解发酵过程中，木质素是造成酶解效率低的主要原因之一。因此，木质纤维素原料一般在酶水解之前都要进行适当的预处理，以打破其致密的复杂化学结构，利于后续水解反应的顺利进行。

以木质纤维素类生物质为原料进行生物炼制的核心是将预处理后的底物经过水解降解为可发酵性糖，即通过水解技术转化多糖为单糖，以为后续发酵微生物提供丰富的碳源。水解的主要方法包括酸水解法和生物酶水解法两大类。

酶水解主要是利用由微生物产生的能降解纤维素为葡萄糖的纤维素酶来实现。纤维素酶水解技术的特点是具有催化高效性和专一性，反应条件温和、能耗低、副产物少，原料糖化得率高等优点，是木质纤维素水解技术的主要工艺方法。在自然界中，由于天然纤维素原料的复杂结构特性，一般纤维素难以被微生物酶直接水解，需要通过适当的预处理，改变天然纤维的顽固结构，降低纤维素的结晶度，增加纤维素与酶的接触面积，从而提高纤维素的酶水解效率[6]。

5.1.1　纤维素酶水解过程

纤维素类生物质原料酶水解后，原料中的聚合物糖类在微生物酶的代谢作用下降解为单糖结构单元，主要的单糖类型包括葡萄糖、木糖、阿拉伯糖以及一些有机杂质。与酸水解方法相比，纤维素原料酶水解过程所需条件温和，一般常温下即可进行，且酶具有催化专一性，对底物选择性高，催化水解产物单一，故而提纯过程简单，能耗低，且酶水解过程对环境友好，因此，纤维素酶法水解技术是目前利用木质纤维素类生物质原料制取乙醇的最具发展前景的方法。

纤维素酶在分解纤维素原料时起生物催化作用，其可以将纤维素底物分解为寡糖或单糖。纤维素酶广泛存在于自然界中，主要由微生物产生，其种类繁多，来源广泛，不仅微生物可以产生纤维素酶，昆虫、软体动物、原生动物等也能产生纤维素酶[7]。不同产酶微生物合成的纤维素酶其组成和功能相差很大，酶解底物的能力也存在差异。主要产酶微生物包括细菌、真菌等。一般用于生产的纤维素酶主要来自真菌系，比较典型的产纤维素酶真菌包括木霉属（*Trichoderma*）的里氏木霉等、曲霉属（*Aspergillus*）的黑曲霉等、青霉属（*Penicillium*）的斜卧青霉等。细菌产纤维素酶的量比较少，且一般为胞内酶，分离提取困难，因此对其研究较少。真菌由于其产酶量比较多，且所产酶活性大，故在纤维素水解领域和饲料工业中应用广泛的纤维素酶主要来自真菌微生物的分泌代谢产物[8]。

在纤维素酶结构域中，有一种特殊组分即纤维素结合结构域（cellulose binding domain，CBD），其主要作用是在酶解反应初期，使纤维素酶结合到纤维素表面上，以保证微生物酶的催化降解效率。纤维素结合结构域还可深入到纤维素的结晶区内，促使结晶纤维素解聚，使纤维素内部结构变得松散，并防止其重结晶。

纤维素酶是一种复合酶，是降解纤维素生成葡萄糖的一组酶的总称，它不是单一的酶，而是起协同作用的多组分酶系的复合体，主要由用来降解纤维素的外切 β-葡聚糖酶、内切 β-葡聚糖酶和 β-葡萄糖苷酶等组成，还包括用于降解半纤维素的具有很高活力的木聚糖酶。

纤维素原料酶水解过程主要分为三个阶段：

首先是纤维素酶与底物接触并吸附在纤维素上。

其次是纤维素酶的扩散过程，即酶与底物表面易受攻击的结构域形成连接键，组成酶-底物复合体。

最后是复合纤维素酶的协同作用对纤维素进行降解，即纤维素酶的三大组分开始作用：内切纤维素酶水解纤维素链上无定形区，随机内切 β-1,4-糖苷键，释放短链纤维素和新的还原端；外切纤维素酶作用于纤维素结晶区，从链末端以纤维二糖为单位进行切割，释放纤维二糖和葡萄糖；在内切纤维素酶和外切纤维素酶的协同作用下，纤维素被降解为低聚合度的寡聚葡萄糖，它们在 β-葡萄糖苷酶的作用下进一步被降解为葡萄糖单糖。纤维素酶的三大组分在原料降解过程中相互协同作用，将纤维素彻底降解为葡萄糖单体。

纤维素酶水解反应和一般酶反应存在不同，其最大区别在于纤维素酶是多组分的复合酶系，且所利用的底物结构极其复杂。由于底物为水不溶性，纤维素酶通过吸附作用特异性地吸附在底物纤维素上，然后再在几种组分酶的协同作用下将纤维素降解为葡萄糖单元，其水解过程如图5-2所示[9]。

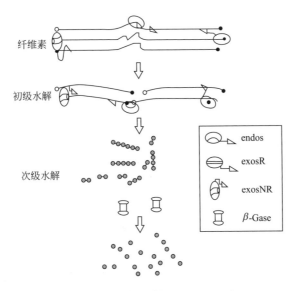

图 5-2　纤维素酶对纤维素底物水解机制

endos—内切纤维素酶；exosR—外切纤维素酶（作用于葡萄糖链还原端）；
exosNR—外切纤维素酶（作用于葡萄糖链非还原端）；β-Gase—β-葡萄糖苷酶

5.1.2　纤维素酶水解工艺分类

　　纤维素酶水解的方式有很多种，如连续酶解、分批次酶解、同步糖化发酵等，根据各个工艺对酶解产物和抑制物的去除情况，可以将酶水解工艺分为两大类：一类是对产物抑制没有去除，包括直接酶解糖化工艺、同步产酶与酶解工艺；另一类是从根本上去除了产物的抑制作用，包括同步糖化发酵工艺、酶解-膜耦合分离工艺等。

　　直接酶解糖化工艺是将预处理后的纤维素底物和纤维素酶投放到同一反应器中，在一定温度和 pH 值条件下进行反应。该工艺最大缺陷是不能消除产物葡萄糖的反馈抑制作用，底物残渣和纤维素酶不能重复利用。同步产酶与酶解工艺是将纤维素酶的生产合成与纤维素底物的酶解糖化耦合在同一个反应器中进行。已有文献报道将固定化里氏木霉菌丝在特定生长限制条件下重复分批培养，可以实现纤维素酶的合成及纤维素底物的同时降解。这种工艺成本低廉，但效率不高，目前还处于实验室研究水平，且对无菌环境要求更严格，设备需要严格灭菌[10]。

　　发酵法生产乙醇时，当乙醇质量浓度累积超过 $50 \sim 80 \mathrm{g/L}$ 时就会抑制酵母细胞生长；随着乙醇浓度的升高，抑制作用会加强。当乙醇体积分数增加到 12％时，酵母细胞就基本失去了活性。酶解-膜耦合分离工艺是将酶解和膜技术耦合起来作为膜反应器来利用，即将适当的膜组件引入反应过程中，利用膜两侧的推动力，将可渗透的溶液及时地从反应体系中分离出来而使酶催化、产物分离、浓缩以及后续酶的回收等操作步骤结合在一个单元。该工艺通过将酶解-发酵产生的葡萄糖、乙醇等小分子物质在线分离出反应体系，来有效解除产物抑制问题，提高了酶解效率和乙醇产量。郑州大学生化工程中心和南阳天冠集团合作投产的年产 20 万吨变性燃料乙醇项目，采用纤维素固相酶解-液体发酵耦合技术，有效地缩短了发酵时间，并节约了蒸馏分离耗能的 1/3 左右，进而提高了纤维素酶解效率和乙醇发酵效率[11]。

5.1.3 纤维乙醇酶解-发酵工艺

纤维乙醇作为纤维素酶水解后续应用的典型产品，其生产技术经历了从独立单元操作到整合技术的发展过程，根据纤维素酶生产、酶解、发酵过程的整合程度不同，可将纤维乙醇的生产技术分为分步糖化发酵法（separate enzymatic hydrolysis and fermentation，SHF）、同步糖化发酵法（simultaneous saccharification and fermentation，SSF）、同步糖化共发酵法（simultaneous saccharification and co-fermentation，SSCF）和联合生物加工法（consolidated bioprocessing，CBP）等（见图 5-3）。

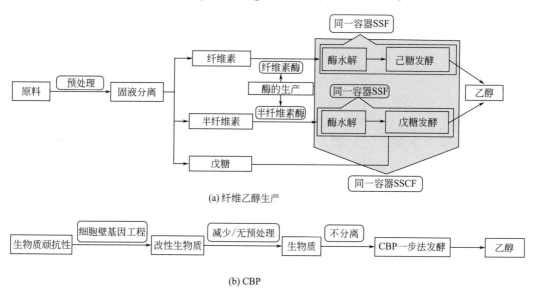

(a) 纤维乙醇生产

(b) CBP

图 5-3 纤维乙醇酶解-发酵工艺图解 [2]

纤维乙醇酶解-发酵代表性工艺是两步法，主要包括分步糖化发酵法（SHF）和同步糖化发酵法（SSF）两种。

5.1.3.1 分步糖化发酵法

分步糖化发酵法（SHF）作为一种传统的纤维乙醇生产方法，其主要过程包括原料预处理、酶水解和酵母发酵。纤维素原料预处理后，利用纤维素酶水解得到戊糖和己糖水解液，再利用酵母菌发酵水解液得到目标产物乙醇。该方法中纤维素酶水解与乙醇发酵过程是分步进行的，其主要特点是水解与发酵过程中微生物分别可以在它们最适的生长条件下进行，酶解最适温度为 45～55℃，pH＝4.5～5.5；发酵最适温度为 30～40℃，pH＝6.0～8.0。SHF 法是目前纤维乙醇转化研究中应用最多的一种方法，但其主要缺点在于酶解过程产生的产物葡萄糖和纤维二糖会对纤维素酶活性产生反馈抑制作用，随着水解液中葡萄糖浓度的不断升高，酶解反应会因产物抑制作用加强而速度降低，使得反应体系中未降解的底物与酶作用时间加长，酶解速率的下降最终影响原料的转化，使得底物降解不完全[12]。

5.1.3.2 同步糖化发酵法

同步糖化发酵法（SSF），将纤维素的酶解糖化和发酵过程在同一装置中完成，由于接种了发酵微生物——酿酒酵母，酶解过程产生的单糖可以及时地被酵母菌作为生长碳源而消化代谢，从而可以有效降低酶解过程的产物抑制效应，减少产物葡萄糖因酶解过程浓度增加对纤维素酶的反馈抑制作用。由于在同一装置内完成了酶解和发酵两个过程，SSF 法可减少设备投资成本，同时也有利于提高反应系统的固液比和产物乙醇浓度。在 SSF 反应过程中，由于葡萄糖通常被维持在较低水平，乙醇的存在和发酵处于厌氧环境，虽然反应温度不高，但 SSF 感染杂菌的机会比较小，能够有效提高乙醇的产量，可比 SHF 法乙醇产量增加 40%[13]。

SSF 法作为目前应用最广泛的酶解发酵工艺技术，其乙醇发酵性能受底物特性、水解酶特性和发酵微生物特性等影响，其限速步骤在反应初期表现为发酵微生物的生长，之后是底物酶水解糖化和发酵过程，其中最为关键的过程是纤维素酶对纤维素底物的可及性，即纤维素酶与底物的充分接触。SSF 法主要的缺点是酶解糖化温度与发酵温度不协调，不能同时满足二者反应的最佳温度条件，使得糖化和发酵两步反应不能在微生物的最佳状态下进行。相对于温度差异，二者的 pH 值差异较小，对反应过程影响也相对较弱。对于酶和酵母不能在各自最佳温度条件下反应，相应的改善技术为预酶解同步糖化发酵，即将纤维素原料在高温条件下先酶解一段时间后，再降温进行 SSF，其结合了 SHF 法的优点，使纤维素酶先在其最佳温度条件下代谢被降解底物，在反应初期起到降低体系黏度的作用。其他改善技术包括循环温度同时糖化发酵等，与传统的等温发酵工艺相比，这些都改进并强化了纤维素酶的水解作用。还有学者采用耐高温酿酒酵母，使发酵温度提高，即高温发酵[14]。

在采用 SSF 法降解底物过程中，其发酵产物乙醇浓度的积累也会对纤维素酶产生抑制作用。虽然 SSF 法减轻了水解产物的反馈抑制作用，但终产物乙醇浓度随着反应时间的延长，会不断升高并积累在反应液中，引起微生物细胞外高的渗透压力，导致细胞脱水萎缩，进而影响水解反应的正常进行。高浓度的产物乙醇会抑制发酵菌株的生长，加速细胞死亡进程，最终影响发酵反应的顺利进行。有研究表明，当乙醇浓度达到 30g/L 时，纤维素酶活力会降低 25%。及时将产物乙醇分离提纯出来是降低其对反应过程影响的一种有效方法。在工业生产中，为了降低生产成本，乙醇蒸馏提纯的浓度通常不应低于 45g/L。高浓度乙醇的生产对应要求高浓度底物的酶解发酵过程，高浓度底物反应一次加料过程由于过高的底物浓度系统存在传质传热和搅拌不均等问题，采用补料酶解发酵可弥补水解底物反应过程系统黏度过高的缺点，使抑制物浓度被控制在较低的水平，进而获得较高的乙醇产量[15]。

5.1.3.3 同步糖化共发酵法

同步糖化共发酵法（SSCF），木质纤维素原料预处理后，半纤维素水解产生的戊糖不与纤维素分离，而是将纤维素和半纤维素产生的糖在同一反应体系中进行发酵生产乙醇。由于预处理后不用分离出戊糖，大大减少了酶的用量，简化了生产设备和工艺流程，节约了投资，降低了生产成本[16]。SSCF 法不仅减少了水解过程的产物反馈抑制，而且去除了单独发酵戊糖这一步，将其融入己糖的发酵，能够有效提高底物的利用率和乙醇的产率，有助于生产成本的降低。

由于底物中半纤维素含量也相对较高，其水解产物木糖含量的不断积累也会对酶解和发酵过程产生抑制作用。消除木糖抑制的方法是加入能发酵转化木糖为乙醇的菌株，如假丝酵母菌、管囊酵母菌、树干毕赤酵母菌等[17]。研究较多的是将能够利用葡萄糖和木糖的菌株进行混合发酵，即对水解过程产生的己糖和戊糖进行同步发酵。该过程可提高乙醇产量，最终实现降低乙醇生产成本的目的。传统发酵工业所用的酿酒酵母不具备发酵代谢戊糖的能力，国内外近年对戊糖、己糖共发酵工程菌的构建进行了大量研究，也取得了积极的进展，但大多还处于实验室研究阶段，大规模、商业化应用的研究报道还比较少。TMB3400 是迄今唯一一株已报道的工业化发酵戊糖的酿酒酵母。Rudolf 等以 10％的蒸汽预处理过的稻秆作原料，TMB3400、戊糖和己糖共发酵，乙醇浓度可以达到 53g/L，大大提高了发酵醪液中产物乙醇的浓度，减少了后期乙醇蒸馏提纯的成本。随后研究中，利用甘蔗渣进行己糖、戊糖共发酵，实验过程中研究发现，温度是影响 SSCF 工艺的重要因素之一，TMB3400 在 32℃ 的条件下比在 37℃ 的条件下能代谢利用更多的木糖，这可能是由于较低的温度减缓了葡萄糖的生成速率，从而有利于木糖的吸收[18]。大量研究表明，在酿酒酵母中，木糖和己糖都是通过己糖转运蛋白运输，但是木糖对转运蛋白的亲和能力仅是葡萄糖的 0.5％，发酵体系中葡萄糖的浓度会严重影响木糖的吸收利用。可通过分批补料的方式，维持体系中葡萄糖在较低的浓度范围，从而有利于木糖的发酵。

5.1.3.4 联合生物加工法

阻碍木质纤维素类生物质资源化利用的生化转化技术在实际应用过程中的主要技术瓶颈之一是酶水解过程所用的纤维素酶成本高，生产效率低。在工业应用中，木质纤维素原料降解为单糖葡萄糖的过程至少需要外切纤维素酶、内切纤维素酶和 β-葡萄糖苷酶。目前使用的纤维素酶其酶活力都不高，单位生物质转化所需的酶量非常大，酶解效率低，产酶和酶活力的提高技术需要持续改进。由于商业用纤维素酶的价格比较高，纤维素酶的成本占纤维乙醇生产成本的主要部分。为了减少整个生产过程成本，联合生物加工法（CBP）应运而生。

CBP 法是在单一或组合微生物群体的作用下，将纤维素酶和半纤维素酶的生产、纤维素酶水解糖化、戊糖和己糖发酵产乙醇过程整合于单一系统的生物加工过程。该工艺流程简单，操作方便，在微生物高效代谢作用下将底物一步转化为乙醇，有利于降低整个生物转化过程的成本[19]。

采用联合生物加工技术转化纤维素底物生产乙醇，目前发展有两条途径：一是在产乙醇过程中，使用双功能的既能产纤维素酶也能发酵葡萄糖产乙醇的单一菌株（如热纤梭菌），利用其末端产物乙醇代谢途径的改进以使菌株全功能改进，提高终产物乙醇得率；二是利用基因工程技术在能够发酵乙醇的真菌表达系统或细菌表达系统中导入异源纤维素酶系统，使之能够在预处理后的纤维素底物上生长和发酵。目前，发展适合 CBP 的微生物酶系统主要有三个策略，即天然策略、重组策略和共培养策略[20]。

（1）天然策略

天然策略是将本身可以产生纤维素酶的微生物，尤其是厌氧微生物进行改造，使其适应 CBP 生产的要求。自然界中的某些微生物，如念珠菌、梭状芽孢杆菌、尖孢镰刀菌、链孢霉菌等都具有直接把生物质转化为乙醇的能力。这些菌含有两套生物合成系统，其功能分别为在有氧条件下菌株产生纤维素酶降解纤维素生产可溶性糖，以及在厌氧条件下的代谢生产过程。

目前，在联合生物加工过程利用的微生物中，一些真菌和嗜热微生物由于具备耐高温性质，同时产酶和产乙醇能力比中温菌更强，成为近年来的研究热点。嗜热菌一般生活在 $50\sim110℃$，其热稳定性强，具备高效的纤维素和木质素溶解效率，将其应用于工业生产中，可降低系统冷却能耗，且不易染菌，同时产生的乙醇易于回收。大部分嗜热菌对极端环境适应能力比较强，耐受性高，而且底物利用范围广泛，可同时利用戊糖和己糖产乙醇。由于其特殊的产醇能力及环境适应能力，嗜热菌在纤维乙醇生产领域的应用已经成为研究热点。目前研究最为广泛的为热纤梭菌，此外还有尖孢镰刀菌、宛氏拟青霉和里氏木霉等。

热纤梭菌作为典型的、严格厌氧嗜热 CBP 菌，可通过胞外纤维素酶复合体快速水解纤维素，野生型菌株产生乙醇的产率可达理论值的 $10\%\sim30\%$。其胞外纤维素酶复合体通常由几种具有不同底物专一性和不同水解机制的特异蛋白组成，其中内切纤维素酶活性较强，同时也具有木聚糖酶活性。

尖孢镰刀菌是一种分布非常广泛的丝状真菌，同时是一种在世界范围内分布的土传病原真菌，其寄主范围十分广泛。尖孢镰刀菌能够侵入植物细胞根部引起腐蚀或者侵入植物细胞维管束里面导致植物枯萎死亡，由于其分泌胞外酶，且酶系完全，能够渗入植物细胞外胞层和侵入不同的植物组织而感染宿主，进而完全破坏植物细胞壁中的纤维素等多聚糖结构，对纤维素降解能力十分强。研究发现，尖孢镰刀菌具有完整的纤维素酶和半纤维素酶系统，也可以代谢己糖和戊糖生产乙醇。

里氏木霉为一种好氧的丝状真菌，其具备完整的降解纤维素的酶系。里氏木霉所分泌的胞外纤维素酶为由三大酶系——内切纤维素酶、外切纤维素酶和 β-葡萄糖苷酶组成的复合纤维素酶，其具有酶活力高、稳定性好、适应性强等优点，是目前应用最为广泛的纤维素酶。

使用具备产纤维素酶同时发酵乙醇的双功能单一菌株，目前主要研究方向在高活性产酶菌株的筛选及发酵工艺条件的优化，高活力单一菌株的获取是利用联合生物加工技术转化生物质原料的关键。

（2）重组策略

重组策略是通过基因重组的方法表达一系列的外切纤维素酶和内切纤维素酶等纤维素酶基因，使微生物能以纤维素为碳源，将来源于纤维素的糖类完全或部分发酵生产乙醇。目前，用于表达外源纤维素酶和半纤维素酶基因产乙醇的微生物主要包括大肠杆菌、毕赤酵母、酿酒酵母等。近年，陆续有报道将编码糖苷水解酶、木聚糖降解酶和阿拉伯糖降解酶的基因导入酿酒酵母，使其能以纤维素、半纤维素、纤维二糖、木聚糖和阿拉伯糖等碳源产乙醇。但利用重组策略也存在一些问题，例如外源基因共表达会对宿主细胞产生毒害，外源基因很难在宿主菌种中做到精确、高效表达，以及一些分泌蛋白不能正确折叠等。

（3）共培养策略

纤维素糖化液含有葡萄糖、麦芽糖、乳糖、半乳糖、木糖和阿拉伯糖等多种糖成分，利用单一的微生物很难做到完全代谢利用。共培养策略有两层含义：

一是指发酵液中存在的不同类型的微生物，可利用不同类型的糖类底物。例如将仅能利用己糖的热纤梭菌与能利用戊糖的微生物进行共培养，可避免不同生物间的底物竞争，实现乙醇产量最大化。

二是指存在不同特性的微生物相互协作，加强发酵效果。如用酿酒酵母和白腐菌共培养，发酵玉米纤维会产生更多乙醇。建立稳定的共培养体系是个复杂的过程，需要考虑发酵微生物的培养基、生长条件以及菌株间的代谢及相互作用关系等。

5.1.3.5 其他新型酶解-发酵工艺

为了更好地发挥 SSF 法的优势，研究人员通过优化 SSF 法的工艺流程，陆续开发出了不等温同步糖化发酵法（NSSF）、循环温度同步糖化发酵法（CTSSF）以及同步水解分离发酵法（SSFF）等新型酶解-发酵工艺技术。NSSF 法流程包括一个水解塔和一个发酵罐，不含酵母细胞的液化流体在两者之间循环。该设计使水解和发酵过程可在各自最佳的温度下进行，可消除水解产物葡萄糖等对纤维素酶的抑制作用，节约纤维素酶 30%～40%，同时乙醇的产量和产率都得到显著提高，但 NSSF 法过程增加了一些设备和辅助设施，使纤维素原料的转化工艺流程更为复杂。采用 CTSSF 法，先在 42℃ 条件下水解 15min，然后在 37℃ 条件下进行 SSF 反应 10h，重复此过程，反应 72h 后，与相应的 37℃ 恒温条件下 SSF 过程相比乙醇产量提高了 50%。SSFF 法由 Ishola 等提出，该工艺中原料首先在 50℃ 条件下，在水解罐中糖化 24h，经过错流方式进行膜过滤后，含糖的水解液流到发酵罐中在 30℃ 发酵产乙醇，然后再重新用泵送回到水解罐中，其中膜和酵母都可以实现多次循环。

同步糖化发酵法虽然有诸多优点，但也存在一些缺陷。尤其是纤维素酶最适的酶解温度是在 45～50℃ 之间，而酵母的最适宜发酵温度一般在 30～37℃ 之间，两者最适温度范围存在明显的差别。目前，SSF 法通常的做法是采用酶解和发酵微生物能够适应的折中温度 37℃。但是这样使得两个反应过程都不能在各自最佳的温度条件下进行，在一定程度上降低了水解和发酵的速率。实际上，通过蛋白质工程很难降低纤维素酶的最适反应温度，因此，提高乙醇发酵酵母的最适发酵温度就成为解决这一问题的关键。选择耐高温的高产乙醇发酵菌株进行高温同步糖化发酵产乙醇，目前正受到越来越多的研究者们的关注，它可使发酵反应体系中酵母的生长代谢温度更加接近纤维素酶的酶解最适温度，同时又不影响酵母的发酵能力。这样一来，不但能够发挥 SSF 法的优势，又可以提高酶解效果，使两步反应温度更加协调，提高整个 SSF 过程的效率。同时，采用高温同步糖化发酵的方式可以降低冷却和蒸馏成本，减少发酵醪液污染的概率，尤其适合热带地区的乙醇生产。

5.2 影响纤维素酶高效酶解的因素

纤维素酶使用成本过高是当前限制纤维乙醇产业化的一个重要因素。近年来，虽然诺维信、杰能科和 DSM 这些酶制剂公司在开发高效酶制剂领域都获得了重大突破，并使酶制剂的价格在不断降低，但是距离纤维乙醇的大规模商业化应用所要求的纤维素酶成本空间，目前技术水平还存在较大差距。由于纤维素底物结构的复杂性，以及纤维素酶本身组成的复杂性，纤维素酶水解技术虽然已经研究了很多年，但是纤维素酶对木质纤维素底物水解的具体过程目前仍有待进一步研究，对影响酶解的因素也有很多不同的报道，但主要集中在与底物相关和与酶相关的因素方面[21]。

5.2.1　与底物相关的因素

纤维素底物结构上的特性在一定程度上决定了其酶水解的速度，这些结构特征包括纤维素酶可接触的底物表面积、纤维素的结晶度、聚合度、木质素含量与分布情况和底物浓度等，其中纤维素酶可接触面积被认为是对酶解过程具有最大影响的因素之一[22]。

5.2.1.1　纤维素结构对纤维素酶的影响

木质纤维素类生物质的顽固抗降解性主要包括几个因素：
① 原料躯干的表皮组织，尤其是角质层和表皮蜡质；
② 纤维维管束的排列和密度；
③ 构成细胞壁厚度的壁厚组织的相对含量；
④ 木质化程度；
⑤ 原料细胞壁组成的不均一性和复杂性；
⑥ 酶作用于不溶底物的难易程度；
⑦ 细胞壁中存在的天然发酵抑制物的含量等。

上述这些化学性质或者结构特征在原料转化过程影响生物酶的可及性和活性，进而会加大生物转化过程的成本。

细胞壁微纤丝中的结晶纤维素因在纤维素分子中具有精确排列的分子链而对化学和生物水解过程具有极高的抗性。相邻的纤维素分子层之间能形成较强的分子间氢键和较弱的疏水作用。分子间氢键网络使得结晶纤维素能够抵抗纤维素酶的水解作用，疏水作用使纤维素在其表面形成一层致密的水层，进而阻止外界环境中酸的渗透，并抵抗其对结晶纤维素的水解作用。在结晶纤维素表面还包裹着半纤维素，半纤维素支链分子将纤维素基元纤维捆绑在一起而形成细胞壁的微纤丝网络。植物细胞中所含的少量果胶成分通过化学键将多糖分子交联在一起形成稳固的细胞壁结构，在细胞壁最外层，还有木质素和半纤维素通过共价键连接[23]。

通常认为纤维素分子由结晶区、半结晶区和无定形区组成。早先有报道证实无定形纤维素能够迅速被纤维素酶降解形成纤维二糖，结晶区纤维素的水解过程则要慢很多。因此，学者们认为纤维素酶水解速度主要取决于纤维素的结晶程度。也有文献报道，纤维素的结晶度也会影响纤维素酶及其组分的吸附作用，进而会影响到水解速率和可发酵糖产率。纤维素较高的水解速率和糖产率被证实与较高的无定形区比例相关。

研究发现，随纤维素聚合度的提高，纤维寡糖被外切纤维素酶 CBH I 水解的初始速率会不断提高，到纤维六糖后基本保持不变。此外，研究也发现 β-葡萄糖苷酶的活性也会随着纤维素聚合度的降低而减少。目前，仅有少量研究证明聚合度会影响纤维素酶的吸附。考虑到CBHⅠ在全酶系中占有较大比例（65％以上），以及它的水解偏好性，可以推断纤维素聚合度快速降低而使水解反应速率提高的原因可能是由于产生了大量可供外切纤维素酶CBHⅠ结合的末端，因此可通过降低纤维素聚合度的方法来提高纤维素酶水解效率和糖产量。

　　纤维素酶的可及度主要受到两个因素的影响，首先是纤维素酶可以接触到的微晶纤维素表面，即CBHⅠ的碳水化合物结合模块只能接触到具有亲水性的纤维素表面；其次是植物细胞壁的解剖结构，植物细胞壁的天然结构会影响到纤维素酶的可及度，尤其是植物细胞壁中出现的允许纤维素酶进入植物细胞组织并接触到微原纤丝的孔洞。预处理的主要影响之一就是可以扩大这些孔洞的直径并促进纤维素酶与生物质底物之间进行接触。底物可及度也与底物的其他结构因素相关，如纤维素的结晶度和聚合度等。研究表明，孔洞体积和纤维素分子大小也会影响底物的酶水解过程。分子颗粒大小对纤维素酶吸附和水解的影响比较小，但如果纤维素分子颗粒较大，则对水解过程有抑制作用[24]。

5.2.1.2　半纤维素及其衍生物对纤维素酶的影响

　　纤维素、半纤维素和木质素是构成木质纤维素生物质细胞壁的三大主要聚合物，任何影响这些组分结构的修饰或者去除都可能会影响底物的酶水解效率。大量研究表明，半纤维素的脱除能够有效打开纤维素-半纤维素-木质素的复杂结构及其化学结合键，增大纤维素的表面积，促进纤维素的酶促反应进行，有效提高纤维素的酶解速率，这也说明半纤维素是阻碍纤维素有效降解的主要屏障之一[25]。在研究中发现，多种类型的生物质预处理后半纤维素都被大范围地进行了乙酰化修饰，据报道去乙酰化能够将纤维素的水解效率至少提高3倍以上。但不同研究结果中去乙酰化程度对底物酶水解效率的提高存在一定差异。有研究显示完全移除半纤维素将持续提高纤维素的水解效率。因此推断，将半纤维素和乙酰化作用的复杂生物质组分组成的网络结构破坏，纤维素完全可及，纤维素酶将高效地水解纤维素。

　　半纤维素会在纤维素微阵中形成保护层，通过结晶作用等嵌入微原纤中构成纤维组合体。当纤维素通过水解酶作用解聚时，嵌入或者围绕纤维素晶格之中的半纤维素链会暴露出来。大量报道证明半纤维素酶的添加有利于生物质的酶解过程。有研究观测了荧光标记的外切纤维素酶CBHⅠ分子对纤维素表面的接触能力，发现去除木聚糖后，CBHⅠ的水解能力大大提高。研究发现甘露糖和木糖虽不会影响纤维素酶的活性，但却能抑制纤维素的水解，推测甘露糖和木糖可能通过影响纤维素酶与纤维素表面的接触，从而降低纤维素的酶解效率。学者们也发现了木寡糖是纤维素酶的强抑制剂，水解过程中木寡糖的大量释放会显著降低纤维素的水解效率，但对其具体抑制作用机理，目前还没有相关详细的报道。

5.2.1.3　木质素对纤维素酶的影响

　　早期人们普遍认为木质素的分子是由苯基丙烷结构单元，即对香豆醇（p-coumaryl alcohol）、松柏醇（coniferyl alcohol）和芥子醇（sinapyl alcohol）以及三个前驱体经过氧化偶合形成的天然酚型高分子聚合物。这三个前驱体对应的木质素结构单元分别为对羟基苯基（H）、愈创木基（G）和紫丁香基（S）结构单元（图 5-4）。除此之外，少量的其他木质素前驱体也参与了木质素的合成，如羟基肉桂醛、乙酸、对香豆酸、对羟基苯甲酸和阿魏酸等。木质素前驱体的含量及分布与植物种类、植物组织及细胞壁层有关[26]。目前发现的木质素结构单元之间的连接方式主要有 $\beta\text{-}O\text{-}4$、$\beta\text{-}5$、$\beta\text{-}\beta$、$5\text{-}5$、$5\text{-}O\text{-}4$ 和 $\alpha\text{-}O\text{-}4$ 等。植物细胞壁中木质素除了自身结构单元间的连接外，还可与聚糖发生交联，形成木质素-碳水化合物复合体，这些复合体的连接类型主要有苄基醚键、苄基酯键和苯基糖苷键等。木质素前驱体和木质素连接方式的多样性，决定了天然木质素分子结构的复杂性。木质素初级前驱体和基本结构单元如图 5-4 所示。

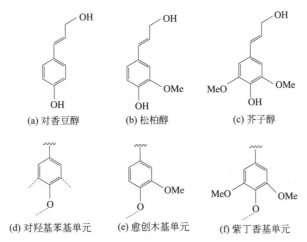

(a) 对香豆醇　　(b) 松柏醇　　(c) 芥子醇

(d) 对羟基苯基单元　　(e) 愈创木基单元　　(f) 紫丁香基单元

图 5-4　木质素初级前驱体和基本结构单元

　　木质素是构成植物细胞壁的主要成分，含量仅次于纤维素、半纤维素，是自然界含量最高的芳香族聚合物。早在 20 世纪 80 年代研究者们就发现存在于木质纤维素原料中的木质素对纤维素酶具有抑制作用。木质素在酶解底物中的存在既可作为物理屏障，阻碍纤维素酶与纤维素的充分接触，其本身又能够吸附纤维素酶，导致木质素与纤维素酶之间产生非反应性结合，使大量纤维素酶失去水解能力，通常需要添加额外的纤维素酶以抵消部分被木质素结合的纤维素酶的负面影响，纤维素酶的额外添加无疑会造成整个生产成本的提高。

　　目前，木质素影响纤维素酶催化活性的主要作用方式包括：a.木质素通过形成木质素-碳水化合物络合物，物理屏蔽纤维素酶侵入植物细胞基质；b.纤维素酶非生产性地结合在木质素表面，形成无效吸附；c.可溶性木质素降解物和衍生物会对纤维素酶造成失活作用。其中对木质素表面的酶吸附和屏蔽效应被认为是不同类型原料酶水解过程中的主要抑制机制。

　　木质素对纤维素酶的抑制作用如图 5-5 所示。

　　（1）木质素对纤维素酶的物理屏障作用

　　研究发现水热法预处理木质纤维素原料后，纤维素的酶解程度会随着预处理程度的增加而增加，原因是随着预处理程度的增强，木质素在木质纤维素原料植物细胞壁中的分布被打乱，从一定程度上破坏了原有的致密结构，从而增加纤维素酶在纤维素表面上

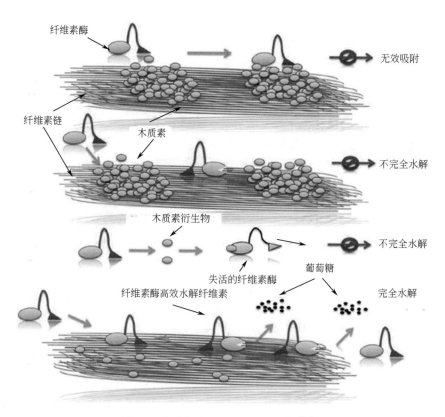

纤维素酶
纤维素链
木质素
无效吸附
不完全水解
木质素衍生物
不完全水解
失活的纤维素酶
葡萄糖
纤维素酶高效水解纤维素
完全水解

图 5-5　木质素对纤维素酶的抑制作用[27]

的可及性。也有研究发现：用碱法预处理木质纤维素原料，其会造成纤维素水解效率的降低，对木质素的再分布产生一定的影响。碱法预处理虽然在一定程度上会降低木质素的含量，但预处理后也会造成木质素从植物细胞纤维壁上转移到纤维表面，从一定程度上对纤维素酶与纤维素的吸附结合过程造成了物理性的阻碍。而且木质纤维素原料中的三大化学成分木质素与纤维素及半纤维素之间通过各种化学键相互作用连接在一起，形成一部分木质素-碳水化合物复合体（LCC），有研究发现 LCC 会在物理层面阻碍纤维素酶嵌入植物细胞基质，木质素的含量越高 LCC 的含量也会越高[28]。

　　此外，原料预处理过程如果底物处理程度不彻底，造成部分木质素残留在水解底物中，底物中这些残留的木质素会抑制纤维素的溶胀过程，纤维素溶胀不充分，会使底物的孔隙度减少，同时又由于碱法预处理的木质素本身具有疏水性，木质素的大量残留会导致木质纤维素整体的亲水性降低，在水中的溶胀度也减小。有研究发现，纤维素原料碱法预处理后，木质素含量降低的同时，会使木质纤维素原料的表面积增大，使纤维素酶的可及接触范围增大，进而使得原料的水解效率得到极大提升，其间接证明了木质素在物理层面会对水解过程产生阻碍作用[29]。

　　（2）木质素对纤维素酶的无效吸附

　　木质素除了因为物理屏障作用降低纤维素酶在纤维素上的可及性之外，还会由于纤维素酶在木质素上产生无效吸附而减小木质纤维素的酶解效率。研究发现外切纤维素酶和内切纤维素酶均与木质素存在吸附关系。纤维素酶在木质素上发生无效吸附的作用主要为疏水作用、静电作用和氢键作用。但是，纤维素酶和木质素之间的相互作用方式以及其对木质纤维素原料酶解过程的抑制作用机理至今尚没有详细的文献报道。有研究认为疏水作用在纤维素酶和木质素之间起到主导作用。纤维素酶水解纤维素的酶活性中心位于疏水区域，当纤维素酶在反应底物中扩散舒展时，酶表面的疏水区域会与底物中木质素分子的疏水基团相结合，木质素与纤维素酶疏水区域的结合使纤维素酶丧失了部分水解纤维素的能力[30]。而且有研究发现，木质素相对于木质纤维素底物其疏水性更强，所以木质素更易与纤维素酶结合。

蛋白质在酸性条件下和碱性条件下会带有不同的电荷，由于纤维素酶是在酸性条件下进行酶解反应的，有研究认为在酸性条件下大多纤维素酶显正电，而木质素在酸性条件下显负电荷，所以在酸性条件下木质素更易与纤维素酶结合。也有研究证明，植物细胞中木质素上的羧基、酚羟基和甲氧基易与水形成氢键，会造成纤维素酶和木质素形成氢键结合。

5.2.2　与纤维素酶相关的因素

酶水解纤维素的典型特性是不溶性固体底物被可溶性生物酶水解，这一过程不仅受限于不溶性纤维素原料结构特性的影响，还主要受限于酶相关的因素，包括酶的来源、产物抑制、酶的热稳定性、多酶协同作用过程中的酶活性平衡、酶比活力、非特异性结合、酶的可持续性以及酶的通用性等。虽然研究者们已经在酶的结构、酶分子性质以及纤维素超分子结构等方面研究取得了一定进展，但是由于纤维素底物结构和酶系统的复杂性，纤维素酶的水解机制至今仍未彻底阐明。

通常认为，与纤维素酶相关的因素主要包括：纤维素酶用量，纤维素酶系组成，酶解产物（纤维二糖和葡萄糖）对纤维素酶的反馈抑制，纤维素酶本身在水解过程由于温度、pH 值、机械力和化学力作用等造成的部分酶失活、酶的无效吸附等。纤维素类生物质原料的完全水解，依赖于不同种类酶的协同作用，如纤维素酶、半纤维素酶、酚醛酸酯酶及木质素酶等。根据酶蛋白质结构的不同，糖苷水解酶可分为四类，即多酶复合体系统（纤维小体）、非复合纤维素酶系统、半纤维素酶和木质素酶系统。

纤维素酶广泛存在于生物体中，真菌、细菌、放线菌和某些动物体内都能产生纤维素酶。细菌分泌的纤维素酶则是以纤维小体（cellulosome）的形式起降解作用。纤维小体是一种多酶复合体，具有类似核糖体的大分子结构，能够通过协同酶的作用协调、有序并高效地降解纤维素原料[31]。纤维小体普遍存在于厌氧细菌中，主要可能是利用所产生的多酶复合体精确调节代谢过程，来抵消厌氧发酵过程产能的不足。

20 世纪 80 年代，Bayer 等在湿热厌氧菌热纤梭菌中分离得到纤维小体，随后认识到了纤维小体的蛋白质结构、特性、基因、多样性以及与细胞壁的相互作用。至今，仅发现纤维小体在厌氧微生物中存在。

纤维小体骨架由粘连模块（cohesin）和对接模块（dockerin）在亲和力和 Ca^{2+} 紧密连接作用下组成的支架蛋白（scaffoldin）构成。酶与对接模块结合后在粘连模块调控下精确定位于纤维小体骨架的特定位置。骨架还包括碳水化合物结合模块（CBM），其主要作用是将多酶复合体结合到纤维素上，以及 S-层同源结构域（SLH），其可将整个复合酶固定在可降解纤维素表面细胞的膜上[32]。

纤维小体结构如图 5-6 所示。

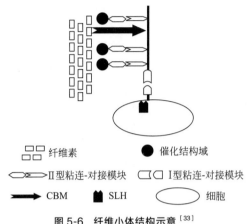

纤维素		催化结构域	
Ⅱ型粘连-对接模块		Ⅰ型粘连-对接模块	
CBM		SLH		细胞

图 5-6　纤维小体结构示意[33]

支架蛋白一般由Ⅰ型粘连-对接模块和Ⅱ型粘连-对接模块组成：Ⅰ型蛋白特异性同酶结合并同 CBM 整合成初级支架蛋白（primary scaffoldin）；Ⅱ型蛋白负责将初级支架蛋白整体结合到 SLH 上，组成锚定支架蛋白（anchoring scaffoldin）。酶和锚定支架蛋白的特异性结合是纤维小体的主要特点。纤维素水解酶的多样性对应要求粘连-对接模块也要多样性。

纤维小体可通过支架蛋白和锚定蛋白结合在细胞壁上降解细胞多糖。相比多酶复合体系统，非复合糖苷酶系统在所有的微生物中都能被发现，即使在含有纤维小体的系统中，也存在非复合糖苷酶系。里氏木霉能够分泌至少两种外切纤维素酶（CBHⅠ 和 CBHⅡ），5～6 种内切纤维素酶（EGⅠ、EGⅡ、EGⅢ、EGⅣ、EGⅤ和 EGⅥ）以及 β-葡萄糖苷酶（BGⅠ和 BGⅡ），两种木聚糖酶以及多种半纤维素酶。纤维素酶在不溶性底物，特别是结晶纤维素上的作用取决于其自身不同组分的比例，某些协同酶只有在适宜的比例下才会发挥作用。

典型的纤维素酶含有碳水化合物结合模块（carbohydrate binding module，CBM），用于纤维素酶分子有效地结合在纤维表面。CBM 根据其氨基酸序列和三维结构的不同而存在差异，不同来源和不同酶的 CBM 会存在较大的差别，里氏木霉的 CBHⅠ、CBHⅡ和 EGⅠ具有的 CBM 含有芳香族类氨基酸，可以结合在结晶纤维素上，CBM 上的芳香族氨基酸能与暴露在外面的葡萄糖吡喃环相互作用并使酶与底物充分结合。CBHⅠ-CBM 可以与大约 10 个纤维二糖单元相互作用，它的催化核心含有 36～54 个纤维二糖单位。

纤维素底物水解过程中酶的协同作用广泛存在，并具有不同的形式，包括外切纤维素酶与内切纤维素酶的协同、外切纤维素酶协同、内切纤维素酶协同、内切纤维素酶与 β-葡萄糖苷酶的协同、催化结构域与 CBM 协同或者两个催化结构域协同、空间纤维素酶复合体的协同（如热纤梭菌的纤维小体）、纤维素-酶-微生物的协同[34]。这些协同作用的出现主要取决于酶解底物的特性和纤维素酶的来源，例如，纤维单胞菌的 CenA 催化结构域与 CBM 协同在棉纤维上被报道发现，但在细菌微晶纤维素（BMCC）中未发现。内切纤维素酶协同只在真菌 *Gloeophyllum sepiarium* 和 *Gloeophyllum trabeum* 纤维素酶中有所报道。

对非复合纤维素酶系的研究发现，它们发挥作用时以协同或者合作的方式进行。不同纤维素酶的协同效果主要受不同因素的影响，这些因素包括底物特性、纤维素酶与底物的亲和力、酶的组成以及酶的浓度、酶与底物的比例关系以及原料组分的空间结构等。里氏木霉不同酶系在纤维素底物降解过程中具有协同作用，但是这种作用随着反应底物浓度的增加会不断降低。复合酶系中包含多种纤维素酶和半纤维素酶，在降解纤维素时也具有协同作用[35]。如在热纤梭菌中，纤维小体的亚基包含 2 种外切纤维素酶、2 种外切纤维素酶、6 种木聚糖酶、12 种内切纤维素酶以及 1 种甘露糖酶。

生物质协同水解的天然作用在自然界中非常普遍，例如瘤胃微生物酶系统、昆虫的肠道纤维素酶系统以及多种堆肥系统等。这些协同系统可以由细菌或者真菌单独组成，或者二者均存在于系统。宏基因组学以及对白蚁肠道菌群分析后发现了大量不同种类的纤维素酶和半纤维素酶。有学者通过以基因为中心的宏组学对牛瘤胃生物群落和白蚁肠道菌对比分析，发现不同的糖苷水解酶的组成都是由饮食结构所决定的。说明热纤梭菌的纤维小体极少出现在协同菌群中[36]。梭菌属是纤维素富集环境中微生物群落的主要成员，真菌也存在同样的现象。有研究发现，梭状芽孢杆菌产生的纤维小体含有大量的半纤维素酶，但是只有两种非小体酶，即 GH9 内切纤维素酶和 GH48 外切纤维素酶 celY，其相互协同可使底物中的微晶纤维素进行降解，单纯依靠纤维小体不能有效地降解生物质，纤维素底物的完全降解还需其他糖苷水解酶的参与。

纤维小体包含了多种酶，其中主要的酶系为内切纤维素酶、外切纤维素酶、纤维二糖磷酸化酶、纤维糊精磷酸化酶、半纤维素酶和壳多糖酶等。为了降低纤维乙醇的生产成本，可以将纤维素原料糖化和发酵等几个过程合并在一步反应里完成，即联合生物加工 CBP。通过构建含有纤维小体的工程菌，提高菌体代谢降解纤维素的能力，可有望通过一步法达到生产乙醇的目的，从而节约成本。

5.2.3　其他因素

在生物质乙醇生产过程中，纤维素经过酶水解转化为可发酵糖是整个工艺最重要的环节，但是过高浓度的产物糖会对纤维素酶本身产生反馈抑制作用。纤维素酶作为一个复杂酶系，通过各组分之间的协同作用，打破纤维素束之间复杂的顽固结构，最终将其多聚体形式转化为单糖形式（葡萄糖）[37]。纤维素酶解过程包含两个曲线阶段，即对数阶段和渐近线阶段。通常约有 1/2 的葡萄糖会在最初反应的 24h 之内释放出来，即对数阶段，剩余未降解部分的纤维素水解产糖则需要至少 2 天时间才能完成，也就是渐近线阶段。葡萄糖和纤维二糖浓度都会在不同程度上影响到纤维素酶的水解性能。研究表明，葡萄糖对整个纤维素酶系的作用要大于对单一 β-葡萄糖苷酶的作用，同时在同一葡萄糖浓度下，增加纤维素酶用量可以缓解产物抑制效应[38]。通过加大酶的用量、额

外添加 β-葡萄糖苷酶、滤膜超滤等方式除去体系中的糖，或者采用同步糖化发酵法，可以有效降低水解产物糖对纤维素水解酶的抑制效应。

大部分纤维素酶的活性受环境温度和 pH 值的影响。在最适温度和 pH 值下，酶解反应具有最大速率，高于或者低于最适温度值，酶解反应速率将会受到影响。纤维素酶最适 pH 值一般在 $4.5\sim5.5$ 范围内，最适的温度范围在 $45\sim55\,^{\circ}\mathrm{C}$。另外，随着反应时间的延长，酶的活力会随之下降。此外，纤维素酶可由纤维二糖、葡萄糖和甲基纤维素等酶促反应的产物和类似底物的某些物质引起竞争性抑制。植物组织内的某些酚、单宁和花色素是纤维素酶的抑制剂，卤化物、重金属等也能使其失活。许多物质如 $\mathrm{Mg^{2+}}$、$\mathrm{CoCl_2}$、$\mathrm{Ca^{2+}}$ 和中性盐等对纤维素酶具有激活作用。

5.3 提高纤维素酶酶解效率的方法

提高酶水解效率的主要方法有：

① 选用合适的预处理方法改变木质纤维素原料的结构，降低纤维素的结晶度和聚合度，最大限度地去除半纤维素和木质素，提高底物对纤维素酶的可及度，同时减少抑制物和副产物的生成。

② 通过优良菌种的筛选、选育和纤维素水解酶的改性等提高产酶微生物的生产能力和纤维素酶活力及稳定性。

③ 优化水解条件，如在酶水解过程添加一些反应助剂或反应因子、使用复合酶、对纤维素酶进行固定化、开发酶膜耦合反应器等[39]。

预处理过程示意于图 5-7。

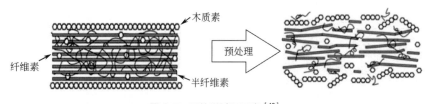

图 5-7 预处理过程示意[40]

5.3.1 预处理

合理的预处理方法能够大幅提高后续酶解发酵的效率，在选择预处理方法时需要考虑原料类型、酶解发酵工艺、纤维素酶及发酵微生物等。目前，纤维素类生物质预处理技术主要包括物理法、化学法、物理化学法和生物法。

主要预处理工艺过程及其特点如表 5-1 所列。

表 5-1　典型预处理方法的过程及特点 [41]

方法	过程	特点
高温液态水法	高于水饱和蒸气压,使其在 160～240℃ 范围内保持液体状态处理生物质,反应时间 10～60min	主要去除半纤维素,残渣酶解率大于 90%,环保,产生抑制物少,整个过程只需水,无需添加其他化学试剂
蒸汽爆破法	加压蒸汽反应几秒至几分钟后迅速降压,使渗入原料内部的水破坏其结构	半纤维素去除率高,可完整回收原料各组分,成本低,但是副产物多
二氧化碳爆破法	与蒸汽爆破法相似,不同的是爆破介质是超临界二氧化碳	处理成本低,可处理高浓度底物,生物质各组分被完整保留
稀酸水解	采用 HCl、H_2SO_4 等较低浓度的无机强酸,反应温度 160～250℃,压力小于 5MPa	可以高效处理生物质,半纤维素去除率达到 100%,副产物较多,纤维素部分被分解
碱处理	NaOH、KOH、$Ca(OH)_2$ 和氨水等	成本低,木质素被大部分去除,比其他预处理效果好,糖降解副产物少
有机溶剂处理	醇、酸和酮等在 100～250℃ 范围,单独或联合处理生物质	处理成本高,大部分木质素和半纤维素被去除,需要回收有机溶剂
离子液体法	由无机阳离子和有机阴离子组成,在相对低的温度下反应	各组分几乎不被降解,可以完整分离,成本高

5.3.1.1　物理法

常用的物理预处理方法主要有机械粉碎、微波辐射、超声波、高能辐射、高温液态水法等。

（1）机械粉碎

机械粉碎是在机械外力的作用下使木质纤维素原料底物颗粒变小、结晶度降低、可及度提高。机械粉碎主要方法包括湿法粉碎、干法粉碎、球磨等。机械粉碎不能去除纤维素原料中的半纤维素和木质素成分,但能破坏它们之间所形成的结合层,而且经机械粉碎处理后的纤维素底物没有溶胀性,体积小,利于提高水解基质浓度。当木质纤维素原料粉碎到一定程度后,继续粉碎只能有限提高后续底物的水解效率,反而会增加处理成本,所以选择合适的粉碎程度也比较重要。

机械粉碎的优点是操作简单易行、效果及时;缺点是能耗大、成本高。

（2）微波辐射

微波辐射是一种新型节能、无温度梯度的加热技术,其依赖于波长范围在 1mm～100cm、频率为 300MHz～300GHz 的电磁波。微波辐射主要是使木质纤维素类物料内部分子之间发生碰撞、产生热量,导致底物升温。微波能改变木质纤维素原料的超分子结构,使纤维素结晶区发生变化,提高底物反应活性。微波处理的优点是操作简单和处理时间短,缺点是预处理成本较高、难以规模化应用等。

（3）超声波

超声波是由频率高于 20000Hz 的声波的机械振动作用引起纤维素内部结构的变化。具体反应过程机理为:高频超声波使液体流动而产生数以万计的微小气泡,即空化核,并在声场的作用下振动。当声压达到一定值时,气泡迅速增长,然后闭合,在其闭合过程中产生冲击波,并在周围产生上千个大气压力,进而破坏木质纤维素内部结构而使其分散于液体中。同时，空化作用过程产生的热量可促使纤维素等大分子降解。超声波处理后的纤维素表面结构具有较大的空隙、较高的保水性和较大的比表面积，同时底物可及度增加。

（4）高能辐射

高能辐射是利用电子射线、γ射线等高能射线对原料进行预处理，使纤维素的聚合度下降，结构变松散，从而增加纤维素底物的可及度。

该方法的优点是操作简便、工艺流程简单、对环境无污染、生产费用低；缺点是目前高能射线还处于研究阶段，技术不太成熟。

（5）高温液态水法

高温液态水法是将木质纤维素原料底物置于 $200\sim230℃$ 高压热水中处理大约 $15min$，可使物料 $40\%\sim60\%$ 溶解，纤维素去除率达到 $4\%\sim22\%$，木质素和全部半纤维素去除率达到 $35\%\sim60\%$[42]。热水温度和预处理时间长短会影响预处理的效果，随着热水温度的升高或预处理时间的延长，半纤维素会不断降解。水热预处理过程中，半纤维素的溶出会在预处理体系中形成一种弱酸环境，促进底物结构的打开和破坏。水热预处理后，纤维素底物主要分成可溶性组分和不可溶性组分，可溶性组分主要为半纤维素分解产生的低聚戊糖和戊糖，不溶性组分主要为纤维素和木质素。水热预处理能够明显改变木质素的结构，预处理后木质素的表面积、表面孔的数量和大小都明显地增加，甲基和亚甲基数量减少，而羧基、羟基和碳碳键数量明显增加。水热预处理后木质素间连接键的增加，会促成木质素间的聚合反应，从而造成木质素分子量的明显增大，进而会影响到木质素对纤维素酶的吸附和解吸附作用[42]。但是，目前对水热预处理后，木质素的理化性质是如何影响纤维素酶-木质素间的相互作用，以及纤维素酶-木质素的相互作用如何影响酶解效率等机制研究还没有较为完善的文献报道。有研究认为，高温条件下，木质素会从细胞壁间溶出并再次沉降在纤维素表面。高温液态水法预处理优点是对环境污染小、对预处理底物颗粒大小无要求，缺点是能耗比较大。

5.3.1.2　化学法

化学法处理的目的是用化学试剂溶解脱除半纤维素或者木质素组分，同时降低纤维素的结晶度。常用的化学法有酸处理、碱处理、臭氧处理和有机溶剂处理等。

（1）酸处理

酸处理是研究最早的化学预处理方法之一，常用的酸包括盐酸、硫酸、硝酸和磷酸等无机酸，以及乙酸、丙酸等有机酸。酸处理分为浓酸预处理和稀酸预处理两种方式。浓酸预处理反应速度快、效果好，但是成本高、对设备腐蚀严重，应用价值不大。目前，研究应用最多的是稀酸预处理，稀酸预处理后半纤维素几乎全部被水解为单糖（主要为木糖），但有部分木糖在酸催化作用下会继续降解成为糠醛等，对后续发酵过程产生抑制作用。稀酸预处理能够明显地改变木质素的分子结构，使其分子量和分子均一性增加，同时木质素会发生聚合反应，表面的疏水性和负电荷数量会明显增加。稀酸预处理后，大量的木质素主要残留在底物中，进而对纤维素原料的酶解产生明显的抑制作用。稀酸预处理后的木质素和纤维素作为残渣固形物，其结构基本不发生变化，半纤维素的脱除会增加纤维素的比表面积和反应活性。稀酸预处理的优点是糖得率高，缺点是对设备的耐腐蚀性要求高，处理后底物需要中和酸，预处理过程也会有副产物生成。

与稀酸预处理相比，酸性亚硫酸盐预处理也是一种常用的预处理手段。酸性亚硫酸盐预处理后底物间会发生氢键断裂，纤维素原料的有序结构被打乱，从而使底物变得蓬松，亲水性增加，对纤维素酶的有效吸附会明显增加，从而会促进酶解效率的提高。同时，半纤维素间的糖苷键也会被打断，有利于半纤维素的溶出。木质素组分也发生明显的变化：木质素的 β-O-4 醚键数量减少，部分木质素发生聚合反应和脱甲氧基反应留在底物中，其余木质素溶出底物成为可溶性的木质素。亚硫酸盐预处理生成的可溶性木质素，大部分以木素磺酸盐的形式存在。木素磺酸盐作为一种表面活性剂可以减少木质素对纤维素酶的非生产性吸附，促进酶解的进行。

（2）碱处理

碱法预处理主要是使半纤维素与木质素分子之间的酯键发生皂化作用，随着酯键的减少，部分木质素溶解到反应液中，木质纤维素原料的孔隙率增加，纤维素得到溶胀，其结晶度降低。常用的碱处理试剂有氢氧化钠、氢氧化钙、氢氧化钾和氨水等。氢氧化钠具有较强的脱木质素作用，用氢氧化钠进行预处理是工业上应用最为广泛的预处理方法之一。氢氧化钙预处理可在较宽温度范围内进行，相应的处理时间也从几个小时到几周不等。在无氧条件下大约能去除 1/3 的木质素，有氧条件下木质素的去除率会更高。碱法是一种成本比较低的预处理方法，对于木质素含量较高的木质纤维素原料，该法需要在高温、纯氧的条件下进行，又使成本增加。氨水预处理是将木质纤维素原料与质量分数为 5%～15% 的氨水溶液在 80～180℃ 作用一定时间，以去除木质素，包括高强度短时间预处理和低强度长时间预处理两种模式。高强度短时间采用填充床流动式渗透反应器和循环反应模式，连续给料和取出，时间限制在 20min 内，被破坏的木质素能及时与原料分开，由于连续化操作，能耗比较大。低强度长时间是一种批式反应模式，它的能耗小于前者，但仅对木质素含量比较低的纤维素原料有较好的处理效果。

碱法预处理主要通过打断木质素间的芳香醚键，溶解脱除木质素，从而提高酶解效率。氨水预处理条件相对温和，游离的氨基会选择性地打断木质素结构。氢氧化钠预处理不仅能够溶解木质素，而且还会攻击纤维素组分。在氢氧化钠预处理中加入 H_2O_2 等氧化剂，可以强化对木质素的选择性降解和溶出，从而提高酶解效率。经过碱处理后，木质素主要以可溶性碱性木质素成分游离在反应体系中。这些游离的碱性木质素，虽然具有不同的分子量，但通常均具有低的芳香烷含量、高 O/C 比等结构。这些溶解的不同分子量的碱性木质素对酶解过程也有不同程度的促进作用。

（3）臭氧处理

臭氧处理是利用臭氧作用于纤维素原料，使大部分木质素结构被破坏进而脱除木质素，对半纤维素作用微弱，纤维素几乎不受影响。该法可提高纤维素底物的可及度，但预处理过程需要大量的臭氧，成本较高。

（4）有机溶剂处理

有机溶剂处理是有机溶剂与无机酸催化剂的混合物作用于木质纤维素原料底物，使半纤维素和木质素脱除，分离出纤维素。常用的有机溶剂有甲醇、乙醇、丙酮等，催化剂除无机酸外，还可用一些有机酸如草酸、水杨酸等，其催化效果相当。该法的优点是预处理后，有机溶剂能够经蒸发、冷凝后回收再利用，降低了预处理成本，且得到的半纤维素和木质素纯度高、活性强，有利于开发副产品；缺点是在预处理过程有机溶剂存在毒性和腐蚀性等问题，容易造成污染。

5.3.1.3 物理化学法

常用的物理化学法有蒸汽爆破法、氨纤维爆破法和二氧化碳爆破法等。

（1）蒸汽爆破法

蒸汽爆破分为两个步骤：首先是将水与木质纤维素原料的混合物在高温（135～240℃）、高压（0.69～4.83MPa）条件下作用 30s～20min，在此过程中，高温高压蒸汽渗透进木质纤维素原料纤维细胞壁内并冷凝成液态水，进而水解半纤维素并部分降解木质素；然后突然降压，原料内部液态水迅速爆沸形成闪蒸，产生巨大的爆破力、碰撞力和机械摩擦力使纤维晶体和纤维束爆裂。预处理后底物纤维的结晶度、聚合度下降，半纤维素被水解，木质素部分发生降解，纤维素-半纤维素-木质素形成的三维网状结构被破坏。

蒸汽爆破法的影响因素有原料种类、颗粒大小、爆破压力、温度和维压时间等。

蒸汽爆破法的优点是预处理效果好、成本低；缺点是处理过程中会产生副产物，处理结束后需要对物料进行水洗，同时已降解的可溶性半纤维素组分也被水洗进入预处理废液，使总糖得率下降。

（2）氨纤维爆破法

氨纤维爆破法是一种碱与蒸汽爆破相结合的处理方法，在 90～100℃ 的反应条件下，将生物质原料浸泡于高压液态氨中 30min 左右，通过瞬间减压、液氨气化将原料爆碎。经氨纤维爆破法处理过的原料，细胞壁中木质素的结构发生改变或含量降低，而纤维素和半纤维素组分基本不变，且后续酶的水解效率显著提高。

氨纤维爆破法的优点是操作简单，液氨可回收，且预处理过程不会产生对后续微生物发酵有抑制作用的副产物，原料底物不需要清洗。但是，部分木质素酚型分子片段和植物细胞壁的抽出物会留在原料表面。因此，氨纤维爆破法预处理后的原料需要进行水洗，以除掉这些组分，且此法需要对氨水进行回收再利用，同时也会增加投资成本。

（3）二氧化碳爆破法

二氧化碳爆破法类似于蒸汽爆破法，即将预处理原料与 CO_2 在高温高压条件下作用，一定时间后，突然开阀泄压，实现纤维素晶体的爆破。此外，在处理过程中，部分二氧化碳会以碳酸形式存在，提高了木质纤维素原料的水解效率。

该法的优点是能显著提高半纤维素的降解程度，使抑制物不能对后续发酵过程产生危害；缺点是成本高于蒸汽爆破法。

5.3.1.4 生物法

生物法是利用真菌、细菌等代谢所产生的酶类、基因工程菌等预处理木质纤维素原料。酶类包括过氧化氢酶、漆酶和多酚氧化酶等。常用的真菌有白腐菌、褐腐菌和软腐菌，其中软腐菌降解木质素的能力最低，褐腐菌只能改变木质素的结构但不能分解木质素，白腐菌降解木质素的能力最强。白腐菌是自然界能够降解木质素的最主要的菌株，其分泌的胞外氧化酶有木质素过氧化物酶、锰过氧化物酶和漆酶等，这些酶能彻底有效地将木质素降解为二氧化碳和水。然而，白腐菌在分解木质素的同时也消耗部分纤维素和半纤维素，因此需要采用基因工程技术对其进行改造，选育出高产木质素氧化酶而不产或少产纤维素酶和半纤维素酶的菌种。生物法的优点是在常温常压和中性 pH 条件下进行，反应条件温和、能耗低、无污染；缺点是目前存在的降解微生物种类少、木质素分解酶类的酶活性低、预处理时间长[43]。

预处理方法的选择对于生物质原料转化过程的下游处理影响极大，因而必须进行仔细评估，针对不同原料选择合适的木质纤维素类生物质预处理方法，关键依据包括最终糖的转化率以及糖的组成、整个过程中能量与化学物质的消耗、构建处理系统所需的主要成本等。采用的预处理方法应满足以下要求：a. 有利于酶水解过程底物的糖化；b. 避免碳水化合物的降解或者损失；c. 避免生成对后续水解或发酵有害的副产物；d. 预处理方法必须经济可行。

5.3.1.5 高浓底物预处理技术

木质纤维素原料的物理化学和结构因素使得其具有天然顽固的抗降解性能。再者，当使用纤维素酶进行底物催化水解时，必须对原料进行必要的预处理，以提高底物的酶解效率，预处理过程是提高酶解可及性的必要步骤。增加底物可及性的方法包括降低纤维素生物质底物聚合度和结晶度、打破木质素与碳水化合物之间的连接键、脱除半纤维素和木质素以及增加酶解底物的孔隙率等[44]。利于后续酶解过程的纤维结构的具体变化是由所使用的预处理方法决定的。预处理成本在整个纤维乙醇生产过程的总成本中占据很大比例，因此，开发高效低成本的预处理技术对生物质的转化过程至关重要。高浓度底物预处理技术能够减小反应器的体积并且降低预处理过程产生的废水量，其预处理过程中加热、冷却和搅拌混合成本都相应得到降低，是目前比较高效的预处理过程。但是，高固底物预处理有体系传质传热受限、黏度增加、产生高浓度的抑制物等缺点，对后续酶解反应过程产生影响。

为了达到有效的蒸馏提纯效果，终产物乙醇浓度通常要求高于 4%（质量分数），这就要求相应的酶解发酵液中糖浓度最少达到 8%（质量分数），对于大多数生物质原料来说，要达到这个糖浓度的要求，相应地折合最初反应底物浓度要高于 200g/L。但是，纤维素类生物质底物具有低密度、高吸湿性，基质中含有较多的水分。因此，在酶解底物浓度大于 150g/L 的过程中，纤维素底物的浆料将逐渐变得更黏稠、黏度更大，从而难以处理[45]。酶解过程中体系黏度过高会对基质搅拌和混合过程产生很大影响，搅拌过程所需能耗更大。通过对不同预处理过程的优化能够相对减小浆料的黏度，预处理物料粒径的减小已经显示出能够减小基质的黏度，制浆造纸工业中添加不同的化学助剂也被证实能够降低物料的黏度，改善高浓度体系的流变性能[46]。木质纤维素原料高浓度底物预处理已被用于不同的预处理技术中。丹麦 Inbicon 公司的综合生物质利用系统过程表明，使用高浓度底物酶解发酵过程能够使终产物乙醇浓度达到 5%（质量分数）以上。在这种情况下，麦秆用回收的冷凝水进行混合，达到干燥后使得预处理前的底物浓度达到了 35%（质量分数）。

随着高浓度底物预处理的进行，产生的抑制物的浓度也会增高，这对后续的酶解发酵过程都会产生影响。为了克服高浓底物预处理后产生的抑制物对后续酶解发酵过程的影响，研究者们采取了不同的应对策略[47]。一些方法是通过改善预处理过程以减少有毒有害物质的产生。另一些方法是提高后续发酵微生物的耐受性能，或者是对发酵液进行脱毒处理以减少抑制物对微生物代谢功能的影响，使发酵过程能够顺利进行。

与预处理过程相关的改进措施：当增加预处理底物浓度时，一些预处理过程（像蒸汽爆破、酸处理等过程）会产生更高浓度的降解副产物，如乙酸、甲酸、糠醛、5-羟甲基糠醛（HMF）和酚类化合物，这些物质对后续酶解发酵反应过程中酶和发酵微生物的活性都具有潜在的抑制作用。为了减少预处理过程所产生的抑制副产物，研究者们尝试了不同的方法，如在预处理过程中尽量避免使用化学药品、优化预处理温度和处理时间以及在预处理前尽量减小原料的尺寸等。碱法预处理、高温液态水法等已被证实能够降低抑制物的产生。除了预处理本身，预处理木质纤维素类生物质原料的类型也影响了所生成的抑制物的浓度和类型。因此，不同生物质就需要针对其性能的不同选择合理的预处理方法和条件。另外，也应该根据生物质类型和反应过程的不同而开发改进预处理反应器，以减少不必要的能耗和副产物的生成。

5.3.2　改变纤维素酶的反应条件

5.3.2.1　改变反应温度

在预处理阶段使用热水，会使木质素的分子量增大，而且会使木质素的分散性降低，分子活性降低，疏水性官能团发生改变，从而大大降低木质素与纤维素酶由于疏水作用而产生的无效吸附。研究发现当反应温度升高到 50℃ 时，木质素对纤维素酶的吸附平衡时间从 4℃ 时的 1h 变为 12h，并且在 50℃ 反应条件下，纤维素酶可以在最佳工况下工作，纤维素酶与纤维素的结合能力明显提高[48]。高温状态下有助于降低木质素的分散性，同时使木质素与酶之间的疏水作用降低，木质素无效吸附的纤维素酶量减少，增加了纤维素的有效酶解吸附量，进而提高了酶解效率。

5.3.2.2　改变反应 pH 值

改变反应体系的 pH 值也能在一定程度上提高酶解效率。当增大反应系统的 pH 值时，木质素与纤维素酶的结合度会降低，且底物中阴离子的浓度升高，造成木质素在与纤维素酶静电结合时与体系中的阴离子形成竞争作用，从而降低了木质素与纤维素酶的结合度。此外，也有研究发现提高 pH 值可以显著提高木质素分子的表面带电量，使得木质素水溶性提高，这样就减少了其与纤维素酶的疏水性结合[49]。因此，一定程度地提高 pH 值可以削弱木质素对纤维素酶的吸附作用。

5.3.3　复合酶的作用

天然木质纤维素结构复杂，半纤维素和木质素包裹着纤维素组成基元原纤，导致底物纤维表面的可及性降低，从而影响纤维素酶对纤维素链的降解效率。对于采用中性或碱性预处理后的底物，大量完整的半纤维素被保留下来，这会大大限制纤维素的水解。研究表明，在纤维素酶水解过程中辅助添加木聚糖酶、果胶酶等可有效提高玉米秸秆、针叶材、阔叶材等纤维素的水解效率[50]。

纤维素酶是一大类多种复杂酶系的总称。按照其降解纤维素的催化功能可将纤维素酶分为外切纤维素酶（CBH）、内切纤维素酶（EG）和 β-葡萄糖苷酶。长期研究发现，结晶纤维素的降解需要以上这三组纤维素酶的协同作用。外切纤维素酶水解纤维素的结晶区，释放纤维二糖；内切纤维素酶主要水解纤维素的非结晶区，切断糖苷键，使纤维素分子的聚合度降低；β-葡萄糖苷酶则水解纤维二糖和寡糖，最终将其转化为可发酵的葡萄糖单糖形式。木质纤维素原料的种类不同，其天然结构和组成会有所不同，对应所需降解酶的组分也会有所差别。

工业用的纤维素酶种类比较多，除了主要水解纤维素的酶外，还有半纤维素酶，包括木聚糖酶、阿拉伯糖苷酶、木糖苷酶、淀粉酶、蛋白酶、甘露聚糖酶和甘露糖苷酶等。纤维素酶制剂可分离纯化出几十种组合蛋白质，这些蛋白质大多具有降解纤维素的功能[51]。在纤维素降解过程中，单一的酶组分是不能独立将纤维素底物彻底降解的，天然纤维素原料的降解往往需要几种或者几大类纤维素酶系的组合协同作用才能完成聚糖到单糖的转化。

近年来，对纤维素酶降解功能的改善主要集中在纤维素酶系组分的重组构建方面，通过重组的方式提高复合酶系的降解效率，降低酶的用量。纤维素酶组分的重组构建是在对参与构建高效酶的各酶系特性充分分析研究的基础上，对几种不同来源、不同类型的纤维素酶系通过各种组分不同比例的混合，调整酶水解的条件，以提高酶解效率[35]。早期研究表明，里氏木霉所产的纤维素酶虽然外切纤维素酶含量比较高，但其酶系中 β-葡萄糖苷酶的活性不高，所以纤维素降解速率和转化率不高。研究者通过在里氏木霉中加入少量的 β-葡萄糖苷酶以提高其降解纤维素的能力，实验发现，添加 β-葡萄糖苷酶后，纤维素底物的降解速率大大提高，底物葡萄糖转化率也对应得到了很大提高。

由于天然木质纤维素原料中含有大部分的半纤维素成分，半纤维素作为原料的一种重要组分，其对纤维素的降解过程会产生一定的位阻效应。以往的研究已经证明，在纤维素水解过程中，高浓度木聚糖的存在会抑制纤维素酶的活性，通过在水解酶系中添加部分木聚糖酶和木糖苷酶可相应地减少这种抑制作用，提高纤维素底物的转化效率[52]。说明在降解木质纤维素原料的过程中，半纤维素酶和纤维素酶发生协同作用，共同催化促进了纤维素和半纤维素的转化。

随着研究的不断深入，近年报道发现，半纤维素及少量果胶等物质的存在对酶解反应有较强的抑制作用，甘露糖和半纤维素酶解过程形成的低聚甘露糖能强烈地抑制纤维素酶的作用，即使在 $0.1g/L$ 的极低浓度下，纤维素的转化率也会降低，可能是因为高度取代的甘露聚糖比纤维二糖和木聚寡糖能对纤维素的水解产生更强的抑制作用[38]。为了提高糖得率，研究者们通过添加 β-葡萄糖苷酶、木聚糖酶、果胶酶及一些添加剂如牛血清白蛋白等来改善酶解过程。有研究报道，在玉米芯水解过程中，将纤维素酶和 β-葡萄糖苷酶按 1:1 比例进行复配，并补加木聚糖酶和果胶酶以提高葡萄糖和木糖得率，酶解反应 24h 后葡萄糖和木糖得率分别提高了 12.9% 和 29.3%[53]。

近年来，诺维信酶制剂公司的研究者们发现在里氏木霉所产的纤维素酶中加入少量的

GH61 家族的糖苷酶可有效提高玉米秸秆的水解效率。并进一步证明,加入总酶量 5% 的 GH61 蛋白可使整个纤维素原料水解所用的纤维素酶量节约 1/2。在随后的高浓度底物酶解以及延长酶解时间的研究中,发现添加 GH61 蛋白能够减少水解所用的纤维素酶总量这一作用更为明显。说明复合协同酶的共同催化能够有效提高底物的降解效果。

木质纤维素降解复合酶的构建主要涉及纤维素酶(内切纤维素酶、外切纤维素酶、β-葡萄糖苷酶)和半纤维素酶(内切木聚糖酶、β-木糖苷酶),还包括降解半纤维素侧链的相关酶(α-阿拉伯呋喃糖酶、α-葡萄糖醛酸酶等)。纤维素酶和木聚糖酶之间的协同作用已有大量文献报道[54]。据报道,添加经过优化的商业纤维素酶和木聚糖酶混合酶,替代等量的纤维素酶,可使纤维素和半纤维素的水解速率提高 3 倍。GH10 家族的内切木聚糖酶和 GH5 家族的木聚糖酶之间的协同作用同样增强了商业纤维素酶对一系列经预处理的木质纤维素原料底物的水解活性。向商业纤维素混合酶中添加 GH10 和 GH11 家族的内切木聚糖酶和 GH5 家族的木聚糖酶时,发现其对一系列经过预处理后的木质纤维素原料底物的水解效果都得到了不同程度的改善。

经过不同程度蒸汽预处理的木质纤维素原料水解过程中,添加纤维素酶单组分与来源于 GH10 家族和 GH11 家族的半纤维素酶、GH5 家族的木葡聚糖酶,发现它们之间存在潜在的协同作用。添加辅助酶后,纤维素酶单组分的水解活力明显增强。GH10 和 GH5 在单独添加时分别表现出与纤维素酶很强的协同效应。同时添加 GH10 和 GH5,二者之间的协同作用进一步增强,使得纤维素酶对一系列经预处理的底物的水解效果更好。

纤维素酶和某些外源水解蛋白的协同作用的研究目前受到了国内外研究者们的广泛关注。虽然其作用机理尚没有完整明确的文献报道,但已有研究表明这种显著的水解效果可能存在两种作用机制:一是所添加的外源水解蛋白提高了纤维素酶的稳定性,水解过程减少了纤维素酶的失活现象;二是这些外源水解蛋白的添加可能增加了纤维素酶与纤维素表面的接触效果,即增加了酶与底物的作用概率[55]。纤维素酶与外源水解蛋白的协同作用机理为改善纤维素酶的降解功能、减少纤维素酶在水解过程的用量和提高酶解效率提供了重要的理论依据,协同机制的揭示还需要更深入的持续研究。

纤维素底物降解过程中,木质素酶和多糖水解酶的协同作用也需要进行深入研究。由于植物细胞壁的结构非常复杂,用现有的预处理技术很难完全脱除木质素。残留的木质素对不同的纤维素酶和半纤维素酶都具有抑制作用。木质素降解酶中仅有的效果比较好的漆酶已被用于构建复合酶体系,有报道显示,在纤维素酶、半纤维素酶中添加漆酶之后,可以明显提高底物还原糖的得率[56]。因此,在构建糖化水解复合酶系时可以加入木质素降解漆酶,以进一步提高纤维素原料的降解效率。

目前主要是通过里氏木霉来生产纤维素酶,里氏木霉是全球研究和应用最为广泛的纤维素酶生产菌。国际著名酶制剂公司诺维信和杰能科得到了美国能源部上千万美元的资助用于高效纤维素酶的开发,在里氏木霉产纤维素酶的研发领域取得了突破性成果,并申请了多项专利,目前其纤维素酶的生产已经商业化应用在大型企业当中。我国在酶制剂研究开发领域还需不断进步,以缩短与国际水平的差距,形成具有自主知识产权的国产高效的商业化纤维素酶[57]。

早在 1979 年,山东大学曲音波教授课题组从腐烂的纤维素底物中筛选出一株高产纤维素酶的斜卧青霉菌株，在国内已被广泛研究和应用了近 40 年，该菌株不仅能分泌完整的降解天然纤维素的组合酶系，而且其木聚糖酶和 β-葡萄糖苷酶的产酶能力比里氏木霉更高。经过长期的育种和改良以及发酵工艺的优化，改良后的斜卧青霉菌株生产纤维素酶的最高产率达到了 160.0FPU/(h·L)，处于国际领先水平。目前，国内纤维素酶的生产技术已经具备了一定的经济竞争力。

5.3.4　产物耦合分离

5.3.4.1　酶解过程与产物耦合分离

在酶解反应过程中，虽然生物酶的反应条件温和、速度快，但由于葡萄糖、纤维二糖等产物抑制问题使得终产物浓度得不到有效提高。如果能及时从反应体系中移除葡萄糖等主要产物可有效提高反应效率。

膜分离一般能在常温、低压（<0.2MPa）条件下实现产物分离，即利用膜的半透性将生物反应系统中的组分按照分子大小实现一定范围的分离。膜装置用于生化反应过程的分离，将细胞、酶和部分反应产物分离出来，将目标产物分离移出反应体系，可避免传统分离方法存在的灭活生物酶催化剂的缺点，有利于生化反应的顺利高效进行。

将超滤技术用于纤维素酶解反应过程是一个比较完善的分离途径。利用适当分子量超滤膜来截留纤维素酶和未水解的底物，而水解产物葡萄糖等单糖则可透过膜，从而达到消除产物抑制、提高水解效率的目的。有研究者报道，发现在膜反应器中纤维素的酶水解速率比在传统批式反应器中提高了 4 倍。但纤维素酶解的最终目的是利用酶解所产生的还原性糖，因此水解液中终产物还原性糖浓度的高低直接决定了后续工艺的难易程度。传统膜生物反应器进行纤维素酶解的一个缺点是得到的产物糖浓度比较低，不利于后续发酵工艺的进行。改变酶解-超滤耦合系统的操作条件，提高糖得率，是产物耦合分离研究的重点[39]。

5.3.4.2　发酵过程与产物耦合分离

目前在分步酶解发酵技术上发展的同步糖化发酵技术中，终产物为乙醇，其中糖化过程中可发酵糖的高效生产也可通过终产物乙醇的高效分离来实现。发酵法生产乙醇是一种典型的产物抑制反应，当酵母菌株在厌氧环境中产生的乙醇浓度达到或超过 50～80g/L 时，将会影响微生物的生长和纤维素酶的活性；随着乙醇浓度提高，抑制作用加强，当乙醇浓度达到 15%（体积分数）时酵母细胞被抑制，基本失去了活性[58]。产物抑制限制了发酵醪液中糖浓度的提高和终产物乙醇浓度的提高，从而增加了糖化和发酵过程的成本。传统的乙醇发酵因不能把产物乙醇及时进行分离，大大降低了乙醇的生产能力，增加了生产成本。

有研究者发现在发酵初期酵母细胞代谢所产生的乙醇在其细胞内积累，并不断向外排出，随着培养基中乙醇浓度的增加，乙醇会插入细胞膜的疏水区，减弱其对极性分子自由变换的疏水性障碍作用，进而影响细胞膜的完整性，使细胞膜的渗透性功能下降，最终使细胞内物质发生泄漏。

为了消除产物乙醇对纤维素底物转化过程中酵母细胞和纤维素酶功能的影响，国内外很多研究者提出了发酵和分离同时进行的乙醇生产工艺。乙醇发酵与分离耦合主要有两种方式：一种是乙醇分离在反应器内部完成，即将分离介质直接加入反应器，故又称为一体化耦合过程，一般是利用将萃取剂或吸附剂投加进反应器内部使其对乙醇进行分离；另一种是利用循环操作的方式，即通过在反应器外部加装分离装置来完成乙醇的分离过程，故又称为循环式耦合过程，如二氧化碳循环气提与活性炭耦合分离、膜分离乙醇等。发酵与产物乙醇耦合分离主要工艺包括发酵与萃取耦合工艺、发酵与膜分离耦合工艺、发酵与汽提耦合工艺、真空发酵工艺、发酵与吸附耦合工艺等。

（1）发酵与萃取耦合工艺

溶剂萃取法是用一种萃取溶剂将目标产物从另一种溶剂中提取出来的方法，所用的萃取剂不能与拟萃取物质的溶剂发生互溶或者部分互溶，然后形成便于分离的两相。在溶剂萃取法基础上，发酵与萃取耦合工艺主要是利用合适的萃取剂，将其投加进反应体系，使发酵液直接与萃取剂接触，将发酵醪液中产物乙醇利用萃取剂分离萃取出来，实现产物分离，消除反应过程抑制现象[59]。有研究发现，发酵与萃取耦合过程中发酵液中葡萄糖浓度最高能达到400g/L。

根据相似相溶原理，极性物质易溶解于极性溶剂中，非极性物质更易溶解于非极性溶剂中。乙醇的介电常数为24.30，水的介电常数为78.30，乙二醇的介电常数为37.70，因此，乙二醇的介电常数介于水和乙醇之间，其对水的亲和力要大于乙醇对水的亲和力，乙二醇的分子结构及其所具有的强吸水性使得乙醇与水体系的恒沸点被破坏，乙醇的挥发度被提高，故可以选用乙二醇作为萃取剂[60]。根据以上原则，一般常用的萃取剂还包括长链脂肪醇（正十二醇、十二烷醇等）。在含水乙醇溶液中加入第三种溶剂，目的是使体系的蒸气张力平衡曲线发生改变，乙醇和水的共沸点随之消失，使得原溶液中乙醇和水的相对挥发度被改变，进而使目标产物乙醇的分离变得容易。加入乙二醇等溶剂或水杨酸钠、醋酸钾、醋酸钠、苯甲酸钠、氯化钙等盐类萃取剂可加大乙醇和水的沸点差，使乙醇容易分离。

对于萃取研究早先大多集中在萃取剂的选择方向，因萃取剂的选择比较苛刻，目前研究者们关注较多的是在萃取方法的改进方面，即通过改变萃取方式来弥补萃取剂的缺陷。如在发酵液中新增多个不相容相，利用双水相萃取，可使产物乙醇、酵母细胞以及其他发酵产物分级沉积，降低发酵产物对底物转化过程的影响且便于目标产物的分离。最近报道利用超临界流体来弥补萃取剂的缺点，即利用二氧化碳超临界萃取法，可有效分离乙醇。因二氧化碳在水中的溶解度较小，可以与小分子量的醇化合物互溶，进而达到分离的目的。超临界流体萃取技术主要是通过调节体系的蒸气压和溶解度来实现组分分离，但是其高压或超临界的环境对酵母细胞和纤维素酶的活性会产生影响。

将萃取与发酵过程耦合，可以消除产物抑制，但其与工业应用还有一定距离，主要是萃取剂的选择比较困难，合理的萃取剂应具有自身不溶于水、选择系数大、乙醇在其中分配系数高、对纤维素酶和发酵微生物无危害等优点。还有萃取成本目前相对比较高，而且有些工艺过程相对比较复杂。所以，发酵与萃取耦合工艺的开发仍有待深入研究。

（2）发酵与膜分离耦合工艺

膜分离法是利用对水或乙醇有特异选择性的膜，将水与乙醇分离的方法。分离膜具有选择透过性，一般用高分子材料制成，是一种特殊的具有选择性透过功能的薄层物质，膜分离的关键过程是高性能膜的制备。膜分离主要机理是利用分离膜两侧的浓度差、压力差和温度差等作为推动力，使溶液中某种组分优先透过分离膜而达到有效分离的目的。膜分离在常温常压下进行，可直接应用在规模化乙醇的生产过程中，还可根据产物专一配膜，节能高效，被广泛应用。膜分离与乙醇发酵的耦合有多种形式，主要分为渗透汽化、膜萃取、超滤和膜蒸馏等与发酵耦合过程。

1）发酵与渗透汽化耦合

渗透汽化与细胞循环发酵法利用渗透汽化装置，主要原理为：在发酵的同时，发酵液通过渗透汽化装置使乙醇及时分离，剩余的发酵残液和纤维素酶及发酵微生物等则返回发酵罐中继续参与反应。其系统简图如图 5-8 所示，发酵与渗透汽化耦合方法的关键是开发和制备高性能的渗透汽化膜。

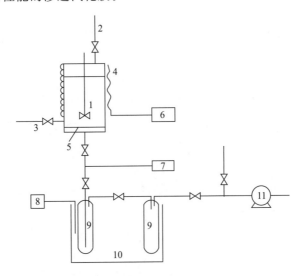

图 5-8　发酵与渗透汽化耦合系统简图

1—搅拌器；2—进料口；3—排液口；4—加热器；5—膜；6—温度控制器；
7—Priani 表；8—冷却剂；9—储存器；10—冷浴；11—真空泵

目前用的渗透汽化膜为聚丙烯（PP）、聚四氟乙烯（PTFE）等微孔疏水膜，其基本分离体系分为优先透水膜和优先透醇膜两种。优先透水膜由于带有亲水基团，分离过程中水优先透过，适宜分离水含量低的乙醇和水的混合物，一般用于将95%的乙醇制成99%以上的燃料乙醇过程，是目前研究最成熟的渗透汽化膜。我国蓝景公司生产的渗透汽化膜的脱水装置目前应用最广，占市场份额的90%左右。优先透醇膜一般用于渗透汽化与乙醇发酵的原位耦合过程，使发酵罐内产物乙醇及时分离，避免高浓度乙醇引起的抑制作用。透醇膜中聚二甲基硅氧烷（PDMS）由于其优良的性能而被广泛应用。

2）发酵与膜萃取耦合

在乙醇发酵与膜萃取耦合技术中，由于萃取剂对发酵微生物和纤维素酶具有一定的抑制作用，为了消除萃取剂对微生物活性的影响，利用适宜的分离膜将萃取剂和发酵液隔开，即将膜技术应用在萃取过程中。膜萃取过程中其传质过程是在微孔膜表面进行，使得萃取两相不直接接触，从而放宽了萃取剂的选择范围，使得萃取过程免受返混等条件限制，提高了传质效率。研究表明，采用中空纤维素膜将发酵液与萃取剂分隔开，其乙醇产率可大大提高。

3）发酵与超滤耦合

超滤是将发酵液通过超滤装置，使乙醇在超滤膜上被分离，剩余的发酵液和微生物则返回发酵罐中继续反应。此外，还可利用超滤和反渗透联合系统，即将细胞夹在超滤膜和反渗透膜之间，整个反应系统和分离系统固定为一体，营养物质通过超滤膜到达微生物表面使其代谢产生乙醇，反渗透膜则起到固定细胞和产物分离的目的。

4）发酵与膜蒸馏耦合

膜蒸馏（MD）主要是利用疏水性多孔膜两侧的温度差所产生的蒸汽压差作为推动力，蒸汽流动过程基质进行选择性质量传递，热蒸汽透过疏水性多孔膜，随后在冷侧蒸汽被冷凝实现溶液的分离，膜蒸馏是膜分离和蒸馏相结合的整合过程。有研究者对酵母细胞无膜和有膜蒸馏的连续发酵过程进行了对比，发现膜蒸馏发酵过程酵母细胞浓度、葡萄糖转化率和乙醇浓度都比前者大幅度提高。发酵与膜蒸馏耦合系统如图5-9所示。

膜分离虽然能够提高终产物乙醇的浓度，但是因发酵过程次级代谢产物的积累，系统如果长时间运行会存在膜渗透通量下降和膜污染的问题，使其规模工业化应用存在困难。

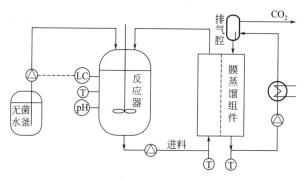

图5-9 发酵与膜蒸馏耦合系统简图

（3）发酵与汽提耦合工艺

为了消除发酵液中可溶性底物和酵母细胞悬浮物对吸附剂的影响，研究者们提出以CO_2为循环载气，将发酵液中的产物乙醇降压蒸馏以蒸气的形式抽提处理，然后用吸附剂将蒸气中的乙醇吸附出来，见图5-10。常用的吸附剂有活性炭、沸石、硅质岩和树脂淀粉基吸附剂等。

发酵与汽提耦合过程实质上是采用一种气相介质破坏原有的气液平衡，使溶液中目标组分由于分压降低而被解析出来，达到产物分离的目的。一般在发酵工艺中，以N_2和CO_2为载气，以压缩机实现气体循环，使之在反应介质中形成气泡，气泡产生或破裂时会带动周边液体的振动，料液中的挥发物质随之排出，并在冷凝器中被收集，发酵液中产物乙醇以蒸气形式被带出，从而实现乙醇分离提纯的目的。

为进一步提高产物乙醇汽提效率和产率，降低过程能耗，研究者们采用磁场辅助汽提发酵对乙醇汽提过程进行改良，发现外磁场有助于提高汽提因子，缩短发酵时间。发酵与汽提耦合工艺简单，成本低，且汽提产物乙醇能够被直接收集，产品纯度和浓度相

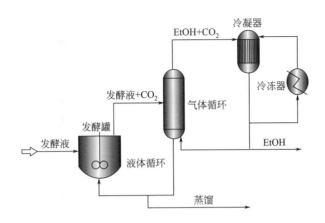

图 5-10　发酵与汽提耦合系统简图

对较高，其已成为乙醇发酵过程产物在线分离的主要方法之一。汽提介质可利用发酵过程自身产物 CO_2 作为载体进行汽提，不使用外源气体，利用发酵自产气体大大降低了副产物 CO_2 的处理成本。由于以上优点，发酵与汽提耦合工艺具有较好的发展前景。但是目前汽提发酵最大的困难是系统发酵效率不高，且所采用的气体介质对发酵过程中微生物的生长代谢影响比较大，这些问题使得汽提发酵在规模工业化乙醇生产中有待进一步研究。

（4）真空发酵工艺

真空发酵是采用抽真空的方法，利用压力对溶液沸点的影响，降低发酵液中乙醇的沸点，使易挥发的乙醇从液相中分离。其原理是保持发酵罐内一定的真空度，使发酵液低压沸腾，产物乙醇由于沸点降低被蒸馏分离。利用真空发酵可提高乙醇产率，但是发酵过程需要不断地将发酵产生的 CO_2 抽离排出发酵罐，还要不断地补充微生物生长所需的 O_2 来维持菌体细胞的活性，其操作过程比较复杂，而且能耗较高。真空设备操作费用高，负压工作容易引起细菌污染[61]。这些问题使得真空发酵目前在工业应用上进展不大。

（5）发酵与吸附耦合工艺

吸附发酵是在发酵液中加入吸附剂以选择性吸附所产生的乙醇，吸附剂一般为固体活性炭、分子筛和生物质吸附剂等。吸附剂吸附产物乙醇之后，再采用适当的解析方法将乙醇与吸附剂进行分离，获得高浓度的乙醇。吸附剂的选择是发酵吸附耦合工艺的关键。目前使用 3A 分子筛作为吸附剂已实现大规模生产。近年来，研究者们对生物质吸附剂如木薯、稻谷等在燃料乙醇生产中的应用研究也比较多。

一般发酵与吸附耦合工艺主要包括原位耦合和异位耦合两种方式。

① 原位耦合是将吸附剂直接投加到发酵液中，使其选择性地吸附发酵液中的乙醇，其优点是工艺简单。但是在实际操作中发现，吸附剂在吸附产物乙醇的时候，发酵液中细胞成分和营养成分也会被部分吸附，大量的菌体细胞会团聚在吸附剂的表面，形成微生物菌膜，影响吸附剂的容量及发酵微生物的活性，进而影响乙醇产率。因此，原位耦合稳定性差使得其在工业应用上受到影响。

② 异位耦合是在发酵罐外加装吸附装置，将吸附剂置于发酵罐外而不与发酵液一

直接触，高浓度乙醇通过吸附柱被选择性吸附，被吸附完乙醇的发酵液继续回到发酵罐参与反应。异位耦合可提高发酵液速率，但其耦合系统比较复杂，成本较高[62]。

（6）各种发酵分离耦合技术比较

目前，萃取法、膜分离法、汽提法、真空发酵和吸附法等方法已广泛应用于乙醇发酵过程，其目的都是及时地将产物乙醇进行分离，以降低发酵液中高浓度乙醇对发酵微生物和纤维素酶活性的抑制作用，不同分离技术的优缺点总结于表5-2。

表5-2　各类发酵分离耦合技术的比较[62,63]

方法	能耗	成本	缺点	优点	前景
发酵-萃取法	低	高	萃取剂选择难	原位萃取,减少抑制	需解决萃取剂及萃取方式的选择问题
发酵-膜分离法	低	高	膜阻力大,易堵塞	操作简单	膜效率低,应用不乐观
发酵-汽提法	低	低	系统效率低	细胞活性增加,底物利用充分	需解决效率低的问题
真空发酵法	高	高	真空度不好控制	生产效率高	解决能耗问题,能广泛应用
发酵-吸附法	低	不高	吸附剂容量小	可原位和异位耦合	效率低,目前进展不大

发酵耦合分离技术给乙醇发酵过程注入了新鲜的活力，很多耦合方法通过实验研究已初见成效。近年来，渗透汽化膜技术的快速发展，已大大改善了耦合技术的一些缺点。尽管目前制约产物乙醇分离耦合技术的因素有很多，技术成本也相对较高，但随着研究的不断深入，一旦突破关键技术瓶颈，产物耦合分离技术必将成为乙醇生产的一种重要途径。

5.3.5　反应助剂辅助酶解技术

由于添加酶解助剂能够提高酶水解效率，而且操作简单，因此针对在水解底物中使用一些反应添加剂，在一定程度上缓解木质素与纤维素酶的非生产性吸附的报道越来越多。根据研究结果报道，酶水解过程添加一些化学助剂不仅可以提高纤维素底物的酶解效率，还可以降低各种蛋白酶在木质素上的无效吸附作用，进而降低纤维素酶的用量。常用的反应添加剂包括非离子和阴离子型表面活性剂，如吐温（Tween 20/Tween 80）、聚乙二醇（polyethylene glycol，PEG）等[60]；非反应性蛋白质如牛血清白蛋白（BSA）和生物表面活性剂等[64]。它们强化酶水解效果的主要原理是通过竞争性吸附，阻止酶与木质素的无效结合，减少酶失活/无效吸附作用，同时提高纤维素底物的可及度[65]。此外，部分添加剂还可以提高纤维素酶的活性。常用的反应添加剂介绍如下。

（1）非离子表面活性剂

非离子表面活性剂（non-ionic surfactant）具有较高的稳定性，其在水中不发生电离，因此受酸碱和强电解质的影响比较小。此外，非离子表面活性剂的相容性较好，可以与其他类型的表面活性剂进行复合使用，能够较好地溶解在各种溶剂中，应用范围比较广泛。该表面活性剂按照其亲水基的不同可分为多元醇型和聚氧乙烯（聚乙二醇）型两种类型。

非离子表面活性剂在酶解过程中的应用最早始于20世纪80年代，早先的报道就发现，添加这些化学助剂有助于纤维素底物酶解效率的提高。目前，其研究热点主要集中在非离子表面活性剂对纤维素底物酶解过程的影响和相关机理研究方面，其中包括吐温、聚乙二醇等[66]。

根据现有的文献报道，非离子表面活性剂对酶水解过程纤维素底物转化起到强化促进作用的机理主要有以下几种说法。

① 增加底物反应活性位点。非离子表面活性剂加入反应系统后，在溶液中吸附在底物表面，对底物和纤维素酶来说，可提供更多的反应活性位点，有利于纤维素底物和酶制剂之间的有效充分接触，提高纤维素底物对酶的可及性，进而提高酶解效率。有研究发现，Tween 20 可选择性改变木质纤维素底物的细胞壁结构，促进纤维素酶的有效吸附。

② 与木质素发生"竞争性吸附"。非离子表面活性剂主要通过氢键或疏水作用牢固地吸附在木质素上，这种吸附作用要远大于木质素与纤维素酶的吸附作用，因此其与木质素发生了竞争性吸附纤维素酶的现象，使得纤维素酶与木质素之间的无效吸附量大大减少，有利于增加反应系统中游离酶的水解活性，提高纤维素酶的有效利用率，进而提高酶解效率。同时，有研究指出非离子表面活性剂在纤维素底物上的这种吸附作用是可逆的，纤维素酶可大部分回收利用，而纤维素酶在纯纤维素上的吸附作用存在部分无效吸附，即不可逆吸附。对不同类型的纤维素底物研究发现，添加 PEG 4000 可以将纤维素酶在木质素上的无效吸附量减少近 90%，同时可将纤维素酶在纯纤维素底物（用微晶纤维素作底物）上的不可逆吸附量减少近 45%。

③ 非离子表面活性剂有助于增强纤维素酶的活性，防止反应过程纤维素酶的失活。在高温和高剪切作用力下，纤维素酶很容易部分失活，加入非离子表面活性剂可以改善酶的活性。有报道发现，在回旋振动所引起的高速剪切力作用下，纤维素酶的活性会随着剪切速度的增加而降低。提高转速会加速纤维素酶的失活现象，而加入 Tween 系列助剂之后，高转速下纤维素酶的活性可提高近 135%，说明 Tween 有利于保护纤维素酶，防止其在高温高速下失活。

（2）蛋白质基反应助剂

蛋白质基反应助剂研究较多的主要包括非水解性蛋白质和牛血清白蛋白。

1）非水解性蛋白质

非水解性蛋白质（non-hydrolytic protein）可以通过非水解性途径破坏或降低纤维素底物细胞壁结构的致密复杂性，它是与植物细胞壁扩展蛋白质功能相似的一类蛋白质的总称。研究发现，将非水解性蛋白质添加到纤维素酶水解过程中，可以强化纤维素底物的水解效果，提高酶解效率。

2）牛血清白蛋白（bovine serum albumin，BSA）

大量文献报道证明，在不同类型的纤维素底物中添加牛血清白蛋白可以强化底物的水解过程，促进纤维素酶的水解效率。

一般认为牛血清白蛋白可以通过一些作用力吸附在木质素表面，这种作用力要大于纤维素酶与木质素的吸附作用力，因此，像非离子表面活性剂功能一样，BSA 可以与纤维素酶产生竞争性吸附，进而减少酶在木质素表面上的无效吸附量，提高水解液中游离酶的含量，提高其参与反应的有效酶量，促进酶解效果。近期研究发现，BSA 还可有效促进纯纤维素底物的酶解反应，其原理在于 BSA 在酶解过程中可以有效防止纤维素酶的失活，保证纤维素酶的有效作用，提高酶与底物的作用效果[67]。

（3）木质素磺酸盐

木质素磺酸盐（lignosulfonate）是木质素磺化后的产物，为一种高分子阴离子型表面活性剂，化学成分组成中除了木质素本身的苯丙烷疏水骨架结构外，还有磺酸基、羧基和酚羟基等大量的亲水性基团。木质素磺酸盐具有很好的吸附性、分散性和润湿吸水性。研究表明，木质素磺酸盐可以在一定程度上改善纤维素底物的酶解过程，提高酶水解效果。通过研究木质素磺酸钠盐对纤维素酶在木质素表面的吸附过程发现，木质素磺酸盐可以通过 π-π 键作用或者疏水作用等吸附在木质素表面，减少纤维素酶在木质素表面上的无效吸附量，与纤维素酶形成竞争性吸附，使更多的游离酶能够结合在纤维素底物表面上，与有效成分发生反应，强化底物的酶解效果[68]。

（4）生物表面活性剂

生物表面活性剂（biosurfactant）是通过在一定条件下培养相关微生物或植物，利用其生长代谢过程分泌产生的具有表面活性的代谢产物促进酶解反应。微生物或植物分泌的表面活性代谢产物也具有亲水基和疏水基两个部分。根据微生物来源不同，生物表面活性剂可以分为脂肽、脂肪酸、磷脂、聚合物、糖脂和全胞表面本身等。一般常用的生物表面活性剂包括鼠李糖脂（rhamnolipid）、烷基多苷（alkyl polyglycoside）和皂素（saponin）等。

一般认为鼠李糖脂强化纤维素酶水解的主要机理为：鼠李糖脂可提高纤维素酶的稳定性，防止其失活，还可降低纤维素底物表面的负电荷量，有利于纤维素酶和木质纤维素底物表面之间的吸附结合，减少纤维素酶在木质素表面上的无效吸附量，增加水解液中游离纤维素酶的含量；同时，鼠李糖脂还可以在一定程度上提高 β-葡萄糖苷酶的活性，进而整体促进底物的酶水解效果[69]。

酶的用量决定酶水解的成本与经济可行性，合适的酶用量对纤维素酶水解比较重要，研究发现在预处理过程中添加适量的化学助剂可以增加木质素的去除量[70]，在酶解体系中添加一些化学助剂如表面活性剂、非催化性蛋白等可有效提高酶解效率，减少酶的用量，从而降低酶水解的成本。

目前，通过添加化学助剂来改善酶水解过程的研究得到越来越多的重视，其中非离子表面活性剂与非催化蛋白对提高纤维素底物酶水解效率有更好的促进效果[23,26]。有文献报道发现，在水解过程中添加牛血清白蛋白后，酸预处理后小麦秸秆的酶水解效率可提高 50% 左右。可能是因为 BSA 具有较高的等电点、疏水性，在温度高于 50℃时易形成疏水性团聚物，将水解底物中暴露的木质素包裹起来，阻止了木质素与纤维素酶之间的无效吸附，从而提高了纤维素底物的酶水解效率[64]。此外，BSA 还有可能提高酶的稳定性，减弱底物的疏水性，促进纤维素酶与反应底物之间的吸附和脱吸作用[67]。

Tween 80、BSA 或 PEG 6000 等化学助剂的添加均可提高氨纤维爆破、稀硫酸、氨水循环、石灰等预处理后玉米秸秆的酶水解产物葡萄糖和木糖得率[71]。有研究发现通过在反应底物中添加 Tween 80 可以缓解木质素对纤维素酶的吸附作用。此外，在实验过程中发现通过添加聚乙二醇（PEG）同样可以缓解木质素对纤维素酶的吸附作用，PEG 可以与纤维素酶形成较小的聚合物，可以较均匀地分散到整个体系，避免了木质素吸附大量纤维素酶，而又聚在一起造成水解效率降低。

还有大量研究报道了在酶水解体系中尝试了一些新颖的添加剂，并取得了显著效果。有报道发现添加聚乙烯吡咯烷酮（PVP）可以提高纤维素酶的水解效率，降低非生产性纤维素酶的消耗量，而且其效果要优于 PEG、Tween 80 以及牛血清白蛋白，与 PEG 4600 相比，PVP 8000 在木质素上的吸附量更大，且稳定性及亲水性也更优异。另外，研究者发现在预处理时通过加入 2-萘酚可以提高纤维素酶的水解效率，减少了木质素与纤维素酶的非生产性结合。在实验过程中研究发现，在亚硫酸预处理的前提下十六烷基三甲基溴化铵（CTAB）与木质素磺酸钠（SL）共同作用可以增强纤维素酶的水解效率，首先 CTAB 的存在增强了 SL 对木质素的吸附作用，且增大了纤维素酶与木质素之间的位阻，从而降低了木质素与纤维素酶的非生产性吸附作用。在此基础上，有研究进一步通过添加 Mg^{2+}，使其与木质素的负电区域结合，从而削弱静电作用和氢键作用造成的木质素与纤维素酶的吸附。有文献进一步报道，研究者们从酵母菌酶解的上层清液中获得一种蛋白质，该蛋白质可与纤维素酶在与木质素结合过程产生竞争性吸附作用，从而有效降低了纤维素酶与木质素的无效结合量，提高水解效率。近期研究成果表明，水溶性木质素的添加对滤液预处理[72]、碱法预处理木质纤维素的纤维素酶水解均具有促进作用，但在不含木质素的纯纤维素中的添加并未见促进作用。目前水溶性木质素对酶水解促进作用的机理尚没有特别明确的文献报道，但这一促进结果给酶工学以及木质纤维素类生物质炼制领域均提出了新的研究方向。

非离子表面活性剂与聚合物对底物酶水解过程的主要促进作用是由于其对酶活性和稳定性的提高，进而提高了反应底物纤维表面的可及性，降低表面张力[49]。表面活性剂和聚合物具有疏水性，可在疏水性的木质素表面形成一层包裹层，减少酶与木质素之间的无效吸附，从而减少酶失活现象[71]。

概括而言，反应助剂对酶水解的促进机理主要包括：化学助剂与反应底物相互作用影响了底物结构，增加了纤维素酶与纤维表面的可及性；反应助剂提高了纤维素酶的稳定性，减少了其失活现象；反应助剂通过与纤维素酶在木质素表面上形成竞争性吸附，减少了纤维素酶在木质素表面上的无效吸附作用。

5.3.6　改变木质素在底物中的存在方式

5.3.6.1　分解木质素

从使用木质纤维素为原料发酵制备生物乙醇的角度来说，木质素本身无法转化成乙醇，而且又会对纤维素酶产生非生产性吸附，其存在是对水解过程的最大障碍，所以若可以去除反应底物中的木质素就可以减少木质素对纤维素酶的非生产性吸附，从而提高纤维素酶的水解效率。有学者研究发现了 2 种从土壤中筛选的芽孢杆菌 CS-1 和 CS-2 能够产生漆酶，该酶可以分解碱木素从而减少木质素对纤维素酶的吸附作用，如果配合乳酸菌使用还可以消除半纤维素对纤维素酶水解能力的影响。

5.3.6.2　改变木质素的结构

木质纤维素类生物质中，木质素作为三大主要成分之一，含量约占植物细胞壁总量的 1/3，在酶水解制备生物乙醇的过程中木质素起阻碍作用。因此，以木质纤维素为原料的生物乙醇制备虽然研究开发了很久，但在经济核算上与粮食作物玉米等原料相比无法占优势，因而阻碍了木质纤维素原料转化生物乙醇的推广和商业化进程。如果能够开发一种木质素的高值化利用途径或通过改性木质素提高纤维素的酶解效率，将会进一步推动木质纤维素资源全组分利用的工业化。有学者通过在木质素苄基位置上导入酚类物质得到改性木质素衍生物——木质素酚，然后将木质素酚与滤纸复合，再用来固定纤维素酶，木质素酚与纤维素酶的结合能够最大限度地保留纤维素酶的活性。在生物乙醇的商业化生产过程中，酶的生产成本占了很大的比重，而该方法通过对纤维素酶进行固定化，使得纤维素酶在纤维素水解过程中可以被重复利用，从而降低了纤维乙醇的生产成本。研究报道发现，聚乙二醇缩水甘油醚（PE）作为交联剂与乙酸木质素（AL）能形成一种两性分子 PE-AL，该分子可以与纤维素酶形成一种复合物，间接提高纤维素酶的活性，而且纤维素酶回收重复利用多次后仍具有活性。此外，研究者们发现通过在反应底物中添加如木质素磺酸盐这类的线性阴离子芳香族聚合物，与木质素形成竞争关系，从而使木质素不易与纤维素酶结合，尽管其同样存在纤维素酶不易与纤维素结合的缺点，但配合 AL-PCG1000 使用可以提高酶的水解效率。

5.4 高浓度底物纤维素酶水解技术

以木质纤维素类生物质为原料生产纤维乙醇通常需要经过预处理、酶水解和发酵过程的转化，其中酶解糖化工艺直接影响底物生产可发酵糖的浓度和后续发酵过程最终乙醇的产量。为了提高纤维乙醇的生产效率，一般采用提高可发酵糖浓度（即通过提高反应底物浓度）的方法来实现。高浓度底物酶水解技术已被证实能够显著提高单位生产设备的反应效率，节约水耗和能耗，降低后续乙醇蒸馏成本，进而减少底物转化成本。

底物浓度是影响燃料乙醇生产过程经济性和能量平衡的重要因素之一。从燃料乙醇生产的经济性考虑，发酵产物乙醇的浓度必须大于 4% 才能节约后续乙醇蒸馏提纯的成本。要达到 4% 的乙醇浓度，发酵底物糖浓度至少要大于 8%，其对应的参加反应的底物终固含量就不能低于 200g/L。提高反应体系底物浓度，可提高单位设备的乙醇生产率，有效减少热量需求，扩大生产规模，减少废水排放及后续处理成本。高固含量酶解对于生物燃料规模化生产至关重要[73]。国外有报道评估，底物浓度由 50g/L 增加到 80g/L 时，乙醇生产成本减少近 20%[45]。继续增加底物浓度能进一步节约经济成本，但研究表明，单批次加料酶解体系，底物浓度高于 100g/L 时纤维素原料开始不能有效转化，120~150g/L 的底物含量是一次加料酶解的上限。随着底物浓度的增加，终产物和抑制物相应增多，酶与底物不能充分作用，而且，由于增加了固体负荷，浆料黏度急剧增加，底物得不到有效的搅拌，反应体系黏度也随之提高，体系基质出现传质及搅拌困难。再者，随着反应时间的延长，酶分子反应活性逐渐降低，且因搅拌发生剪切失活等现象，使得大部分未充分与纤维素酶接触的底物来不及有效降解。高浓度反应体系的抑制作用增强，底物酶解效率随之下降，低的原料转化率部分抵消了高浓度水解体系的优势。改善高浓体系酶解率需降低其抑制因素的抑制作用，同时选择和设计新型低能耗、高效率的酶解反应器。

5.4.1　分批补料酶水解技术

补料酶解工艺是指在分批反应过程中，间接或连续地补加新鲜原料即补加含有营养成分的新鲜培养基，以供微生物代谢使用。在发酵反应阶段也可采用补料方式以提高终产物乙醇的浓度。该方法是控制中间代谢、缓解产物抑制、提高产糖和产醇浓度的一个灵活且有效的手段。早期的补料方式比较简单，完全是凭经验进行的，即酶解发酵进行到一定时间，经验性地添加一定量的原料，补料成分不太复杂，补加的数量也少[74]。早期的这种方法简单易行，但补料过程中酶解发酵反应无法得到有效控制。在现代大规模乙醇发酵工业中，补料方式已从原始的简单补料发展到多级重复补料，从补加单一的营养物质改进到补加多种营养物，补料工艺的类型也发展到了多样化。

补料酶水解发酵技术的类型多样，按照补料方式、补加物料、反应过程的控制方式和反应液体积变化等不同可划分为多种不同的工艺。按照补料方式的不同，分为连续补料、间歇补料和周期性补料；按照补加营养物质的不同，分为完全补料（补加全部的培养基）和半分批补料（补加部分的营养物质）；按照补料控制方式不同，又可分为有反馈控制补料和无反馈控制补料。

补料一般是在酶解和发酵反应进行至有大量产物生成的阶段，因合成产物和维持细胞活动的需要，有选择性地补充新鲜底物或营养物质。补料工艺有两个基本问题：一个是补充原料和营养物质的选择，补充的物质应该是能够产生最大产物生成效应的营养物质；另一个是如何对补料进行控制，即补料方式的选择，补料过量或者不足都会影响酶解和发酵反应的正常进行，进而影响产物生成。补料控制是整个补料工艺在乙醇生产应用过程中的关键。

在分批补料酶水解方式的研究方面，随着补料技术的不断进步，补料酶水解已取得了一定的进展。研究者们通过改变加料方式并利用补料分批次操作将水解底物加入反应体系，即在初始底物水解一定时间后再补加新鲜的原料，提高最终固体浓度。分批补料酶水解可以通过原料分批次补加的方式降低水解液的黏度，使底物与酶充分作用，提高酶水解速率，缩短反应时间，可以有效避免一次加料水解技术中由于底物浓度过高而带来的搅拌不均匀以及酶和底物不能有效接触等缺陷，对高浓度木质纤维素原料的酶水解糖化能起到有益的促进作用[75]。国内外诸多研究表明，当底物浓度超过 150g/L 时，分批补料比一次加料酶水解糖得率至少会提高 10%。分批补料的关键是要确定反应过程中补料时间和加料方式、酶的添加次序，以获得高的底物转化率。部分文献补料过程中底物和酶的不同添加方式如表 5-3 所列。

表 5-3　纤维素原料分批补料酶水解过程[76,77]

底物	底物添加方式	总固体量/%	添加时间/h	水解时间/h	酶添加方式	转化率/%
玉米芯	7.5%+3%+3%+1.5%	15	24,48,72	144	分步添加	76.8
麦秆	9%+8%+7%+6%	30	8,24,48	144	一次加入	81
麦秆	5%+5%+5%	15	0,6,24	72	分步添加	64
	10%+5%	15	0,24	72	一次加入	69
木薯秆	10%+7.5%+7.5%	25	0,6,12	72	分步添加	84
玉米秸秆	12%+6%+6%+6%	30	0,12,36,60	144	分步添加	60
玉米秸秆	保持15%不溶固体	25	每隔24	288	分步添加	80
玉米秸秆	2.5%+2.5%+2.5%+2.5%	10	0,3,6,9	72	一次加入	60

有研究报道，试验了各种补料和加酶方式后，结果发现分批加料、一次加酶在初始酶水解过程可获得更高的糖含量，且葡萄糖最终浓度与加酶方式关系不大。此外，实验还发现低浓度底物酶水解过程不适宜用分批补料的方式。该实验过程以 100g/L 汽爆玉米秸秆为底物，纤维素酶用量分别为每克底物 5FPU 和 60FPU，在一次加料的情况下，葡萄糖得率分别为 66% 和 90%，当底物分批加入后糖得率下降为 55% 和 80%，水解速率也相应降低。葡萄糖得率和反应速率下降可能是由于纤维素酶与木聚糖和木质素的无效结合或者纤维素酶无法从水解产物解吸附而引起的。随后，有学者利用分批补料方式酶水解预处理后的 250g/L 玉米秸秆，在酶用量为每克底物 10.7FPU 条件下，纤维素转化率达到 80%，但是反应时间增加了 1 倍（168h）。通过增加纤维素酶用量或者使用耐高糖浓度的酶可以缩短反应时间，研究者们在纤维素酶用量每克底物 20FPU、反应时间 30h 条件下分批补料酶水解 300g/L 的纤维素底物，酶水解转化率达到 70.6%。此外，学者们在相应的分批酶水解稀酸预处理后的 250g/L 木薯渣实验中发现，分批加酶情况下底物转化率能够达到 84%，而一次加料转化率仅为 50%。高浓度底物分批补料酶水解是提高纤维素原料转化率的有效方法。

5.4.2　高浓度底物酶水解过程搅拌和传质限制

研究发现，分批处理的酶水解底物量和较低范围的初始水解速率均受到底物含量的影响。底物含量与纤维素酶催化水解量呈反相关关系，水解速率在反应开始至 24h 后达到最大。用纤维素酶水解底物时，增加反应底物浓度，初始反应过程水解速率和获得的糖产量在实验条件内相近；在反应 24h 后，底物浓度较高的反应体系，其水解速率和糖产量均显著下降。文献报道，纤维素底物对酶水解的影响依据底物的结构特性而定，包括纤维素底物的结晶度、聚合度、木质素含量及比表面积等。

纤维质原料高浓度底物酶水解过程中纤维素酶、单糖分子、微生物等有效接触的重要保证是反应体系在酶水解过程中得到适当有效的搅拌。底物有效的搅拌也能促进反应基质的混合和对流传热过程，使得纤维素酶的各组分和纤维表面均匀接触，以发挥酶和微生物的正常代谢降解功能。研究表明，当纤维素酶分子在接触纤维表面的运动过程受阻时，需要重新开始结晶纤维素的原纤化过程，使额外积累并被阻塞的酶分子发挥作用。但是，高浓度底物反应条件下，在传统的生物反应器中，底物充分有效的搅拌混合常常难以实现，从而阻碍了酶与底物的有效作用。不同生物质高浓度底物酶水解过程中原料转化率随着反应底物浓度的增加而降低的现象已被大量文献所证实。因此需增强反应过程中的搅拌力度，一般都是提高酶水解过程搅拌速率来给反应体系提供一个高效的搅拌过程，进而能够有效提高酶水解效率。

为了分析高浓度反应体系搅拌及基质传质传热规律，必须首先了解反应体系的流变性能。木质纤维素类生物质的流变特性和流变行为，尤其在高浓度底物反应系统中比较复杂。预处理后纤维素底物在高浓度基质体系中可以被认为是非牛顿流体，不可避免地会表现出屈服应力和黏度随着底物浓度的增加而增加。高浓度底物酶水解过程随着底物浓度的增加通常会引起反应体系屈服应力的大幅增加，因此，底物搅拌过程需要较高的叶轮扭矩和能量需求以克服屈服应力[78]。在这种情况下，参与反应的纤维素底物的有效搅拌明显变得困难，底物得不到充分有效的搅拌会使反应过程基质传质传热效率降低，使得酶水解和发酵过程出现基质传质受限问题。当底物浓度大于 200g/L 时，高浓度所引起的搅拌传质问题变得非常明显。相比之下，即使在底物浓度只有 100g/L 的条件下，当酶水解原料一次加入反应系统时，纤维素转化率会受到明显影响，表明反应体系中不溶固体和降解产物的抑制效应对未降解底物的传质过程具有协同抑制效应。

高浓度体系反应基质的流变特性主要受预处理条件和原料类型的影响。不同的预处理条件影响了纤维素纤维的平均长度和粒径分布，进而影响了酶水解体系中反应屈服应力的大小。预处理后纤维素底物的纤维尺寸变得短而均一，其相比未经处理的不同尺寸大小的纤维具有更小的屈服应力和黏度，说明粗纤维之间的连接点强度和数量在一定程度上决定了这些基质在体系中的流变性能。

反应器的类型和反应底物的性能在很大程度上决定了其基质的流变性能。玉米秸秆在旋转鼓中高固体浓度酶水解实验表明，一旦纤维素酶均匀分布，搅拌混合对系统的影响可以忽略不计。在预处理后麦秆的高浓度酶水解实验过程中，使用自由落体混合反应器以克服屈服应力的实验也得到了相似的酶解效果。相比之下，反应器中叶轮的搅拌速率大大影响了预处理后云杉和白杨的水解速率和糖产量。通过测量酶水解过程中体系黏度扭矩的变化，可以观察到基质流变特性的变化。在给定的底物浓度下，不同类型反应器提供的不同混合搅拌方式，扭矩值不同。因此，高浓度体系基质的流变性能根据所使用的搅拌混合方式不同而异，即基于所用的不同酶水解反应器来确定。生物质原料类型和预处理条件很大程度会影响酶水解反应过程中酶水解装置的选择与配置。

高浓度底物酶水解过程首先要以系统的方式了解反应基质的物理化学和生物学特性，在此基础上研发与之相关的降解技术。由于木质纤维素类原料本身复杂的结构特性和流变性能，其酶水解体系黏度随着反应底物浓度的增加而增加，这就导致了在纤维素底物转化过程中存在的基质搅拌和混合受限问题。底物混合不均匀将会阻碍反应基质的传质传热过程。新的反应器和高效反应工艺的开发成为改善高浓度底物酶水解过程研究的必由之路，因为在高浓度底物反应过程中克服屈服应力所需的高能量，在传统反应器中可能会抵消高固体浓度酶水解体系所具有的优点。

5.4.3　高浓度底物酶水解过程抑制因素

高固体浓度酶水解是在含水量低的水解体系中进行的纤维素底物的酶水解过程，通过增加底物含量获得高浓度糖液并最终提高产物乙醇的浓度，以降低后续产物乙醇分离过程的蒸馏成本。在低含水量条件下，反应系统容量增加，能够减少能耗和热量消耗，以及混合物的冷却成本及废水的产生量。国外有报道评估：底物浓度由5%增加到80g/L时，乙醇生产总成本减少近20%。继续增加底物浓度能进一步节约成本，但是研究表明，在底物浓度高于100g/L时纤维素原料开始不能有效转化，一次加料的底物上限为120～150g/L。可能是因为随着底物含量的增加，终产物和抑制物相应增多，浆料黏度增大，底物得不到充分有效的搅拌，与纤维素酶不能充分接触，高浓度的抑制作用逐渐增强，纤维素转化率随之下降。

有学者通过建模分析对水解过程抑制机制进行探讨。目前，低的转化效率伴随的可能抑制因素包括基质效应和底物特性、产物抑制、其他化合物如半纤维素衍生的抑制剂和木质素等、水含量、传质限制或其他相关不溶性固体物质含量增加而对酶吸附产生的影响以及纤维素酶用量等。高浓度底物酶水解和发酵体系可能的抑制因素如图5-11所示。

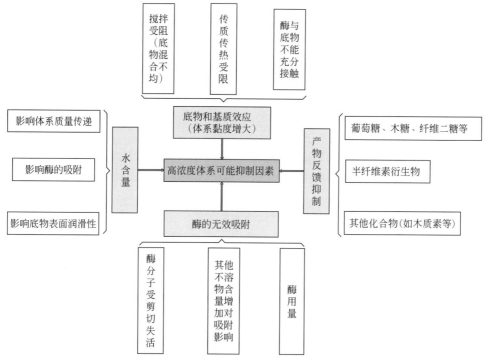

图5-11　纤维素原料高浓度底物生产乙醇过程可能的抑制因素[47]

高效糖化的关键是底物与纤维素酶的有效接触，系统含水量过低可能会直接影响纤维素酶的性能。在酶水解过程中，溶剂水作为酶和底物接触作用的先决条件，对整个反应过程中酶的运输、中间产物和终产品之间的质量传递至关重要。溶剂水可以增加底物表面的润滑性，在给定剪切速率下，降低反应过程的剪切应力进而降低体系黏度，从而减少物料因搅拌所需的能量输入。不同物料的吸水性不同，当底物浓度达到200g/L时，酶水解体系中只有少量的游离水存在，底物表观黏度增加，使搅拌和混合更加困难。高浓度酶水解随之可能会产生流变性能障碍，含水量少、固体浓度过高可能会直接影响纤维素酶的功能与酶水解效率。

通过高浓度底物酶水解可以获得高浓度的糖，进而发酵获得高浓度的乙醇，然而，高浓度底物酶水解过程所需的能量输入也急剧上升。有研究报道，在低固条件下混合底物所需的能量仅为系统总能耗的 9%，而在高浓度条件下底物混合所需的能量会超过系统总能耗的 1/2。酶水解物料的种类、底物颗粒的分布和大小都会影响酶水解体系的流变学特性[79]。研究发现，在其他酶水解条件相同的情况下，参与反应的基质尺寸越小，混合体系的黏度越小。此外，不同生物质的保水值不同，底物的保水值越高，越不利于反应产物及其他抑制物的扩散，增加了体系黏度。

高浓度底物酶水解过程的另一关键制约因素是产物葡萄糖和木糖等的不断积累会抑制纤维素酶的活性。葡萄糖是主要的水解产物，其在酶水解过程中不断生成并对水解反应的正向进行产生阻碍作用。纤维二糖对内切纤维素酶和外切纤维素酶都有强烈的抑制作用，在高浓度体系酶水解过程中及时补加 β-葡萄糖苷酶可将积累的纤维二糖转化为葡萄糖单体，降低其抑制作用。除了纤维二糖，纤维素酶的活性还受到半纤维素及其衍生物、木糖和木聚糖、木质素及其衍生物酚类化合物等影响。随着底物浓度的增加，水解液中抑制物的含量也相应增加。在高浓度条件下，水的传质作用受限，使抑制物不能及时扩散并远离反应位点，产物抑制效应增强。

虽然研究者们对高浓度酶水解过程中导致底物转化率随着固体含量增加而下降这一现象的原因做了一定探索，对高浓度的抑制机理也做了相应的分析，但是高浓度底物酶水解过程出现"固体效应"的真正机制还有待进一步研究，以寻求提高最终纤维素原料的转化率和水解糖得率的有效途径。

5.4.4　水解酶类对高浓度体系的影响

高浓度底物酶水解过程中原料转化率低主要是由于部分主产物糖类以低聚物的形式存在，不能用于后续发酵过程[70]。研究者们从酶学角度进行分析实验，以多酶组合复配和替代酶进行研究探索。有研究报道利用除纤维素酶和 β-葡萄糖苷酶之外的木聚糖酶和果胶酶来减少半纤维素对纤维素水解过程的阻碍作用。此外，还有研究报道将纤维素酶、β-葡萄糖苷酶和木聚糖酶进行组合并水解蒸汽爆破麦秆，三者组合提高了纤维素转化率，尤其对低浓度和初始水解反应过程，混合酶的选用及组合比例对优化糖得率非常重要。

纤维素酶和木聚糖酶之间的协同作用已有大量的研究报道。例如，添加经过优化的商业纤维素酶和木聚糖酶的混合物来替代等量的纤维素酶之后，使得纤维素和半纤维素的水解速率提高了 3 倍。随后研究发现，GH5 家族的木葡聚糖酶和 GH10 家族的内切纤维素酶之间的协同作用同样增强了单一商业纤维素酶的酶水解活性。此外，研究还发现，木葡聚糖酶的辅助协同作用明显提高了单一纤维素酶水解纤维素底物的糖化效率，且酶的来源不受其菌株来源的限制。

向纤维素混合酶体系中添加木葡聚糖酶可明显增强多种木质纤维素底物的水解效果。木葡聚糖作为木质纤维植物细胞壁主要组分之一，其存在限制了纤维素酶与纤维素的有效接触。研究发现，来源于里氏木霉的木葡聚糖酶增强了多种纤维素底物水解过程中纤维素酶的催化性能，通过纤维素水解酶使木葡聚糖中的结合键发生解聚和重新排列，细胞内部糖苷键的断裂使得纤维素微纤丝肿胀，增加了酶水解的可及面积，因此增强了纤维素底物的水解效果。有报道显示，添加木葡聚糖酶之后，其与纤维素酶协同作用使得达到相似水解糖得率所需的纤维素酶用量减少至约为原来用量的 1/8。

除了酶的添加机制和酶用量外，酶的类型对原料液化也有很大影响。商业用纤维素酶是粗酶混合物，如里氏木霉纤维素酶是纤维二糖酶、内切纤维素酶、木聚糖酶和 β-葡萄糖苷酶的混合物。这些酶可以协同作用或者分开使用。研究者们评估了酶对热化学法预处理麦秆的液化能力，结果显示内切纤维素酶在纤维素糖化过程中起关键作用，其单独使用可使系统黏度降低 90%。纤维二糖酶和木聚糖酶对黏度降低几乎没有作用，即使相同条件下糖得率和内切纤维素酶相似。

里氏木霉纤维素酶系是最常用的酶系，其他微生物在特定条件下也可能产生高性能的水解酶。有人利用部分纯化的耐热芽孢杆菌产生的纤维素酶进行水解实验，快速酶水解 36h 后，芽孢杆菌纤维素酶与商业纤维素酶效果相当。用这种酶水解 10% 预处理后的牧草，96h 后葡萄糖收率在 46.2%～48.7% 之间。商业纤维素酶的成本很高，寻找能同时产酶并糖化发酵纤维素底物的微生物是节约成本的有效途径[58]。

对于真菌来说，已报道的纤维素酶主要通过分泌游离酶作用于木质纤维素底物。这些游离酶具有纤维素酶、半纤维素酶的催化结构域，同时还具有多糖化合物结合模块（CBM）。嗜热细菌多以组装纤维小体的方式进行纤维素底物的降解。纤维小体多与微生物细胞膜蛋白连接，包含多种功能酶的结构域。

大多数真菌和细菌等微生物通过自身分泌的纤维素水解酶来降解木质纤维素植物细胞壁。美国 NREL 实验室科学家发现了一种名为 *Caldicellulosiruptor bescii* 的微生物菌株可分泌 CelA 纤维素酶，其降解纤维素的速度比目前商业纤维素酶要快 2 倍多。在培养 CelA 后，通过投射电镜发现，CelA 不仅作用于纤维素表面，还能够在底物结构中造成空腔，更大程度上与传统纤维素酶发生协同作用，进而获得更高的糖产量。CelA 是 NREL 发现的最高效的单个纤维素酶，在随后的性能分析中发现并确定了这些胞外酶的特征。最新研究报道，CelA 不仅能够有效水解纤维素，还能够降解半纤维素。

目前，纤维素底物水解所用的商业纤维素酶的成本仍然很高，约占整个乙醇生产成本的 50%。向纤维素混合酶中添加木聚糖酶、降解多糖单氧酶（GH61）等辅助酶，构建更高效的复合酶是减少高浓度底物酶水解过程所需酶用量的有效途径之一。

5.4.5　固体效应分析

高浓度水解体系在获得高糖含量的同时，其底物酶水解转化率随着固体浓度的增加而呈下降趋势。有学者对这种固体效应产生的机制进行了分析[44]，可能的影响因素包括：底物成分和基质效应、产物抑制、水含量和纤维素酶的吸附。以滤纸为底物，当水解体系底物浓度增加时，酶水解转化率与木质纤维素原料呈现相同的下降趋势。由此推断，木质素可能不是造成固体效应的因素。底物浓度在 50g/L 和 200g/L 体系下，酶水解 48h 研究产物抑制时发现了完全不同的葡萄糖转化效果（64.5% 和 38.6% 或者

30g/L 和 86g/L）。但在以上两个体系都同时加入 50g/L 的葡萄糖液，底物最终转化率几乎相似（5％＋50g/L 葡萄糖液，20％＋50g/L 葡萄糖液加入后底物转化率分别为 29.7％和 26.3％或者 64g/L 和 109g/L）。以上实验并没有解释出现相似转化率的原因，但可推测水解体系中有其他成分充当了产物抑制的角色或者葡萄糖浓度达到一定值后酶的活动都会被限制。

高效糖化的关键是酶与底物的有效接触，系统含水量过低，可能会直接影响酶的性能。在酶解过程中，溶剂水不仅作为底物和酶接触的先决条件，而且对整个反应过程中酶的运输机制以及中间产物和终产品之间的质量传递机制至关重要。水可以增加底物表面润滑性，在给定剪切速率下可降低所需的剪切应力进而降低体系黏度。不同物料的吸水性不同，当底物浓度达到 200g/L 时，只有少量游离水存在，底物表观黏度增加，搅拌和混合更加困难。含水量少、固体浓度过高可能直接影响酶的功能与酶水解效率。

Kristensen 等研究了含水量对高浓底物酶水解体系的影响。油醇可以维持体系黏度，以油醇替代体系中 25％的自由水，减少含水量后酶水解反应固液比发生变化，此时葡萄糖得率降低了 5％。但是当底物浓度由 200g/L 增加到 250g/L（相当于减少 25％的水分）时，葡萄糖得率显著减少（减少了 12％）。研究者认为这种葡萄糖得率下降的差异表明含水量显然不是固体效应出现的限制因素[49]。

纤维素酶的吸附实验研究发现，当底物浓度由 50g/L 增加至 250g/L 时，纤维素酶的吸附量由 40％减少至 17％，同时底物转化率由约 60％降至低于 50％。底物转化率的下降与酶的吸附量相关，表明纤维素酶没有有效吸附到底物上而导致葡萄糖得率下降。研究者推测水解液中产物葡萄糖和纤维二糖的增加阻碍了纤维素酶的有效吸附，高浓度底物水解体系产物抑制机制和酶的吸附抑制机制研究是提高其整个水解过程底物转化效率的关键。

Roberts 等研究了在高浓度酶水解过程体系黏度改变时水与底物的相互作用情况，将过量的葡萄糖和甘露糖添加到 5％固含量的反应体系，其酶水解效率下降到与 150g/L 固体浓度时相似。研究者认为底物水解率下降是由溶剂水被约束引起的，与单糖对酶活力的影响截然相反，很可能缺水限制了协同酶的均匀分布，进而影响了酶水解速率[80]。前面研究表明，以油醇替代水可维持缺水条件下反应体系黏度不变，均衡的黏度使底物得到充分混合，因此不会影响整个环境酶的扩散与作用。但是这些研究结果与水对木质纤维素转化过程的影响相矛盾，他们强调了过程的有效搅拌。前期研究中通过油醇改善了高浓度水解体系中的黏度问题，即使在缺水条件下底物仍得到了充分搅拌，后期简单降低了液固比而未考虑体系的黏度。这些研究都只突出量化了高浓度底物酶解过程的单一抑制因素（缺水、高黏度、足够的搅拌等），而实际上所有这些因素都是相互影响、相互作用的。

高浓度底物酶水解过程的原料转化率受反应产物单糖和寡糖的生成影响，对底物转化产生抑制作用，使得底物转化率随着反应固体浓度的增加而降低。最近研究热点主要集中在开发具有改进性能、能够降低整个乙醇生产成本的高效纤维素酶方面，在预处理过程中产生的抑制化合物是高浓度底物酶水解过程中另一个更为严重的制约因素。对反应过程和工艺条件（补料方式、脱毒和预酶解）的改进优化，在某些情况下能够提高纤维素原料的酶水解效果。高浓度底物酶水解过程的研究报道近年来越来越多，相信在不断的技术改进过程中，以高浓度底物酶水解发酵生产纤维乙醇的商业化时代会加速到来。

5.5 纤维素酶实时水解检测技术

5.5.1 QCM-D 在酶水解过程的应用

当前，以木质纤维素为原料，经生物转化制备生物质材料、化学品和生物基燃料等正成为国内外的研究热点。植物纤维素资源通过酶水解，将其中的碳水化合物转化成单糖是发展纤维素原料生物炼制的关键步骤。由于木质纤维素原料和纤维素酶体系的复杂性，早期的研究大多停留在对底物性质、酶用量和酶水解糖得率之间相互影响的分析上，未能通过在线的连续观察和分析，原位、实时地探究酶水解时底物对酶的吸附与解吸情况，以及底物碳水化合物的降解规律与动力学特征。

传统的分析监测方法无法动态监测水解过程，尤其是酶水解初始阶段的变化。因此，需要借助原位、实时的监测手段在线分析酶水解的动态过程，以便更好地阐明酶吸附和酶水解的过程机制，从而能更好地反映酶解动力学全过程，并及时反馈酶水解效果，评价不同酶及酶用量、底物结构及底物浓度、温度、pH 值等对纤维素酶吸附和酶水解的影响。目前，研究人员已开发出多种原位、实时监测纤维素酶吸附和催化行为的监测分析方法。如通过原位紫外分光光度法，原位监测内切纤维素酶在纯纤维素和经亚硫酸盐预处理的白杨纤维素底物上的吸附动力学。研究者们利用原子力显微镜（atomic force microscopy，AFM）直接观察单组分纤维素酶降解结晶纤维素的实时过程；此外，有学者用耗散型石英晶体微天平（quartz crystal microbalance with dissipation，QCM-D）测定了无定形纤维素膜的水解；以及用中子反射计（neutron reflectometer，NR）记录无定形纤维素在内切纤维素酶作用下的溶解过程；近期，科研人员用表面等离子共振（surface plasmon resonance，SPR）研究了外切葡萄糖苷酶（CBHⅠ）产生不可逆吸附时对纤维素酶水解速率的影响；还有学者用激光共聚焦显微镜（confocal laser scanning microscopy，CLSM）观察了纤维素酶（绿色荧光蛋白标记的 CBMⅠ）吸附到细胞壁上的动态过程。在所有的原位监测手段中，以 QCM-D 的应用最为广泛。

QCM-D 是基于石英晶体的压电效应对其电极表面质量变化进行测量的一种仪器，它可以实时监测分子层的质量、厚度和结构改变，全方位监测、分析分子的吸附和解吸、薄膜的溶胀以及交联等，在材料、蛋白质和表面活性剂等研究领域中应用非常广泛。1880 年，Curie 兄弟首次发现了石英晶体具有压电效应，经过近一个世纪的发展，Nomura 和 Kurosawa 等在 20 世纪 80 年代实现了石英晶体在溶液中的振荡，从而开拓了压电传感器应用的全新领域。如今，QCM-D 已经成为界面分子吸附及其动力学研究等领域重要的实时、原位分析手段，已经成功地用于聚合电解质或蛋白质在多种底物上的吸附、气体分子在不同聚合物上的吸附等领域的研究。

利用 QCM-D 可以分析研究不同纤维素酶对底物的降解作用过程及其水解行为的差异。研究者们利用 QCM-D 研究不同纤维素酶作用于纤维素的动态过程，在制备出的纤维素膜上加入不同的内切纤维素酶、纤维二糖水解酶及两者的混合酶，5min 后加缓冲液清洗，通过测定全过程的频率和能量耗散的变化，反馈出纤维素膜的黏弹性和厚度等参数的变化，同时可直观地反映不同酶在纤维素上的溶胀、吸附、解吸和酶水解过程的差异性。研究发现，纤维素在内切纤维素酶作用下软化和溶胀，而在纤维二糖水解酶作用下发生溶胀和快速水解，纤维素在两种酶的混合物中由于酶的协同作用而发生快速酶水解，这也显示出内切纤维素酶和纤维二糖水解酶的协同水解优势。

有学者利用 QCM-D 技术监测纳米纤维层膜质量和构造变化，研究四种真菌纤维素酶在纳米纤维素薄膜上的吸附和水解性能[81]。研究人员还利用 QCM-D 监测了不同浓度的内切纤维素酶（EGI）在一定厚度的无定形纤维素膜表面的快速降解过程，通过频率和能量耗散变化反映水解速率的快慢，同时分析加入缓冲液对不同浓度酶降解能力的影响。还有学者利用 QCM-D 检测不同厚度无定形纤维素膜在 EGI 作用下的吸附和水解行为差异，研究了膜厚度对酶水解速率的影响。近期，有研究报道，采用 QCM-D 测定不同 pH 值条件下 *Melanocarpus albomyces*（MaL）和 *Trametes hirsute*（ThL）两种漆酶在纤维素表面上的吸附行为，通过频率变化，发现 MaL 在纤维素表面上的吸附多于 ThL，且 pH 值越低，漆酶在纤维素表面上的吸附性越强；还通过 QCM-D 建立了纤维素底物在特定 pH 值（4.5 和 7.5）、不同酶浓度条件下频率和能量耗散间的关系。

5.5.2　纤维素酶在木质素膜上吸附行为

纤维素酶在木质素上的吸附量的常用测试方法有氮含量分析、Lowry 方法和 Bradford 方法等。纤维素酶在木质素上的吸附速率非常快，批量采样方法不能完全准确地测试纤维素酶在木质素上的初始吸附动力学。

QCM-D 是近年发展起来的新技术，可以实时、精确地监测多种不同类型表面的分子相互作用和分子吸附，可以用来研究纤维素酶与木质素之间的相互作用。木质素膜通常采用吸附浸泡法、旋涂法和 Langmuir-Blodgett 法等制备得到。其中，采用易挥发的氨水作为木质素的溶剂，采用旋涂法制备木质素膜，然后利用盐酸将木质素沉淀固定在 QCM 金片上，可以得到比较整齐、稳定的木质素膜[82]。

可以用 QCM-D 来研究不同分子结构的木质素与纤维素酶和纤维素酶不同组分的相互作用。例如，采用 QCM-D 研究了纤维素酶在不同乙酰化程度的木质素膜上的吸附量变化情况，随着乙酰化程度的增大，纤维素酶在木质素膜上的无效吸附量降低，说明木质素的酚羟基含量是无效吸附纤维素酶的决定因素。有实验对比了具有 CBM 和没有 CBM 的外切纤维素酶在蒸汽爆破预处理的玉米秸秆和杉木酶解后球磨的木质素膜上的吸附量，结果发现蒸汽爆破预处理的酶解球磨木质素与未经过预处理的酶解球磨木质素相比，其酚羟基含量提高，外切纤维素酶的无效吸附量增加，对微晶纤维素的酶解抑制作用增强；没有 CBM 的外切纤维素酶催化核在木质素上的吸附量明显低于具有 CBM 的外切纤维素酶，说明疏水作用是纤维素酶吸附结合木质素的主要驱动力[83]。

此外，还有实验采用 QCM-D 研究发现，纤维素酶和半纤维素酶的不同单一组分在有机溶剂型木质素膜上的结合亲和力（binding capacity）和初始吸附速率与不同酶蛋白的表面疏水模块总数（hydrophobic patch score）的相关系数达 0.94，而与不同酶蛋白的表面电荷没有直接关系，表明纤维素酶主要通过疏水作用结合在木质素上。该研究还得出了不同浓度内切纤维素酶在木质素膜上的吸附动力学，并用单点转换模式（single-site transition model）、可改变吸附足迹的转换模式（transition model with changing adsorbate footprint）和两点转换模式（two-site transition model）三种模型拟合内切纤维素酶在木质素膜上的吸附和脱附动力学，可以为优化纤维素酶的循环回收利用方法提供筛选依据。

QCM-D 还可以用来研究 Tween 80 非离子表面活性剂对纤维素酶和纤维素酶单一组分在不同类型木质素上的吸附和脱附的影响，结果表明 Tween 80 通过吸附在木质素膜上显著阻碍了纤维素酶在木质素膜上的无效吸附；当缓冲液 pH 值从 4.8 提高至 5.5 时，纤维素酶在不同类型的木质素膜上的无效吸附量会减少 20% 左右[84]。

5.5.3　纤维素酶在纤维素膜上吸附酶解行为

QCM-D 可以实时、精确地监测分子的结构变化以及吸附与脱附的动态过程，因此，可以利用 QCM-D 研究纤维素酶在纤维素膜上的吸附动力学、纤维素膜的酶解动力学和纤维素膜酶解过程中的结构变化等。纤维素酶首先快速吸附在纤维素膜上，紧接着开始酶解破坏纤维素膜直到平衡。QCM-D 中谐振频率 f 的变化与纤维素膜上的吸附量成正比，能量耗散因子的变化 ΔD 与纤维膜的黏弹性等结构有关，ΔD 越大表示纤维素膜越疏松、润胀。有研究人员通过 QCM-D 研究了纤维素酶种类、纤维素酶浓度、温度、pH 值等酶解条件和微晶纤维素、无定形纤维素、纳米纤维、木质纤维素等不同结构的纤维素膜对底物酶解动力学的影响，发现可以通过 QCM-D 技术快速筛选最适的酶解条件，从而取代传统的筛选耗时较长的批量酶解实验[85]。

有学者采用 QCM-D 研究了外切纤维素酶 CBHⅠ和内切纤维素酶 EGⅠ对不同厚度的无定形纤维素膜的酶解程度的影响，结果发现内切纤维素酶 EGⅠ可以快速吸附在无定形纤维素上并快速酶解，破坏纤维素纤维；而外切纤维素酶 CBHⅠ虽大部分吸附在无定形纤维素上，使无定形纤维素发生润胀，却只有少部分纤维素被酶解破坏，说明外切纤维素酶 CBHⅠ主要是在纤维素的结晶区起作用[86]。

QCM-D 还可以用于研究不同纤维素酶种类在不同组成结构的木质纤维素膜上的吸附和酶解行为。研究人员将不同比例的三甲基甲硅烷基纤维素和乙酰化的有机溶剂型木质素溶解于氯仿中，旋涂制备不同木质素含量的木质纤维素膜，发现随着木质素含量增加，纤维素酶在木质纤维素膜上的吸附量增加，纤维素膜的酶解速率下降[87]。也有研究人员将不同比例的三醋酸纤维素和乙酰化的有机溶剂型木质素溶解于氯仿中，旋涂制备不同木质素含量的木质纤维素膜，进而研究外切纤维素酶 CBHⅠ和内切纤维素酶 EGⅠ在此木质纤维素膜上的吸附和酶解行为，结果发现外切纤维素酶 CBHⅠ在纤维素膜上的吸附量大于在木质素上的吸附量，当除去外切纤维素酶 CBHⅠ的 CBM 后，其在纤维素膜和木质素膜上的吸附量都明显减少，纤维素的酶解效率也会降低；内切纤维素酶 EGⅠ却正好相反，其在纤维素膜上的吸附量小于外切纤维素酶 CBHⅠ，而在木质素膜上的吸附量大于外切纤维素酶 CBH I，并且在木质素上的无效吸附量远远大于在纤维素膜上的吸附量，严重影响到纤维素的酶水解效率。

高温预处理木质纤维素过程中木质素会发生缩合反应形成伪木质素球状颗粒，纤维素酶在木质纤维素底物上的吸附增加，初始酶水解速率反而下降，这一现象对于木质素含量高的木质纤维素更明显。有学者采用高压均质机制备不同脱木素程度、含有 150g/L 半纤维素的桉木纳米纤维丝悬浮液，将其旋涂在聚乙烯亚胺预处理过的石英金片上，通过 QCM-D 技术研究纤维素酶在该纳米纤维膜上的吸附和酶水解行为时，发现其谐振频率 Δf 和能量耗散因子 ΔD 与在经典纤维素膜上的吸附规律不一样，分析表明当纤维素酶进入 QCM-D 测量室时，半纤维素迅速发生酶水解脱附，其速率大于纤维素酶在纳米纤维素膜的吸附速率，导致谐振频率 f 变大；脱木素程度高的纳米纤维膜酶水解速率更大、酶水解效率更好[88]。

参考文献

［1］　姜岷，曲音波，鲍杰，等.非粮生物质炼制技术——木质纤维素生物炼制原理与技术［M］.北京：化学工业出版社，2017.

［2］　Menon V, Rao M. Trends in bioconversion of liginocellulose: Biofuels, platform chemicals & biorefinery concept［J］. Progress in Energy and Combustion Science, 2012, 38（4）: 522-550.

［3］　裴继诚.植物纤维化学［M］.北京：中国轻工业出版社，2016.

［4］　杨静，邓佳，史正军，等.木质纤维生物质的酶糖化技术［M］.北京：化学工业出版社，2018.

［5］　李忠正.植物纤维资源化学［M］.北京：中国轻工业出版社，2012.

［6］　王闻.高温液态水预处理秸秆类生物质高效酶解发酵产乙醇的研究［D］.北京：中国科学院研究生院，2012.

［7］　Weiss N, Borjesson J, Pedersen L S, et al. Enzymatic lignocellulose hydrolysis: Improved cellulase productivity by insoluble solids recycling［J］. Biotechnology for Biofuels, 2013, 6（1）: 1-14.

［8］　袁振宏，等.能源微生物学［M］.北京：化学工业出版社，2012.

［9］　Banerjee G, Car S, Scott-Craig J S, et al. Synthetic multi-component enzyme mixtures for deconstruction of lignocellulosic biomass［J］. Bioresource Technology, 2010, 101（23）: 9097-9105.

［10］　Aikawa S, Joseph A, Yamada R, et al. Direct conversion of Spirulina to ethanol without pretreatment or enzymatic hydrolysis processes［J］. Energy & Environmental Science, 2013, 6（6）: 1844.

［11］　陈志强，曹盛.膜分离式酶解反应器的研究进展［J］.化工进展，2000，19（2）：32-34.

［12］　Gupta R, Sharma K K, Kuhad R C. Separate hydrolysis and fermentation（SHF）of Pros-opis juliflora, a woody substrate, for the production of cellulosic ethanol by Saccharomyces cerevisiae and Pichia stipitis-NCIM 3498［J］. Bioresource Technology, 2009, 100（3）: 1214-1220.

［13］　赖智乐，常春，马晓建.同步糖化发酵在纤维乙醇生产中的研究进展［J］.酿酒科技，2009，7：86-90.

［14］ Krishna S H, Reddy T J, Chowdary G V. Simultaneous saccharification and fermentation of lignocellulosic wastes to ethanol using a thermotolerant yeast ［J］. Bioresource Technology, 2001, 77（2）: 193-196.

［15］ Lee W H, Nan H, Kim H J, et al. Simultaneous saccharification and fermentation by engineered Saccharomyces cerevisiae without supplementing extracellular β-glucosidase ［J］. Journal of Biotechnology, 2013, 167（3）: 316-322.

［16］ Teixeira L C, Linden J C, Schroeder H A. Optimizing peracetic acid pretreatment conditions for improved simultaneous saccharification and co-fermentation（SSCF）of sugar cane bagasse to ethanol fuel ［J］. Renewable Energy, 1999, 16（1-4）: 1070-1073.

［17］ Liu Z H, Chen H Z. Simultaneous saccharification and co-fermentation for improving the xylose utilization of steam exploded corn stover at high solid loading ［J］. Bioresource Technology, 2016, 201: 15-26.

［18］ Rudolf A, Baudel H, Zacchi G, et al. Simultaneous saccharification and fermentation of steam-pretreated bagasse using Saccharomyces cerevisiae TMB3400 and Pichia stipitis CBS6054 ［J］. Biotechnology & Bioengineering, 2010, 99（4）: 783-790.

［19］ Olson D G, Mcbride J E, Shaw A J, et al. Recent progress in consolidated bioprocessing ［J］. Current Opinion in Biotechnology, 2011, 23（3）: 396-405.

［20］ 徐丽丽, 沈煜, 鲍晓明. 酿酒酵母纤维素乙醇统合加工（CBP）的策略及研究进展 ［J］. 生物工程学报, 2010, 26（7）: 870-879.

［21］ Klein M D, Oleskowicz P P, Simmons B A, et al. The challenge of enzyme cost in the production of lignocellulosic biofuels ［J］. Biotechnology and Bioengineering, 2012, 109（4）: 1083-1087.

［22］ Rosgaard L, Andric P, Dam-Johansen K, et al. Effects of substrate loading on enzymatic hydrolysis and viscosity of pretreated barley straw ［J］. Applied Biochemistry and Biotechnology, 2007, 143（1）: 27-40.

［23］ Sun Y, Cheng J. Hydrolysis of lignocellulosic materials for ethanol production: a review ［J］. Bioresource Technology, 2002, 83（11）: 1-11.

［24］ 林燕, 张伟, 华鑫怡, 等. 纤维素酶水解能力的影响因素及纤维素结构变化研究 ［J］. 食品与发酵工业, 2012, 38（4）: 39-43.

［25］ 孙万里, 陶文沂. 木质素与半纤维素对稻草秸秆酶解的影响 ［J］. 食品与生物技术学报, 2010, 29（1）: 18-22.

［26］ 姚兰, 赵建, 谢益民, 等. 木质素结构以及表面活性剂对木质素吸附纤维素酶的影响 ［J］. 化工学报, 2012, 63（8）: 2612-2616.

［27］ Saini J K, Patel A K, Adsul M, et al. Cellulase adsorption on lignin: A roadblock for economic hydrolysis of biomass ［J］. Renewable Energy, 2016, 98: 29-42.

［28］ Dos-Santos A C, Ximenes E, Kim Y, et al. Lignin-Enzyme Interactions in the Hydrolysis of Lignocellulosic Biomass ［J］. Trends in Biotechnology, 2018, 37（5）: 518-531.

［29］ Djajadi D T, Jensen M M, Oliveira M, et al. Lignin from hydrothermally pretreated grass biomass retards enzymatic cellulose degradation by acting as a physical barrier rather than by inducing nonproductive adsorption of enzymes ［J］. Biotechnology for Biofuels, 2018, 11（1）: 85-89.

［30］ Zhu Z, Sathitsuksanoh N, Zhang Y H. Direct quantitative determination of adsorbed cellulase on lignocellulosic biomass with its application to study cellulase desorption for potential recycling ［J］. The Analyst, 2009, 134（11）: 22-27.

［31］ Fox J M, Jess P, Jambusaria R B, et al. A single-molecule analysis reveals morphological targets for cellulase synergy ［J］. Nature Chemical Biology, 2013, 9（6）: 356-361.

［32］ Berlin A, Maximenko V, Gilkes N, et al. Optimization of enzyme complexes for lignocellulose hydrolysis [J] . Biotechnology and Bioengineering, 2007, 97 (2) : 287-296.

[33]　Alber O, Noach I, Lamed R, et al. Preliminary X-ray characterization of a noval type of anchoring cohension from the cellulosome of Ruminococcus flavefaciens [J] . Acta Crystallographica Section F Structural Biology Communication, 2008, 64: 77-80.

[34]　王奇, 王林风, 闫德冉, 等. 玉米秸秆酶水解过程中的酶复配条件优化 [J] . 生物技术通报, 2016, 32 (3) : 171-177.

[35]　Zhang M J, Su R X, Qi W. et al. Enhanced enzymatic hydrolysis of lignocellulose by optimizing enzyme complexes [J] . Applied Biochemistry and Biotechnology, 2010, 160 (5) : 1407-1414.

[36]　Hu J, Arantes V, Pribowo A, et al. The synergistic action of accessory enzymes enhances the hydrolytic potential of a "cellulose mixture" but is highly substrate specific [J] . Biotechnology for Biofuels, 2013, 6: 112-115.

[37]　曲音波. 木质纤维素降解酶与生物炼制 [M] . 北京: 化学工业出版社, 2011.

[38]　Kumar R, Wyman C E. Strong cellulase inhibition by Mannan polysaccharides in cellulose conversion to sugars [J] . Biotechnology and Bioengineering, 2014, 111 (7) : 1341-1353.

[39]　Ohlson I, Tragardh G, Hagerdel B H. Enzymatic hydrolysis of sodium-hydroxide-pretreated sallow in an ultrafiltration membrane reactor [J] . Biotechnology and Bioengineering, 1984, 26: 647-653.

[40]　Mood S H, Golfeshan A H, Tabatabaei M, et al. Lignocellulosic biomass to bioethanol, a comprehensive review with a focus on pretreatment [J] . Renewable and Sustainable Energy Reviews, 2013, 27: 77-93.

[41]　Sindhu R, Binod P, Pandey A. Biological pretreatment of lignocellulosic biomass—An overview [J] . Bioresource Technology, 2015, 199: 76-82.

[42]　Wang W, Zhuang X S, Yuan Z H, et al. High consistency enzymatic saccharification of sweet sorghum bagasse pretreated with liquid hot water [J] . Bioresource Technology, 2012, 108: 252-257.

[43]　Wyman C E, Dale B E, Elander R T, et al. Coordinated development of leading biomass pretreatment technologies [J] . Bioresource Technology, 2005, 96 (18) : 1959-1966.

[44]　Teugjas H, Valjamae P. Product inhibition of cellulases studied with ^{14}C-labeled cellulose substrates [J] . Biotechnology for Biofuels, 2013, 6 (1) : 104-106.

[45]　Jørgensen H, Vibe-Pedersen J, Larsen J, et al. Liquefaction of lignocellulose at high solids concentrations [J] . Biotechnology and Bioengineering, 2007b, 96: 862-870.

[46]　Rosgaard L, Andric P, Dam-Johansen K, et al. Effects of substrate loading on enzymatic hydrolysis and viscosity of pretreated barley straw [J] . Applied Biochemistry and Biotechnology, 2007, 143 (1) : 27-40.

[47]　Koppram R, Tomas-Pejo E, Xiros C, et al. Lignocellulosic ethanol production at high gravity: challenges and perspectives [J] . Trends in Biotechnology, 2014, 32 (1) :46-53.

[48]　Kont R, Kurasin M, Teugjas H, et al. Strong cellulase inhibitors from the hydrothermal pretreatment of wheat straw [J] . Biotechnology for Biofuels, 2013, 6 (135) : 1-14.

[49]　Kristensen J B, Felby C, Jorgensen H. Yield-determining factors in high-solids enzymatic hydrolysis of lignocellulose [J] . Biotechnology for Biofuels, 2009, 2: 1-11.

[50]　Hu J, Arantes V, Saddler J N. The enhancement of enzymatic hydrolysis of lignocellulosic substrates by the addition of accessory enzymes such as xylanase: is it an additive or synergistic effect [J] . Biotechnol for Biofuels, 2011, 4: 36-41.

[51]　Kumar R, Wyman C E. Effect of xylanase supplementation of cellulase on digestion of corn stover solids prepared by leading pretreatment technologies [J] . Bioresource Technology, 2009, 100: 4203-4213.

［52］ Kim Y, Ximenes E, Mosier N S, et al. Soluble inhibitors/deactivators of cellulase enzymes from lignocellulosic biomass ［J］. Enzyme and Microbial Technology, 2011, 48（4-5）: 408-415.

［53］ Yang B, Wyman C E. BSA treatment to enhance enzymatic hydrolysis of cellulose in lignin containing substrates ［J］. Biotechnology and Bioengineering, 2006, 94（4）: 611-617.

［54］ Kumar R, Wyman C E. Effects of cellulase and xylanase enzymes on the deconstruction of solids from pretreatment of poplar by leading technologies ［J］. Biotechnology Program, 2009d, 25（2）: 302-314.

［55］ Qing Q, Charles E Wyman. Hydrolysis of different chain length xylooliogmers by cellulase and hemicellulase ［J］. Bioresource Technology, 2011, 102: 1359-1366.

［56］ Szijarto N, Siika-aho M, Sontag Strohm T, et al. Liquefaction of hydrothermally pretreated wheat straw at high-solids content by purified Trichoderma enzymes ［J］. Bioresource Technology, 2011, 102（1）: 1968-1975.

［57］ 方诩, 秦玉琪, 李雪芝, 等. 纤维素酶与木质纤维素生物降解转化的研究进展［J］. 生物工程学报, 2010, 26（07）: 864-869.

［58］ Matano Y, Hasunuma T, Kondo A. Display of cellulases on the cell surface of Saccharomyces cerevisiaefor high yield ethanol production from high-solid lignocellulosic biomass ［J］. Bioresource Technology, 2012, 108: 128-133.

［59］ 潘贺鹏, 范新蕾, 罗玮, 等. 萃取耦合发酵工艺生产丁醇研究［J］. 工业微生物, 2015（3）: 1-7.

［60］ Börjesson J, Engqvist M, Sipos B, et al. Effect of poly（ethyleneglycol）on enzymatic hydrolysis and adsorption of cellulase enzymes to pretreated lignocellulose ［J］. Enzyme and Microbial Technology, 2007, 41: 186-195.

［61］ Pereira J P C, Lopez-Gomez G, Reyes N G, et al. Prospects and challenges for the recovery of 2-butanol produced by vacuum fermentation—a techno-economic analysis ［J］. Biotechnology Journal, 2017, 1: 600-617.

［62］ 冯娇, 王震, 何珣, 等. 反应分离耦合制备燃料乙醇研究进展［J］. 广西科学, 2015, 22（1）: 1-8.

［63］ 张亚磊, 陈砺, 严宗诚, 等. 乙醇发酵分离耦合技术的研究进展［J］. 广西农业科学, 2011, 13: 86-90.

［64］ Willies D. An investigation into the adsorption of enzymes and bsa protein onto lignocellulosic biomass fractions and the benefit to hydrolysis of non-catalytic additives ［D］. Hanover: Thayer School of Engineering, Dartmouth College, 2007.

［65］ Qing Q, Yang B, Charles E W. Xylooligomers are strong inhibitors of cellulose hydrolysis by enzymes ［J］. Bioresource Technology, 2010, 101: 9624-9630.

［66］ Juczak Justyna, Latowska A, Hupka J. Micelle formation of Tween 20 nonionic surfactant in imidazolium ionic liquids ［J］. Colloids and Surfaces A: Physicochemical and Engineering Aspects, 2015, 471: 26-37.

［67］ Niamsiri N, Bergkvist M, Delamarre S C, et al. Insight in the role of bovine serum albumin for promoting the in situ surface growth of polyhydroxybutyrate（PHB）on patterned surfaces via enzymatic surface-initiated polymerization ［J］. Colloids and Surfaces B: Biointerfaces, 2007, 60（1）: 68-79.

［68］ 赖焕然. 长链脂肪醇和木质素磺酸盐对纤维素酶解的强化作用及其应用［D］. 广州: 华南理工大学, 2014.

［69］ Cao S, Aita G M. Enzymatic hydrolysis and ethanol yields of combined surfactant and dilute ammonia treated sugarcane bagasse ［J］. Bioresource Technology, 2013, 131: 357-364.

［70］ Qing Q, Yang B, Wyman C E. Impact of surfactants on pretreatment of corn stover ［J］. Bioresource Technology, 2010, 101（15）: 5941-5951.

［71］ Kumar R, Wyman C E. Effect of additives on the digestibility of corn stover solids following pretreatment by leading technologies ［J］. Biotechnology and Bioengineering, 2009a, 102: 1544-1557.

［72］ 于海龙. 绿液预处理工业纤维渣酶解过程及其机理研究［D］. 北京: 北京林业大学，2015.

［73］ Hodge D B, Karim M N, Schell D J, et al. Model-based fed-batch for high-solids enzymatic cellulose hydrolysis ［J］. Applied Biochemistry and Biotechnology, 2009, 152（1）: 88-107.

［74］ Chandra R P, Au-Yeung K, Chanis C, et al. The influence of pretreatment and enzyme loading on the effectiveness of batch and fed-batch hydrolysis of corn stover ［J］. Biotechnology Progress, 2011, 27（1）: 77-85.

［75］ Lawford H G, Rousseau J D. The effect of glucose on high-level xylose fermentations by recombinant Zymomonas in batch and fed-batch fermentations ［J］. Applied Biochemistry and Biotechnology, 1999, 77（1）: 235-249.

［76］ Yang J, Zhang X P, Yong Q A, et al. Three-stage enzymatic hydrolysis of steam-exploded corn stover at high substrate concentration ［J］. Bioresource Technology, 2011, 102（7）: 4905-4908.

［77］ Ma X X, Yue G J, Yu J L, et al. Enzymatic hydrolysis of cassava bagasse with high solid loading ［J］. Journal of Biobased Materials and Bioenergy, 2011, 5（2）: 275-281.

［78］ Ghose T K, Kostick J A. Enzymatic saccharification of cellulose in semi-and semi-continously agitated systems in cellulases and their application ［J］. Advances in Chemistry Series, 1969, 95: 415-446.

［79］ Lau M W, Gunawan C, Balan V, et al. Comparing the fermentation performance of Escherichia coli KO11, Saccharomyces cerevisiae 424A（LNH-ST）and Zymomonas mobilis AX101 for cellulosic ethanol production ［J］. Biotechnology for Biofuels, 2010, 3（1）: 1-10.

［80］ Roberts K M, Lavenson D M, Tozzi E J, et al. The effects of water interactions in cellulose suspensions on mass transfer and saccharification efficiency at high solids loadings ［J］. Cellulose, 2011, 18: 759-767.

［81］ Song J L, Yang F, Zhang Y, et al. Interactions between fungal cellulases and films of nanofibrillar cellulose determined by a quartz crystal microbalance with dissipation monitoring（QCM-D）［J］. Cellulose, 2017, 24: 1947-1956.

［82］ Lou H M, Wang M X, Lai H R, et al. Reducing non-productive adsorption of cellulase and enhancing enzymatic hydrolysis of lignocelluloses by noncovalent modification of lignin with lignosulfonate ［J］. Bioresource Technology, 2013, 146: 478-484.

［83］ Kumagai A, Iwamoto S,Lee S H, et al. Quartz crystal microbalance with dissipation monitoring of the enzymatic hydrolysis of steam-treated lignocellulosic nanofibrils ［J］. Cellulose, 2014, 21（4）: 2433-2444.

［84］ 林绪亮. 木质素两亲聚合物强化木质纤维素酶解及其机理研究［D］. 广州: 华南理工大学，2017.

［85］ 苏荣欣，陈眯眯，黄仁亮，等. 木质纤维素薄膜制备与酶解过程的 QCM-D 分析［J］. 天津大学学报（自然科学与工程技术版），2018, 51（1）: 1-8.

［86］ Palonen H, Tjerneld F, Zacchi G, et al. Adsorption of Trichoderma reesei CBH I and EG II and their catalytic domains on steam pretreated softwood and isolated lignin ［J］. Journal of Biotechnology, 2004, 107: 65-72.

［87］ Turon X, Rojas O J, Deinhammer R S. Enzymatic kinetics of cellulose hydrolysis: A QCM-D study ［J］. Langmuir, 2008, 24（8）: 3880-3887.

［88］ Kumagai A, Lee S H, Endo T. Evaluation of the effect of hot-compressed water treatment on enzymatic hydrolysis of lignocellulosic nanofibrils with different lignin content using a quartz crystal microbalance ［J］. Biotechnology and Bioengineering, 2016, 113（7）: 1441-1447.

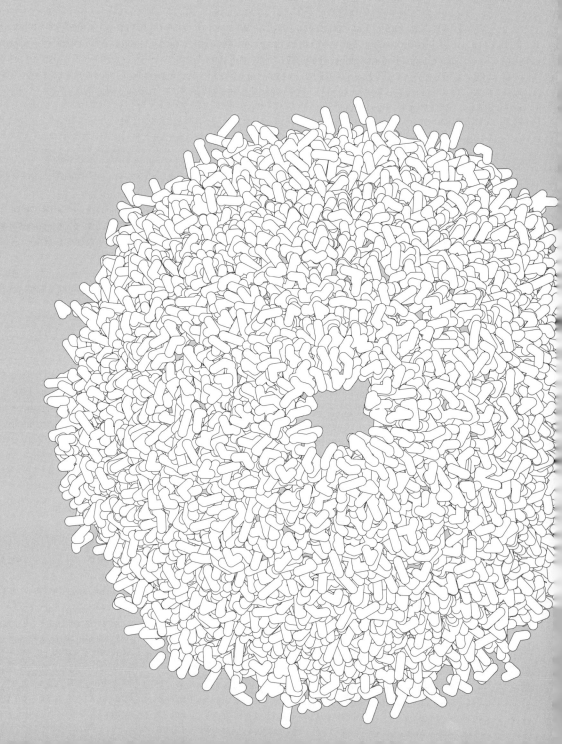

第

6

章

纤维素酶水解动力学及反应器

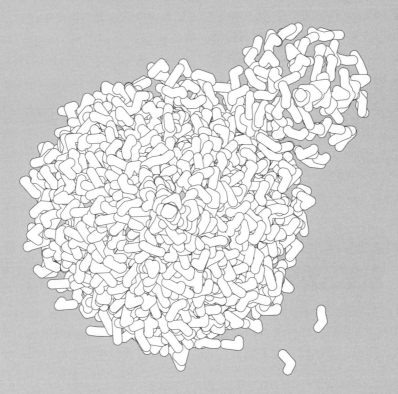

6.1 纤维素酶水解动力学

6.2 纤维素酶水解反应器

参考文献

　　纤维素酶的高效水解，特别是在异相体系中，受到了许多限制，纤维素原料的高转化会造成水解速率的显著下降。为使水解过程经济可行，必须大幅提高水解速率与得率。对此，除了选育纤维素酶高产菌和改进酶的制备工艺以获得高性能的纤维素酶外，还可以对酶水解过程进行改进，如优化水解条件等。水解过程的优化除了实验尝试，更取决于酶-底物作用和速率下降因素的准确定量。研究纤维素酶水解动力学，设计开发适宜的水解反应器，预测酶催化反应的规律，不仅能为纤维素酶的结构与功能之间的关系以及作用原理等研究提供试验依据，而且对于纤维素酶在实际应用中最大限度发挥催化效率也具有重大意义。

6.1　纤维素酶水解动力学

　　纤维素酶是一类能够把纤维素降解为低聚葡萄糖、纤维二糖和葡萄糖的水解酶类，它主要由内切纤维素酶、外切纤维素酶和β-葡萄糖苷酶等组成。内切纤维素酶作用于纤维素的无定形区，从纤维素链内部糖苷键进行随机切割，将长链纤维素降解为短链纤维素。外切纤维素酶作用于纤维素的结晶区，从纤维素链末端以纤维二糖为单位进行切割，释放出纤维二糖。β-葡萄糖苷酶作用于寡聚葡萄糖和纤维二糖，产生葡萄糖。纤维素酶水解是一个异相反应，其水解过程主要包括以下步骤（图 6-1）：

① 纤维素酶经结合结构域吸附到底物上；
② 作用在底物表面上的易水解键；
③ 形成酶-底物复合物；
④ β-糖苷键水解同时酶沿纤维素链前移；
⑤ 纤维素酶从底物上脱附或者重复步骤④或②/③（如果仅催化结构域从链上脱落）；
⑥ β-葡萄糖苷酶水解纤维二糖成葡萄糖。

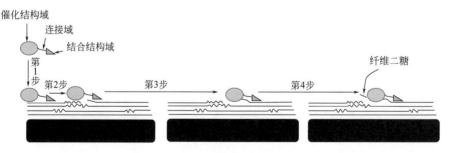

图 6-1　纤维素酶水解纤维素底物过程

　　基于纤维素酶水解的基本路径和方法论，纤维素酶水解动力学模型可以分为经验模型、米氏模型、类分形动力学模型、基于酶失活的模型和基于酶吸附的模型。

6.1.1　经验模型

考虑到纤维素酶水解机制的模糊和影响异相体系因素的大量存在，很难为之建立机理模型。对此，有研究者开始用经验模型来研究纤维素酶反应动力学。表 6-1 列出了一系列经验模型，并附上了模型的预测变量与独立变量。尽管经验模型不能应用于其建立模型的范围外的实验条件，并且不能对水解过程提供任何机理性的洞察，但仍在以下方面有所帮助。

① 有助于理解底物特性间的相互关系。研究已经表明，单一底物的结晶度、木质素含量或乙酰基含量取决于其他两者含量。

② 有助于估测初始水解速率，这对于重悬实验和米氏模型中的 Lineweaver-Burk 图绘制非常重要。纤维素酶水解速率是随时间而连续降低的，所以将外推出 0 时刻的速率是需要经验模型的。

③ 当大量实验数据可得时，可以用统计模型（如响应面模型和神经网络模型）来优化水解条件。

④ 经验模型能预测实验结果，如初速度和水解程度等。

表 6-1　经验模型中的独立变量与预测变量、所采用的底物与酶及转化率

预测变量	独立变量	底物	酶的来源与种类	转化率	参考文献
葡聚糖与木聚糖 1h 后和最终的转化率	木质素、乙酰基和葡聚糖含量以及结晶指数	白杨树、甘蔗渣和柳枝稷	Cytolase 和 β-葡萄糖苷酶	>70%	[1]
转化率	时间和酶浓度	办公废纸	纤维素酶（$T.\ viride$ 和 $A.\ cellulolyticus$）	>70%	[2]
初速度和 72h 的水解程度	结晶度和光谱性质	玉米秸秆	纤维素酶（NREL）和 β-葡萄糖苷酶	>70%	[3]
葡聚糖、木聚糖和综纤维素的水解得率	残余的木质素	预处理的玉米秸秆	Spezyme CP（NREL）和 β-葡萄糖苷酶	>70%	[4]
葡萄糖浓度	pH 值、加酶量和温度	酸水解甘蔗渣	GC220（杰能科）	<70%	[5]
葡聚糖和木聚糖的转化率	木聚糖酶、果胶酶和 β-葡萄糖苷酶的比例	粉碎后稀酸处理的玉米秸秆	Cellulast 1.5L 和 β-葡萄糖苷酶（诺维信）、木聚糖酶和果胶酶（杰能科）	>70%	[6]
葡聚糖-加酶量曲线在 1h、6h 和 72h 时斜率与截距	结晶度、木质素与乙酰基含量	预处理的白杨木	纤维素酶（$T.\ viride$）	>70%	[7]
还原糖与乙醇浓度	pH 值、温度、加酶量和时间	食余残渣	Spirizyme Plus FG（诺维信）	—	[8]
72h 水解后生成的葡萄糖	Cel7A、Cel6A、Cel6B、Cel7B、Cel12A 和 Cel61A	汽爆处理的玉米秸秆	纤维素酶（$T.\ viride$）和 β-葡萄糖苷酶	<70%	[9]

6.1.2　米氏模型

米氏模型是基于质量作用定律，适用于均相反应，因此不能直接应用于水解不溶性纤维素底物的异相反应。极大的底物/酶比值经常用作准稳态理论假设，但仍不能应用米氏模型，因为可吸附的纤维素分形维数只有 $0.002 \sim 0.04$。即使最初达到了极大的底物/酶比值，随着高转化过程底物的不断消耗，也不能长期保持。Lynd 等[10]指出，吸附的纤维素酶浓度取决于底物浓度，而且通过保持高底物与酶浓度可以实现双重饱和，这些都不是米氏模型的特征。纤维素酶水解是发生在底物表面的异相反应，因此是空间维数小于 3 的反应。对于异相反应体系，非均一混合体系的经典的化学动力学假设不再适应，导致在分形或尺寸受限介质中出现明显的反应速率级别、速率常数随时间变化以及反应物浓度的不均匀变化。这样的行为与下面提到的类分形动力学有关。蒙特卡罗（Monte Carlo）模拟已表明，准稳态理论不适用于异相反应体系。由于 β-葡萄糖苷酶将纤维二糖水解为葡萄糖是一种均相反应，故其仍可采用米氏动力学模型。

尽管如此，米氏方程在其建立的条件下能很好地拟合实验数据。Bezerra 和 Dias[11]测试了 7 种不同的米氏模型与 24 种底物/酶比值条件下的微晶纤维素水解试验的拟合性能。结果发现考察纤维二糖竞争性抑制的模型对试验数据拟合得最好。底物消耗和竞争性抑制导致的水解速率降低要明显高于非生产性的纤维素酶结合、抛物线抑制和酶失活等因素。Ohmine 等[12]考察底物结晶度与酶失活的米氏模型过高地预测了微晶纤维素的酶水解试验数据。

6.1.3　类分形动力学模型

分形动力学发生在空间上受限制的反应体系中。这样的反应体系引起了反应物质混合不均匀、明显的限速步骤和随时间变化的速率常数。既然不溶性纤维素底物的酶水解可以被认为是沿着纤维链的一维异相反应，那么其反应的动力学应该属于类分形动力学。尽管催化反应可以用 Langmuir-Hinshelwood 动力学来模拟，类分形动力学必须涉及在非理想的底物表面的两种物质扩散。

Savageau[13]首次使用幂函数公式研究了类分形介质中的米氏动力学，其经典的酶催化反应［式（6-1）］由两个明显的限速方程式（6-2）和式（6-3）表示。

$$E + S \underset{k_{-1}}{\overset{k_1}{\rightleftharpoons}} ES \xrightarrow{k_2} E + P \qquad (6\text{-}1)$$

式中　　E——酶；

S——底物；

ES——酶-底物复合体；

P——产物；

k_1——吸附速率常数；

k_{-1}——脱附速率常数；

k_2——产物形成的速率常数。

$$\frac{\mathrm{d}[\mathrm{ES}]}{\mathrm{d}t} = \alpha_1[\mathrm{E}]^{g_1}[\mathrm{S}]^{g_2} - (\beta_1 + \alpha_2)[\mathrm{ES}] \tag{6-2}$$

$$\frac{\mathrm{d}[\mathrm{P}]}{\mathrm{d}t} = v_{\mathrm{P}} = \alpha_2[\mathrm{ES}] \tag{6-3}$$

式中　α_1、α_2 和 β_1——幂函数公式新引入的参数；

$\qquad g_1$ 和 g_2——与底物和酶的有关的速率级数；

$\qquad v_{\mathrm{P}}$——产物形成的速率；

$\qquad [\mathrm{E}]$——酶浓度；

$\qquad [\mathrm{S}]$——底物浓度；

$\qquad [\mathrm{ES}]$——酶底物复合体浓度；

$\qquad [\mathrm{P}]$——产物浓度。

基于蒙特卡罗模拟，Berry[14]用经典的酶反应式（6-1）研究存在表面障碍的二维体系。结果表明反应体系的分形特性随着底物密度的增加而增加。k_1 随着反应的进行而不断降低，而由于单分子反应并不要求扩散，所以 k_{-1} 和 k_2 与反应时间无关。准稳态理论也不能应用于该体系。

木质纤维素的酶水解是一种异相反应，因为它发生在底物表面上（足够大以容纳大量的酶分子）。纤维素酶吸附后必须扩散到底物表面上以接触反应位点（β-葡萄糖苷酶反应位点是链末端）。底物的不可及性和惰性部分可以被认为是增加水解反应分形特征的障碍。Valjamae 等[15]首次采用类分形动力学研究了纤维素水解。对于纤维二糖的生成，使用如下一级反应作为经验模型：

$$[\mathrm{P}] = [\mathrm{S}_0][1 - \exp(-kt^{1-h})] \tag{6-4}$$

式中　$[\mathrm{S}_0]$——初始底物浓度；

$\qquad k$——反应速率常数；

$\qquad h$——底物的分形维数。

对于 Cel7A 核心蛋白（仅催化结构域）和 Cel5A 内切纤维素酶，h 随着底物浓度的增加而增大（$0.1 \sim 0.45$），但对于 Cel7A 完整蛋白和 Cel5A 内切纤维素酶，h 随着底物浓度的增加而减小（$0.60 \sim 0.35$）。因此得出结论，完整的 Cel7A 作用在底物的二维表面，其扩散时间随着底物浓度的增加而增加。类似地，Cel7A 核心蛋白的作用被认为是三维反应，因此其扩散时间随着底物浓度的增加而减少。

与经典的酶反应相比，产物形成可以受扩散控制，因为 β-葡萄糖苷酶切割 β-1,4-糖苷键是沿着纤维素链进行的。Xu 和 Ding[16]将其纳入自己的研究，得出了以下方程：

$$\frac{k[\mathrm{E}]t^{1-h}}{1-h} = [\mathrm{P}] - K_{\mathrm{m}}\ln\left(1 - \frac{[\mathrm{P}]}{[\mathrm{S}]}\right) \tag{6-5}$$

式中　k——产物生成的速率常数；

$\qquad K_{\mathrm{m}}$——米氏常数。

考虑酶的过度拥挤（称为"干扰"），进一步得到了以下方程：

$$\left(1-\frac{[E]}{j[S]}\right)\frac{k[E]t^{1-h}}{1-h}=[P]-K_m\ln\left(1-\frac{[P]}{[S]}\right) \tag{6-6}$$

式中 j——干扰参数，一般在 0.00004 左右。

尽管以上两个模型都是半定量的，但是它们有助于理解分形动力学在纤维素酶水解中的作用。纤维素表面的酶扩散对于纤维素水解过程是否限速目前还没有确凿的证据。葡萄球菌纤维素酶在微晶纤维素上的扩散速率表明，酶的表面扩散不大可能限制纤维素水解速率。根据测得的扩散速率，每个纤维素酶在 1min 内穿越几百个晶格位点，这明显高于 $C.\ fimi$ 内切纤维素酶（CenA）对细菌微晶纤维素（BMCC）的水解速率［0.23mol 葡萄糖/（mol 酶·min）］。然而，扩散步骤的重要性也取决于底物上的可水解位点的分布。该研究中使用的底物是高度结晶的，对于其他纤维素底物如 Avivrl 或 Solka Floc，以及混有木质素和半纤维素的纤维素底物，底物的异质性和部分结晶度都可能导致扩散速率受限。由于在底物表面存在纤维素酶过度拥挤时发生的干扰，因此观察纤维素酶吸附量增加过程水解速率的变化是有价值的。Igarashi 等[17]测定了来自翠绿藻的 Cel7A 的水解速率和比活力，发现随着酶在纤维素样品表面密度的增加，水解速率达到最大值，而比活力不断下降，这就是底物表面上的酶过度拥挤造成的。

6.1.4 基于酶失活的模型

将纤维素酶 E(g/L) 的 3 组分对不溶性纤维素底物 S(g/L) 的作用看成单一酶作用，反应的最终产物为葡萄糖 P(g/L)，催化过程可描述成：

$$E+S\underset{k_{-1}}{\overset{k_1}{\rightleftharpoons}}ES\xrightarrow{k_2}E+P \tag{6-7}$$

假定纤维素底物内外表面是均相的，根据质量作用定律，复合体 ES(g/L) 的生成速率为：

$$\frac{d[ES]}{dt}=k_1[E][S]+k_{-2}[E][P]-k_{-1}[ES]-k_2[ES] \tag{6-8}$$

式中 k_1——纤维素酶的吸附常数，L/(h·g)；

k_{-1}——纤维素酶的脱附常数，h^{-1}；

k_2——产物葡萄糖的生成速率常数，h^{-1}；

k_{-2}——葡萄糖的分解速率常数，L/(h·g)[15]。

忽略整个反应过程中溶液体积的变化，物料平衡式可表达为：

$$[S_0]=[S]+[P]+[ES] \tag{6-9}$$

与底物生成速率相比，底物的分解速率往往较小，可以忽略不计（$k_2\gg k_{-2}$）。

当整个酶反应体系处于动态平衡（假定纤维素酶与底物的反应能快速达到该平衡），ES 的生成速率与分解速率相等。将式（6-9）代入式（6-8），有：

$$[ES] = \frac{([S_0] - [P])[E]}{K_e + [E]} \qquad K_e = \frac{k_{-1} + k_2}{k_1} \tag{6-10}$$

式中 K_e——平衡常数，g/L。

此时，底物葡萄糖的生成速率可表示为：

$$\frac{d[P]}{dt} = k_2[ES] = \frac{k_2([S_0] - [P])[E]}{K_e + [E]} \tag{6-11}$$

对上式积分有：

$$[P] = [S_0]\left[1 - \exp\left(-k_2 \int_0^t \frac{[E]}{K_e + [E]} dt\right)\right] \tag{6-12}$$

式（6-12）描述了葡萄糖与反应时间、酶活的关系式。产物浓度随着反应时间和酶活的增加而增长。为了进一步推导出上式的详细表达式，必须要知道不同时间的酶活，即酶的失活规律。最常用的酶失活模型主要有一级反应模型和二级反应模型。

当纤维素酶的在反应中符合一级反应模型时，酶的失活速率可表达为：

$$\frac{d[E]}{dt} = -k_{de1}[E] \tag{6-13}$$

对上式进行积分，并将边界条件（$[E] = [E_0]$，当 $t = 0$ 时）代入，有：

$$[E] = [E_0]\exp(-k_{de1}t) \tag{6-14}$$

将上式代入式（6-12），化简计算得到产物浓度的表达式为：

$$[P] = [S_0] \times \left\{1 - \left[1 - \frac{1 - \exp(-k_{de1}t)}{1 + K_e/[E_0]}\right]^{k_2/k_{de1}}\right\} \tag{6-15}$$

当纤维素酶的失活动力学在反应中符合二级反应模型时，酶的失活速率可表达为：

$$\frac{d[E]}{dt} = -k_{de2}[E]^2 \tag{6-16}$$

对上式进行积分，并将边界条件（$[E] = [E_0]$，当 $t = 0$ 时）代入，有：

$$[E] = \frac{[E_0]}{1 + [E_0]k_{de2}t} \tag{6-17}$$

将上式代入式（6-12），化简计算得到产物浓度的表达式为：

$$[P] = [S_0] \times \left[1 - \left(1 + \frac{K_e[E_0]}{K_e + [E_0]}k_{de2}t\right)^{-\frac{k_2}{K_e k_{de2}}}\right] \tag{6-18}$$

式（6-15）和式（6-18）都是三参数的数学表达式，描述了不同初始酶浓度下产物浓度与时间的数学函数关系。在这两个式子中，时间和初始酶浓度是自变量，产物浓度为因变量。Shen 和 Agblevor[18]在类似前提下推导出的数学模型，表明产物浓度随着时间的延长而无限度地增加，显然超过一定时间范围，模型将会变得不适用，因为最大产物浓度不可能超过 $[S_0]$。文献中提出的模型将不受到这一限制，有着更广的使用范围。与其他研究者建立的模型相比，这两个模型都具有简单和参数易确定等优点，对纤维素酶在实际中的应用有着非常重要的指导意义。

为了检验两个模型的准确性，进行了一系列加酶量的水解实验（表 6-2）。结果表明，根据式（6-15）和式（6-18）对试验数据进行二元非线性拟合（时间和加酶量为自变量，还原糖浓度为因变量），结果如图 6-2 所示。式（6-18）的拟合线明显要比式（6-15）靠近试验点。拟合出的葡萄糖生成速率常数 k_2、平衡常数 K_e 和酶失活速率常数 k_{de}（即 k_{de1}、k_{de2}）的值如表 6-3 所列。两个模型拟合出的参数值差距十分明显。相关系数 R^2 的值也证实了式（6-15）的拟合性能不如式（6-18）。

表 6-2　不同初始酶浓度和反应时间下生成的葡萄糖浓度　　　　　　　　　　单位：g/L

时间(t)/h	初始加酶量[E₀]						
	2.00g/L	3.33g/L	5.33g/L	8.00g/L	11.33g/L	15.33g/L	20.00g/L
0	0	0	0	0	0	0	0
1	2.248±0.102	2.644±0.092	3.088±0.116	3.580±0.123	3.832±0.118	4.032±0.129	4.500±0.137
2	3.108±0.126	4.208±0.124	5.548±0.214	6.064±0.256	6.528±0.248	6.904±0.219	6.932±0.247
3	3.812±0.144	4.856±0.218	6.252±0.310	6.792±0.316	7.296±0.333	7.800±0.319	8.048±0.377
4	4.420±0.199	5.544±0.222	6.952±0.366	7.560±0.322	8.024±0.315	8.480±0.366	8.792±0.189
5	4.868±0.215	5.992±0.228	7.396±0.319	7.976±0.388	8.500±0.372	9.048±0.411	9.240±0.459
6	5.228±0.229	6.436±0.315	7.948±0.377	8.596±0.411	9.124±0.444	9.492±0.455	9.776±0.442
7	5.584±0.267	7.072±0.333	8.432±0.412	8.992±0.428	9.520±0.477	9.924±0.428	10.192±0.455
8	5.828±0.227	7.496±0.338	8.796±0.441	9.328±0.445	9.864±0.452	10.368±0.511	10.556±0.501
9	6.164±0.288	7.749±0.299	9.065±0.446	9.625±0.442	10.040±0.389	10.484±0.256	10.884±0.389
10	6.425±0.269	7.901±0.389	9.298±0.455	9.892±0.459	10.356±0.449	10.766±0.481	11.189±0.555
11	6.702±0.322	8.252±0.221	9.436±0.377	10.084±0.504	10.524±0.411	10.996±0.388	11.356±0.565
12	6.919±0.322	8.401±0.416	9.665±0.356	10.291±0.516	10.702±0.489	11.201±0.466	11.551±0.378

表 6-3　用式（6-15）和式（6-18）二元回归分析实验数据拟合出的模型参数值

参数	符号	单位	式(6-15)	式(6-18)
葡萄糖生成速率常数	k_2	h^{-1}	0.0592	0.4732
平衡常数	K_e	g/L	0.2983	16.8597
酶失活速率常数	k_{de1}	h^{-1}	0.9644	—
	k_{de2}	L/(h·g)	—	0.4011
相关系数	R^2	—	0.9455	0.9938

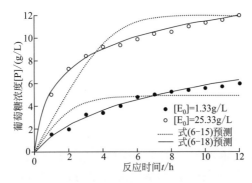

图 6-2　模型预测的葡萄糖浓度与试验值的比较

　　速度 $v_0[g/(L·h)]$ 是指在时间为 0 时的瞬间反应速度，是研究反应动力学的另一重要参数。由于时间零时刻的速度无法直接测得，许多研究者都假定反应最初较短时间的速度不变，通常以这段时间内的平均速度作初速度。严格来说，这是非常不准确的，因为对于一个反应，尤其是明显存在反馈抑制的纤维素酶水解反应，速度不变的时间是非常短暂的，通常不到几分钟。对此，本试验中通过对式（6-12）进行微分，获得 v_0 的表达式：

$$v_0 = \left[\frac{d[P]}{dt}\right]_{t=0} = \frac{k_2\,[S_0]\,[E_0]}{K_e + [E_0]} \tag{6-19}$$

　　与 Henri-Michaelis-Menten 方程将 v_0 当作是底物浓度的参数不同，Bailey 将其看成是酶浓度的参数，提出一个纤维素酶催化的动力学模型，即：

$$v_0 = \frac{v_{max}\,[E_0]}{K_m + [E_0]} \tag{6-20}$$

式中　v_{max}——最大反应初速度，g/(L·h)；

　　　K_m——半饱和常数，g/L。

　　比较式（6-19）和式（6-20），可以认为：

$$v_{max} = k_2\,[S_0] \tag{6-21}$$

$$K_m = K_e \tag{6-22}$$

　　式（6-21）表明，最大反应初速度与底物浓度成正比，半饱和常数即为平衡常数。将表

6-3 中的数据代入，计算出两个模型下 v_{max} 和 K_m 的值（表 6-4）。从表 6-2 中的数据可以发现，当初始酶浓度为 5.33g/L 以上时，第 1 小时内的平均反应速度超过了 3g/(L·h)，而表 6-4 中的数据显示式（6-17）推导出的最大反应初速度仅为 2.9595g/(L·h)，与之矛盾。

表 6-4　式（6-21）和式（6-22）计算出的 K_m 和 v_{max} 值

参数	符号	单位	式(6-17)	式(6-18)
半饱和常数	K_m	g/L	0.2983	16.8597
最大反应初速度	v_{max}	g/(L·h)	2.9595	23.6589

前述关于模拟性、预测性以及初速度分析都表明，式（6-18）比式（6-17）更加适合作为描述纤维素酶动力学的数学模型。因此，描述纤维素酶的失活也采用式（6-18）。根据式（6-17）以及表 6-3 中的数据，可以知道在反应过程纤维素酶的活力变化可以描述为：

$$\frac{[E]}{[E_0]} = \frac{1}{[E_0] k_{de2} t + 1} = \frac{1}{0.4011 [E_0] t + 1} \tag{6-23}$$

上式表明，纤维素酶的活力变化不仅与时间有关，还与初始酶浓度有关。根据式（6-23）绘制出纤维素酶活力变化曲线，如图 6-3 所示。在反应过程中，纤维素酶的失活非常快，在最初的 1h 内失去了 30％以上的活力，当酶浓度为 25.33g/L 时甚至保留不到 10％的活力；反应 12h 后都损失了 80％以上的活力。初始纤维素酶浓度越高，纤维素酶失活百分数越大，这与许多研究者研究的纤维素酶在非反应过程中的失活规律相反。研究中，他们认为纤维素酶的表面失活是随着酶浓度的增加而减少的，因为酶浓度越高，处于剪切域的酶所占比例越小。反应中的与未反应的纤维素酶失活规律差异是由造成失活的因素不同所致。纤维素酶在反应中所遭受的失活因素要比未参与反应时多。未参与反应的纤维素酶失活主要由剪切、温度、pH 值和离子强度等所致，而参与反应的纤维素酶除受这些因素影响外，还遭受底物抑制以及吸附失效等因素影响而造成反应失活，往往这些因素还占主导地位。初始酶浓度越高，生成的底物浓度以及没有吸附在底物上的酶量就越多，酶表现出的活力也就越低。

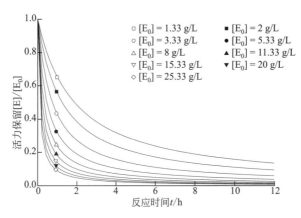

图 6-3　纤维素酶在反应过程中的失活历程

6.1.5　基于酶吸附的模型

通常采用 λ 吸附等温线或在其动力学方程的指引下，将纤维素酶吸附引入纤维素水解模型中。Fan 和 Lee[19] 观察到水解过程中每单位纤维素吸附的纤维素酶量是一个常数，并在其分析中使用了该固定的比吸附量值。Movagarnejad 等[20] 模拟了纤维素表面的可得到活性位点数与纤维素颗粒的表面积的比例关系。

Kadam 等[21] 采用 λ 吸附等温线提出了一个模型，其纤维素酶的吸附量可用下式表示：

$$[E_b] = \frac{E_{max} K_{ad} E_f [S]}{1 + K_{ad} [E_f]} \tag{6-24}$$

式中　$[E_b]$ ——吸附的纤维素酶浓度；

$\quad\quad[E_f]$ ——游离酶浓度；

$\quad\quad K_{ad}$ ——与吸附有关的常数；

$\quad\quad[S]$ ——底物浓度；

$\quad\quad E_{max}$ ——每单位纤维素的纤维素酶最大吸附量。

Gan 等[22] 利用酶吸附动力学方程提出了一个模型，如下所示：

$$E + Sc \underset{k_{Sc2}}{\overset{k_{Sc1}}{\rightleftharpoons}} E * Sc \tag{6-25}$$

$$\frac{dc_{E*Sc}}{dt} = k_{Sc1} c_E c_{Sc} - k_{Sc2} c_{E*Sc} - k_P c_{E*Sc} \tag{6-26}$$

式中　E——纤维素酶；

$\quad\quad$Sc——活性纤维素；

$\quad$E*Sc——酶-纤维素复合体；

$\quad\quad c_E$——酶浓度；

$\quad c_{E*Sc}$——酶-纤维素复合体浓度；

$\quad\quad c_{Sc}$——活性纤维素浓度；

k_{Sc1}，k_{Sc2}——在活性纤维素上的吸附与脱附常数；

$\quad\quad k_P$——产物生成常数。

有些模型假设酶-底物复合物瞬时形成（全生产性吸附），即纤维素酶的吸附量与酶-底物复合物的量相同。其他一些模型假定了纤维素酶吸附后存在另一动力学步骤，其吸附的纤维素酶与底物结合形成纤维素酶-底物复合物，方程如下：

$$Ec' + C \overset{K_1}{\rightleftharpoons} Ec'C \tag{6-27}$$

式中　Ec'——活性位点上吸附的酶；

$\quad\quad$C——纤维素；

$\quad\quad K_1$——平衡常数；

$\quad\quad Ec'C$——酶-底物复合物。

有研究者采用准问题理论描述了吸附的酶和酶-底物复合物。除了 Langmuir 等温线之外，Langmuir-Freundlich 等温线和双位点模型已被证明符合数据，但只有 Langmuir 等温线已被应用于水解模型。然而，Langmuir 等温线只能用作数学表达式，因为其有关可逆性、非线性吸附特征、均相结合位点和酶组分吸附一致的假定不能同时适应所有反应。

6.1.6　可溶性底物的水解模型

关于纤维素酶水解可溶性纤维寡糖的模型较少（表 6-5）。这些模型往往不能直接扩展应用到不溶性底物的水解，这主要是由纤维素酶在不溶性底物上的作用的非均相特性和不溶性底物可及性末端的分布与浓度都未知造成的。只要链末端可及性问题解决，纤维素水解就能够模拟成聚合物的酶降解，例如下面的方程：

$$\frac{d[C_i]}{dt} = \frac{k_1[E_1]\left(2\sum_{j=i+1}^{\infty}[C_j] - (i-1)[C_i]\right)}{\left(K_{M1} + \sum_{i=3}^{\infty}\{(i-1)[C_i]\}\right)(1 + [C_1]/K_{G1} + [C_2]/K_{C2}[C_1])} \tag{6-28}$$

式中　　$[C_i]$，$[C_1]$，$[C_2]$——长链纤维素、葡萄糖、纤维二糖的浓度；

$[E_1]$——内切纤维素酶的浓度；

k_1——反应速率常数；

K_{M1}——米氏常数；

K_{G1} 和 K_{C2}——葡萄糖和纤维二糖的抑制常数。

表 6-5　纤维素酶水解可溶性纤维寡糖的模型

底物	酶的来源	参考文献
羧甲基纤维素和羟乙基纤维素	*T. koningii*	[23]
二糖到六糖长度的纤维糊精	β-葡萄糖苷酶（*T. reesei*）	[24,25]
右旋糖酐（α-1,6-糖苷键聚合多糖）	内右旋糖酐酶（*Penicillium* sp.）和外右旋糖酐酶（*A. globiformi*）	[26]
聚合度为 8 的纤维寡糖	Cel7A 和 Cel6A（*T. reesei*）	[27]
聚合度为 4 的纤维寡糖	Cel6A（*T. reesei*）	[28]

近来有研究声称纤维素水解生成的纤维寡糖很可能不能被内、外切纤维素酶降解，可溶性底物的水解模型也许能更深入地洞察该水解机制。Ting 等[29]建立了一个随机性模型，深入研究了纤维素酶的模块化特性。催化结构域（CD）和纤维素结合结构域（CBD）被模拟成随机移动者，其动力学被偶联到底物表面纤维素链接的压缩/扩展和纤维素链的迁移。为了清楚了解，只列出其主要方程：

$$\frac{dP(x,r,t)}{dt} = k_C(r+1)P(x-1,r+1,t) + k_{B-}(r+1)P(x,r+1,t)$$
$$+ k_{B+}(r-1)P(x,r-1,t) - [k_C(r)+k_{B+}(r)+k_{B-}(r)]P(x,r,t)$$

$$(6-29)$$

式中　x——CD 的位置；

　　　　r——CD 和 CBD 两者之间的距离；

　　　　P——CD 在位置 x 上的概率；

　$k_C(r)$——单位时间 CD 从距 CBD 为 r 到 $r-1$ 距离移动的概率；

$k_{B+}(r)$——CBD 从距 CD 为 $r+1$ 到 r 距离移动的概率；

$k_{B-}(r)$——CBD 从距 CD 为 r 到 $r-1$ 距离移动的概率。

　　通过源于链接压缩/扩展的能量动态、水解的能量动态和微晶底物表面的链破坏来描述方程中的常数。链接的韧性与刚性是影响纤维素水解速率的主要因素，因为它衡量着 CD 的内在催化活性。这是第一次基于捕捉纤维素酶模块性的动力学模型来研究纤维素水解的动态性。

6.1.7　两相底物模型

　　很早就有研究者将纤维素假定分为结晶和无定形两部分。在两相底物的假设下，易反应底物部分反应较快，导致其含量快速降低，因此整体反应速率随着时间的推移而降低。某些研究表明纤维素的无定形部分先被水解掉，使得底物的结晶度增加，也有报道称在反应过程中结晶度保持不变或降低。尽管如此，这些研究没有通过测量水解过程底物的结晶度来证实。基于无定形和结晶底物双水解的米氏模型，Ryu 提出了下面两个方程：

$$\frac{v''_{max}}{K''_M} = \left(\frac{v_{max,c}}{K_{M,c}} - \frac{v_{max,a}}{K_{M,a}}\right)\Phi + \frac{v_{max,a}}{K_{M,a}} \tag{6-30}$$

$$\frac{1}{K''_M} = \left(\frac{1}{K_{M,c}} - \frac{1}{K_{M,a}}\right)\Phi + \frac{1}{K_{M,a}} \tag{6-31}$$

式中　v''_{max}、$v_{max,c}$ 和 $v_{max,a}$——底物的表观最大反应速率、结晶相最大反应速率和无定形相最大反应速率；

　　　　K''_M、$K_{M,c}$ 和 $K_{M,a}$——底物的表观米氏常数、结晶相米氏常数和无定形相米氏常数；

　　　　Φ——结晶相的比例。

　　两相假说只是强调简化纤维素真实物理复杂性。纤维素结晶性可影响其可及性，从而影响其酶水解消化率。如吸附在无定形纤维素上的里氏木霉 Cel7A 的比活力比在结晶纤维素上高，这暗示着结晶度低的纤维素对水解可及性高或者是对非生产性吸附较少。因此认为结晶度不是独立的底物性质，并且会影响纤维样品的可及性和活性。

　　还有假设底物的某部分是惰性的，在水解过程中，惰性部分保持不变。Nakasaki 等[30]观察到 30% 的滤纸粉末在长达 340h 的水解过程中未发生变化，因此假设滤纸的惰性指数为 0.3。Asenjo[31] 认为纯纤维素底物的惰性指数为 0.35，但通过模型拟合实验数据预测出最大理论转化率可达到 65%。Parajo 等[32] 的经验模型，考虑了对酶攻击具有不同敏感性的两部分。根据 Nidetzky 和 Steiner[33] 报道，认为纤维素两部分的反应活性不同，不可降解的部分是影响纤维素酶水解的重要因素。尽管没有物理性质变化可以解释两相的存在，但重悬实验仍显示出了底物两相的存在。双向动力学似乎不大可能是促使纤维素酶水解速率放缓的唯一原因。

6.1.8　纤维素酶组分协同模型

纤维二糖水解酶和内切纤维素酶的混合，比单独的组分具有更高的活性。纤维素酶协同动力学模型需要独立单一酶组分的数学表达式，并将纤维素链末端作为模型中的变量包含在内。最早有人基于米氏方程提出了多糖的内、外切纤维素酶解聚模型。该模型被后续研究者进一步延伸，并考察了产物抑制和 β-葡萄糖苷酶活力的影响。基于这些理论研究，有人提出了一个模型，但水解时间较长以后，模型未能吻合实验数据。底物抑制、产物抑制和酶失活对于长时间的酶解反应都是不可预知性因素，当然也有可能是模型本身不正确。因此，上述额外的动力学因子需要并入模型以确定其是否有效。

用底物浓度作为唯一的底物变量，Fujii 等[23] 提出一个模型，该模型中内、外切纤维素酶活力用米氏方程表达，采用的底物分别为羧甲基纤维素和羟乙基纤维素。Nidetzky 等[27] 提出另一基于米氏方程的协同模型，如下所示：

$$v(E_1, E_2) = v(E_1) + v(E_2) + v_{syn.}(E_1, E_2) \tag{6-32}$$

式中　$v(E_1, E_2)$——内、外切纤维素酶 E_1 和 E_2 均存在时的水解速率；

$v(E_1)$，$v(E_2)$——单一酶存在时的水解速率；

$v_{syn.}(E_1, E_2)$——协同水解速率。

尽管如此，这些模型不可避免地有着米氏模型的限制。

Converse 和 Optekar[34] 提出的 β-葡萄糖苷酶和内切纤维素酶水解模型将酶吸附、聚合度和底物可及性考虑在内，该模型在转化率 40% 左右时与实验数据吻合得非常好，但实验未证实吸附和结晶度变化，通过"底物抑制"现象，解释了随着纤维素酶浓度增加，酶组分之间协同可达到最大。当底物低表面覆盖时（高底物/低酶浓度），协同作用低，这是因为 β-葡萄糖苷酶不受益于由内切纤维素酶产生的新的链末端。当底物高表面覆盖时（低底物/高酶浓度），由于吸附酶组分存在竞争导致协同作用也非常低。Fenske 等[35] 采用蒙特卡罗模拟方法，描述了一种具有内、外切纤维素酶活性的酶。在低底物表面覆盖时，由于局部内切纤维素酶活性，水解速率较低，且随着底物浓度增加而达到最大，这种现象被称为"自协同"。

为了优化内切纤维素酶和 β-葡萄糖苷酶配比，需要深入了解酶协同作用。因此，纤维素酶的吸附量在水解过程中会不断变化，所以研究这些变化对协同的影响至关重要。可以用模型预测来证实聚合度变化和链尺寸分布的实验数据，以获得与这些底物性质相关的参数准确值。到目前为止，没有一项工作能成功地实现这样的验证。Dean 和 Rollings[36] 试图用非纤维素底物（具有 α-1,6-糖苷键的右旋多糖）来验证其模型，但是发现模型在较长时间时无法匹配实验数据。随着水解的进行，发现了尺寸分布的变化。这表明底物对酶促的敏感性可以随链尺寸而改变。对于异相底物，明确酶促敏感性与底物链末端可及性之间的复杂性，显然是解聚模型变得实用需要解决的一个关键问题。

6.1.9　固定化纤维素酶反应动力学

6.1.9.1　固定化酶促反应动力学性质

固定化酶的性质不同于原游离酶性质的主要原因：一是在酶的固定化过程中产生的；二是在实际使用中由于传递阻力等的变化引起的。

影响固定化酶促反应的主要因素有以下几个方面[37]。

（1）构象改变、立体屏蔽和微扰效应

酶分子构象改变是指固定化过程中酶和载体的相互作用引起酶的活性中心或调节中心的构象发生了变化，导致酶与底物的结合能力下降的一种效应。这种效应多出现于吸附法和共价偶联法的固定化酶中，难以定量描述与预测。立体屏蔽（steric restriction）是指由于载体的孔径太小，或是由于固定化的方式与位置不当，给酶的活性中心或调节中心造成了空间障碍，底物与效应物等无法直接和酶接触，从而影响了酶活性的一种效应。适宜的载体和固定化方法可以消除这种不利因素的影响，但这种效应难以定量描述。微扰效应（perturbation）是指由于固定化载体的亲水、疏水性质和介质的介电常数等，使紧邻固定化酶的环境区域（微环境）发生变化，改变了酶的催化能力及酶对效应物做出调节反应的能力。这种效应物难以定量描述和预见，但可以通过改变载体和介质的性质而做出判断和调节。

（2）分配效应和扩散限制效应

这两种效应和微环境（和固定化酶紧邻的微观局部环境）关系密切。分配效应（partitioning effect）是由于固定化酶载体的亲水和疏水性质使酶的底物、产物以及其他效应物在微观环境和宏观体系间发生了不等分配，改变了酶反应系统的组成平衡，从而影响酶反应速度的一种效应。扩散限制效应（diffusion limitation）是指底物、产物以及其他效应物的迁移和运转速度受到限制的一种效应。它包括两种类型，外扩散限制是指上述物质从宏观体系穿过包围在固定化酶颗粒周围的近似停滞的液膜层（Nernst层）到颗粒表面所受到的限制，以及向相反方向运转所受到的限制；内扩散限制是指上述物质从颗粒表面到颗粒内部酶所在位点所受到的限制，以及向相反方向运转所受到的限制。外扩散限制效应可通过充分搅拌和混合减轻或消除，而内扩散限制效应取决于载体的性质。

6.1.9.2　固定化纤维素酶促反应动力学方程

（1）一般模型

根据分配和扩散效应，可推导出一个固定化酶活力的数学表达式，固定化酶的米氏方程表达如下：

$$v_0 = \frac{v_{\max}[S]}{[S] + K_m^*}$$

其中
$$K_m^* = \left(K_m + \frac{Xv_{max}}{D}\right)\frac{RT}{RT - XZFV} \tag{6-33}$$

式中　　　　　K_m^*——表观米氏常数；

X——Nernst 层厚度；

D——扩散系数；

T——热力学温度；

Z——底物的价数；

F——法拉第常数；

R——通用气体常数；

V——载体附近的电位梯度；

v_0——初始反应速率；

v_{max}——最大反应速率；

$(K_m + Xv_{max}/D)$——扩散项；

$RT/(RT - XZFV)$——静电项。

可以看出，扩散项随 X/D 的减小而降低，并且逼近 K_m。采用较小的载体或提高流动速度（或搅拌速度），可使 X 值减小。对于静电项，如果 Z 和 V 具有相同的符号，即底物和载体具有相同的电荷，那么静电项大于 1，K_m^* 增大；反之 K_m^* 减小。如果 Z 或 $V=0$，那么静电项等于 1，K_m^* 仅受扩散因素影响[37]。

（2）多孔微球载体固定化纤维素酶反应动力学模型

假设分布在微球载体上的固定化纤维素酶符合下列条件：

① 多孔微球载体颗粒中固定化酶的分布是均匀的；

② 底物（羧甲基纤维素钠）和产物（葡萄糖）在多孔载体内的扩散作用可用 Fick 定律表示，并且底物和产物各自的扩散系数在整个载体中恒定；

③ 反应是等温的，颗粒内的压力梯度可忽略不计；

④ 在载体内部和外部之间不存在屏蔽效应，忽略载体对催化反应的微扰效应。

内扩散过程和酶促反应过程是同时进行的，底物（羧甲基纤维素钠）在转移过程中被逐渐消耗，因此载体内单位体积底物浓度的改变速度由底物在载体内的扩散速度与酶促反应速度共同决定。纤维素酶和固定化纤维素酶的酶促反应动力学能够用米氏方程描述，根据扩散定律和米氏方程（考虑产物竞争性抑制）有：

$$\frac{\partial[S]}{\partial t} = D_s\left(\frac{\partial^2[S]}{\partial r^2}\right) - \frac{v_m[S]}{K_m(1 + [P]/K_P) + [S]} \tag{6-34}$$

固定化酶催化反应产生的产物（葡萄糖）同时也在由内向外扩散，因此载体内单位体积产物浓度的改变速度由产物在载体内的扩散速度与酶促反应速度共同决定：

$$\frac{\partial[P]}{\partial t} = \frac{v_m[S]}{K_m(1 + [P]/K_P) + [S]} - D_p\left(\frac{\partial^2[P]}{\partial r^2}\right) \tag{6-35}$$

反应体系处于恒态时，$\dfrac{\partial[S]}{\partial t} = 0$，$\dfrac{\partial[P]}{\partial t} = 0$，所以式（6-34）、式（6-35）分别转

化为：

$$\frac{D_s}{r^2}\frac{\mathrm{d}}{\mathrm{d}r}\left(r^2\frac{\mathrm{d}[S]}{\mathrm{d}r}\right)=\frac{v_m[S]}{K_m(1+[P]/K_P)+[S]}\tag{6-36}$$

$$\frac{D_p}{r^2}\frac{\mathrm{d}}{\mathrm{d}r}\left(r^2\frac{\mathrm{d}[P]}{\mathrm{d}r}\right)=\frac{v_m[S]}{K_m(1+[P]/K_P)+[S]}\tag{6-37}$$

其中，式（6-36）满足边界条件：

$$r=0,\ \mathrm{d}[S]/\mathrm{d}r=0\tag{6-38}$$

$$r=r_0,\ [S]=[S_0]\tag{6-39}$$

式（6-37）满足边界条件：

$$r=r_0,\ \mathrm{d}[P]/\mathrm{d}r=0\tag{6-40}$$

$$[S]=0.1,\ r=r_d(待求),\ [P]=[P_0]\tag{6-41}$$

底物浓度 [S] 的取值，不影响产物浓度的分布趋势，只影响产物浓度分布曲线的位置。[S] 太低时，酶促反应速率低、产物少，可以忽略。[S]=0.1 是任意取值，此时底物浓度足够高，酶促反应可以进行。引入下列无因次参数，把上述式（6-36）~式（6-41）转化为无因次形式：

$$x=\frac{r}{r_0},\ y=\frac{[S]}{[S_0]},\ z=\frac{[P]}{[P_0]},\ \alpha=1+\frac{p}{K_P},\ \beta=\frac{[S_0]}{K_m}\tag{6-42}$$

式（6-36）转化为无因次形式为：

$$\frac{1}{x^2}\frac{\mathrm{d}}{\mathrm{d}x}\left(x^2\frac{\mathrm{d}y}{\mathrm{d}x}\right)=\Phi^2 f(y)\tag{6-43}$$

式（6-37）转化为无因次形式为：

$$\frac{1}{x^2}\frac{\mathrm{d}}{\mathrm{d}x}\left(x^2\frac{\mathrm{d}z}{\mathrm{d}x}\right)=\frac{[S_0]}{[P_0]}\times\frac{r_0^2 v_m}{K_m D_p}f(y)\tag{6-44}$$

其中

$$\Phi^2=\frac{r_0^2 v_m}{K_m D_s},\ f(y)=\frac{y}{\alpha+\beta y},\ \frac{[S_0]}{[P_0]}=80\tag{6-45}$$

式（6-43）边界条件为：

$$x=0,\ \mathrm{d}y/\mathrm{d}x=0\tag{6-46}$$

$$x=1,\ y=1\tag{6-47}$$

式（6-44）边界条件为：

$$x=1,\ \mathrm{d}z/\mathrm{d}x=0\tag{6-48}$$

$$y=0.1/[S_0],\ x=x_d(待求),\ z=1\tag{6-49}$$

固定化纤维素酶构成的反应系统中，底物（羧甲基纤维素钠）必须从宏观体系向酶活性部位运转，即存在着内扩散限制，因此实际的反应速度要低于理论预期反应速度，二者之比称为效率因子，可以定量表示扩散限制的影响。微球载体固定化纤维素酶的扩散效率因子为：

$$\eta = v'/v = \frac{3\int_0^1 x^2 \dfrac{v_m[S_0]y}{\alpha K_m + [S_0]y}dx}{\dfrac{v_m[S_0]}{\alpha K_m + [S_0]}} = 3\int_0^1 x^2 \frac{(\alpha + \beta)y}{\alpha + \beta y}dx \tag{6-50}$$

应用 Matlab 软件对上述数学模型的常微分方程（ODE）进行求解，模拟固定化纤维素酶载体内部的底物分布规律；同时根据底物浓度计算各因素对效率因子的影响[38,39]。

6.2 纤维素酶水解反应器

6.2.1 反应器设计的理论基础

"三传一反"是化学反应器设计的理论基础，随着生物学知识的积累，对生物本质认识上的加深，逐步明确了以法向作用力为动力源的"四传一反"新概念。所谓"四传"就是除了常规的三传概念外，还多一种"信息传递"作为其推论，李佐虎 1987 年首先提出了生物反应器设计新原理，即"外界周期刺激强化生物反应及细胞内外传递过程"原理[40]。

30 多年来，沿着这一研究方向，在理论基础、实验室验证及产业化应用三个方向进行了广泛的探索与论证，并已按这一新原理将两种新型大规模生物反应器成功推向了产业化。因此，我们认为采用传统的"三传一反"理论指导生物反应器设计，是传统思维惯性的结果。作为知识的继承有着必然性，但只能作为进入一个全新领域的桥梁或入口，必须创建适用于新研究对象的工程理论，才能促进"生物反应工程"这一新的交叉学科进入成熟阶段。"四传一反"理论就是本研究对此做出的一种尝试。

化学反应工程的"三传"过程以流体动力学的切向摩擦力为动力源，对非生命的化学反应颗粒有效，但对活体细胞则弊大于利。以切向摩擦力为动力源的流体将细胞外的"卫兵"当作"人质"，随流动方向掳走，从而影响细胞的代谢、生长与繁殖，乃至死亡。这种现象已在机械搅拌发酵罐中得到充分证明。由此可见，靠流体流动剪切力的作用强化传递速率，至少在适用范围上是十分有限的。

新的"传递"过程是以流体静力学为基础的法向周期作用力为动力源。压力、温度、浓度、电磁、光、声都可以产生这种法向周期作用力。所以强化新"三传"过程的手段多样，来源广泛，形式温和，细胞活性不受影响。法向是指垂直于细胞外表面的方向，流体静压力就是一种法向力，光、磁、电、声对物体做功也都是通过法向力。法向力连续做功都必须是周期力，也只有周期变动的静压力才能连续对活体细胞做功。另一方面，被作用的物体必须有一定的伸缩性及伸缩空间。法向力才能有效做功，活体细胞正是具有这种特性的袋状物，而且细胞膜具有半透性，流体中溶质的浓差压力、温差压力都会对细胞内外的传质与传热发生重要作用。信息传递也是以周期波动的方式传播的。生物信息包含内源信息和外源信息。遗传基因就是内源信息，周期环境的变动就是外源信息，通过体液或神经系统（信道）传递到各作用部位（信宿）。因此，要人工强化信息传递过程，也只有通过外界周期刺激作用。生物反应动力学是全部"四传一反"过程的研究核心。它必须是一个开放系统，必须从外界供给食物，排除代谢废物与热量。"三传"就是为此目的服务的，信息传递也是为保证与加速新陈代谢、生长、繁殖等目标服务的。前已指出，无论在生物分子反应水平上，还是在生物活体生长繁殖、死亡的整体水平上，周期振荡与非周期振荡是生物体实现自适应、自调节、自组织、自复制等特有性状的必要条件。

研究者们已经对生物反应器进行了广泛的研究，但由于酶法降解纤维素周期长、成本高等原因，关于纤维素酶解、发酵设备的详细研究文献报道较少。秸秆等木质纤维素原料作为一种特殊原料，不同于一般的固态发酵原料，其酶解过程中传质比较困难。原因在于木质纤维素材料具有网状结构，在纤维的细微结构处，必然存在较大的液膜阻力，使酶解产物和酶分子流动困难。但可以通过积压、松弛作用，使其纤维的细微结构处的液体发生流动；此外，底物中含有大量的具有一定长度的纤维。所以，使用传统的搅拌方式可能会出现搅拌不充分的现象。鉴于以上原因，应把纤维素酶解反应器形式的选择重点放在"搅拌"方式上。

6.2.2　反应器开发的技术基础

纤维素酶水解反应是生物大分子降解反应，是涉及酶、底物、产物（包含固体颗粒）的复杂多相物系，需要定性分析影响因素以及动力学上的量化关系，并依据化学反应工程的基本原理和化工过程开发方法论，总结纤维素酶水解反应的主要工程特征，提供反应器开发所应满足的性能要求及相关技术依据[41]。

（1）动态特征——时间是最重要的过程参数

纤维素是非均匀固相介质，纤维素酶构成液固相反应体系，具有复杂的动力学演变过程。物系形态、组成随时间变化，水解速率随着反应时间的延长迅速降低；同步糖化发酵还伴有新相生成，物系转化为气液固三相共存。这样，时间效应远不是均相间歇反应中浓度随时间变化规律可比，而要复杂得多。重要的是物系流变性质与水解反应相互作用，物系黏度随时间降低，颗粒尺寸随时间减小，形状、结构均有所改变，强烈地相互作用，这不仅使过程数学模型的建立更为困难，而且给反应器结构及操作带来苛刻要求。

（2）浓度效应和固体效应

水解反应是平行、串联的复杂反应，既有在固相中的反应，也有在液相中的反应。与通常化学反应相同的是，浓度仍是影响速率最基本的因素；不同的是，固体底物、酶浓度的总体效应"异常"，而局部浓度影响涉及的反应机理目前尚不十分清楚。

① 随固含量（底物浓度）增加，转化率几乎线性下降；

② 低酶用量时，酶用量增加，转化率增加，但随酶用量收益减小，即酶数量加倍，所得转化程度并不加倍；

③ 产品对反应存在明显的抑制；

④ 终端产品乙醇浓度的经济性要求高固含量水解。

（3）限速步骤

酶水解反应是多步骤的液固相反应，考虑后续发酵则是气液固三相过程，不同步骤速率不一；了解限速步骤有重要意义。鉴于过程的微观机理尚不十分清晰，充分可靠而明确的限速步骤可能难以确定，但基本上可以认为：

① 水解（糖化）与发酵，总体上水解是控制步骤，如果糖明显供应不足，会影响微生物代谢过程，这要求酶与菌数量上的匹配；

② 反应与传质，"慢"反应动力学，吸附速率很快，传质不是控制；

③ 内扩散与外扩散，内、外表面积有数量级上的差异，外扩散不受控制，内扩散的重要性在于突显了生物质预处理在整个燃料乙醇制备中的关键地位；

④ 反应与传热，适宜温度范围狭窄，严格控温。

综合反应与传质、传热的关系，为保证反应物系组分间的密切接触，扩散和传热虽然都不成为限速步骤，但充分有效的混合仍是反应的前提。

（4）生物学因素与工程学因素

生物质生物转化过程的效率、规模和经济性取决于生物学和工程学两方面的诸多因素。例如生物质原料的组成、结构；水解生物催化剂酶的活性、酶的种类、组成、用量以及与纤维素的作用机理等。发酵微生物的活性、代谢属生物学因素，通过对野生产纤维素酶菌株进行分子改造，获取高性能产酶菌株，也可对微生物的遗传改造实现代谢控制发酵。

大型工业反应器提供生物学因素所需客观环境，从属、服务于生物学因素，通过反应器选型、结构与尺寸优化、操作控制优化，这些工程因素与生物学因素协调、反馈，二者相辅相成。

对水解反应工程特征的基本认识表明：纤维素水解反应是固相酶水解反应，具有强吸水性的高固含量处理。反应的进行必须保证液相自由酶与固相密切接触，反应初始阶段液相量少，随反应逐渐增多；这是在一个复杂流变性质的多相体系中同时进行固相、液相生物化学反应的系统，反应器开发归结为：a. 结构上内构件由单一趋向复合，兼顾反应初期与后期对混合、传递的不同需求；b. 操作上以"变"应"变"，即以操作参数的调节（变化）适应体系物性变化和反应在不同阶段的特征。

6.2.3　反应器分类

6.2.3.1　搅拌釜式反应器

（1）立式反应器

搅拌式反应器大多为立式，特别对于间歇式反应器。搅拌釜式反应器由搅拌器和釜体组成。搅拌器包括传动装置、搅拌轴（含轴封）、叶轮（搅拌桨），釜体包括筒体、夹套和内件、盘管、导流筒等。筒体一般是直立的圆形槽，应避免采用锥形底，以防止形成液体停滞区或使悬浮着的固体积聚。槽中液体深度与槽径比以 1∶1 为宜。

对于搅拌釜式反应器，其搅拌桨是最重要的组成部分，也是设计研发的重点。搅拌桨为搅拌过程提供所需的能量和适宜的流动状态，以达到搅拌的目的。好的搅拌桨可以在较低的能耗下使反应物料温度均一、混合均匀，以避免出现静态死角。木质纤维素的酶解反应为固液两相反应。设计优良的搅拌桨可以增加纤维素与酶的接触机会，提高酶的可及性，从而提高酶解率。工业上常用的搅拌桨的样式有桨式、弯叶开启涡轮、折叶开启涡轮、推进式、平直叶圆盘涡轮、框式、锚式、螺带式、螺杆式、布尔马金式等，实际应用中应该根据物料的特性及搅拌的目的来选择合适的搅拌桨或者搭配使用搅拌桨。

无论哪种搅拌桨，只要搅拌速度足够高，都会产生切向流动，严重时可使全部液体沿着围绕搅拌轴的圆形轨道团团转。槽内液体在离心力的作用下涌向器壁，使周边部分的液面沿槽壁上升，中心部分的液面自然下降，于是形成一个大漩涡。搅拌桨的旋转速度越大，漩涡越深。这种流动形态叫作"打漩"。对于大多数搅拌操作，只有消除打漩现象才能得到满意的操作结构，纤维素酶解反应也不例外。最常用的消除打漩的办法是在搅拌槽内装设挡板。挡板的作用有 2 个：a. 将切向流动转变为轴向和径向流动，使其对槽内液体的主体对流扩散、轴向流动和径向流动都有效；b. 增大被搅拌液体的湍动程度，从而改善搅拌效果。

标准的搅拌釜的几何尺寸如下：叶轮是具有 6 个平片的涡轮，叶片安装在中心圆盘上；叶轮直径等于搅拌釜直径的 1/3；叶轮离釜底的高度等于搅拌直径；叶轮叶片的宽度和长度分别为搅拌釜直径的 1/5 和 1/4；反应体系的深度等于搅拌釜直径；挡板数目为 4，垂直安装在釜壁上并从釜底延伸到液面上；挡板宽度为搅拌釜直径的 1/10。

（2）水平反应器

由于水平反应器放置方向，物料输送需要轴向力，在水平管式反应器中搅拌桨更多的时候被称为输送器。经过预处理后的纤维素原料和纤维素酶同时进入纤维素连续酶水解装置反应器中，电机驱动混合输送器转动，在装置内形成复杂的流场。

在径向和环向流作用下，纤维素原料与纤维素酶快速混合，增加了两者的接触面积，有利于酶水解；在轴向流作用下，混合物料被连续向前推送，同时阻止了返混现象的发生，有利于酶水解正向进行。另外，在剪切流的作用下，纤维素原料进一步被破碎，提高了酶的可及性。与立式搅拌釜反应器一样，搅拌桨（输送器）的设计同样重要。当反应器的直径与长度接近时，有研究者称之为滚轮式酶水解生物反应器（图 6-4）[42]。

在水平反应器的基础上，研究者压缩直径与长度的比例，构建出了连续酶水解反应器，如图 6-5。纤维素物料和纤维素酶同时进入纤维素连续酶水解装置反应器内。电机驱动混合输送器转动，在装置内形成复杂的流场[43]。

为了优化酶水解装置处理物料的能力，选取三种类型的混合输送器进行研究，考察

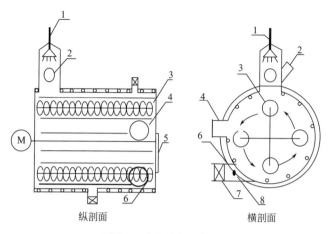

图6-4 水平反应器剖面图

1—喷淋口，可拆卸；2—进料口；3—滚轮式搅拌，设有4片搅拌叶，每片搅拌叶均为一串小轮子；

4—出料口；5—视镜；6—出液口；7—球阀；8—测温口

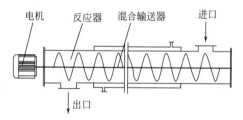

图6-5 纤维素酶连续酶水解装置示意

其对连续酶水解反应器的混合、输送、返混、功耗及破碎性能的影响（图6-6）。对三种类型混合输送器进行建模，以进行流场模拟。由于三种三维模型的混合输送器表现为周期特性，同时受到计算机性能限制，数值模拟时取沿轴向长度为0.5m进行迭代计算，并以此来评价混合输送器的性能。

书后彩图22为数值模拟所得到的三种混合输送器的速度场云图，由彩图22中结果分析可以看出，由于壁面无滑移假设，酶水解混合液靠近机筒内壁处速度很小，而在混合输送器的外径附近速度较大。其中Ⅰ型大部分流场处于低速状态，并在混合输送器外径处沿轴向速度不连续；Ⅱ型速度分布不均匀，沿轴向速度变化较大；Ⅲ型大部分流场处于高速状态，并且沿轴向速度分布较为均匀。

分别取混合、输送、返混、功耗、破碎性能进行研究，对于每种指标，三种混合输送器性能最好的得3分、次之得2分、最差得1分。通过查阅文献可知，几种指标对于混合输送器的总体性能影响有所不同，其中混合所占权重较高，输送、功耗及返混次之，功耗及破碎最低。将得分情况以及每种指标所占权重列于表6-6中，得到综合排序为Ⅲ型＞Ⅱ型＞Ⅰ型。

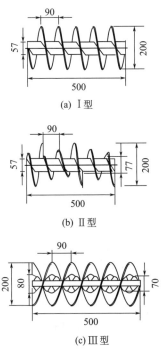

(a) Ⅰ型

(b) Ⅱ型

(c) Ⅲ型

图 6-6　混合输送器类型（单位：mm）

表 6-6　混合输送器综合评分

指标	Ⅰ型	Ⅱ型	Ⅲ型	权重/％
混合	1	2	3	30
输送	2	1	3	20
返混	1	2	3	20
功耗	3	2	1	20
破碎	1	2	3	10
合计	1.6	1.8	2.6	100

① Ⅰ型混合输送器功耗较小，输送性能一般，但混合、返混、破碎性能较差。

② Ⅱ型混合输送器混合、返混、功耗、破碎性能相对较好，但输送性能差。

③ Ⅲ型混合输送器混合、输送、返混、破碎性能均较好，在功耗上略高于Ⅰ型和Ⅱ型。

经过综合评价，酶水解物料处在高黏度阶段时，采用Ⅲ型混合输送器更有利于酶水解物料反应，数值模拟的理论结果显示出了对酶水解反应器中混合输送器设计的意义。

6.2.3.2　膜反应器

（1）原理

膜反应器是利用选择性的半透膜来分离酶及产物（或者底物），利用膜两侧的推动力（化学势、压差、电势差等），将可渗透的溶质从反应体系中分离出来。酶膜反应器是膜和生物化学反应相结合的系统或操作单元，依靠酶的专一性、催化性及膜特有的功能，集生物反应与反应产物的原位分离、浓缩和酶的回收利用于一体，能够改变反应过

257

程、控制反应进程，从而实现减少副产物的生成、提高产品收率等目的。

酶催化反应产物渗透通过膜的微孔，可在浓度梯度的推动下，扩散渗透通过膜；或在压差的作用下，对流通过膜。通过这种方式，反应产物得以连续地从反应体系中分离。产物的这种分离方式是这种膜反应器的最基本要求，同时也是传统膜反应器概念的一部分。但是，对于溶解度低或产生沉积作用的产物，产物的完全截留是这种反应器未曾预期到的新优势。在操作过程中，目标产物在反应器中得以富集的同时，底物分子可以渗透通过膜或者留在反应体系中。超滤膜的孔径分布范围为 1～100nm，或平均截留分子量为 500～10000，对于大多数天然的或经过修饰的酶而言，由于平均分子量在10000～100000 之间。因此，特别适用于酶膜反应器。对于酶膜反应器，在选择超滤膜时，不仅要考虑酶、底物、产物的分子大小，还要考虑它们在溶液中的化学特性以及膜本身的特性。在筛选膜的过程中，溶质的截留率是一个十分重要的指标。对反应产物而言，截留率应为 0％；而对酶的截留率应为 100％，以保证酶完全留在反应体系中。总之，选择超滤膜时必须考虑的因素有：a.膜材料的形态、孔度、孔径分布、截留分子量；b.化学稳定性、适宜的 pH 值范围；c.热稳定性、耐压的能力；d.是否影响到酶的活力；e.膜的价格等。

（2）分类

酶膜反应器可以根据酶的存在状态、液相数目、膜组件类型、膜材料类型、反应与分离耦合方式、传质推动力等的区别，分为不同的类型[44]。

① 根据酶的存在状态，可将酶膜反应器分为游离态和固定化酶膜反应器。前者酶均匀地分布于反应物相中，酶促反应在接近本征动力学的状态下进行，但酶易发生剪切失活或泡沫变性，装置性能受浓差极化和膜污染的显著影响。固定化酶膜反应器中，酶通过吸附、交联、包埋、化学键合等方式被"束缚"在膜上，酶装填密度高，反应器稳定性和生产能力高，产品纯度和质量好，废物量少。但酶往往分布不均匀，传质阻力也较大。

② 根据液相数目的不同，可将酶膜反应器分为单液相（超滤式）和双液相酶膜反应器。单液相酶膜反应器多用于底物分子量比产物大得多、产物和底物能够溶于同一种溶剂的场合。双液相酶膜反应器多用于酶促反应涉及两种或两种以上的底物，而底物之间或底物与产物之间的溶解行为差别较大的场合。

③ 根据膜组件类型的不同，可将酶膜反应器分为板框式、螺旋卷式、管式和中空纤维式酶膜反应器四种，其差别在于结构复杂性、装填密度、膜的更换、抗污染能力、清洗、料液要求、成本等方面有所不同。

④ 根据膜材料类型的不同，可将酶膜反应器分为高分子酶膜反应器和无机酶膜反应器。高分子膜材料种类多，制作方便，成本低，因而应用较多。

⑤ 根据反应与分离耦合方式的不同，可将酶膜反应器分为一体式和循环式酶膜反应器。在前一种应用方式中，系统通常包含一个搅拌槽式反应器加上一个膜分离单元。在后一种应用方式中，膜既作为酶的载体，同时又构成分离单元。

⑥ 根据传质推动力的不同，可将酶膜反应器分为压差驱动、浓差驱动、电位差驱动酶膜反应器。

另外，根据膜的亲疏性以及结构形态的不同，酶膜反应器还有其他分类方法[45]。

（3）优点

同其他传统的酶反应器相比较，酶膜反应器具有非常明显突出的优点：

① 酶膜反应器的最大优点是可以连续操作，并且能够极大限度地利用酶，因此可以提高产量并且节约成本[46,47]。同间歇反应器相比较，这也是任何连续反应器均具备的特点。

② 酶膜反应器能够在线将产物从反应媒介中分离。例如，对于受化学平衡限制的反应，能够使化学平衡发生移动。

③ 通过膜的微孔，产品被在线分离。因此，膜反应器中的反应速率快，反应物的转化率大。

④ 在连续或歧化反应中，如果膜对某种产物具有选择性，那么这种产物可以选择性地渗透通过膜，酶膜反应器的出口便可以富集该产物。当然，对于产物抑制的反应而言，这种现象反而不利。

⑤ 酶膜反应器发展的初期便已认识到其最大的优点是用于大分子化合物的水解[48]。根据膜的截留性能，可以达到控制水解产物分子量大小的目的，低分子量的水解产物能够渗透通过膜，在膜的背面富集。

此外，在膜反应器内尚可以进行两相反应，且不存在乳化问题。在实验室范围内，超滤膜反应器是用于研究酶的机理（反应动力学、产物抑制影响、酶失活过程等）的非常有用的手段。同多功能颗粒（珠、球）相比较，利用膜作为酶载体，膜固定化技术必须克服与膜相关的成本问题。由于膜反应器提供了分离的可能性。因此，酶膜反应器另外的一些优点表现在膜反应器将分离过程与催化反应集成。由于膜反应器在构造及传质等方面的特点，同固定床及流动床反应器相比较，在膜反应器中可以实现产物在线连续分离，这一点对于产物抑制酶催化的反应尤其重要。出现在传统反应器中的一些不利因素（孔堵塞、在操作过程中呈现非均相流动等现象），在膜反应器中则不会发生。

（4）缺点

酶膜反应器的缺点主要集中表现在操作过程中，由于催化剂的失活及传质效率下降而导致反应器的效率降低。除了酶的热失活外，膜反应器中酶的稳定性还受到其他因素的影响[49]。例如，酶的泄漏导致催化活性下降，即使酶的分子大于膜的微孔，这种情况也时常发生；微量的酶活化剂（金属离子、辅酶等）的流失，也有可能导致反应器的效率下降。因此，反应过程中，反应组分的添加是必需的。如果在反应器中酶处于自由状态（游离态），酶在膜表面的吸附无疑将导致酶的活性下降甚至失活。与膜相接触时，有时尽管酶的结构没有发生任何变化，但也可能导致酶的中毒。也就是说，膜的形态可能影响到酶的稳定性。在超滤膜组件或反应器中，酶分子会受到剪切力的作用或者与膜反应器的内表面发生摩擦。有研究表明，酶的活性随搅拌的速率或循环速率的增加而下降。此外，伴随强剪切现象的其他一些现象，如界面失活、吸附、局部热效应、空气卷吸等，也可能导致酶的失活。将酶固定于膜表面，随着产物或者底物在邻近膜表面以凝胶层的形式积聚，可能会导致酶的抑制现象加剧。不管由于上述哪种因素导致酶的稳定性下降，添加新鲜的酶是维持反应连续稳定进行的必要条件。在操作过程中，传质效率的下降限制了膜反应器的应用。浓差极化和膜的污染是可能导致膜的渗透通量下降的两个最为主要的因素。因此，在操作过程中，控制浓差极化现象的发生及膜的污染是维持稳定的渗透通量及产物量的重要条件。

6.2.3.3　固定床反应器

固定床反应器又称为填充床反应器，是装有固体催化剂或者固体反应物用以实现多相反应过程的一种反应器。通常的认知，固定床反应器主要用于实现气固相/液固相催化反应，如炼油工业中的催化重整、异构化，基本化学工业中的氨合成、天然气转化，石油化工中的乙烯氧化制环氧乙烷、乙苯脱氢制苯乙烯等。此外，还有不少非催化的气相反应，如水煤气的产生、二氧化硫接触以及许多矿物的焙烧，也都采用固定床反应器。

作为固液两相反应的木质素类生物质酶解在高压的条件下同样可以用固定床反应器来完成，并且在高压的条件下可以改进纤维素酶的稳定性，从而缩短停留时间。原料的预处理和酶解反应可以在同一个固定床反应器中完成，这样可以大大增加原料的装填量，同时也减少了原料在不同反应器中的转移。在预处理阶段，反应器装填入物料，并置于恒温箱中加热。经过短暂的预热后，用 HPLC 泵以 4mL/min 的流速持续往固定床反应器内泵入 205℃、3MPa 的热水，直至热水的质量是物料质量的 5 倍。之后，用 HPLC 泵将酶溶液泵入预处理好的物料中，恒温恒压条件下酶解。在 1MPa、60℃、10% 的干物质含量的条件下酶解 5.5h，糖产率可以达到 40%，而在常压、50℃ 条件下达到相同产率需要 14h。

参考文献

［1］　Chang V S, Holtzapple M T. Fundamental factors affecting biomass enzymatic reactivity ［J］. Applied Biochemistry and Biotechnology, 2000, 84-86: 5-37.

［2］　Park E, Ikeda Y, Okuda N. Empirical evaluation of cellulase on enzymatic hydrolysis of waste office paper ［J］. Biotechnology and Bioprocess Engineering, 2002, 7（5）: 268-274.

［3］　Laureano-Perez L, Teymouri F, Alizadeh H, et al. Understanding factors that limit enzymatic hydrolysis of biomass ［J］. Applied Biochemistry and Biotechnology, 2005, 121: 1081-1099.

［4］　Kim S, Holtzapple M T. Delignification kinetics of corn stover in lime pretreatment ［J］. Bioresource Technology, 2006, 97（5）: 778-785.

［5］　Vasquez M P, da Silva J N C, de Souza M B, et al. Enzymatic hydrolysis optimization to ethanol production by simultaneous saccharification and fermentation ［J］. Applied Biochemistry and Biotechnology, 2007, 137: 141-153.

［6］　Berlin A, Maximenko V, Gilkes N, et al. Optimization of enzyme complexes for lignocellulose hydrolysis ［J］. Biotechnology and Bioengineering, 2007, 97（2）: 287-296.

［7］　O'Dwyer J P, Zhu L, Granda C B, et al. Enzymatic hydrolysis of lime-pretreated corn stover and investigation of the HCH-1 Model: Inhibition pattern, degree of inhibition, validity of simplified HCH-1 Model ［J］. Bioresource Technology, 2007, 98（16）: 2969-2977.

［8］　Kim J K, Oh B R, Shin H J, et al. Statistical optimization of enzymatic saccharification and ethanol fermentation using food waste［J］. Process Biochemistry, 2008, 43（11）: 1308-1312.

［9］ Zhou J, Wang Y H, Chu J, et al. Optimization of cellulase mixture for efficient hydrolysis of steam-exploded corn stover by statistically designed experiments［J］. Bioresource Technology, 2009, 100（2）: 819-825. .

［10］ Lynd L R, Weimer P J, van Zyl W H, et al. Microbial cellulose utilization: Fundamentals and biotechnology［J］. Microbiology and Molecular Biology Reviews, 2002, 66（3）: 506-577.

［11］ Bezerra R M F, Dias A A. Discrimination among eight modified Michaelis-Menten kinetics models of cellulose hydrolysis with a large range of substrate/enzyme ratios［J］. Applied Biochemistry and Biotechnology, 2004, 112（3）: 173-184.

［12］ Ohmine K, Ooshima H, Harano Y. Kinetic-study on enzymatic-hydrolysis of cellulose by cellulase from *Trichoderma-viride*［J］. Biotechnology and Bioengineering, 1983, 25（8）: 2041-2053.

［13］ Savageau M A. Michaelis-Menten mechanism reconsidered: implications of fractal kinetics ［J］. Journal of Theoretical Biology, 1995, 176（1）: 115-124.

［14］ Berry H. Monte Carlo simulations of enzyme reactions in two dimensions: Fractal kinetics and spatial segregation［J］. Biophysical Journal, 2002, 83（4）: 1891-1901.

［15］ Valjamae P, Kipper K, Pettersson G, et al. Synergistic cellulose hydrolysis can be described in terms of fractal-like kinetics［J］. Biotechnology and Bioengineering, 2003, 84 （2）: 254-257.

［16］ Xu F, Ding H S. A new kinetic model for heterogeneous（or spatially confined）enzymatic catalysis: Contributions from the fractal and jamming（overcrowding）effects［J］. Applied Catalysis A-General, 2007, 317（1）: 70-81.

［17］ Igarashi K, Wada M, Hori R, et al. Surface density of cellobiohydrolase on crystalline celluloses—A critical parameter to evaluate enzymatic kinetics at a solid-liquid interface［J］. Febs Journal, 2006, 273（13）: 2869-2878.

［18］ Shen J, Agblevor F A. Kinetics of enzymatic hydrolysis of steam-exploded cotton gin waste ［J］. Chemical Engineering Communications, 2008, 195（9）: 1107-1121.

［19］ Fan L T, Lee Y H. Kinetic-studies of enzymatic-hydrolysis of insoluble cellulose -derivation of a mechanistic kinetic-model［J］. Biotechnology and Bioengineering, 1983, 25（11）: 2707-2733.

［20］ Movagarnejad K, Sohrabi M, Kaghazchi T, et al. A model for the rate of enzymatic hydrolysis of cellulose in heterogeneous solid-liquid systems［J］. Biochemical Engineering Journal, 2000, 4（3）: 197-206.

［21］ Kadam K L, Rydholm E C, McMillan J D. Development and validation of a kinetic model for enzymatic saccharification of lignocellulosic biomass［J］. Biotechnology Progress, 2004, 20（3）: 698-705.

［22］ Gan Q, Allen S J, Taylor G. Kinetic dynamics in heterogeneous enzymatic hydrolysis of cellulose: an overview, an experimental study and mathematical modelling［J］. Process Biochemistry, 2003, 38（7）: 1003-1018.

［23］ Fujii M, Shimizu M. Synergism of endoenzyme and exoenzyme on hydrolysis of soluble cellulose derivatives［J］. Biotechnology and Bioengineering, 1986, 28（6）: 878-882.

［24］ Schmid G, Wandrey C. Characterization of a cellodextrin glucohydrolase with soluble oligomeric substrates—Experimental results and modeling of concentration-time course data [J] . Biotechnology and Bioengineering, 1989, 33 (11)： 1445-1460.

[25] Nassar R, Chou S T, Fan L T. Stochastic analysis of stepwise cellulose degradation [J] . Chemical Engineering Science, 1991, 46 (7)： 1651-1657.

[26] Dean S W, Rollings J E. Analysis and quantification of a mixed exo-acting and endo-acting polysaccharide depolymerization system [J] . Biotechnology and Bioengineering, 1992, 39 (9)： 968-976.

[27] Nidetzky B, Zachariae W, Gercken G, et al. Hydrolysis of cellooligosaccharides by Trichoderma reesei cellobiohydrolases： Experimental data and kinetic modeling [J] . Enzyme and Microbial Technology, 1994, 16 (1)： 43-52.

[28] Harjunpaa V, Teleman A, Koivula A, et al. Cello-oligosaccharide hydrolysis by cellobiohydrolase II from Trichoderma reesei—Association and rate constants derived from an analysis of progress curves [J] . European Journal of Biochemistry, 1996, 240 (3)： 584-591.

[29] Ting C L, Makarov D E, Wang Z G. A kinetic model for the enzymatic action of cellulase [J] . The Journal of Physical Chemistry B, 2009, 113 (14)： 4970-4977.

[30] Nakasaki K, Murai T, Akiyama T. Kinetic modeling of simultaneous saccharification and fermentation of cellulose [J] . Journal of Chemical Engineering of Japan, 1988, 21 (4)： 436-438.

[31] Asenjo J A. Maximizing the formation of glucose in the enzymatic—hydrolysis of insoluble cellulose [J] . Biotechnology and Bioengineering, 1983, 25 (12)： 3185-3190.

[32] Parajo J C, Alonso J L, Santos V. Development of a generalized phenomenological model describing the kinetics of the enzymatic hydrolysis of NaOH-treated pine wood [J] . Applied Biochemistry and Biotechnology, 1996, 56 (3)： 289-299.

[33] Nidetzky B, Steiner W. A new approach for modeling cellulase cellulose adsorption and the kinetics of the enzymatic-hydrolysis of microcrystalline cellulose [J] . Biotechnology and Bioengineering, 1993, 42 (4)： 469-479.

[34] Converse A O, Optekar J D. A Synergistic kinetics model for enzymatic cellulose hydrolysis compared to degree-of-synergism experimental results [J] . Biotechnology and Bioengineering, 1993, 42 (1)： 145-148.

[35] Fenske J J, Penner M H, Bolte J P. A simple individual-based model of insoluble polysaccharide hydrolysis： the potential for autosynergism with dual-activity glycosidases [J] . Journal of Theoretical Biology, 1999, 199 (1)： 113-118.

[36] Dean S W, Rollings J E. Analysis and quantification of a mixed exo-acting and endo-acting polysaccharide depolymerization system [J] . Biotechnology and Bioengineering, 1992, 39 (9)： 968-976.

[37] 郭锐. 固定化纤维素酶的制备及其性质研究 [D] . 天津： 天津大学, 2009： 14, 15.

[38] 周建芹, 陈实公, 朱忠奎. 微球载体固定化纤维素酶的反应动力学模型研究 [J] . 生物工程学报, 2005, 21 (5)： 799-803.

[39] 周建芹, 朱忠奎. 固定化纤维素酶催化反应动力学模型研究 [J] . 农业工程学报, 2006, 22 (S2)： 14-18.

[40] 陈洪章, 李佐虎. 固态发酵新技术及其反应器的研制 [J] . 化工进展, 2002, 21 (1)： 37-40.

[41] 黄娟. 纤维素生物转化螺带型搅拌反应器工程研究器 [D] . 上海： 华东理工大学, 2013： 24-25.

［42］　孙占威.纤维素酶解方式及反应器的研究［D］.北京：北京化工大学，2006：45-56.

［43］　吴泽，张秋翔，李双喜，等.纤维素连续酶解装置的混合输送器性能研究［J］.纤维素科学与技术，2013，21（2）：30-38，45.

［44］　Prazeres D M F，Carbal J M S.Enzymatic membrane bioreactors and their applications［J］.Enzyme and Microbial Technology，1994，16（9）：738-750.

［45］　姜忠义.酶膜反应器的现状与展望［J］.膜科学与技术，2003，23（1）：53-58.

［46］　熊治清，徐志宏，魏振承.酶膜反应器连续酶解花生蛋白的工艺研究［J］.食品工业科技，2011，31（8）：208-211.

［47］　张赛赛，李恒星，沙莎.酶膜反应器水解酪蛋白联系制备 ACE 抑制肽的研究［J］.中国食品学报，2009，9（6）：41-46.

［48］　杨万根，王卫东，孙月娥.酶膜反应器制备的蛋清水解物的营养评价［J］.食品科学，2011，31（17）：364-367.

［49］　熊治清，徐志宏，魏振承.酶膜反应器在蛋白酶解过程中的研究进展［J］.食品科技，2010，35（1）：88-92.

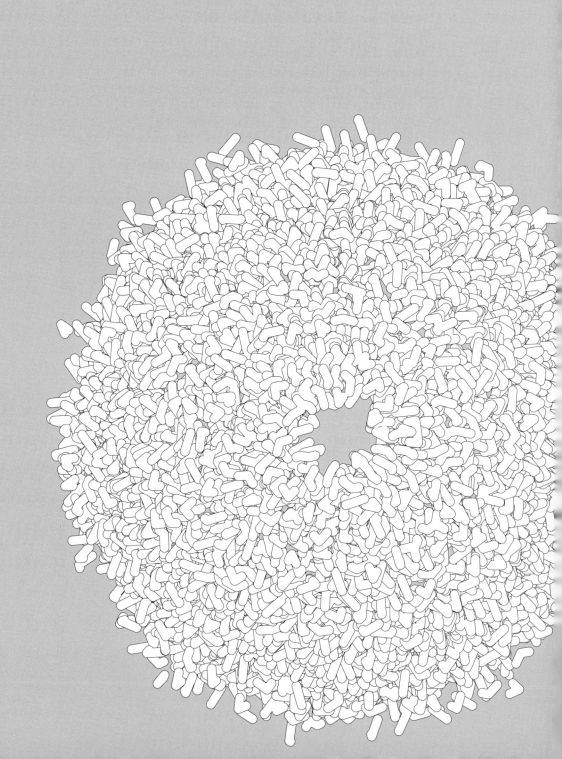

第 7 章

纤维素酶固定化技术

7.1　纤维素酶固定化概述

7.2　纤维素酶固定化方法

7.3　可溶性载体固定化酶技术

7.4　不溶性载体固定化酶技术

7.5　可溶-不可溶性载体固定化纤维素酶

7.6　纤维素酶无载体固定化

参考文献

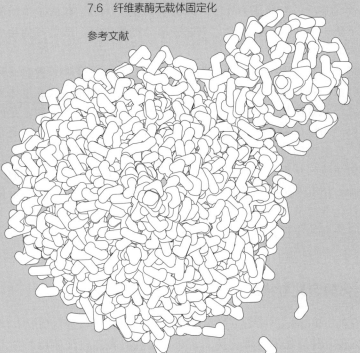

纤维素作为自然界中最丰富的可再生资源之一，利用纤维素酶对其进行水解生成葡萄糖，是发展木质纤维素原料生物炼制的关键。但是纤维素酶在水解纤维素的过程中，其稳定性差、使用寿命短、催化效率较低，导致纤维素糖化过程中酶的使用成本过高，影响木质纤维素生物炼制的经济效益和大规模工业化推广应用。纤维素酶固定化能有效提高其稳定性和使用寿命，从而为降低其使用成本提供了可能。目前，根据纤维素酶固定化方法的不同，可以分为四类，即物理结合、包埋、共价结合与交联。根据固定化所用材料的不同，可分为三大类，即可溶性载体、不可溶性载体、可溶-不可溶性（soluble-insoluble，S-IS）载体。

7.1 纤维素酶固定化概述

7.1.1 纤维素酶固定化原因

与其他酶一样，纤维素酶是由多种氨基酸组成的蛋白质，其高级结构对环境十分敏感，各种因素如物理因素（温度、压力、电磁场）、化学因素（氧化、还原、有机溶剂、金属离子、离子强度、pH 值）和生物因素（酶修饰等）均有可能使纤维素酶丧失生物活力。即使在其反应的最适条件下，纤维素酶也会失活，随着反应时间的延长，催化速率会逐渐下降，反应后不能回收，只能采取分批法进行，致使其使用成本过高，严重制约了纤维素酶在相关领域的应用。

怎么样才能获得理想的生物催化剂？各国学者为之开展了大量研究工作，希望能设计出一种方法，将纤维素酶束缚于特殊的相，使它与整体相（或整体流体）分隔开，但仍能进行底物和效应物（激活剂或抑制剂）的分子交换。这种固定化的纤维素酶可以像一般化学反应的固体催化剂一样，既具有生物催化剂的催化特性，又具有一般化学催化剂能回收、反复使用等优点，并且生产工艺可以连续化、自动化。20 世纪 50 年代发展起来的固定化技术正是基于这一目的发展起来的。随着固定化技术的发展，固定化的对象不仅有酶，还有微生物细胞或细胞器，这些固定化物可统称为固定化生物催化剂。固定化生物催化剂在节能、降低成本、保护环境、生产自动化和连续化等许多方面是十分有利的，它为酶的应用拓宽了新的方向[1]。

7.1.2 固定化酶定义与特点

固定化酶（immobilized enzyme）是指利用化学或者物理的方法，将游离酶限制在一定的区域内使其持续地进行催化反应，并且能够回收和连续使用的技术。1969 年，日本科学家首次采用了这种技术用于旋光对映体的生产。1971 年，在第一届国际酶工程会议上首次将这种技术命名为固定化酶。相对于游离酶表现出来的实际应用方面的不足，固定化酶有着极大的潜力可以提高游离酶的稳定性，利于游离酶的分离回收，降低了分离提纯的成本。同时，固定化酶可以多次反复使用，能够有效提高酶的使用效率[1]。

　　近年来纤维素酶的固定化技术取得了长足的进步，它不仅在理论研究（如阐明纤维素酶作用机理）上发挥了独特作用，在实际应用上也显示出强大威力。用这种技术可以提高纤维素酶的稳定性和比活力，使之更符合使用要求。在纤维素酶固定化方面，先后开发了多种固定化方法和性能多样的载体材料。精巧设计的固定化纤维素酶可实现生产工艺的自动操作，从而大大降低成本。尽管如此，固定化纤维素酶却未投入工业化应用，原因是固定化使用的试剂（如交联剂）和载体成本高、固定效率低、稳定性差、连续操作使用的设备比较复杂。进一步开发更简便、更适用的固定化方法以及性能更加优异的载体材料，使固定化纤维素酶走向工业化应用，是该研究领域亟待解决的重大课题。

7.1.3　酶固定化原则

　　纤维素酶固定化载体和固定方法有很多，但是无论如何选择，确定什么样的方法，都要遵循以下几个基本原则。

　　① 必须注意维持纤维素酶的催化活性及专一性。纤维素酶蛋白的活性中心其催化功能需要维持特殊的空间构象。因此，在酶的固定化过程中，必须注意酶活性中心的氨基酸残基不发生变化，也就是酶与载体的结合部位不应当是酶的活性部位，而且要尽量避免那些可能导致酶蛋白高级结构破坏的条件。由于酶蛋白的高级结构由氢键、疏水键和离子键等弱键维持，所以固定化时要采取尽量温和的条件，尽可能保护好酶蛋白的活性基团。

　　② 固定化应该有利于生产自动化和连续化。为此，用于固定化的载体必须有一定的机械强度，不能因机械搅拌而破碎或脱落。

　　③ 固定化纤维素酶应有最小的空间位阻，尽可能不妨碍酶与底物的接近，以提高产品的产量。

　　④ 固定化纤维素酶应稳定性佳，所选载体不与底物、产物或反应液发生化学反应。

　　⑤ 固定化纤维素酶成本要低，以利于工业使用。

7.2　纤维素酶固定化方法

　　固定化方法的选择对于固定化纤维素酶性能的发挥至关重要。基本上来说，固定化方法可以分为物理结合、包埋、共价结合和交联四大类。

267

7.2.1 物理结合

（1）结晶法

结晶法就是使纤维素酶结晶从而实现固定化的方法。对于晶体来说，载体就是酶蛋白本身。它提供了非常高的酶浓度。对于活力较低的酶来说，这一点就更具优越性。酶的活力低不仅限制了固定化技术的运用，而且当酶的活力低时，通常使用酶的费用较昂贵。当提高酶的浓度时，就提高了单位体积的活力，并因此缩短了反应时间。但是这种方法也存在局限性：在不断的重复循环中，酶会有损耗，从而使得固定化酶浓度降低。

（2）分散法

分散法就是通过酶分散于水不溶相中从而实现固定化的方法。对于在水不溶的有机相中进行的反应，最简单的固定化方法是将干粉悬浮于溶剂中，并且可以通过离心的方法将酶进行分离和再利用。然而，如果酶分布不好，将引起传质现象。如酶由于潮湿和反应产生的水使储存的冻干粉变得发黏并使酶的颗粒较大。另外，在有机溶剂中，酶的构象和稳定性也能影响其活力。对于用在有机溶剂中的固定化酶，有许多途径可以提高它们的反应速率：

① 正确的体系和储存状态使酶粉末充分分散，有助于提高活力；

② 与亲脂化合物的共价连接能增加酶在有机相中的溶解度。

（3）吸附法

吸附法是酶被物理吸附于水不溶性载体上的一种固定化方法。此类载体很多，可分为无机载体和有机载体两大类。常用的无机载体有活性炭、多孔玻璃、多孔陶瓷、酸性白土、漂白土、硅胶、膨润土、金属氧化物等。有机载体有淀粉、谷蛋白、纤维素及其衍生物、甲壳素及其衍生物等。物理吸附法具有酶活力中心不易被破坏和酶高级结构变化少的优点，因而酶活力损失很少。若能找到适当的载体，这是一种很好的方法，但是它有酶与载体相互间作用力弱、酶易脱落等缺点。

（4）离子结合法

离子结合法是将酶与含有离子交换基团的水不溶性载体以静电作用力相互结合的固定化方法。常用的阴离子交换剂载体有 DEAE-纤维素、DEAE-葡聚糖凝胶等。阳离子交换剂载体有 CM-纤维素、IRC-50、CG-50 等。离子结合法的优点是操作简单，操作条件温和，酶的高级结构和活性中心的氨基酸不易被破坏，能得到酶活力回收率较高的固定化酶。缺点是载体和酶的结合力较弱，容易受缓冲液的种类或 pH 值的影响，在离子强度高的条件下反应时酶往往会从载体上脱落。

7.2.2 包埋

包埋固定化方法是把酶定位于聚合物材料或膜的格子结构中（多孔载体）有限的空间内。酶在该空间内的行动受到限制，不能随意地离开或进入周围介质中，这样可防止酶蛋白的释放，但底物和产物则能自由地进入这个空间。包埋法一般不需要与酶蛋白的氨基酸残基进行结合反应，很少改变酶的高级结构，酶活力回收率较高，可用于包埋各种酶、微生物细胞和具有不同大小、不同性质的细胞器。但是在包埋时发生化学聚合反应，酶容易失活，必须巧妙设计反应条件。由于只有小分子可以通过网络扩散，并且这种扩散阻力会导致固定化酶动力学行为的改变，降低酶活力，因此包埋法只适合作用于小分子底物和产物的酶，对于那些作用于大分子底物和产物的酶是不适合的。包埋法一般可分为网格型和微囊型两种：将酶包埋于高分子凝胶细微网格内的称为网格型；将酶包埋在高分子半透膜中的称为微囊型。

（1）网格型

用于此法的高分子化合物有聚丙烯酰胺、聚乙烯醇和光敏树脂等高分子化合物，以及淀粉、明胶、卡拉胶、胶原、大豆蛋白、壳聚糖、海藻酸钠等天然高分子化合物。前一类常采用在酶存在下聚合合成高分子的单体或预聚物的方法，后一类常采用溶胶状天然高分子物质在酶存在下凝胶化的方法。大多数酶可以采用这种方法进行固定。

（2）微囊型

将酶包在直径为几微米到几百微米的球形半透膜内即形成微胶囊化酶。这种固定化的酶是用物理方法包埋在膜内的，只要底物和产物分子的大小能够通过半透膜，底物和产物分子就能够自由扩散通过膜。这种包埋法的主要优点是：使用较小的体积就可以为酶与底物的接触提供极大的表面积；有可能用简单的步骤将多种酶同时固定。但在微胶囊化过程中，用这种固定化方法，酶偶尔可能失活，需要高浓度的酶，所用的某些微胶囊化方法有可能使酶组合在膜壁上，在使用中会有酶漏出。

制备微囊型固定化酶常用的方法有以下几种。

① 界面沉淀法　利用某些高聚物在水相和有机相的界面上溶解度极低而形成皮膜将酶包埋的方法。一般是先将含高浓度血红蛋白的酶溶液在与水不互溶的有机相中乳化，在油溶性的表面活性剂存在下形成油包水型微滴，再将溶于有机溶剂的高聚物加入乳化液中，然后加入一种不溶解高聚物的有机溶剂，使高聚物在油-水界面上沉淀析出，形成膜，将酶包埋，最后在乳化剂的帮助下由有机相移入水相。此法条件温和，酶不易失活，但要完全除去膜上残留的有机溶剂很困难。作为膜材料的高聚物有硝酸纤维素、聚苯乙烯和聚甲基丙烯酸甲酯等。

② 界面聚合法　这是利用界面聚合的原理用亲水性单体和疏水性单体将酶包埋于半透性聚合体中的方法。具体方法是：将酶的水溶液和亲水单体用一种与水不相溶的有机溶剂制成乳化剂，再将溶于同一有机溶剂的疏水单体溶液在搅拌下加入上述乳化液中；在乳化液中的水相和有机溶剂之间发生聚合反应，水相中的酶即包埋于聚合体膜内。该法制备的微囊大小能通过调节乳化剂浓度和乳化时的搅拌速度而自由控制，制备过程所需时间非常短。但在包埋过程中由于发生化学反应而会引起某些酶失活。

③ 二级乳化法　将一种聚合物溶于一种沸点低于水且与水不混溶的溶剂中，加入酶的水溶液，并用油溶性表面活性剂为乳化剂，制成第一个乳化液。此乳化液属于"油包水"型，把它分散于含有保护性胶质（如明胶、聚丙烯醇和表面活性剂）的水溶液中，形成第二个乳化液。不断搅拌，低温（真空）蒸出有机溶剂，便得到含酶的微囊。常用的高聚物有乙基纤维素、聚苯乙烯等，常用有机溶剂为苯、环己烷和氯仿。此法制备比较容易，酶几乎不失活，但残留的有机溶剂难以完全除尽，而且膜也比较厚，会影

响底物扩散。

④ 脂质体包埋法　是近年来研制成功的一种新微囊法，其基本原理是利用表面活性剂和卵磷脂等形成液膜而将酶包埋。其显著特征是底物或产物的膜透过性不依赖于膜孔径的大小，而只依赖于成分的溶解度，因此，可以加快底物透过膜的速度。

（3）其他包埋方法

如辐射包埋法，酶溶解在纯单体水溶液、单体加聚物水溶液或纯聚合物水溶液中，在低温或常温下，用 γ 射线、X 射线或电子束进行辐射，可以得到包埋有酶的亲水凝胶。如 γ 射线引发丙烯醛与聚乙烯膜接枝聚合后，活性醛基可共价固定化葡萄糖氧化酶并呈现良好效果。

7.2.3　共价结合

这是酶与载体以共价键结合的固定化方法，是载体结合法中报道最多的方法。归纳起来有两类：一类是将载体有关基团活化，然后与酶有关基团发生偶联反应；另一类是在载体上接上一个双功能试剂，然后将酶偶联上去。可与载体结合的酶的基团有氨基、羧基、巯基、羟基、咪唑基、酚基等，参与共价结合的氨基酸残基不应是酶催化活性所必需的，否则会造成固定化后酶活力丧失。

共价结合法与吸附法相比，其优点是酶与载体结合牢固，一般不会因底物浓度高或存在盐类等原因而轻易脱落。但是该方法反应条件苛刻，操作复杂，而且由于采用了比较激烈的反应条件，会引起酶蛋白高级结构变化，破坏部分活性中心，因此往往不能得到比活力高的固定化酶。酶活回收率一般为 30％ 左右，甚至底物的专一性等酶的性质也会发生变化。根据所用载体的性质，其活化方法各不相同，主要如下。

7.2.3.1　多糖载体

该类型载体可采用溴化氰法、活化酯法、环氧化法及三嗪法等。

（1）溴化氰法

溴化氰法为 Axen 等开发的方法，它不局限于酶，可以广泛应用于机体成分的固定化。多羟基类载体（R）在碱性条件下用 CNBr 活化时，产生少量不活泼的氨基甲酸酯衍生物和大量活化的亚氨碳酸酯衍生物［图 7-1（a）］；活化的亚氨碳酸酯衍生物再以图 7-1（b）所示的三种结合方式固定酶，其中异脲型是主要生成物。此法能在非常温和的条件下与酶蛋白的氨基发生反应，它已成为近年来普遍使用的酶固定化方法，尤其是溴化氰活化的琼脂糖已在实验室广泛应用于制备固定化酶以及亲和色谱的固定化吸附剂。

（2）活化酯法

活化酯法主要用于将酶固定在羟基载体上，通过对甲苯磺酰氯活化载体上的羟基，然后与酶蛋白上的氨基或巯基结合形成稳定的固定化酶（图 7-2）。该方法可以加入适当的添加剂以催化反应的进行。在用活化酯法连接载体与蛋白质时，蛋白质氨基组分的末端羧基可以受保护或不受保护，对于一些侧链功能团，如羟基、酚基等也并不要求一定要保护。这为酶固定化提供了很大的方便。

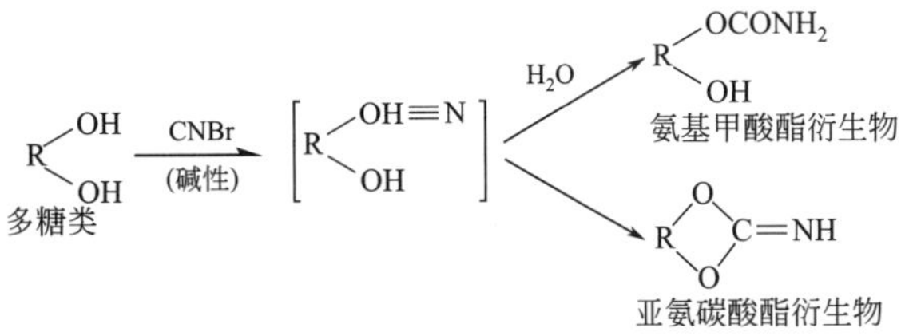

图 7-1 溴化氰法

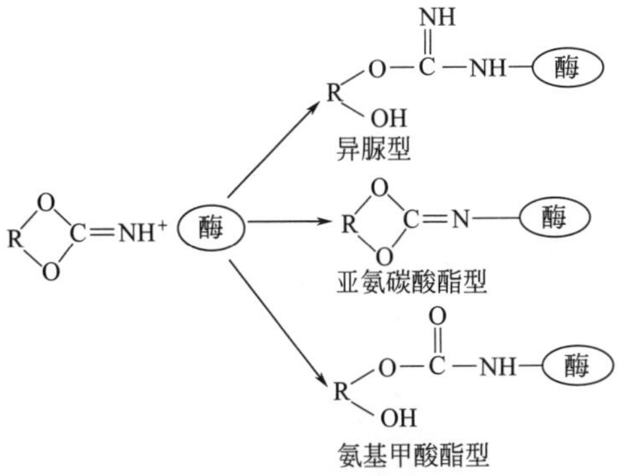

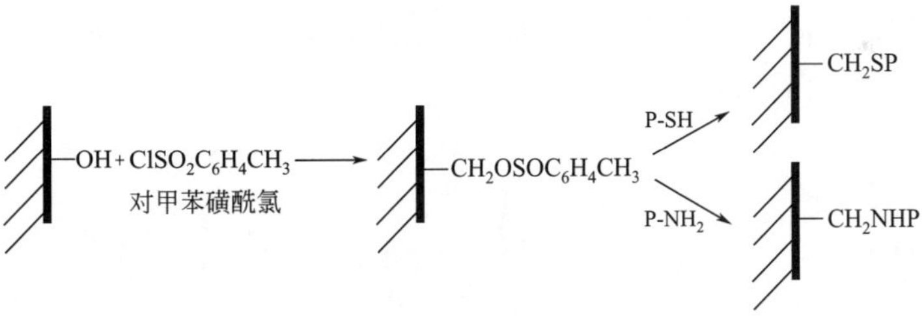

图 7-2 活化酯法

（3）环氧化法

该方法是采用环氧化物如表氯醇，与载体上的羟基反应后，再与酶蛋白的氨基或羟基或巯基反应（图 7-3）。

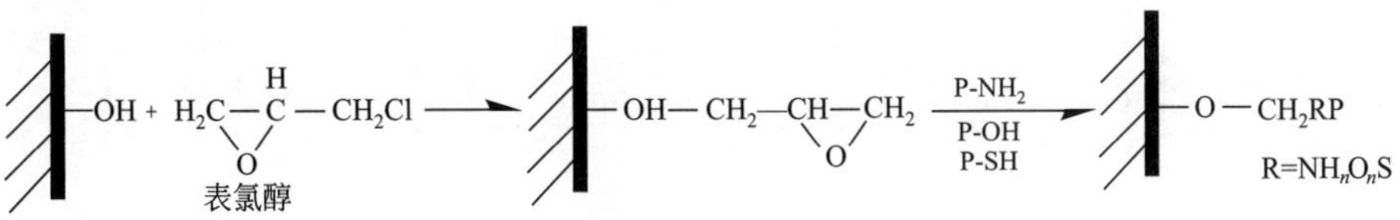

图 7-3 环氧化法

（4）三嗪法

该方法是采用三嗪化合物如三氯均三嗪，与载体上的羟基在 pH＝9～11 条件下反应后，再与酶蛋白的氨基进行反应（图 7-4）。

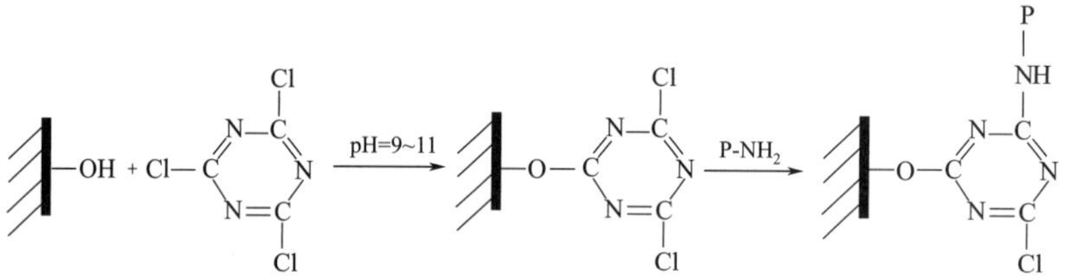

图 7-4　三嗪法

7.2.3.2　醛基载体

该类载体主要通过高碘酸钠将其自身的醛基与酶蛋白的氨基或巯基或咪唑基反应，从而达到固定化酶的目的（图 7-5）。

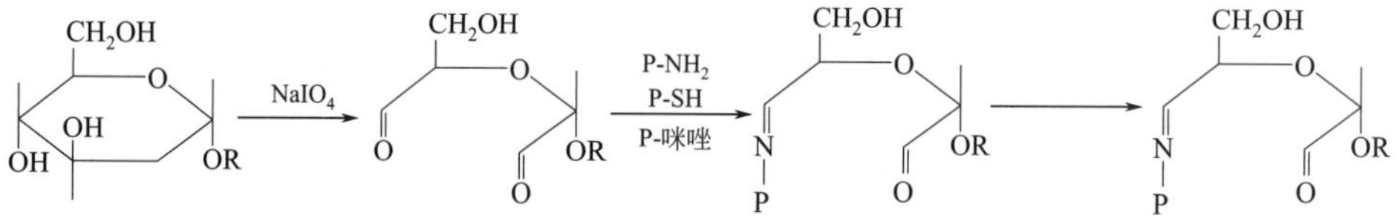

图 7-5　醛基载体固定化酶

7.2.3.3　羧基载体

利用该类载体可通过多种方法与酶固定，最常用的是采用碳二亚胺类（DCC）交联剂，先对羧基进行活化，然后再与酶蛋白的氨基结合。此外，还可以采用氯化亚砜或甲醇与肼将其与酶蛋白连接起来（图 7-6）。

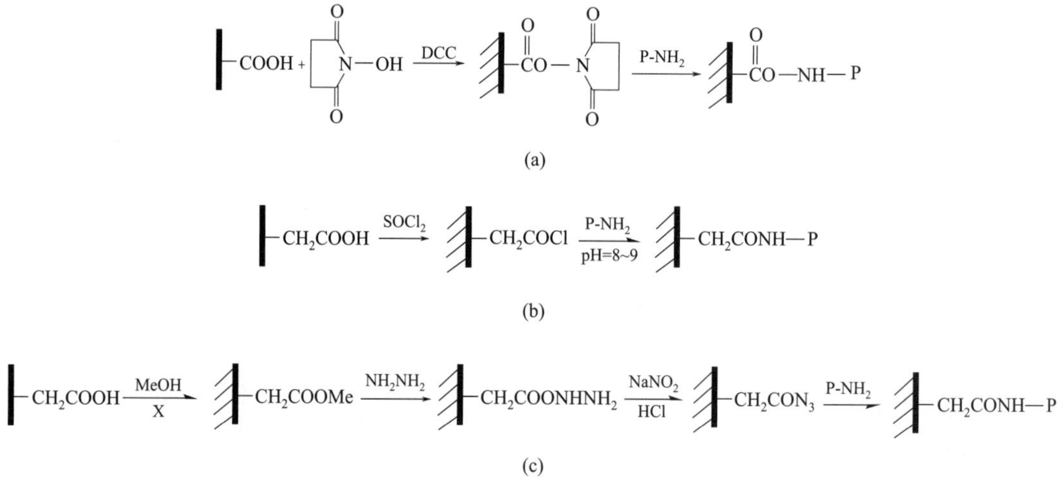

(a)

(b)

(c)

图 7-6　羧基载体固定化酶

7.2.3.4　多胺载体

主要采用二氯硫化碳对该类载体进行活化，形成异硫氰基团，然后与酶蛋白的氨基进行结合，达到固定化酶的目的（图 7-7）。

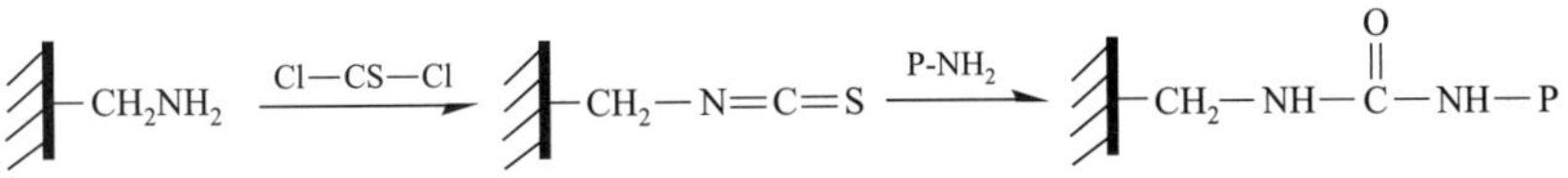

图 7-7　多胺载体固定化酶

此外还可以采用重氮法，具有芳香族氨基的水不溶性载体（Ph-NH$_2$）在稀盐酸和亚硝酸钠中进行反应，成为重氮盐化合物，然后再与酶发生偶合反应，得到固定化酶（图 7-8）。酶蛋白中的游离氨基、组氨酸的咪唑基、酪氨酸的酚基等参与此反应。很多酶，尤其是酪氨酸含量较高的 β-葡萄糖苷酶等能与多种重氮化载体连接，获得活性较高的固定化酶。

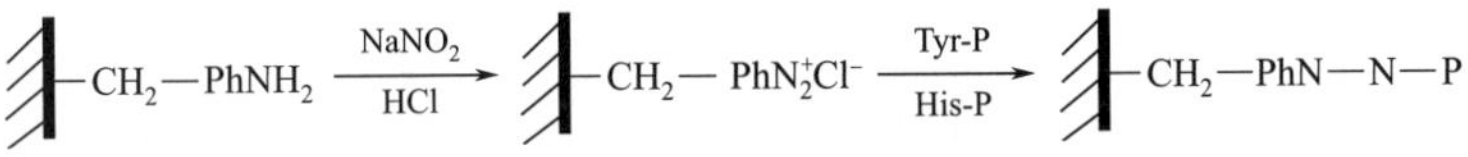

图 7-8　重氮法固定化酶

在碱性条件下，纤维素类载体与 β-硫酸酯乙砜基苯胺（SESA）反应，生成对氨基苯磺乙基纤维素（ABSE-纤维素），然后再重氮化，与酶偶联（图 7-9）。此法的优点是采用比较廉价的纤维素作载体，在酶分子与载体之间间隔了 ABSE 基团，这样偶联在载体上的酶蛋白分子就有较大的摆动自由度，可以减少大分子载体造成的空间位阻。

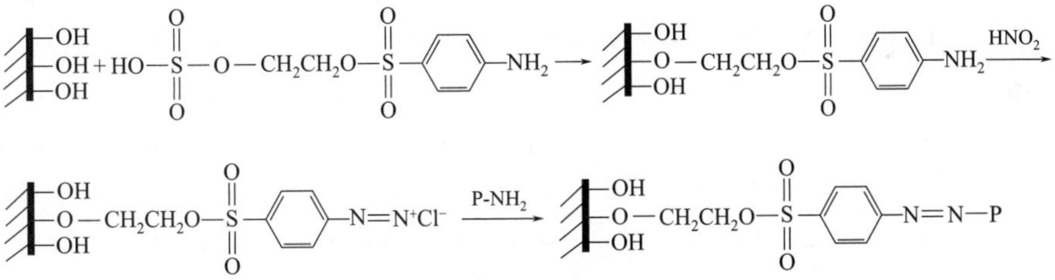

图 7-9　ABSE-纤维素重氮法固定化酶

7.2.3.5　巯基载体

该类载体主要将载体的巯基与酶蛋白的巯基连接起来，形成稳定的二硫键，从而达到固定化酶的目的（图 7-10）。

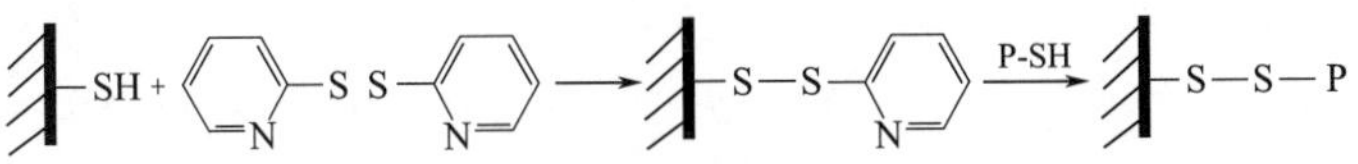

图 7-10　巯基载体固定化酶

7.2.3.6　无机载体

该类载体可采用直接法和涂层法（用活化的聚合物如蛋白质或葡聚糖涂层），见图 7-11。

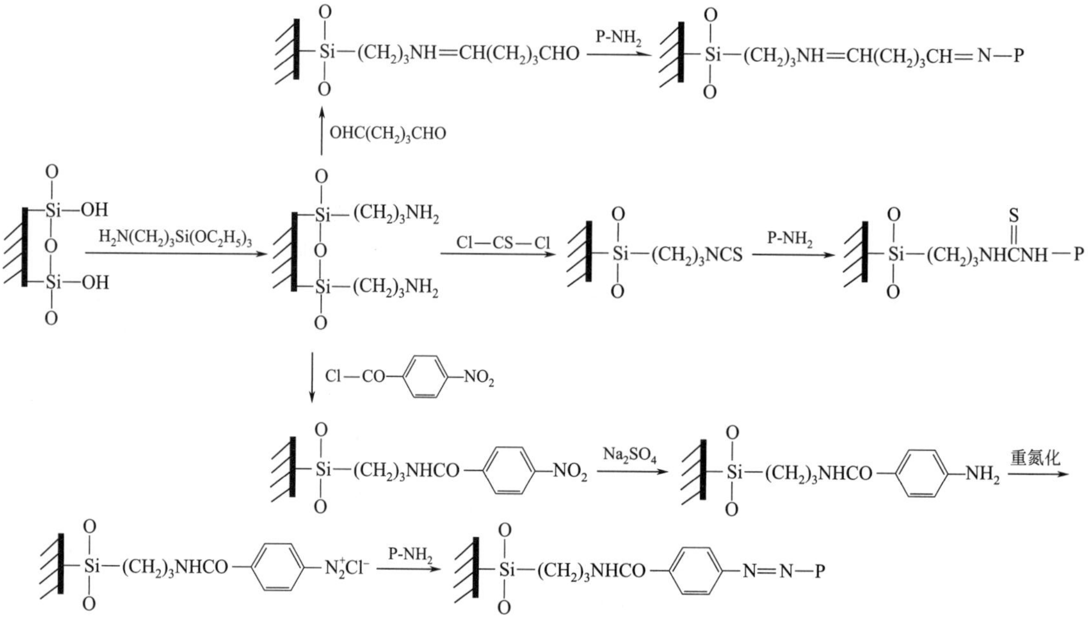

图 7-11　无机载体固定化酶

7.2.4　交联

用双功能或多功能试剂使酶之间交联。此固定化方法与共价结合法一样也是利用共价键固定酶的，所不同的是它不使用载体。参与交联反应的酶蛋白的功能团有 N 末端的 α-氨基、赖氨酸的 ε-氨基、酪氨酸的酚基、半胱氨酸的巯基和组氨酸的咪唑基等。作为交联剂的有形成席夫碱的戊二醛，形成肽键的异氰酸酯，发生重氮偶合反应的双重氮联苯胺或 N,N'-乙烯双马来亚胺等。最常用的交联剂是戊二醛，其反应式见图 7-12。

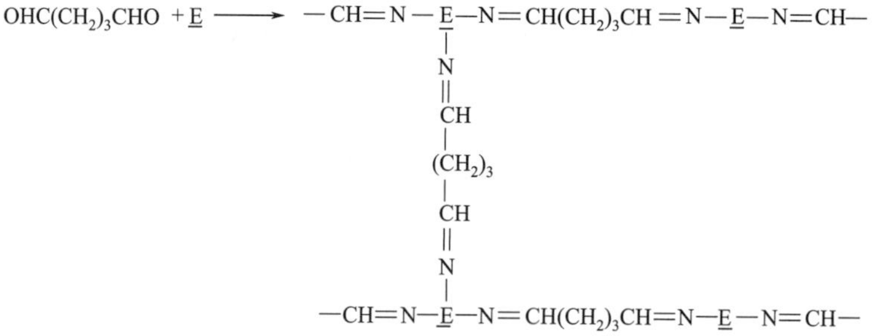

图 7-12　戊二醛作交联剂固定化酶

交联法反应条件比较激烈，固定化的酶活回收率一般较低，但是尽可能降低交联剂浓度和缩短反应时间有利于固定化酶比活力提高。

传统的载体固定化酶由于具有非催化功能载体的引入，不仅"稀释"了固定化酶的活性，阻碍催化过程中物质的扩散，而且通常酶活性会有严重损失，因此载体固定化酶在工业中的应用具有局限性。另外，将酶固定在载体上，特别当酶固载量较大时会发生酶堆积现象，造成大量酶活力无法发挥出来，另外，载体固定化酶的过程中需要大量劳动和重复性试验。相对于这些缺点，无载体固定化技术有着明显的优势，近几年备受关注，例如：具有较高的催化活性和低的生产成本，能保持游离酶的催化结构，稳定性得到提高；同时能提高酶在有机溶剂中和极端环境下的操作稳定性。这些优点使研究人员对无载体固定化方法产生极大兴趣，近几年无载体固定化技术发展迅速，即不使用非活性材料载体，而利用功能试剂对不同形式的酶制剂（如可溶性酶、晶体酶、喷雾干燥酶以及物理聚集体酶）交联起来分别形成交联酶（cross-linked enzyme，CLE）、交联酶晶体（cross-linked enzyme crystals，CLEC）、交联喷雾干燥酶（cross-linked spray drying enzyme，CLSDE）和交联酶聚集体（cross-linked enzyme aggregates，CLEA）（图 7-13）。

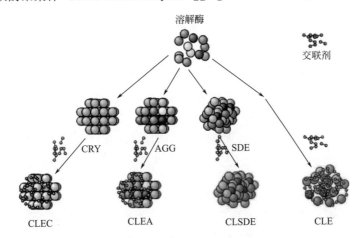

图 7-13　无载体固定化形成的交联酶种类

衡量一种固定化酶是否具有应用价值，主要是看其酶活性、操作稳定性、机械稳定性、重复使用次数及制备成本等。为此，就上述 4 种无载体固定化酶作一比较，此技术指标可作为无载体固定化酶的一个评价标准。从表 7-1 中可看出，CLEC 和 CLEA 的回收率、稳定性及可操作性都较高，但 CLEC 的制备成本相对较高，主要是因为酶的结晶化操作需要专门的设备，而且制备工艺相对较复杂，但其在有机溶剂中的稳定性较CLEA 要高，所以这两种方法有较好的应用前景[2]。

表 7-1　4 种无载体交联酶的特点

评价指标	固定化方法			
	CLE	CLEC	CLEA	CLSDE
制备工艺	简单	复杂	简单	简单
回收率	低	高	高	低
稳定性	中	较高	高	中
抗蛋白酶	好	较好	较好	差
可操作性	中	高	高	低
成本	低	高	低	中

7.3 可溶性载体固定化酶技术

天然纤维素都是不溶性的，许多人最初都只设计可溶性载体固定化纤维素酶，提高其操作稳定性。Woodward 和 Zachry[3] 用水溶性的琼脂糖共价固定纤维素酶，在水解不溶性的纤维素方面优于游离酶。1983 年，Mishra 等[4] 研究了用可溶性聚合物聚乙烯醇（PVA）作为固定纤维素酶的载体的方法。结果通过碳二亚胺（DCC）作为交联剂把产自 *Penicillium funiculosum* 的纤维素酶固定在 PVA 上，酶活性保留率达 90％，对催化碱处理甘蔗渣的水解效率明显比游离酶高，并且在 24h 内转化率为 54％，重复作用 3 次，酶活性保留完好。同年，Kumakura 和 Kaetsu[5] 报道在低温条件下，将来自 *T. viride* 的纤维素酶以辐射聚合法（radiation polymerization）包埋在亲水性单体甲基丙烯酸羟乙酯（HEMA）和丙烯酸羟乙酯（HEA）的表面上，得到的固定化纤维素酶（IC）的活性随单体亲水性和浓度不同而变化，当单体浓度为 80％时，IC 的活性最高。周瑞敏也采用此法将真菌纤维素酶固定在 HEMA 上，经 3 次重复使用，其 IC 的活性几乎没有损失。1985 年，Wongkhalaung 等[6] 利用可溶性载体进行了固定纤维素酶的研究。作者将 *A. niger* 纤维素酶固定在经 CNBr 活化的糊精上，固化率为 50％，酶活性保留率 70％，且在 60℃处理 2h，IC 的保留活性比游离酶高 20％。还有 Kumakura 和 Kaetsu[7] 报道将 1，6-己二异氰酯（HD）和聚乙二醇（PEG）在室温下混合反应 10min，制得可溶性聚氨基甲酸乙酯，以此作为载体，利用酶分子的氨基与载体的羟基形成肽键，来固定 *T. viride* 纤维素酶，得到的 IC 在 12 次连续水解反应后酶活性保留率仍很高。

7.4 不溶性载体固定化酶技术

把纤维素酶固定在可溶性载体上，固然有利于水解不溶性的纤维素材料，但不方便酶的回收，可溶性载体提高纤维素酶的操作稳定性也不明显，对纤维素材料进行改造可使其变得可溶，如 CMC，为此研究者开始探索不溶性载体固定纤维素酶，并且取得了很大进展。

7.4.1 常规不溶性载体固定化纤维素酶

最初许多人认为采用不溶性载体固定的纤维素酶水解不溶性纤维素底物是非常困难

的。但 1976 年美国研究者用不溶性载体胶原蛋白成功地固定纤维素酶，获得专利，给人们带来了希望，并开辟了纤维素酶固定化研究的新领域。1977 年，Karube 等[8]报道用胶原蛋白纤维固定 *T. reesei* 纤维素酶，在流动床式反应器中水解微晶纤维素，转化率达 80%。1978 年，Bissett 和 Sternberg[9]报道，获得的固定化 *Aspergillus phoenics* β-葡萄糖苷酶活性半衰期从 0.5h 延长到 252h。1980 年，Ryu 和 Mandels[10]又将 *A. phoenics* 的 β-葡葡萄糖苷酶用戊二醛固定在脱己酰壳多糖上，再加到木霉纤维素酶上，可明显提高葡萄糖和总糖量。也有人通过物理吸附或共价结合等方法，将真菌纤维素酶固定在皂土（bentonite）、矾土（alumina）、陶瓷（ceramics）、硅石玻璃（silicaglass）、海藻酸钙胶粒（calcium alginate gel sphere）、EDTA-纤维素和离子交换树脂等不溶性载体上。得到的 IC 都不同程度地保留了原酶的活性。

为了增加不溶性载体的吸附性能，提高纤维素酶的固化率，可对载体进行处理，然后再来固定酶分子。如 1982 年，Woodward 和 Zachry[3]报道将琼脂糖（Sepharose）载体先用溴化氰（CNBr）进行活化处理，然后固定 *T. reesei* 纤维素酶，结果酶活性可以高度保留，催化效力明显高于游离酶。1987 年，Jain 和 Wilkins[11]用盐酸和胺对尼龙（Nylon）载体进行活化处理后，通过肽键将 *T. reesei* 纤维素酶固定在尼龙上，酶活性保留率为 60%，热稳定性明显增强，水解碱处理锯末的糖得率为 7.81%，比游离酶增加 1 倍，而且重复使用 5 次，其得糖率降至 17.5%。同年，Shimizu 和 Ishihara[12]报道用两种方法将 *T. viride* 和 *A. niger* 纤维素酶分别固定在多孔硅石玻璃（porous silicaglass）、矾土（alumina）和金属钛（titanium）三种载体上：一种方法是先用 TiCl$_4$ 作为活化剂，对载体进行处理，制成钛螯合物，再利用酶分子的羟基与之结合；另一种方法是先将酶分子吸附在经 γ-氨基丙基三乙氧基甲硅烷（γ-aminopropyltriethoxysilane）处理载体得到的烷基胺衍生物，再用戊二醛作交联剂进行固定。上述 IC 中被固定的酶量为 10~50mL/g 载体，酶活性保留率在 3%~53% 之间，并对 CMC、木聚糖等多种底物都具有活性。尤其是对 CMC 的活性，在连续 60 天的反应中没有改变。

潘丽军等[13]用廉价的淀粉接枝丙烯腈、丙烯酰胺两亲性高分子化合物形成多孔颗粒状载体，然后用对-β-硫酸酯乙砜基苯胺（SESA）共价结合纤维素酶，第 5 次重复水解 CMC 反应后，还原糖得率只剩初始的 50%。麻丙辉等[14]采用非碱溶性木耳多糖交联纤维素酶，重复 20min 的 CMC 分解反应，第 8 次还原糖得率仍在 90% 以上。Afsahi 等[15]将纤维素酶固定在无孔的细小 SiO$_2$ 颗粒上表现出了优异的操作稳定性。

7.4.2　膜载体固定化纤维素酶

不溶性载体在固定纤维素酶时虽然方便，但毕竟比表面积不大，不利于酶促反应的进行。为此有研究者采用了比表面积大的膜。Wu 等[16]先是制备了不溶性的丙烯酰胺与丙烯腈共聚物膜，将纤维素酶交联固定，提高了纤维素酶的热稳定性和操作稳定性，后来又制备聚乙烯醇纳米纤维膜固定纤维素酶（戊二醛交联），5 次重复 30min CMC 水解，还原糖产量下降了 34％。Dincer 和 Telefoncu[17] 将聚乙烯醇涂在壳聚糖球上，然后直接固定纤维素酶，固定效率提高到了 87％。Li 等[18,19] 用自制脂质体膜固定纤维素酶，发现纤维素酶很难固定上，后来先把脂质体膜涂在壳聚糖上，再固定纤维素酶，发现在水解可溶的 CMC 与不溶性的纤维素粉时，表现出了更好的效果。但是由于壳聚糖大分子的扩散限制，使得固定效率不如脂质体膜直接固定。在水解反应进行时，搅拌等因素容易导致膜的破损。将膜涂在壳聚糖上，虽可避免膜破坏，但减小了比表面积，也增大了底物的扩散限制，不利于酶促反应的进行。

7.4.3　磁性纳米材料固定化纤维素酶

为了进一步提高固定化纤维素酶的水解效果，国内研究者试图采用分散性好的载体固定纤维素酶。近年来，纳米材料的优良性能逐渐显现，研究者们逐渐把目光投向开发纳米材料作为酶的固定化载体。从实际应用的层面出发，纳米材料也是一类特殊的无机载体，因此兼具了无机载体的良好性质，纳米材料广义上是指三维空间中至少有一维处于纳米尺度范围或者以该尺度范围的物质为基本结构单元所构成的材料，同时纳米尺寸的物质因具有与宏观物质所迥异的表面效应、小尺寸效应、宏观量子隧道效应等，可以构建不同的形状，应用于制备固定化纤维素酶。在实验室阶段，纳米粒子作为纤维素酶固定化载体时表现出了优良的性质，但是实际工业生产中仍然存在不易分离、酶固载率偏低和酶活力回收率较低等问题。为了有效地解决上述问题，研究者们通过固定化策略的改进，包括结合不同的固定化技术、设计开发新的固定化载体以及固定化条件，来提高固定化酶的催化活性、选择性和稳定性，磁性纳米材料的应用是其中一个有效方法。当固定化酶载体具有磁性时，制备得到的固定化酶易于从反应体系中分离回收，操作简单。同时可以利用外加磁场代替传统的搅拌方式。

传统使用的磁性材料是 Fe_3O_4，一般而言，铁的氧化物及羟基氧化物，按价态、晶型和结构的不同可分为 $(\alpha\text{-}, \beta\text{-}, \gamma\text{-}) Fe_2O_3$、$Fe_3O_4$、$FeO$ 和 $(\alpha\text{-}, \beta\text{-}, \gamma\text{-}和 \delta\text{-}) FeOOH$，其中研究较多和具有实用价值的铁的氧化物主要有 Fe_3O_4、$\gamma\text{-}Fe_2O_3$ 及 $\alpha\text{-}Fe_2O_3$ 等。现阶段由于纤维素酶结构的复杂性，研究者一直在寻找合适的固定化方法，基于磁性纳米粒子与固定的纤维素酶的结合方式，一共有三类，即直接固定、修饰固定及复合载体固定[20]。

7.4.3.1　直接固定

将纤维素酶直接固定在磁性纳米颗粒表面可以克服有孔载体普遍存在的扩散阻力，单一的磁性纳米粒子具有更高的磁响应性和更大的比表面积。有关酶直接固定在磁性纳米粒子表面的固定化机理一般认为，通过化学共沉淀法制备的磁性纳米粒子属于"巨型离子"，其表面会在特定的溶液体系中吸附 OH^- 从而带有正（负）电荷（粒子表面在吸附 OH^- 后还会因为 OH^- 的电荷效应结合其他阳离子，因此其所处的离子环境决定了粒子吸附后的电荷表现），导致粒子在碱性环境中表面带有负电荷，而在酸性环境中表面带有正电荷。有研究指出，在 pH＝7.5 时 OH^- 在粒子表面的电荷效应为零，这时粒子表面电荷密度很小并且极易团聚。一般认为 OH^- 在 pH＝6～10 的范围内都会被吸附保留在粒子表面。因此直接固定化主要是使粒子表面自由的羟基和酶的氨基结合使得其固定在粒子表面。使用磁性纳米材料进行纤维素酶固定化的简易性引起了人们广泛的兴趣，表 7-2 从载体制备到固定化效果梳理了常见的纤维素酶固定化方案。

表 7-2　纤维素酶直接固定在磁性纳米载体

载体制备反应条件	粒子表征效果	纤维素酶类别	固定化方法	固定化条件	固定化效果	参考文献
pH=10，80℃，30min	20nm	国药生化试剂配制	N,N'-羰基二咪唑(CDI)活化交联	pH=4.55，4℃,30min	10 批次后酶活力保持 80%；低温保存 30 天酶活力保留 84%	[21]
70℃，450r/min		食品级纤维素酶	1-(3-二甲氨基丙基)-3-乙基碳二亚胺(EDC)活化交联	pH=4.0，25℃，120r/min	最适温度 60℃,最适 pH=5.0 几乎没有变化	[22]
80℃，30min	13.3nm	杰能科(Genencor)	EDC 活化交联	混合冷却至 4℃,2h，固定化温度为 25℃	最大固载率 90%（当酶投量 $1\sim 2$mg，粒子 50mg）；pH=5.0,50℃,6 批次后 10% 的相对酶活力；第一次水解后固定化酶活力相当于游离酶的 30.2%	[23]
70℃，450r/min,1h	11.5nm，62.732 emu[①]/g	纤维素酶(EC 3.2.1.4)	水溶性碳二亚胺活化交联	25℃,24h，150r/min	粒子晶态结构无变化。纤维素酶有效交联，粒子的比饱和磁强分别为 77.366emu/g 和 62.732emu/g	[24]
Fe_3O_4 纳米粒子（德国 Plasma Chem）	$50\sim 110$nm	绿色木霉	离子吸附法	pH=5，室温,7h	最大固载率 95%（当酶投加量 2mg，粒子 60mg）；最适温度接近 60℃，在 pH>7 时活性变强	[25]
戊二醛活化的磁性纳米粒子（德国 Chemicell）	1μm	Cellic Ctec 2		pH=7.4，室温,24h	2.8g 还原糖/(kg 粒子·min)	[26]

① emu 为材料的磁化强度单位。

在直接固定化中，更加常见的成熟方案是共价吸附法。表 7-2 中列举的前几项研究都建立在此方法之上。一般在载体结合酶的时候要经过吸附与共价结合两个阶段。当酶分子在溶液中因为物理作用靠近带有化学功能基团位点的载体附近后，足够接近的酶分子上的非活性部位基团与载体上数量足够的活性化学功能团发生化学反应，使得酶分子结合到载体上。虽然直接固定不需要对磁性纳米粒子进行修饰，流程较为简单，在这种条件下，酶的活力取决于吸附与共价结合两个操作过程，扩散限制、载体活性位点官能团和固定化条件、体系的 pH 值及温度等都会影响酶的活性。表 7-2 显示，直接固定条件的选择存在多样性，而共价结合的取向难以控制，从而导致了酶活力的差异。20 世纪 70 年代就有研究者提出，固定化载体和酶之间的静电复合物对于固定化酶的活性与稳定性具有重要意义，不同的活化剂选择、固定化条件的控制都会导致纤维素酶的固载率和酶活力的差异，从而导致应用上的局限。除了磁性纳米粒子的物理特性（粒径、比表面积以及粒子形貌等）的差异，选择合适的活化剂，调控合适的固定化条件仍是目前研究的重点。表 7-2 中列举的方案多采用水溶性碳二亚胺活化纤维素酶再将其与磁性纳米粒子交联固化，无论是 EDC 还是 CDI，价格都偏高，若需要大规模生产，经济成本较高，有待进一步寻找合适的交联活化剂。

7.4.3.2 修饰固定

相较于直接将酶固定于磁性纳米粒子，对载体表面化学修饰后使其带上各种反应性功能基团（如环氧基、羰基或氨基等），可在一定程度上增加其与酶结合的强度，使得固定化酶不易脱落，同时因为部分修饰方法需要进行较为剧烈的化学反应，因此可能会对酶的活性中心造成相对的损伤，从而导致固定化酶活性的下降，所以在修饰固定化纤维素酶时需要格外注意修饰的官能团化学性质以及修饰方法的温和性，尽量不要对固定化的酶催化性能造成损失，表 7-3 列举了近年来常见的几种较为成熟的修饰固定化纤维素酶的方法。

表 7-3 纤维素酶固定在表面修饰的磁性纳米载体

载体修饰	修饰方法条件	粒子表征	固定化纤维素酶	固定化方法	固定化条件	固定化效果	参考文献
聚乙二醇	反应直接投加		纤维素酶（Sigma 公司）	以戊二醛为交联剂，吸附交联	pH=4.5,50℃	10 批次后酶活力保持 59%，低温储藏 26 天酶活性下降 42.6%，K_m=4.48mg/mL	[27]
聚乙烯醇	反复冻融	10nm；47.55A·m^2/mg	纤维素酶 R-10	物理交联	pH=6.0,1h，酶/PVA-4，PVA/Fe-50	酶回收率 42%；5 批次后酶活力保持 50% 以上	[28]
正硅酸乙酯（TEOS）烷化；表面氨基化	TEOS 和丙酮水浴反应，加入磁流体，50℃研磨；加入 APTES 室温搅拌 7h	25nm；晶体结构没变；28.715mol/g	纤维素酶（宁夏和氏璧生物技术公司）	戊二醛活化粒子表面交联	25℃,5h，150r/min	6 批次后酶活力保留 62.7%	[29]
氨丙基三乙氧基硅烷（APTES），丙烯酸丁酯（BA），乙二胺（EDA）修饰	超声 20min 搅拌 7h；超声 30min 反应 48h；双倍 BA，EDA 反应	氨基含量 0.41mmol/g，0.69mmol/g，0.87mmol/g；12nm,14nm,27nm,40nm				修饰磁性颗粒粒径 40nm；三代产品仍具较高饱和磁化强度 29.97min/g	[30]

修饰固定法的设计理念是：先经过与化学试剂反应使得制备的磁性纳米颗粒表面带上特定的官能团，再通过物理或化学作用让酶分子接近反应位点并与活化的官能团结合，从而使得酶分子牢固结合到载体上。在表 7-3 列举的固定化方法中，经过多批次的水解之后，固定化纤维素酶仍保有相当高的酶活性，这说明了经过修饰的载体与酶分子间的结合更为牢固，并且可以重复水解纤维素。修饰载体上共价结合的酶可以看作是经过化学或物理作用修饰过的酶，它们的理化性质会被所使用的载体所修饰。

在进行固定化的时候，酶和载体上修饰的化学官能团发生反应，这改变了酶的构象，同时酶分子的空间取向也因为结合到反应位点而发生了相应的改变，因此酶的化学性质也相应改变，这都使得成功固定化的纤维素酶在催化性能、选择性和稳定性上比传统吸附法固定的酶或天然酶有了显著提升。

7.4.3.3　复合载体固定

以磁性纳米粒子作为载体直接通过吸附、偶联的方式固定纤维素酶，操作要求较低，工艺较为简便，易于实现工业化，但是直接固定往往导致纤维素酶的固载量偏低，这是由于简单吸附的附着力较弱，酶分子易脱落，即使是使用脱水剂活化之后共价结合，也较容易受到溶液环境的影响，在表 7-2 实验方案中的高固载率往往要在比较低的纤维素酶投加量下才能得到，且高固载率下的重复性能仍待实验验证；以表面功能化的磁性纳米粒子作为载体固定纤维素酶，虽然可以通过增加粒子表面的可用官能团数量，或者利用复杂化的空间结构提高酶分子与结合位点的反应机会，从而增加酶分子的固载量，但是表 7-3 所列的固定化方法中，化学修饰相对烦琐，操作要求较高，而且经过复杂的表面修饰，高刺激性的化学试剂残留也可能会对酶的生物特性产生影响。另外，由于共价结合改变了酶分子的空间构象，有时反而会使固定的纤维素酶活力降低。因此，研究者们开始研究以磁性高分子微球为载体的复合固定化酶技术。对于无孔的磁性载体颗粒，如以包覆法制备的微球，在可分离的非均相反应体系中，颗粒越小，其固定化的表面积越大，越有利于增加载体的固载量；对于制备出的多孔载体，因为浓度梯度的存在，渗透到载体内部的酶分子会因为扩散限制出现功能性失活，通常在制备载体微球时可以通过改变载体制备条件，如致孔剂、交联剂的选择和浓度，控制载体的孔隙率，对于较大的颗粒，可以通过酶的固载率控制酶活力。另外，复合载体兼有强磁响应性、高比表面积、机械强度高、单分散性好等优势。其中 Fe_3O_4-壳聚糖复合载体因为其良好的机械性能、化学稳定性以及抗金属离子干扰等优点而备受关注。

壳聚糖本身也可以单独成为纤维素酶的固定化载体，结合磁性材料的壳聚糖复合载体继承了其生物大分子的特性，目前，磁性壳聚糖微球的结构可分为三类：核-壳结构，磁性材料为核，高分子材料为壳；混合结构，磁性材料分散在磁性微球内部；多层夹心结构，外层和内层为高分子材料，中间为磁性材料。

制备出的 Fe_3O_4-壳聚糖复合载体兼具磁性纳米材料的磁响应性以及壳聚糖生物大分子的生物相容性、易于修饰的特点，提高了载体的机械性能以及稳定性，在酶固定化领域具有广阔的应用前景，表 7-4 以修饰方法为出发点，介绍了以壳聚糖磁性纳米材料为固定化载体制备的纤维素酶（蛋白质）固定化方法及效果。

表 7-4　纤维素酶固定在 Fe_3O_4-壳聚糖复合载体

修饰方法条件	粒子表征效果	固定化酶(蛋白)	固定化方法	固定化反应条件	固定化效果	参考文献
60℃，1h 滴加甲醛；80℃，1h 滴加戊二醛		纤维素酶（上海博奥生物）	EDC 活化，戊二醛交联	pH=7；50℃	耐受磁场,酶活力 18~27U/(g·min)	[31]

修饰方法条件	粒子表征效果	固定化酶(蛋白)	固定化方法	固定化反应条件	固定化效果	参考文献
混合搅拌30min,加入1mol/L NaOH	10～18nm,粒子晶型未变	纤维素酶(Meiji Seika Pharma Co. 日本)	戊二醛交联	pH＝5;25℃;2 h	固载 112.3mg/g,酶活力 5.231U/mg; 10 批次酶活保留率 50%	[32]
70℃,1h,逐滴加入油酸	10～20nm,pH＜3 或 pH＞10 稳定存在	牛血清白蛋白	吸附	pH＝6	BSA 吸附 300 mg/g 粒子	[33]
180℃,24h,静电自组装	49nm	纤维素酶(绿色木霉)	共价结合	pH＝6.86;室温;5～240min	耐热,耐存储,可重复使用,酶负载145.5mg/g 载体	[34]

现阶段应用于固定纤维素酶的复合载体,特别是与磁性纳米粒子复合的载体数量还有待进一步开发,研究者们就如何得到更高效的 Fe_3O_4-壳聚糖磁性纳米复合载体,在修饰基团、固定化方法、固定化条件控制等方面并未达成一致,还有待深入研究。由于结合了两种或多种载体材料,复合载体显示出了优于单一载体的理化性能,同时也发挥了磁性纳米材料的优势,但是开发新的载体并不表明要与已有的载体材料分割开来,研究者们开发了众多的酶固定化载体,这些载体材料都可能经过新的设计特异性地应用到纤维素酶的固定化中。

可以说,利用磁性纳米材料为基础的复合固定化载体会为大规模的工业应用奠定基础。但是不容忽视的一点是,虽然复合载体优势突出,但是制作工艺相对较复杂,操作条件要求相对较高,所以寻找更优化的复合材料,以及简化复合材料的制备和固定化流程,将是进一步研究开发的重点[20]。

7.5　可溶-不可溶性载体固定化纤维素酶

可溶-不可溶性(soluble-insoluble,S-IS)聚合物,英文称之为 Smart Polymer 或 Stimuli-Responsive Polymer,中文还称之为新型两相体系。现今,越来越多的可回用聚合物应用于两相体系,取代了传统两水相体系的成相物葡聚糖、聚乙二醇、盐等,这些新型可溶-不可溶性聚合物可以通过调节其理化性质,如温度或离子强度等发生沉淀,从而进行回收再利用,用 S-IS 载体固定化酶就可避免单独使用不溶性载体系统酶-底物的传质阻力问题,以及可溶性载体系统酶使用后不能回收的缺陷。而且,S-IS 固定化酶有时还会对底物表现出更大的亲和力。S-IS 的种种优点使得其越来越受研究者的青睐,在固定纤维素酶方面也取了很好的效果。目前常用的可溶-不可溶性聚合物主要有温度响应聚合物、pH 响应聚合物和光响应聚合物三种。

聚合物在可溶-不可溶状态转化示意如图 7-14 所示。

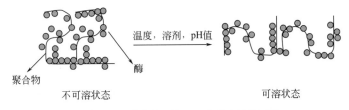

图 7-14　聚合物在可溶-不可溶状态转化示意

按照聚合物的理化性质，我们常用的可回用两水相体系主要分为以下三类。

7.5.1　温度响应可回用两水相体系

温度响应聚合物在水溶液中存在低温临界共溶温度（低温临界共溶温度被定义为：在一定组成和压力条件下，聚合物从不相溶到相溶的临界温度随着组成变化的极小值）。当溶液温度低于低温临界共溶温度时，温度响应聚合物在任何组成下都能形成互溶的均相水溶液；而当溶液温度高于低温临界共溶温度时，聚合物会从可溶状态转变为不可溶状态，发生沉淀。低温临界共溶温度现象的产生与聚合物在水溶液中的氢键以及疏水相互作用的温度有密切的关系[35]。

20 世纪 90 年代初期，温度响应聚合物环氧乙烷-环氧丙烷（EOPO）首次成功应用于温度响应可回用两水相体系，实现了成相聚合物的回收。随后，Johansson 等[36]用脂肪族基团在温度响应聚合物环氧乙烷-环氧丙烷末端进行修饰，首次制备了一种新型线性无规则聚合物，这种聚合物能够与水形成可回用两水相体系，并能够通过改变温度诱导聚合物沉淀，从而进行回收。Persson 和 Johansson[37]利用两种温度响应聚合物 $EO_{50}PO_{50}$ 和 HM-EOPO 形成一种新型两水相体系，这个新型两水相体系的两种成相聚合物均能够通过温度诱导进行高效回收。Show 等[38]利用温度响应聚合物环氧乙烷-环氧丙烷和硫酸铵形成可回用两水相体系，并在这种可回用两水相体系中开展了脂肪酶的回收，研究发现，温度响应聚合物环氧乙烷-环氧丙烷的回收率达到 75%。

N-异丙基丙烯酰胺是温度响应聚合物中最常用的单体之一，能够在温度接近 33℃时出现明显的相变，从可溶状态转变为不可溶状态，属于低温临界共溶温度较高的温度响应单体。Miao 等[39]用异丙基丙烯酰胺和丙烯酸丁酯为单体，合成了温度响应聚合物，该聚合物能够和响应聚合物形成可回用两水相体系，通过升高温度至可以高效回收温度响应聚合物，回收率在 95% 以上。Liu 和 Cao[40]利用温度响应聚合物，与响应聚合物形成可回用两水相体系，并在该可回用两水相体系中进行了纤维素酶降解纤维素的催化反应，两种成相聚合物均可以进行高效回收。

温度响应聚合物 P_{NB} 的化学结构见图 7-15。

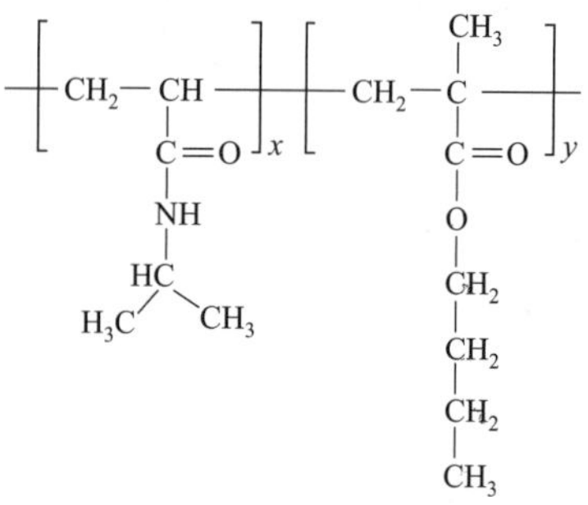

图 7-15 温度响应聚合物 P_{NB} 的化学结构

7.5.2 pH 响应可回用两水相体系

随着对可回用聚合物的深入研究，响应聚合物也逐步应用于可回用两水相体系。通过调节聚合物溶液的值至特定的范围，能够使响应聚合物发生沉淀，从而进行回收再利用。响应聚合物含有酸性和碱性可离子化的基团，在水溶液中会电离出酸性基团和碱性基团，产生响应的相变，在一定范围内聚合物能够发生沉淀，而超出这一范围，聚合物则可以完全溶解，响应聚合物的沉淀机理与蛋白质沉淀机理相似，当溶液中的正电荷总数与负电荷总数相等时，此时溶液的值为响应聚合物的等电点，由于溶液净电荷数为零，因此同种电荷间排斥的作用力消失，聚合物会发生沉淀。

Al-Muallem 等[41]发现一种阴离子型聚电解质能够与聚乙二醇形成两水相体系，这种阴离子型聚电解质是一种响应的阴离子聚合物，可以通过调节溶液至特定值发生沉淀而进行回收。Ning 等[42]利用丙烯酸、甲基丙烯酸二甲氨基乙酯和甲基丙烯酸丁酯三种单体，合成 pH 响应聚合物。该聚合物可以通过调节溶液至其等电点进行回收，聚合物 P_{ADB} 化学结构见图 7-16。利用丙烯酸、甲基丙烯酸二甲氨基乙酯、甲基丙烯酸丁酯和丙烯醇为单体，合成响应聚合物，该聚合物可以在一定浓度形成响应可回用两水相体系，两种聚合物均可以通过调节溶液至其等电点进行回收，聚合物 P_{ADBA} 化学结构见图 7-17。

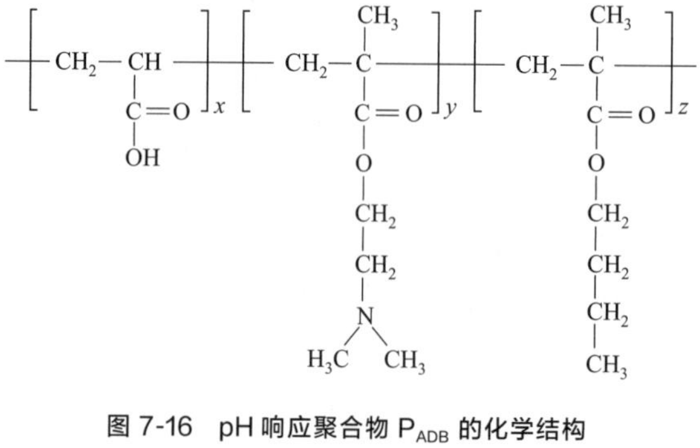

图 7-16 pH 响应聚合物 P_{ADB} 的化学结构

肠溶衣材料是一种典型的 pH 响应聚合物，其中 Eudragit（尤特奇）是甲基丙烯酸和甲基丙烯酸甲酯的共聚物，受羧基质子化的影响呈可逆溶解，如图 7-18 所示。

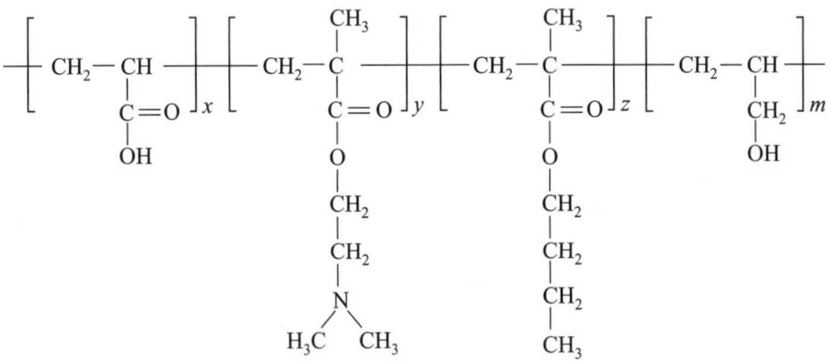

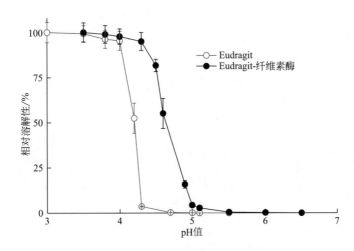

图 7-17　pH 响应聚合物 P$_{ADBA}$ 的化学结构

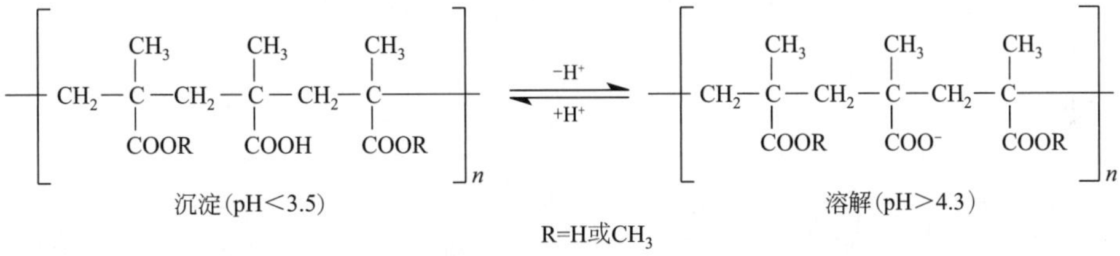

图 7-18　Eudragit L-100 的温度响应机制

图 7-19　Eudragit L-100 固定纤维素酶前后的在不同 pH 值下的溶解性

在高 pH 值时，载体上的自由羧基会发生离子化，因此获得了大量的负电荷，这些电荷除了与水发生相互作用外，还会互相排斥，因而使得载体以一种拉伸的状态存在，即可溶。在低 pH 值的时候，自由羧基呈现质子化，使得水与载体间的氢键作用消失，分子内部之间的电荷排斥大为减弱，再加上疏水作用使得载体沉淀。固定化纤维素酶后，由于自由羧基减少，使得溶解性曲线向高 pH 值即碱性方向有了一定的移动（图 7-19）。

7.5.3 光响应可回用两水相体系

Chen 等[43]以 NIPA（N-异丙基丙烯酰胺）、BMA（甲基丙烯酸丁酯）、AA（丙烯酸）和 CHL（叶绿酸铜钠）为单体，合成光响应聚合物 P_{NBAC} ［图 7-20(a)］；以 NIPA、DMAEMA（甲基丙烯酸二甲氨基乙酯）、BMA 和 CHL 为单体，合成另一种光响应聚合物 P_{NDBC} ［图 7-20(b)］。这两种光响应聚合物能够形成可回用两水相体系，并可以在 488nm 光照条件下将聚合物沉淀进行回收。Wang 等[44]利用 NIPA、NVP（N-乙烯基吡咯烷酮）和 CHL 三种单体，合成光响应聚合物 P_{NNC}，该聚合物可以在 488nm 光照下进行回收。Li 等[45]利用光响应聚合物 P_{NNC} 和 pH 响应聚合物 P_{ADB} 形成可回用两水相体系，光响应聚合物 P_{NNC} 主要分配在上相，pH 响应聚合物 P_{ADB} 主要分配在下相，两种可回用成相聚合物的回收率均在 96% 以上。

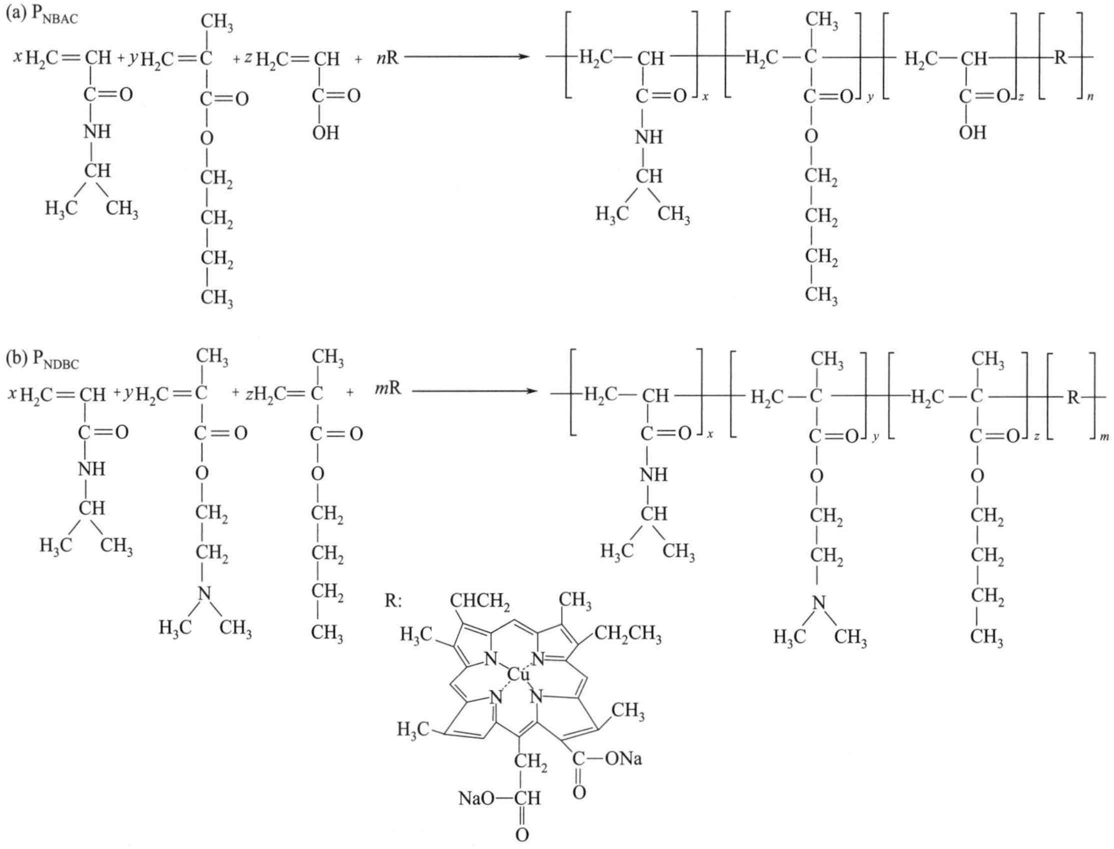

图 7-20 光响应聚合物的合成

7.5.4　S-IS 固定化纤维素酶应用

黄月文等[46]用温敏性的聚 N-异丙基丙烯酰胺与纤维素酶键联，第 5 次重复 30min 分解 CMC 反应的还原糖产率为最初的 80% 以上，但存在固定效率低下与固定过程烦琐等缺点。Taniguchi 等[47]用 pH 敏感的肠溶衣材料 AS-L 共价固定纤维素酶水解不溶性的玉米秸秆 24h，5 次循环后，还原糖为第一次的 80.4%，相比于游离酶，补加缓冲液固定化酶可提高还原糖产率，9 次反复沉淀-溶解后，活力约剩下 50%（酶活力测定方法：水解 CMC 20min）。Taniguchi 等[48]用另一种 pH 敏感的肠溶衣材料 Eudragit L-100 与纤维素酶结合（EDC 交联），然后对不溶的微晶纤维素溶液进行分批水解 24 h，发现分 4 批加料可比一次性加料反应 96h 提高还原糖产量 1 倍，固定后纤维素酶的存储稳定性明显提高。Dourado 等[49]通过尺寸排阻色谱（size exclusion chromatography，SEC）推测 EDC 不能交联纤维素酶与 Eudragit L-100，它们之间的结合是非共价结合；还有研究者发现，Eudragit L-100 对纤维素酶的吸附能力不如木聚糖酶。Zhang 等[50]用 pH 敏感性的肠溶衣材料 Eudragit L-100 非共价固定纤维素酶，固定效率达 85% 以上，对底物的亲和力也增大，但重复使用过程酶脱落严重，添加 NHS（N-羟基琥珀酰亚胺）或 Sulfo-NHS（N-羟基硫代琥珀酰亚胺）有利于提高偶联效果。沈雪亮和夏黎明[51]用对离子强度敏感的海藻酸（在含 Ca^{2+} 时沉淀，无 Ca^{2+} 溶解）吸附固定纤维素酶，水解纤维二糖 6h，10 次重复糖产量都无明显变化，而且在连续反应中表现出很好的稳定性。

7.6　纤维素酶无载体固定化

顾名思义，无载体固定化酶通常直接利用可溶性酶、晶体酶、喷雾干燥酶以及酶物理聚集体交联起来分别形成交联酶（CLE）、交联酶晶体（CLEC）、交联喷雾干燥酶（CLSDE）和交联酶聚集体（CLEA）4 种无载体酶系统。与传统固定化酶相比，无载体酶具有以下一些优点[2]：

① 可得到较高的催化剂比表面积；
② 有较高的酶催化活性，成本低；
③ 可实现多种催化剂的注入；
④ 受底物扩散限制的影响较小；
⑤ 提高了酶在极端条件下及有机溶剂中蛋白酶的操作稳定性。

7.6.1 无载体固定化酶分类

7.6.1.1 交联酶

交联酶（CLE）是人们研究最早的一种无载体酶，其通过交联剂对酶分子直接交联而获得，也是操作最简单的一种方法。到目前为止，已有 20 多种酶可通过交联直接形成 CLE 或先吸附在惰性膜载体上再经交联形成有载体的 CLE 形式。

在 CLE 制备过程中，交联剂的浓度、交联温度及 pH 值等是影响固定化酶稳定性及活性最重要的因素。除此之外，还受到溶解酶的浓度以及交联酶分子大小的影响。如果溶解酶的浓度过高，则易造成酶活回收率、稳定性和重复使用性降低。故要获得高活性及稳定性较好的 CLE，首先要控制好 CLE 交联处理程度和考虑到待交联酶的几何参数。

CLE 唯一的缺点就是机械稳定性较差，不过可以通过一些方法对 CLE 进行改进，如先将 CLE 包埋在凝胶网格中或吸附在惰性载体上，再进行交联，均可强化其机械稳定性，但是这种采用外加载体的方法会明显地降低单位体积的酶活性水平，所以以其工业应用范围受到限制[2]。

7.6.1.2 交联酶晶体

交联酶晶体（CLEC）是近年来发展起来的新型酶晶体催化剂，是酶结晶技术和化学交联技术的结合。该酶晶体在极端环境条件下（如极端温度和 pH 值、有机溶剂存在）的稳定性得到有效提高。

与传统固定化酶相似，无载体固定化酶也是采用交联剂交联，但交联的对象是酶晶体。其制备过程主要包括两个步骤，即酶的结晶化和晶体酶的化学交联。酶通过分批结晶可获得具有良好过滤性能的均一晶体；化学交联用于保持晶体的结构，而未交联的晶体则会从结晶溶液中移出很快溶解。

结晶化是制备 CLEC 最基本的步骤，通常分为三个阶段，即晶核的形成、晶粒的生长和晶粒生长结束。晶核是通过酶分子形成稳定的具有重叠结构的酶聚集体，在过饱和溶液中不断成长，当结晶与溶解达到平衡时，晶粒停止生长，即形成酶晶体。在酶结晶化过程中，结晶化试剂的浓度、酶液浓度、温度、pH 值以及搅拌速度是影响晶体形成和晶体粒子大小的主要因素。在乙醇脱氢酶和脂肪酶的结晶化研究中发现，在 pH＝7、100～160g/L 的 PEG 24000 中只有棒状晶体形成；而在 pH＝8 条件下，PEG 24000 的浓度为 100～140g/L 时形成的晶体是六角形的。说明 pH 值和结晶化试剂浓度不同时，形成的晶体形状和大小也不同。另外，其他因素都有可能向溶液环境中引入不同成分而阻碍结晶化的进行，如酶表面的微分糖基化、酶结构的改变、其他蛋白质的存在、酶变性及酶降解等因素。

结晶操作是纯化酶的重要手段之一，通过结晶可有效地防止由于粗酶制品中的杂蛋白的存在而降低了酶的对映选择性。由于晶体酶纯度高，所以其选择性和稳定性都大大提高。化学交联是保持酶晶体结构的有效措施，常用的交联剂是戊二醛，其作用机理目前还未有准确合理的解释，但可形成不溶性酶的效果是显而易见的。在对氯过氧化物酶晶体进行多种交联时，发现经戊二醛交联修饰后可获得酶活回收率和耐热性都较好的 CLEC，说明交联剂种类的不同对 CLEC 的制备有一定的影响。另外，交联条件如 pH 值、温度、浓度及交联时间也是影响 CLEC 稳定性和活性的重要因素。通过对交联条件的优化，可有效提高 CLEC 在极端环境中的稳定性和催化活性。枯草杆菌蛋白酶晶体交联后制成 CLEC，在 40℃的辛烷溶液中的半衰期为 200 天，且相比于游离酶有较好的热稳定性。

CLEC 稳定性增加主要是由于其晶体状态和酶分子化学键交联，蛋白质通过多点连接在一个支持物上形成的，其稳定化的程度与连接点的数量有直接关系，连接点越多其稳定化程度就越高。另外，研究者发现酶晶体形式和尺寸等对其活性保持至关重要，可以通过选择适当的晶体形式、尺寸或通过改造晶体化介质保持其活性，而且活性还与反应底物的尺寸和性质、反应介质、反应类型及反应条件等有关。CLEC 显示出的较高机械稳定性与晶体的形状有关。由于 CLEC 具有以上特性及优点而在酶传感器、化妆品、洗涤剂、有机合成、手性化合物的合成及其他蛋白质领域中得到广泛应用，目前有相当一部分酶晶体如核糖核酸酶 A、枯草杆菌蛋白酶，羧肽酶 B、乙醇脱氢酶及脂酶等通过交联先后制成 CLEC[2]。

7.6.1.3　交联酶聚集体

交联酶聚集体（CLEA）最近几年被纳入无载体固定化酶范畴，是采用物理方法使酶分子聚集，再经交联剂交联而成。由于其具有操作简单、不需要纯化酶、酶活回收率和生产能力高、稳定性较好等优点被广泛应用于蛋白质的分离和纯化及酶的固定化。

在 CLEA 制备中不溶性酶聚集体的形成是保持酶活性最基本的步骤，该操作与分离纯化中的沉淀完全相同，可通过改变酶分子的水合状态和加入适当的沉淀剂改变电荷数而实现。酶分子本身带有电荷，当净电荷减少时，其溶解度降低而发生沉淀；另外，酶分子的可溶性还与水分子形成氢键有关，温度或离子强度的提高有助于酶分子内或分子间的疏水作用，使酶分子聚集而沉淀；还可通过添加无机盐或有机溶剂如表面活性剂或冠醚的方法降低氢键作用，同时沉淀剂的浓度、添加速度和搅拌速度对酶聚集体的活性和紧密程度都有着不同的影响。

交联条件的控制是获得高活性 CLEA 的重要保障，使 CLEA 在反应体系中不易被破坏，并可回收再利用。一般在溶解状态下的酶分子很难被交联。研究表明，酶聚集体分子要比溶解酶分子更容易交联，即便是在戊二醛修饰过程中加入 80％的赖氨酸作为保护剂，酶活损失也较严重，这也是溶解酶为什么不易交联的原因。在酶聚集体的交联中，酶的种类、交联剂的种类、浓度、交联时间、温度和 pH 值等都会影响到最后 CLEA 的活性和稳定性。

CLEA 形成后应及时进行冲洗和干燥处理，将沉淀交联物中残留的沉淀剂和交联剂除去，否则会影响到 CLEA 催化活性的发挥。文献表明，各种酶的 CLEA 在适当的反应条件下都会显示出较好的催化活性和反应稳定性。通常，在有机溶剂中酶的活性要比水溶液中低 2～3 个数量级，CLEA 在有机溶剂以及非极性溶液中表现出的高活性和稳定性已被很多研究所证实。另外，在 CLEA 制备中添加表面活性剂等对于形成更高活性的构象有一定促进作用[2]。

7.6.1.4　交联喷雾干燥酶

喷雾干燥酶颗粒也可以用于制备交联酶，尽管可以获得较好的酶活，但直到今天还未开发出理想的交联喷雾干燥酶（CLSDE）。与CLEC、CLEA或有载体固定化酶相比，CLSDE的操作性相对较差，故而其工业应用受到限制。

7.6.2　纤维素酶的无载体固定化实例

Sharma等[52]用戊二醛将纤维素酶交联起来，制备了比原始酶活力高15％的固定化纤维素酶CLE。该酶在65℃存储4h仍保留70％的活力，而游离酶却损失了80％的活力。同样条件下，水解不溶性的纤维素生物质，游离酶和CLE的水解效率分别为14％和52％。Filos等[53]用1-乙基-3-(3-二甲基氨基丙基)-碳二亚胺（EDAC）和戊二醛分别将纤维素酶交联起来，制备出固定化纤维素酶CLE。当EDAC、戊二醛与酶的比例分别为5∶1和15∶1时，酶活回收率可达近100％。进一步研究发现EDAC和戊二醛分别有利于纤维素酶中的内切纤维素酶和外切纤维素酶的固定，用该固定化纤维素酶水解滤纸，糖得率较游离酶提高25％。

Jones等[54]用戊二醛将纤维素酶交联起来，制备出固定化纤维素酶CLE，最佳的戊二醛浓度为2％（体积分数）。该固定化酶可高效重复使用5次，在低黏度离子液体1-乙基-3-甲基咪唑磷酸二乙酯（EMIM-DEP）体系中，水解效率可提高2.7倍。

Jamwal等[55]以过硫酸铵为引发剂，采用比戊二醛更有效的乙二醇二甲基丙烯酸酯（EGDMA）将纤维素酶交联成CLEA（图7-21）。与游离的纤维素酶相比，它有着更高的温度稳定性和存储稳定性，pH稳定性无明显变化。更为重要的是，它在离子液体（1-丁基-3-甲基咪唑乙酸酯）∶水为1∶1的时候，表现出的水解性能同水相一致，重复使用7次以后，仍保留58％的活力。

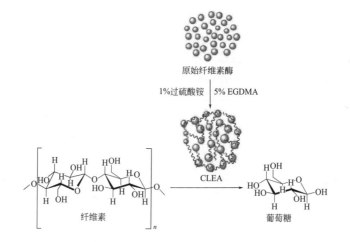

图7-21　过硫酸铵和乙二醇二甲基丙烯酸酯交联纤维素酶成CLEA过程示意

以上是单一的纤维素酶无载体固定化，在自然界中，纤维素总是伴随着木质素和半纤维素等组分一起存在的，仅用纤维素酶水解，往往得不到预期的水解效果。对此，研究者往往使用纤维素酶与其他酶组分如木聚糖酶、木质素酶、壳多糖酶等一起来水解纤维材料，以获得理想的水解效果。同理，为了提高复合酶的稳定性和水解效率，纤维素酶与这些酶的无载体共固定化研究也引起了人们的重视。

Dalal 等[56]将纤维素酶与木聚糖酶、壳多糖酶交联在一起，制备出 CLEA。研究中首先用正丙醇将三种酶完全沉淀下来，然后用戊二醛将三种酶交联成 CLEA。交联后，CLEA 中纤维素酶、木聚糖酶、壳多糖酶的 v_{max}/K_m 分别从 16、75、11 提高到了 19、80、14。三种酶在 50℃、60℃、70℃的半衰期分别从 32min、22min、17min 提高到 91min、82min、180min。该 CLEA 重复使用 3 次后，没有任何活力损失，第 5 次使用后活力损失约 10%。

Dal 等[57]将纤维素酶与壳多糖交联在一起，制备出 CLEA。研究中用异丙醇沉淀酶蛋白，然后使用交联剂戊二醛制成酶活率回收率为 18% 的 CLEA。通过响应面优化，发现在戊二醛浓度为 110mmol/L 和交联时间为 2h 的时候，效果最好。该固定化酶 CLEA 的热稳定性是游离酶的 3 倍，重复使用 4~6 次后活力仍为 100%。

Periyasamy 等[58]将纤维素酶、木聚糖酶和 β-1,3-葡聚糖酶交联在一起，制备出 CLEA（图 7-22）。研究中首先采用三相分区的方法将酶沉淀下来制备酶聚集物，然后采用戊二醛对其进行交联形成 CLEA。该固定化酶 CLEA 在 70℃有着比游离酶更高的热稳定性，在 4℃存储 11 周仍保留 97% 的酶活力，而游离酶仅剩 65% 的活力。更为重要的是，在对氨水处理的甘蔗渣进行 48h 酶解，CLEA（83.5%）水解效率比游离酶（73%）更高。在重复使用性方面，该酶重复使用 6 次以后，仍保留 90% 的活力。

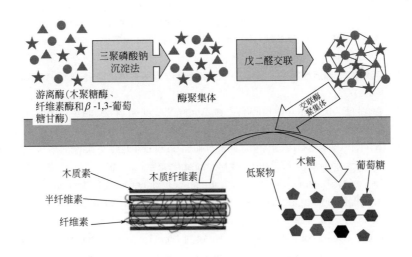

图 7-22　纤维素酶、木聚糖酶和 β-1,3-葡聚糖酶交联制备 CLEA 的过程示意

参考文献

［1］ 罗贵民，曹淑桂，张今. 酶工程［M］. 北京：化学工业出版社，2002.

［2］ 魏甲乾，周剑平，张文齐. 无载体固定化酶的研究进展［J］. 甘肃科学学报，2006，18（1）：66-70.

［3］ Woodward J, Zachry G S. Immobilization of cellulose through its carbohydrate side chains: A rationale for its recovery and reuse［J］. Enzyme and Microbial Technology, 1982, 4（4）: 245-248.

［4］ Mishra C, Deshpande V, Rao M. Immobilization of penicillium-funiculosum cellulase on a soluble polymer［J］. Enzyme and Microbial Technology, 1983, 5（5）: 342-344.

［5］ Kumakura M, Kaetsu I. Immobilization of cellulase by radiation polymerization［J］. International Journal of Applied Radiation and Isotopes, 1983, 34（10）: 1445-1450.

［6］ Wongkhalaung C, KashA I Y, Magae Y, et al. Cellulase immobilized on a soluble polymer［J］. Applied Microbiology and Biotechnology, 1985, 21（1/2）: 37-41.

［7］ Kumakura M, Kaetsu I. Fluid immobilized cellulase［J］. Biotechnology Letters, 1985, 7（10）: 773-778.

［8］ Karube I, Tanaka S, Shirai T, et al. Hydrolysis of Cellulose in a Cellulase-Bead Fluidized-Bed Reactor［J］. Biotechnology and Bioengineering, 1977, 19（8）: 1183-1191.

［9］ Bissett F, Sternberg D. Immobilization of *Aspergillus* Beta-Glucosidase on Chitosan［J］. Applied and Environmental Microbiology, 1978, 35（4）: 750-755.

［10］ Ryu D D Y, Mandels M. Cellulases—Biosynthesis and Applications［J］. Enzyme and Microbial Technology, 1980, 2（2）: 91-102.

［11］ Jain P, Wilkins E S. Cellulase immobilized on modified nylon for saccharification of cellulose ［J］. Biotechnology and Bioengineering, 1987, 30（9）: 1057-1062.

［12］ Shimizu K, Ishihara M. Immobilization of cellulolytic and hemicellulolytic enzymes on inorganic supports［J］. Biotechnology and Bioengineering, 1987, 29（2）: 236-241.

［13］ 潘丽军，陈实公，赵妍嫣. 多孔淀粉接枝聚合物载体固定化纤维素酶的研究［J］. 食品科学，2006，27（4）：115-118.

［14］ 麻丙辉. 非碱溶性黑木耳多糖作为固定化纤维素酶载体的研究［D］. 哈尔滨：哈尔滨工业大学，2006.

［15］ Afsahi B, Kazem I A, Kheyr A, et al. Immobilization of cellulase on non2porous ultrafine silica particles［J］. Scientia Iranica, 2007, 14（4）: 379-383.

［16］ Wu L L, Yuan X Y, Sheng J. Immobilization of cellulase in nanofibrous PVA membranes by electrospinning［J］. Journal of Membrane Science, 2005, 250（1/2）: 167-173.

［17］ Dincer A, Telefoncu A. Improving the stability of cellulase by immobilization on modified polyvinyl alcohol coated chitosan beads［J］. Journal of Molecular Catalysis（B）: Enzymatic, 2007, 45（1/2）: 10-14.

［18］ Li C Z, Yoshimoto M, Fukunaga K, et al. Preparation and characterization of cellulase-containing Liposomes and their immobilization suitable for enzymatic hydrolysis of cellulose［J］. Journal of Chemical Engineering of Japan, 2004, 37（5）: 680-684.

［19］ Li C Z, Yoshimoto M, Fukunaga K, et al. Characterization and immobilization of liposome-bound cellulase for hydrolysis of insoluble cellulose［J］. Bioresource Technology, 2007, 98（7）: 1366-1372.

［20］　邢朝晖，苏跃龙，张琦，等. 磁性纳米材料载体固定纤维素酶技术研究进展［J］. 生物技术通报，2015，31（8）：59-65.

［21］　王玫，宋芳，汪世龙，等. 磁性纳米颗粒 Fe_3O_4 固定化纤维素酶的光谱学研究［J］. 光谱学与光谱分析，2006，26（5）：895-898.

［22］　霍书豪，许敬亮，张猛，等. Fe_3O_4 纳米颗粒固定化纤维素酶的酶学特性研究［J］. 可再生能源，2009（6）：33-35，40.

［23］　Jordan J, Kumar C S S R, Theegala C. Preparation and characterization of cellulase-bound magnetite nanoparticles［J］. Journal of Molecular Catalysis B: Enzymatic, 2011, 68（2）: 139-146.

［24］　霍书豪，许敬亮，庄新姝，等. 超顺磁性纳米颗粒固定化纤维素酶初步研究［J］. 现代化工，2009（S2）：188-190.

［25］　Khoshnevisan K, Bordbar A K, Zare D, et al. Immobilization of cellulase enzyme on super-paramagnetic nanoparticles and determination of its activity and stability［J］. Chemical Engineering Journal, 2011, 171（2）: 669-673.

［26］　Alftren J, Hobley T J. Immobilization of cellulase mixtures on magnetic particles for hydrolysis of lignocellulose and ease of recycling［J］. Biomass and Bioenergy, 2014, 65: 72-78.

［27］　李咏兰，吕桂芬，弓剑，等. 纳米磁性微粒固定化纤维素酶及水解秸秆的研究［J］. 江西师范大学学报：自然科学版，2011（6）：574-578.

［28］　廖红东，袁丽，童春义，等. 基于聚乙烯醇/Fe_2O_3纳米颗粒的纤维素酶固定化［J］. 高等学校化学学报，2008（8）：1564-1568.

［29］　张猛，许敬亮，张宇，等. 氨基硅烷化磁性纳米微球固定化纤维素酶研究［J］. 太阳能学报，2013（2）：337-342.

［30］　王秀玲，顾银君，庄虹，等. 新型氨基化磁性树状分子纳米颗粒的制备与表征［J］. 化工新型材料，2012（11）：61-63.

［31］　李冰，邵海员，黎锡流，等. 磁性固定化纤维素酶的交联法制备及其磁致酶学性质［J］. 河南工业大学学报：自然科学版，2006（6）：10-14.

［32］　Zang L, Qiu J, Wu X, et al. Preparation of magnetic chitosan nanoparticles as support for cellulase immobilization［J］. Industrial & Engineering Chemistry Research, 2014, 53（9）: 3448-3454.

［33］　马云辉，陈国，赵珺. 壳聚糖包覆磁性纳米粒子的制备和表征以及蛋白质吸附特性［J］. 高分子学报，2013（11）：1369-1375.

［34］　Mao X, Guo G, Huang J, et al. A novel method to prepare chitosan powder and its application in cellulase immobilization［J］. Journal of Chemical Technology and Biotechnology, 2006, 81（2）: 189-195.

［35］　刘晶晶. 新型可回用两水相体系中水溶性固定化纤维素酶降解纤维素［D］. 上海：华东理工大学，2013.

［36］　Johansson H O, Persson J, Tjerneld F. Thermoseparating water/polymer system: a novel one-polymer aqueous two-phase system for protein purification［J］. Biotechnology and Bioengineering, 1999, 66: 247-257.

［37］　Persson J, Johansson H O, Tjerneld F. Purification of protein and recycling of polymers in a new aqueous two-phase systems using two thermoseparating polymers［J］. Journal of Chromatography A, 1999, 864: 31-48.

［38］　Show P L, Tan C P, Anuar M S, et al. Direct recovery of lipase derived from Burkholderia cepacia in recycling aqueous two-phase flotation［J］. Separation and Purification Technology，2011，80：577-584.

[39]　Miao S，Chen J P，Cao X J. Preparation of a novel thermo-sensitive copolymer forming re-cyclable aqueous two-phase systems and its application in bioconversion of Penicillin G [J].Separation and Purification Technology，2010，75（2）：156-164.

[40]　Liu J J，Cao X J. Biodegradation of cellulose in novel recyclable aqueous two-phase sys-tems with water-soluble immobilized cellulase [J]. Process Biochemistry，2012，47（12）：1998-2004.

[41]　Al-Muallem H A，Wazeer M L，Ali S A. Synthesis and solution properties of a new ionic pol-ymer and its behavior in aqueous two-ase polymer systems [J]. Polymer，2002，43：1041-1050.

[42]　Ning B，Wan J F，Cao X J. Preparation and recycling of aqueous two-phase systems with pH-response Amphiphilic Terpolymer PCB [J]. Biotechnology Progress，2009，5：820-824.

[43]　Chen J P，Miao S，Wan J F，et al. Synthesis and application of two light-sensitive copoly-mers forming recyclable aqueous two-phase systems [J]. Process Biochemistry，2010，45：1928-1936.

[44]　Wang W，Wan J F，Ning B，et al. Preparation of a novel light-sensitive copolymer and its application in recycling aqueous two-phase systems [J]. Journal of Chromatography A，2008，1205：171-176.

[45]　Li X，Wan J F，Cao X J. Preliminary application of light-pH sensitive recycling aqueous two-phase systems to purification of lipase [J]. Process Biochemistry，2010,45：598-601.

[46]　黄月文，刘风华，罗宣干，等. 温度敏感的固定化纤维素酶的合成及性能 [J]. 纤维素科学与技术，1996，4（2）：25-30.

[47]　Taniguchi M，Hoshino K，Watanabe K. Production of soluble sugar from cellulose materials by repeated use of a reversibly soluble autop recip itating cellulase [J]. Biotechnology and Bioengineering，1992，39（3）：287-292.

[48]　Taniguchi M，Kobayashi M，Fujii M. Properties of a reversible soluble-insoluble cellulase and its application to repeated hydrolysis of crystalline cellulose [J]. Biotechnology and Bi-oengineering，1989，34（8）：1092-1097.

[49]　Dourado F，Bastosm M M，et al. Studies on the properties of Celluclast Eudragit L-100 [J].Journal of Biotechnology，2002，99（2）：121-131.

[50]　Zhang Y，Xu J L，Li D，et al. Preparation and properties of an immobilized cellulase on the reversibly soluble matrix Eudragit L-100 [J]. Biocatalysis and Biotransformation，2010，28（5/6）：313-319.

[51]　沈雪亮，夏黎明. 固定化纤维二糖酶的研究 [J]. 生物工程学报，2003，19（2）：236-239.

[52]　Sharma A，Khare S K，Gupta M N. Hydrolysis of rice hull by crosslinked Aspergillus niger cellulase [J]. Bioresource Technology，2001，78（3）：281-284.

[53]　Filos G，Tziala T，Lagios G，et al. Preparation of cross-linked cellulases and their applica-tion for the enzymatic production of glucose from municipal paper wastes [J]. Preparative Biochemistry & Biotechnology，2006，36（2）：111-125.

[54]　Jones P O，Vasudevan P T. Cellulose hydrolysis by immobilized *Trichoderma reesei* cellu-lase [J]. Biotechnology Letters，2010，32（1）：103-106.

[55]　Jamwal S，Chauhan G S，Ahn J H，et al. Cellulase stabilization by crosslinking with ethyl-ene glycol dimethacrylate and evaluation of its activity including in a water-ionic liquid mix-

ture [J] . RSC Advances, 2016, 6（30）: 25485-25491.

[56]　Dalal S, Sharma A, Gupta M N. A multipurpose immobilized biocatalyst with pectinase, xylanase and cellulase activities [J] . Chemistry Central Journal, 2007, 1（1）: 16.

[57]　Dal Magro L, Hertz P F, Fernandez-Lafuente R, et al. Preparation and characterization of a Combi-CLEAs from pectinases and cellulases: a potential biocatalyst for grape juice clarification [J] . RSC Advances, 2016, 6（32）: 27242-27251.

[58]　Periyasamy K, Santhalembi L, Mortha G, et al. Carrier-free co-immobilization of xylanase, cellulase and beta-1, 3-glucanase as combined cross-linked enzyme aggregates（combi-CLEAs）for one-pot saccharification of sugarcane bagasse [J] . RSC Advances, 2016, 6（39）: 32849-32857.

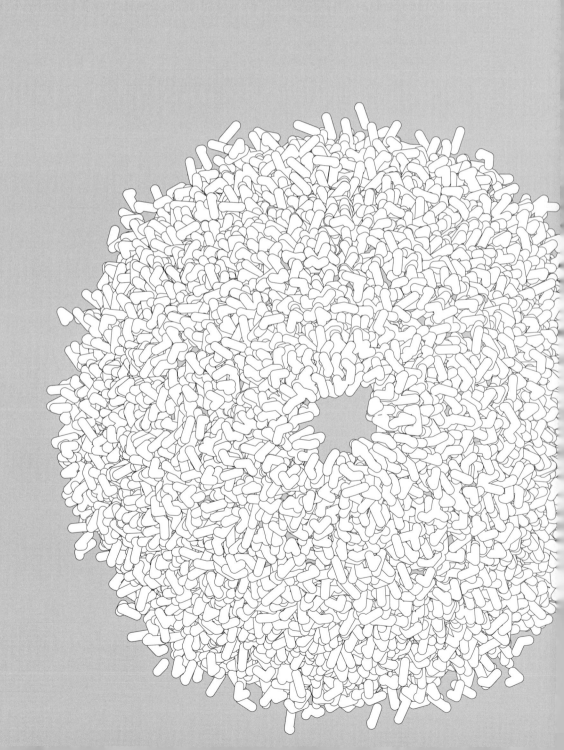

第 8 章

纤维素酶在重点行业中的应用

8.1　纤维素酶在重点行业中的应用概述

8.2　纤维素酶在造纸造浆工业中的应用

8.3　纤维素酶在纺织工业中的应用

8.4　纤维素酶在生物炼制中的应用

8.5　纤维素酶在食品加工业中的应用

8.6　纤维素酶在农业中的应用

8.7　纤维素酶在其他行业中的应用

8.8　纤维素酶主要组分的功能和应用

参考文献

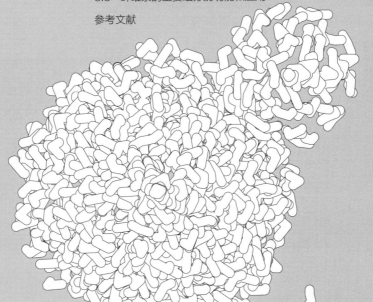

纤维素作为地球上储量最丰富的再生资源，由于其在细胞中组成的复杂性，致使自然界中的纤维素大部分未能得以有效利用，不仅造成了巨大的资源浪费，也造成了严重的环境污染。自1996年从蜗牛的消化液中发现纤维素酶以来，人们对纤维素酶的特性、作用机制和工业化应用等进行了大量的研究，为纤维素酶的生产和应用奠定了良好的基础。

目前，纤维素酶商业化应用已有近35年的历史，其主要应用领域包括：食品和酒类生产、动物饲料加工、生物质精炼、造纸造浆、纺织加工和洗涤剂生产等[1]。传统上，纤维素酶主要用于食品和酒类生产、动物饲料加工、纺织加工和造纸造浆等[2]。近年，随着人类对能源、资源和环境问题的日益关注，纤维素酶在生物质精炼生产中的应用也日益凸显[3]。

8.1 纤维素酶在重点行业中的应用概述

纤维素酶具有广泛的用途，主要通过纤维素酶将纤维素转化为葡萄糖而得以有效利用。在生物质转化与利用上，可利用纤维素作为廉价的糖源生产燃料乙醇、丁醇和生物燃气等，是解决世界能源危机的最佳和有效途径。在饲料工业中，纤维素酶和纤维素酶生产菌能转化粗饲料（如麦秆、麦糠、稻草和玉米芯等），把其中一部分转化为糖、菌体蛋白和脂肪等，降低饲料中的粗纤维含量，提高粗饲料营养价值，扩大饲料来源。纤维素酶同时在医药、生物工程技术等领域都有应用。

纤维素酶在不同领域中的应用如表8-1所列。

表8-1　纤维素酶的应用[3, 4]

应用领域	应用简介
农业	植物病虫害控制；促进植物生长、播种、开花和根茎发育；提高土壤质量；减少对化学肥料的依赖
生物转化	纤维素类生物质转化为乙醇或其他平台化合物；有机酸、单细胞蛋白质和脂肪酸的生产；动物饲料的生产等
清洁剂生产	用于生产纤维素酶清洁剂、漂白剂和洗涤剂；改善织物颜色、除尘、去除棉织物中的粗糙突起和抗污渍再沉积等
发酵	提高啤酒和葡萄酒的质量和产量，如改善麦芽糖化效果，改进葡萄的压榨和颜色提取，改善葡萄酒的香气，改善初级发酵和啤酒质量，改善麦芽汁的黏度和过滤性，提高过滤速度和葡萄酒稳定性等
食品生产	促进抗氧化分子、蛋白质和多糖等活性物质的提取，提高活性物质的提取效率
造纸造浆	促进纸浆漂白，减少能量消耗，降低氯需求；改善纤维亮度、强度性能和纸浆游离度；清洁工艺过程，改善造纸厂排水质量；生产可生物降解的纸质用品等
布料生产	牛仔裤生物抛光，改善面料质量，改善吸收性能，软化服装，提高纤维素织物的稳定性；从织物中除去多余的染料，恢复色彩亮度
其他	改良类胡萝卜素提取工艺，改善类胡萝卜素的氧化和颜色稳定性；改良橄榄油萃取工艺，提高橄榄糊的杏仁酸提取率，提高橄榄油质量等

酶水解与酸碱水解相比对设备要求更低，酶水解通常在温和条件（pH＝4～6 和温度 45～50℃）下进行，没有腐蚀问题，有利于实现产品的成本和质量控制。但在实际应用中，会有很多因素限制纤维素的酶水解效率，这些影响酶水解效率的因素主要包含底物顽固性、产物抑制、蛋白质热失活、非特异性结合干扰和酶不可逆吸附抑制物等[5]。

目前，为了降低从木质纤维素原料酶水解炼制产品的成本，现有的工艺开发优化研究集中在两方面，即纤维素酶生产体系开发和纤维素酶催化体系优化。当前，已有很多新型的技术可以用于纤维素酶的生产和应用。如用于开发嗜热纤维素酶的蛋白质工程定向进化技术和用于降低酶水解成本的再循环利用技术等[6,7]。

再循环利用技术主要通过纤维素酶回收工艺实现。回收策略可通过超滤来除去可能抑制酶作用的糖和其他小分子化合物，或经固定化使酶从反应体系中分离。纤维素酶回收工艺很大程度上受酶吸附底物，特别是木质素的影响。现有研究表明，纤维素酶对木质素吸附具有非特异性和不可逆性。因此，开发对纤维素或其他化合物具有更高亲和力的纤维素酶，以降低木质素对纤维素酶的抑制作用，是纤维素酶未来重要的开发方向。Scott 等[7]针对新型木质素抗性的纤维素酶申请了专利，通过修饰改进纤维素酶的结合肽，防止纤维素酶吸附木质素，并增强其活性。然而，回收技术现阶段还主要在实验室规模下完成，尚需进一步的放大，以验证其稳定性和可行性。

8.2　纤维素酶在造纸造浆工业中的应用

造纸工业作为我国历史悠久的传统工业，随着人们低碳、环保意识的加强，减少环境污染、降低能耗、促进废纸回收等绿色、可持续发展模式将是造纸工业未来长远、可持续发展的必经之路。利用纤维素酶等生物酶代替其他化学品，在造纸行业中具有很大的优势，如纤维素酶用于打浆前预处理，可以降低打浆能耗，用于废纸浆处理可以提高其滤水性能，提高成纸的强度。此外，其他酶制剂如脂肪酶用于废纸脱墨可以提高脱墨效率。木聚糖酶用于漂白可以减少化学品的使用量，减少污染负荷，提高过程的环境友好性和绿色化。

近年来，造纸造浆工业中纤维素酶的应用实例不断增加。在机械制浆过程中，木材精炼和研磨会造成纸浆细粉含量高、纸张密度小和纸张硬度较大。而相比之下，应用纤维素酶处理后造纸造浆工业将节省大量能源（20%～40%），同时也将提高纸浆和纸张的质量[8]。

纤维素酶（包括内切纤维素酶Ⅰ和Ⅱ）和半纤维素酶可以用于生物修饰，提高纤维品质，从而改善造纸造浆产品品质和废水排水质量。如 Mansfield 等[9] 研究了不同部分的纤维素酶制剂对花旗松牛皮纸浆的作用，观察纤维素酶处理后纤维粗糙度的变化。

研究表明，虽然水解率下降，但是内切纤维素酶可以减小纸浆黏度。纤维素酶也可以提高造纸的整体效率。在纤维素酶作用下，造纸滤液中亲油性分子被释放，这些亲油性分子附着于热浆纤维。此外，纤维素酶还可以提高纸张的漂白性能，纤维素酶的漂白性能可以与木聚糖酶（xylanase）相媲美。此外，纤维素酶还可以改善工厂废水排放。造纸工业中的细粉、原纤维和胶体物质通常会造成严重的污水排放，通过使用纤维素酶将减少造纸工业中的原纤维，同时溶解胶体物质[10]。

8.2.1　纤维素酶在打浆中的应用

为了得到高质量的纸张，打浆过程与酶预处理相结合是一个很有效的方法。在打浆前进行酶预处理，若打浆度不变，可以降低能耗，而在相同的打浆能耗下，可以提高打浆度。在打浆后进行酶处理，可以减少细小纤维含量，提高浆料的滤水性能，进而提高纸机运行速度和产量。

8.2.1.1　降低打浆能耗

打浆能耗约占造纸厂总电耗的 $15\% \sim 18\%$，降低打浆能耗不但可以节约成本，也能起到节能减排的作用。早在 1996 年，就有学者提出，随着电力成本的上涨和酶成本的下降，使用生物酶处理浆料来降低打浆能耗具有很大的发展潜力。他们用半纤维素酶等处理竹浆，发现打浆时间缩短了 15% 左右[11]。目前，使用酶处理浆料来降低打浆能耗越来越受到科研人员的关注，科研人员对此进行了大量的研究。表 8-2 为不同纤维素酶对打浆能耗的影响。

表 8-2　不同纤维素酶对打浆能耗的影响 [12]

酶种类	浆料种类	酶用量/(IU/g)	打浆度/°SR	能耗降低/%
纤维素酶	杨木化学机械浆	2	45	43.3
纤维素酶	混合热带阔叶木浆	0.01	15～30	18
糖降解酶和纤维素酶混合酶	漂白针叶木浆	4	67	＞35
纤维素酶	混合阔叶木浆	0.8	—	22
纤维素酶和木聚糖酶混合酶	漂白硫酸盐松木浆	0.25	30	20

研究发现，用纤维素酶处理漂白硫酸盐桉木浆时，转速为 $1500r/min$ 时打浆度最大增加 80%，保水值也能提高 17.5%。在用纤维素酶处理混合阔叶木浆时，发现在酶用量 $0.8IU/g$ 的情况下，打浆能耗可降低 22%。用纤维素酶和木聚糖酶协同处理漂白硫酸盐松木浆，发现酶处理后同样能达到 $30°SR$ 的打浆度时节约 20% 的能耗，纸张抗张指数提高了约 20%，但纸张撕裂度降低约 8%。

在打浆过程中纤维素酶主要作用是促进 P 层和 S1 层脱落，导致细胞壁的分层、压溃、细纤维化更容易发生。在一定的范围内，能耗的降低幅度与酶用量成正比。但当酶用量过高时，酶与底物的反应就会达到一个饱和点，此时酶的水解速度增幅随酶用量的增加而趋缓。有研究表明，纤维素酶促进漂白针叶木浆打浆时的最优酶用量为0.4IU/g，当超过这个剂量，打浆度不再随酶用量增加而增加，甚至开始下降。酶用量过大，细小纤维在酶的作用下发生絮聚和水解而被去除，造成打浆度下降。此外，过大的酶用量对成纸物理性能的影响也会增大。因此，在纸张生产过程中要综合能耗和成纸性能等多方面考量，选择适当的酶用量。

8.2.1.2 改善浆料滤水性能

在造纸过程中会产生很多的细小纤维，这些细小纤维会影响浆料的滤水性能。研究表明，底物纤维的尺寸分布会明显影响水解速率。比表面积大的细小纤维更容易受到纤维素酶的"侵蚀"，而粗大纤维只会经历"剥皮"的过程。如图 8-1 所示，纤维经纤维素酶初始作用后，纤维素酶吸附于纤维表面，作用一段时间后，细小纤维从粗纤维上剥离并被纤维素酶"侵蚀"。

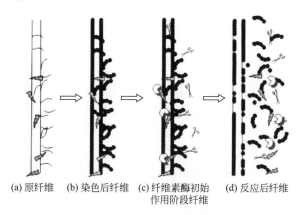

(a) 原纤维　　(b) 染色后纤维　(c) 纤维素酶初始　(d) 反应后纤维
　　　　　　　　　　　　　　　作用阶段纤维

图 8-1　纤维素酶对牛仔布料纤维的作用 [11]

纤维素酶优先水解浆料中的细小纤维，可改善纤维的滤水性能，降低打浆度。细小纤维的水解会增加纤维间的结合强度，进而提高耐破指数和撕裂指数等。滤水性能用游离度或者打浆度的变化来表示。纤维素酶对纸浆物理性能的影响结果见表 8-3。

表 8-3　纤维素酶对纸浆物理性能的影响 [12]

浆料种类	纤维素酶用量	滤水性能变化	耐破指数	撕裂指数	抗张指数	其他
杨木 APMP 浆	0.1%	打浆度下降 6°SR	上升	上升	上升	—
废纸浆	0.2%	游离度上升 97mL	—	上升	—	断裂上升
草浆	4IU/g	打浆度下降 6°SR	上升	上升	—	—
漂白麦草浆	4.8%	打浆度下降 6.9°SR	稍有下降	稍有下降	稍有下降	物理性能基本不变

由表 8-3 可以看出，纤维素酶能明显改善浆料滤水性能，同时提高了成纸的某些物理性能。有研究在探索 Nov476 纤维素酶最优工艺条件时发现，酶处理化机浆后初始打浆度下降了 2°SR。也有研究纤维素酶对废纸浆的作用时发现，酶用量为 0.2% 时，废纸浆滤水性能提高，成纸的裂断长增加 20%，撕裂指数提高 16%。有人用纤维素酶处理漂白硫酸盐蓝桉浆时，认为纤维素酶可能在提高浆料滤水性能的同时降解了细胞壁，当

酶用量为 4IU/g 时，手抄片抗张强度提高 34.7%。苗庆显等用纤维素酶处理马尾松热磨机械浆，酶用量为 0.2ECU/g 时，打浆度下降 18°SR，撕裂度先增加后下降，30min 时达到最大。短时间处理仅仅水解细小纤维，时间延长后，长纤维被水解而变短，导致成纸的物理性能开始下降。

纤维素酶用量的增加会使细小纤维水解得更彻底，获得更好的滤水性能。但是，当纤维素酶用量高至一定程度时，酶对底物的吸附作用会到达饱和，反应速率不再明显提高。另外，纤维素酶用量不高时，其主要作用在细小纤维，但纤维素酶用量过多时可能会水解粗大纤维，使得强度性能降低。所以纤维素酶的用量应适度，切忌"多多益善"。

影响酶的水解效果的因素较多，包括打浆度、细纤维化程度、保水值、细小纤维含量、纤维长度、比表面积和结晶度等，不同的浆料受影响的程度不同。对于杨木化机浆的纤维素酶水解效果，细纤维化程度和打浆度影响作用最大，比表面积的影响最不明显。在某工厂试验中，纤维素酶处理纸浆提高了纸浆的滤水性能，使纸机网前箱中浆浓降低 12%，所产箱纸板的环压强度提高 6%，断头次数和次品率分别下降 20% 和 50%。

8.2.2　提高纤维性能

相对于未处理的纤维，纤维素酶处理后的纤维会变得扁平，而且纤维弯曲和分丝帚化程度明显增加。尤其是多种纤维素酶共同处理会使得纤维长度显著减小，打浆后细小纤维增多。因为纤维素酶优先作用于比表面积大的细小纤维，使得无定形纤维素水解，降低纤维与水的亲和力。当纤维素酶用量继续增加时，粗纤维更容易分丝帚化，变得容易被切断，从而纤维长度降低，扭结指数提高。因为纤维素酶对纤维的水解作用，所以纤维形态和性能也会受到一定的影响。

纤维素酶处理前后纤维的变化如图 8-2 所示。

研究表明，纤维素酶的作用开始于纤维表面，所以纤维素酶处理纤维后会出现层层剥皮现象。用纤维素酶改性漂白硫酸盐松浆，当酶用量增加到 0.3IU/g 时，纤维平均长度降低 35.75%，纤维平均宽度升高 3.15%，扭结指数提高 0.35mm^{-1}。当酶用量继续增大时，细胞壁受到更多的破坏，使纤维更易切断，所以在同一打浆度下短纤维含量增加。用扫描电子显微镜可观察到纤维素酶可使棉纤维发生膨胀。另外，与普通棉纤维相比，纤维素酶更容易穿透丝光化纤维并使丝光化纤维产生纵向裂缝。此外，纤维素酶和半纤维素酶在阔叶木浆上对纤维的作用比在针叶木浆上的作用更明显，这可能是因为阔叶木浆中纤维素和半纤维素含量比较高。纤维素酶处理后阔叶木浆撕裂度有明显的上升，这是由于酶处理使纤维表面出现不同程度的"软化"，打浆过程中促进了细小纤维的形成，进而提高了撕裂度。

8.2.3　提高纤维和纸张的柔软性

纤维的柔软性即在纸张成型过程中纤维的可形变性，会影响纤维的有效结合面积以及成纸的柔软度、强度性能、表面性能和光学性能等。改善纸张的柔软性，传统方式有两种：a. 优化生产工艺，调节各项指标；b. 在加工过程中加入柔软剂。前者操作非常麻

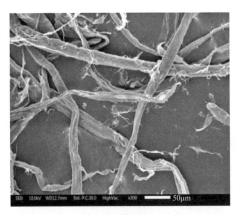

(a) 未处理纤维

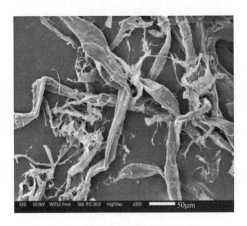

(b) 酶处理后纤维

图 8-2　纤维素酶处理前后纤维电镜对比图[12]

烦，而后者柔软剂的使用会给人体带来一定伤害。因此，相比之下利用纤维素酶提高单根纤维和成纸的柔软性具有很大的优势，操作方便，且更加环保和安全。

纤维素酶处理可以改变植物纤维的成分与内部结构。一方面，粗大纤维表面的细小纤维被水解，可降低纤维的刚性；另一方面，纤维内部的无定形区被水解，水分子进入纤维内部，纤维大分子链之间距离增加导致纤维发生形变，降低自身的刚度并获得较高的柔软度。通过纤维结构的可压缩模型来看，单根纤维的柔软性能是整个手抄片柔软性能的决定性因素。因此，纤维素酶处理纤维，可以提高纤维自身的柔软度，进而提高成纸的柔软度。宝洁公司利用纤维素酶选择性降解纤维素的无定形区，可以提高所得纤维的柔软度，以生产更好的纸品。

研究发现，纤维的缺口区域是酶易于降解和集中的区域，此区域酶浓度会超过0.5％。用纤维素酶处理针叶木浆，发现在 0.5％ 的酶浓度下，处理时间 4.5h，可获得最好的纤维柔度，4.5h 以后，纤维柔软性开始下降。这是由于纤维素酶作用会使纤维变短，纤维过短将导致弹性降低。因此，合理控制酶处理条件才能获得最好的柔软性能。

8.2.4 提高溶解浆的反应性能

溶解浆是除棉纤维外获取高纯度纤维素的主要原料，主要用于制造纤维素衍生物。溶解浆比普通纸浆含有更多的纤维素（＞90％）。近些年，国内外许多科研人员对纤维素酶处理溶解浆这一过程进行了大量探索研究，研究如何更好地提高溶解浆反应性能和α-纤维素含量，降低黏度，同时保持较高的纸浆产率。

8.2.4.1 纤维素酶对溶解浆反应性能、α-纤维素含量和黏度的影响

纤维素酶，如内切纤维素酶可以与纤维素的无定形区反应，使得纤维细胞壁膨胀增加，从而提高纤维结构的孔隙率；纤维素降解会导致纤维素黏度和分子量降低；纤维素酶处理的纤维结构的孔隙率的增加可使反应性能提高。苗庆显等[13]把纤维素酶对纤维的这种作用称作"刻饰"作用，这种"刻饰"作用对纤维的改变如图 8-3 所示。

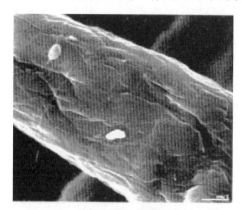

(a) 未处理溶解浆

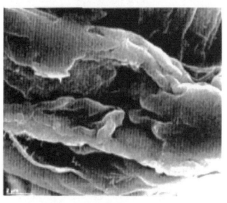

(b) 0.51U/g纤维素酶处理后溶解浆

图 8-3　纤维素酶处理前后溶解浆纤维的扫描电镜图[13]

由图 8-3 可知，这种"刻饰"作用的存在使溶解浆纤维的孔隙体积增加、纤维表面和内部产生更多的开孔或通道，有助于后续的磺化反应。苗庆显等[13]的研究结果也表明，纤维素酶用量为 2IU/g（绝干浆）时，溶解浆的 Fock 反应性由 47.67％提高到

79.90%；纤维素酶用量为 0.5IU/g 时，溶解浆浓度由 635mL/g 下降到 491mL/g。

有研究通过纤维素酶处理与碱性处理结合的方式研究对溶解浆性能和 α-纤维素含量的影响。发现纤维素酶的最优剂量为 300IU/g（绝干浆），NaOH 最优剂量为 9%（质量分数）。在此最优条件下，两种方式处理后的溶解浆具有 68.7% 的反应性、92.1% 的 α-纤维素含量和 507mL/g 的纸浆浓度。纤维素酶处理的溶解浆反应性可以达到 80% 以上，虽然随着酶用量的增加，α-纤维素含量开始降低，但是可以通过碱处理来调节。

8.2.4.2　不同处理过程对溶解浆反应性能的影响

木质纤维素原料对反应物的可及性取决于其比表面积。因此，采用纤维素酶处理的同时，用机械磨浆法处理浆料，可以增加其比表面积，提高纤维素酶对溶解浆纤维的可及性，进而提高纤维素酶的作用效率，以获得更高的反应性能。研究显示，与未处理的纸浆相比，在 0.3IU/g（绝干浆）纤维素酶处理 2h 后，溶解浆反应性从 49.6% 增加到 75.8%。磨浆和纤维素酶的联合处理导致 Fock 反应性进一步增加，达 81.7%。酶处理与磨浆处理相结合获得的溶解浆 Fock 反应性最高，尤其是纤维素酶的作用更加突出。此外，通过对溶解浆的纤维素酶处理可以降低常规黏胶过程中二硫化碳的消耗。

8.2.5　脱墨与废纸漂白

在循环使用纸类工艺中，脱墨和废纸漂白等是关键步骤。传统的化学脱墨工艺通常需要大量有毒有害的化学品；由于酶水解脱墨高效和较小的环境影响，近年来引起了人们极大的研究兴趣。再生纸类生产过程中，纤维素酶可以用于制备易生物降解纸板，制造柔软纸包括纸巾、卫生纸和去除黏附纸等[14]。

现阶段，纤维素酶多与半纤维素酶结合，通过结合和修饰纤维表面和墨颗粒附近的纤维素，在纸张表面作用，从而从纤维中释放油墨。脱墨过程中内切纤维素酶起着至关重要的作用。由于纤维素酶具有高亲和力，其与周围的墨颗粒结合将更紧密，形成单独的纤维束（图 8-4）。因而，纤维素酶能改善纸浆脱墨过程[10]。纤维素酶脱墨的主要优点包括减少或消除碱使用、提高纤维亮度、提升纤维强度、增强纸浆游离度和清洁度、减少纸浆中的细颗粒。

纤维亮度随着使用纤维素酶的剂量和反应时间的增加而增加。当纸张需要进一步提高亮度时，可以在工艺后期使用中性纤维素酶处理。纤维素酶处理也能改善废水排放和水分保留量。中性纤维素酶在提高纸张亮度的同时并不改变纸张强度性能和纤维的游离度。造纸工业中采用酸性纤维素酶，可以防止碱性变黄，简化脱墨过程，改变墨分子粒度分布，缓解环境污染。研究表明，纯碱性纤维素酶，将提高脱墨效率（约 4 个 ISO 单位），剩余油墨面积减少 94%[15]。里氏木霉 RutC-30 生产的粗纤维素酶，其脱墨纸浆的亮度和游离度均优于商业 Novozymes 342。此外，纤维素酶固定化工艺也表现出很好的脱墨效果，如 Zoo 和 Saville 研究固定化纤维素酶脱墨，发现残留油墨水平低于可溶性酶处理工艺[15]。

虽然酶脱墨可以减少工艺过程中脱墨化学品的使用，改善造纸工业对环境的影响，但是实际生产过程中也应该避免过度使用纤维素酶，因为过量纤维素酶水解将显著降低纤维的黏合性（图 8-5）。

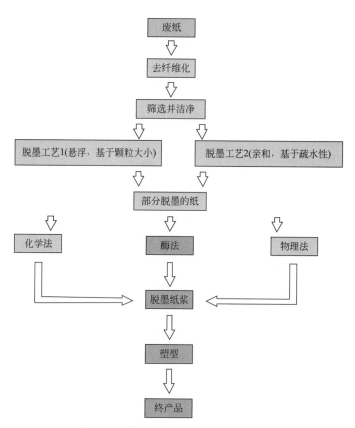

图 8-4 纤维素酶在造纸造浆工业中的应用

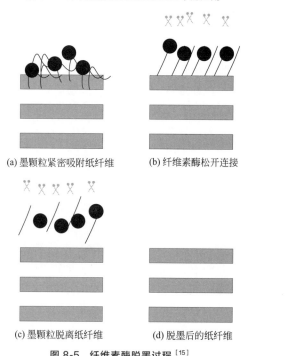

(a) 墨颗粒紧密吸附纸纤维　　(b) 纤维素酶松开连接

(c) 墨颗粒脱离纸纤维　　(d) 脱墨后的纸纤维

图 8-5 纤维素酶脱墨过程[15]

8.3　纤维素酶在纺织工业中的应用

20 世纪 80 年代，美国科学家首先将纤维素酶应用于棉织物整理，随后各国的研究者对纤维素酶在纺织工业中的应用进行了许多研究。目前，纤维素酶已经成功应用于纤维素纤维织物的精炼前处理、柔软整理、抛光整理和生物织物返旧整理等[16]。当前，随着人们对环保问题的日益关注，污染大、能耗高的纺织传统染整行业发展正面临着严峻的挑战。而生物酶制剂以其高效性、专一性、作用条件温和以及环保等特点，被视为应用于纺织染整加工、降低环境污染、发展绿色低碳经济的最佳选择。

8.3.1　纤维素酶在棉织物精炼加工中的应用

棉织物退浆后有大部分的天然杂质（棉籽壳、果胶、蜡状物质和蛋白质等）、浆料和油剂残留，导致织物润湿性差、色泽发黄，影响织物的外观、手感和后续加工。因此，棉织物退浆后需要进行精炼加工，以去除天然杂质。而棉织物的传统碱精炼工艺存在能耗高、废水排放量大、纤维损伤严重等缺点，已经不符合现代绿色纺织加工的要求。利用纤维素酶进行精炼加工是各国纺织科学家研究的一个重要方向。纤维素酶可以水解纤维素，使附着有杂质的微小纤维水解弱化，在机械作用下，从织物上脱落，达到去杂的目的，并且纤维素酶还可以降解棉纤维上的棉籽壳。

胡映清[17]对纤维素酶降解棉籽壳进行研究，发现纤维素酶处理纯的棉籽壳屑时，降解率高达 80%，为纤维素酶去除棉织物中残留棉籽壳提供了理论支持。Csiszár 等[18]自 1998 年起开始研究纤维素酶在棉织物精炼中的应用，发现对棉织物进行纤维素酶预处理可以提高碱精炼的效果，联合处理后棉籽壳的失重率达到 80% 左右。该团队还对商品化的纤维素酶降解棉籽壳进行研究，发现商品化的纤维素酶可以直接降解棉织物表面棉籽壳[19]。另外，该团队还发现螯合剂 EDTA 可以增加纤维素酶降解棉籽壳的能力[20]。

虽然纤维素酶处理棉织物可以在一定程度上达到去杂的目的，但效果并不十分理想。为了进一步提高酶精炼的效果，越来越多的研究利用纤维素酶与其他酶制剂（果胶酶、蛋白酶、脂肪酶、木聚糖酶和角质酶等）复配，用于棉织物精炼。在复合酶制剂中，各种酶组分之间相互协同作用，使杂质能够被更多、更快地水解。

目前棉织物的酶法精炼尚未实现大规模推广应用，主要是因为酶法精炼在处理效果上，特别是在棉籽壳去除方面仍不能达到传统碱精炼的效果，从而无法替代碱精炼。造成酶法精炼效果差的原因有很多。首先，棉织物上杂质成分很复杂，这导致单一的酶组分很难将其降解，需要多种酶的协同作用；其次，在多酶协同作用时，由于各种酶催化反应的最适条件不一致，很难保证各组分酶都能发挥很好的催化水解作用；最后，一些酶制剂尚未出现商品化产品，例如果胶酶和角质酶等，实验室工程酶的酶活力又不高，限制了酶法精炼的研究。

8.3.2 纤维素酶在纤维素纤维织物柔软整理中的应用

生物柔软整理是利用纤维素酶对纤维素纤维的水解作用，使纤维刚度下降，提高织物柔软性能。Yang 等[21]研究表明，利用纤维素酶处理耐久压烫整理后的棉织物，可以改善织物的手感，但是会造成织物强力和耐磨性下降。吴赞敏[22]采用生物-化学联合的方法，实现棉织物的超柔软整理。棉织物先经过纤维素酶减量处理，再用化学柔软剂对其进行增量整理。经纤维素酶处理后的棉织物能吸附更多的化学柔软剂，并且更多的柔软剂可以从纤维素酶水解产生的孔隙中进入纤维内部，提高了柔软效果的耐久性。Csiszár 等[23]采用纤维素酶结合物理机械作用和有机硅柔软剂对亚麻及含亚麻织物进行整理，发现酶整理能显著削弱亚麻纤维的刚性，有效改善麻织物的手感。王革辉等[24]对纤维素酶 TZ25 处理高支纯苎麻织物的性能进行研究，结果表明经纤维素酶 TZ25 处理后，织物抗皱性略有提高，手感更柔软，刺痒感得到改善。

8.3.3 纤维素酶在纤维素纤维织物抛光整理中的应用

纤维素纤维的表面有很多突出的微原纤，导致织物在受到外力和外界摩擦作用下很容易起毛起球，影响织物表面的光洁度和手感。传统上，纤维素纤维织物抛光和牛仔布洗涤用浮石，以达到理想的外观，同时增加柔软度和灵活性。然而，使用天然浮石具有许多不可避免的缺点，例如，难以从加工的服装中去除残余的浮石，石头过载可能对服装和机器造成严重的物理损坏，石头粉尘也可能堵塞机器排水通道和下水道。生物抛光是一种利用纤维素酶改善纤维素纤维织物表面光洁度和柔软性的整理工艺，利用纤维素酶水解织物表面的绒毛和微原纤，使其变得脆弱，从而可以在织物与织物或者织物与设备之间的摩擦作用下从织物表面脱落。生物抛光可以永久性减少起球并改善纤维素柔软度。在生物抛光过程中，纤维素酶作用于棉织物，断开纱线表面的小纤维端部，从而松动染料分子，松动的染料小分子将在机械洗涤中去除。纤维素酶工艺的优点在于通过纤维素处理替代浮石将减少纤维损伤，提高机器利用率，减少工作量，而且也更为环保。

研究表明，富含内切纤维素酶的酸性纤维素酶适用于生物抛光。机械作用改善棉织物的酶促水解后，添加表面活性剂可以增进效果。酸性纤维素酶将提高纤维的柔软度和吸水性，大大减少毛球的形成，减少绒毛，从而提供更清洁的表面结构。富含内切纤维素酶的纤维素酶制剂最适合生物抛光，改善织物外观，增强其感官性能。该工艺过程无需其他工业化学试剂的添加，纤维素酶将消除短纤维，清洁毛绒表面，减少褶皱外观，改善色彩亮度，提高亲水性和吸湿性。

生物抛光的程度由底物和纤维素酶的类型和活性决定，而染色能力和生物成品织物的坚牢度取决于染料的性质和类别。有研究者利用超滤技术研究了棉花纤维素酶在处理后纤维素酶回收和再循环中的解吸，约 62% 的酶可被回收。将纤维素酶与非离子润湿剂结合，以获得更平滑、清晰、柔软的表面，并改善染色能力，同时强度损失最小。使用纤维素酶和/或蛋白酶对棉/羊毛和黏胶/羊毛混合织物生物处理后，可改善织物的弹性和柔软性。Pere 等[25]用 *Trichoderma reesei* 纤维素酶处理棉纤维和纱线，发现处理后纤维变得光滑、纱线毛羽减少。Sreenath 等[26]采用纤维素酶、果胶酶和木聚糖酶单独或协同作用处理黄麻/棉混纺织物，发现纤维素酶单独处理可以去除织物上突起的黄麻和棉纤维，而果胶酶和木聚糖酶单独作用时无法去除。纤维素酶、果胶酶和木聚糖酶联合作用时，纤维素酶在较低用量时就能达到很好的抛光效果，说明果胶酶和木聚糖酶的加入能对纤维素酶抛光整理具有一定的促进作用。

8.3.4　纤维素酶在牛仔织物返旧整理中的应用

牛仔织物一般是以靛蓝染色的纯棉纱线为经纱、不染色的纱线为纬纱织造而成的粗支斜纹布。由于特殊的褪色和老化的外观，牛仔布是非常受欢迎的棉质休闲布料。牛仔织物可以通过特殊的水洗方法获得"穿旧"时尚效果，深受消费者喜爱，该整理又称为牛仔织物返旧整理。在早期，牛仔织物采用石磨水洗的方法获得"穿旧"效果。但是，石磨水洗整理中存在如 8.3.3 节所述的缺点。

目前，纤维素酶已经成功应用于牛仔织物的返旧整理。水洗牛仔布时，纤维素酶将形成非均匀表面，同时去除困在纤维内部的靛蓝染料分子，从而形成褪色和磨损的外观。纤维素酶应用于纺织加工中的牛仔布始于 20 世纪 80 年代末。如今，用纤维素酶进行牛仔布生物洗涤可实现理想外观和卓越品质。纤维素酶水洗基本可以避免石磨水洗中存在的问题，并且可以获得一些其他的优点。例如，经纤维素酶水洗后的牛仔织物，可以获得更加均一、立体感强的花纹，色泽鲜艳，还可以从本质上改善织物的手感。但是，由于纤维素酶易与脱落下的靛蓝染料结合，重新吸附到织物表面，在纤维素酶的牛仔织物返旧整理中会发生返沾色现象，使纤维素酶的水洗效果降低[27]。

水洗牛仔布时，纤维素酶在 30～60℃的宽温度范围内具有活性。根据其最适 pH 值，将纤维素酶分为酸性（pH＝4.5～5.5）、中性（pH＝6.6～7）和碱性（pH＝9～10）纤维素酶。背染是纤维素酶的重要应用之一，指的是将释放的靛蓝重新沉积到牛仔服装的白色部分上。靛蓝染料分子与纤维素酶之间高亲和力及棉纤维素分子与纤维素酶分子强结合力是背染的主要作用特征。酸性纤维素酶对靛蓝染料分子的亲和力高于中性纤维素酶。因此，中性和内切纤维素酶丰富的纤维素酶更适用于从牛仔布中去除和软化靛蓝染料分子[28]。

实验表明，13500 个 RBB-CMC 单位的内切纤维素酶 E5 在 60℃下洗涤 60min 和 90min，牛仔布磨损水平分别为 5.5 和 7。综合脱浆和漂白工艺对水洗纤维素酶效率的影响可以忽略不计。研究表明，*Chrysosporium lucknowense* C-1 能够产生多种纤维素酶。这些纤维素酶制剂表现出良好的耐磨/降色性能。其作用功效可以媲美商业酶制剂。基因工程构建的里氏木霉菌株 ALK03798 生产高水平的 CBHⅡ。该纤维素酶制剂可以用于棉纺织物的生物整理。经该酶清洗后，棉布的性能得到改善，有利于毛球和绒毛的去除，可获得良好的视觉外观，同时也不会失去布的强度和拉伸性能[4]。

8.3.5 纤维素酶在 Lyocell 纤维去原纤化处理中的应用

Lyocell 纤维，又称 Tencel 纤维，其以叔胺氧化物 NMMO 为溶剂溶解纤维素，制得纺丝液，然后纺丝成形。因溶剂可以回收，对环境无污染，被称为新世纪的绿色纤维。另外，Lyocell 纤维还具有手感柔软、吸湿性好和强度高等优点。纤维的原纤化是指纤维与纤维或与其他物体发生湿摩擦后，纤维表面的一些巨原纤从纤维主体上剥离，进而分裂成细小的微原纤的过程。纤维素纤维普遍存在原纤化的问题，其中 Lyocell 纤维在使用过程中产生原纤化的程度是最严重的。织物中的纤维原纤化后，织物易起毛起球、染色光泽差，严重影响织物的品质和性能。

利用纤维素酶水解 Lyocell 纤维表面的微原纤，使其逐步弱化，在机械作用的协同作用下，可以将其断裂去除，达到纤维去原纤化的目的。Morgado 等[29]的研究发现纤维素酶短时间处理 Lyocell 织物不能去除织物上纤维表面的微原纤和绒毛，反而有加重原纤化的趋势。但是，延长纤维素酶的处理时间后，纤维表面的微原纤和绒毛又都会被去掉。另外，有研究证实，机械作用在该整理过程中起到非常重要的作用。Kumar 等[15]利用纤维素酶处理 Lyocell 织物，发现处理后织物的手感、悬垂性以及表面光泽等方面得到改善。

8.3.6 纤维素酶在纺织加工应用中存在的问题

虽然纤维素酶在纺织加工应用中具有很多优点，但仍存在一些问题，制约了其进一步的大规模应用。

① 处理后织物强力损失大。纤维素酶中含有三种不同的酶组分：内切纤维素酶、外切纤维素酶、纤维二糖酶。在三种酶组分的协同作用下，纤维素纤维的无定形区和结晶区可以被水解。当三种酶组分同时存在时，三者习惯聚集在一起作用于纤维上同一位置。因此，纤维经纤维素酶水解后，纤维上局部区域会出现"坑洞"、部分开裂。另外，纤维素酶分子可以扩散到纤维内部，对纤维内部造成损伤。由于纤维素酶水解作用会不受限制地破坏组成织物的纤维素纤维，导致酶处理后织物强力损失过大。

② 酶制剂成本高。与传统化学处理的成本相比较，酶制剂的价格相对过高。纺织行业利润本就不高，酶制剂的高价格影响了其广泛应用。

③ 酶的稳定性差、工艺重现性差。由于纤维素酶活力很难保持稳定，储存条件的变化、储存时间的长短等都会对其造成影响。另外，纤维素酶活力对处理温度和 pH 值很敏感，微小的波动都会对其产生影响。在纺织加工中，虽保持每批次酶处理加工的条件一样，但是加工后织物的品质却很难保持一致。但随着分子生物学和酶学技术的进步，也为纤维素酶酶学性质的改良提供了可能。固定化酶作为稳定酶分子的有效方法，能拓展天然酶分子作用的条件范围，提升纤维素酶在纺织工艺中的应用效率。

8.4   纤维素酶在生物炼制中的应用

木质纤维素是植物细胞壁的主要成分，包含纤维素、半纤维素和木质素三大组分。地球上每年通过光合作用产生的木质纤维素类生物质高达 1000 亿吨以上，然而只有极少部分被人类所利用。美国每年可收集利用的木质纤维素类生物质高达 13 亿吨，中国也有 8 亿吨左右，这些生物质的有效利用必将减少化石资源的开采。目前，以化石资源为主的能源利用形式导致了一系列的社会问题，如环境污染、能源危机等。因此，世界各国都在加大力度开发木质纤维这一可再生资源，以求解决能源危机、环境污染等问题，达到可持续发展的目标[30]。

木质纤维素的转化利用可分为热化学法和生物化学法。热化学法包括高温分解（pyrolysis）、高温液化（liquefaction）和气化（gasification）等。高温分解在 300～1000℃、无氧条件下进行，其产物主要为合成气（CO、CO_2、CH_4 和 H_2 等）、生物油（bio-oil）以及生物碳（bio-char）。生物化学法的一般流程是预处理破坏植物细胞壁的紧密结构，酶水解将木质纤维素中的纤维素和半纤维素降解为可被微生物发酵的糖，最后通过微生物发酵生产各种生物基产品，如燃料乙醇、丁醇和其他生物基化学品和材料等（图 8-6）。相比而言，生物化学法反应条件温和，预处理温度可在 60～220℃，酶水解温度在 50℃左右，发酵温度为 20～60℃。

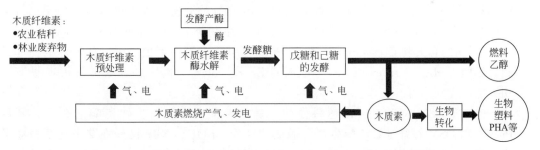

图 8-6　木质纤维素生物炼制生产燃料乙醇和其他生物基化学品的工艺流程[30]

利用木质纤维素生物质生产化学品和材料也是近年来研究的热点。木质纤维素生物质精炼厂将生物质水解成单糖等产品。木质纤维素生物质（木材、木材残留物、农业残留物和城市固体废物中的有机部分）将用于生物炼制，开发生产液体燃料、材料和化学品。纤维素酶是在生物质基产品工业应用中所需的最重要的酶，但木质纤维素的有效利用也需要几种其他酶，如半纤维素酶和其他辅助酶的协同作用。

8.4.1　燃料乙醇

燃料乙醇可用来部分代替汽油，缓解石油危机。目前，燃料乙醇主要与汽油以一定比例混合使用（通常乙醇添加比例为 10%），形成新型混合燃料（E10 汽油）。燃料乙醇取代甲基叔丁基醚添加到汽油中，可减少对地下水和空气的污染，提高汽油的辛烷值，增强汽油的抗爆性能。另外，乙醇的氧含量高达 34.7%，因此，乙醇与汽油的混用一定程度上解决了汽油在油缸内燃烧供氧不足的问题，从而使汽油燃烧更加充分，减少 CO 和其他有害气体的生成，降低对环境的污染。2015 年，美国是燃料乙醇的最大生产国（原料主要为玉米），年产量 4500 万吨左右；巴西是第二大燃料乙醇生产国（原料为甘蔗），年产量 2150 万吨左右；中国是第三大燃料乙醇生产国（原料为玉米、木薯和小麦等），但 2018 年的年产量不超过 300 万吨。

纤维素乙醇技术研发在国外起步较早，在美国、加拿大、欧洲都建有示范工厂。至 2017 年，全球至少有 25 个项目投产，纤维素乙醇年生产能力超过 100 万吨。相比已规模化生产的玉米乙醇，木质纤维素乙醇目前还主要处于规模化生产的起始阶段。欧美已经建立的规模较大的纤维素乙醇生产厂公司包括：在美国堪萨斯州建立的以玉米秸秆为原料年产 7.5 万吨乙醇的 Abengoa 公司，在意大利 Crescentino 建立的以草为原料年产 4.0 万吨乙醇的 Beta Renewables 公司，在美国艾奥瓦州建立的以玉米秸秆为原料年产 9.0 万吨乙醇的杜邦（Du Pont）公司，在美国艾奥瓦州建立的以玉米秸秆为原料年产 6.0 万吨乙醇的 POET-DSM 公司，在巴西建立的以甘蔗渣为原料年产 3.2 万吨乙醇的 Raizen 公司以及年产 6.5 万吨乙醇的 Granbio 公司等。

Beta Renewables 公司成立于 2011 年年底，是生物科技公司 Mossi Ghisolfi Group（www.gruppomg.com/en）和美国基金 TPG（得克萨斯太平洋集团）联合成立的合资企业，总投资额达 2.5 亿欧元（3.5 亿美元）。2012 年年底，Novozymes 成为 Beta Renewables 的股东，收购了 Beta Renewables 中 10% 的股份，达 9000 万欧元。Beta Renewables 拥有 PROESA^{TM} 技术，适用于生产生物燃料和化学中间体。Beta Renewables 下属的意大利 Crescentino（VC）工厂是世界上第一家生产第二代乙醇的商业设施。巴西 Bioflex Agroindustrial 和欧洲的 Energochemica 也从 Beta Renewables 购买了相关生产专利许可。

POET-DSM 位于美国南达科他州，是一家推广纤维素生物乙醇的公司，利用 POET 和 DSM 在纤维素乙醇生产上的成功经验，POET-DSM 已经在艾奥瓦州建立了第一家商业规模的利用玉米残渣生产乙醇的工厂，该工厂采用 Project Liberty 技术。

Abengoa 原计划运营位于 Hugoton 的新生物质-乙醇生物精炼厂。该厂将在乙醇生产过程中每天使用约 1100t 干重的生物质。该过程的残留物将与 300t/d 的油炸生物质原料燃烧，产生 18MW 的电力。这种能力将使整个设备节能和环保。然而，由于技术方面的原因，Abengoa 于 2015 年 12 月决定暂停在其位于堪萨斯州 Hogoton 的新型纤维素乙醇厂以及在 Cornwich 的玉米乙醇工厂的生产。由于财务困难，该公司已计划关闭位于美国的 Abengoa 生物能源总部。

杜邦公司于 2010 年 10 月 30 日在艾奥瓦州开设了 3000 万加仑（gal，1gal ≈ 3.785L，后同）的纤维素乙醇设备，另外还在田纳西州投资了超过 8500 万美元。然而，为了简化运营，杜邦工业生物科技公司在 2015 年年底关闭了其在田纳西州的纤维素乙醇试验设施。不过，杜邦公司表示将仍然致力于纤维素生物燃料的商业化，并将其资源集中在艾奥瓦州的工厂。

与国外纤维素乙醇研发相比,我国纤维素燃料乙醇尚处于产业化前期研究阶段,目前研究开发主要集中在纤维素乙醇生产技术与装置以及产业化试点示范等方面。我国现有纤维素乙醇中试和示范工程见表 8-4。

表 8-4　我国纤维素乙醇示范工程建设情况

生产厂家	地点	原料	产能/(t/a)	备注
松原来禾化学有限公司	吉林	秸秆	5000	已建成
山东龙力生物科技有限公司	山东禹城	玉米芯废渣	50000	已建成
河南天冠燃料乙醇有限公司	河南南阳	秸秆	5000	已建成
山东泽生生物科技有限公司	山东东平	秸秆	3000	已建成
安徽丰原集团	安徽蚌埠	玉米芯	3000	已建成
上海天之冠可再生能源公司	上海	秸秆和稻壳	600	已建成
中粮生化能源(肇东)公司	黑龙江	秸秆	500	已建成
广西明阳生化科技股份公司	广西南宁	蔗渣	2000	已建成

8.4.2　生物基化学品

近年,随着油价的持续低迷,包括燃料乙醇等在内的一些生物质能源企业生产经营暂时陷入了困境。究其原因主要是当前的生产工艺技术生产成本过高,造成企业的经济效益较差。在此背景下,开展纤维素原料生物精炼技术研发,传统能源产品联产更多和更高价值的化学品,将是促使木质纤维素生物质炼制产业发展的内在驱动力。

木质纤维素原料来源广泛、价格低廉且能被来源于微生物的水解酶类降解成可发酵糖。目前,从生物质中获取发酵糖,然后糖通过微生物发酵生产各种产品的技术路线也被称为"糖平台"技术。"糖平台"技术主要包括预处理和酶水解生产可发酵糖的过程。产品包括大宗化学品(如乙醇)、精细化学品(如酶制剂、手性化合物)、食品元素(如维生素、抗氧化剂)以及药品(如天然产物)等。

木质纤维素酶水解的主要目标是将其中的纤维素和半纤维素水解为可发酵单糖。纤维素是由葡萄糖通过 β-1,4-糖苷键连接起来的聚合物。半纤维素则是由几种不同类型的单糖构成的多聚体,这些单糖主要为木糖、阿拉伯糖、葡萄糖和半乳糖等,其中最多的是木糖。不同的纤维素酶和半纤维素酶通过相互协同作用提高木质纤维素的降解转化效率。以木质纤维素等生物质为原料,可经由合成气平台、糖平台、木质素平台、油脂平台和蛋白质平台等,通过化学、物理和生物(生化)方法,转为工业、交通、纺织、食品等初级或最终产品(图 8-7)。纤维素和半纤维素所含的多缩己糖和戊糖在一定条件下可转化为己糖和戊糖,该中间产物可实现化学品谱系的生产,是目前生产化学品的主要路线。现至少有 200 种产品可由糖发酵得到,包括乙醇、丁醇、柠檬酸、琥珀酸、1,3-丙二醇、L-乳酸、2,3-丁二醇等[31,32]。

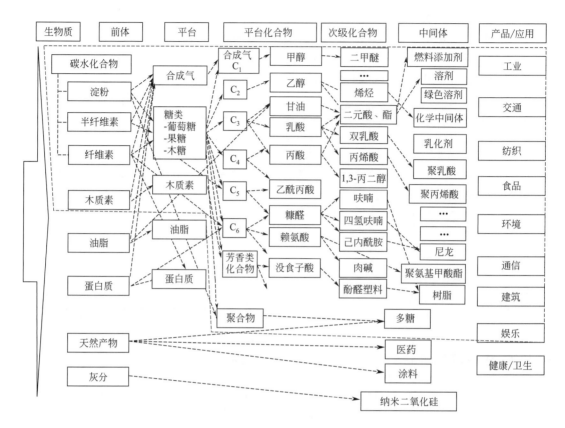

图 8-7　由生物质生产化学品路线 [31, 32]

8.4.3　纤维素酶在生物炼制中存在的问题和解决方案

目前，解构植物细胞壁的酶系统通常是由多种酶（纤维素酶、半纤维素酶和辅酶）组成。木质纤维素的解聚经酸催化需要苛刻的条件，同时也有糖分解产物如糠醛和5-羟甲基糠醛的形成，这些产物将在连续发酵步骤中抑制微生物生长，因此需要在生物发酵之前进行脱毒处理。而纤维素酶水解过程，不会产生糖分解产物，温和反应条件下，可以避免对微生物发酵产生毒害作用。

大量研究表明，纤维素酶成本约占最低乙醇销售价格的 15% 以上。在场外生产的情况下，酶成本高达乙醇价格的 28%；但如果将酶生产整合到工厂，酶成本将降低到 10% 以下。生命周期评估（LCA）研究也得出结论，酶的生产对整个乙醇生产过程的环境性能有重大影响。

生物精炼过程中，木质素会抑制纤维素酶的活性。现阶段的解决途径包括：a. 选择具有低木质素含量的生物质；b. 选择去除木质素的预处理方法，例如有机溶剂预处理、BALI 方法或碱性预处理和蒸汽预处理等；c. 优化酶混合物，例如借助弱木质素结合纤维素酶和改变酶的表面疏水性等。

在预处理、酶水解和发酵等期间形成的许多抑制剂，在具体工艺设计过程中需要避免这些化合物的连续积累。游离酶的再循环与膜过滤、磁分离技术结合是潜在的解决途径。现有酶回收技术手段包含全浆回收和固体回收。全浆回收易于实施并可与残留固体相容，但可回收程度低，不会稀释水解液。固体回收可以大规模地实现，然而固体和木质素的积累需要清洗步骤，也需要良好的固液分离和膜过滤来浓缩酶以便在水解中保持高固体条件。因此，技术上很简单的循环利用游离酶或全浆回收技术，需要进行更深入的技术经济评价分析。

纤维素酶回收的关键是酶的稳定性，Pribowo 等[33]在不同温度下孵育 24h 后研究了三种商业纤维素酶制剂（Celluclast、Accellerase 1000 和 Spezyme）的活性。他们发现纤维二糖水解酶 Cel7A、β-葡萄糖苷酶和内切纤维素酶在高达 50℃的温度下保留超过 85％的活性，而更高的温度会导致活性的显著损失。因而，改善酶的热稳定性可以确保更好的性能发挥，如提高工艺温度、提高水解速度。目前商业纤维素酶制剂的最适 pH 值范围为 4.5～5.5，这也适用于酵母发酵。然而，如果用 pH 值调节来从木质素中解吸酶，则可能影响酶的稳定性。研究表明，pH 值从 4.8 变为 10，酶的构象变化可能会逆转。实验证明，高 pH 值的变性效应是温度依赖性的。在水解温度（50℃）下，pH 值变化很大会导致变性；而在 25℃时，纤维素酶失活是可逆的[34,35]。

在生物炼制过程中实施酶回收的主要挑战是：a.纤维素酶可吸附到预处理的生物质中；b.在高固体负载下操作，会存在抑制纤维素酶活性的化合物；c.处理过程需要保证纤维素酶的稳定性。现阶段，研究人员正借助遗传工程、密码子优化、蛋白质和细胞工程来提高酶的稳定性和生产水平，以适应工业化应用的需求。

8.5　纤维素酶在食品加工业中的应用

纤维素酶在食品生物技术中也有广泛的应用，如在食品工业中，纤维素酶被用于果蔬汁及橄榄油的提取、果汁的澄清、提高谷物的浸泡效率和水分的吸收、豆类发芽中豆衣的去除、从大豆和叶子中分离蛋白质以及谷物和马铃薯中淀粉类成分的有效分离等。另外，纤维素酶也被用于增加食品的营养成分，从纤维素废弃物中提取纤维寡糖、葡萄糖和其他可溶性的糖，以及去除细胞壁以利于有用物质如酶、多糖和蛋白质的释放。采用纤维素酶水解法对海藻粉进行前处理可以充分获取海藻中的脂质资源，也便于进一步提纯，同时还可降低生产成本。啤酒和葡萄酒的酿造具有十分悠久的历史。啤酒酿造包括大麦的发芽以及随后麦芽汁的制备和发酵，而葡萄酒则需要从葡萄里抽提出葡萄汁并且用酵母使果汁发酵。在低质量大麦的发芽过程中加入纤维素酶可水解 β-1,3-葡聚糖和 β-1,4-葡聚糖从而有助于大麦发芽。此外，纤维素酶可以提高啤酒的过滤效率，并能增加葡萄酒的香味。

8.5.1 水果与蔬菜加工

在果实和蔬菜加工过程中，为了使植物组织软化膨润，一般采用加热蒸煮和酸碱处理等，这样会使果蔬的香味和维生素损失，用纤维素酶进行果蔬处理可以避免上述缺点，同时可提高可消化性和口感。在制备脱水蔬菜如胡萝卜和土豆等时，经适当纤维素酶处理后再干燥脱水，可改进脱水蔬菜的烧煮性和复原性。

范凤玲等[36]通过纤维素酶处理菠萝果渣以提高粗多酚溶出率，确定了纤维素酶处理菠萝果渣提取多酚类物质的理想工艺，即浸提时间140min，浸提温度53℃，浸提pH值为3.8，酶剂量13U/mL，此条件下粗多酚的溶出率为11.56g/kg，比同条件下直接用水浸提提高了28.15%。赵国萍等[37]研究了羊栖菜汁浸提工艺条件，通过研究最适范围各个单因素发现，在复合酶酶水解提取羊栖菜汁的最佳浸提方案中，添加纤维素酶与果胶酶配比3:2，可以大大提高浸提率。

8.5.2 油料作物加工

纤维素酶在油料作物加工中也起着非常重要的作用。传统上一直采用压榨法或有机溶剂法生产油类产品，其产品会存在质量差、产量低、操作时间长、有机溶剂残留等问题。采用酶处理法代替有机溶剂法，一方面可以提高油的产量和质量；另一方面，通过控制酶的反应条件，使生产加工在较温和的条件下进行，可以避免剧烈条件对产品质量的影响。因此在农产品加工领域采用酶技术，不仅能提高主产物的产量，还能减少副产物的生成和降低废物处理费用。

纤维素酶用于处理大豆，可促使其脱皮，同时，由于它能破坏细胞壁，使包含于其中的蛋白质和油脂完全分离，增加了从大豆和豆饼中提取优质水溶性蛋白质和油脂的得率，既降低了成本，缩短了时间，又提高了产品质量。

8.5.3 茶叶加工

速溶茶饮用方便，要求其速溶后无不溶渣，生产上常用热水浸提法提取茶叶中的有效成分。速溶茶传统的生产工艺，是采用沸水浸泡茶叶以提取茶叶细胞中的有效成分，如氨基酸、糖、咖啡因、皂苷、茶多酚、茶香成分及色素等，再经低温冷冻干燥。若用纤维素酶低温抽提，既可提高得率，又能保持茶叶原有的色香味。若将沸水浸泡和酶法结合，既可缩短抽提时间，又可提高水溶性较差的茶单宁、咖啡因等的抽提率。梁靖等[38]通过纤维素酶在速溶茶中的应用研究发现，使用纤维素酶可以有效提高速溶茶的提取率及其茶饮料的稳定性。若将纤维素酶加入砖茶中，可部分代替微生物的发酵作用，能缩短渥堆时间，减少有效成分的损失，提高水浸出物和可溶性糖的含量，改善砖茶的品质及增加香气。

8.5.4　橄榄油提取

近年来，由于橄榄油众多的保健功能，其研究开发吸引了国际市场的广泛关注。橄榄油的提取过程包括：a.在石头或锤磨机中破碎和研磨橄榄；b.将切碎的橄榄糊通过一组倾析器；c.高速离心回收油。为了生产高质量的橄榄油，需要在冷压条件下使用新鲜、干净和略未成熟的水果。然而，当在高于环境温度下处理时，将导致油酸度高、香味差。因此，需要一种改进的橄榄油提取方法来满足不断增长的消费需求。添加纤维素酶和半纤维素酶，可使橄榄果实的细胞壁和膜快速分解，从而有利于将营养物质（特别是多酚和芳香族前体）融入最终产品，也可降低橄榄油生产中的橄榄糊黏度[39]。

商业酶制剂 Olivex（具有纤维素酶的果胶酶制剂和来自棘孢曲霉的半纤维素酶）是用于改善橄榄油提取的酶混合物。使用该酶制剂增加了橄榄油中的抗氧化剂，减少了酸败的诱导。在橄榄油提取过程中使用该酶制剂的主要优点是：a.提高在冷加工条件下的提取量；b.具备更好的分离性；c.具有高抗氧化剂和维生素 E；d.延缓酸败；e.提高总体效率。

8.5.5　类胡萝卜素提取

类胡萝卜素是自然界着色物质的主要组成部分，从红色到黄色都是许多植物中类胡萝卜素所呈现的颜色。由于类胡萝卜素来源天然、无毒性和高通用性，且提供了从黄色到红色的脂溶性和水溶性着色剂，因此类胡萝卜素作为食品着色剂有不断增长的市场需求。此外，类胡萝卜素是体内维生素 A 的主要来源，具有抗脂质氧化、抗癌和调节免疫等多种重要的生理功能。

类胡萝卜素提取时，纤维素酶将纤维素链随机分解为葡萄糖，而商业果胶酶制剂具有果胶激酶（PE）、聚半乳糖醛酸酶（PG）和果胶裂解酶（PL）活性。果胶酶和纤维素酶混合使用将破坏橙皮、红薯和胡萝卜的细胞壁，并释放叶绿体和细胞液中的类胡萝卜素。这些颜料仍保持与蛋白质结合的天然状态。这种键合结构可防止颜料氧化并且提高颜色稳定性，而溶剂萃取将使颜料从蛋白质中解离，导致水不溶性，且易于氧化。

8.5.6　饮料行业

果胶酶、纤维素酶和半纤维素酶的酶混合物（浸渍酶）可以用于水果和蔬菜汁提取工艺，以提高果汁产量。浸渍酶可以降低芒果、桃、木瓜、李子、杏和梨等热带水果的花蜜和泥浆的黏度，减少柑橘类水果的过度苦味，改善水果和蔬菜的质地、风味和香气。另外，利用纤维素酶对纤维素类物质的降解，可促进果汁的提取与澄清，能提高可溶性固形物的含量，并可将果皮渣综合利用。目前已成功地将柑橘皮渣酶水解制取全果饮料，其中的粗纤维有50％可降解为短链低聚糖，全果饮料中的膳食纤维，具有一定的保健医疗价值。

将纤维素酶应用于果蔬榨汁、花粉饮料中，可提高汁液的提取率和促进汁液澄清，使汁液透明，不沉淀，提高可溶性固形物的含量，并可将果皮渣综合利用。日本有专利报道，用纤维素酶处理豆腐渣后接入乳酸菌进行发酵，可制得营养好、口感佳的发酵饮料。冯丹等用新鲜的豆渣为原材料，利用纤维素酶对原料进行酶水解，可以获得其水溶性膳食纤维等提取液，添加辅料可混合调配成一类酸甜适口、体系均一、滋味纯正并具有一定保健功能的膳食纤维类饮料，且具有较好的稳定性。

8.5.7 酿造工业

在葡萄酒生产中，酶分子（如果胶酶、纤维素酶和半纤维素酶）可以改进或改善提取、浸渍、澄清和过滤工艺，从而提高葡萄酒品质。β-葡萄糖苷酶可通过改变糖基化前体来改善葡萄酒的香气。Galante 等[40]评估了 Cytolase 219（纤维素酶、果胶酶和木聚糖酶的混合物）处理的 Soave 白葡萄在酿酒中的表现。实验表明，葡萄酒提取率提高了10％～35％，过滤率提高了 70％～80％，压榨时间减少了 50～120min，黏度降低了30％～70％，发酵罐冷却节能 20％～40％，葡萄酒稳定性显著提高。

纤维素酶也可用于啤酒酿造，如利用木霉属纤维素酶系统的内切纤维素酶Ⅱ和外切纤维素酶Ⅱ可以使麦芽汁聚合度和黏度降低。在酱油的酿造过程中添加纤维素酶，可使大豆类原料的细胞膜膨胀软化破坏，使包藏在细胞中的蛋白质和碳水化合物释放，这样既可提高酱油浓度，改善酱油质量，又可缩短生产周期，提高产率。另外，采用纤维素酶和黄曲霉菌混合制曲，可提高酱油的氨基酸、全氮、无盐固形物含量和产出率。此外，纤维素酶在酱油糟利用上也有效果，在质量分数为 2.5％的酱油糟中加入 1％的纤维素酶，在 pH 值为 3.0、温度为 45℃的条件下，作用 18～24h，能使糟中 30％～40％的含氮物质溶出，过滤后滤液具有和酱油一样的香味。纤维素酶用于固态无盐酱油发酵，能将包裹蛋白质的纤维素分解，使蛋白质呈裸露状态，便于蛋白酶分解蛋白质，提高酱油收得率，加快发酵速度，改善酱油风味和质量，而酶制剂用量仅为 0.0125％，酱油中还原糖增加 10.7％，色度提高 4.2％，与不加纤维素酶相比，全氮提高 8.6％，原料利用率提高 8.1％。在食醋酿造过程中，将纤维素酶与糖化酶混合使用，也可明显提高原料利用率和出品率。

8.5.8 其他应用

纤维素酶的其他应用实例如下。

① 将甲基纤维素酶加入面团以改善面包品质。每 100g 面粉中加入 250IU 酶可提高最大体积、比体积和粉化参数（吸水率、面团开发时间和面团稳定时间）。

② 将含有纤维二糖水解酶和来自黑曲霉的果胶裂解酶的酶混合物加入苹果匀浆，

并在 40℃和 150r/min 下孵育 24h，酶水解后苹果汁将稳定几个月。

③ 棕榈原料（碳水化合物高达 80%），加入含有纤维素酶和果胶酶的酶制剂（1%），糖产量提高 22.3%，水分含量从 18.8%降至 15.5%，矿物组成显著改善。

④ 纤维素酶与木聚糖酶一起用于生产脆面包和饼干。面粉中加入羧甲基纤维素酶、外切纤维素酶和木聚糖酶可以提高面团的性能[4]。

⑤ 琼脂的提取。琼脂常存在于石花菜等海藻类的细胞间质中，采用酸处理和热处理方法提取会引起琼脂的分解，而利用可溶化的纤维素酶制剂处理，不仅避免了琼脂的分解，而且工艺简单，琼脂产率高、质量好。

⑥ 生产单细胞蛋白。用纤维素酶生产单细胞蛋白的方法主要有两种：一种是先将纤维素经纤维素酶等水解后再由微生物生产单细胞蛋白；另一种是直接利用纤维分解菌，如纤维杆菌等发酵生产单细胞蛋白。将具有较强纤维素酶活力的纤维杆菌属的细菌培养在含纤维废料的培养基中，可得到原料重量 50%的菌体，其蛋白质含量为 45%。此外，纤维素、半纤维素通过纤维素酶的限制性降解还可制备功能性食品添加剂，如微晶纤维素、膳食纤维和功能性低聚糖等。

8.6　纤维素酶在农业中的应用

8.6.1　纤维素酶在农业生产中的应用

由纤维素酶、半纤维素酶和果胶酶组成的各种酶制剂在农业生产中可用于增强作物生长和控制植物病害。纤维素酶能够降解植物病原体的细胞壁。许多纤维素分解真菌，包括木霉属、毛壳菌属和青霉属，可促进种子发芽、植物生长和开花，改良根系及增加产量。据报道，芽孢杆菌菌株可以产生 β-1,3-葡聚糖酶和 N-乙酰氨基葡萄糖苷酶，抑制芽孢杆菌的孢子萌发和胚芽伸长。此外，木霉的外切纤维素酶启动子可以用于表达蛋白质、酶和抗体，其中包括凝乳酶、葡萄糖淀粉酶、木质素过氧化物酶和漆酶。这些真菌直接（可能通过生长促进扩散因子）或间接（通过控制植物病害和病原体）对植物产生影响，其作用机制尚待进一步研究[41]。

纤维素酶也被用于改善土壤质量。传统上，秸秆填埋被认为是改善土壤质量和减少对矿物肥料依赖的重要策略。然而，秸秆直接填埋面临的主要问题是秸秆分解速度缓慢，从而给耕作带来许多问题。许多研究尝试通过微生物途径加速秸秆分解。研究表明，纤维素分解菌如曲霉属、毛壳菌属、木霉属和放线菌，能够加速土壤中纤维素的分解。因此，使用外源纤维素酶可能是加速秸秆分解和提高土壤肥力的潜在手段[10,42]。

8.6.2 纤维素酶在动物饲料中的应用

纤维素酶和半纤维素酶在饲料工业中的应用受到相当大的关注，因为它们可提高动物饲料品质。纤维素酶与半纤维素酶一起用于家禽和反刍动物饲料的生产，这些饲料进入动物消化道后部分将被更完全地消化，提供更多的营养。与优质饲料相比，大多数低品质饲料含有较高浓度的纤维素和灰分，而蛋白质和脂肪的含量较少。饲料加工过程中，酶的添加会使存在于青储饲料中的纤维素酶和半纤维素酶部分水解，谷物脱壳，进料乳化。含有纤维素、半纤维素、果胶和木质素的反刍动物饲料比家禽和猪的谷物饮食更复杂。纤维素酶可用于改善反刍动物饲料的青储饲料生产[43]。

含有高水平纤维素酶、半纤维素酶和果胶酶的酶制剂可提高饲料的营养品质。动物饲料生产过程通常包括灭活潜在的病毒和微生物污染物的热处理。嗜热纤维素酶在原料生产中的应用具有减少病原体以及提高饲料消化率和营养的潜力。另外，纤维素酶和半纤维素酶还可以促进木质纤维素材料的部分水解、谷物脱壳和β-葡聚糖的水解，从而使饲料原料有更好的乳化性和柔性。

8.6.2.1 在青储饲料中的应用

在青储过程中添加纤维素酶，可将青储原料中的结构性多糖降解为单糖，为发酵提供充足的碳源，特别是与乳酸菌协同作用，促进青储发酵降低植物细胞壁纤维素的含量、提高青储品质。研究表明，添加 0.2g/kg 的纤维素酶能显著提高青储甘蔗干物质和粗灰分含量，同时提高了粗脂肪、无氮浸出物和可溶性糖的含量，降低青储料粗纤维、粗蛋白质、钙、磷、氨态氮和游离水的含量，但对 pH 值、乳酸无显著影响。在干物质含量分别为 27.15%、38.45% 和 50.87% 的苜蓿中分别加入乳酸菌和纤维素酶进行青储，添加量为 0+0、10^5cfu/g+0.100g/kg、10^6cfu/g+0.050g/kg、10^7cfu/g+0.025g/kg，半干青储（干物质含量为 38.45%）的苜蓿原料添加乳酸菌+纤维素酶（10^6cfu/g+0.050g/kg）进行青储的效果最好，青储料的 pH 值、氨态氮含量显著降低（$P<0.05$），粗蛋白质和乳酸含量分别为 205.6g/kg 和 24.1g/kg，显著高于对照组（$P<0.05$）。纤维素酶在青储饲料中的作用效果不尽相同，可能是由于青储过程受多种因素的影响造成的，如青储植物的种类、生长阶段、纤维素酶的组成、添加量等[44]。

8.6.2.2 在反刍动物中的应用

在瘤胃微生物区系结构正常的情况下，添加纤维素酶能提高粗纤维降解强度，提高消化吸收水平。在瘤胃发生病理变化即微生物区系失去平衡时，高活性纤维素酶能迅速调整微生物区系结构，恢复其平衡关系和正常酵解、吸收、合成过程。反刍动物对纤维素消化力的提高与瘤胃中微生物的数量增多有关。在鲜百慕达草、刚风干的百慕达草和饲喂前的风干百慕达草中分别添加纤维素酶，并与氨化处理的百慕达草一并进行饲喂杂交肉牛，比较不同处理百慕达草对生产性能的影响。结果表明，在百慕达草刈割后立即添加纤维素酶（16.5g/t 风干样）效果最好，能显著提高干物质和中性洗涤纤维的降解率，而添加 30g/kg（干物质）的氨对饲草品质的改善差异不显著（$P>0.05$）。用来自黑曲霉和长梗木霉的纤维素酶（0.75g/kg）处理青储玉米和稻秸，结果表明，纤维素酶能提高青储玉米可溶性干物质和粗蛋白含量，提高稻秸的酸性洗涤纤维和总氮水平，但不改变青储玉米酸性洗涤纤维和总氮水平。在电镜下观察，纤维素酶的添加增加了细菌在粗料细胞壁上的定植，但对粗料细胞壁的降解和瘤胃降解没有影响。在含次粉和燕麦草的肉牛日粮中添加纤维素酶，与对照组（不加纤维素酶）相比，添加纤维素酶2g/kg，日粮中的可溶性干物质、粗蛋白含量以及次粉和燕麦草酸性洗涤纤维潜在降解率明显提高。

8.6.2.3 在猪、禽和水产养殖中的应用

在日粮中添加纤维素复合酶 0.1％，仔猪日增重可提高 8.68％，料肉比降低8.24％，发病率降低 12.5％，消化吸收率明显增强，能有效提高仔猪的增重率。在含鲁梅克斯 K-1 草粉 6％的日粮中添加纤维素酶 0.15％，可提高生长猪前 2 周的日增重（$P<0.05$）和日粮中干物质、有机物、总能和酸性洗涤纤维的消化率（$P<0.05$）。添加纤维素酶为主的复合酶能显著地提高仔猪对能量、干物质、粗蛋白质、粗脂肪、粗纤维、粗灰分的表观消化率。大量试验表明，在猪日粮中添加纤维素酶可以提高日增重。

在日粮中添加纤维素酶 0.10％，肉仔鸡体重、日增重、饲料转化率能明显提高。肉碱与酶制剂添加组合效应对肉鸡生长影响表明，1～3 周龄肉鸡最佳添加组合为肉碱25mg/kg、纤维素酶 1000mg/kg 和植酸酶 250mg/kg，与其他组合相比差异显著（$P<0.05$）；4～7 周龄肉鸡的最佳添加组合为肉碱 50mg/kg、纤维素酶 500mg/kg 和植酸酶250mg/kg，试验还证明，纤维素酶与植酸酶具有协同增效作用。

鹅是草食家禽，自身能消化一定量的纤维素，但由于自身纤维素酶分泌量有限，所以纤维饲料也有相当量的浪费。在饲料中添加纤维素酶可改善其消化性能，弥补内源酶的不足，提高日增重和饲料转化率。在日粮中添加活性为 2000U/g 的纤维素酶制剂 0.1％饲喂雏鹅，粗纤维表观利用率提高了 43.18％，中性洗涤纤维、酸性洗涤纤维、干物质和粗蛋白质利用率分别提高了 35.43％、46.51％、8.08％和 18.92％。

鱼虾类对纤维素的利用主要是依靠其消化道中微生物分泌的少量纤维素酶，在饲料中添加纤维素酶，能提高鱼类增重率，降低饵料系数，提高饲料利用率，并能提高一些氧化酶的活性，促进鱼类生长。有研究人员在含大麦粉 41.3％的饲料中添加 β-葡聚糖酶饲喂鲤鱼，鲤鱼的增重率提高，饵料系数降低，肠黏膜表层增厚并附着大量的益生菌（乳酸菌、酵母菌、双歧杆菌和芽孢杆菌等），发病率和死亡率降低。如在草鱼饲料中添加纤维素酶 0.1％，能有效地提高草鱼饲料的营养物质消化率，降低饵料系数，提高饲料利用率。有研究人员在基础饲料中添加 β-葡聚糖酶 2g/kg，使南美白对虾溶菌酶、超氧化物歧化酶和酚氧化酶活力显著提高（$P<0.05$）。

饲用纤维素酶作为一种高效、安全的生物催化剂，在改善饲料的营养价值、提高饲料的消化率和利用率等方面具有广阔的应用前景。虽然目前饲用纤维素酶的应用还存在一系列的问题，但随着对纤维素酶的检测方法、作用机制、酶系组成、耐热性、作用温度、pH 值和抗蛋白酶水解能力等方面的深入研究以及基因工程、分子酶工程等技术的

发展，纤维素酶菌株产酶量低、活力低、成本高及酶稳定性差等问题将逐步得到解决，预期在畜牧业中有更加广泛的应用[44]。

8.7 纤维素酶在其他行业中的应用

8.7.1 洗涤剂

当前，纤维素酶也越来越多地用于洗涤剂中，富含内切纤维素酶的碱性纤维素酶掺入洗涤剂中，能有效去除污垢并恢复着色棉织物的亮度。同样，富含内切纤维素酶的纤维素酶制剂也更适合布料整理。大多数棉花或棉混纺服装，在反复洗涤时，往往会变得松弛、褪色，主要是由于服装表面部分存在不紧密结合的分离微原纤。使用纤维素酶可以去除这些微原纤，恢复布料光滑的表面和色泽。纤维素酶的使用也有助于软化衣服同时去除污垢颗粒组成的微原纤网络[3,4]。

纤维素酶用于纺织加工和整理的纤维素基织物时，能有效去除纺织品生产中使用的纤维素丝毛球，光滑布匹和提升颜色亮度。研究表明，纤维素酶也可以改善纤维素织物（漂白棉布、丝光棉和棉/聚酯混纺织物）的稳定性和色泽恒久性。应用于酶洗棉布的纤维素酶通常是来自里氏木霉的酸性纤维素酶和来自 H. insolens 的中性纤维素酶。近年来，研究人员不断驯化和筛选优势产酶微生物，开发新的纤维素酶制剂[11]。

在洗涤剂中使用纤维素酶能够改善纤维素原纤维。纤维素酶制剂可以改善棉花混纺服装中的颜色亮度和手感，同时去除污垢。商业应用的液态衣物洗涤剂可添加阴离子或非离子表面活性剂，以提高纤维素酶的稳定性。由于大多数现代纺织工业中的纤维素纤维在织物整理中越来越多地使用酶，衣服放置的时间越长，一些小纤维的直链就容易从纱线或织物伸出。而应用纤维素酶，可以去除这些粗糙的突起，获得光滑和光泽度改善的织物。

8.7.2 去除细菌生物膜

细菌细胞与惰性表面结合较长时间，会分泌黏性细胞外多糖（EPS）。EPS 似乎类似于植物细胞壁多糖，在废水处理和造纸工业的冷却塔墙壁上会形成黏泥层。纤维素酶、半纤维素酶、蛋白酶、淀粉酶和酯酶组成的混合酶制剂，可用于去除黏泥。在酸性、碱性和中性 pH 下，该混合酶制剂能够去除 70%～80% 的黏泥层[45]。

纤维素酶广泛应用于食品和酒类生产、动物饲料加工、生物质精炼、造纸造浆、纺织加工和洗涤剂生产等。利用现代生物技术工具，特别是微生物遗传学、高通量测序技术、生物信息学和蛋白质工程等技术，可改进纤维素酶活性或赋予酶所需特征，从而可以将纤维素酶研究推广至更多的领域。

8.8　纤维素酶主要组分的功能和应用

8.8.1　裂解性多糖单加氧酶的功能和应用

在 20 世纪 50 年代，首先对纤维素酶进行了详细的研究。当时，从真菌中分泌的水解棉织物的酶被单独分离出来并进行了研究。在此之前，人们普遍认为一种酶即可以将纤维素转化为葡萄糖。然而，酶的分离研究使人们认识到，是几种不同的必需水解酶协同作用，将纤维素分解成单糖，即葡萄糖。其中一种酶首先在微晶纤维素上发挥作用，使其可接近糖苷水解酶。然而，关于纤维素水解的研究在接下来的 50 年里仍然得不到突破，但现在通常认为是裂解性多糖单加氧酶（lytic polysaccharide monooxygenases，LPMO）发挥的水解作用。进一步研究发现，辅助酶与纤维素水解酶的联合、协同作用，才能有效水解糖化纤维素[46]。

最近的研究表明，木聚糖酶和 LPMO 的 AA9 家族可以通过去除木聚糖“大衣”和/或破坏纤维素晶体结构，从而大大提高纤维素的可及性。AA9 也很有可能是以一种互补的方式进行作用，提高酶的纤维素可及性。在不增加整个混合酶（蛋白质）体系的负载量的前提下，希望通过用纯化的木聚糖酶和 AA9 酶代替部分纤维素酶来评价纤维素酶和这些辅助酶之间的协同作用。但由于辅助酶本身无法水解纤维素，只能靠纤维素酶与添加的辅助酶之间的协同作用，才能使纤维素的水解效率提高。

在前期研究中，在里氏木霉纤维素酶反应体系中添加 TaGH61，可以降低 2 倍的酶的负载量。将 LPMO 引入商业化的纤维素分解复合酶制剂中，用于预处理植物残体的糖化，可显著降低酶处理的成本。LPMO 需要氧分子的作用，木质纤维的酶解糖化效果取决于底物成分和料浆糖化中的溶解氧浓度，高浓度的氧气可能导致 LPMO 依赖的纤维素混合酶制剂失活，酚类化合物可以抑制或使纤维素酶失活。目前 Novozymes 生产的 Cellic CTec2 含有额外的 GH61，与其之前的产品相比，CTec2 在水解纤维素原料时就具有更优良的性能。

虽然 LPMO 的反应机理至今尚未完全解释清楚，但随着新的 LPMO 家族和酶与新底物特异性的陆续发现，将会使人们加快洞悉 LPMO 与纤维素酶的协同作用机制。未来，在复合酶制剂中复配 LPMO 将有助于进一步改善生物质转化，这也是将来生物质转化利用的一个重要方向[47]。

8.8.2　纤维二糖脱氢酶的功能和应用

纤维二糖脱氢酶（CDH）是由可以降解木质素的真菌产生的一种胞外酶。目前研究发现CDH不仅能氧化纤维二糖形成纤维二糖内酯，解除纤维二糖对纤维素酶的反馈抑制，还能强烈地吸附在纤维素上，且吸附的酶仍可以氧化纤维二糖。这说明和其他纤维素酶一样，CDH也具有纤维素吸附位点，且反应中心不在吸附位点内[48]。

如果CDH固定在含锇的氧化还原活性聚合物中，则CDH可以将电子转移到电极，可以用作适于测量纤维二糖和乳糖的电流分析生物传感器。CDH用于电流型生物传感器，稳定性非常高，可以使用多年，甚至高于来自黑曲霉的葡萄糖氧化酶的电极。CDH生物传感器的响应也高于大多数其他基于酶的生物传感器。此外，CDH的血红素允许酶直接将电子转移到石墨电极，可构建具有较低非特异性"噪声"反应的电极。CDH也可用于检测二酚的CDH生物传感器，酚类在石墨电极的表面上被氧化成醌产生电流。然而，灵敏度相对较低。但将CDH固定在电极上通过将醌连续还原为酚类（其可以脱氧为醌类），在纤维二糖的存在下会显著提高生物传感器的性能。

CDH还可以用于比色测定中纤维二糖或乳糖的测定，在操作中通过Fe^{2+}和Fe^{3+}的混合盐溶液或三碘化物离子非常强烈的颜色反应以获得高的检测灵敏度。此外，还可以使用CDH电极系统来监测Fe^{3+}还原为Fe^{2+}。由于价格高昂，基于CDH的测定几乎不应用于常规检测，而只在特殊情况下使用。

CDH的另一个潜在应用是漂白纸浆，CDH可以通过还原醌类和纸浆中的类似结构进行还原漂白。CDH也有降解和改性有毒芳香族废物的潜力，如在木质素降解中，非酚芳香族结构的脱甲氧基化和羟基化可以提高各种化合物的水溶解度，从而使它们可用作过氧化物酶和漆酶的底物。据报道，CDH在纤维二糖、H_2O_2和Fe^{3+}的存在下可以解聚聚丙烯酸酯。此外，在草酸的存在下，该降解系统可以使溴三氯甲烷脱溴。这可能是由于羟基和草酸之间的反应产生CO_2。该反应还原基团随后负责脱溴。但CDH单独使用价格昂贵，不能直接用作解毒剂。然而，一些商业化纤维素酶混合物含有CDH酶，可以使用一些便宜的纤维素，如废纸或乳清，可以用作电子供体，加入少量的铁盐和过氧化氢，从而实现脱毒。另一种对废物进行解毒的方法是让白腐真菌生长在其上，创造适宜的条件使菌株产生CDH。

8.8.3　碳水化合物结合模块的功能和应用

在纤维素酶的结构域中，由于分别具有纤维素识别、结合和催化功能的碳水化合物结合模块（CBM）和催化结构域（CD）在结构和功能上相对独立，因此，CBM与富有催化功能的CD优化组合，以获得杂合酶，开发高效纤维素降解酶在理论上是可行的。将纤维荧光假单胞菌的CBM与热纤梭菌内切纤维素酶（EGE）的催化结构域融合会使其降解结晶纤维素、细菌纤维素和棉花纤维的能力提高2～3倍。将 *Clostridium stercorarium* 木聚糖酶XylA的CBM区（CBM6家族）融合在 *Ruminococcus albus* 的内切纤维素酶 Cel5 的 C 端，获得的杂合酶降解滤纸的比活力可以达到原来的 5 倍，与 *Thermobifidus fusca* 外切纤维素酶 CelB6 协同使用降解天然纤维素的产糖率比两酶单独使用之和提高 22%，结晶纤维素含量下降 50%。CBM 的主要应用领域如下。

（1）蛋白质的分离纯化和细胞固定化技术

纤维素不仅来源丰富，价格便宜，而且生物安全性好，是一种性能优良的生物材料。利用 CBM 能够有效吸附纤维素的特性，可将纤维素应用到重组蛋白的分离纯化和固定化技术领域。对于纤维素发生可逆吸附的 CBM（CBM1、CBM4 和 CBM9），可将其作为一种亲和吸附标签和活性蛋白融合，通过特异性吸附纤维素达到分离目的蛋白的方法较传统亲和标签有诸多优点，如 CBM 较为独立的空间结构对蛋白质生物性能的干扰影响较小，纤维素作为吸附原料可以大幅度降低分离成本。如大肠杆菌重组表达的蛋白质或多肽在 N 端融合了海栖热袍菌 Xyl10A 的 CBM9，可以直接以 CBM 为高容量亲和标签选择性吸附到纤维素原料表面进行大规模的分离纯化。这一技术不但简化了纯化工艺，而且极大地降低了纯化成本。除此之外，对于一些能直接结合纤维素的 CBM4 和 CBM9，含有这些 CBM 的融合蛋白可以使用双水相技术分离得到富含可溶性聚糖的水相，以降低分离纯化成本。

此外，对于与纤维素发生不可逆吸附的 CBM（CBM2 和 CBM3），在固定化细胞和固定化酶上具有重要的应用价值。目前已有利用纤维素固定化含 CBM 杂合酶的成功例子。Cex（细菌类外切纤维素酶）的 CBM 与蛋白融合表达后的杂合酶可以直接吸附到微晶纤维素上，一步完成纯化和固定化步骤。在一些特殊情况下，这些含 CBM 的杂合酶经过固定化后，不仅省去回收利用步骤，酶活力还有不同程度的提高。

（2）日化洗涤工业中酶制剂功能定位

纤维素是许多商品的主要原料，在这些原料加工处理过程中利用 CBM 可以起到功能定位的作用。利用 CBM 与纤维素间的强吸附性能构建含 CBM 的果胶降解酶，将酶定位到含大量纤维素的衣料上，使得粗斜纹棉布的石磨砂洗工艺取得良好效果。另外，CBM 的融合还可以加强洗涤用酶与纺织物的结合，从而降低用量。偶联 CBM 芳香剂的使用，可以大大降低洗衣粉中芳香剂的使用量。

（3）纤维改性

尽管 CBM 对纤维没有直接的水解作用，但与纤维素原料的交互作用可以破坏或改变纤维原有的结构，因而可用于纤维改性。苎麻纤维经过 CBM 处理后表面粗糙度增加，有利于天然纤维的着色。随后相关的实验也证实经过 CBM 处理的染料会增强纤维附着性。此外，CBM 在纸张循环及二次纤维利用上也具有潜在的应用价值。使用 CBM 或两个 CBM 融合形成的纤维素十字蛋白（CCP）处理后的滤纸可以极大地提高纸张强度，后者不仅效果优于前者，而且纸张疏水性也会增强，不易潮湿。

（4）其他方面

① 用于亲和色谱，亲和色谱在生物工艺中占有重要地位，鉴于纤维素分布广泛、价格低廉，因此可以开发 CBM 作为相应的亲和标签。

② 用作分析诊断工具，在微生物发酵过程中，需要对生物反应器中各成分进行监测并调控，其中就包括利用 CBM 固定葡萄糖氧化酶（GOX）对葡萄糖含量的监测。

③ 改善酶特性，CBM 具有对酶进行修饰的潜能。在进行外源蛋白表达时，替换或融合 CBM 能够改变酶的酶活力[49]。Wang 等[50]通过将有机磷水解酶（OPH）与 CBM 融合，利用 CBM 固定大肠杆菌，从而提高 OPH 的水解效率。

此外，CBM 还能在一定程度上提高酶的热稳定性及 pH 稳定性[51]。

随着各种碳水化合物活性酶研究的不断深入，更多的 CBM 不断涌现。其中，有关纤维素酶、木聚糖酶、淀粉酶及壳聚糖酶的结合结构域等的研究及应用已经很多。Lee 等也在 *Bacillus macerans* CFC1 菌株的菊粉寡糖果聚糖转移酶（CFTase）中发现菊粉结合结构域，但还未将该结构域应用于实际中。由于 CBM 具有提高相应碳水化合物活性酶的酶活力及稳定性的功能，因此利用菊粉结合结构域工程改造菊粉酶，对于提高菊粉酶的酶活力具有巨大的应用前景[52]。

不过针对 CBM 的功能，现在仍然存在争论。矛盾的焦点不仅是对配体的识别功能存在争论，而且还有 CBM 与晶体表面配体的相互作用过程。首先，这个识别过程是何种力量驱动的，是焓的驱动，还是熵的驱动，不同的报道结果不同。另外，识别结合后 CBM 是否能够导致结晶纤维的表面氢键的破坏，是否具有"氢键酶"的作用。虽然现在人们的探测手段达到了亚分子水平，可以通过分子动力学模拟来直接模拟全酶的运动，也可以利用原子力显微镜（AFM）直接观察 CBH I 酶分子在结晶纤维素上的运动情况，但是 CBM 的功能及其在 CBH 催化中的分子机理仍未形成共识[53]。

参考文献

[1] Kuhad R C，Gupta R，Singh A. Microbial cellulases and their industrial applications [J]. Enzyme Research，2011（2）：280696.

[2] 邵学良，刘志伟. 纤维素酶的性质及其在食品工业中的应用 [J]. 中国食物与营养，2009（8）：34-36.

[3] Kuhad R C，Deswal D，Sharma S，et al. Revisiting cellulase production and redefining current strategies based on major challenges [J]. Renewable & Sustainable Energy Reviews，2016，55：249-272.

[4] Juturu V，Wu J C. Microbial cellulases: Engineering, production and applications [J]. Renewable & Sustainable Energy Reviews，2014，33：188-203.

[5] Gupta R，Khasa Y P，Kuhad R C. Evaluation of pretreatment methods in improving the enzymatic saccharification of cellulosic materials [J]. Carbohydrate Polymers，2011，84（3）：1103-1109.

[6] Baker J O，Mccarley J R，Lovett R，et al. Catalytically enhanced endocellulase cel5a from *Acidothermus cellulolyticus* [J]. Applied Biochemistry & Biotechnology Part A Enzyme Engineering & Biotechnology，2005，124（1-3）：129-148.

[7] Scott B R，St-Pierre P，Lavigne J A，et al. Novel Lignin-resistant Cellulase Enzymes: US2010221778 [P]，2010.

[8] Mai C，Kües U，Militz H. Biotechnology in the wood industry [J]. Applied Microbiology & Biotechnology，2004，63（5）：477-494.

[9]　Mansfield S D, Wong K K Y, Jong E D, et al. Modification of Douglas-fir mechanical and kraft pulps by enzyme treatment [J]. AGRIS, 1996, 79（8）: 125-132.

[10]　Kuhad R C, Mehta G, Gupta R, et al. Fed batch enzymatic saccharification of newspaper cellulosics improves the sugar content in the hydrolysates and eventually the ethanol fermentation by *Saccharomyces cerevisiae* [J]. Biomass & Bioenergy, 2010, 34（8）: 1189-1194.

[11]　Anish R, Rahman M S, Rao M. Application of cellulases from an alkalothermophilic *Thermomonospora* sp. in biopolishing of denims [J]. Biotechnology & Bioengineering, 2006, 96（1）: 48-56.

[12]　刘晶，李晨曦，刘洪斌. 纤维素酶在造纸过程中的应用 [J]. 中国造纸, 2018, 37（2）: 48-53.

[13]　苗庆显，陈礼辉，黄六莲，等. 纤维素酶处理改善阔叶木硫酸盐溶解浆反应性能的研究 [C] // 中国造纸学会第十六届学术年会论文集. 北京: 中国造纸学会, 2014: 50-53.

[14]　Milala M A, Shugaba A, Gidado A, et al. Studies on the use of agricultural wastes for cellulase enzyme production by *Aspegillus niger* [J]. Research Journal of Agriculture & Biological Sciences, 2005, 1（4）: 325-328.

[15]　Kumar H, Christopher L P. Recent trends and developments in dissolving pulp production and application [J]. Cellulose, 2017, 24（6）: 2347-2365.

[16]　余圆圆. 纤维素酶修饰及其对纤维素纤维作用的研究 [D]. 无锡: 江南大学, 2014.

[17]　胡映清. 酶法去除棉织物上残留棉籽壳的基础研究 [D]. 上海: 东华大学, 2011.

[18]　Csiszár E, Szakacs G, Rusznak I. Combining traditional cotton scouring with cellulase enzymatic treatment [J]. Textile Research Journal Publication of Textile Research Institute Inc & the Textile Foundation, 1998, 68（3）: 163-167.

[19]　Csiszár E, Losonczi A, Szakacs G, et al. Enzymes and chelating agent in cotton pretreatment [J]. Journal of Biotechnology, 2001, 89（2-3）: 271-279.

[20]　Losonczi A, Csiszar E, Szakacs G, et al. Role of the EDTA chelating agent in bioscouring of cotton [J]. Textile Research Journal, 2005, 75（5）: 411-417.

[21]　Yang C Q, Zhou W L, Lickfield G C, et al. Cellulase treatment of durable press finished cotton fabric: Effects on fabric strength, abrasion resistance, and handle [J]. Textile Research Journal, 2003, 73（12）: 1057-1062.

[22]　吴赞敏. 棉织物环境友好型生物——化学法超柔软整理及模糊专家评估系统的开发研究 [D]. 天津: 天津工业大学, 2004.

[23]　Csiszár E, Somlai P. Improving softness and hand of linen and linen-containing fabrics with finishing [J]. Aatcc Review, 2004, 4（3）: 17-21.

[24]　王革辉，王芳，赵涛. 纤维素酶处理对高支纯苎麻织物性能的影响 [J]. 纺织学报, 2010, 31（9）: 45-48.

[25]　Pere J, Puolakka A, Nousiainen P, et al. Action of purified *Trichoderma reesei* cellulases on cotton fibers and yarn [J]. Journal of Biotechnology, 2001, 89（2-3）: 247-255.

[26]　Sreenath H K, Shah A B, Yang V W, et al. Enzymatic polishing of jute/cotton blended fabrics [J]. Journal of Fermention and Bioengineering, 1996, 81（1）: 18-20.

[27]　Cavaco-Paulo A, Morgado J, Almeida L, et al. Indigo backstaining during cellulase washing [J]. Textile Research Journal, 1998, 68（6）: 398-401.

[28]　Madhu A, Chakraborty J N. Developments in application of enzymes for textile processing [J]. Journal of Cleaner Production, 2017, 145: 114-133.

[29]　Morgado J, Cavaco-Paulo A, Rousselle M A. Enzymatic treatment of Lyocell—Clarification

of depilling mechanisms [J]. Textile Research Journal, 2000, 70 (8): 696-699.

[30] 林海龙. 木质纤维素生物炼制的研究进展 [J]. 生物加工过程, 2017, 15 (6): 44-54.

[31] 方向晨. 生物基化学品及其竞争力分析 [J]. 石油化工, 2013, 42 (10): 1069-1074.

[32] Kamm B, Gruber P R, Kamm M. Biorefineries-Industrial. Processes and Products: Status Quo and Future Directions [M]. Weinheim: Wiley-VCH, 2006: 23.

[33] Pribowo A, Arantes V, Saddler J N. The adsorption and enzyme activity profiles of specific *Trichoderma reesei* cellulase/xylanase components when hydrolyzing steam pretreated corn stover [J]. Enzyme and Microbial Technology, 2012, 50 (3): 195-203.

[34] Gomes D, Rodrigues A C, Domingues L, et al. Cellulase recycling in biorefineries—is it possible? [J]. Applied Microbiology and Biotechnology, 2015, 99 (10): 4131-4143.

[35] Jorgensen H, Pinelo M. Enzyme recycling in lignocellulosic biorefineries [J]. Biofuels Bio-products & Biorefining-Biofpr, 2017, 11 (1): 150-167.

[36] 范凤玲, 薛毅, 张金泽. 纤维素酶处理菠萝果渣提高粗多酚溶出率的研究 [J]. 食品与发酵工业, 2007 (8): 72-77.

[37] 赵国萍, 李迎秋. 纤维素酶的研究进展及其在食品工业的应用 [J]. 山东食品发酵, 2015 (2): 37-40.

[38] 梁靖, 须海荣, 蒋文莉, 等. 纤维素酶在速溶茶中的应用研究 [J]. 茶叶, 2002 (1): 25-26.

[39] Humpf H U, Schreier P. Bound Aroma compounds from the fruit and the leaves of black-berry (*Rubus laciniata* L.) [J]. Journal of Agricultural and Food Chemistry, 1991, 39 (10): 1830-1832.

[40] Bamforth C W, Faulds C B, Juge N, et al. Current perspectives on the role of enzymes in brewing [J]. Journal of Cereal Science, 2009, 50 (3): 353-357.

[41] Bhat M K. Cellulases and related enzymes in biotechnology [J]. Biotechnology Advances, 2000, 18 (5): 355-383.

[42] Escobar M E O, Hue N V. Temporal changes of selected chemical properties in three manure—amended soils of Hawaii [J]. Bioresource Technology, 2008, 99 (18): 8649.

[43] Shrivastava B, Thakur S, Khasa Y P, et al. White-rot fungal conversion of wheat straw to energy rich cattle feed [J]. Biodegradation, 2011, 22 (4): 823-831.

[44] 王敏辉. 饲用纤维素酶的研究进展 [J]. 饲料博览, 2009 (11): 27-30.

[45] Orgaz B, Kives J, Pedregosa A M, et al. Bacterial biofilm removal using fungal enzymes [J]. Enzyme & Microbial Technology, 2006, 40 (1): 51-56.

[46] Karkehabadi S, Hansson H, Kim S, et al. The first structure of a glycoside hydrolase family 61 member, Cel61B from *Hypocrea jecorina*, at 1.6 Å resolution [J]. Journal of Molecular Biology, 2008, 383 (1): 144-154.

[47] Horn S J, Vaaje-Kolstad G, Westereng B, et al. Novel enzymes for the degradation of cellulose [J]. Biotechnology for Biofuels, 2012, 5 (1): 45.

[48] Henriksson G, Johansson G, Pettersson G. A critical review of cellobiose dehydrogenases [J]. Journal of Biotechnology, 2000, 78 (2): 93-113.

[49] Mamo G, Hatti-Kaul R, Mattiasson B. Fusion of carbohydrate binding modules from Thermotoganeapolitana with a family 10 xylanase from *Bacillus halodurans* S7 [J]. Extremophiles, 2007, 11 (1): 169-177.

[50] Wang A A, Mulchandani A, Chen W. Specific adhesion to cellulose and hydrolysis of or-ganophosphate nerve agents by a genetically engineered *Escherichia coli* strain with a surface-expressed cellulose-binding domain and organophosphorus hydrolase [J]. Applied and Environmental Microbiology, 2002, 68 (4): 1684-1689.

［51］ Qiao W，Tang S，Mi S，et al. Biochemical characterization of a novel thermostable GH11 xylanase with CBM6 domain from *Caldicellulosiruptor kronotskyensis*［J］. Journal of Molecular Catalysis B Enzymatic，2014，107（9）：8-16.

［52］ Lee J H，Kim K N，Choi Y J. Identification and characterization of a novel inulin binding module（IBM）from the CFTase of *Bacillus macerans* CFC1［J］. FEMS Microbiology Letters，2004，234（1）：105-110.

［53］ Igarashi K，Koivula A，Wada M，et al. High speed atomic force microscopy visualizes processive movement of *Trichoderma reesei* cellobiohydrolase I on crystalline cellulose［J］. Journal of Biological Chemistry，2009，284：36186-36190.

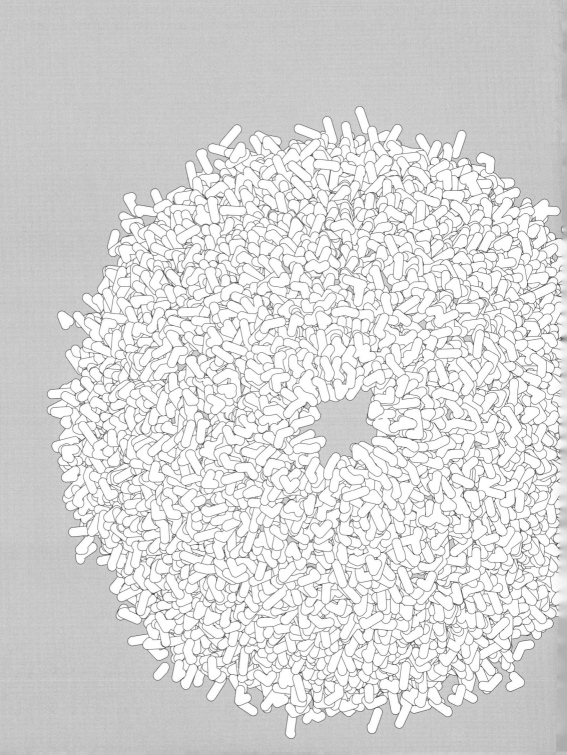

第

9

章

国内外纤维素酶生产
概况

9.1　纤维素酶生产工艺

9.2　国外纤维素酶主要生产企业

9.3　国内纤维素酶主要生产企业

9.4　中国纤维素酶产业现存问题及未来发展趋势

参考文献

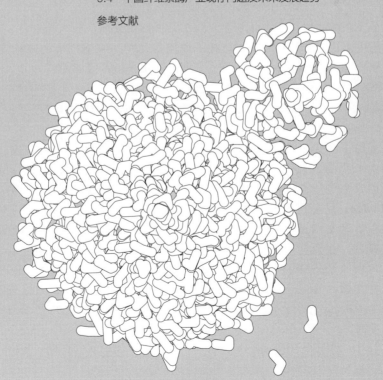

纤维素酶虽然广泛存在于自然界的生物体中，如细菌、真菌、动物体内等都能产生纤维素酶，但一般用于生产的纤维素酶多来自真菌，比较典型的有木霉属（*Trichoderma*）、曲霉属（*Aspergillus*）和青霉属（*Penicillium*）等。目前，纤维素酶已经广泛应用于食品、发酵、制浆造纸、饲料、洗涤、医药、环境保护和化工等众多领域。但总体而言，各行业纤维素酶的生产和使用成本还比较高。因此，探索纤维素酶的高效、低成本制备，促进其在更多行业的广泛应用十分必要。

9.1 纤维素酶生产工艺

纤维素酶的生产过程主要包括三个阶段，即原料预处理、发酵产酶和酶的分离，其中发酵产酶是纤维素酶制备的关键，直接决定着所产纤维素酶的性质和性能。在纤维素酶的发酵制备工艺环节，生产菌株、生产原料和培养基、发酵方式以及发酵调控是其重要的影响因素。

9.1.1 生产菌株

细菌、真菌和极端微生物等是自然界中产纤维素酶的主要生物体。细菌所产纤维素酶多为胞内酶，产酶量较低，在工业上应用得较少。真菌产生的纤维素酶多为胞外酶，提取纯化较容易，产酶量较高，且真菌所产纤维素酶的酶系结构较全，酶系中各种酶相互之间产生强烈的协同作用，降解纤维素的效率高，是工业生产的主要菌种，如里氏木霉（*Trichoderma reesei*）和绿色木霉（*Trichoderma viride*）等是目前公认的较好的纤维素酶生产菌[1]。

好氧细菌和厌氧细菌均可生产纤维素酶，由于纤维素酶系组成、酶产量和生物质降解终产物的不同，二者所产纤维素酶在组成和产量上会存在巨大差异。大多数细菌纤维素酶产于芽孢杆菌属（*Bacillus*）、不动杆菌属（*Acinetobacter*）、纤维菌属（*Cellulomonas*）和梭菌属（*Clostridium*）。在自然界中，90%～95%的细菌纤维素降解过程由好氧细菌完成。此外，瘤胃细菌产生的纤维素酶系也可降解细胞壁结构的组成成分。在众多研究中，对产琥珀酸丝状杆菌（*Bacteroides succinogenes*）和白色瘤胃球菌（*Ruminococcus albus*）的研究最为广泛。也有研究发现，嗜热细菌如无氧芽孢杆菌属（*Anoxybacillus* sp.）、地芽孢杆菌属（*Geobacillus* sp.）和拟杆菌属（*Bactreiodes* sp.）等也具有纤维素水解活性。文献报道的产纤维素酶的细菌如表 9-1 所列。

表 9-1　固体发酵法产纤维素酶的微生物

菌种名称	底物
枯草芽孢杆菌（*Bacillus subtilis*）	工业大豆纤维残渣
枯草芽孢杆菌 CBTTK 106（*Bacillus subtilis* CBTTK 106）	香蕉茎秆
土曲霉 M11（*Aspergillus terreus* M11）	玉米秸秆
拟层孔菌属（*Fomitopsis* sp.）	麦麸
虎皮香菇（*Lentinus tigrinus*）	麦秆
毁丝霉属 IMI 387099（*Myceliophthora* sp. IMI 387099）	稻秆
橘青霉（*Penicillium citrinum*）	稻壳
巴西青霉 IBT 20888（*Penicillium brasilianum* IBT 20888）	Sigma 纤维素
青霉菌属 TG2（*Penicillium* sp. TG2）	棕榈壳
平菇（*Pleurotus ostreatus*）	甘蔗渣
嗜热子囊菌（*Thermoascus auranticus*）	麦秆
嗜热子囊菌 CBMAI 756（*Thermoascus auranticus* CBMAI 756）	麦麸
深绿木霉（*Trichoderma atroviride*）	预处理过的柳木
转化型木霉属（*Trichoderma* spp.）	堆肥

子囊菌和担子菌是两类主要的产纤维素酶真菌，它们可在反刍动物的胃肠道中降解纤维素。其中，子囊菌的典型代表有里氏木霉（*Trichoderma reesei*）和绿色木霉（*Trichoderma viride*），担子菌主要包括白腐菌［如黄孢原毛平革菌（*Phanerochaete chrysosporium*）等］、褐腐菌［如沼泽拟层孔菌（*Fomitopsis palustris*）等］和一些厌氧真菌［如根囊鞭菌属（*Orpinomyces* sp.）等］。据报道，*Monoascus purpureus*、*Penicillium decumbens*、*Acremonium cellulolyticus*、*Lentinus tigrinus*、*Aspergillus niger*、*Pleurotus ostreatus* 等真菌可分别以葡萄废弃物、麦麸、稻草、麦草、稻壳、甘蔗渣为碳源生产纤维素酶[2]。此外，合成培养基也可用于真菌代谢生产纤维素，例如，Niranjane 等[3]研究发现，*Phlebia gigantean* 这种腐生真菌可分别以葡萄糖、木糖、羧甲基纤维素、微晶纤维素和纤维二糖作为碳源生产纤维素酶，其中以羧甲基纤维素为碳源时效果最佳。

不同的工业应用，需要不同功能的纤维素酶。例如，生物燃料工业需要耐热、耐酸的纤维素酶，洗涤工业需要耐 pH 值变化、耐热、耐盐的纤维素酶，工业废弃物预处理和纺织工业均需要耐热、耐碱的纤维素酶。极端微生物可在物理因素（如 pH 值、温度、离子强度、酸度和碱度等）处于极端情况时生产纤维素酶，且所产纤维素酶在一些极端环境条件下仍具有较高活性。据报道，酸热脂环酸杆菌（*Alicyclobacillus acidocaldarius*）在其最适环境条件（80 ℃、pH＝4.0）下所生产的内切纤维素酶（CelB），在 pH＝1～7 范围内均是稳定的，而且在 80℃下工作 1h 后仍保持 60％活性[4]；好热黄无氧芽孢杆菌 EHP1（*Anoxybacillus flavithermus* EHP1）在其最适环境条件（75℃、pH＝7.5）下可生产耐碱且耐热范围较宽的纤维素酶[5]。

9.1.2　生产原料和培养基

9.1.2.1　生产原料

原料成本是决定纤维素酶成本的一个关键因素，适宜的原料应具备酶产量高且价格低廉等特点。可用于纤维素酶生产的不溶性原料包括农业废弃物、玉米秸秆、蒸汽爆破木材和麦麸等，可溶性原料有乳糖、纤维二糖和木糖等。原料不仅会影响到纤维素酶的产量，而且也影响纤维素酶的组成。例如，用里氏木霉制备纤维素酶时，使用纤维素或乳糖作碳源，其纤维素酶组成较使用其他原料更合理。但是，纯化的纤维素和乳糖成本太高，不具备工业化利用价值。相比之下，廉价的木质纤维素原料更适于作为纤维素酶工业化生产的碳源。目前广泛用于纤维素酶生产的纤维质原料主要有甘蔗渣、酒糟、秸秆和纸浆等。

不溶性的纤维质原料在使用前需要经过预处理，常用的方法有物理法（粉碎处理、微波处理等）、化学法（碱处理、酸处理等）、生物处理和联合处理等。粉碎是原料预处理的第一步，在发酵制备纤维素酶时原料的粉碎是必不可少的步骤。纤维质原料具有体积大、难溶解等特点，很难在发酵液中均匀分布，因此在发酵前需将秸秆、甘蔗渣等原料粉碎成粉末。至于酒糟和纸浆，其粒度较小，无需粉碎处理过程。微波处理能改变纤维的形态和超微结构，破坏纤维素分子间的氢键作用，从而提高纤维素的可及性，但其能耗大，成本高，工业应用受限。碱处理可以使纤维质原料发生膨胀，破坏其中木质素、纤维素和半纤维素间的紧密结构，便于纤维素的进一步分解利用，但碱处理后的残留物会污染环境，不适宜大规模生产。酸处理能使原料中糖苷键断裂而使纤维素和半纤维素充分暴露，形成松散结构，使其更容易被菌体利用，但酸处理条件苛刻，时间较长，产物对后期发酵有一定抑制作用。生物处理包括直接堆沤法、真菌发酵、混合菌剂发酵和酶解等，其能耗少，成本低，不需要化学试剂，反应条件温和，但处理周期长，转化效率较低。联合处理是预处理技术未来发展的方向，具有高效、无污染、成本低的特点，例如微波/碱联合处理可部分降解木质素和半纤维素，增加纤维素的可及度，提高菌体利用效率。

9.1.2.2 培养基

纤维素酶的价格是制约纤维素乙醇产业化应用的重要因素之一[6]。在纤维素酶生产过程中选择廉价的培养基是降低纤维素酶生产成本的有效方法。纤维素酶的生产及酶活力受培养基成分的影响，如碳源、氮源、辅因子、生长因子及表面活性剂等。

（1）碳源

碳源是构成菌体成分的主要元素，也是微生物生产各种代谢产物的骨架和生命活动的能量来源，碳水化合物及其衍生物可以诱导菌株产纤维素酶。目前所用的碳源分为固体碳源和可溶性碳源。

1）固体碳源

固体碳源主要是纤维素类物质，不同的纤维材料对酶的诱导能力不同。例如，分别以硫酸盐纸浆和纤维素为碳源时，绿色木霉基于前者所产纤维素酶的酶活力约为其基于后者的2.19倍[7]；分别以玉米芯、玉米秸秆、麦秆和麦麸为碳源时，褐腐菌基于麦麸所产纤维素酶的活性远高于其基于其他碳源的酶活力[8]。商品纤维素如Solka Floc和Avicel 101的纤维素纯度高，产酶效果好。可以利用纯纤维素为碳源得到高酶活力和高产率的纤维素酶，但纯纤维素价格昂贵，不适合用于大规模的纤维素酶工业化生产。能够用来制备纤维素酶的廉价固体碳源有玉米秸秆、麦秆、稻草、农林废弃物以及能源作物等。这些原料需要经过一定的预处理，使其更易于被微生物利用，而预处理过程产生的甲酸、乙酸、糠醛和羟甲基糠醛等是微生物产酶代谢的抑制物，虽然通过水洗可以去除这些抑制物，但又增加了额外的步骤，同时水洗过程会造成可溶性糖损失。因此，需要通过诱变育种等方法提高菌株对抑制物的耐受性。

2）可溶性碳源

可溶性碳源属于快速利用碳源，能促进细胞的快速生长，因此可以缩短纤维素酶的生产时间。对纤维素酶有诱导作用的可溶性碳源有葡萄糖、木糖、乳糖、纤维二糖、纤维低聚糖、淀粉水解液和麦麸汁等。一些研究表明，通过可溶性碳源分批培养，酶活力能够达到 6.4FPIU/mL，体积生产率达到 70IU/(L·h)[9]；里氏木霉 CL-847 在 60g/L 乳糖和 5g/L Solka Floc 中分批培养所得纤维素酶的酶活力和体积生产率分别达 10.5FPIU/mL 和 64.8IU/(L·h)[10]；在面粉水解液中添加山梨糖，可以提高里氏木霉产纤维素酶和 β-葡萄糖苷酶的酶活力，以 13.5g/L 水解液和 1.0g/L 山梨糖培养 6 天，滤纸酶活力和 β-葡萄糖苷酶活力分别达 3.72FPIU/mL 和 0.53IU/mL[11]；以淀粉水解液为碳源，当浓度达到 28.85g/L 时，156h 后可达到该培养条件下的最大滤纸酶活力 11.2FPIU/mL[12]。但是，这些碳源价格较高，增加了纤维素酶的生产成本。因此，真正可用于工业生产的可溶性碳源十分有限。

（2）氮源

氮是生物体内各种含氮物质（如氨基酸、蛋白质、核苷酸和核酸等）的组成元素。适宜的氮源能较好地促进微生物的生长和代谢调控，从而增强微生物的产酶能力。纤维素酶生产中的氮源包括有机氮和无机氮两类。

1）有机氮

有机氮主要包括蛋白胨、酵母提取物、尿素以及来源于油料种子加工后的副产品（如豆粕、花生饼和菜籽饼）等。

2）无机氮

无机氮主要包括硫酸铵、氯化铵、硝酸铵和磷酸铵等，多数产酶微生物利用氨和硝酸盐来合成含氮有机物。

有研究发现，拟层孔菌 RCK2010 以尿素为氮源所产纤维素酶的酶活力强于以蛋白胨、酵母提取物、干酪素、豆粕和玉米浆为氮源所产纤维素酶的酶活力[8]；利用里氏木霉 RUT-C30 生产纤维素酶时，使用纤维素-酵母提取物的培养基能达到最大酶活力和细胞生长量，FPA 达到 5.02U/mL，CMC 酶活力为 4.2U/mL，并且真菌生物量达 14.7g/L[13]；还有学者研究了硫酸铵、硝酸铵、氯化铵、磷酸二氢铵、硝酸钠、硝酸钾、硝酸钙、酪蛋白水解物、细菌蛋白胨、蛋白胨、酵母汁、玉米浆、trytone 粉和尿素这些氮源对 Aspergillus niger NCIM 1207 生产纤维素酶的影响，发现除了尿素之外，有机氮源产酶效果均优于无机氮源，其中以玉米浆为氮源得到的 β-葡萄糖苷酶的酶活力最高[14]。虽然原料成本中碳源成本是纤维素酶生产的主要花费，但氮源的成本也不能忽视。玉米浆是相对便宜的氮源，可用于纤维素酶的工业化生产。

（3）辅因子

产酶培养基常需添加一定量的无机盐和微量元素等辅助成分，无机盐主要是磷、硫、钾、镁、钙和钠盐等，微量元素有 Fe、Mn、Zn、Cu、Co 和 Mo 等。其中含磷无机盐也是非常重要的磷源，磷源对于真菌生长是必不可少的，因为它有助于真菌细胞膜磷脂双分子层的形成。KH_2PO_4 是一种较为常用的磷源。另有研究表明，Ca^{2+}、Mg^{2+}、Fe^{2+} 和 Zn^{2+} 是纤维素酶制备的关键金属元素，特别是钙离子和微量元素的存在可以提高纤维素酶产量。此外，不同金属离子之间的平衡比离子各自的浓度更为重要。例如，Mg 是纤维素制备的必需元素，但在高浓度下会抑制纤维素酶的合成，而抑制作用可以通过 Ca 元素抵消。

（4）生长因子

酶制剂生产中所需的生长因子主要来源于玉米浆、麦芽汁、豆芽汁和酵母膏等天然原料，其中玉米浆一般含有 $32\sim128mg/mL$ 生长素，是目前应用最广泛的生长因子的原料。

（5）表面活性剂

一些表面活性剂可以提高菌种的产酶能力，例如，在绿色木霉 QMa_6 的培养基中添加一定浓度的油酸钠、亚油酸钠、Tween 80 和蔗糖单棕榈酸酯等表面活性剂，均可大幅增加纤维素酶产量、产酶时间[15]；添加 PEG 6000、Tween 80 和 Triton X-100 均能大幅提升拟层孔菌 RCK2010 所产纤维素酶的酶活力，其中添加 Triton X-100 后所得纤维素酶活力的提升幅度高达 37%[8]。

9.1.3　纤维素酶发酵工艺

优良的菌种是保证纤维素酶酶系结构完整和酶活力高的关键，但必须配套合适的培养条件和生产方法才能最大限度地发挥菌种的优良性能，以获得优质且高产量的纤维素酶。目前，最常用的纤维素酶的发酵生产技术有固体发酵和液体深层发酵。

9.1.3.1　固体发酵

固体发酵法又称麸曲培养法，是以秸秆粉、废纸、玉米粉、麦麸、米糠和豆粕等为主要原料，加入适当的水分或含有各种微量元素的水溶液，灭菌并冷却后再拌入种曲，然后装到盘或帘子上，摊成薄层（厚约 1cm），在一定温度和湿度的培养室中进行发酵。其主要特点是发酵体系基本没有游离水存在，微生物在有足够湿度的固态底物上进行新陈代谢。

部分以固体发酵过程产生纤维素酶的微生物列于表 9-1 中。

在大规模生产中，固体发酵器的合理设计能够克服传热和传质难题，从而提升纤维素酶的生产效率。对于产酶菌株，营养成分和氧气的有效扩散是确保其良好生长的关键。在固体发酵过程中，菌株的新陈代谢必然会消耗营养成分并产生热量。然而，木质纤维素底物的导热性较差，导致新陈代谢所产热量无法及时消散。这就会导致底物床中出现温度梯度现象，而且底物床的高度每增加 8cm，温度约提升 $20℃$[16]。这必然会阻碍菌株细胞的生长，从而影响纤维素酶的生产。当空气通过具有温度梯度的底物床时，空气会被逐层加热，而热空气又会干燥底物床导致其体积收缩[17]。如此一来，菌株生长过程中底物颗粒的团聚和底物床的收缩又会使固体发酵过程中的传热和传质进一步复杂化，更不利于空气流通和营养成分扩散。目前，浅盘发酵器是比较常用的一种固态发酵设备，培养基经灭菌冷却后装入浅盘，通过空气增湿器调节空间的温度和湿度进行发酵，但其工业化程度较低。固体发酵设备发展的趋势是机械化发酵罐，尤其是流化床式固体发酵设备，其发酵效果更好。

固体发酵生产纤维素酶的工艺流程如图 9-1 所示。

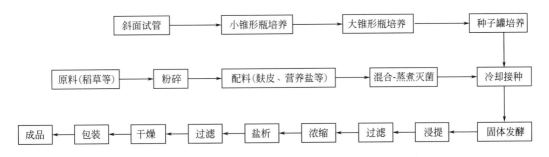

图 9-1　固体发酵生产纤维素酶的工艺流程

固体发酵法具有以下优点[18]：

① 发酵条件接近于自然状态下的真菌生长习性，产酶量一般比液体发酵法高出 2～3 倍，产生的酶系更全，有利于降解天然纤维素，且固体纤维素酶曲可直接用于纤维素糖化；

② 次级代谢产物对菌体的分裂增殖过程影响较小；

③ 能耗低，一般不需要搅拌，只需要通入少量低压无菌的空气；

④ 对水的活度要求较低，发酵过程中可一定程度上避免外源性污染；

⑤ 所用原料比较简单，后处理设备少，生产成本低。

固体发酵法也存在如下缺陷：a. 采用天然原料，易污染杂菌；b. 生产的纤维素酶杂质含量高，精制困难；c. 所产生的酶质量不稳定，生产效率较低。因此，该法不能像液体发酵那样大规模地应用。

影响固体发酵的因素很多，如水分、培养基组分、发酵温度、发酵时间以及固态基质的需氧量等。通常固态培养基中自由水含量很少，但是其中必须含有适量的水分以保证菌株的正常新陈代谢，这些水分以吸附水的形式存在。除了水分外，培养基营养组分也很重要，因为不同的菌株对各种营养物质的需求不同。发酵温度和发酵时间也是影响纤维素酶活力的重要因素，除个别嗜热菌的发酵温度较高外，纤维素酶生产的最适温度通常都在 28～30℃。此外，发酵体系中需要充分通气，以保证纤维素酶发酵菌株所需的氧气。

9.1.3.2　液体深层发酵

液体深层发酵法是将秸秆等原料粉碎、预处理并灭菌后送至具有搅拌桨叶和通气系统的密闭发酵罐内，接入菌种，充分搅拌，尽可能增大气液接触面积，并控制合适的温度、pH 值等条件进行发酵。该法更容易监控和操作，因此几乎所有的大型酶生产设备目前在使用这种方法生产纤维素酶。

采用此法生产纤维素酶的细菌和真菌及其适宜底物分别列于表 9-2 和表 9-3 中。

表 9-2　液体深层发酵法产纤维素酶的细菌及底物

菌种名称	底物
解凝乳类芽孢杆菌 B-6(*Paenibacillus curdlanolyticus* B-6)	微晶纤维素
拟杆菌属 P-1(*Bacteroides* sp. P-1)	微晶纤维素
琼氏不动杆菌 F6-02(*Acinetobacter junii* F6-02)	羧甲纤维素
纤维单胞菌 ANS-NS2(*Cellulomonas* sp. ANS-NS2)	稻秆
短小芽孢杆菌 EB3(*Bacillus pumilus* EB3)	油棕空果丛
热纤梭菌(*Clostridium thermocellum*)	微晶纤维素
双氮纤维单胞菌(*Cellulomonas biazotea*)	甘蔗渣
地衣芽孢杆菌(*Bacillus licheniformis*)	羧甲基纤维素
芽孢杆菌 AC-1(*Bacillus* sp. AC-1)	羧甲基纤维素
芽孢杆菌 DUSELR 13(*Bacillus* sp. DUSELR 13)	纤维素
环状芽孢杆菌(*Bacillus circulans*)	羧甲基纤维素
嗜盐弧菌 NTU-05(*Salinivibrio* sp. NTU-05)	羧甲基纤维素
地芽孢杆菌 WSUCF1(*Geobacillus* sp. WSUCF1)	纤维素
无氧芽孢杆菌 527(*Anoxybacillus* sp. 527)	结晶纤维素
解纤梭菌(*Clostridium cellulolyticum*)	纤维素
热纤梭菌(*Clostridium thermocellum*)	结晶纤维素
丙酮丁醇梭菌(*Clostridium acetobutylium*)	纤维二糖和微晶纤维素
白色瘤胃球菌 F-40(*Ruminococcus albus* F-40)	纤维素
热纤梭菌 ATCC 27405(*Clostridium thermocellum* ATCC 27405)	微晶纤维素
溶纤维素真细菌(*Eubacterium cellulosolvens*)	微晶纤维素
产琥珀酸丝状杆菌 S 85(*Bacteroides* S 85)	纤维二糖
弯曲芽孢杆菌(*Bacillus flexus*)	羧甲基纤维素
枯草芽孢杆菌 A 53(*Bacillus subtilis* A 53)	羧甲基纤维素
溶纤维丁酸弧菌 A 46(*Butyrivibrio fibrisolvens* A 46)	羧甲基纤维素
纤细芽孢杆菌属 SK1(*Gracilibacillus* sp. SK1)	羧甲基纤维素

表 9-3　液体深层发酵法产纤维素酶的真菌及底物

菌种名称	底物
里氏木霉 RUT 30(*Trichoderma reesei* RUT 30)	玉米秸秆、牛粪
解纤维素枝顶孢霉(*Acremonium cellulolyticus*)	稻秆
野蘑菇(*Agaricus arvensis*)	微晶纤维素、稻秆
黑曲霉 NIAB 280(*Aspergillus niger* NIAB 280)	稻壳、玉米芯
光轮层炭壳菌(*Daldinia eschscholzii*)	微晶纤维素、羧甲纤维素
尖孢镰刀菌(*Fusarium oxysporum*)	麦秆
灰腐质霉(*Humicola grisea*)	甘蔗渣
中性纤维素酶嗜热菌 MTCC 3922(*Melanocarpus* sp. MTCC 3922)	稻秆、麦麸
紫红曲霉(*Monascus purpureus*)	葡萄皮渣
卷枝毛霉(*Mucor circinelloids*)	乳糖
新美鞭菌属(*Neocallimastix frontalis*)	纤维素粉末
根囊鞭菌属(*Orpinomyces* sp.)	微晶纤维素
棘刺青霉(*Penicillium echinulatum*)	甘蔗渣
斜卧青霉 114-2(*Penicillium decumbens* 114-2)	麦麸
大伏革菌(*Phlebiopsis gigantea*)	羧甲基纤维素
梨囊鞭菌(*Piromyces communis*)	滤纸
白绢病菌(*Sclerotium rolfsii*)	α-纤维素
嗜热色串孢霉 MTCC4520(*Scytalidium thermophilum* MTCC4520)	稻秆、麦秆

常用的液体发酵反应器是具有搅拌功能和通气系统的密闭发酵罐，从培养基灭菌、冷却到发酵都可以在同一发酵罐内进行。搅拌罐式反应器能够很好地控制温度、发酵pH值、转速和溶氧等反应条件，使纤维素酶产量较高，但机械搅拌能耗较高，搅拌速度过快还会损伤菌株；气升式反应器依靠气体带动液体循环，没有搅拌装置，结构相对简单，设备成本也低一些，但通气量一般大于搅拌罐，空气利用率低，并且容易产生泡沫。除此之外，还有膜反应器、气旋式反应器及振动陶瓷瓶等，这些反应器通常带有外置式或内置式细胞持留装置。

常用的液体发酵培养方式有分批培养、补料分批培养和连续培养等。分批培养简单且不易染菌，是常用的操作方式，但其辅助时间较长，降低了生产效率；补料分批培养具有分批培养的优点，同时又可以控制培养基的浓度，是目前工业上应用广泛的操作方式；连续培养生产效率高，但容易染菌，工业上应用较少。

液体深层发酵生产纤维素酶的工艺流程如图9-2所示。液体深层发酵具有培养条件容易控制、原料利用率高、不易污染、自动化程度高、生产效率高、劳动强度小和产品质量稳定等优点，因此适合于大规模工业化生产，是发酵生产纤维素酶的必然趋势。但该工艺也存在动力消耗大、设备要求高和生产成本高等缺点。

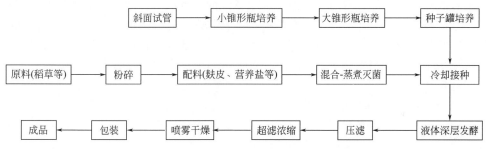

图 9-2　液体深层发酵生产纤维素酶的工艺流程

培养基组分、发酵温度、发酵pH值和通风搅拌等是影响液体深层发酵产酶的主要因素。合适的营养源（包括碳源、氮源、无机盐和其他微量元素）配比是发酵产酶的基础；发酵温度和pH值的变化可以引起微生物代谢途径发生变化，对细胞内各种酶的活性有较大影响；通风搅拌决定了发酵液中溶氧水平的高低及微生物细胞与营养物质的接触情况。除此之外，由于真菌纤维素酶是胞外酶，具有可诱导性，因此可以添加诱导剂和表面活性剂来提高酶产量[19]。

综上所述，固体发酵和液体深层发酵两种发酵技术各有其优缺点，两者的比较见表9-4。

表 9-4　固体发酵技术和液体深层发酵技术的比较 [20]

因素	固体发酵	液体深层发酵
培养基含水量	较低	较高
水活度	水活度较低,杂菌不易生长 原料种类少,但成分不完全明确	水活度较高,许多微生物都可生长
培养基	培养基体积分数高,高基质浓度导致产品浓度高,故单位体积生产率高	培养基体积分数低,单位体积生产效率较低;高基质浓度会带来流体流变学问题

因素	固体发酵	液体深层发酵
混合问题	颗粒内的混合不可能,微生物生长受营养物质扩散的影响	可剧烈搅拌,营养物质的扩散不是制约微生物生长的主要因素
产热	代谢热的去除较为困难,常导致过热	发酵液温度控制较容易
控制	由于在线检测及菌体量测定不易进行,发酵过程控制很困难	在线检测已经实用化或正在研发中,易自动控制
下游过程	由于体积产物浓度较高,下游处理较容易进行,萃取时易污染基质组分	产物浓度相对较低,产品纯化相对较易
动力学研究	微生物生长动力学和传递动力学研究不够	微生物生长动力学和传递动力学研究充分,可指导发酵反应器的设计和放大

9.1.3.3　新型发酵工艺

（1）固-液交替新型发酵工艺

如前所述,液体深层发酵较固体发酵具有更多优点,因此工业上较多采用液体深层发酵来大规模生产纤维素酶,但液体深层发酵的培养周期长和废水难处理等问题又制约了纤维素酶的生产。如果将两种发酵模式结合起来,充分发挥二者的优点,会给传统的单一发酵工艺带来革新,从而提高纤维素酶产量及活性。目前,生物床及固定化细胞等技术应用于纤维素酶生产,有效地将固体发酵与液体发酵相融合,综合两者的优点,更适于规模化生产。

（2）固定化细胞技术

固定化细胞技术是利用物理或化学手段将游离细胞定位于限定的空间区域,并使其保持活性,以达到反复利用的目的。

采用固定化细胞技术后细胞具有密度高、反应速度快和耐毒害能力强等优势,而且产物容易分离,可实现连续操作。固定化细胞与游离细胞相比,具有遗传性质稳定、细胞可重复或连续使用等特点[21]。固定化技术能够减少对细胞的剪切伤害、提高产物的制备效率、提高产品收率、方便产物回收,同时可降低产物的生产成本,实现连续化生产。目前,固定化细胞技术已被广泛应用于纤维素酶生产中,该技术能在一定程度上解决纤维素酶制备中遇到的问题,提高纤维素酶产品的整体性能。

固定化细胞载体主要有三大类:第一类是无机载体,如活性炭、多孔陶珠、红砖碎粒、砂粒、微孔玻璃、高岭土和硅藻土等;第二类是有机高分子载体,又分为天然高分子材料（如琼脂、角叉菜胶、明胶和海藻酸钠等）和有机合成高分子凝胶载体（如聚乙烯醇凝胶、聚丙烯酰胺凝胶等）,其中前一种无生物毒性、传质性好,但强度低,在厌氧条件下易被生物分解,而后一种强度较好,但传质性能较差;第三类是复合载体,由有机载体材料和无机载体材料结合而成,可实现两种材料在许多性能上的优势互补。

应用于微生物细胞固定化的方法主要有包埋法、吸附法、交联法和截留法,其中前两种方法最为常见。

1）包埋法

利用渗透性较强的凝胶或者高分子化合物将微生物细胞包埋于微孔之中或者小球

内，从而实现细胞的固定。此法的特点是微生物细胞被截留在水不溶性凝胶聚合物的孔隙网格中，而培养基和产物可以通过孔隙渗入或扩散出来。该方法分为凝胶包埋法和半透膜包埋法两种，是目前研究最广泛的方法，具有很多优点，如操作简单、细胞不易渗漏、稳定性好、细胞容量和细胞活性较高以及固定化小球强度高等。

2) 吸附法

吸附法又称载体结合法，利用微生物细胞与吸附载体之间的相互作用力（静电、表面张力和黏附力等）将细胞吸附到载体的表面而使之固定。吸附法可分为物理吸附法和离子吸附法两种。前者常用的吸附剂有活性炭、纤维素、硅胶和硅藻土等；后者常用的吸附剂主要有 DEAE-纤维素、CM-纤维素等，基于在解离状态下带有一定电荷的细胞与带有相反电荷的离子交换剂之间静电作用力，实现细胞与吸附载体的结合。由于一般采用丝状真菌活细胞来发酵生产纤维素酶，而常用的细胞固定化方法如共价结合法、交联法以及包埋法不适用于丝状真菌活细胞发酵，因此一般采用吸附法固定产纤维素酶微生物的细胞。

3) 交联法

采用多功能试剂将酶蛋白与之交联，使酶分子和多功能试剂之间形成共价键，以获得三维交联网状结构。常用的交联剂有戊二醛、己二亚胺酸二甲酯二盐酸盐、双重氮联苯胺-2,2′-二磺酸以及 N,N-亚乙基双顺丁烯二酰亚胺等，其中最常用的是戊二醛。由于酶的一些基团如氨基、巯基、咪唑基等会参与交联反应，因此活性中心的结构可能受到破坏，使得酶失活较大。因此交联法一般较少单独使用，一般与其他的固定化方法联合使用。

4) 截留法

利用渗析膜、超滤膜或中空纤维膜等半通透性膜将细胞同发酵液隔离，底物和产物可透过此膜，而微生物细胞不能透过。该法简单、可选择性控制底物和产物扩散、基质与细胞接触充分，但容易造成半透膜堵塞以及增加生产成本等问题，限制了其工业应用。传统的固定化细胞反应器主要有固定床反应器、流化床反应器以及絮凝细胞系统三种。由于诱导菌株产纤维素酶的底物常为固体，因而上述反应器容易发生堵塞，从而影响其中的传质传热以及废气的排放。改进的旋转纤维床生物反应器利用吸附的方式固定微生物细胞，具有诸多优点：旋转纤维床有效地减小了剪切力，从而削弱了对细胞的伤害，并有助于细胞向外分泌产物；良好的气质传递能够促进细胞的生长，尤其适用于丝状真菌发酵；发酵液中无细胞，有利于产物分离。该反应器设计新颖，已成功应用于生产多种微生物代谢产品，是一种有前景的适用于产纤维素酶菌株发酵的生物反应器。

（3）混菌发酵

混菌发酵也称共发酵，一般指采用两种或两种以上微生物协同作用、共同完成发酵过程的发酵技术，是纯种发酵技术的新发展。该技术操作简单，且可以提高发酵效率，甚至生成新产品，从而取得与复杂 DNA 体外重组技术类似的效果。

纤维素酶是多酶系复合酶，纤维素的有效降解需要多种纤维素酶的协同作用。混菌发酵可大幅提高纤维素酶的活性及产量。进行混菌发酵时，由于不同菌种产生的纤维素酶系不同，这些酶将作用于纤维素的不同位点，从而充分发挥各酶之间的协同作用。除了可以对酶的各组分进行补充优化外，混菌发酵还能降低某些发酵过程中的抑制作用。

目前，木霉属真菌是应用最多的纤维素酶生产菌。但是，木霉所产的纤维素酶中纤维二糖酶的活力较低，在水解木质纤维素时会产生纤维二糖产物抑制作用，从而影响底物的水解效率。而曲霉可产生活力较高的纤维二糖酶，添加曲霉能够在某种程度上缓解该问题，因此木霉与曲霉混合发酵可以得到较优的纤维素酶产品。木霉和青霉混合发酵也可使纤维素酶活力大幅度提高。

混菌发酵已经成为研究工作者较常采用的发酵策略。例如，为了克服里氏木霉所产的纤维素酶系中 β-葡萄糖苷酶活力低的缺点，用黑曲霉的突变株和里氏木霉（3：1）混合发酵，使内切纤维素酶和外切纤维素酶活力提高了 31%～35%，β-葡萄糖苷酶活力提高了 42%[22]；用里氏木霉 RUT-C30 与黑曲霉 LMA 进行混合发酵，滤纸酶活力与单菌发酵的 3.4U/mL 相比提高了 108.8%，达到 7.1U/mL[23]；β-葡萄糖苷酶的缺乏导致 Sistotrema brinkmannii 纤维素酶生产系统中会积累纤维二糖，这些积累的纤维二糖可作为混菌发酵菌株——野蘑菇（Agaricus arvensis）生产 β-葡萄糖苷酶的强诱导剂，因此，基于 Sistotrema brinkmannii 和 Agaricus arvensis 的混菌发酵，所产纤维素酶的活力可达 1.6FPU/mL，分别约为 Sistotrema brinkmannii 和 Agaricus arvensis 单独发酵所产纤维素酶活力的 5.3 倍和 3.2 倍[24]；以麦麸为原料，黄孢原毛平革菌（Phanerochaete chrysosporium）可与软腐菌（如黑曲霉或米曲霉）混菌发酵生产纤维素酶，同时增强 β-葡萄糖苷酶和外切纤维素酶的活性[25]。国内学者[26]采用混菌培养法研究了假丝酵母对黑曲霉和烟曲霉固态发酵中纤维素酶及淀粉酶活力的影响，结果表明，接入少量假丝酵母混合培养可明显提高黑曲霉和烟曲霉纤维素酶系中滤纸酶、羧甲基纤维素酶、微晶纤维素酶及淀粉酶的活力；还有学者研究了黑曲霉与芽孢杆菌共 4 株菌的生长及产酶情况，从而确定了 4 种组合方式，通过比较 4 组混合菌的酶活力大小，最终确定了组合 $D_{2-1}+S_{3-7}$ 为产纤维素酶活力最高的混合菌，在混合菌的最佳发酵条件下，所得纤维素酶的总活力达到 535.08U/mL，分别是单一菌黑曲霉 D_{2-1} 的 4.45 倍和芽孢杆菌 S_{3-7} 的 4.61 倍[27]。然而，不是任意的菌株都能用来混菌发酵生产纤维素酶，菌种搭配时要注意菌株之间的相容性[28]。

9.1.3.4 影响发酵产纤维素酶的因素

纤维素酶的生产，除了受菌种产酶性能和生产原料的影响外，还与培养基的碳氮比、发酵温度、pH 值、溶解氧、发酵时间、泡沫及湿度等多种因素相关[29]。

（1）碳氮比

碳氮比的合理配置是提高纤维素酶活力和收率的重要手段，因为它直接影响菌体的生长速度和碳源的消耗。高碳氮比不利于纤维素酶的合成，因为碳源过多，合成酶蛋白的前体就偏少，此时酶的合成主要受可利用的碳源调控，较少利用纤维素；低碳氮比同样不利于纤维素酶的合成，因氮源过多会导致微生物生长过旺，造成对碳源消耗过快，导致酶合成水平下降。产酶前期，微生物受简单碳源的诱导而合成相应的酶，随着简单碳源的减少，在产酶中后期微生物开始利用纤维素，受纤维素的诱导合成纤维素酶。有研究表明，以粗木聚糖为产酶碳源、里氏木霉 Rut C-30 为菌种，通过碳氮比的调控可分别产生低纤维素酶活的木聚糖酶和低外切-β-木糖苷酶活的木聚糖酶。具体地，高碳氮比使得木聚糖酶的合成滞后，能够有效地抑制纤维素酶的合成，提高木聚糖酶活与纤维素酶活的比值，有利于选择性合成低纤维素酶活的木聚糖酶；低碳氮比有利于促进内切-β-木聚糖酶的合成，抑制外切-β-木糖苷酶的合成，有利于选择性合成低外切-β-木糖苷酶活的内切-β-木聚糖酶；碳氮比为 7.2 左右时里氏木霉 Rut C-30 所合成木聚糖酶和纤维素酶的活性均最高[30]。

（2）pH 值和温度

pH 值和温度也是影响纤维素酶生产的主要因素[31]。种子培养和发酵产酶的 pH 值直接影响酶的产量和质量。在纤维素酶生产中，pH 值也在不断发生变化，可以利用缓冲液来减少料液酸碱度的波动。据文献报道，*Trichoderma viride* 突变株 T100-14 在强酸性环境中 β-葡萄糖苷酶产率降低，当 pH 值保持在 4.8 时，β-葡萄糖苷酶产率增加[32]；以农业废弃物为原料，嗜热子囊菌（*Thermoascus aurantiacus*）可在最适 pH 值 4.0 左右生产高活性的纤维素酶[33]；以麦麸为原料，黑曲霉（*Aspergillus niger*）可在初始最适 pH 值 6.5 左右生产高活性的外切纤维素酶[34]；以玉米秸秆为碳源、酵母提取物为氮源，土曲霉（*Aspergillus terreus*）可在强酸性环境（pH 值 2.0）下生产高活性纤维素酶[35]。对于固体发酵，由于在整个过程中 pH 值的监测比较困难，所以 pH 值通常是一个不受控的参数，因此一般在固体发酵开始之前调节 pH 值。一旦固定了发酵培养基的初始 pH 值，通常不会再考虑固体发酵过程中 pH 值的变化。在固体发酵过程中 pH 值可能略有变化，且这种变化与真菌的代谢活动有关。据报道，在固体发酵过程中，发酵 4d 后体系的初始 pH 值下降，而在发酵后期体系的 pH 值又会再次上升[36]。pH 值的降低可能是由于有机酸的形成和发酵培养基中铵盐的消耗所致。一般来说，初始 pH 值约为 5 时，更有利于大多数白腐菌和褐腐菌生产纤维素酶。值得注意的是，大多数木质纤维素底物具有缓冲性能，可以最大限度地降低固体发酵过程中 pH 值的变化。发酵培养基中的含氮无机盐，如尿素，也可以弥补整个发酵过程中 pH 值的变化[37]。由于这些因素的共同作用，在纤维素酶生产的初始阶段不进行 pH 值的调节也是常见现象。

发酵温度因菌种不同而异。例如，里氏木霉和纤维水解真菌是嗜中温的微生物，其通常在 28℃生产纤维素酶。此外，细胞生长和产酶的最佳温度也不相同。发酵液的温度随着微生物代谢反应、发酵中通风、搅拌速度的变化而变化。发酵初期，合成反应吸收的热量大于分解反应放出的热量，发酵液需要升温。当菌体繁殖旺盛时，发酵液温度自行上升，此时必须降温以保持微生物生长和产酶所需的适宜温度。据文献报道，以来自醋业的木质纤维素为原料，采用木霉 *Trichoderma koningii* AS3.4262 发酵生产纤维素酶的最佳 pH 值是 5、最佳温度是 30℃[38]；以大豆坯为原料，米曲霉经固态发酵工艺生产高活性纤维素酶的最佳发酵温度是 37.7℃[39]；黑曲霉 D_2 和 D_{2-1} 的混合菌生产纤维素的最佳温度是 28℃，该优化温度下所产纤维素酶的活力比优化前提高了 37.1%[40]。此外，还有一些研究发现，卷枝毛霉（*Mucor circinelloides*）、斜卧青霉 114-2（*Penicillium decumbens* 114-2）和野蘑菇（*Agaricus arvensis*）产纤维素酶的最佳温度均为 30℃左右，而 *Melanocarpus*、*Myceliophthora* 和 *Scytalidium* 等嗜热真菌产纤维素酶的最佳温度高达 45℃。

（3）溶解氧

在正常的产酶工艺条件下，溶解氧（DO）的变化有一定的规律。在产酶的不同阶段，需氧和供氧的情况都在变化，处于对数生长期的菌体需氧量大，培养液的 DO 值就会下降，此时菌的摄氧率会呈现一高峰值，与溶解氧低谷值相对应。过了生长阶段，一般需氧量略有减少，表现为DO值随之上升，代谢产物开始形成。

在非牛顿型产酶培养基中氧的传输比较困难，采用较低的溶解氧浓度可以增加氧传输的驱动力，但不能低于微生物的临界溶解氧浓度。临界溶解氧浓度是指不影响微生物的呼吸所允许的最低溶解氧浓度，如对产物而言便称为产物合成的临界溶解氧浓度。以里氏木霉这样的需氧微生物培养为例，其产酶所需溶解氧浓度以 $10\%\sim20\%$ 为宜，但培养过程中氧传输的限制作用十分严重，因为菌丝生长和繁殖会将培养液从牛顿型流体转变成非牛顿型流体，导致培养液的流变性能极不稳定且会增加培养液的表观黏度。随着黏度的增加，需要更强的动力输入来获得同样的搅拌效果，同时搅拌效率也因为搅拌桨容易沾培养液而降低，因为泡沫合并会增加气泡的大小，减少泡沫的存留时间，减小气液接触面积，从而导致传输系数 k_La 减小。氧传输的另一个障碍是里氏木霉的丝状生长形态和纤维素多酶复合体对搅拌剪切力的敏感性，导致生产过程中的搅拌速度不宜过高，否则会降低纤维素酶的产量和活力。

菌种、培养时期等都会影响溶解氧浓度，从而影响酶的产量。可以通过调整通风量来控制溶解氧浓度，例如菌体生长旺盛时耗氧多，要求通风量大，产酶时的通风量因菌种和酶而异，一般需要增加通风，但也有例外。调整里氏木霉 RUT C30 发酵过程的通风量时，微泡法比传统的喷射法更有效，因为其产生气泡的直径（$20\sim100\mu m$）远小于传统法的气泡直径（$3\sim5mm$）。气泡体积较小，使得界面面积相对较大。另外，小气泡上升速度较慢，使更多的气体存留在反应器中，大大地改善了氧在黏性液体中的传输，这样一来，即使在低搅拌速度（350r/min）下，培养液中的溶解氧浓度也在临界浓度以上。因此，当使用微泡分散技术代替传统喷射时，细胞产率增加70%，而且在低搅拌速度（350r/min）下传输系数依然可增加5倍[41]。

（4）发酵时间

在合适的培养条件下将菌株（以白腐菌和褐腐菌为例）接种到木质纤维素底物之后，菌株便通过延伸其菌丝尖端开始生长。然后菌丝在底物上铺展直至覆盖整个底物，以形成菌丝网络。在纤维素酶生产过程中，真菌生长 $7\sim11$ 天之后，已接种的真菌便可基本定植覆盖整个底物；在真菌生长的最后阶段，真菌的担子体和子实体可能已发育成熟[42~45]。在真菌生长的定植阶段，胞外酶产生，从而将木质纤维素底物降解成可溶性小分子，作为菌体生长的营养物质。采用固体发酵时，一般 2 天之后可检测到纤维素酶，$6\sim16$ 天之内其产率可达到峰值。不同的纤维素酶组分需要不同的发酵时间才能达到其最大活性。据研究报道，在巨桉木片上培养硫黄菌（*Laetiporus sulphureus*）时，总纤维素酶活性在第 15 天达到最大值，而 β-葡萄糖苷酶活性在第 120 天才达到最大值[46]。纤维素酶活性在真菌生长定植期达到顶峰，在子实体形成的后期会迅速下降。当真菌的代谢活动和水溶性糖的浓度都达到最大值时，纤维素酶的活性才可能达到最大值。另外，与白腐菌相比，褐腐菌在木质纤维素底物上的定植速度更快，且倾向于产生具有更高滴度的纤维素酶。然而，即使褐腐菌在木质纤维素底物上的定植时间更短，褐腐菌和白腐菌生产出最优纤维素酶所需的发酵时间差异不大。

（5）泡沫

泡沫阻碍了发酵液中二氧化碳的逸出，影响溶解氧浓度，进而影响酶的合成。泡沫过多也易使发酵液溢出罐外，造成"跑料"。因此，生产上采用的消泡措施是添加硅树脂类消泡剂或者采用机械消泡。最好通过级联控制消泡，即先采用机械消泡，当机械消泡不起作用时再采用消泡剂，这样可以减少消泡剂的使用。

（6）湿度

底物中水分含量是固体发酵必须考虑的一个重要参数。当水分含量低于要求时，营养物质的溶解受限，会阻碍真菌对营养物质的有效吸收；相反，当水分含量过高时，底物颗粒会被一层厚厚的水分子层包围。因此，底物颗粒往往会相互黏结在一起，从而限制了底物颗粒和周围环境之间的空气扩散。此外，在固体发酵过程中，如果水分含量太高，就会有有害微生物的生长，增大发酵过程中的污染风险。所需水分的多少与木质纤维素底物的结构直接相关。固体颗粒的孔隙率和比表面积决定着底物中空气的扩散效率和底物的保水能力。在确定生产最优纤维素酶所需的水分含量时，必须考虑所用底物的物理性质。一些木质纤维素底物具有较强的吸水能力，对于这类底物，很容易通过控制培养基的添加量来调整底物中水分含量。用固体培养基生产纤维素酶时，一般培养前期湿度低些，培养后期湿度高些，这样有利于产酶。另外，固体发酵培养基的初始含水量视纤维素材料种类不同而异，例如玉米秸秆培养基适宜的含水量为 $1:(2\sim2.5)$（质量比），麦秸培养基适宜的含水量为 $1:(1\sim1.5)$（质量比），啤酒糟培养基的适宜含水量为 $1:1$（质量比）[47]。

9.1.4　纤维素酶生产调控

9.1.4.1　调控机制

纤维素酶的合成是纤维素酶生产菌株适应其周围环境、获取能量、维持生存的重要生物学过程，涉及的调控层次和调控途径众多，包括底物水平的调控、转录水平调控和转录后调控等。纤维素酶合成调控机制的研究对于纤维素酶生产菌株的理性改造、提高酶的产量和降低成本都具有重要的意义。

纤维素酶是可诱导的酶，它的分泌是一个诱导表达调控过程，即通常只在底物存在的情况下才被合成。然而纤维素本身作为不溶性碳源并不能直接触发对纤维素酶的诱导作用，而是通过基础水平表达的纤维素酶水解纤维素释放出可溶性的寡糖，寡糖进入细胞内进而诱导纤维素酶的大量表达。例如，里氏木霉在发酵的过程中会释放出纤维二糖、槐糖和乳糖等可溶性寡糖，这些物质才是诱导纤维素酶表达的真正诱导物。此外，相关研究表明一部分降解酶的表达是由于"饥饿"引起的，在"饥饿"条件下表达的酶能够探测环境中可利用的复杂聚糖，释放诱导性碳源，然后激发主要的糖苷水解酶的表达。

（1）底物水平的调控

纤维素酶基因的表达及表达水平与培养基中的碳源有着密切关系，底物水平的调控主要是对培养基的碳源种类与浓度进行调控。研究表明，不可溶解的纤维素如棉花、微晶纤维素、稻秆和玉米芯等均具有诱导作用，只有木霉、青霉等丝状真菌能以不溶性的纤维素为底物才能诱导纤维素酶基因的表达；可溶性乳糖、纤维二糖、槐糖以及它们的衍生物等也可作为诱导物，诱导多种真菌产生纤维素酶。

乳糖是一种已经广泛商业应用的纤维素酶诱导物。虽然它对纤维素酶的诱导机制目前还不是很清楚，但是研究表明乳糖的调节作用是通过不同于槐糖诱导的另一种代谢途径来实现的，半乳糖激酶与 β-半乳糖苷酶在该诱导过程中具有重要作用。Seiboth 通过单独敲除里氏木霉半乳糖代谢途径中相关基因 Sfa/t（编码半乳糖激酶）或 $gra/7$（编码尿苷酰转移酶），发现胞内半乳糖-1-磷酸的浓度发生了变化，虽然在半乳糖培养基中有半乳糖-1-磷酸的生成，但未能诱导产生纤维素酶，可见，半乳糖利用途径中胞内半乳糖-1-磷酸的形成不能用于解释乳糖对纤维素酶的诱导。在低生长率时 D-半乳糖是纤维素酶的诱导物，但是乳糖诱导作用相对于 D-半乳糖来说更明显，推测有乳糖结合受体存在，从而引发纤维素酶基因表达的级联反应[48]。

纤维二糖是纤维素降解的中间产物，具有诱导与阻遏的双重作用，在浓度低于10mmol/L 时诱导纤维素酶产生，而浓度高于 20mmol/L 时则具有阻遏作用，葡萄糖则只是纤维素酶的阻遏物。Johnson 在研究 *Clostridium thermocellum* 的纤维素酶发酵过程调控时发现，*C.thermocellum* 从纤维二糖培养基转移至乳糖或者山梨醇培养基中，纤维素酶受到的抑制作用被明显解除，而在葡萄糖培养基中却不能解除这种抑制。多糖亦可调控纤维素酶的合成与分泌，研究发现，糖蜜酒精废液中存在的杂多糖对康氏木霉产纤维素酶具有诱导作用，该多糖分子量为 420 万，可以将纤维素酶产率提高 3～5 倍[48]。

纤维二糖-1,5-内酯（CBL）是一种氧化二糖，是纤维二糖的衍生物，具有很高的诱导产纤维素酶的能力。CBL 能有效地促进绿色木霉合成纤维素酶，尤其是合成外切葡聚糖苷酶。但当以 CBL 为唯一碳源时，只有少量的外切葡聚糖苷酶合成；分别以添加 CBL 的葡萄糖、纤维二糖或葡萄糖为碳源时却没有外切葡聚糖苷酶的合成；而 CBL 与纤维二糖一起作用时，其诱导产生纤维素酶的效果明显。这是因为与纤维二糖相比，β-葡萄糖苷酶对 CBL 有更强的亲和力和更低的酶解活力，导致 CBL 通过与纤维二糖竞争 β-葡萄糖苷酶的结合位点而抑制 β-葡萄糖苷酶的活性，从而促进纤维素酶的合成。但目前认为 CBL 本身并非诱导物，它主要通过干扰纤维二糖的代谢而起作用[49]。

槐糖是纤维素酶的强诱导剂，其诱导活性是纤维二糖的 2500 倍，是微晶纤维素等其他诱导物的几十到几千倍[50]。研究认为，槐糖是通过 β-葡萄糖苷酶对纤维二糖的转糖苷基作用而形成诱导。纤维二糖在胞外被 β-葡萄糖苷酶水解，然后在质膜结合的 β-葡萄糖苷酶的转糖基作用下生成槐糖、龙胆二糖等更具诱导潜力的物质，经细胞膜上的组成性透过酶系统进入细胞内，启动纤维素酶的合成，并在转录水平上进行调节。槐糖对纤维素酶的诱导作用虽然强，却只对特定的真菌有效，如里氏木霉、产紫青霉和土曲霉，对其他真菌的纤维素酶无诱导作用，如微紫青霉、构巢曲霉、产黄青霉和黑曲霉。由于槐糖价格昂贵，至今在生产中无法应用。

此外，龙胆二糖[51]、昆布二糖[52]、木二糖[53] 和 L-山梨糖[54,55] 也均被发现可以诱导纤维素酶的产生。

（2）转录水平的调控

普遍认为，纤维素酶合成的重要调控环节发生在转录水平，多种蛋白质能够与纤维素酶和半纤维素酶基因的启动子区结合，对相关基因的表达进行激活或者抑制。

真菌中纤维素酶基因在整个基因组中是随机分布的，每个基因都有它自己的调控因子。目前已鉴定了多个参与真菌纤维素酶转录水平调控的转录调控因子，包括转录抑制因子 CreA、ACEⅠ及转录激活因子 XlnR、ACEⅡ等。这些转录因子通常可以调控多个纤维素酶和半纤维素酶基因，使这些酶基因表现出"共调控"的特征。

在丝状真菌中，葡萄糖阻遏作用由转录调控因子 CreA 和 CREⅠ所操纵。在里氏木霉抗葡萄糖阻遏突变株 Rut-C30 中，cre1 基因严重受损，但是当导入完整的 cre1 基因时，葡萄糖对纤维素酶表达的阻遏作用又恢复正常。CreA 会受到自身的转录水平调节，以及 CreB、CreC、CreD 和 FbxA 参与的泛素化调节。研究表明，当培养基中有葡萄糖存在时，CreA 定位在细胞核内，而去除培养中的葡萄糖后 CreA 又转移到细胞质中，说明 CreA 的活性与其细胞定位有关。然而在构巢曲霉中，在阻遏或去阻遏条件下，CreA 在细胞质和细胞核内都有大量分布，说明阻遏作用的激活并不主要依赖于蛋白质降解、细胞定位，而可能是通过蛋白质修饰、蛋白质相互作用等来实现[56]。XlnR（里氏木霉中的同源物为 XYR1）是最早在黑曲霉中发现的含有 Zn2Cys6 型 DNA 结合域的转录激活因子，其 DNA 结合序列为 $5'$-GGCTAAA-$3'$，可调控多个纤维素酶和半纤维素酶基因的共转录。此外，XlnR 还可以激活木糖代谢途径关键基因（如 D-木糖还原酶基因）的转录。当敲除里氏木霉 XYR1 编码基因后，受其调控的纤维素酶和半纤维素酶基因在多种碳源下的转录几乎完全丧失，表明 XYR1 对于纤维素酶和半纤维素酶基因的表达是必需的。最近，在里氏木霉中又发现了能调控木聚糖酶 xyn1 和纤维素酶 egl3 的转录激活因子 Xyr1，Xyr1 能结合 xyn1 和 egl3 启动子上的 GGCTAA 位点。

研究者利用引入 cbh1 启动子的酿酒酵母筛选里氏木霉 cDNA 文库，在里氏木霉中发现了两个与纤维素酶合成相关的转录调控因子基因 ace1 和 ace2。ACEⅠ中包含 3 个 Cys2His2 锌指结构，其结合序列是位于 A-T 区前的 $5'$-AGGCA-$3'$序列。ace1 的敲除导致了主要的纤维素酶和木聚糖酶基因的转录上调，说明 ACEⅠ实际上是纤维素酶的转录抑制因子，能结合在 cbh1 启动子上的 AGGCA 位点。相反，ACEⅡ作为激活因子结合在 cbh1 启动子上的-779GGCTAA 位点，促进 cbh1 基因转录。然而，里氏木霉 ACEⅠ敲除株在纤维素或山梨醇培养基中的生长明显弱于出发株，而且当以葡萄糖、甘油或果糖为碳源时 ace1 的敲除对里氏木霉的生长没有影响，说明 ACEⅠ在抑制纤维素酶基因表达之外还有其他作用。与 ACEⅠ不同，ACEⅡ是纤维素酶基因的转录激活因子，DNA 结合序列为 $5'$-GGCTAATAA-$3'$，而且目前已知为木霉属真菌所特有，在构巢曲霉、黑曲霉和粗糖脉孢菌中都没有发现 ACEⅡ的同源物。敲除 ace2 后，里氏木霉中主要纤维素酶基因的转录水平有所下降，但是槐糖对纤维素酶的诱导却不受影响，说明在纤维素诱导纤维素酶基因转录的过程中还有其他转录激活因子的参与，而纤维素和槐糖对纤维素酶的诱导经由不同的途径完成。另外，启动子上 ACEⅡ的结合区域与 XYRⅠ的结合区域重叠，说明这两个转录因子之间可能存在着相互作用。

ACEⅠ、ACEⅡ和 Xyr1 是康氏木霉中调控纤维素酶基因表达的转录因子。为进一步研究 ACEⅡ调控纤维素酶基因表达的机制，利用 PCR 技术扩增康氏木霉 ACEⅡ的 DNA 结合区域的基因序列，并使其在大肠杆菌中表达。凝胶迁移率移动试验表明

ACEⅡ的 DNA 结合区域不能与 $cbh1$ 启动子的 287bp 序列结合，表明康氏木霉 $cbh1$ 基因在诱导表达时起调控作用的主要是 Xyr1，而不是 ACEⅡ[57]。Xyr1 主要在纤维素酶和木聚糖酶的转录调节过程中发挥作用，其具有双核锌簇类 DNA 结合区，在里氏木霉中 Xyr1 的调控不受诱导物和纤维素酶基因本身表达模式影响，是主要的纤维素酶与半纤维素酶基因（$cbh1$、$cbh2$、$egl1$、$bgl1$、$xyn1$、$xyn2$）转录所必需的激活因子。有研究表明，无论以 D-木糖还是木二糖为诱导物培养里氏木霉，菌株的木聚糖酶表达水平均较高，这是由于 Xyr1 的基因发生了点突变，这种突变也同时大幅提升了纤维素酶表达的基础水平，因此仅使用槐糖作为诱导物仍然可以轻微诱导纤维素酶的表达。进一步分析发现，该突变位点定位于双核锌簇转录因子中常见的一个区域[58]。

除了以上几种常见的转录因子以外，还有很多其他的转录因子参与到纤维素酶基因的转录水平调控，例如，通过分析里氏木霉突变株 PC-3-7 和 KDG-12 的比较基因组学，发现一个 Zn(Ⅱ)Cys6 型转录调控因子，可以调节除 $bgl1$ 以外的葡萄糖苷酶基因的转录水平；在棘孢曲霉中，利用随机插入突变的方法筛选到一个纤维二糖响应调节蛋白 ClbR；由 Hap2p、Hap3p 及 Hap5p 蛋白形成的 Hap2/3/5 三体复合物可结合特定的 DNA 序列。在丝状真菌中，Hap2/3/5 结合的 DNA 序列均为 5′-CCAAT-3′，此序列作为真核生物启动子和增强子的顺式作用元件，在纤维素酶基因的启动子中普遍存在[59]；$cbh2$ 基因的组成型表达及诱导型表达都依赖于该复合物的存在，有研究表明，$cbh2$ 启动子中 CCAAT 序列的突变会导致 $cbh2$ 的 mRNA 表达量减少约 30%[60]，而纤维素酶基因 $xyn2$ 启动子中 CCAAT 序列的突变却可使 $xyn2$ 的 mRNA 表达量提高 20%～30%[61]。

（3）其他因素对纤维素酶合成调控的影响

自然生态环境中，丝状真菌会受到各种外界信号的影响，其中光信号是最重要的环境因素之一，许多丝状真菌的纤维素酶基因的转录都会受到光信号的影响。在里氏木霉中，光照对纤维素酶基因的转录具有促进作用。当光信号传递蛋白 ENVOY 被敲除后，光照条件下纤维素的诱导作用发生延迟，然而在黑暗条件下光信号传递蛋白的调控仍然存在，说明其可能具有不依赖于光信号的调控功能。感光蛋白复合体 BLR1 和 BLR2 敲除后也会抑制纤维素酶基因的诱导表达，菌体的蛋白分泌能力也受到影响。在粗糙脉孢菌中，光调节蛋白 WC-1、WC-2 及与里氏木霉中 ENVOY 同源的蓝光感应蛋白 VIVID 也参与了纤维素酶基因的表达调控，说明光信号对纤维素酶基因的调控作用在丝状真菌中是保守的。

此外，异三聚体 G 蛋白（heterotrimeric G-protein）及 GTP 酶（如里氏木霉中的 TrRas1 和 TrRas2）等介导的信号通路也参与了纤维素酶基因的表达调控。研究表明，光感应蛋白（ENVOY）、G 蛋白（GNA3）和 GTP 酶（TrRas1）的沉默/敲除均导致胞内 cAMP 的水平降低，因此它们对纤维素酶的调控作用可能都与 cAMP-PKA（PKA 为 cAMP 依赖的蛋白激酶）信号途径有关。

（4）纤维素酶系统整体调控

β-葡萄糖苷酶具有多亚细胞位的特点，可分布于细胞外、细胞壁、细胞膜和细胞质内，而且各类酶的性质略有差异。很多实验证明，胞内和胞外的 β-葡萄糖苷酶也能影响纤维素酶基因的表达。将里氏木霉胞外主要的 β-葡萄糖苷酶基因敲除后，突变株中纤维素酶的表达时间延迟了 24h 左右，胞外纤维素酶的活性也有所降低，添加强诱导物槐糖后又恢复了纤维素酶的正常表达。说明 β-葡萄糖苷酶 BGL I 在里氏木霉纤维素酶诱导物槐糖的形成过程中起着重要作用。然而，在 BGL I 缺失菌株中添加葡萄糖苷酶抑制剂野尻霉素后仍然会抑制槐糖诱导纤维素酶的能力，表明里氏木霉中可能还有其他的 β-葡萄糖苷酶与诱导物的形成有关。科研人员发现了一个定位于细胞内的 β-葡萄糖苷酶 Cel1A，其具有转糖基活性，可以作用于葡萄糖生成纤维二糖和槐糖，或作用于纤维二糖生成纤维三糖。因此，胞内 β-葡萄糖苷酶也有可能参与诱导物的形成。对 Cel1A 和 Cel1B 的转糖基活性进行检测发现，其转糖基作用只在高底物浓度的体外实验中才能检测到，而在正常生理状态下它们主要行使水解功能。将另一个胞内 β-葡萄糖苷酶基因敲除后，发现其纤维素酶基因 cbh1 的表达受到抑制，说明虽然 Cel1A 和 Cel1B 不能通过转糖基生成诱导物，但是仍然可以影响纤维素酶的诱导。在 Cel1A 和 Cel1B 双缺失菌株的基础上进一步敲除 BGL I，突变株 $\Delta tri\beta$ 在纤维素培养条件下 cbh1 的表达水平受到更强的抑制，推测是由于 BGL I 的缺失导致诱导初期培养基中纤维二糖的浓度过高，对 cbh1 产生短暂的反馈抑制，而 cbh1 的不足又影响了纤维二糖的生成，进而不能触发对纤维素酶基因的诱导。

9.1.4.2　调控方式

　　纤维素酶是一种诱导酶，碳源对酶的组分和活性有较大的影响。常用的诱导碳源有农作物秸秆、微晶纤维素（Avicel）以及乳糖等易于代谢的碳水化合物。以秸秆等生物质作为碳源，其成本虽然不高，但是所产纤维素酶的活性低，不能满足工业化需求[62]。以 Avicel 作碳源和诱导物效果较好，但价格昂贵，不利于工业应用。工业纤维素是医药工业中较为廉价的添加剂，诱导产纤维素酶效果较好[63]，具有开发潜力。

　　对纤维素酶起诱导作用的是可溶性水解产物，尤其是纤维二糖。但纤维二糖能很快被菌体所利用，产生葡萄糖后又会抑制纤维素酶的形成。因此，要适当控制纤维二糖的浓度，纤维素酶产量才能得到提高。槐糖是不含 β-1,4-糖苷键的高效诱导物，在培养基中添加 $10^{-5} \sim 10^{-3}$ mol/L 槐糖，能显著提高绿色木霉和拟康氏木霉的纤维素酶产量。但是，槐糖的诱导作用同样受葡萄糖等物质的抑制。槐糖诱导所需的浓度很低，而其他诱导物所需的浓度较高，槐糖加入后 2h 即可诱导纤维素酶的产生，而其他诱导物要 30h 以上才发生诱导作用。

　　纤维素酶诱导形成后必须分泌到细胞外，这种分泌是一个主动的生理过程，它与细胞膜通透性密切相关。当细胞内合成的纤维素酶浓度达到临界水平时，由于产物的阻抑作用，酶的合成终止。如果增加酶的分泌，使细胞内的纤维素酶浓度保持在临界水平以下，酶的合成就会成为连续的过程。因此，增强细胞膜的通透性就可以提高纤维素酶的产量。许多表面活性剂能够影响细胞膜的通透性，继而影响酶的分泌。所以表面活性剂可以作为产纤维素酶的诱导物，主要包括 Tween 80、Tween 20、Triton X-100 和聚乙二醇（PEG）等，其中使用最多的是 Tween 80 和 Triton X-100。例如，添加 Tween 80 能够影响里氏木霉的生长形态，促进酶的合成。

　　另一种调控纤维素酶生产的方式是降解物阻遏抑制，一些易于代谢的基质如甘油、葡萄糖等能够抑制纤维素酶的合成，只要培养基中阻遏物的浓度达到一定水平，菌株产纤维素酶的代谢就会停止，不再进行酶的合成，上述阻遏作用往往发生在纤维素酶蛋白合成的转译或者转译后期[64]。

9.1.5 纤维素酶的提纯

为了便于保存和运输，通常需要采用一定的手段对固体发酵或液体发酵获得的粗纤维素酶液进行分离提纯，以制备成一定纯度的纤维素酶制剂。

纤维素酶分离纯化的过程包括3个方面：

① 菌株在发酵培养基中培养，提取粗酶液；

② 初级处理，通常使用的方法有盐析沉淀法、等电点沉淀法、有机溶剂沉淀法及复合沉淀法等，此过程中需要遵循低耗高效的原则，因此一般选择硫酸铵或者乙醇作为沉淀剂；

③ 高效分离，一般采用吸附色谱、分配色谱、离子交换色谱、凝胶色谱、亲和色谱以及色谱聚焦等技术手段，较常用的有凝胶色谱法和亲和色谱法。

总的来说，热失活分离提纯法、分级沉淀法、色谱法、离子交换法和超滤法等常用的蛋白质提纯技术均可用于粗纤维素酶液的提纯。目前，纤维素酶的分离提纯主要是通过多种阳离子和阴离子色谱柱交替洗脱来实现。刘家英等[65]以高产纤维素酶担子菌LKY01发酵液出发分离纯化纤维素酶，先收集担子菌酶液，再经过硫酸铵盐析、膜过滤、超滤管超滤除盐浓缩得浓缩酶液，接着上 DEAE-Sepharose Fast Flow 阴离子交换柱，以合并酶活最高主峰的酶液，最后上 Superdex 75 凝胶色谱柱，得到一个 FPA 酶活蛋白组分和一个 CMC 酶活蛋白组分。经酶活测试及电泳实验分析，所得 FPA 酶和 CMC 酶的纯化倍数分别高达 26.86 倍和 24.42 倍。

纤维素酶提取的第一步是将产生的酶与培养基分开，再进一步分离纯化。由于固体发酵法与液体深层发酵法生产纤维素酶的差异性，其分离纯化步骤也不相同（见图 9-1 和图 9-2）。

9.1.5.1 纤维素酶分离提取

采用固体发酵制备的纤维素酶，在发酵结束后要根据酶的结构和溶解性等选用适当的溶剂对含纤维素酶的原料进行充分浸提。由于纤维素酶可溶于水，且在一定浓度范围的盐溶液中其溶解度随盐浓度的提升逐渐增大，一般可选择用一定浓度的盐溶液进行纤维素酶的提取。常用的盐溶液主要有氯化钠溶液（0.15mol/L）和磷酸缓冲液（0.02～0.05mol/L）。

液体深层发酵制备的纤维素酶不需要以上处理工艺。液体深层发酵的发酵液，或者是固体发酵的纤维素酶浸提液，可先通过离心分离、板框过滤等去除一些固体物大颗粒，如菌体、培养基残渣等。工业上一般采用板框过滤法获得纤维素酶滤液。然后对该滤液进行初步分离。工业生产中一般采用盐析法或有机溶剂沉淀法进行纤维素酶的分离。有机溶剂沉淀法析出的酶与盐析法析出的酶相比有诸多优点，如易于过滤、滤液中不含无机盐以及有机溶剂易回收等，常用于食品纤维素酶制剂的制备。纤维素酶沉淀分离中常用的有机溶剂有乙醇、丙酮和异丙醇等。

9.1.5.2　纤维素酶纯化

单宁是纤维素酶的天然抑制剂，因此在纤维素酶纯化中用单宁结合活化的琼脂糖制作成亲和色谱柱，用蒸馏水平衡后，再将上一步得到的纤维素酶滤液过柱，使单宁专一性结合纤维素酶，然后用一定浓度的磷酸缓冲液洗脱出来，即可得到纯化的液态纤维素酶。纤维素酶的亲和色谱要求在较低的温度下进行，因为过高的温度会使酶在纯化过程中失活。

9.1.5.3　纤维素酶浓缩与干燥

分离纯化后的纤维素酶需要进一步浓缩，使其浓度提高，以便于纤维素酶的保存和运输。真空浓缩和超滤浓缩是工业生产中常用的两种方式。真空浓缩即用抽气减压装置使浓缩系统维持在一定的真空度下进行工作。因为纤维素酶在高温下容易变性失活，因此该过程要严格控制真空度，以保证体系的蒸发温度在适宜的温度以下。超滤是在一定压力下将溶液中的大分子截留在膜的一侧，而小分子透过至膜的另一侧，从而达到分离纯化、浓缩产物的目的。为了提高产品的稳定性，使之易于保存、运输和使用，需要对浓缩的纤维素酶液进行干燥，以制备含水分较少的固体酶制剂。

在纤维素发酵生产乙醇过程中，纤维素酶制成后大多是带渣发酵，即直接将粗酶液与纤维素原料混合，一同转入酶解发酵单元。这是近年来提出的新工艺，即在乙醇工厂建立纤维素酶车间，将制备的纤维素酶粗酶液直接用于下一步生产，不需要经过分离、储藏和运输，省去了不必要的中间环节，可以有效降低纤维素酶成本。

9.2　国外纤维素酶主要生产企业

20 世纪 90 年代，每加仑纤维素乙醇的酶成本约为 5 美元。为了降低酶的费用，许多大的酶制剂公司纷纷研究开发高效、低成本的纤维素酶。2011 年杰能科（Genencor）公司推出新一代的纤维素复合酶 Accellerase® TRIO 产品，该产品同时含有外切纤维素酶，在 Accellerase DUET 基础上提高了酶处理高浓度底物的能力，且酶用量可减少 1/2，最佳工作条件为 pH＝4.0～6.0，温度 40～57℃，可用于 SSCF 发酵工艺。2012 年，诺维信（Novozymes）公司推出酶制剂产品 Cellic CTec3，比其上一代商业酶 Cellic CTec2 转化效率提高了 50％，并且提高了温度和酸碱度的适应范围。丹麦 DSM 公司也推出了商业应用的纤维素水解酶，为 Inbicon 纤维素乙醇生产装置提供水解用酶。

国际上几家主要的纤维素酶生产企业的概况如下。

（1）诺维信公司

诺维信公司是全球最大的工业酶制剂和工业微生物制剂生产商，拥有超过 40％的世界市场份额。2001 年，诺维信公司从丹麦著名的制药公司诺和诺德公司分离出来；2004年，诺维信公司全球销售收入达到 10 亿美元，业务遍及 130 个国家。迄今为止，诺维信已经连续 5 年名列道琼斯可持续发展指数全球和欧洲医药/生物技术板块企业可持续发展第一名。

1987 年，诺维信公司推出 Celluzyme®（多效纤维素酶®），这是一种多元复合酶，也是第一种用于洗涤剂工业的碱性纤维素酶。2000 年，诺维信开始研发用于生产纤维素乙醇的酶制剂，于 2009 年首次推出可大规模生产的复合纤维素酶制剂 Cellic CTec，第一次为全球纤维素乙醇产业提供了可用于工艺优化和标准化的酶制剂；2010 年，第二代 Cellic CTec 2 问世，这是世界范围内第一款商用的纤维素酶，基于其的纤维素乙醇的生产成本可与一代玉米乙醇相当；2012 年，该公司开发出第三代纤维素酶 Cellic CTec 3，这种酶是目前市场上性价比最高、能最大限度降低纤维素乙醇生产成本的酶制剂产品。与市场上其他酶制剂相比，生产相同产量的纤维素乙醇，Cellic CTec 3 所需添加量仅为其他酶制剂添加量的 1/5。Cellic CTec 3 含有多种专一性强、高活性纤维素酶组分，包括改进型 β-葡萄糖苷酶以及一系列新型半纤维素酶，依托这些酶的共同作用，Cellic CTec 3 的转化效率比 Cellic CTec 2 提高了至少 50%。除了转化效率大幅提高之外，Cellic CTec 3 的适应性和宽容性也更强。Cellic CTec 3 可有效作用于各种经过预处理的原料，包括玉米秸秆、玉米芯、玉米皮、小麦秸秆、甘蔗渣、纸浆和城市固体纤维废物等。Cellic CTec 3 对于温度的适应性也更强，在较高温度下也能保持高效力，对酸碱度的适应性也有所提高。

（2）杰能科公司

杰能科公司是新型酶和生物产品研究开发的工业生物技术公司，在生物燃料研究与开发领域拥有 400 多项酶技术专利，其生产和销售网络遍布 40 多个国家。杰能科 Accellerase® 平台促进了纤维素乙醇的商业化。2007 年，该公司首次将纤维素乙醇生产用酶 Accellerase® 1000 推向商业化，随后又陆续推出了 Accellerase® 1500 和 Accellerase® DUET，其最新产品 Accellerase® DUET™ 复合物在多个方面取得了重大进步，克服了纤维素乙醇商业化生产的技术和经济障碍。此外，该公司另一种优化后的酶混合液 Accellerase TRIO 可分解各类生物质原料中难以分解的葡聚糖和木聚糖。与杰能科先前最好的酶制剂 Accellerase DUET 相比，可有效提高纤维素乙醇产率达 20% 之多。从另一个角度讲，使用较少的这种酶就可达到与 DUET 同样的转化效果。据杰能科所述，Accellerase TRIO 对包括柳枝稷、麦秆、玉米秸秆和生活固体纤维废料在内的各种原料均具有较好的兼容性，可用于多种酶解过程。

（3）埃欧根公司

埃欧根（Iogen）公司始建于 1971 年，是一家专注于利用农业废弃物生产纤维素乙醇的公司。1990 年该公司在其纤维素乙醇生产的基础上进军纤维素酶商业化领域，开始研究降解天然纤维素的酶制剂并开发相应的纤维素酶技术。经过 20 多年的发展，该公司在全球供应 70 多种酶制剂产品，并生产出适用于工业生产的纤维素酶，获得相关酶产品及技术研发方面的专利 120 多项。

表 9-5 列出了上述 3 家公司以及其他国外商业化生物炼制纤维素酶生产企业及其代表性产品的相关信息。

表 9-5　国外主要的商业化生物炼制纤维素酶生产企业 [66]

公司名称	国别	微生物菌种	代表酶产品	酶制剂应用	网址
诺维信	丹麦	*Trichoderma reesei*；*T. longibrachiatum*；*Aspergillus niger*	Cellic CTec2，Cellic HTec2，Celluclast，Novozymes 188，Viscozyme L	木质纤维素底物水解	www. novozymes. com
杰能科	美国	*T. reesei*；*T. longibrachiatum*	Spezyme CP，Accellerase®1500，Multifect CL	专门开发第二代生物燃料的市售生物酶	www. genencor. com
Dyadic 国际公司	美国	*T. longibrachiatum*	AlternaFuel®100P，AlternaFuel®200P	木质纤维素通过葡萄糖发酵转化为乙醇	www. dyadic. com
天野酶有限公司	日本	*A. niger*	Cellulase DS，Cellulase AP 30K	木质纤维素转化为可酵糖	www. innovadex. com
AB Enzymes GmbH 公司	德国	*T. longibrachiatum*；*T. reesei*	ROHAMENT® CL	特殊耐热纤维素酶的生物糖化	www. abenzymes. com
Map（印度）有限公司	印度	*Bacillus* sp.	Palkolase HT，Palkolase LT，Palkodex	淀粉的液化和糖化	www. mapsenzymes. com
Specialty Enzymes & Biotechnologies Co.	美国	*Bacillus* sp.	SEBfuel G，SEB Amyl GA200，CelluSEB Fuel	液化和糖化	www. specialtyenzymes. com
埃欧根	加拿大	*T. reesei*	Ultra-Low Microbial（ULM）	生物质糖化	www. iogen. ca
Biocatalysts 有限公司	英国	*Trichoderma* sp.	Cellulase 13P，Cellulase 13L	纤维素完全降解	www. biocatalysts. com

9.3　国内纤维素酶主要生产企业

国内主要的几家纤维素酶生产企业是尤特尔生化、新华扬以及夏盛（北京）生物科技开发有限公司。

（1）尤特尔生化

尤特尔生化是一家专注于酶制剂研发、生产和销售的中美合资现代高科技生化企业。公司在美国建有菌种研发中心，在上海张江高科建有产品应用研发中心，在湖南和山东建有两个大型的发酵生产基地，生产规模近 8 万吨/年，产品被广泛应用于棉麻纺织、服装、饲料、酿造、食品、造纸、植物提取、制药以及生物能源等领域。目前，尤特尔生化已经开发出纺织、食品、药用植物提取及饲料用纤维素酶，其中以纺织用纤维素酶种类最为完备。

尤特尔生化在 2001 年 6 月开始进入纺织酶领域,依靠技术引进与自主研发,开发出多个纺织用纤维素酶产品。因为纺织原料的多样性和差异化,以及设备、水质等的不同,尤特尔生化开发出多种酸性纤维素酶(UTA-8A、UTA-8、UTA-11、UTA-11A)和中性纤维素酶(UTA-711、UTA-735、UTA-977、UTA-988)。

果蔬汁工业用酶是尤特尔生化开发的食品用酶系列之一。UTC-AE80 是由绿色木霉液体深层发酵再经过后提取工艺制备而成的一种纤维素水解酶,含有一定量的半纤维素酶。该酶可用于水果、蔬菜的果浆或者果渣的处理,与果胶酶和半纤维素酶有良好的协同作用。

在尤特尔生化开发的 20 多种复合饲料酶中都混合有纤维素酶,如禽用豆伴侣复合酶系列产品、猪用复合酶系列产品、肉禽用复合酶、蛋禽用复合酶、水产用复合酶、反刍动物用复合酶、玉米-杂粕日粮用组合酶、小麦日粮专用组合酶以及尤特尔 CT 系列饲用复合酶等。

尤特尔生化还开发了一系列植物提取复合酶,该系列产品的主要成分是纤维素酶、果胶酶、木聚糖酶及甘露聚糖酶等。UTC-801 是一款专门用于黄酮、多酚提取的复合酶制剂,该复合酶制剂是采用美国专利菌种经液体深层发酵并提纯,再经特殊的后处理工艺加工而成。

(2)新华扬

新华扬公司在 2009 年前后开始进入纺织酶领域,目前已经开发出多个系列的纺织纤维素酶,代表性的如衣媚®华扬中性纤维素酶 HT639、HT636、HT633,衣媚®华扬酸性纤维素酶 HT218、HT215、HT218E、HT289。HT639、HT636 和 HT633 是经过基因修饰的液体纤维素酶,属于内切纤维素酶,能够选择性地水解纤维非结晶区游离的微纤末端,不损伤纤维主干,适用于全棉织物、棉/涤等混纺织物、亚麻和苎麻织物、牛仔布及再生性纤维织物等。它们的使用温度及 pH 值范围为 45~65℃、pH=4.5~9.0,其中最适温度是 55℃,最佳 pH 值范围是 5.5~6.5。HT218、HT215、HT218E 和 HT289 是经液体深层发酵制备的液体纤维素酶,是一种多组分的复合生物酶催化剂,能催化织物表面突起的纤维水解,生成短纤维、纤维二糖及葡萄糖等,适用于棉、麻等多种织物的处理,能改善其手感、色泽及吸水性等。

在饲用酶方面,各种复合酶的复配酶系中都有纤维素酶的存在。如 VP100 饲用复合酶,它的酶谱是木聚糖酶、纤维素酶、β-葡聚糖酶和 β-甘露聚糖酶等。先采用液体深层发酵技术生产各种单酶,然后根据玉米豆粕型饲粮中非淀粉多糖(NSP)的种类和抗营养特性组配复合酶制剂,从而得到 VP100。它的配方中含高活性纤维素酶,可以将饲粮中的葡聚糖降解为低聚免疫多糖,因此能提高机体免疫力,降低流行性疾病的发病率和死亡率。

新华扬还开发了一系列食品酶制剂,如小麦淀粉提取酶 1 型、玉米淀粉提取酶 1 型和玉米淀粉提取酶 2 型等。以上几种都是复配的复合酶制剂,主要含纤维素酶、木聚糖酶和 β-葡聚糖酶,可以提高小麦淀粉或者玉米淀粉的提取率,同时能降低皮渣的水分含量,从而降低皮渣干燥的能耗。

(3)夏盛(北京)生物科技开发有限公司

夏盛（北京）生物科技开发有限公司是一家专业从事酶制剂研发、生产与销售的生物企业，近十几年来该公司已相继开发出应用于纺织、饲料、植物提取、皮革和酒精等行业的系列产品，主要涉及纤维素酶、半纤维素酶、果胶酶、蛋白酶、葡萄糖氧化酶、淀粉酶和糖化酶等诸多酶系。

在制浆造纸领域，夏盛开发出了纤维改性酶 FibreZyme G5000。FibreZyme G5000 有着较宽的 pH 值和温度适用范围（pH＝4.5～9.0，25～75℃），能适应绝大多数现有的制浆造纸工序。该复合酶所含的纤维素酶能选择性地作用于木材纤维素，增加纤维自由度，使其达到充分的吸水润胀以及分丝帚化，降低打浆能耗，提高纸张强度和柔软度。

在纺织领域，该公司的代表性产品有高浓中性纤维素酶系列，这是一种高活性、中性、浅棕色颗粒状的纤维素酶制剂，主要应用于棉质纤维牛仔服装后整理水洗工艺，能迅速地产生石磨洗、陈旧、柔软、桃皮绒及其他效果，对织物的破坏性非常低。

在饲料领域，夏盛开发出了饲用纤维素酶及一系列饲用复合酶。该饲用纤维素酶是由诱变筛选的里氏木霉高产菌株经液体深层发酵精制而成，作为饲料添加剂使用时可以破坏植物性饲料原料细胞壁结构，促进植物细胞内营养物质的释放，促进内源酶的分泌，提高消化道中内源酶活性，提高饲料营养物质的利用率，改善生产性能。此外，纤维素酶也是饲用复合酶的一个重要组分，它与木聚糖酶、β-葡聚糖酶等协同作用，可以消除饲料中的非淀粉多糖等抗营养因子，降低畜禽消化道内食糜黏度，提高营养成分的消化和吸收。

9.4　中国纤维素酶产业现存问题及未来发展趋势

中国最早的酶制剂工业兴起于 20 世纪中叶，当时主要以淀粉酶和糖化酶为主。现在中国酶制剂产品已经更新换代，主要包括糖化酶、淀粉酶、纤维素酶、蛋白酶、植酸酶、半纤维素酶、果胶酶、饲用复合酶和啤酒复合酶 9 大类。其中，糖化酶、淀粉酶和植酸酶的年产量均过万吨，纤维素酶、半纤维素酶和果胶酶所占比例较小，但增长较快。目前，纤维素酶已被广泛地应用于多个领域，如燃料乙醇生产、纺织行业（生物洗涤、生物抛光）、制浆造纸工业（浆料性能改善及废纸脱墨）、饲料行业以及药用植物有效成分提取等。在纤维素乙醇生产领域，纤维素酶市场潜力巨大。不过，目前为止，纤维素酶最大的市场仍是纺织行业，其次是洗涤行业、饲料和食品行业。此外，在制浆造纸工业、药用植物提取等领域也有广泛的应用。

据估计，中国纺织用纤维素酶的年市场份额在 1 亿元，洗涤用纤维素酶、饲料纤维素酶、食品纤维素酶和植物提取用纤维素酶的市场份额合起来也可达到 1 亿元，其他领域的纤维素酶市场份额相对较小，而用于燃料乙醇生产的纤维素酶尚处于起步阶段。因此，中国纤维素酶的年市场份额至少约为 2 亿元。不过，也有专家称，早在 2007 年全国牛仔水洗市场消费的纺织酶（主要是纤维素酶）已达 6.5 亿元左右，而且水洗市场在未来的需求可能会更大[67]。

9.4.1　纤维素酶产业发展中存在的问题

经过几十年的发展，中国酶制剂产业从无到有，初步形成了一定规模，而且近年来发展迅速，取得了明显进步。但从世界酶制剂工业来看，中国酶制剂产业和世界先进水平的差距仍然存在。

作为酶制剂产业的一员，中国纤维素酶产业也还存在以下一些问题。

（1）产酶菌株与产酶工艺与国外酶制剂企业还存在较大差距

对于纤维素酶生产企业而言，技术的核心主要是拥有优异的菌种技术平台和先进的发酵生产工艺。企业的核心技术一方面作为公司的关键技术秘而不宣，另一方面则是以专利的形式来限制和排除其他竞争对手。国外酶制剂生产过程中广泛采用基因工程、蛋白质工程、人工合成、模拟和定向进化改造等技术。其中，以基因工程和蛋白质工程为主的高科技成果在酶制剂生产领域中已实现产业化，而国内酶制剂企业在这方面的研究相对薄弱，自主研发的高产酶菌株还较少，加上大多仍采用较为传统的发酵、分离提取及制剂制备技术，造成资源浪费、产品纯度不高和质量偏低等问题，限制了国产酶制剂市场份额的进一步扩大。

（2）在某些关键应用领域，纤维素酶的应用成本过高

如在纤维素乙醇领域，纤维素酶用酶成本至少占纤维乙醇生产工艺成本的 25%，成本过高是制约纤维素乙醇产业化的主要影响因素之一。近年，纤维素酶的使用成本虽然有了大幅度的降低，但想实现商业、大规模、经济用酶，酶的应用成本还需要进一步降低至 3～4 美分/加仑乙醇。

（3）产品高度同质化，导致价格战异常激烈

尤特尔生化早在 2001 年开发出来酸性、中性系列的纺织纤维素酶，新华扬在 2009 年前后也开发出来酸性、中性系列的纺织纤维素酶，因为在酶学性质上没有较大的差异，在耐受各种纺织助剂上也没有较大的不同，因此两家公司开发出来的酶产品存在较大的同质化。正是由于类似的同质化现象比较严重，导致市场上价格战异常激烈。在木聚糖酶制剂领域，其竞争已经处于白热化，但还是有利可图，而在相对更加成熟的纺织酶领域纤维素酶的竞争更加激烈，往往成交就意味着要损失一些利润。

（4）酶的应用研发水平较低，应用领域较窄

除纺织、饲料、洗涤和食品行业之外，纤维素酶在其他众多领域（如医药、可降解塑料、工农业废弃物回收利用）的应用还需要进一步的开拓与完善。

9.4.2　纤维素酶产业未来发展趋势和建议

随着对纤维素酶基础研究及工业化应用的逐步深入，纤维素酶将会在纺织、洗涤、

食品、饲料、能源和资源开发等各个领域中发挥更大的作用。

在纺织行业，纤维素酶可以用于生物抛光和仿旧整理，国内数家纤维素酶企业为了竞争这块市场都在大打价格战。为了避免恶性竞争，企业可以考虑在发酵酶活及纺织酶的应用细节方面进行深入研究，开发高性能的产品。此外，面对纺织行业严重的环境污染，国家必然会出台更严格的环保要求和措施。因此，借助于绿色、温和的酶来开发更加环保的纺织工艺势在必行。

中国是一个饲料资源十分紧张的国家，要保持中国饲料工业和畜牧业的可持续发展，必须解决好饲料问题。因此，可通过微生物发酵充分利用农副产品下脚料、秸秆、糠等生产纤维素酶添加剂，以改善饲料的营养价值，降低饲料成本，提高饲料利用率和畜禽生产能力，最终提高饲料工业和畜牧业的经济效益。纤维素酶在饲料工业中的应用前景十分广阔，但还需进一步加强基础研究和应用开发。例如，进一步加强纤维素酶在动物消化道中的作用机制研究，以有助于快速确定纤维素酶在饲料中的最佳添加量；开发并制定更适用于饲料中纤维素酶含量的检测方法和检测标准。

在纤维素乙醇领域，需要持续深入研究来提升纤维素酶的比活力，通过酶系的改进和完善来促进纤维素酶的酶解效果，以及探寻可行的纤维素酶循环利用方式，最终降低纤维素酶的使用成本，这样才能推动纤维素乙醇的产业化进程，进而扩大纤维素酶的应用市场。

中国酶制剂企业技术储备薄弱的一个重要原因是研发投入不足，企业用于开发新产品、改进生产工艺的资金平均不到其产品销售额的 4.5%，而国外酶制剂企业研发投入一般占总销售额的 10% 以上。因此，要在产品上缩小与国外纤维素酶企业的差距，必须加大研发投入，积极开展菌种选育、发酵工艺优化以及应用研发的升级。目前，国内的尤特尔生化、新华扬及夏盛等几家主要的纤维素酶企业都已经组建了自己的研发中心。随着国内酶制剂企业研发能力的提升，产品已经在多个领域与国外企业展开了市场竞争，如新华扬的饲料用酶已经远销墨西哥、加拿大、俄罗斯、乌克兰、巴西和越南等20 多个国家和地区。因此，中国纤维素酶产业发展潜力巨大，前景值得期待。

参考文献

[1]　Bhat M K. Cellulases and related enzymes in biotechnology [J]. Biotechnology Advances, 2000, 18 (5): 355-383.

[2]　Kuhad R C, Deswal D, Sharma S, et al. Revisiting cellulase production and redefining current strategies based on major challenges [J]. Renewable and Sustainable Energy Reviews, 2016, 55: 249-272.

[3]　Niranjane A P, Madhou P, Stevenson T W. The effect of carbohydrate carbon sources on the production of cellulase by *Phlebia gigantea* [J]. Enzyme and Microbial Technology, 2007, 40 (6): 1464-1468.

[4]　Eckert K, Schneider E. A thermoacidophilic endoglucannase (CelB) *Alicyclobacillus acidocaldarius* displays high sequence similarity to arabinofuranosidase belonging to family 51 of glycoside hydrolases [J]. European Journal of Biochemistry, 2003, 270: 2593-3602.

［5］ Ibrahim A S S, El-diwany A I. Isolation and identification of new cellulases producing thermophilic bacteria from an Egyptian hot spring and some properties of the crude enzyme［J］. Australian Journal of Basic and Applied Sciences, 2007, 1（4）: 473-478.

［6］ Ragauskas A J, Williams C K, Davison B H, et al. The path forward for biofuels and biomaterials［J］. Science, 2006, 311（5760）: 484-489.

［7］ 季更生, 弦林, 阳曹, 等. 培养条件对绿色木霉发酵生产纤维素酶的影响［J］. 江苏科技大学学报（自然科学版）, 2007, 21（6）: 133-135.

［8］ Deswal D, Khasa Y P, Kuhad R C. Optimization of cellulase production by a brown rot fungus Fomitopsis sp. RCK2010 under solid state fermentation［J］. Bioresource Technology, 2011, 102（10）: 6065-6072.

［9］ Persson I, Tjerneld F, Hahn-Hägerdal B. Fungal cellulolytic enzyme production: a review［J］. Process Biochemistry, 1991, 26（2）: 65-74.

［10］ Warzywoda M, Vandecasteele J P, Pourquie J. A comparison of genetically improved strains of the cellulolytic fungus Trichoderma reesei［J］. Biotechnology Letters, 1983, 5（4）: 243-246.

［11］ Chen S, Wayman M. Use of sorbose to enhance cellobiase activity in a Trichoderma reesei cellulase system produced on wheat hydrolysate［J］. Biotechnology Techniques, 1993, 7（5）: 345-350.

［12］ 张晓萍. 低聚糖和纤维类碳源对里氏木霉合成纤维素酶的诱导作用［D］. 南京: 南京林业大学, 2010.

［13］ Ahamed A, Vermette P. Culture-based strategies to enhance cellulase enzyme production from Trichoderma reesei RUT-C30 in bioreactor culture conditions［J］. Biochemical Engineering Journal, 2008, 40（3）: 399-407.

［14］ Gokhale D V, Patil S G, Bastawde K B. Optimization of cellulase production by Aspergillus niger NCIM 1207［J］. Applied Biochemistry and Biotechnology, 1991, 30（1）: 99-109.

［15］ 戴四发, 金光明, 王立克, 等. 纤维素酶研究现状及其在畜牧业中的应用［J］. 安徽技术师范学院学报, 2001, 15（3）: 32-38.

［16］ Ghildyal N P, Ramakrishna M, Lonsane B K, et al. Temperature variations and amyloglucosidase levels at different bed depths in a solid state fermentation system［J］. The Chemical Engineering Journal, 1993, 51（2）: B17-B23.

［17］ Durand A. Bioreactor designs for solid state fermentation［J］. Biochemical Engineering Journal, 2003, 13（2-3）: 113-125.

［18］ Singhania R R, Patel A K, Soccol C R, et al. Recent advances in solid-state fermentation［J］. Biochemical Engineering Journal, 2009, 44（1）: 13-18.

［19］ 杨涛. 水稻秸秆纤维素发酵转化燃料乙醇的研究［D］. 长沙: 湖南农业大学, 2008.

［20］ 岳国君. 纤维素乙醇工程概论［M］. 北京: 化学工业出版社, 2014.

［21］ 景春娥, 赵旭, 常思静, 等. 纤维素酶在燃料乙醇工业中的应用研究进展［J］. 酿酒科技, 2009（3）: 98-102.

［22］ Kumar R, Singh R P. Semi-solid-state fermentation of Eicchornia crassipes biomass as lignocellulosic biopolymer for cellulase and β-glucosidase production by cocultivation of Aspergillus niger RK3 and Trichoderma reesei MTCC164［J］. Applied Biochemistry and Biotechnology, 2001, 96（1-3）: 71-82.

［23］ Ahamed A, Vermette P. Enhanced enzyme production from mixed cultures of Trichoderma reesei RUT-C30 and Aspergillus niger LMA grown as fed batch in a stirred tank bioreactor［J］. Biochemical Engineering Journal, 2008, 42（1）: 41-46.

［24］　Kalyani D, Lee K M, Kim T S, et al. Microbial consortia for saccharification of woody bio-mass and ethanol fermentation [J] . Fuel, 2013, 107: 815-822.

［25］　Hu H L, Van den Brink J, Gruben B S, et al. Improved enzyme production by co-cultiva-tion of Aspergillus niger and Aspergillus oryzae and with other fungi [J] . International Bio-deterioration & Biodegradation, 2011, 65 (1): 248-252.

［26］　司美茹, 薛泉宏, 蔡艳. 混合发酵对纤维素酶和淀粉酶活性的影响 [J] . 西北农林科技大学学报 (自然科学版), 2002, 30 (5): 69-73.

［27］　张英, 侯红萍. 黑曲霉和芽孢杆菌混合菌产纤维素酶的研究 [J] . 中国酿造, 2010 (12): 91-94.

［28］　涂漩, 薛泉宏, 司美茹, 等. 多元混菌发酵对纤维素酶活性的影响 [J] . 工业微生物, 2004, 34 (1): 30-34.

［29］　Zhang Y H P, Himmel M E, Mielenz J R,et al. Outlook for cellulase improvement: screen-ing and selection strategies [J] . Biotechnology Advances, 2006, 24 (5): 452-481.

［30］　毛连山, 宋向阳, 勇强, 等. 碳氮比对里氏木霉合成木聚糖酶的影响 [J] . 林产化学与工业, 2002, 22 (3): 41-44.

［31］　Sohail M, Siddiqi R, Ahmad A, et al. Cellulase production from Aspergillus niger MS82: effect of temperature and pH [J] . New Biotechnology, 2009, 25: 437-441.

［32］　Wang Y H, Zhou J, Chu J, et al. Production and distribution of β-glucosidase in a mutant strain Trichoderma viride T100-14 [J] . New Biotechnology, 2009, 26: 150-156.

［33］　Kalogeris E, Christakopoulos P, Katapodis P, et al. Production and characterization of cellulolytic enzymes from the thermophilic fungus Thermoascus aurantiacus under solid state cultivation of agricultural wastes [J] . Process Biochemistry, 2003, 38 (7): 1099-1104.

［34］　Hanif A, Yasmeen A, Rajoka M I. Induction, production, repression, and de-repression of exoglucanase synthesis in Aspergillus niger [J] . Bioresource Technology, 2004, 94 (3): 311-319.

［35］　Gao J, Weng H, Zhu D, et al. Production and characterization of cellulolytic enzymes from the thermoacidophilic fungal Aspergillus terreus M11 under solid-state cultivation of corn stover [J] . Bioresource Technology, 2008, 99 (16): 7623-7629.

［36］　Khan M H, Ali S, Fakhru' l-Razi A, et al. Use of fungi for the bioconversion of rice straw into cellulase enzyme [J] . Journal of Environmental Science and Health Part B, 2007, 42 (4): 381-386.

［37］　Chen H. Modern Solid State Fermentation: Theory and Practice [M] . New York: Springer Netherlands, 2013.

［38］　Liu J, Yang J. Cellulase production by Trichoderma koningii AS3. 4262 in solid-state fer-mentation using lignocellulosic waste from the vinegar industry [J] . Food Technology and Biotechnology, 2007, 45: 420-425.

［39］　蔺建学, 徐速, 张雅娜, 等. 米曲霉固态发酵大豆辅助提油预处理工艺的优化 [J] . 中国油脂, 2014, 39 (2): 5-9.

［40］　郑渊洁, 郝建宇, 侯红萍. 黑曲霉产纤维素酶混合发酵条件的研究 [J] . 中国酿造, 2016, 35 (12): 118-122.

［41］　Weber J, Agblevor F A. Microbubble fermentation of Trichoderma reesei for cellulase pro-duction [J] . Process Biochemistry, 2005, 40 (2): 669-676.

［42］　Kumaran S, Sastry C A, Vikineswary S. Laccase, cellulase and xylanase activities during growth of Pleurotus sajor-caju on sagohampas [J] . World Journal of Microbiology and Biotechnology, 1997, 13（1）: 43-49.

［43］ Velázquez-Cedeño M A, Mata G, Savoie J M. Waste-reducing cultivation of *Pleurotus os-treatus* and *Pleurotus pulmonarius* on coffee pulp: changes in the production of some lignocellulolytic enzymes［J］. World Journal of Microbiology and Biotechnology, 2002, 18 （3）: 201-207.

［44］ Elisashvili V, Kachlishvili E, Tsiklauri N, et al. Lignocellulose-degrading enzyme production by white-rot Basidiomycetes isolated from the forests of Georgia［J］. World Journal of Microbiology and Biotechnology, 2009, 25（2）: 331-339.

［45］ Montoya S, Orrego C E, Levin L. Growth, fruiting and lignocellulolytic enzyme production by the edible mushroom *Grifola frondosa*（maitake）［J］. World Journal of Microbiology and Biotechnology, 2012, 28（4）: 1533-1541.

［46］ Machuca A, Ferraz A. Hydrolytic and oxidative enzymes produced by white-and brown-rot fungi during *Eucalyptus grandis* decay in solid medium［J］. Enzyme and Microbial Technology, 2001, 29（6-7）: 386-391.

［47］ 陈娜, 顾金刚, 徐凤花, 等. 产纤维素酶真菌混合发酵研究进展［J］. 中国土壤与肥料, 2007,（4）: 16 -21.

［48］ 林元山. 康氏木霉 AS3. 2774 纤维素酶系的诱导、阻遏、纯化及鉴定研究［D］. 南宁: 广西大学, 2010.

［49］ Szakmary K, Wotawa A, Kubicek C P. Origin of oxidized cellulose degradation products and mechanism of their promotion of cellobiohydrolase I biosynthesis in *Trichoderma reesei*［J］. Microbiology, 1991, 137（12）: 2873-2878.

［50］ Sternberg D, Mandels G R. Induction of cellulolytic enzymes in *Trichoderma reesei* by sophorose［J］. Journal of Bacteriology, 1979, 139（3）: 761-769.

［51］ Ai Y, Meng F, Gao P, et al. Basis of specificity of induction and repression by cellobiose on cellulase biosynthesis in fungi［J］. Acta Scientiarum Naturalium Universitatis Sunyatseni, 2000, 39（3）: 73-77.

［52］ Newcomb M, Chen C Y, Wu J H D. Induction of the *celC* operon of *Clostridium thermocellum* by laminaribiose［J］. Proceedings of the National Academy of Sciences, 2007, 104 （10）: 3747-3752.

［53］ Brienzo M, Monte J R, Milagres A M F. Induction of cellulase and hemicellulase activities of *Thermoascus aurantiacus* by xylan hydrolyzed products［J］. World Journal of Microbiology and Biotechnology, 2012, 28（1）: 113-119.

［54］ 陈梅. 斜卧青霉 β -葡萄糖苷酶的性质和功能研究及基因表达谱分析［D］. 济南: 山东大学, 2013.

［55］ Sahoo D K, Mishra S, Bisaria V S. Influence of L-sorbose on growth and enzyme synthesis of *Trichoderma reesei* C-5［J］. Microbiology, 1986, 132（10）: 2761-2766.

［56］ Singhania R R, Adsul M, Pandey A, et al. Current Developments in Biotechnology and Bioengineering: Production, Isolation and Purification of Industrial Products［M］. Amsterdam: Elsevier, 2017, 74-101.

［57］ 凌敏, 梁纲, 覃拥灵, 等. 康氏木霉纤维素酶转录因子 ACE Ⅱ 与外切纤维二糖水解酶基因 Ⅰ （*cbh1*）启动子的结合分析［J］. 中国生物工程杂志, 2009, 29（10）: 60-63.

［58］ Derntl C, Gudynaite-Savitch L, Calixte S, et al. Mutation of the xylanase regulator 1 causes a glucose blind hydrolase expressing phenotype in industrially used *Trichoderma* strains［J］. Biotechnology for Biofuels, 2013, 6（1）: 62.

［59］ Zeilinger S, Ebner A, Marosits T, et al. The *Hypocrea jecorina* HAP 2/3/5 protein complex binds to the inverted CCAAT-box（ATTGG）within the *cbh2*（cellobiohydrolase Ⅱ-gene）activating element [J]. Molecular Genetics and Genomics, 2001, 266（1）: 56-63.

[60] Zeilinger S, Mach R L, Schindler M, et al. Different inducibility of expression of the two xy-lanase genes *xyn1* and *xyn2* in *Trichoderma reesei* [J]. Journal of Biological Chemistry, 1996, 271（41）: 25624-25629.

[61] Würleitner E, Pera L, Wacenovsky C, et al. Transcriptional regulation of *xyn2* in *Hypo-crea jecorina* [J]. Eukaryotic Cell, 2003, 2（1）: 150-158.

[62] Wen Z Y, Liao W, Chen S L. Production of cellulase by *Trichoderma reesei* with dairy ma-nure [J]. Bioresource Technology, 2005, 96（4）: 491-499.

[63] 张晓月, 孜力汗, 李勇昊, 等. 里氏木霉 Rut-C30 产纤维素酶培养基优化及其酶解特性 [J]. 过程工程学报, 2014, 14（2）: 312-318.

[64] Fang H, Zhao C, Song X Y. Optimization of enzymatic hydrolysis of steam-exploded corn stover by two approaches: response surface methodology or using cellulase from mixed cultures of *Trichoderma reesei* RUT-C30 and *Aspergillus niger* NL02 [J]. Bioresource Technology, 2010, 101: 4111-4119.

[65] 刘家英, 唐芳, 张林波, 等. 担子菌纤维素酶的分离与纯化 [J]. 吉林农业, 2010（5）: 30-31.

[66] Anju K C, Chandrasekhar G, Messias B S, et al. The realm of cellulases in biorefinery de-velopment [J]. Critical Reviews in Biotechnology, 2012, 32（3）: 187-202.

[67] 徐丽华. 国内纺织酶的发展现状及趋势 [J]. 生物产业技术, 2010（4）: 52-56.

索　引

A

阿拉伯糖　58,191

阿魏酸酯酶　34

氨纤维爆破法　204

氨纤维素　13

B

白腐菌　31,204,205

半乳聚糖　87

半乳葡萄甘露聚糖　56

半乳糖氧化酶　65

半纤维素　4,13,56,184,185,
191,194

半纤维素酶　34,112,169,208,
314,355

包埋法　340

胞内酶　51

胞外酶　51

饱和突变　161

表面活性剂　336,339

补料酶水解发酵　219

不完全酶系　19

C

草谷比　14,15

侧链降解酶　40

差热分析法　7

超滤　212

催化结构域　42,84

D

担子菌　32

单宁　351

单糖　38,323

蛋白胨　140

蛋白复合体　72

蛋白酶　355

蛋白质工程　323

低聚糖　38

低值酶系　19

地衣聚糖酶　34

淀粉酶　355

叠加效应　91

定向进化　160

多酚氧化酶　204

多聚糖　56

多糖裂解酶　116

多糖载体　270

E

二级乳化法　269

二氧化碳爆破法　204

F

反刍动物　33

反相色谱法　7

放线菌　28

非催化对接结构域　122

"非复合体"纤维素酶系统　19

非结晶纤维素　87

非离子表面活性剂　214,215,217

非水解性蛋白质　215

分步酶解发酵　209

分步糖化发酵法　188

分配效应　249

麸曲培养法　336

辅酶　314

负染色法　12

复合体型纤维素酶系统　19

复合纤维素酶　191

复合载体固定　278,281

富集分离法　140

富集培养　132

G

甘露聚糖　40,87

甘露聚糖酶　34,116

甘露糖糊精　106

高温液态水法　206

构象改变　249

固定床反应器　260

固定化酶　249,266

固定化细胞技术　340

固体发酵法　336

寡糖　98

硅藻土　341

果胶裂解酶　317

果胶酶　116,169,355

H

好氧细菌　27

核磁共振法　7

褐腐菌　32

宏基因组测序技术　168

宏基因组学　167,168,171,199

化学柔软剂　308

环氧化法　270

混菌发酵　341

活化酯法　270

活性筛选　169

活性炭　340,341

J

基因工程　147

基因工程菌　204

362

基因克隆　2

基因芯片　172

基因组重组　163

基元原纤　4

激光诱导法　146

碱法预处理　206

碱水解　10

交联酶晶体　275,288

交联酶聚集体　275,289

交联喷雾干燥酶　275,290

酵母菌　31

结合结构域　42

结晶度　7,18,82,193,204,220

结晶纤维素　87,133

界面沉淀法　269

界面聚合法　269

浸渍酶　317

晶体酶　287

聚半乳糖醛酸酶　317

聚合度　12,21,44,82,193,
　204,220

K

抗药物标记筛选　146

壳多糖　291

壳多糖酶　144

壳聚糖　86

可持续发展　299,357

可再生资源　2,16,184

克隆　33,147

扩散限制效应　249

L

离子束细胞融合　143

里氏木霉　19,46,191,198

理化诱变　142

理化诱变育种　141

立体屏蔽　249

连接肽　95,165

联合生物加工法　188

裂解性多糖单加氧酶　63

邻近效应　91

M

酶解　334

酶膜反应器　258

霉菌　31

灭活标记筛选　146

灭活原生质体融合　143

膜分离法　210,214

木聚糖　40,56,59,87,191

木聚糖酶　34,57,77,116,
　223,291

木质素　4,13,184,194

木质素酚　218

木质素磺酸盐　216

木质素酶　291

木质纤维素　26,28,66,172,
　185,239,253

木质纤维素膜　228

木质纤维素生物质　311

N

纳米纤维素膜　229

内切葡聚糖酶　44

内切纤维素酶　18,21,26,31,
　44,75,83,97,98,101,173

凝胶色谱法　350

牛血清白蛋白　215

农作物秸秆　14,16,349

P

喷雾干燥酶　287

疲劳效应　141

啤酒复合酶　355

葡萄糖甘露聚糖　56

葡萄糖氧化酶　355

Q

漆酶　204

启动子　150,158

汽提法　214

浅盘发酵器　336

亲和色谱法　350

琼脂培养基　140

巯基载体　273

醛基载体　272

全值纤维素酶系　19

R

燃料乙醇　218,311,312

热失活分离提纯法　350

溶剂萃取法　210

溶解氧　343

溶胀　8

溶胀剂　8

乳糖　106,345,346,349

软腐菌　32

润胀　8

S

三嗪法　270

X射线光电子能谱技术　7

X射线衍射法　7,12

渗透汽化膜　211

渗析膜　341

生物表面活性剂　216

生物催化剂　321

生物反应器　325

生物化学法　311

生物基化学品　311

生物基燃料　226

生物精炼　314

生物炼制　141,311,315

生物酶水解法　185

生物抛光　308

生物信息学　322

生物诱变　141,142

生物质　2,14,38,194,311,349

生物质木质纤维　38

生物质吸附剂　213

生物质协同水解　199

生物质转化　323

嗜碱微生物　137
嗜冷微生物　135
嗜热梭菌　72
嗜热纤维素酶　320
嗜盐微生物　138
水溶性木聚糖　112
饲用复合酶　355
酸水解法　185
碎片理论　96
梭热杆菌　77
梭热杆菌纤维小体　77
羧基载体　272
羧甲基化纤维素　112

T

碳水化合物　12,91,165,318
碳水化合物结合模块　93,198
糖苷水解酶　116
糖化酶　355
糖酯酶　116
填充床反应器　260
同步糖化发酵法　188,189,192
同源克隆法　169

W

外切葡聚糖酶　41
外切纤维素酶　19,21,26,31,
　　41,75,83,93,97,173,190
外源基因　150
完全纤维素酶系　19
微板数字成像技术　174
微晶纤维素　319,346,349
微囊型固定化酶　269
微扰效应　249
微生物发酵　325,357
微原纤　4
温度响应聚合物　283
蜗牛酶　144
无限溶胀　8,9
物理诱导融合　146

X

吸附浸泡法　227
稀释培养法　132
细胞电融合法　146
纤维二糖　2,18,39,41,44,68,
　　76,98,191,345,346
纤维二糖磷酸化酶　36
纤维二糖酶　36,39,50
纤维二糖水解酶　39,41,76,
　　98,175
纤维二糖脱氢酶　68,324
纤维二糖氧化酶　105
纤维寡糖　18,44,105
纤维糊精　41,44,106
纤维糊精磷酸化酶　36
纤维糊精酶　36
纤维亮度　305
纤维三糖　44
纤维素V　13
纤维素Ⅰ　12
纤维素Ⅱ　13
纤维素Ⅳ　13
纤维素Ⅲ　13
纤维素　2,13,184,185,191,194
纤维素辅助水解酶　57
纤维素降解微生物　132
纤维素结合结构域　86,87,
　　165,186
纤维素结合因子　72,113
纤维素酶　2,18,22,28,74,82,
　　112,132,141,144,166
纤维素酶复合体　26,75
纤维素酶结构域　94
纤维素酶水解　238
纤维素酶添加剂　357
纤维素酶制剂　322
纤维素膨胀因子　117
纤维素热降解　11
纤维素水解酶　323
纤维素衍生物　133

纤维素氧化酶　38,39,40,62,69
纤维素乙醇技术　312
纤维素原纤　4
纤维小体　20,27,33,71,74,
　　113,121,197,198
纤维乙醇　188,225

X

消解酶　144
协同作用　95
修饰固定　278,280
序列筛选　169
旋涂法　227
旋转纤维床生物反应器　341

Y

盐桥　159
厌氧细菌　27,113
厌氧真菌　113
乙酰木聚糖酯酶　34
异位耦合　213
营养缺陷型标记筛选　146
游离纤维素酶系　19
有限溶胀　8,9
诱变育种　164
诱导活性　346
诱导剂　339
原初反应假说　96
原生纤维素　12
原生质体　144
原生质体融合　143,145
原生质体渗透压稳定剂　145
原位耦合　213
载体结合法　341
粘连模块　114,117,123
真菌发酵　334
真空发酵　213,214
蒸汽爆破法　204
支架蛋白　116,123
直接堆沤法　334
直接固定　278

主链降解酶　40

转录　150

转录因子　158,172,348

转移酶　93

其他

BG　50

CBH 协同作用假说　101

CDH 生物传感器　324

CM-纤维素　341

DEAE-纤维素　341

DNA 重组　162,163

Langmuir-Blodgett 法　227

Lyocell 纤维　310

QCM-D　226

SD 序列　151

SSF 法　189

Tencel 纤维　310

α-纤维素　12

β-葡萄糖苷酶　19,21,34,50,
75,98,173,190,191,208,236

β-纤维素　12

γ-纤维素　12

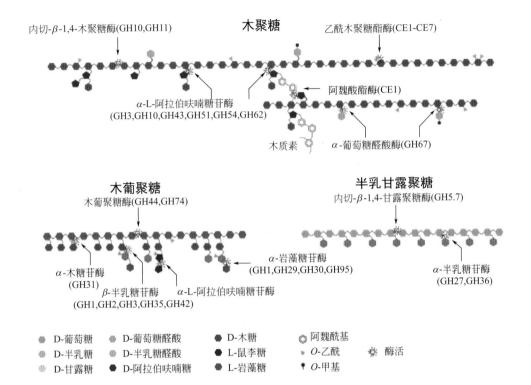

内切-β-1,4-木聚糖酶(GH10,GH11)

木聚糖

乙酰木聚糖酯酶(CE1-CE7)

阿魏酸酯酶(CE1)

α-L-阿拉伯呋喃糖苷酶
(GH3,GH10,GH43,GH51,GH54,GH62)

木质素

α-葡萄糖醛酸酶(GH67)

木葡聚糖

木葡聚糖酶(GH44,GH74)

半乳甘露聚糖

内切-β-1,4-甘露聚糖酶(GH5.7)

α-木糖苷酶
(GH31)

β-半乳糖苷酶
(GH1,GH2,GH3,GH35,GH42)

α-L-阿拉伯呋喃糖苷酶

α-岩藻糖苷酶
(GH1,GH29,GH30,GH95)

α-半乳糖苷酶
(GH27,GH36)

- D-葡萄糖
- D-半乳糖
- D-甘露糖
- D-葡萄糖醛酸
- D-半乳糖醛酸
- D-阿拉伯呋喃糖
- D-木糖
- L-鼠李糖
- L-岩藻糖
- 阿魏酰基
- O-乙酰
- O-甲基
- 酶活

彩图 1　半纤维素酶的多样性（第 40 页）

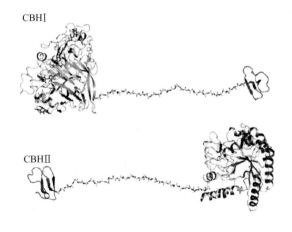

CBHI

CBHII

彩图 2　典型的外切纤维素酶的分子结构示意（第 42 页）

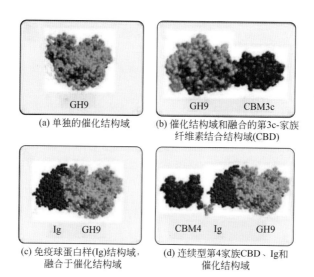

(a) 单独的催化结构域

(b) 催化结构域和融合的第3c-家族
纤维素结合结构域(CBD)

(c) 免疫球蛋白样(Ig)结构域,
融合于催化结构域

(d) 连续型第4家族CBD、Ig和
催化结构域

彩图 3　GH9 家族糖基水解酶模块配置示意（第 49 页）

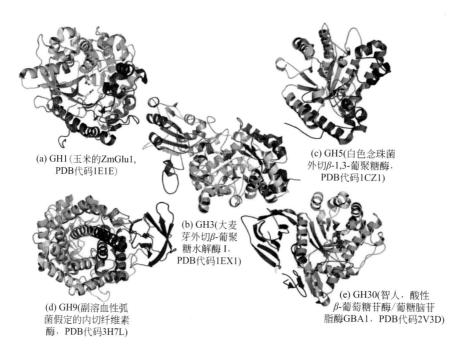

(a) GH1(玉米的ZmGlu1,
PDB代码1E1E)

(b) GH3(大麦
芽外切β-葡聚
糖水解酶 I,
PDB代码1EX1)

(c) GH5(白色念珠菌
外切β-1,3-葡聚糖酶,
PDB代码1CZ1)

(d) GH9(副溶血性弧
菌假定的内切纤维素
酶, PDB代码3H7L)

(e) GH30(智人,酸性
β-葡萄糖苷酶/葡糖脑苷
脂酶GBA1,PDB代码2V3D)

彩图 4　不同 GH 家族β-葡萄糖苷酶结构（第 54 页）

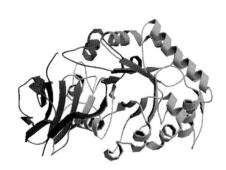

彩图 5　蛋白 3GTN 结构模拟图

（枯草芽孢杆菌 168 的 XynC 晶体结构）（第 61 页）

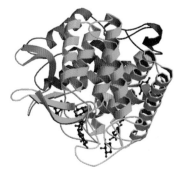

彩图 6　蛋白 2B4F 结构模拟图

（GH8 木聚糖酶与底物的复合结构）（第 61 页）

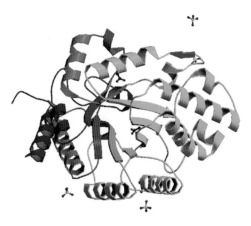

彩图 7　蛋白 3NIY 结构模拟图

（超嗜热细菌 *Thermotoga petrophila* RKU-1
的天然木聚糖酶 10B 晶体结构）（第 61 页）

彩图 8　蛋白 1C5H 结构模拟图（第 62 页）

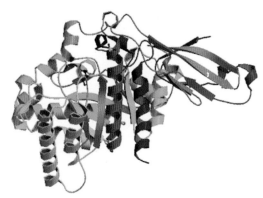

彩图 9　蛋白 4HU8 结构模拟图

（从白蚁肠内的细菌克隆出）（第 62 页）

彩图 10　蛋白 4QB1 结构模拟图

（*Paenibacillus barcinonensis* CBM35
的蛋白结构）（第 62 页）

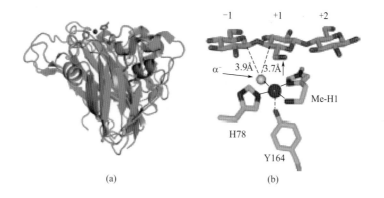

(a)   (b)

彩图 11　LPMO 晶体结构（1Å= 10^{-10} m）（第 65 页）

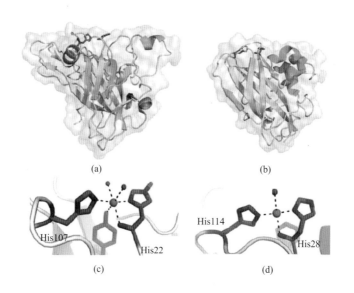

(a)   (b)

(c)   (d)

彩图 12　AA9 家族与 AA10 家族蛋白结构与金属结合位点（第 71 页）

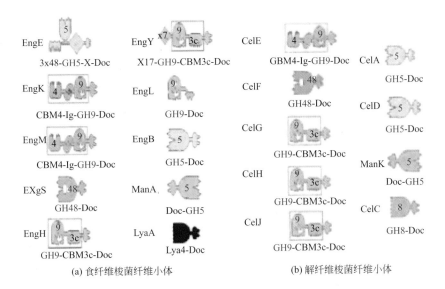

EngE	EngY ×7	CelE	CelA
3×48-GH5-X-Doc	X17-GH9-CBM3c-Doc	GBM4-Ig-GH9-Doc	GH5-Doc
EngK	EngL	CelF	CelD
CBM4-Ig-GH9-Doc	GH9-Doc	GH48-Doc	GH5-Doc
EngM	EngB	CelG	ManK
CBM4-Ig-GH9-Doc	GH5-Doc	GH9-CBM3c-Doc	Doc-GH5
EXgS	ManA	CelH	CelC
GH48-Doc	Doc-GH5	GH9-CBM3c-Doc	GH8-Doc
EngH	LyaA	CelJ	
GH9-CBM3c-Doc	Lya4-Doc	GH9-CBM3c-Doc	

(a) 食纤维梭菌纤维小体　　　　　　　(b) 解纤维梭菌纤维小体

彩图 13　食纤维梭菌（*C. cellulovorans*）与解纤维梭菌（*C. cellulolyticum*）
的纤维小体酶单元及基因家族示意（第 77 页）
GH—糖苷水解酶；CBM—碳水化合物结合模块；Doc —对接模块；
Ig —免疫球蛋白样结构域；X—未知功能结构域

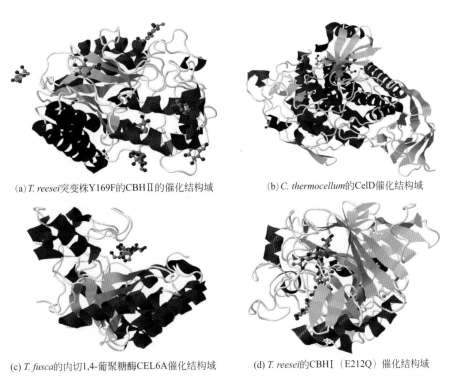

(a) *T. reesei* 突变株 Y169F 的 CBHⅡ 的催化结构域　　　　　(b) *C. thermocellum* 的 CelD 催化结构域

(c) *T. fusca* 的内切 1,4-葡聚糖酶 CEL6A 催化结构域　　　　(d) *T. reesei* 的 CBHⅠ（E212Q）催化结构域

彩图 14　几种不同纤维素酶的催化结构域（PDB 蛋白质数据库）（第 84 页）

（a）CBM10（类型A，*Cj*CBM10）
平面作用位点

（b）CBM29（类型B，*Pe*CBM29-2）
形成的扭曲平面作用位点

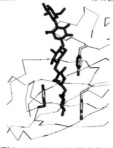

(c) CBM9（类型C，*Tm*CBM9）形成的三明治类型作用位点
（灰色圆柱表示C-α骨架，灰线表示形成结合作用位点的
芳香族氨基酸侧链，蓝线表示结合的寡糖）

彩图 15　芳香族氨基酸残基形成的三种类型结合作用位点（第 86 页）

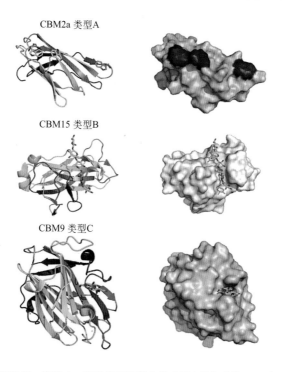

CBM2a 类型A

CBM15 类型B

CBM9 类型C

彩图 16　类型 A、类型 B 和类型 C 的 CBM 结构（第 86 页）

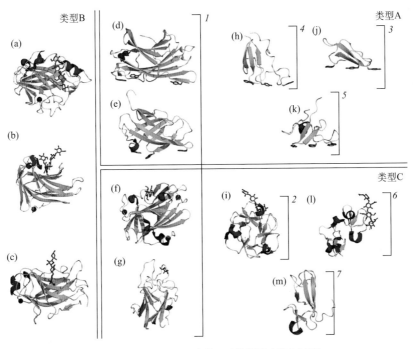

类型B

(a)

(b)

(c)

类型A

1

(d)

(e)

(f)

(g)

4 (h)

(k)

5

(j)

3

类型C

(i)

2 (l)

6

(m)

7

彩图 17　CBM 的折叠家族和功能类型（第 89 页）

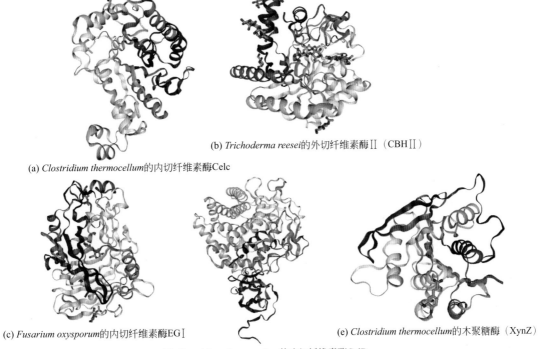

(a) *Clostridium thermocellum*的内切纤维素酶Celc

(b) *Trichoderma reesei*的外切纤维素酶Ⅱ（CBHⅡ）

(c) *Fusarium oxysporum*的内切纤维素酶EGⅠ

(d) *Clostridium thermocellum*的内切纤维素酶CelD

(e) *Clostridium thermocellum*的木聚糖酶（XynZ）

彩图 18　几种纤维素酶分子的折叠模型（PDB 蛋白质数据库）（第 93 页）

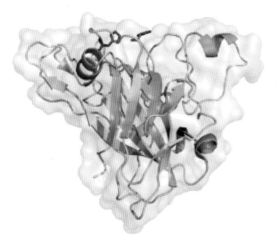

(a) 橙色嗜热子囊菌的GH61

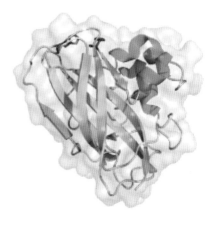

(b) 黏质沙雷氏菌的壳多糖活性CBM33

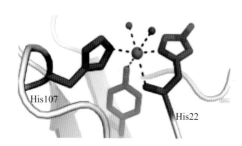

(c) GH61的活性位点

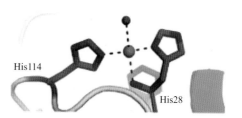

(d) CBM33的活性位点

彩图 19　CBM33 和 GH61 的结构（第 103 页）

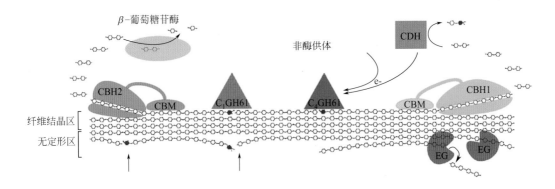

彩图 20 真菌酶水解纤维素过程（第 105 页）

(a) 热纤梭菌Ⅰ型粘连模块和Ⅰ型对接模块相互作用示意
(蛋白质结构PDB号：1ohz)

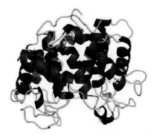

(b) 热纤梭菌Cel8A结构示意(蛋白质结构PDB号：1cem)

(c) 热纤梭菌支架蛋白上的碳水化合物结合模块(CBM)
结构示意(蛋白质结构PDB号：1nbc)

彩图 21 纤维小体组件结构示意（第 118 页）

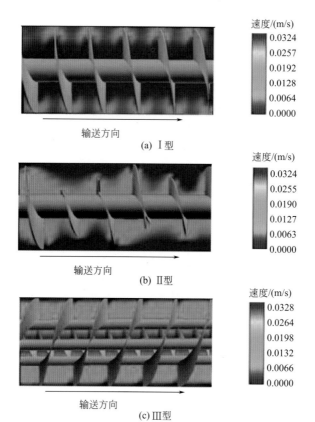

(a) Ⅰ型

(b) Ⅱ型

(c) Ⅲ型

彩图 22　混合输送器的速度场（第 256 页）